中国石油高技能人才培训丛书

集输技师培训教程

中国石油天然气集团公司人事部 编

石油工业出版社

内 容 提 要

本书结合油田地面工程的新技术、新工艺、新方法和新设备,对原油集输工艺技术进行了详细的介绍,包括多相混输泵、原油加热设备、原油处理工艺、采出水处理工艺、原油稳定工艺、轻烃回收工艺、含油污泥处理技术、原油集输系统管道防腐除垢技术、原油储罐清洗技术、设备管理、原油集输系统节能和自动控制技术、油田数字化管理等。本书可作为集输技师的培训教程。

图书在版编目(CIP)数据

集输技师培训教程/中国石油天然气集团公司人事部编.
北京:石油工业出版社,2012.7
(中国石油高技能人才培训丛书)
ISBN 978 – 7 – 5021 – 9061 – 3

Ⅰ.集…
Ⅱ.中…
Ⅲ.油气集输 – 技术培训 – 教材
Ⅳ.TE86

中国版本图书馆 CIP 数据核字(2012)第 093727 号

出版发行:石油工业出版社
　　　(北京安定门外安华里 2 区 1 号　100011)
　　网　址:www.petropub.com
　　　编辑部:(010)64523580　图书营销中心:(010)64523633
经　销:全国新华书店
印　刷:北京晨旭印刷厂

2012 年 7 月第 1 版　2016 年 6 月第 2 次印刷
787×1092 毫米　开本:1/16　印张:25
字数:620 千字
定价:60.00 元
(如出现印装质量问题,我社图书营销中心负责调换)
版权所有,翻印必究

《中国石油高技能人才培训丛书》编委会

主　　任：单昆基

副 主 任：任一村

执行主任：丁传峰

委　　员：(按姓氏笔画排序)

王子云	左洪波	吕凤军	刘　勇	刘德如
杨　锋	杨静芬	李世效	李建军	李孟洲
李钟磐	李保民	李超英	李禄松	何　波
张建国	陈宝全	尚全民	周宝银	徐进学
高　强	高丽丽	职丽枫	崔贵维	韩贵金
傅敬强	霍　良			

前　言

为加快高技能人才知识更新，提升高技能人才职业素养、专业知识水平和解决生产实际问题的能力，进一步发挥高端带动作用，在总结"十一五"技师、高级技师跨企业、跨区域开展脱产集中培训的基础上，中国石油天然气集团公司人事部依托承担集团公司技师培训项目的培训机构，组织专家力量，历时一年多时间，将教学讲义、专家讲座、现场经验及学员技术交流成果资料加以系统整理、归纳、提炼，开发出首批15个职业（工种）高技能人才培训系列教材，由石油工业出版社陆续出版。

本套教材在内容选择上，突出新知识、新技术、新材料、新工艺等"四新"技术介绍，重视工艺原理、操作规程、核心技术、关键技能、故障处理、典型案例、系统集成技术、相关专业联系等方面的知识和技能，以及综合技能与创新能力的知识介绍，力求体现"特、深、专、实"的特点，追求理论知识体系的通俗易懂和工作实践经验的总结提炼。

本套教材是集团公司加快适用于高技能人才现代培训技术和特色教材开发的有益尝试，适合于已取得技师、高级技师职业资格的人员自学提高、研修培训、传承技艺使用，也适合后备高技能人才超前储备知识使用，同时，也为现场技术人员和培训机构提供了一套实践参考用书。

《集输技师培训教程》由中国石油长庆油田培训中心组织编写，王泓任主编，李小兵任副主编，参加编写的人员有肖荣鸽、武斌安、岳大伟、聂敬忠、李素坤、谢梦华、吉效科、王俭、赵立功、潘婕、朱小霞等；给予资料提供帮助的有张殿龙、党利峰、薛辉、梁庆辉、李魁方、杨新泽、尤风光、马志一等；参加审定的人员有中国石油勘探与生产分公司苗新康，新疆油田公司沈蔓，大庆油田有限责任公司李军，华北油田公司康宏等。

由于编者水平有限，书中错误、疏漏之处在所难免，请广大读者提出宝贵意见。

编者

2011年10月

目 录

第一章 原油地面集输工艺技术 (1)
    第一节 原油地面集输工艺技术简介 (1)
    第二节 低渗透油田集输工艺技术 (6)
    第三节 稠油油田地面集输工艺技术 (11)
    第四节 高凝油油田地面集输工艺技术 (17)
    第五节 沙漠油田地面集输工艺技术 (23)
    第六节 我国近海油田油气集输新工艺 (27)

第二章 原油输送设备——多相混输泵 (32)
    第一节 多相混输泵的分类 (32)
    第二节 单螺杆泵 (32)
    第三节 2MPS 双螺杆泵 (38)
    第四节 2W.W 双螺杆泵 (43)
    第五节 三螺杆泵 (46)
    第六节 螺杆泵的型号含义 (49)
    第七节 螺杆泵的选型 (52)

第三章 原油加热设备 (65)
    第一节 相变加热炉 (65)
    第二节 集肤效应电伴热(加热)装置 (75)
    第三节 电磁加热器 (77)
    第四节 自动相变掺热装置 (79)
    第五节 燃烧器 (82)

第四章 原油处理工艺及设备 (95)
    第一节 原油脱水新方法 (95)
    第二节 高效破乳剂 (98)
    第三节 提高沉降脱水效果的措施 (103)
    第四节 原油脱水新设备 (108)
    第五节 稠油处理工艺技术及设备 (122)
    第六节 原油脱硫工艺 (128)

第五章 采出水处理工艺及设备 (134)
    第一节 油田采出水处理方法概述 (134)
    第二节 油田采出水处理——回注处理工艺 (140)
    第三节 油田采出水处理——回用处理工艺 (145)
    第四节 油田采出水处理——外排处理工艺 (151)

  第五节　聚合物驱采出水处理工艺 …………………………………………………… (158)
  第六节　膜分离技术的应用 ………………………………………………………… (160)
  第七节　液液水力旋流分离技术 …………………………………………………… (164)
  第八节　OPS 型油田采出水处理装置的应用 …………………………………… (168)
  第九节　一体化油田水处理设备 …………………………………………………… (174)

第六章　原油稳定工艺及设备 …………………………………………………… (178)
  第一节　原油稳定的原理 …………………………………………………………… (178)
  第二节　原油稳定的方法 …………………………………………………………… (179)
  第三节　原油稳定工艺技术的应用举例 …………………………………………… (182)

第七章　轻烃回收工艺及设备 …………………………………………………… (190)
  第一节　轻烃回收的方法 …………………………………………………………… (190)
  第二节　轻烃回收工艺及设备 ……………………………………………………… (193)
  第三节　春晓气田陆上终端深冷轻烃回收工艺及设备 …………………………… (203)

第八章　含油污泥处理技术 ………………………………………………………… (210)
  第一节　含油污泥的来源及特点 …………………………………………………… (210)
  第二节　含油污泥处理工艺及设备 ………………………………………………… (212)
  第三节　含油污泥无害化处理技术 ………………………………………………… (215)
  第四节　含油污泥资源化利用技术 ………………………………………………… (218)
  第五节　我国含油污泥的资源化利用技术的应用 ………………………………… (221)
  第六节　含油污泥处理的新设备 …………………………………………………… (225)

第九章　原油集输系统管道防腐除垢技术 …………………………………… (229)
  第一节　原油集输系统管道防腐新工艺 …………………………………………… (229)
  第二节　原油集输系统管道防垢技术 ……………………………………………… (241)
  第三节　原油集输系统管道清洗除垢新技术 ……………………………………… (244)

第十章　原油储罐清洗工艺技术 ………………………………………………… (260)
  第一节　原油储罐机械清洗技术 …………………………………………………… (260)
  第二节　干冰喷射清罐技术 ………………………………………………………… (267)
  第三节　高压水射流清洗技术 ……………………………………………………… (270)
  第四节　原油储罐清洗的其他技术 ………………………………………………… (272)

第十一章　设备管理 ………………………………………………………………… (275)
  第一节　设备管理的基本内容 ……………………………………………………… (275)
  第二节　设备经济管理 ……………………………………………………………… (278)
  第三节　设备故障管理 ……………………………………………………………… (285)
  第四节　油田主要设备的管理要求 ………………………………………………… (288)

第十二章　原油集输系统节能技术 ……………………………………………… (293)
  第一节　我国油田集输系统的能耗现状 …………………………………………… (293)
  第二节　集输系统的节能技术 ……………………………………………………… (294)

第三节　原油集输系统节能技术应用实例 ………………………………… (299)
第十三章　原油集输系统自动控制技术 ………………………………………… (305)
　　第一节　自动控制系统的组成 ……………………………………………… (305)
　　第二节　计算机控制系统 …………………………………………………… (316)
　　第三节　集散控制系统 ……………………………………………………… (318)
第十四章　油田数字化管理 ……………………………………………………… (324)
　　第一节　数字化管理 ………………………………………………………… (324)
　　第二节　油田数字化管理技术 ……………………………………………… (325)
　　第三节　长庆油田数字化管理取得的成效 ………………………………… (332)
　　第四节　数字新疆油田 ……………………………………………………… (337)
第十五章　原油集输系统的安全风险评价与控制技术 ………………………… (343)
　　第一节　原油集输系统安全生产特点和存在的风险因素 ………………… (343)
　　第二节　原油集输系统安全风险评价技术 ………………………………… (345)
　　第三节　原油集输系统安全风险控制技术 ………………………………… (350)
　　第四节　事故案例 …………………………………………………………… (357)
第十六章　国外原油集输新工艺和新设备 ……………………………………… (362)
　　第一节　油气混输泵技术 …………………………………………………… (362)
　　第二节　多相流量计 ………………………………………………………… (365)
　　第三节　油气分离设备 ……………………………………………………… (370)
　　第四节　加拿大改良油吸收法轻烃回收新工艺 …………………………… (373)
　　第五节　俄罗斯原油集输新工艺的应用 …………………………………… (381)
　　第六节　科威特 X 集油站原油处理工艺技术 ……………………………… (384)

第一章　原油地面集输工艺技术

目前,我国的大部分油气田都经历了几十年的开发生产过程,地面集输系统、工艺流程日趋老化,含水不断升高,液量持续增加,许多油气田出现了日产水平与规模能力严重不匹配的情形,致使能耗增加、效率下降。从而降低了油气田开发生产的总体效益,在不同程度上影响到低成本、可持续发展战略在油气田开发生产系统的实施。因此,按照中国石油天然气集团公司"优化新油田,简化老油田"的战略部署,需要组织实施优化、简化工程,满足地面建设"技术先进适用、流程集约简化、投资经济合理、安全环保达标"的要求,寻求节省投资、降低成本、使地面系统更加适应油气田开发生产需求的新型地面工艺技术,为实现提高油气田开发整体效益,低成本、可持续发展的战略目标做出贡献。

第一节　原油地面集输工艺技术简介

将油气田生产的石油和天然气进行收集、计量、输送和初加工的工艺流程称为集输流程。一个合理的集输流程,必须与油气田的具体情况相适应。在所设计的流程中要妥善解决以下工艺问题:能量的利用、集油集气方式、油气分离、油气计量、油气净化、原油稳定、密闭集输和储存、易凝原油和稠油的输送方式、加热与保温以及管线的防腐等。

针对油气田开发后期的生产特点,通过地面工艺的系统配套攻关,研制能耗低、投资省的工艺设备和先进的集输工艺技术,使开发后期原油集输处理、污水处理、注水工艺及油气田防腐工艺技术达到一个新水平,是实现油气田油气集输工艺在开发后期的技术改造投资省、效益高的最终目的。

一、原油常温集输技术

我国东部油田大部分油井主要采用运行能耗较高的双管掺水和三管伴热集油流程。近年来,原油常温集输技术得到各油田越来越广泛的重视,各油田都根据开发阶段、原油物性、气候环境等不同条件做了大量研究和现场试验工作,形成了单管常温集油、低温采出液游离水脱除、离心泵输送低温含水原油等技术,取得了很好的效果。目前,单管常温集油技术已经在大庆、吉林、辽河、新疆等十几个油气田得到大规模应用,原油常温集输技术已经成为成熟的重点推广应用技术。

自2003年起,大庆油田先后在采油三厂、采油六厂的8座联合站实施采出液不加热集输处理工艺技术,41座转油站、2377口油井实施全年停运加热炉、掺低温水不加热集油,掺水温度由加热时的65～70℃降低到30～35℃。截至2007年,这两个采油厂先后有4394口油井实行了不加热集油和降温集油,累计节约油田气 $3.5 \times 10^8 m^3$。

吉林扶余油田自2005年开始全面推广油井产出液常温输送技术,各项能耗指标比改造之前都大有改善,吨油能耗由改造前的4029MJ/t降到改造后的1883MJ/t,其中最突出的是原油自用量下降了70%,把一个低效高耗的老油田改造成高效低耗的油田已经成为现实。油井产出液常温集输工艺技术的成功应用,也为我国陆上老油田改造成高效低耗的油田树立了榜样。

二、放空天然气回收技术

长期以来,国内油气田一直处于滚动开发中。各单井试采时,试采的天然气由于没有配套设施,只能长期放空,造成了油气资源的浪费和对周边环境的污染。为了解决天然气放空问题,各油气田先后开展了专项治理工作,目前已经在塔里木油田、吐哈油田、长庆油田、华北油田等重点实施了伴生气回收工程。逐步形成了按放空形式、回收利用的难度进行分类,针对不同类型的放空天然气,采用不同方案和技术进行回收利用的模式。

塔里木油田依托西气东输工程,自2004年开始实施《塔里木油田放空天然气综合利用规划》,主要回收方案和技术包括:针对无天然气处理装置或者装置能力不足造成的放空天然气,主要采用建设天然气处理和增压装置、敷设输气管线等措施,收集处理放空天然气并进入西气东输管线;结合油田电网负荷现状和发展规划,建设燃气发电站;对于边远井及试产井放空天然气,通过橇装式CNG装置收集。同时,在各输气管道起点建立CNG卸气站,依托已建的天然气输送管网进入西气东输管线。到目前为止,先后在轮南油田、塔中4油田、牙哈5凝析气田、柯克亚凝析气田等开展了放空天然气回收工程,目前已经形成年回收放空天然气 $4 \times 10^8 m^3$ 的规模。

三、多相混输工艺技术

油气田开发进入高含水的开发后期,主力区块产量大幅度递减,接替产能的区块多为低能小断块,面广又较分散。地面工程改造、扩建难度大,投资高。降低井口回压的办法通常是建计量接转站或拉油点,这种建设的结果是地面投资大、拉油运费高、油气损耗严重,而且管理难度大。因此,原有的集输流程和工艺技术已不能适应今后现代化油田高效产能经济建设的需要。为了解决当前和未来油田集输处理过程中遇到的系列问题,油气密闭混输及配套工艺技术的应用就显得极为重要。

多相混输工艺技术是为降低油气田开发投资,于20世纪中期提出的。油井产出液是由油、水、气体、砂及石蜡等组成的混合物,将这些混合物通过管道输送到中心处理机构称为多相混输。一般来说,多相流是依靠油层能量进行短距离输送的,当油层能量不足时,就没有可用的设备对流体进行加压,常用的方法是先将气液相分离,然后用泵和压缩机分别对液相和气相加压输送,这需要一整套分离设备及两套独立的气、液输送管道。而多相混输系统则以一台多相泵代替输液泵和压缩机,省去了繁杂的分离设备和输送管道,既减少了基建投资,又降低了管理费用。以多相混输泵为核心的多相混输工艺技术已在石油工业中得到广泛应用,因而是适用于边际油田、沙漠油田及卫星油田的一种高效经济的集输方式。

油气密闭混输配套工艺与老式集输工艺相比具有工艺流程简单、操作方便等特点。其工艺流程如图1-1所示。

中原文南油田于1982年正式投入生产,随着外围区块的不断开发,油田集输半径不断扩大,同时油田含水不断上升,总液量不断增加,导致集输管线回压增高,部分集油管线末端压力达到1.0MPa以上,油井回压达到1.5MPa以上,由此造成抽油机电耗增加,泵效下降,集输管

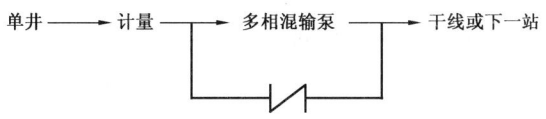

图 1-1 油气密闭混输工艺流程示意图

线安全运行系数降低,穿孔次数增加,管线维护工作量增加,采油时率下降;同时造成部分低产井、边远井进不了流程,只能采取单井拉油生产,致使油气损耗增大,原油生产成本增加,管理难度加大,严重影响了原油产量和油田开发的综合效益。自 2002 年采用多相混输工艺技术之后,计量站的干压平均下降了 0.3~0.4MPa,不但成功地解决了文南油田高气油比多相介质长距离管输的难题,而且实现了边远小断块油田的密闭集输,提高了油田开发的综合效益。利用混输泵将气液混合物输送到已建联合站进行油气处理,最大限度地降低了油气损耗,平均提高产液量 5% 和产油量 2%,并回收了大量伴生气,取得了显著的经济效益。

江汉王场油田采用油气密闭混输工艺技术后不仅改善了集输系统的运行状况,减少了罐车拉油运输费,实现了油气集输管理的自动化,而且降低油气损耗 1%,年减少油气损耗达数百吨,经济效益明显。该技术的应用为今后油气田集输系统的改造、扩建提供了可靠依据,在以后的地面集输工艺流程的建设与改造中逐渐取消了中转站,达到了油气集输安全、优质、高效、自动化管理的目的。

四、三相分离脱水工艺

近年来,许多油气田对油气水分离机理进行了广泛深入的研究,先后开发出了适合本油气田特点的三相分离器。高效三相分离器脱水工艺技术的成功应用,改变了原油处理三段脱水的工艺模式,简化了脱水流程,降低了运行能耗,提高了原油处理站的技术水平。

例如,HNS 型高效三相分离器,采用"旋流预脱气、活性水洗涤加速脱水、机械破乳强化脱水"等技术,使设备的运行效果达到了国际同类设备的先进水平,单位体积的处理能力是传统设备的 5 倍以上。不仅简化了流程,节省了投资,而且节能降耗,大大降低了运行成本,得到了广泛推广应用。

大庆、辽河等油田均根据不同的油品性质,开发出了多种类型的高效三相分离设备。

五、高效节能加热技术

针对油气田加热系统存在的加热炉热效率低、过剩空气系数较高、排烟温度高和燃烧不完全等问题,近几年各油气田都做了大量工作,以改善加热炉燃烧状况,提高加热系统效率。具有代表性的是冀东、大港、大庆等油气田应用的真空加热炉、相变加热炉、热媒炉、无机传热余热利用装置等高效节能设备。

冀东油田高一联合站建于 1989 年,年原油处理能力 100×10^4t,加热系统建有 3 台 4t/h 的蒸汽锅炉,8 台 2.32MW 的管式加热炉,经过多年运行,加热炉效率低下。2002 年分别用 2 台 1.25MW、1 台 1.0MW 高效相变加热炉,取代已经运行 14 年的 3 台蒸汽锅炉。2005 年又将 8 台 2.32MW 的管式加热炉更换为 2 台 2.0MW 的相变加热炉和 4 台 2.0MW 的真空加热炉,新安装投用的相变加热炉和真空加热炉热效率均达到 85% 以上。

六、多功能原油(污水)处理一体化设备

目前大部分油气田在原油脱水处理过程中,均采用两段脱水工艺流程,主要有加热炉、两相分离器、三相分离器(或合一设备)和电脱水器等工艺设备。两段脱水工艺流程不但设备种类多,占地面积大,而且操作环节多,不便于生产管理。为将传统的两段脱水工艺流程简化为一段脱水流程,降低原油集输处理系统工程投资和运行能耗,遏制原油生产成本上升,石油科技工作者在简化老油田原油集输工艺方面,以突破"瓶颈"技术为主攻方向,开展了广泛的研究与应用工作,形成了具有工程应用价值的多功能原油(污水)处理一体化技术,使原油集输处理工艺技术水平又上了一个新的台阶。根据当前油气田开发生产形势和所面临的难题可知,将油气混合物的加热、分离、增压等多功能集于一体,具有油、气、水一次性处理达标的高效、多功能处理器的研制与应用,是今后油气集输处理技术领域的主要攻关方向。新疆、辽河、大庆等油气田根据自身实际,均研制出了多种多功能油气处理装置。

我国第一个沙漠油田——新疆彩南油田集中处理站 WYS 型多功能原油处理器,采用多项国内外先进技术,具有油气分离、原油加热、一段热化学脱水、两段电化学脱水及水力清砂等功能,取代了传统流程中的复杂工艺和各种设备。不仅设计技术先进、简单、可靠、实用,而且投资减少,设备效率高、运行平稳和生产管理十分方便。

大庆油田为了降低外围低产、分散小区块油田的原油集输处理系统的投资,方便生产管理,研制应用了多功能组合处理装置,该装置简称"五合一"多功能组合处理装置,具有气液分离、沉降、加热、电脱水、缓冲功能。其主要特点是采用了卧式容器,使油气有足够的分离空间;脱水部分采用新型杯式结构绝缘棒,提高了操作安全性。"五合一"装置应用几年来,在不断改进结构的基础上,装置出口油中含水小于 0.3%,污水含油小于 1000mg/L。与同等规模的原油集输处理站相比,该装置可节省工程投资约 38%,减少占地约 69%,减少建筑面积约 76%;同时,还可大幅度减少操作管理人员及维护费用,获得显著的经济效益和社会效益。该装置已经在海拉尔等多个油田推广应用,成为外围新建油田的主要原油集输处理设备。

七、数字化橇装增压集成装置

数字化橇装增压集成装置如图 1-2 所示,主要由装置本体、混输泵、控制系统、阀门管线及橇座等组成。它将原油混合物的加热、分离、缓冲、增压、自动控制等多种功能高度集成,通过电动阀门切换可实现多种工艺流程,适用于低渗透油田原油混合物的增压混输场站。该装置具备的显著特点有:一是功能集成,将原油加热、分离、缓冲、增压及自动控制等多功能集成,满足多种工艺流程要求,适用性强;二是结构橇装,动静设备组合成橇安装,便于标准化建设,有效缩短建设周期,提高工程建设质量;三是流程优化,减少了中间环节,实现了多种工艺流程无缝衔接,任意切换,同时减少了由于管线连接多个设备造成的中间热能损失,提高了能效,也简化了操作和检修程序;四是管理数字化、操作智能化,通过装配 RTU 远程终端控制系统,集成井站实时数据采集、电子巡井、危害预警、智能诊断、生产指挥等功能,对装置及所辖井场生产情况进行实时监测和日常管理,同时通过远程终端控制系统与电动三通阀结合,使装置初步

达到了智能化和一键式操作,实现了听数字指挥、让数字说话的目的;五是装置采用橇装设计,减少了现场设备、管线安装和输油泵房等设施,装置与井场合建,大大减少了场站占地面积,有效降低了工程投资,符合油田低成本开发的战略要求。

图 1-2 数字化橇装增压集成装置

根据长庆油田"标准化设计、模块化建设、数字化管理、市场化运作"的要求,我国首台数字化橇装增压集成装置于 2010 年 7 月 13 日在关四增压点成功投运。与传统的建站模式相比,节约占地约 55%,建站周期缩短为一周,工程造价可降低 21.7%。该装置的问世,突破了传统的场站建设模式,实现了远程控制,填补了国内石油行业同类产品的技术空白。

八、油田集输信息化建设

油田集输信息化建设包括数据采集自动化、远程监控可视化、信息查询电子化和办公自动化,即打造"数字化油田"。依托高速发展的网络和通信技术的应用,信息化加快了油田的发展,推动了新型工业化的进程。

数字化管理是指利用计算机、通信、网络、人工智能等技术,量化管理对象与管理行为,实现计划、组织、协调、服务、创新等职能的管理活动和管理方法的总称。数字化管理系统充分利用自动控制技术、计算机网络技术、油藏管理技术、油(气)开采工艺技术、地面工艺技术、数据整合技术、数据共享与交换技术以及视频和数据智能分析技术,实现了电子巡井,故障准确判断和精确定位,强化了生产过程控制与管理。

数字化管理通过创新技术和管理理念,提升了工艺过程的监控水平和生产过程管理智能化水平,建立全油田统一的生产管理、综合研究的数字化管理平台,达到强化安全、过程监控、节约(人力)资源和提高效益的目标。

作为信息时代的企业管理模式,数字化管理将极大地改变企业的管理现状,有力地促进企业管理效率和效益的提高。数字化管理是油田生产组织方式的革命,是油田管理方式的变革,是控制投资、降低成本、提高效率、确保安全生产的有力技术支撑。

第二节 低渗透油田集输工艺技术

西峰油田是21世纪初长庆油田在陇东地区开发建设的又一个大型油田,在建设过程中,就确立了创建"西峰油田地面建设模式"和"建设新世纪示范油田"的目标。

西峰油田以"系统综合优化、单井功图计量、油气密闭集输、原油三相分离、气体综合利用、环保措施并举、井站自动化"等多项主要工业技术,形成了具有长庆特色的"西峰模式",开创了适用于低渗透油田的一整套地面集输工艺技术的先河。

一、系统综合优化技术

通过对低渗透油田地面建设的投资构成分析可知,集输和注水两大系统所占投资比例高达80%左右。因此,优化和简化集输、注水系统是降低投资的关键。

集输系统采用优化布站理论和管网优化理论,依托井组密闭增压技术、集输半径界定技术,综合油田地形地貌、系统配套、工艺流程、近远期目标、原油流向等多种因素,对油田进行总体方案设计,最大限度地实现油田地面系统的最优化布局,降低地面工程建设投资。

(一)优化布站技术

优化布站技术是长庆油田科研人员在建立适合低渗透油田集输系统的优化数学模型的基础上,采用井组增压和区域转油技术,为油田优化布站、优化集输系统提供可靠的科学依据。

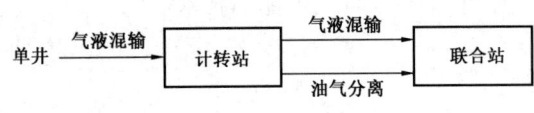

图1-3 二级布站方案示意图

对于地势起伏较小的平坦油区,采用井→联合站的一级布站方式,集输半径3.0km左右。对于残塬地貌油区,有条件的井直接进入接转站;井场位置比塬上低50~160m的井组,采用密闭增压技术进入接转站,实施井→计转站→联合站的二级布站方案,如图1-3所示,省去了中间计量站,进一步简化了流程。将二级布站与一级布站相结合、接转与区域转油相结合的布站方案,最大限度地减少了接转站数量(减少接转站8座),进一步降低了地面工程建设投资,提高了油田开发的经济性。

(二)稳流配水工艺技术

传统的注水井单井配水工艺一般都在配水间人工控制。为充分利用西峰油田丛式井的优势,地面建设首次整体采用单干管稳流配水、活动洗井注水工艺,以稳流配水阀组取代了传统的配水间。注水站来水经支干线供至稳流配水阀组,由稳流配水阀组直接对各单井实现控制,计量后由小口径单井管线配注到井口,工艺流程如图1-4所示。

稳流配水工艺技术克服了串管配注流程中单井注水量相互干扰的问题,解决了因注水压力波动而产生的注水量超注、欠注的问题。稳流配水阀组可在工厂预制、整体搬迁,现场安装工作量小,建设周期短,实现了无人值守,降低了生产管理费用;减少了注水支线、地面建设投资,提高了综合效益。

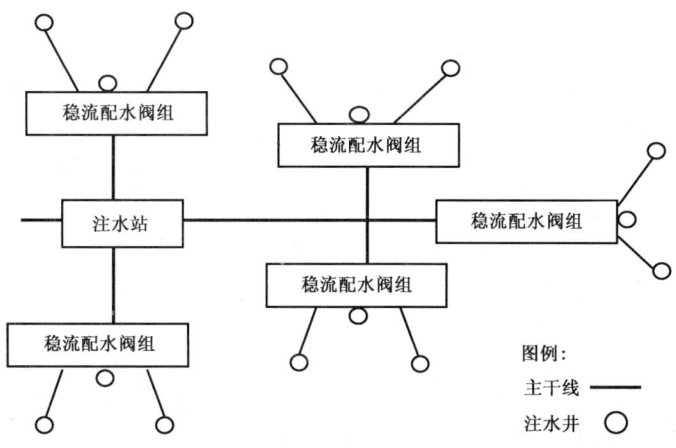

图1-4 稳流配水注水工艺流程示意图

二、单井功图计量技术

单井功图计量技术是依据油井深井泵工作状态与油井液量变化关系,建立抽油杆、油管、泵功图的力学和数学模型,采用高精度的数据采集器,获取安装在油井抽油机上的载荷和位移传感器等数据,通过数传电台将其传送到数据处理点(中心控制室)。数据处理点对采集点传送的数据,通过监测和油井计量分析系统软件,实时显示监测功图、分析油井工况,折算出油井产液量。单井功图计量系统结构组成及工作流程如图1-5、图1-6所示。

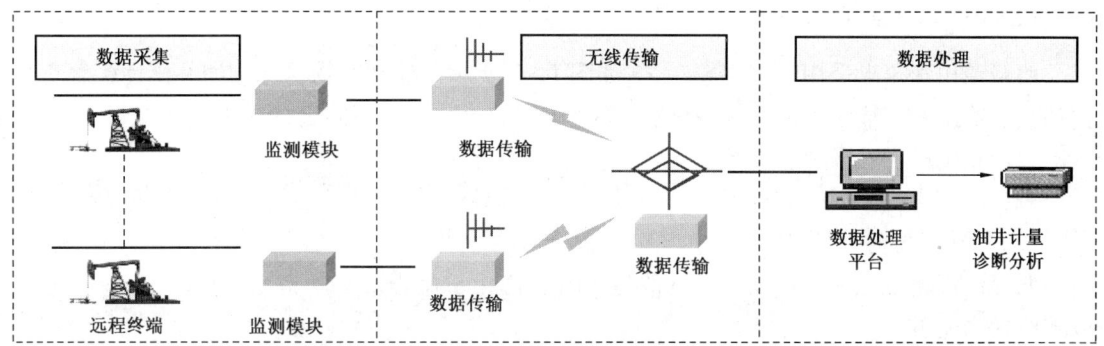

图1-5 单井功图计量系统结构组成图

单井功图计量技术是地面集输工艺技术和采油技术的一次成功结合,是西峰油田油井日常管理工作在自动化油井动态监测技术方面的有益探索;既是技术的创新,更是成功的理念创新。

从2003年起,西峰油田油井计量整体采用井口功图计量技术,改变传统的站内双容积计量方式。经现场应用,大部分油井计量误差控制在10%以内,满足了油井计量需要。该技术的成功应用,不仅将计量点前移至井口,减少了计量管线,具备了抽油机井远程自动监测、实时示功图数据采集、油井工况诊断、产液量计量等功能;而且实现了油井计量方式的简化与变革,提高了油田自动化管理水平,也为井口—联合站全过程监控和数字化油田的建设奠定了基础。

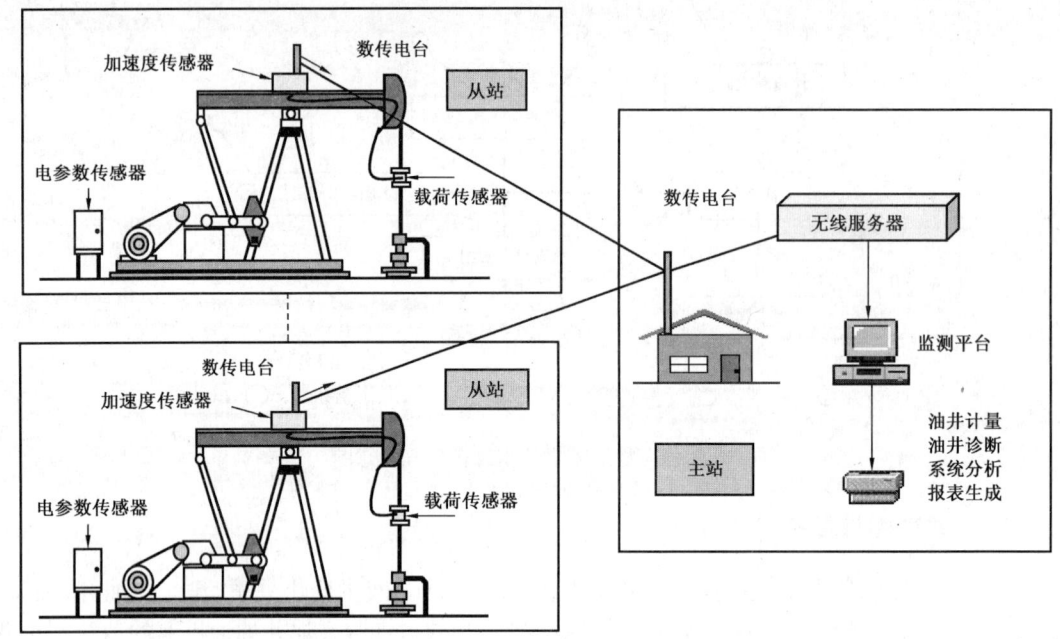

图 1-6 单井功图计量系统工作流程图

三、油气密闭集输工艺技术

(一)增压点油气混输工艺

西峰油田增压点采用油气混输工艺,如图 1-7 所示。油井产物从丛式油井出油汇管直接由油气混输泵密闭输送到接转站或联合站,与以往的工艺流程不同之处在于:

(1)取消加热炉,不加热外输;
(2)不设缓冲罐,油气经总机关直接进混输泵外输;
(3)事故状态时,采取压力越站方式外输,取消了备用泵。

西峰油田增压点油气集输工艺的改进,简化、优化了流程,由 20 世纪 90 年代的开式输油方式改为密闭输油。

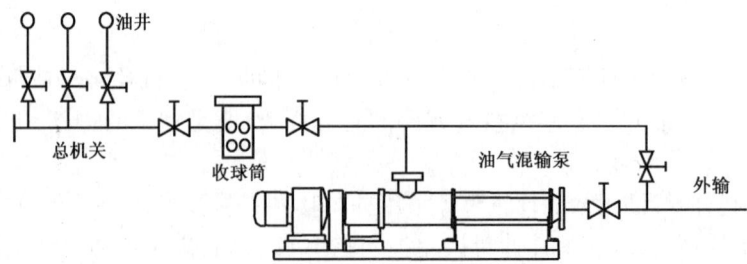

图 1-7 增压点油气混输工艺流程示意图

(二)接转站油气分输工艺

西峰原油的突出特点是气油比较高(80~110m³/t),接转站由于油气量大、输送距离远,采用油气分输方案比混输方案更加经济。伴生气采用低压集气工艺,油气管线同沟敷设,可有效改善输送工况,减少投资。因伴生气重组分含量高,为减少气管线中积液,主要采用以下几种方式提高气液分离程度:

(1)采用高效气液分离器;
(2)运行过程中做到气液高温分离,流程上考虑输气前采用自然冷却/油冷工艺脱除凝液,同时配备有清管设施,及时清除管内积液,保证管输效率;
(3)增加分离级数。

四、原油三相分离工艺

油、气、水三相分离器是依靠油、气、水之间互不相溶及各相间存在的密度差进行分离的装置,通过优化设备内部结构、流场和聚结材料使油、气、水达到高效分离的目的。

该工艺在西峰油田西一联首次成功应用,代替了传统大罐溢流沉降工艺,实现了脱水流程密闭,避免了油气损耗和散热损耗,节省了用地。

该工艺的推广应用使长庆油田生产从油井到集中处理站、直至原油外输的生产全过程真正实现了密闭。

五、气体综合利用

为合理利用油气资源,减少环境污染,西峰油田借鉴了靖安油田伴生气回收利用技术的试验结果及结论经验,从井口到联合站,全系统采用了油气密闭伴生气回收利用技术,工艺流程如图1-8所示。

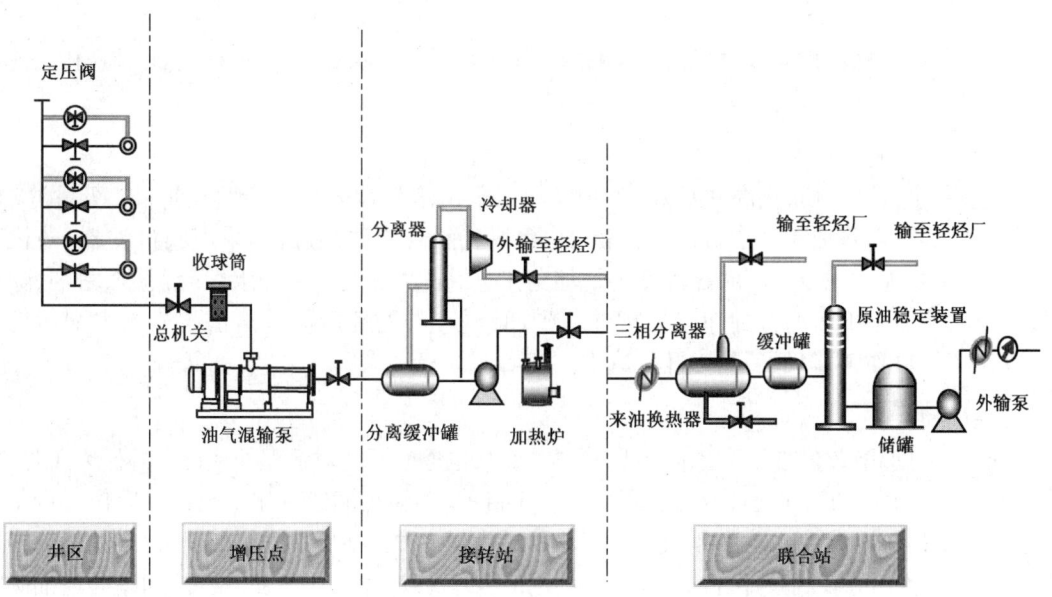

图1-8 西峰油田密闭伴生气回收工艺流程示意图

丛式井场采用定压阀回收套管气;增压点伴生气密闭增压混输至计转站,计转站的伴生气采用分输方式汇集至联合站的气体处理装置。经分离后,干气作为燃料;液化气、稳定轻油外销。该技术实现了集输工艺流程的密闭输送,减少了资源浪费,有利于环境保护。

(一)丛式井套管气回收技术

丛式井套管气回收技术是根据油井的套管压力变化对产量的影响,在井口安装定压放气阀,控制排放套管气。当套压超过控制压力时,定压放气阀自动打开,套管气流入单井输油流程,实现了套压控制,避免井口长期处于高压状态和井场排放伴生气造成的安全隐患。同时可吹扫管线,降低回压,达到了伴生气的密闭输送。其特点是有利于环境保护、安全生产、伴生气得到合理利用,有效地控制了生产压差,且具有自动调节功能。

(二)轻烃冷凝回收技术

原料气先增压至2.0MPa,经空冷器冷却至40℃,然后与干气换冷至28℃,加入乙二醇后再进氨蒸发器,进一步冷却至-25℃后进低温分离器,液相进脱乙烷塔,气相与原料气换热后调压至0.5MPa,进入火炬燃烧。脱乙烷塔顶设氨冷凝器,塔顶温度控制在-15℃,塔顶气相与原料气混合循环回收其中的重组分;塔底设重沸器,温度控制在70℃左右,塔底液相进液化气塔。液化气塔顶设水冷器,温度控制在70℃,气相经空冷器冷凝后为液化气产品,泵送至液化气储罐;塔底设导热油重沸器,温度控制在155℃,塔底液相经空冷后为轻油产品,自压进轻油储罐。

轻烃冷凝回收工艺技术成熟,操作灵活,具有良好的经济效益;相对冷油回收工艺能耗较低,操作费用和一次投资较省。

通过采用井口套管定压集气、增压点密闭混输、接转站油气分输,以及原油脱水三相分离等技术,实现了油气集输处理流程的全过程密闭。

六、环保措施并举

为了保持西峰油田高效开发与环境保护,目前采用了污水处理及回注、污泥回收和三池一沟等系列技术,为环境保护起到了积极作用。

(一)污水处理及回注

为进一步改善水质,提高注水效益,西峰油田采出水处理采用"二级除油+二级过滤"的两段处理工艺,即除油罐采用斜板(管)除油、粗滤化斜管除油;过滤器采用膜过滤器、核桃壳过滤器及多功能过滤器。同时配套完善了加药工艺,站内流程增加污水絮凝剂、杀菌剂、除油剂等助剂,所有采出水均得到净化处理并达到回注标准,处理后的采出水与注入水配伍性良好,减小了储层伤害,降低了油田开发成本。

(二)污泥回收

西峰油田近年来在加大采出水治理力度的同时,也逐步开展对污泥处理技术的研究工作,探索适用于陇东油田的污泥处理及综合利用技术。目前,含油污泥经过化学剂处理后作为调剖剂用于注水井调剖的研究和应用,不仅为陇东油田寻找到一种价格低廉的调剖剂,使含油污泥变废为宝,而且为油田寻找到一种含油污泥综合利用的合理方法,达到了污泥的有效利用和增油降水的效果,取得了可观的经济效益,在一定程度上减少了环境污染。但是源源不断产生的成分复杂、性质各异的含油污泥,仅仅作为调剖剂的处理是远远达不到经济、科学、环保处置要求的。随着环保形势的日趋严峻,积极开发和引进油田含油污泥处理技术,解决含油污泥的出路问题,逐步实现含油污泥的规模化、规范化、集中化、无害化、清洁化、资源化处理,是每一个油田工作者的职责,也是节约型企业可持续发展的需要,更是社会公众对石油企业的殷切期盼。

(三)三池一沟技术

三池一沟是指在环境敏感区内的井场建一个 $30m^3$ 污水池、一个 $30m^3$ 污油池和一个 $20m^3$ 污泥池,井口与三池通过一条沟相接。其特点是能有效减少井场污水、污油和污泥排放到敏感区域。该技术已在西峰油田多个井场应用,起到了良好的环境保护作用。

七、井站自动化

西一联合站自动监控系统是创建西峰油田模式的技术支撑之一。该系统采用国外先进、成熟的集散控制系统(DCS系统),集工业控制技术、现场数据采集、网络通信技术等多项高新技术于一体。整套系统按照生产流程可分为集输系统,采出水处理系统,消防、安全保护系统,供热、供电系统和图像监测系统等。

该系统能够实现西一联合站关键部位压力、温度、流量、大罐液位、沉降罐剖面等参数的自动监测,可自动控制罐区、外输泵房、采出水处理系统等多个电动阀的开启及生产要害部位的图像监视、报警,达到数据自动采集、处理、工艺画面显示、参数超限报警、设备故障报警和报表打印等功能。系统可在线监控的参数多达380余点,完全能够满足大型联合站生产流程现代化生产的控制与管理需求。

该系统的应用不但实现了大型站库的生产数据自动采集和传输、各个生产环节的自动控制、生产要害部位无人值守,而且真正达到了提高联合站生产效率和企业管理水平的目的,有力地推动了西峰油田整体管理工作向规范化、系统化、现代化转变的进程。

西峰油田地面工艺在新的建设理念的指导下,在单井计量技术、原油处理技术等方面均取得重大突破,成功地实现了丛式井单管不加热密闭集输流程,提高了油田数字化管理水平。西峰模式的建立使长庆油田地面建设水平又一次产生质的飞跃,代表了长庆油田21世纪初油田地面建设的最高水平,也为国内同类低渗透油田的高效开发提供了成熟、可靠的技术保障和可借鉴的经验。

"发展大油田,建设大气田,实现油气当量5000万吨,把鄂尔多斯盆地建设成为我国重要的油气生产基地"是全国人民对长庆油田的期望。为实现2015年5000万吨生产目标,保持长庆油田又好又快持续发展,长庆必须适应新的形势和要求,将油田开发技术和数字化管理手段有机地结合起来,真正实现长庆油田的腾飞与二次辉煌。

第三节 稠油油田地面集输工艺技术

稠油是沥青质和胶质含量较高、粘度较大的原油,由于稠油的密度大,也称为重油。我国稠油已探明地质储量为世界总石油探明地质储量的15%~20%,有约数十亿吨,开采出这部分稠油资源对于缓解国内能源紧缺局面以及保障国家能源安全具有重大意义。

稠油油藏遍及我国的辽河、新疆、胜利、吉林等油田,近年发现的亿吨级渤海蓬莱油田也是稠油油田。辽河油田是我国第三大油田,原油年生产能力 $1200 \times 10^4 t$,其中稠油产量约为 $800 \times 10^4 t$,占辽河油田原油总产量的 65%,是全国最大的稠油生产基地。辽河油田稠油集输和脱水工艺技术居于国内领先水平,特别是超稠油的集输和处理工艺,更是走在世界的前列。

一、稠油分类

稠油按粘度大小可分为普通稠油、特稠油、超稠油三类。

(1)普通稠油。

普通稠油是指温度在 50℃时,动力粘度大于 400mPa·s,且温度为 20℃时,密度大于 $0.9161 g/cm^3$ 的原油,如图 1-9 所示。

图 1-9 稠油样本图

(2)特稠油。

特稠油是指温度为 50℃时,动力粘度大于 10000mPa·s 且不大于 50000mPa·s 的稠油。

(3)超稠油。

超稠油是指温度为 50℃时,动力粘度大于 50000mPa·s 的稠油。

二、辽河油田稠油性质

辽河油田油品性质复杂,稠油种类涵盖普通稠油、特稠油、超稠油。辽河油田超稠油 50℃时的动力粘度为 $5 \times 10^4 \sim 18.7 \times 10^4 mPa·s$,20℃时密度为 $0.9980 \sim 1.0019 g/cm^3$;超稠油储量较大,主要分布在曙一区杜 84 块、杜 32 块以及洼 60 块等。但由于开采难度很大,长期以来一直未被动用。随着油田开发时间的推移及油田稳产的需要,从 1996 年开始,逐渐进入了超稠油开发阶段。

三、稠油地面工艺技术

(一)稠油集输工艺

1. 单管加热集输流程

单管加热工艺包括井口加热炉、一条集输管道和一条天然气管线。将计量接转站布置在油井的适当位置上,每口单井的油气混合液先经过井口加热炉加热,采用单一管线将油气混合液集中到计量接转站,进入计量分离器分别对油气计量,完成计量后,进入分离器进行油气分离,天然气经气分离器、空冷器提纯后,进入天然气系统;原油经泵加压和站内加热炉加热后输送至联合站。如图1-10所示。

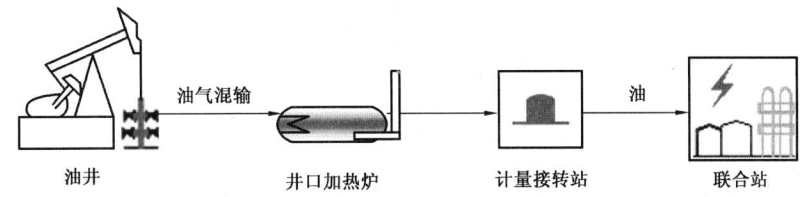

图1-10 单管稠油高温集输流程示意图

这种单管加热工艺的主要特点是:

(1)流程比较简单,且具有集输温度高、热能利用率高和动力消耗少的优点,但要求设备、管线、仪表等要具有耐高温的性能。

(2)井场上一般设有加热炉,只有一条油气混输管线。

(3)停井或作业时需要清扫管线,否则会堵塞管线。

(4)井场使用的天然气,一般为天然气系统供给的干气。对于单井点和管线敷设困难的井场,部分使用油井套管气。

2. 掺液集输流程

掺液集输工艺是在出油、集油管道或油井中掺入常温水、热水、轻质油、低粘原油,以降低介质粘度,润湿管壁,防止结蜡,从而减少摩阻的输送工艺。在输油管线中也可以加入降凝、降粘、防蜡、防阻等化学助剂,达到同样的目的。掺液集输工艺从分井计量站到采油井井口有两条管道,一条集油管道,一条掺液管道。

对于二级布站的集输流程,掺液介质由计量接转站通过掺液管道分输至各油井口,油井所生产的油气混合物,与掺液介质混合,在站内完成计量后,原油经泵加压和站内加热炉加热后输送至联合站。

掺液集输工艺常利用联合站脱水排出的污水作为热介质。由于水的比热容比油约大一倍,故可利用污水的剩余热量。同时,掺热水比掺热油流量约可减少一半,与之有关的设备可选用较小的容量。

掺液集输工艺的主要特点:一是能较好地解决高粘度原油的开采问题,有效降低油井回压,可适当扩大计量站的管辖井数和范围;二是对于掺水集输工艺,水可循环使用,但管线腐蚀、结垢严重。

对于中质、重质的环烷基原油,其凝点低、粘度高,升温后粘度无明显变化,宜掺入冷水;对于低产油井的集输,可掺入原油;对于高含盐原油的集输,宜掺入溶盐清水。

(1)掺稀油集输流程。

稀油经加压、加热后从井口掺入油井中,使原油在集输过程中的粘度降低,其流程如图1-11所示。

(2)掺活性水集输流程。

掺活性水集输流程通过一条专用管线将热活性水从井口掺入油井的出油管线中,使原油

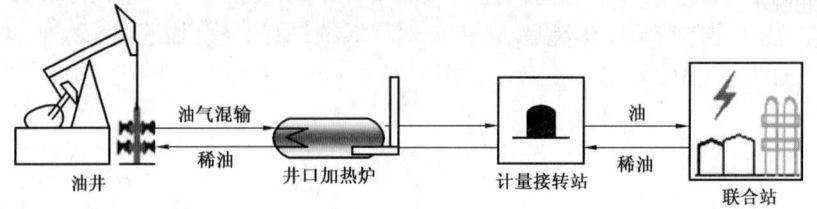

图 1-11 掺稀油集输流程示意图

形成水包油型的乳状液,这样原来的油与油、油与管壁间的摩擦变为水与水、水与管壁间的摩擦,可达到降低油品粘度的目的。该流程适用于高粘度原油的集输。掺活性水集输流程如图 1-12 所示。

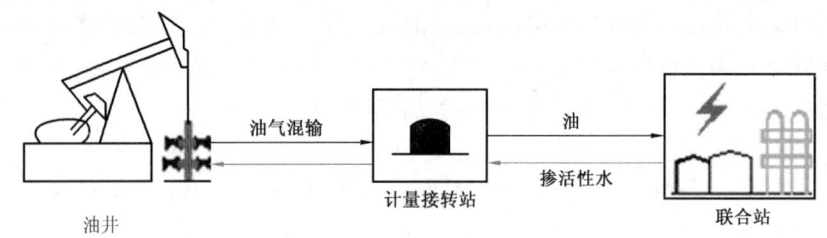

图 1-12 掺活性水集输流程示意图

3. 集肤效应电伴热

集肤效应电伴热又叫管道工频加热法,是用于管道伴热保温的新技术。集肤效应电伴热具有加热温度均匀、适应性广泛的特点,主要适用于输送高稠原油的钢质管道的伴热和加热,特别适用于解决单井产量低、间歇生产、集输管线停输、启动频繁的稠油和高凝原油的集输问题。

另外,集肤效应电伴热的加热温度是均匀的,不会出现局部过热的现象。

4. 平台输油、集中处理的工艺流程

平台输油、集中处理的工艺流程用于环境条件差,矿区无稀油资源,原油粘度很高的特稠油、超稠油的集输。该工艺流程一般以平台为单元,采用自动称重计量器对油井进行计量,采用导热油集中伴热,利用油井自压或泵将原油输送至中心站集油后进联合站,采用导热油伴热或加热与采用电热带和电加热棒的加热方式比较,提高了热能的利用效率。

5. 裂化降粘采、集、输一体化工艺流程

裂化降粘就是在高温下将大分子烃类裂解成小分子烃类,使稠油转化为低粘度的原油。采、集、输一体化工艺流程是单井掺柴油后,原油在处理站预脱水和高温脱水,再经加热进分馏塔回收和分离出柴油,柴油返输到井口回掺,循环使用。塔底油经加热进入裂化降粘反应塔,然后经过稳定、降粘外输。该工艺流程解决了稀释剂的来源,使稠油的开采、集输、处理、降粘各环节紧密配合,节约了能源,提高了经济效益,适用于稠油资源丰富,且周围无稀油源的稠油区块。但目前这种工艺仅停留在试验阶段,没有大规模应用于实际生产。

(二)稠油脱水工艺流程

由于稠油的密度大、粘度高、流动性差、与水的密度差小,一般采用热化学脱水、电脱水、掺稀油脱水和重力沉降脱水等综合脱水方式。

1. 热化学沉降脱水工艺流程

热化学沉降脱水是先向小站来液中添加化学破乳剂,并加热提高温度,然后利用管道进行流动搅拌,使之充分混合,破坏乳化状态,最后通过小水滴碰撞合并,利用油水密度差分离沉降。

各小站来油,经进站计量、加热后,进一段热化学沉降脱水罐脱出游离水,污水去污水系统处理;低含水油溢流至缓冲罐,经脱水泵加压、脱水炉加热后,进二段热化学沉降罐进行二段沉降脱水,合格油溢流进合格油储罐,经外输泵加压后计量外输。在油田有伴生气的情况下,一段脱水可以采用三相分离器,以提高集输系统的密闭程度。该流程的关键是沉降时间、脱水温度和化学药剂的选择。其特点是操作简单、可靠。

2. 热化学沉降加电脱水工艺流程

原油热化学沉降加电脱水工艺是在电脱水器前加入一定量的原油破乳剂,使"油包水"型乳化液将水释放出来,再经电脱水器将原油含水率脱至合格要求。电化学脱水工艺与热化学工艺流程相似,只是用电脱水器替代二段热化学沉降罐,工艺流程如图 1-13 所示。

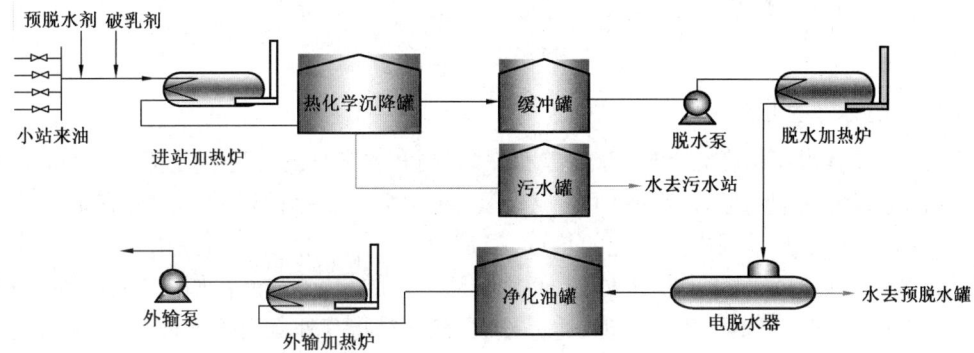

图 1-13 热化学沉降加电脱水工艺流程示意图

该流程的特点是脱水效果好、速度快,近年来由于油田处理药剂的脱水效果提升,电脱水器已全部停用,只作为二次沉降罐使用。

3. 一段热化学静止沉降脱水工艺流程

一段热化学静止沉降脱水工艺流程用于原油密度和粘度较大、胶质和沥青质含量高的原油处理。它与热化学沉降脱水工艺流程相似,需采用多个储罐分别交替静止沉降、浮动出油,完成沉降脱水罐转为合格油储罐。脱水后的净化油含水小于 5%,污水含油在 1000mg/L 以下。该工艺流程在特一联运行良好,但要注意的是操作前应首先确定超稠油热化学沉降的合理工艺参数,如脱水温度、沉降时间、高效破乳剂的品种和适宜的加药量。

4. 预脱水工艺流程

随着原油综合含水逐年上升,进站采出液已接近高含水期(综合含水85%),且乳化严重,使得原油升温脱水过程中的燃料及化学助剂等材料消耗逐渐增加,水处理负荷增大,吨液处理成本不断升高。针对这一现状,选择了将原有的脱水工艺改造为预脱水工艺的方案,其工艺流程如图1-14所示。在较低的处理温度下,进站采出液污水可实现预分离,保证进污水站的污水指标合格,节省了大量的天然气和破乳剂。该工艺中应用的预脱水剂用量少、作用温度低、破乳及净水速度快,且与破乳剂有良好的配伍性。采用预脱水技术后,对采出液中的大量游离污水可达到低温、高效处理。目前辽河稠油各联合站基本改造为预脱水工艺。

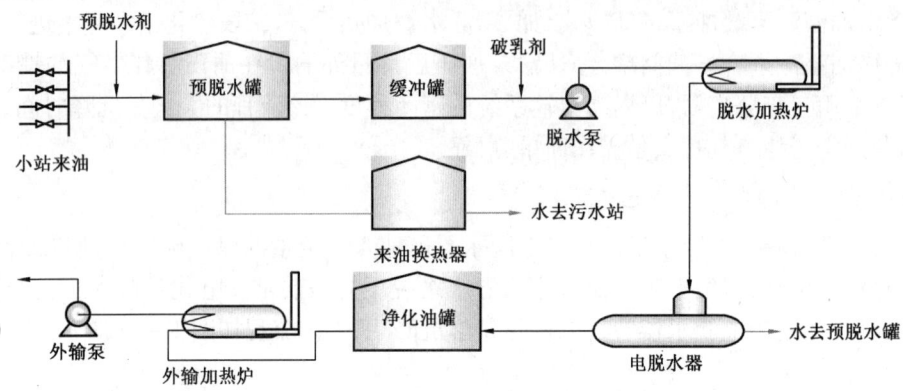

图1-14 预脱水工艺流程示意图

(三)稠油污水处理工艺

稠油污水具有水相粘度大、油水密度差小、水温高和含丰富的乳化物等特点。稠油污水中的油分大部分以乳化油的形式存在,COD成分复杂,污水可生化性较差。因此稠油污水的深度处理和达标外排是目前国内外研究的热点,也是一个难点。目前辽河油田对稠油污水合理处置的方法有三种:其一是将其深度处理,回用于注汽锅炉,其工艺流程如图1-15所示;其二是在除油工艺的基础上,增加生化处理,达标排放;其三是将其外输至邻近稀油区,处理合格后回注。

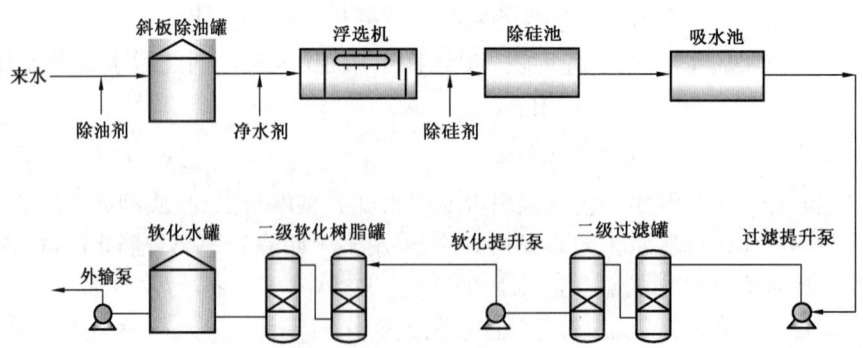

图1-15 深度处理工艺流程示意图

稠油污水深度处理包括以下工艺技术：

1. 精细过滤去除悬浮物技术

精过滤段可用双滤料过滤，硅藻土、改性纤维球（束）过滤，陶瓷膜过滤，烧结管过滤等。当来水含油小于15mg/L，含悬浮物小于10mg/L时，该类设备的出水含油小于2mg/L，含悬浮物小于5mg/L，粒径不大于2μm。

2. 化学除硅工艺

采用镁剂和镁盐的化学除硅工艺，在碱性条件下，污水中的溶解性硅通过和镁剂反应形成硅酸镁沉淀物，在除硅装置中沉淀去除。除硅装置由混合、反应和沉淀三部分有机地组成一体。

3. 大孔弱酸阳离子交换树脂软化技术

采用大孔弱酸阳离子交换树脂对污水进行软化除硬，并采用酸再生碱转型的方式对树脂进行再生。树脂被污染，也可以通过树脂的收缩膨胀过程恢复其软化除硬能力。

辽河油田从1986年原油产量突破1000×10^4t开始，连续25年保持千万吨以上高产稳产，其中稠油开发生产做出了重要贡献。辽河油田公司在稠油勘探、开发、地面集输等领域积极进行科研攻关和现场试验，成效显著。其中稠油吞吐热采、超稠油长距离管输和大幅提高中深层稠油采收率等技术居于国际领先水平，为油田的持续快速发展提供了强有力的技术支撑。我国的大部分稠油油藏基本上都是小断块稠油油藏，这类油藏属于低品位石油资源，原油物性差，稠油热力开采需要一整套特殊的技术和设备，尤其在稠油集输系统，自井口、计量站、转油站、联合站到原油外输；从集输管道、防腐保温、集输流程到脱水工艺等，具有工艺设备多、工艺流程复杂、仪表控制要求高等特点，并要求系统对特定原油具有较好的适应性。在石油开发过程中集输系统能源消耗占有较大的比重，因此，提高系统效率、节能降耗、降低成本是稠油油田生存与发展的重要问题。

稠油开发是世界性的大难题。在经济危机的今天，稠油资源无疑是我国不可忽视的能源之一。积极探索适合稠油油田滚动开发的设计模式，包括优化地面工程总体布局、优化集输工艺技术、优化布站方案，并对配套系统工程进行优化，才能提高稠油油田的整体开发效益。

第四节　高凝油油田地面集输工艺技术

沈阳油田位于中国东北最大的工业城市——沈阳市西北35km处，油井遍布蒲河两岸地势平坦低洼的水稻农产区，是中国石油辽河油田公司的一个重要采油作业区，也是国内开发规模最大、现代化程度最高的高凝油生产基地。

1971年7月，沈1井钻探首次发现了高凝油，但由于缺乏先进的科学技术，人们只能望油兴叹。20世纪80年代初期，随着勘探领域和高凝油生产工艺难关的重大突破，迎来了沈阳油田大规模开发建设的曙光。经过近5年的反复探索和实践，终于攻克了高凝油开采和集输的难关。1984年4月，沈阳采油厂正式成立，从此揭开了油田开发的崭新一页。沈阳油田的开发建设采用了当时在国内领先的丛式钻井、强磁防蜡、全密闭流程、输油管道电缆加热和污水处理回注等12项配套新工艺、新技术，使高凝油开采在钻井、采油、集输等方面均达到了国内外先进水平,在不到一年的时间里,就形成了年产 $200 \times 10^4 t$ 的原油生产能力,并配套建成了 $300 \times 10^4 t$ 产能的骨架工程,取得了三座大型联合站一次试运投产成功的佳绩,开采技术受到了世界同行的瞩目,美国、俄罗斯、缅甸和印度等一些国家的石油专家多次前来学习考察,洽谈合作项目。

一、高凝油的性质

沈阳油田地质构造属大民屯凹陷,整个凹陷的构造面积为 $800 km^2$。高凝油油藏分布在静安堡和边台两个区块,探明含油面积 $122.64 km^2$,地质储量 $2.49 \times 10^8 t$。动用含油面积 $83.64 km^2$,动用地质储量 $1.82 \times 10^8 t$。目前共有 23 个油藏投入开发,动用程度达 93.8%。油藏埋深以中、深层为主,一般油藏埋深在 1800~2400m,最深 3700m。沈阳油田的高凝油是高凝点、高含蜡、低硫、低胶质的典型石蜡基原油,含蜡量 31.34%~45.33%,最高可达 52.3%,平均为 40%;析蜡点最高达 70℃;凝点一般在 42~58℃,最高为 67℃,常温下即成固态。高凝油样本和雕塑如图 1-16、图 1-17 所示。在地面温度 50℃ 时,各区块原油粘度差别很大,最低只有 $5.26 mPa·s$,最高达到 $86.2 mPa·s$,密度为 $0.8653~0.8874 g/cm^3$。

图 1-16 高凝油样本图

图 1-17 高凝油雕塑

二、高凝油单井集输工艺

原油的集输过程是原油输送的前期工艺过程,其实质就是把油井产出液从井口集中输送到计量站的过程。

沈阳油田高凝油地面集输系统大多采用"单井→计量站→联合站"的二级布站方式,单井集输采用双管掺水集油流程。集输系统所需热水一般是软化水,在计量站加热后,经过计量站分配间分配到井口,在井口与油井产出液一起从油井的出油管线返回计量站;计量站向联合站输送的原油需采用加热炉加热,双管掺水集油工艺流程如图 1-18 所示。双管掺水集油工艺流程具有以下优点:一是降凝效果较好,产出液流动性较高;二是井口无需辅助运行设备;三是掺入的水为游离状态,可在计量站就地脱水回掺,实现掺水闭路循环使用;四是地面掺水实行集中供液,将原来的每站一台掺水多级泵改为一个系统使用一台或几台泵,取消了每座计量站的储水罐,直接由联合站来水供液;五是在布站密集的区域对掺入的软化水实行集中加热,减少了加热炉的数量,简化了工艺流程,节约了大量的天然气。

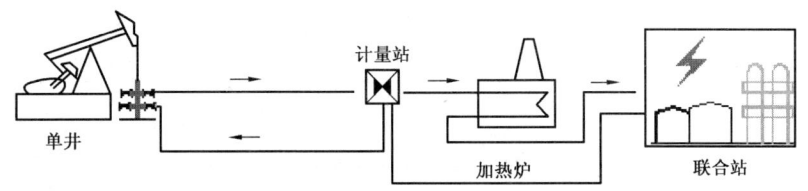

图 1-18 双管掺水集油工艺流程示意图

另有少数产液量高、井口出油温度高的油井可直接采用不掺水冷输;而个别产液量高、含水高的油井则在气温较高时节采用冷输,气候转冷时又恢复地面掺水输送。

2000 年以来沈阳油田对高凝油井的集输工艺流程陆续进行了技术改造,全部实现了不加热、不加药的双管掺水集输工艺,是高凝油油田大幅度降低集输能耗的关键技术。

三、高凝油的集输降压工艺

(一)站间输油采用管道泵降低回压

站间输油采用管道泵降低回压,实际上由二级布站变成二级半布站,系统回压由原来的 0.9MPa 下降到目前的 0.45MPa。沈阳采油厂 70% 的高凝油集油系统采用了这种工艺。

安装管道泵降压回压具有如下优点:

(1)由于混输压力降低,各井井口回压减小,延长了井口密封填料的使用时间,降低了劳动强度;

(2)目前油井及站间混输管线老化,减少了油井管线及混输管线漏油事故的发生;

(3)清除了因系统回压较高,量油存在的安全隐患;

(4)解决了由于系统回压高,单井回掺的困难。

(二)偏远油井采用缓冲罐降低回压

个别偏远的油井投产后,如果产出液直接进入集输系统,就会造成回压过高而无法进站,因此采用缓冲罐降低回压,一般油井的回压不到 0.1MPa。

安装缓冲罐具有降低系统压力效果明显、计量产量相对准确的优点。

四、高凝油脱水工艺

沈阳油田原油脱水系统采用热化学沉降脱水工艺,脱水设备采用三相高效分离器和沉降罐,如图 1-19 所示。

各计量站来油一般含水 80%~90%,温度为 50~55℃,进联合站后经预脱水加热炉加热至 55~60℃,控制加入预脱水剂浓度为 70mg/L,接着进入预脱三相分离器,处理后的原油含水小于 10%,然后再进行加热,使原油温度达到 70~75℃,再次加热后的原油进入精脱三相分

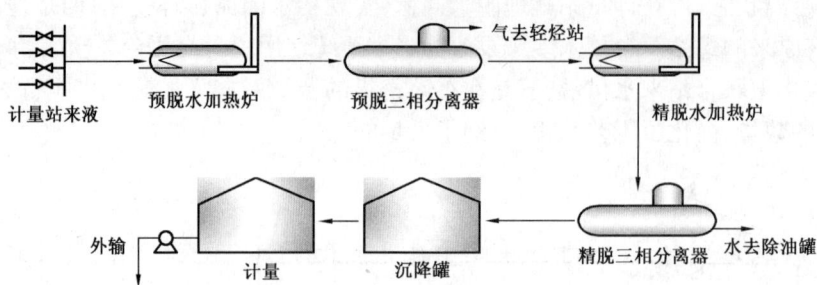

图1-19 高凝油脱水工艺流程示意图

离器,处理后的原油含水小于1%,进入沉降罐沉降脱水,使原油含水小于0.5%达到外输标准,合格油溢流进储油罐,经外输泵加压后计量外输。该工艺的关键是沉降时间、脱水温度和化学药剂的选择。其优点是操作简单、可靠。

五、高凝油污水处理工艺

高凝油污水处理工艺流程如图1-20所示,主要设备有斜板除油罐、DAF浮选机、过滤提升泵和核桃壳过滤器等。

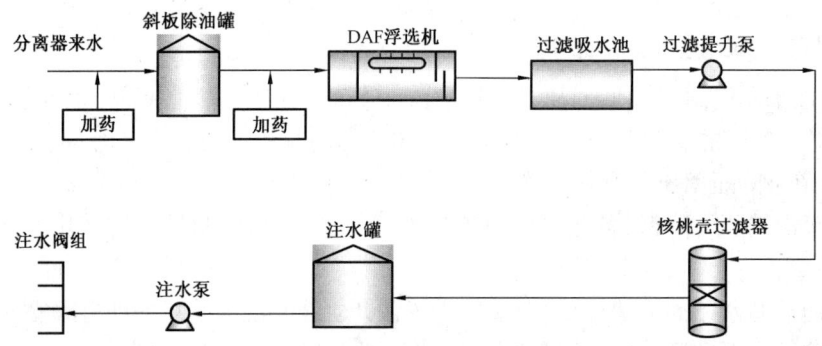

图1-20 高凝油污水处理工艺流程示意图

自三相分离器而来的污水(污水参数为:温度45℃,含油不大于150mg/L,机杂不大于150mg/L)在进入斜板除油罐前加入阻垢剂、杀菌剂和净水剂Ⅱ,加药浓度分别为25mg/L、25mg/L、10mg/L,从斜板除油罐出来的污水指标为:含油不大于100mg/L,机杂不大于80mg/L。在污水中加入净水剂Ⅲ,加药浓度为20mg/L。污水在进入DAF浮选机前,加入净水剂Ⅳ,加药浓度为15mg/L;从浮选机出来后污水的指标为:含油不大于20mg/L,机杂不大于15mg/L。污水经过滤提升泵提升压力,到达过滤器,滤后污水的指标达到:含油不大于10mg/L,机杂不大于10mg/L。污水进入注水罐,合格污水经注水泵提压分配到阀组。

六、高凝油伴生气处理工艺

高凝油伴生气处理系统主要采用水冷、氨制冷和气波制冷工艺,对原油伴生气进行脱水、脱烃处理,工艺流程如图1-21所示。

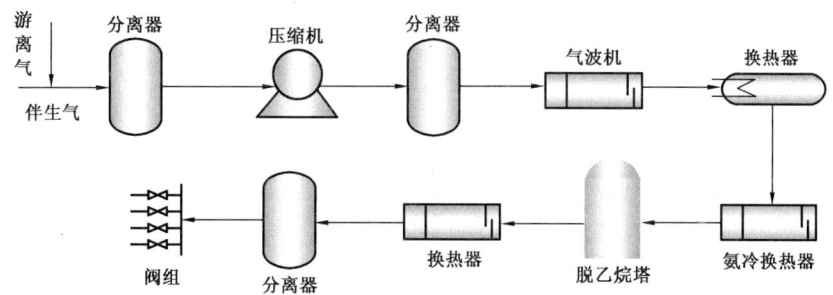

图 1-21　高凝油伴生气处理工艺流程示意图

天然气进入轻烃站进行深度处理，轻烃站的主要功能是处理油田的天然气，油田所产的天然气分为游离气和伴生气两部分，从三相分离器脱出的伴生气经立式分离器分离，脱出水、天然气和轻质油；游离气通过天然气压缩机增压后与伴生气共同进入区块的轻烃站进行净化处理。轻烃站由原料分离器、增压冷却系统、气体干燥再生系统、氨冷系统、制冷系统、分馏系统和产品外运系统等组成。处理完的净化气输入联合站干气系统，一部分输送到各采油井站及各联合站自耗，另一部分输送至联合站的输气岗，通过天然气压缩机增压后输送到周边城市。

七、近年来采用的新工艺

(一)油井的单井自动计量工艺

目前油井计量主要采用分离器玻璃管量油，其缺点是流程复杂，体积大，工人劳动强度大。随着开发的不断深入，高凝油生产进入了高含水期，原油伴生气急剧减少，低气液比油井采用玻璃管计量十分困难。针对高凝油低气油比的生产特点，结合其他采油厂的应用实际，沈阳油田采用了高凝油自动计量分离器，不仅优化、简化了目前的油井计量工艺，而且实现了油井产量及时、准确地计量。

高凝油自动计量分离器主要由罐体、分离器、翻斗、称重传感器、位置传感器、分布器等组成，并与微型计算机组成计量系统。其工作原理是原油进入罐体时首先沿伞状分离器铺开流入翻斗。翻斗装置是由两个对称放置的独立料斗组成，翻斗上安装有称重传感器，以检测翻斗和油的重量。位置传感器检测翻斗的状态，即判断出哪一个翻斗在接油，它们何时翻转，在翻转的一瞬间，称重传感器将翻转的重量信号传入计算机，根据这一数值，就可知道翻斗的接油量与残液量，再与流量系数配合即可算出产液量。分布器的作用是减小原油的冲击，并使原油按照设计的位置进入翻斗。

高凝油自动计量分离器的优势体现在：

(1)实现全天候计量，保证油井产量客观、真实、准确。该分离器既可以使用在平台井上，也可安装在计量站内。可以根据需要设定计量周期，也可以按照设定的时间进行自动计量，计算机随时记录量油结果。可以每天对油井进行多次计量，跟踪一口油井任意时间段的出油情况，保证了油井计量的准确性。

(2)降低劳动强度，节省人力资源。实施自动化量油，可替代人工计量的工作，整个平台可实现无人值守管理。

（二）注水井的自控注水工艺

以前沈阳油田的注水井水量的调整完全依靠人工来完成,很难做到平稳注水,而注水井智能流量测控仪的应用,从根本上解决了这个问题。目前,沈阳采油厂已经全面推广使用了这种仪器。

注水井智能流量测控仪主要由流量变换器、流量阀、智能执行器和仪表头等四部分组成。被测介质首先进入流量变换器内,经测量后再通过流量阀。流量变换器可将流体介质通过的体积流量转换为流量电信号,并经整形和放大处理,由信号线送入仪表头,仪表头的电路上设有单片机,编有时间、日期,能进行数据的运算、存储等处理,最后由液晶显示屏显示出各种测量数值。流量阀连接在流量变换器的下游,流量阀的关键零件是一对动静阀片。智能执行器的主轴带动阀杆与动阀片一起转动,通过动静阀片的相对角位移来改变流道的大小,从而达到调节流量的目的。

这种注水井智能流量测控仪分合体式和分体式两种,分体式流量测控仪流量信号的最大传输距离可达200m,因此可把各井的流量显示仪集中安装在值班室内,既方便员工记录数据,又不必进入高压注水间,保证了人身安全。沈阳油田的注水井平均井距不足150m,注水见效速度快,水淹程度严重,采用智能流量测控仪可以实现小配注量注水,有效完善井组对应注采关系,为油藏稳产奠定坚实基础。这种注水井智能流量测控仪的成功应用,彻底改变了传统的注水流量由人工调节的方式,解放了大量的人力资源,且不受系统压力波动的影响,真正地做到了按配注量均匀注水的工艺要求。同时由于它不需要人工调整高压闸门,减少了生产环境的危害因素,可以说此举是油田注水领域一场重大的技术革新。

（三）低压掺水系统的自控工艺

目前低压掺水系统广泛采用了自控技术,研制了自控水表。具有如下优点:一是新式掺水表自动化程度高,可以自动调整掺水量,降低了工人的劳动强度;二是可以实现精确调整掺水量,进行掺水制度的优化调整,实现掺水系统的节能运行,达到节电节气的目的;三是新式掺水表不易出现问题,零件供应齐全,维修方便;四是保证了井站掺水系统压力平稳,员工管理地面系统的难度大大降低;五是减轻了联合站污水处理的压力,提高了原油脱水质量。

（四）集输处理工艺的简化

沈阳油田初期设计集油能力 6.87×10^4 t/d,原水力泵运行系统的原油处理过程为:混合液→分离器→加热炉→热化学脱水器→电脱水器→精脱水器→稳定塔→沉降罐→储油罐,脱出的天然气进入气处理系统,脱出的污水进入污水处理系统。随着综合含水的上升,污水量逐渐增大,加之高凝油脱水温度高达75℃。为达到节能降耗的目的,在对站内生产工艺改造的同时,对原油脱水药剂进行了研制复配筛选。在此基础上,停运了电脱水器,原油处理工艺改为混合液→加热→加净水剂→预脱水→加热→加破乳剂→精脱水→稳定→沉降→储油罐。通过对原油脱水工艺的改造,使原油脱水温度由65℃（沈三联）、75℃（沈一联）分别降低到40℃、60℃。

沈阳油田经过30多年的开发,原油产量逐年递减,含水率不断上升,单位能耗呈逐年上升趋势。地面集输系统存在的问题越来越突出,原有部分站、管道、设备的设计能力与实际需要不匹配,原有的集输方式已不适应现场生产的要求,致使集输系统的运行效率低、单位能耗高。

为此,在集输系统推行了关、停、并、转、减系统工程,在保障安全生产的前提下,简化了地面集输工程,优化了集输系统内部运行工艺,采用了先进的地面工艺技术,取得了良好的效果。

第五节 沙漠油田地面集输工艺技术

塔里木盆地是我国最大的含油气盆地,总面积560000km^2,盆地周边被天山、昆仑山和阿尔金山所环绕,中部是号称"死亡之海"的塔克拉玛干沙漠,面积33.7km^2,是世界第二大流动沙漠。自1989年以来,塔里木油田逐渐形成了轮南、东河、塔中、哈德逊四个油田群,先后建成国内第一个超高产高丰度海相砂岩油田——东河塘油田,第一个沙漠腹地油田——塔中-4油田,第一个亿吨级海相砂岩油田——哈德逊油田,国内最大的凝析气田群——牙哈—英买力气田群。

在沙漠腹地进行油田开发,因其自然环境极为恶劣,无社会依托条件,运距远,投资大,从而对地面工艺技术是一个挑战。在此条件下,采用内地常规的建设模式难以满足沙漠油田开发的需要。塔里木油田以"统筹规划、优化布局、提高整体效益"作为指导思想,在广泛吸收国内外先进技术的基础上,结合油田自身的特点,采用新工艺、新技术,简化油气集输及处理工艺,实现生产管理自动化,初步形成了具有"沙漠特色"的沙漠油田地面工程建设模式。

一、总体布局的集输模式

根据沙漠油田的特点,在总体布局上应最大限度地减少沙漠腹地的工程设施,为此塔里木油田经过综合效益评价,制定了"简化前头、完善后头"的总体布局方案。

在塔克拉玛干沙漠开发的第一个油田是塔中-4油田,联合站只进行油气分离、原油脱水、天然气处理、污水处理及就地回注,而将未稳定原油与天然气处理生产的混合轻烃经输油管线密闭输送至沙漠外的轮南油田,在轮南油田进行原油稳定和轻烃分馏及产品储运。此举不仅简化了沙漠腹地基建工程量,减少了管理人员,而且充分利用了轮南油田依托条件好的有利条件,同时解决了塔中-4油田轻烃、液化气外输问题。创造了沙漠油田地面建设沙漠内外结合,集输处理工艺装置相隔300km的新型密闭生产工艺模式。

塔中-16油田是第二个开发的沙漠油田,该油田的特点是油田面积小,产能规模小,距塔中-4油田较近。在塔中-16油田只建了1座计量转油站,将该油田的含水原油输送至塔中-4联合站集中处理,同时供电、供水、通信等均依托塔中-4油田,简化了工艺,降低了投资,方便了管理。

哈德逊油田是第三个开发的沙漠油田,位于沙漠北部,处于塔中-4油田与轮南油田之间。为了方便管理、降低投资、充分利用已建设施,将原油与天然气处理生产的混合轻烃密闭外输,外输管道接至塔中-4油田至轮南油田的输油管道上,利用塔—轮管道输至轮南油田,在轮南油田进行原油稳定及轻烃分馏。既简化了工艺,又解决了轻烃、液化气外输问题。另外,该油田供电依托轮南燃气电站、通信依托轮南至塔中-4油田的通信光缆。

二、布站方式

根据各油田具体情况,灵活采用一级、一级半和二级布站多种方式,互相结合,满足了生产需要,方便管理,降低了投资和运行费用。

塔中-4 油田 402、422 井区东西长约 17km,南北宽约 2km,丛式井组较多,联合站位于中部。油气集输系统采用了站外设选井阀组的一级半布站方式。而 401 井区距联合站 14km,建计量转油站 1 座。除 401 井区外,均实现了联合站集中计量管理。不仅方便了管理,节省了投资,还为实现站外集输系统的无人值守创造了条件。

塔中-16 油田面积小、井数少,采用了一级布站方式,即单井采出液直接进计量转油站。哈德逊油田面积较大,约为 88.4km²;油井分布特点是在东南部较为密集,在北部和西南部较为稀少。依此,对相对联合站不同位置的油井分别采用了一级、一级半和二级布站方式。

三、集输工艺

由于已开发的 3 个沙漠油田的原油粘度低、密度低、凝固点低和井口压力较高,因此采用了单井单管密闭常温集输工艺。充分利用油井剩余能量和油气物性好的有利条件,扩大了集输半径,油气集输半径达 10km。

沙漠腹地沙丘连绵,地形起伏较大,虽然采用单管油气混输技术有一定的风险,但混输技术不仅可以降低井口回压、使油井增产,而且节能、节材,利于系统的深度密闭,并且延长了油井集输半径,减少布站,降低了地面建设投资,提高了经济效益。

四、处理工艺

(一)原油处理工艺

由于塔里木沙漠油田的原油物性相对较好,同时采出污水矿化度高、密度大,具有油水密度差大,粘度差小的显著特点,便于油、气、水三相分离。哈德逊一联合站原油处理系统工艺采用两段密闭分离沉降的二级分离沉降热化学脱水处理工艺,其中一段采用油、气、水三相分离沉降,脱去大部分的伴生气和游离水;二段采用热化学沉降脱水工艺,脱出原油中的乳化水和部分伴生气,最后进入原油缓冲罐进行油气分离缓冲,合格原油经外输泵外输至轮南油田进行原油稳定。

(二)天然气处理工艺

在气举采油及注水和注气开发的塔中-4 油田,天然气处理的主要目的是满足气举及注气对气质的要求。

哈德逊油田天然气 C_3 含量高,为 15.42%,进站压力低;根据模拟计算,当温度达到 -30℃时,C_3 收率已达到 40%。如再降低制冷温度,C_3 收率虽能提高,但液烃总量提高不大。若仅仅为了追求单一的 C_3 收率而采用深度处理,势必增加设备、投资和管理费用,在经济上是不合理的。因此采用丙烷制冷的浅冷处理工艺是处理天然气的最佳工艺。虽然轻烃收率没有达到最高,但由于天然气用于气举及注气,资源并没有损耗,在气举、注气开发期结束时可再上深冷处理装置。

五、污水处理工艺

污水处理工艺采用一级压力除油、两级压力双层滤料过滤的污水处理工艺,即生产污水首先进入加热炉加热,经加热后的污水进入 $1000m^3$ 污水罐,经升压泵升压后进入污水除油器,出水直接进入一级双层滤料过滤器,然后进入二级双层滤料过滤器。滤后水进入注水罐,一部分供油田回注或外输至哈四联,另一部分作为滤罐的反冲洗水。污水除油器、污水罐及回收水罐回收的污油,靠余压回收至污油污水回掺罐,再经升压后输回至原油处理系统进行重新处理(目前污水处理系统未投用,脱水站脱出的污水直接进注水罐,然后外输到哈四联)。

六、原油稳定及轻烃回收工艺

哈德一联合站的原油是输至轮南油田 $400×10^4t/a$ 原油稳定处理装置进行稳定的。该装置由塔北 $150×10^4t/a$ 原油稳定系统(目前停运)、塔中 $250×10^4t/a$ 原油稳定系统、脱盐系统、增压系统、轻烃回收系统、热油系统和尾气回收系统共七个单元构成,如图1-22所示。其中塔北原油稳定装置采用负压工艺,塔中原油稳定装置采用分馏工艺。目前只运行塔中原油稳定系统处理塔中和哈德逊原油。

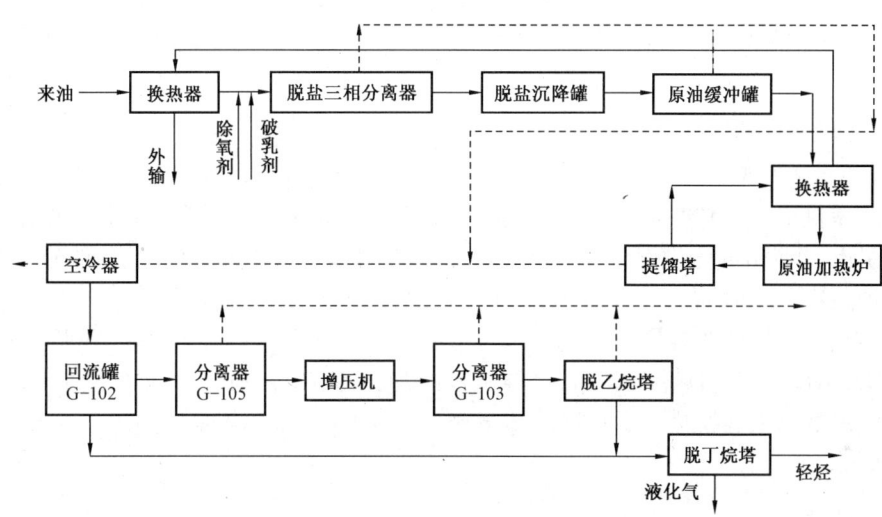

图1-22 $250×10^4t/a$ 原油稳定装置工艺流程框图

(一)原油脱盐系统

由塔中油田和哈德逊油田来的原油(0.95MPa,15℃)经原油换热器与稳后原油进行换热至70℃,进入脱盐系统的三相分离器进行油、气、水三相分离,分离出的污水去轮一联污水沉降罐,分离出的气相与稳定塔分离出的气相汇合,而脱水、脱气的原油与清水、破乳剂混合后在压力沉降罐内经过沉降、脱水、脱盐进入原油稳定系统。

原油脱盐流程:从轮一联来的清水(0.8MPa,20℃)与导热油换热升温至70℃,然后掺入一定量的破乳剂并与从三相分离器出来的原油混合,一起进入压力沉降罐,在破乳剂及压力沉降的作用下,原油中的盐溶解到水中,并由掺水泵抽出加压掺入经原油换热器换热后的塔中、哈德逊油田来的原油中,一起输入三相分离器,然后经过油、气、水分离,含盐污水输往轮一联污水沉降罐。

（二）原油稳定系统

自脱盐系统而来的原油先进入原油缓冲罐进行油、气分离，分离出的原油经进料泵加压与稳后原油换热升温至100℃，再由加热炉加热到125~130℃进入稳定塔，稳定塔塔底操作压力为0.16~0.2MPa，塔顶操作温度为83~95℃；塔底稳后原油由稳后油泵加压与装置的来油进行换热，温度由125~130℃降至30℃外输至外输首站。自稳定塔塔顶脱出的天然气与原油缓冲罐及脱盐系统的三相分离器分离出的气体混合，由空冷器冷却至50℃，然后进入回流罐（G-102），在0.15MPa压力条件下进行油、气、水三相分离，分离出的混合轻烃小部分作为回流，大部分去轻烃分馏装置；分离出的污水经污水罐、污水泵加压后输往轮一联；分离出的气相进入增压系统。

（三）增压系统

自原油中分离出来的天然气自原油稳定系统的回流罐先进入压缩机入口分离器（G-105），再进入压缩机入口立式分离器，天然气经过两次分离脱水、脱烃处理后进入压缩机组，将压力由0.15MPa增至1.7MPa，然后经过空冷器冷至50℃，进入压缩机出口三相分离器（G-103），分离出的不凝气去往天然气处理装置，分离出的污水去污水罐，分离出的轻烃去轻烃分馏装置的脱乙烷塔。

（四）轻烃回收系统

经过压缩机增压冷却产生的轻烃在50℃、1.55MPa压力下进入脱乙烷塔，脱出的甲烷、乙烷由塔顶引出，作为不凝气外输至$40\times10^4m^3/d$天然气处理装置，其余重组分部分由塔底出来后与自原油稳定系统的回流罐分离出来的轻烃（由泵抽出加压至2.0MPa）混合，在71.5℃、1.6MPa条件下，经过换热器与脱丁烷塔底的稳定轻烃换热后进入脱丁烷塔，将来料中C_4以前的组分拔出，由塔顶引出液化气产品，经空冷器冷却到50℃，由外输泵加压后外输至储运站；塔底的稳定轻烃与来料换热及空冷器冷却至50℃后去储运站或掺回原油中。

（五）尾气回收系统

尾气回收系统是一个独立的系统，它是将轮南天然气站各装置的放空气进行回收处理，以防止污染环境和提高资源利用率。系统主要由螺杆压缩机、出口分离器、空冷器、埋地污油罐组成。其主要工艺流程为：放空管线来的放空气在0.01~0.02MPa的压力下，经过滤器除去较粗杂质后直接进入螺杆压缩机被增压至0.3MPa，然后经过干式空冷器冷却至40~50℃，进入气液分离器内进行气液分离，分离出的气相输至天然气处理装置的压缩机预分离器入口，进行再回收；分离出的液体排入污油罐，经充压后输往脱盐系统的原油中。

在沙漠腹地施工建设相同的装置、工艺，其造价和管理人员费用远远高于沙漠外围地区。采用未稳定原油及轻烃密闭混合输送技术具有以下优点：首先，简化了沙漠腹地的工艺设备，减少了沙漠腹地的工程量、管理点和操作人员；其次，原油稳定装置在位于沙漠外围的轮南油田合建，形成$400\times10^4t/a$原油稳定的规模，充分利用了轮南油田依托条件好的有利条件，系统的公用配套辅助工程合建，节省了投资，降低了操作成本，提高了整体经济效益；再次，沙漠油田原油在轮南油田进行稳定分馏，充分利用了轮南油田已建的轻烃、液化气储配设施。

对于沙漠油田地面工程，从整体上考虑，不仅要求技术先进，而且应在适应生产及管理要求的前提下，流程尽可能短，工艺环节尽可能少，以利于实现自动化管理，节约基建和维修费用,减少岗位人员及维护管理工作量,取得尽可能高的综合经济效益。因此,沙漠油田的地面集输工艺模式尚需在实践中加以改进并逐步完善。

第六节 我国近海油田油气集输新工艺

随着我国经济的快速发展,能源需求尤其是油气资源的需求呈现出强劲上扬的势头。为满足这一需求,我国近海油田的油、气产量逐年增加,不断有新的油气区块投入生产开发。而海洋油气集输是其生产开发中的重要环节,只有在合乎规范的前提下采用高效低耗的新工艺、新设备,优化和简化工艺流程,才能实现降低生产成本、提高经济效益的目的。

一、近海油田集输系统的特点

从近海油田的整体开发情况来看,其地质特点表现为"两多两少",即:断块、复杂油田多,简单整装油田少;小油田多,大油田少。而原油的品性又多属重油,具有蜡质、胶质、沥青质的含量较高(超过20%)、重质(20℃时,相对密度大于0.95)、高粘(50℃时,粘度超过几百 $mPa·s$)、高凝(凝点在20℃左右)、低气油比(一般在10~30)等特点。由于其粘度大,易于乳化,且乳化后原油的粘度急剧增加,所以,原油脱水困难。再加上其地处近海海洋,恶劣的地理位置、环境条件和日益严格的环保标准增加了油田的开发难度,从而使近海油田的集输系统表现出以下特点:

(1)海上油气集输总体方案多样化。按照处理设备和中转储存设备放置的不同,大体可归纳为三种方式,即全海式、全陆式和半海半陆式。从总体比较来看,采用全海式浮式生产储油轮方案,即井口平台(WHP) +单点系泊系统(SPM) +浮式生产储油轮(FPSO),具有较好的开发经济效益(尤其适用于断块油田)。

(2)由于近海油田多为断块油田,井位比较分散,决定了井口油田平台间采用分组串联集输和海底输油管线多相混输的方式。在中央平台常设计安装特殊的混合器,以解决远端平台来流的段塞流问题。

(3)海底输油管线多采用双层管保温或伴热及投球清蜡措施以避免管线析蜡堵塞。

(4)采用井口平台多相计量 + 采出液集中处理,从而提高油气利用率,降低油气集输过程中的油气损耗和能源消耗,减少油田建设投资,提高油田开采效益。如在生产储油轮(FPSO)上进行三相分离:原油的脱水、稳定、储存和外运;天然气的分离、压缩和利用,含油污水的分离、净化和外排。

(5)为了提高原油的质量,尽量降低原油中其他杂质含量与水含量,海上油田采用油、气、水的精细分离流程。

(6)含油污水处理设备高效化,以满足含油污水的达标排放或回注标准。

二、传统集输工艺与集输新工艺的比较

(一)传统的海上原油集输工艺

传统的海上原油集输采用游离水脱除、热化学脱水和电化学脱水三段脱水流程,其工艺流程如图1 – 23所示。

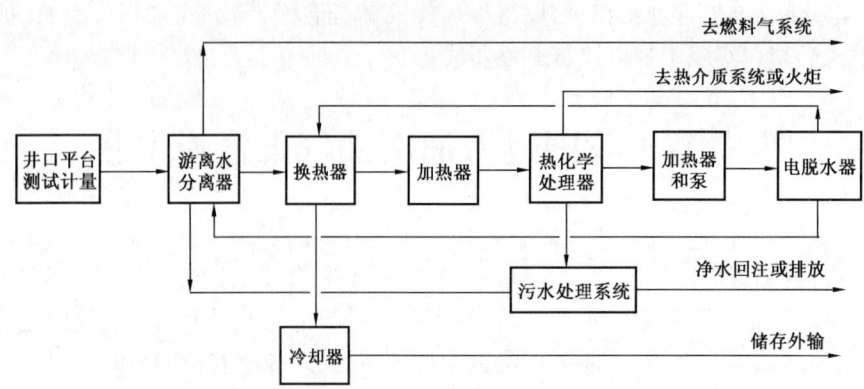

图 1-23　传统的海上原油集输工艺流程示意图

实践表明,三段脱水流程能够满足原油集输的要求,但也存在以下不足:

(1)原油停留时间较长,分离设备的尺寸较大,级数多,控制比较复杂,并且原油多级乳化,加大了分离的难度;

(2)在游离水脱除器和热化学处理器中的气相所占空间大(约为1/3~1/2),从而相对降低了液相的停留时间,影响原油的脱水效果;

(3)热负荷较大,主要是因为工艺设备的热利用率不高造成的。

为解决上述问题,经过多年的努力,在海上油气集输系统中成功地应用了新工艺新设备,并取得明显的经济效益和社会效益。

(二)海上原油集输新工艺

从某种意义上说,海上原油集输新工艺的采用有赖于工艺处理设备和技术的重大革新。在原油脱水过程中,决定脱水质量的最复杂、最困难的环节是乳状液破乳。而乳状液破乳效果的好坏受原油物性、乳状液类型、破乳剂种类、破乳温度和分离设备的内部结构等多种因素的影响。对某种原油在某一时期的脱水效果而言,原油物性和乳状液类型是确定的,那么,在选定破乳剂种类和破乳温度的情况下,只有对分离设备的内部结构和构件进行合理的优选和设计,才能提高脱水质量。若单纯提高采出液在设备中的停留时间,只能是加大分离设备的尺寸,对海上作业而言,显然是既不经济也不现实的。基于重力沉降原理实现油、气、水三相分离的高效三相分离器正是从提高设备利用率、热量利用率和化学药剂利用率等方面着手,实现该设备高效低耗的目的。

在高效三相分离器中,所采用的主要技术有:

(1)充分利用上游能量,采用旋流预脱气工艺,降低气相在设备中的占据空间并相对扩大了乳化液的有效分离空间,同时避免了较大气量下对设备内流场的扰动影响;

(2)活性水水洗破乳技术,提高了油水分离速度和水中除油效率;

(3)优化设备主要构件,将分离构件按功能划分为入口、布液、聚结和集液等部分,通过对这些构件的优选来提高设备的分离功能和分离质量;

(4)内部流场局部加热以降低热耗,保证乳状液的破乳温度;

(5)利用双隔板"U"形管原理,实现油水界面的自动控制。

高效三相分离器的工作过程为：各井口平台的采出液经入口旋流设备预脱气后，由导流管进入设备底部水相中，在含有破乳剂的水相中翻滚、扰动、上浮，从而使大部分乳状液得以破乳，少量未破乳的乳状液在界面处的高温作用下，界面膜的强度也大大降低，促进了小水滴的聚结过程；而在水相中的小油滴也会聚结成为大油滴，进入油水相界面层，经聚结上浮至油相，实现油水的分离。

采用高效三相分离器后，其新的集输工艺流程如图1-24所示。

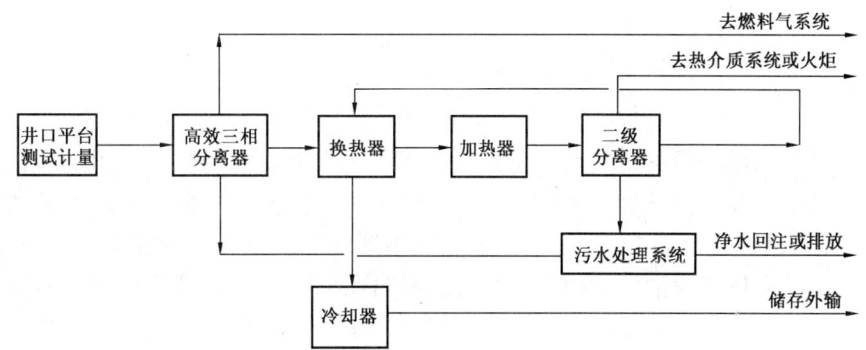

图1-24 海上原油集输新工艺流程示意图

与传统的海上原油集输工艺相比，新工艺中由于采用了高效三相分离器，节省了电脱水器及配套设备，简化了工艺流程，提高了分离效率和原油处理能力，降低了能耗，可以大大减少工程投资及配套费用。

三、海上油田含油污水处理工艺

高效三相分离器在油田集输系统的应用，使得原油集输流程得以简化的同时，对含油污水的净化处理也产生了积极的作用。

由于水力旋流器的除油效率受水中油滴粒径的影响很大，含油污水在输送泵和输送管道、阀门等处的剪切乳化，只会加剧乳化程度、降低净化设备的除油效率。如果高效三相分离器的操作压力维持在0.3MPa以上，就可直接在含油污水出口管线上安装水力旋流器；如果含油污水出口管线的压力不能满足水力旋流器的操作压力，也要尽量采用螺杆泵提升，以避免含油污水的剪切乳化。总之，高效三相分离器的应用，简化了含油污水的处理流程、充分利用了油藏能量、节省了设备的使用（如提升泵、缓冲罐）、避免了含油污水的剪切乳化，因而节省了破乳剂的加入量，减少了管理环节，为下游水处理设备的高效运行奠定了良好基础。

高效三相分离器在保证原油的脱水指标（小于0.5%）的情况下，控制污水含油指标不大于1500mg/L，因而经过液—液水力旋流器一段脱油处理，即可使底流污水达到外排水标准（不大于50mg/L）。含油污水的处理流程如图1-25所示。

四、提高海洋油气集输水平所必需的技术储备

由于海洋平台和海洋石油生产设施（如FPSO）对集输工艺设备有较高的要求（如设备性能、体积、质量、占地面积等），再加上作业环境有纵倾或横倾影响及严格的环保标准等多因素

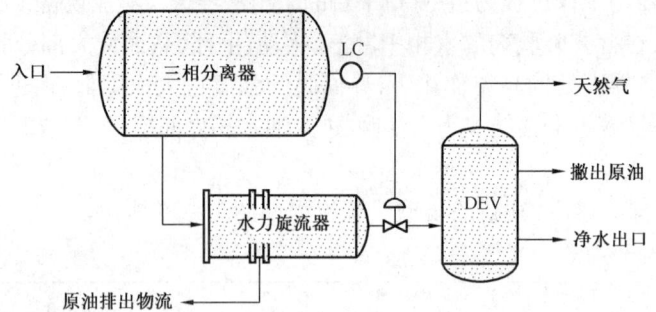

图 1-25 海上油田含油污水处理流程示意图

的制约,一般的集输设备很难得到高效充分的发挥。而水力旋流器以其体积小巧、质量轻、分离效率高(离心力与重力的比较)、结构简单、占地少、无运动部件、操作维修方便、安装灵活、对振动不敏感等诸多优点,在海洋油气集输工业中展现出良好的应用前景。所以,以此为契机,将其成功开发应用于含油污水的处理,还需在结构型式、应用领域等方面不断拓宽、拓深。海洋石油工业也要不断跟踪掌握该技术的研究动态,作为应有的技术储备,不断提高油气集输水平。

我国近海油田生产开发的特殊性和石油资源的品性决定了集输工艺具有其自身的独特之处,了解目前我国海上油田广泛采用的集输工艺所具有的特点,认真分析采用新工艺在简化流程、实现高效低耗和提高经济效益方面所具备的优势,为大力发展我国海洋油气集输事业做出我们应有的贡献。

复习思考题

1. 先进的地面工艺技术主要包括哪些?
2. 集输系统可采取哪些环保措施?
3. 你认为功图法单井计量技术的先进性体现在哪里?
4. 你所在单位的集输系统具有哪些先进的工艺?
5. 如何实现稠油集输系统节能降耗?
6. 如何消除软化水中的污水残硬?
7. 目前高粘度稠油地面工艺的现状如何及研究方向是什么?
8. 高凝油地面掺水集油流程的优点是什么?
9. 安装站间输油降压泵具有什么优点?
10. 沙漠油田地面工艺技术的先进性体现在何处?
11. 近海油田集输系统有什么特点?

参考文献

[1] 刘宝和. 搞好油气田地面工程建设和管理提高油气田开发整体效益. 石油规划设计,2003,14(1):1~3.
[2] 刘利群,刘春江. 长庆低渗透油田油气集输工艺技术发展综述. 石油工程建设,2008,34(2):41~43.
[3] 崔斌. 西峰油田的集输工艺模式. 石油科技论坛,2005,12:43~44.
[4] 蒋洪,刘武. 原油集输工程. 北京:石油工业出版社,2006.

[5] 王光然. 油气集输. 北京:石油工业出版社,2006.
[6] 史国蕊,毕海昌,占良. 高凝油化学采油工艺技术研究与应用. 特种油气藏,2001,8(3):26~28.
[7] 郭平平. 热水循环配套采油工艺在高凝稠油油田的应用. 化学工程与装备,2009,4:1~3.
[8] 周建荣. 掺水集输工艺技术. 试采技术,2007,28(7):165~167.
[9] 冀兴伟,刘庆海,宫炬焱,等. 含聚原油脱水工艺分析. 油气田地面工程,2004,23(8):22.
[10] 潘旭. 联合站低温药剂探索. 油气集输及处理工艺技术专辑,2009,12:71~72.
[11] 杨秀莹. 浅谈高含水期油气集输处理工艺技术. 油气田地面工程,2002,21(2):42~43.
[12] 李太平,刘培林. 我国近海原油生产中的集输新工艺. 中国造船,2007,48(11):182~187.
[13] 班兴安,宁长春,张文忠. 塔里木沙漠油田油气集输及处理工艺技术. 石油规划设计,2003,14(1):42~44.

第二章　原油输送设备——多相混输泵

在石油开采中,油井生产往往伴随着一定量的天然气、水和固体颗粒。为了减少抽油泵的漏失,必须采用油气多相混输泵对油气等多相混合介质增压输送。

油气混输增压技术是近年发展起来的一种集输模式,在计量站或集油汇管处应用多相混输泵增压,将抽油机输送的流体从井口到接转站改为到计量站或集油汇管,可简化集输流程,增大集输半径,实现降低井口回压、增加原油产量、提高油气采收率以及提高开发效益的目的。

第一节　多相混输泵的分类

随着边际区块和卫星井的开发,利用增压来加大集输半径的多相混输方式越来越显示出重要性和必要性。与传统的生产系统相比,多相混输系统可省30%~40%的油田开发费用。多相混输系统的关键设备是多相混输泵。由于混输的流体是从油井直接采出的含油、气、水及各种杂质的多相混合物,而且气相和液相的含量往往超过常规泵或压缩机的工作范围,因此多相混输泵是一种必须具有泵和压缩机两种性能的特殊增压装置。

多相混输泵按工作原理的不同,可分为旋转动力式多相混输泵和容积式多相混输泵两类。以螺旋轴流泵为代表的旋转动力式多相混输泵性能较为优越,轴流泵中多相流体依靠叶轮的旋转运动而获得能量。该泵结构简单、操作方便,能有效地防止气液相的分离,从而可减少因两相分离引起的能量损失。其连续畅通的流体通道对于处理含有固体颗粒的流体表现出优越性,但进口条件的变化对其性能和扬程有较大影响。

以螺杆泵为代表的容积式多相混输泵以流量平稳、效率高、寿命长、工作可靠等突出的优点得到了迅猛的推广应用。螺杆泵按螺杆数量分为单螺杆泵、双螺杆泵和多螺杆泵。单螺杆泵是单根螺杆在泵体的内螺纹槽中啮合转动的泵;双螺杆泵是由两个螺杆相互啮合输送液体的泵;多螺杆泵是由多个螺杆相互啮合输送液体的泵。油田的实际应用表明,双螺杆泵结构紧凑,它利用气体的压缩性成功地降低回流损失,提高了泵的容积效率,对任意气液比的多相流体、高凝固点、高粘度流体都有较好的增压效果,可靠性高,是目前国际上最为成熟的多相混输泵。

第二节　单螺杆泵

一、单螺杆泵的结构

单螺杆泵主要由出料体、拉杆、定子、螺杆轴、万向节或销接、进料体、连接轴、填料座、填料压盖等组成,如图2-1所示。其中最主要的元件是定子(衬套)和螺杆轴组成的衬套螺杆副,由于单螺杆在衬套中进行复杂的行星运动,所以螺杆与中间传动轴之间有一个万向节总成,其尺寸根据传动功率及转速确定。

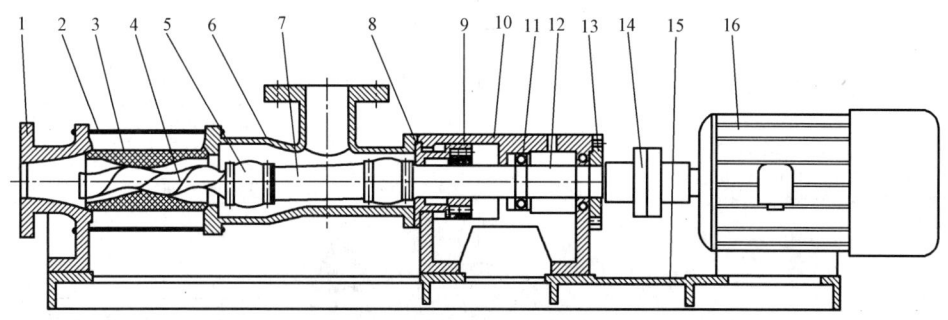

图 2-1 单螺杆泵结构示意图

1—出料体;2—拉杆;3—定子;4—螺杆;5—万向节或销接;6—进料体;
7—连接轴;8—填料座;9—填料压盖;10—轴承座;11—轴承;12—传动轴;
13—轴承盖;14—联轴器;15—底盘;16—电动机

二、单螺杆泵的工作原理

单螺杆泵的主要工作部件是偏心螺旋体的螺杆(称转子)和内表面呈双线螺旋面的螺杆衬套(称定子)。其工作原理是当电动机带动螺杆转动时,螺杆一方面绕本身的轴线旋转,另一方面又沿衬套内表面滚动,于是形成泵的密封腔室。螺杆每转一周,密封腔内的液体向前推进一个螺距,随着螺杆的连续转动,液体以螺旋形方式从一个密封腔压向另一个密封腔,最后挤出泵体。

三、单螺杆泵的优点

单螺杆泵由于结构和工作特性,与离心泵、往复泵、齿轮泵相比具有下列诸多优点:
(1)能输送固体含量高的介质;
(2)流量均匀,压力稳定,低转速时更为明显;
(3)流量与泵的转速成正比,因而具有良好的变量调节性,一泵多用可以输送不同粘度的介质;
(4)单螺杆泵的安装位置可以任意倾斜;
(5)适合输送敏性物品和易受离心力等破坏的物品;
(6)体积小、重量轻、噪声低、结构简单、维修方便。

四、单螺杆泵操作

(一)单螺杆泵启停标准操作程序

单螺杆泵启停标准操作程序如图 2-2 所示。

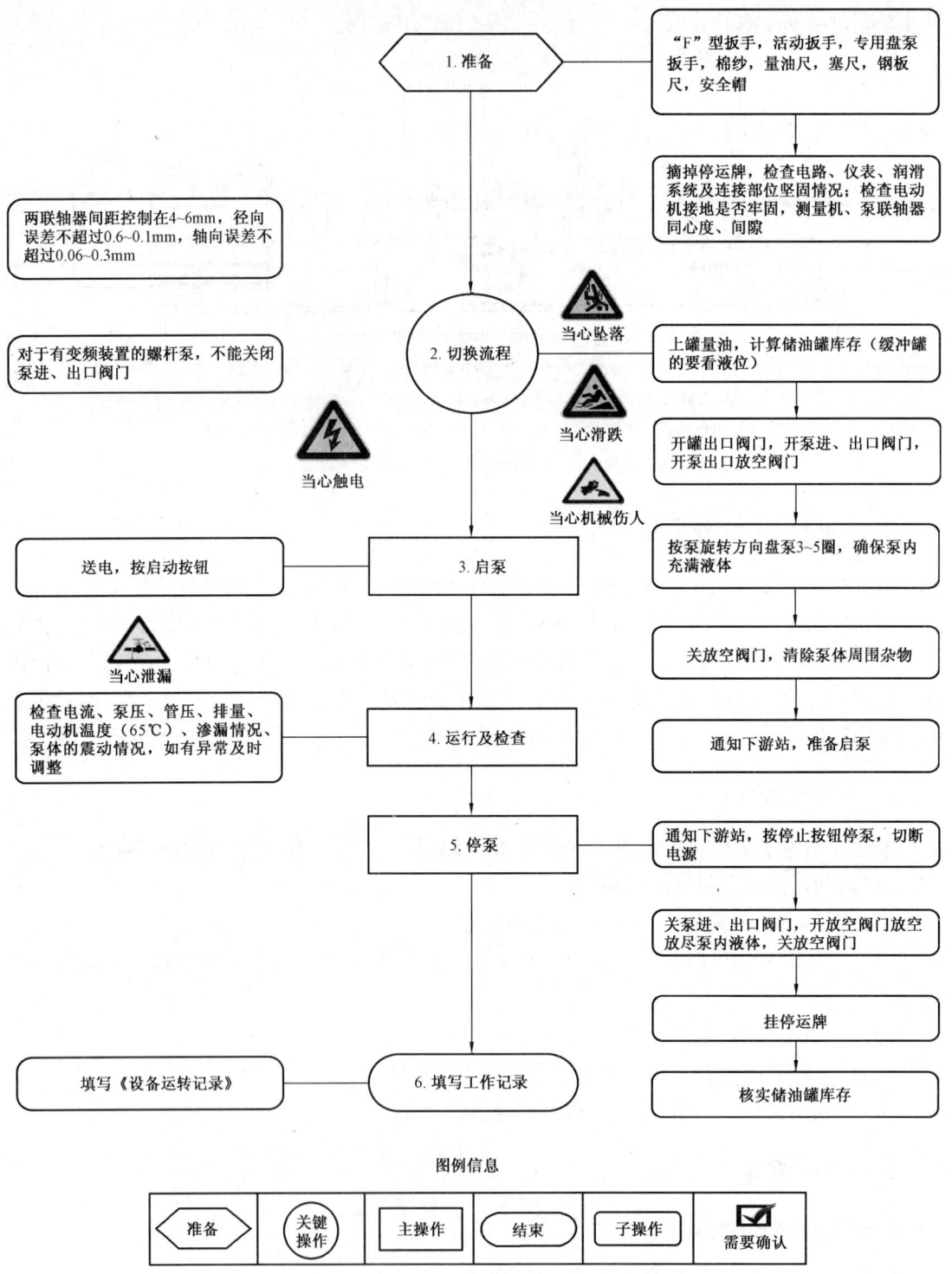

图 2-2 单螺杆泵启停标准操作程序

(二)单螺杆泵定子、转子更换标准操作程序

单螺杆泵定子、转子更换标准操作程序如图2-3所示。

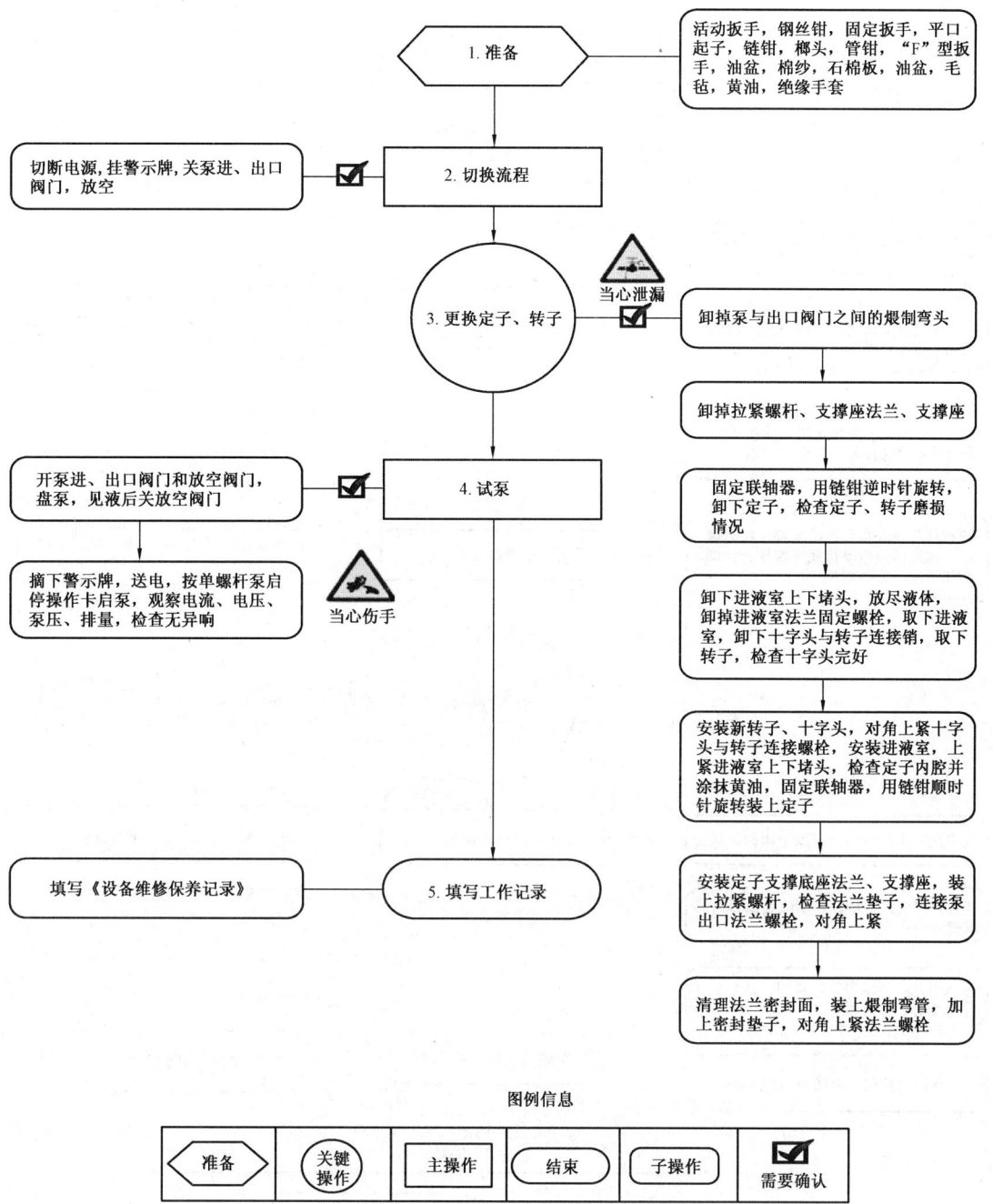

图2-3 单螺杆泵定子、转子更换标准操作程序

(三)单螺杆泵保养标准操作程序

单螺杆泵保养标准操作程序如图2-4所示。

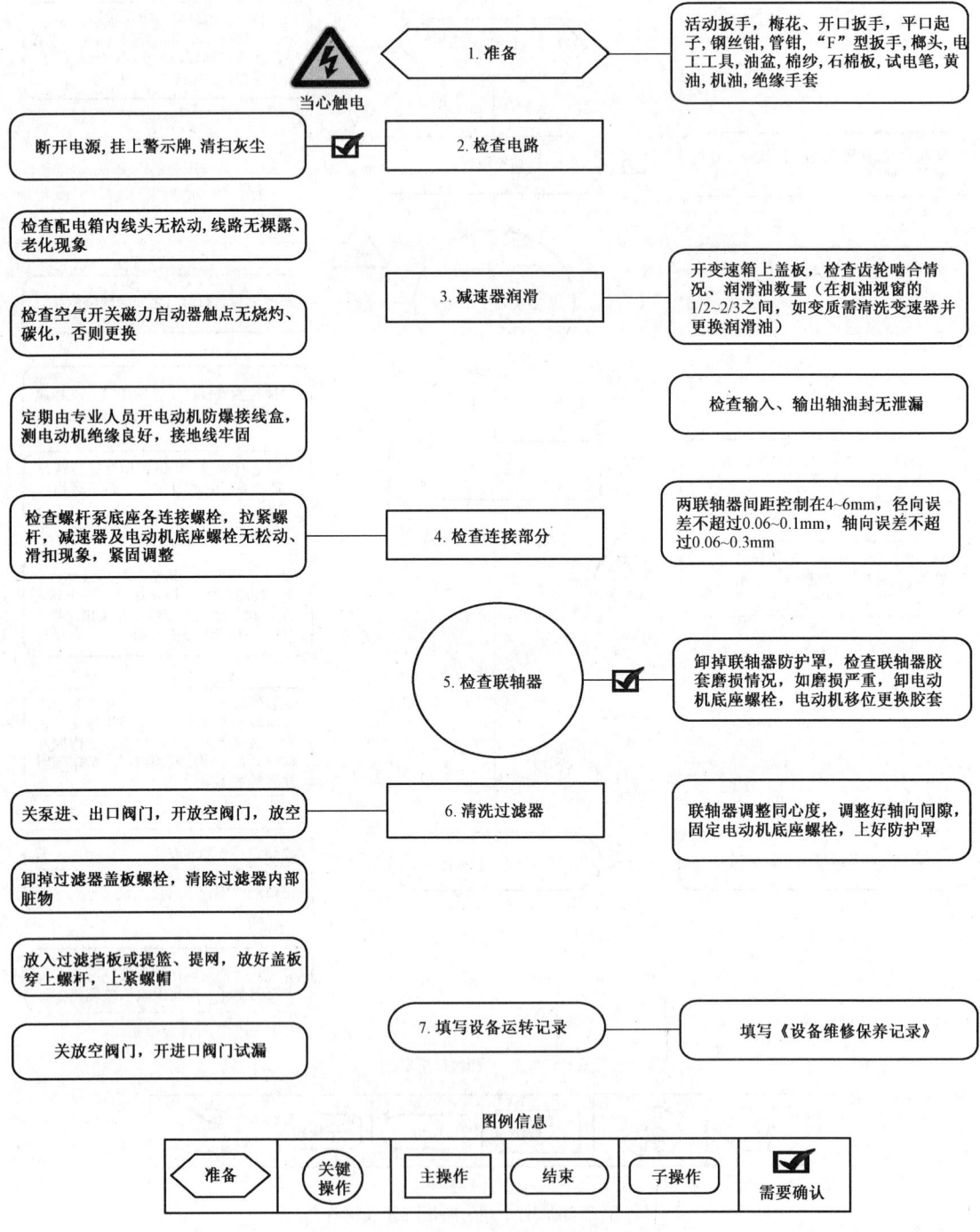

图2-4 单螺杆泵保养标准操作程序

(四)操作注意事项

(1)启泵时注意通风,防止油气中毒;
(2)用电笔测试电器设备外壳是否带电,防止意外伤人;
(3)不能直接接触设备转动部位,避免机械伤害;
(4)使用工具时,操作要平稳,以防打滑,避免碰撞伤人;
(5)确认流程正确后,观察压力,缓慢开启流程,运行正常后方可离开,避免超压损坏机泵。

(五)操作技术要求

(1)润滑油油量应达到1/2~2/3范围,油质达标;
(2)泵腔内应注满液体方可运转,严禁干摩擦;
(3)电压控制在360~410V,以防电源电压过低或过高导致电动机损坏;
(4)并泵时应先降压后并泵,以防超压损坏机泵,两台泵额定压力应相同;
(5)密封填料处漏失量每分钟不超过30滴;
(6)在转数为1500r/min以下时,机泵的振动不应超过0.1mm;转数在1500r/min以上时,应保持不超过0.06mm。

五、单螺杆泵常见故障及处理

单螺杆泵的常见故障及处理方法如表2-1所示。

表2-1 单螺杆泵常见故障及处理方法

序号	故障现象	故障原因	处理方法
1	泵不能启动或电动机超载	转子、定子配合过紧	给定子里面加润滑油,盘泵,使转子和定子配合面被充分润滑
		泵里有大的物块堵塞	清除泵内固体颗粒、杂物
		定子安装不合格	重新检查安装定子
		电器(如电动机)与供电系统不匹配	检查电器装置
2	泵不排液	管道泄漏或万向节断裂	检修管道或更换万向节
		电动机反转	改变电动机转向
		进出口阀门未开	开启阀门
		介质在低温下凝固	加热介质
3	流量达不到额定流量	吸入管道泄漏	检查维修管道
		管道有堵塞	排除障碍物
		转速太低	如转速可调,应提高转速
		吸液池液量不足	为吸液池加液
		转子、定子磨损	更换转子或定子
		介质粘度过高	加热介质,降低粘度
4	压力太低	吸入管道中有空气	提高进口液面高度,防止出现紊流和气泡进入泵内的现象
		介质温度太低	确保合适的介质温度
		轴封泄漏	更换填料或机械密封

续表

序号	故障现象	故障原因	处理方法
5	轴封泄漏	轴承损坏	更换轴承、润滑脂及密封部件
		机械密封零件严重磨损	更换磨损件
		填料与介质不匹配	按标准选择合适的填料
6	减速箱密封处泄漏	机械密封或密封填料损坏	更换机械密封或密封填料
7	运转振动有噪声	泵处于干运行或半干运行状态	给泵内(定子)加润滑油
		联轴节严重磨损	更换有关的磨损件,注意密封和润滑
		定子严重磨损	更换定子
8	定子寿命短	介质中混有异物	清除异物
		介质对定子有化学腐蚀	根据介质选配定子
		介质温度过高	降低介质温度
		定子橡胶膨胀,失去弹性	核对定子材质是否适合于所输送介质,否则更换定子

第三节 2MPS 双螺杆泵

2MPS 双螺杆泵是在深入研究吸收国外先进技术的基础上研制开发的双吸双螺杆泵,可将含气量高达 97% 的未经预处理的油、水、气多相介质直接输至集中处理站,简化了输油流程,减少了站库及管线的设置数量,同时大大降低了井口回压,提高了油井的产量。

一、2MPS 双螺杆泵的结构

2MPS 双螺杆泵主要由螺杆、同步齿轮、轴承、机械密封、泵体、轴、螺旋套等组成,如图 2-5 所示。

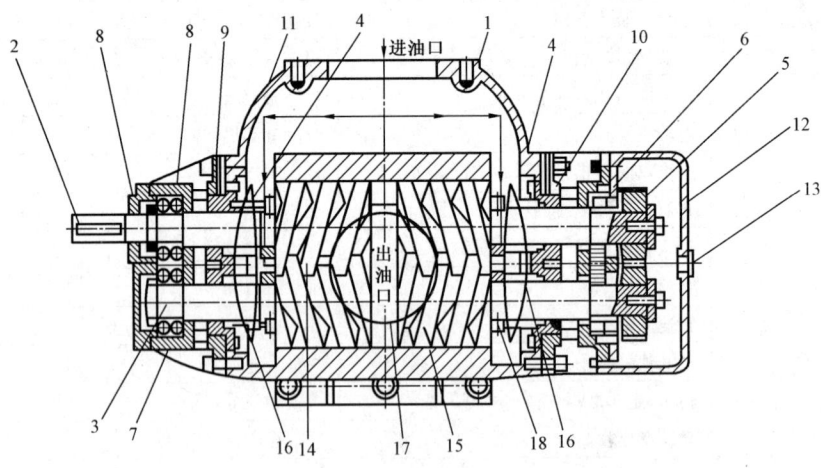

图 2-5 2MPS 双螺杆泵的结构示意图

1—泵体;2—主动轴;3—从动轴;4—机械密封;5—同步齿轮;6—单列圆柱滚子轴承;
7—双列角接触球轴承;8—骨架油封;9—前泵盖;10—后泵盖;11—定位套;12—油箱;
13—油标;14—主动螺杆;15—从动螺杆;16—低压区;17—高压区;18—螺杆紧定螺母

(一)螺杆

泵的介质输送元件——螺杆采用螺旋套与轴相分离的形式,一方面可采用高强度合金钢作为轴的材料,以满足大功率工作状况下对轴的强度要求;另一方面螺旋套可采用不同的金属材料,以满足不同的泵送介质的特殊要求。

泵的一对螺杆采用同步齿轮驱动,使得螺杆之间无金属接触,确保多相混输泵能够在含气量100%时正常运转。

(二)同步齿轮

同步齿轮将主动螺杆轴上的动力传递到从动螺杆轴上,使螺杆在相互啮合的过程中,螺杆间能保持一定间隙,避免两齿轮的接触,既减少磨损又可允许非润滑介质通过,可靠性高。

(三)轴承

双螺杆泵为外置轴承型,泵腔与轴承腔用机械密封及骨架油封隔开,故可用于润滑性及非润滑性介质、高粘度介质的输送。

(四)机械密封

双螺杆泵采用独立润滑的机械密封,机械密封内带有循环自润滑装置,能够在泵运行时,机械密封内的润滑油自动循环冷却和冲洗机械密封,确保机械密封的长久寿命。

(五)泵体

泵体的流体入口处采用特殊的结构设计,保证入口流体速度均匀一致地变化和较低的压力损失;流体由泵侧两端吸入泵体,从中间排出,螺杆两端处于同一压力下,故螺杆轴向力可自行平衡;同时泵体进、出口位置保证了停泵时,泵体内能存有足够的介质,因此泵具有很强的自吸能力。

二、2MPS双螺杆泵的工作原理

2MPS双螺杆泵是一种正容积式泵,由两根相向旋转的螺杆轴组成,每根螺杆轴上装有旋向相反的螺旋套。工作时,两根螺旋套相互啮合,与泵体内腔形成密封腔,随着螺杆轴的转动,密封腔里的气液混合物随着密封腔作轴向运动,平稳而连续地输送到泵出口。

三、2MPS双螺杆泵的特点

(1)特殊腔体设计,使泵腔内始终存有一定液位高度的液体,保证螺杆的密封和润滑,以适应输送介质气油比的变化,输送介质含气量可在0~97%范围,短时间可输送含气量达100%的液体;

(2)特殊螺杆型线设计,使螺杆间允许不大于3‰的颗粒通过,而不会产生较严重的磨损;

(3)为防止由于突然停电或设备故障,造成出口压力升高导致流程憋压,引起管网穿孔,该泵带安全阀配置,达到卸荷保护的目的。

四、2MPS双螺杆泵的适用范围

(1)在油井产量下降的老油田,使用2MPS双螺杆泵可最大程度地降低井口背压,100%地提高产量,提高油田的效益,在几个月内即可收回投资。

(2)在边缘油田,采用2MPS双螺杆泵进行采出物混输,可以大大节省小油田的前期投资,把边缘性小油田与大区域油田连接起来,实现边缘油田经济而有效地开采。

(3)在沙漠油田,采用2MPS双螺杆泵可以把沙漠腹地油井的采出物直接送至沙漠边缘的集输站,简单可靠。无人看守的井口2MPS双螺杆泵替代繁杂的井口油气分离设备,可大大降低油田建设前期投资,同时使油田工人避免在恶劣环境下工作成为现实。

(4)在油田的集输站使用2MPS双螺杆泵,可以不加任何分离设备就把集输站的油、气、水混合物直接压送到远处的联合站进行处理。

(5)对于较为偏远的油井或是对于高粘度的粘稠油田,可以采用2MPS双螺杆泵作为油井接力泵,把油井采出物升压至主管线所要求压力,送进主管线。

五、2MPS双螺杆泵的安装

2MPS双螺杆泵的安装位置应尽可能靠近油池,泵房应干燥,有足够的安装、维修空间。泵组必须安装在坚实的水泥基础上,水泥基础的厚度可视泵组大小而定。当泵组安装在钢架甲板或其他建筑上时,应直接安装在上面,尽可能靠近主构件,并加以支撑,避免变形和振动。泵组应用地脚螺栓紧固在基础上,并检查泵及电动机与底座的紧固情况。安装时应检查联轴器的对中,用手转动联轴器,应轻重一致,无任何卡阻现象。

(一)安装2MPS双螺杆泵对管道系统的要求

(1)管道安装前必须清洗干净,清除管内铁锈、脏物。

(2)管道尽可能短而直,在必须使用弯管的地方,尽可能使用长变径弯管。

(3)管道口径应与泵进出口口径一致,在可能的情况下,可使进油管口径比泵进口口径大一档。

(4)管道及阀门应有支撑架支持,避免泵承受管道重量。

(5)设计安装管道时,必须校对吸入管道的 $NPSH_a$(泵的有效汽蚀余量)是否大于泵的 $NPSH_r$(泵的必须汽蚀余量),否则会影响泵的正常工作。

(6)在对管道作耐压试验和冲洗时,应将泵隔开,否则会损坏泵。

(二)安装2MPS双螺杆泵对管道系统附件的要求

1. 过滤器

吸入管道应安装过滤器,以防杂质进入泵内,滤网规格为40目/in,过滤面积为管径截面面积的10倍,对高粘度介质,应适当增加滤网的面积。过滤器应定期清洗,清洗周期视介质洁净程度而定。

2. 止回阀

一般在出油管路上应安装止回阀,以免停车后介质回流对泵造成冲击,当几台泵并联安装时,有了止回阀,才能分别启动。

3. 安全阀

2MPS双螺杆泵带安全阀配置。

4. 压力表

在泵的进、出口法兰上可安装真空表和压力表,用以监测泵的工作状态。

六、2MPS 双螺杆泵的润滑

2MPS 双螺杆泵内的齿轮采用被输送的介质润滑,因此,在使用过程中无须加润滑油。位于泵内的齿轮,其齿轮箱一端的轴承采用 30 号机械油润滑,伸出轴端的轴承采用 1 号钙基脂润滑。齿轮箱内的油液应及时补充至油标中线,每 3~6 个月清洗、换油一次。

泵不能空运转,否则螺杆、齿轮、轴承及机械密封都可能损坏。

七、2MPS 双螺杆泵启停标准操作

2MPS 双螺杆泵启停标准操作程序如图 2-6 所示。

八、2MPS 双螺杆泵的日常维护与保养

(一)每日的维护与保养

(1)检查是否有异常噪声与振动。
(2)在泵运转时检查泵是否有泄漏,对于机械密封允许有少量的泄漏(每分钟 2~5 滴)。当泄漏量大量增加时,应进行修复或更换。

(二)每月的维护与保养

(1)对于停运一周以上的泵,应打开进出口阀门,运转几分钟。
(2)检查进出口管道上的阀门是否工作正常。
(3)检查添加齿轮箱内润滑油至油标中线。
(4)检查所有基础上的螺母和压紧装置的螺栓是否松动。

(三)每年的维护与保养

(1)检查联轴器的对中情况。
(2)对泵进行清洗,轴承处的润滑脂、齿轮箱内的润滑油,每 3~6 个月更换一次。
(3)检查泵的流量、压力情况。如果压力和流量下降很多,则应对泵进行检查修理,更换损坏的零件,如果泵的性能仍然令人满意,则无需拆泵维修。

九、2MPS 双螺杆泵使用注意事项

(1)要在停泵之后,才能对泵实施维护保养。
(2)应将液体放泄孔上的旋塞拧紧,以防泄漏、污染工作环境。
(3)需采用合适的联轴器和护罩,并保证二者正确牢靠地安装。
(4)务必使安全阀在正确的流量和压力下工作。
(5)务必使泵在指定的工况下工作,绝对不允许超标使用,否则将会导致设备的严重损坏和对操作者的安全构成危险。
(6)在用高温蒸汽清扫管路时,应避免高温蒸汽通过泵内。
(7)严禁空载运行,否则会损坏泵内零件而导致油泵报废!

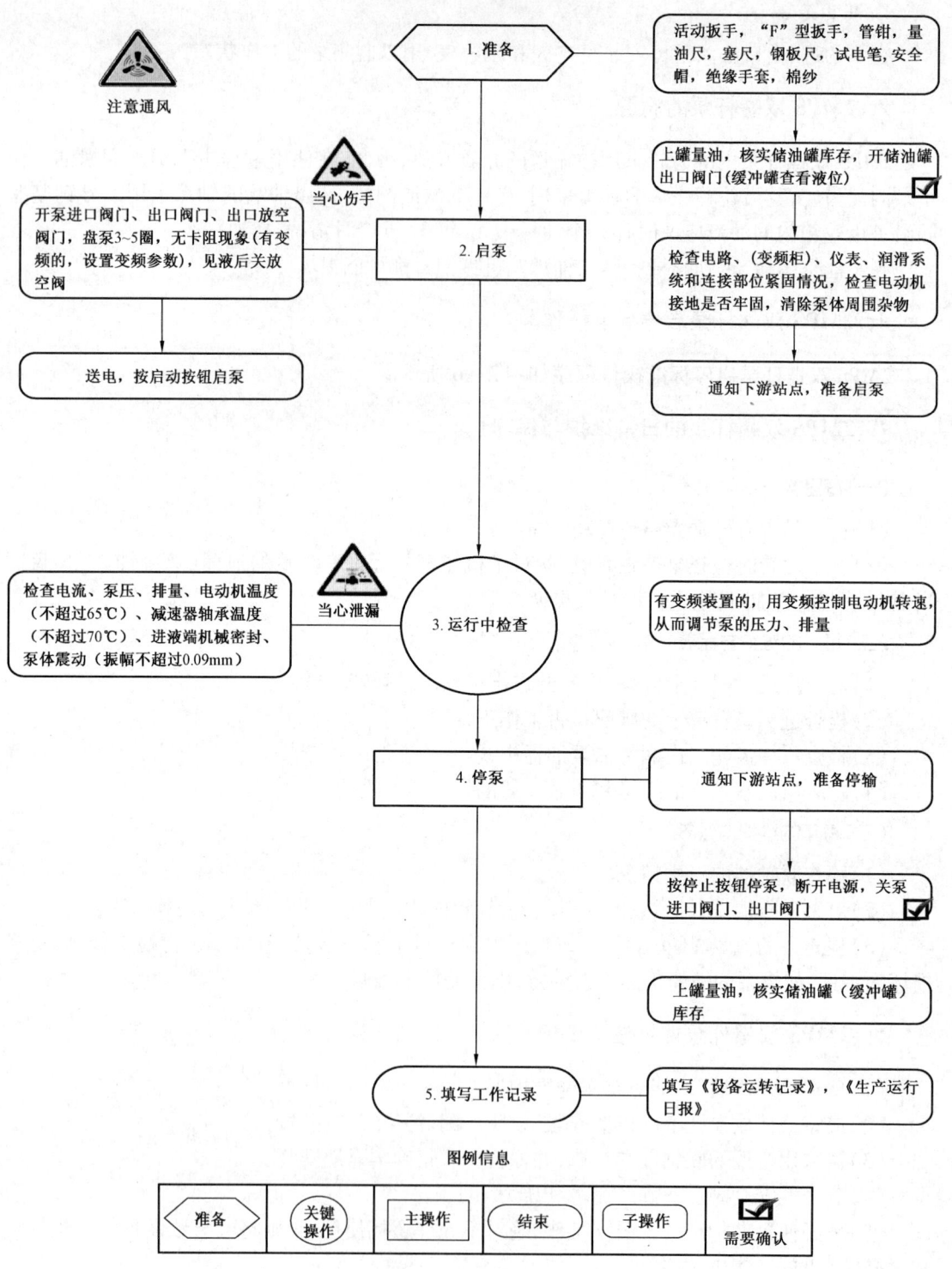

图2-6 2MPS双螺杆泵启停标准操作程序

十、2MPS 双螺杆泵的常见故障及排除方法

2MPS 双螺杆泵的常见故障及排除方法如表 2-2 所示。

表 2-2　2MPS 双螺杆泵的常见故障及排除方法

序号	故障现象	故障原因	排除方法
1	不排油或排油量少	旋转方向反了	更正方向
		阀门未打开	打开阀门
		吸油管没有浸入油液中	检查吸入端压力,提高吸油面
		吸入高度太高	测量吸入端压力,提高吸油面
		吸入端过滤器的能力太小	拆换过滤器,增加滤网面积
		吸入管道漏气	检查各接合处,加以密封
		安全阀卡死或密合不良	清洗安全阀,用研磨膏研磨使其密合
		介质的粘度大	预热介质降粘
2	没压力或压力不高	安全阀压力调得低	重新调整安全阀压力
		管道漏气	检查吸入端的管道
3	轴封处漏油	机械密封的动、静环损坏或骨架油封损坏	修复或更换
4	电动机功率过载	泵的排出压力高于规定值	重新选型
		介质温度低而使粘度增大	预热介质
		安装不当	重新安装
		旋转轴弯曲	检查校直或更换
		排出管某处堵塞	检修
5	异常噪音或振动	装配不当	应进行检修
		泵轴与电动机轴不同心	重新调整
		吸油管或滤油网堵塞	清除管道或滤油网堵塞物
		吸油管太细太长,弯头过多,阻力大	重新调整
		漏气	检修
		排油管阻力太大	检查排油管和阀门是否堵塞
		紧固件松动	检查旋紧
6	安全阀不工作	压力调整得太高	调低压力
		安全阀芯卡死	拆卸清洗,重新调整

第四节　2W.W 双螺杆泵

2W.W 双螺杆泵是一种能输送介质粘度在 $3000\text{mm}^2/\text{s}$ 以下流体的容积式转子泵,当降低转速时可输送粘度为 $10^6\text{mm}^2/\text{s}$ 的流体。

一、2W.W 双螺杆泵的结构

2W.W 双螺杆泵采用双吸式结构,螺杆两端处于同一压力腔中,轴向力可以自行平衡。两端轴承采用外装式,单独采用润滑油(脂)润滑,因而不受输送介质的影响。两螺杆间用一对同步齿轮驱动,螺杆齿面间并不接触,而留有一微小间隙,介质中的杂质并不能对螺杆齿面产生直接的磨损(除冲刷外)。

除一些小排量泵外(2W.W 4.0 以下),一般在泵体上都带有内流式安全阀,当排放压力超过额定值时,有一定保护作用。泵体上的进、出口方向有两种,可根据需要选择:一为水平进、出;二为水平进,垂直向上出。

具有特殊螺旋面型腔的弹性定子与具有大导程、大齿高的转子相啮合,在定子型腔内构成连续的密封线将吸入腔与压出腔分隔,转子转动时型腔连续地向排出方向运动,使物料不断地被抽吸与排出,如图 2-7 所示。

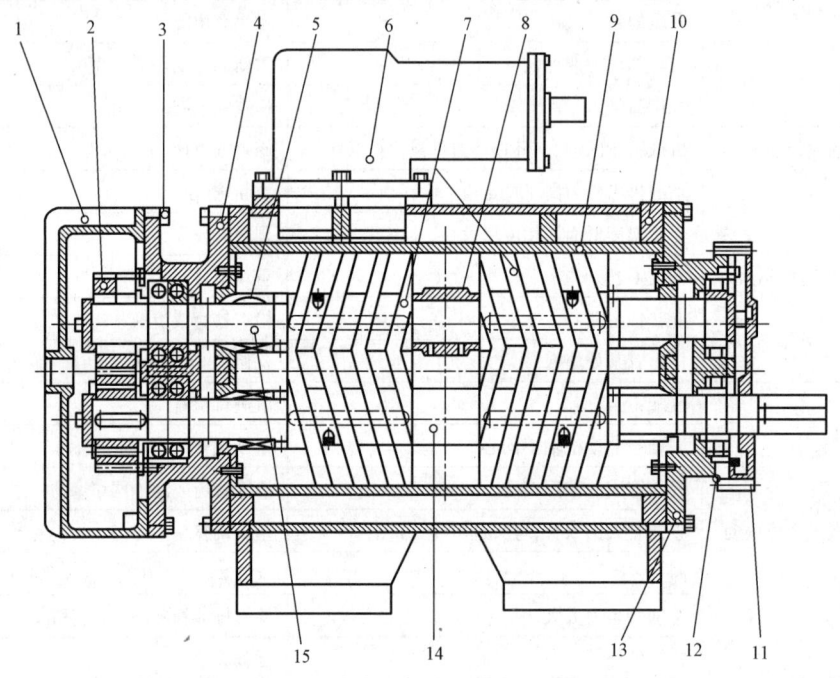

图 2-7 2W.W 双螺杆泵结构示意图
1—齿轮箱盖;2—齿轮;3—滚动轴承;4—后支架;5—机械密封;6—安全阀;
7—螺套 A、B;8—调节螺栓;9—衬套;10—泵体;11—前盖;12—滚动轴承;
13—前支架;14—主动轴;15—从动轴

二、2W.W 双螺杆泵的工作原理

通过泵体中主动螺杆、从动螺杆的相互啮合,以及螺杆和泵体孔的配合,在泵体中形成一个个密封空腔,当螺杆转动时,这些密封空腔连续向前移动,推动密封空腔中的液体到出口排出,实现输送液体的目的,如图 2-8 所示。

第二章 原油输送设备——多相混输泵

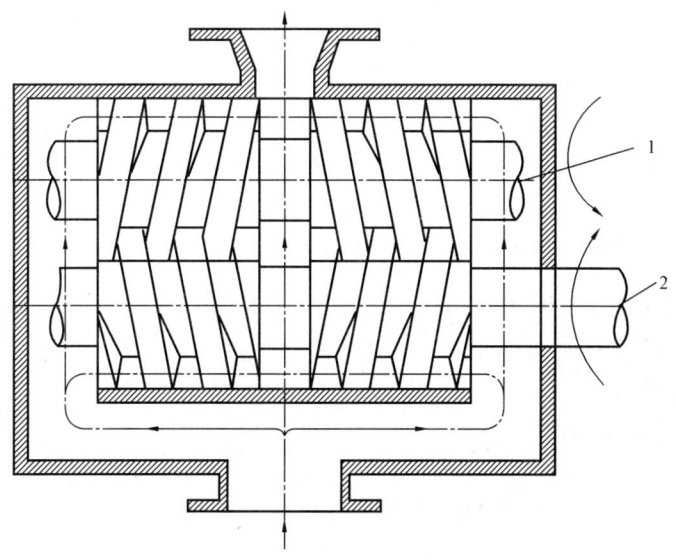

图 2-8 2W.W 双螺杆泵工作原理示意图
1—从动螺杆；2—主动螺杆

三、2W.W 双螺杆泵的优点

(1) 输送液体平稳、无脉动、无搅拌、振动小、噪声低。
(2) 有很强的自吸性能，多相混输时，含气率不高于80%，含沙量不高于500g/m³。
(3) 外置轴承结构，采用独立润滑，可以输送各种非润滑性介质。
(4) 采用同步齿轮驱动，两转子之间不接触，即使短时间空转也无妨。
(5) 泵体带有加热套，可以输送各种清洁或含有固体小颗粒的低粘度或高粘度介质（一般颗粒直径小于0.2mm）。
(6) 正确选用材料，甚至可以输送很多具有腐蚀性的介质。
(7) 双吸式结构，转子上没有轴向力。
(8) 轴端采用机械密封或波纹管机械密封，具有寿命长、泄漏少、适用范围广的特点。

四、2W.W 双螺杆泵的工作性能范围

(1) 最高工作压力 4.0MPa。
(2) 流量范围 1~1000m³/h。
(3) 温度范围 -20~120℃。
(4) 介质粘度 1~3000mm²/s，降低转速可达到 10^6 mm²/s。
(5) 泵的名义排量是指在特定粘度条件下的排量。介质粘度对双螺杆泵性能影响较大，为保证泵能在较高效率下工作，建议按表 2-3 所列粘度条件选择转速。

表2-3 2W.W双螺杆泵粘度与转速的对应关系

序号	介质粘度,mm²/s	转速,r/min
1	<400	1500
2	400~1200	1000
3	1200~3600	750

五、选用2W.W双螺杆泵应考虑的主要因素

(1)输送介质的润滑性、清洁度、腐蚀性、粘度、温度；
(2)介质进、出口压力；
(3)泵的安装高度；
(4)使用场合的防爆要求。

第五节 三螺杆泵

三螺杆泵已在我国石油、化工、机床、化纤、造船、公路建设等工业部门得到广泛应用,并在许多应用场合逐渐代替离心泵、齿轮泵和往复泵。三螺杆泵适用于输送具有润滑性的无固体颗粒杂质的各种燃料油、乳化液、重柴油、液压油和机械油等,输送液体的粘度范围可达3.0~760cSt。温度小于150℃时,高粘度液体可通过保温或加温降低粘度输送,其温度不超过250℃。三螺杆泵的突出特点是结构简单、体积小、允许高转速、工作平稳可靠、压力脉动小、流量稳定、噪声低、效率高、具有自吸能力和显著的节能效果。

一、三螺杆泵的结构

三螺杆泵主要由固定在泵体中的衬套(泵缸)以及安插在泵缸中的主动螺杆和与其啮合的两根从动螺杆组成。每根螺杆有两条螺旋线。三根互相啮合的螺杆,在泵缸内按每个导程组成一个密封腔,形成吸排口之间的密封,螺杆作旋转运动时,密封腔由泵的低压区位移至高压区。3G系列三螺杆泵结构如图2-9所示。

螺杆与壳体之间的密封面是一个空间曲面。泵工作时,由于两从动螺杆与主动螺杆左右对称啮合,故作用在主动螺杆上的径向力完全平衡,主动螺杆不承受弯曲负荷。从动螺杆所受径向力沿其整个长度都由泵缸衬套来支承,因此,不需要在外端另设轴承,基本上也不承受弯曲负荷。在运行中,螺杆外圆表面和泵缸内壁之间形成的一层油膜,可防止金属之间的直接接触,使螺杆齿面的磨损大大减少。

三螺杆泵工作时,两端分别作用着液体的吸排压力,因此对螺杆要产生轴向推力。对于压差小于10kgf/cm²的小型泵,可以采用止推轴承。此外,还通过主动螺杆的中央油孔将高压油引入各螺杆轴套的底部,从而在螺杆下端产生一个与轴向推力方向相反的平衡推力。

三螺杆泵和其他容积泵一样,当泵的排出口完全封闭时,泵内的压力就会上升到使泵损坏或使电动机过载的危险程度。所以,在泵的吸排口处,必须设置安全阀。螺杆泵的轴封,通常采用机械轴封,并可根据工作压力的高低采取不同的形式。

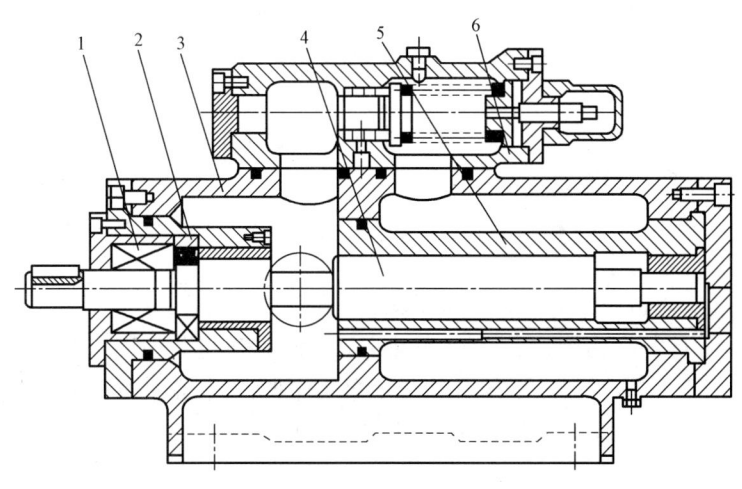

图 2-9 3G 系列三螺杆泵结构示意图
1—机械密封;2—滚动轴承;3—壳体;4—螺杆;5—泵套;6—安全阀

二、三螺杆泵的工作原理

三螺杆泵是利用螺杆的回转来吸排液体的。其中中间螺杆为主动螺杆,由原动机带动回转,两边的螺杆为从动螺杆,随主动螺杆作反向旋转。主动螺杆、从动螺杆的螺纹均为双头螺纹。

由于各螺杆的相互啮合以及螺杆与衬筒内壁的紧密配合,在泵的吸入口和排出口之间,就会被分隔成一个或多个密封空间。随着螺杆的转动和啮合,这些密封空间在泵的吸入端不断形成,将吸入室中的液体封入其中,并自吸入室沿螺杆轴向连续地推移至排出端,将封闭在各封闭空间中的液体不断排出,犹如一螺母在螺纹回转时被不断向前推进的情形那样,这就是三螺杆泵的工作原理。

三、三螺杆泵的操作

(一)启动前的检查

(1)首先检查现有操作条件是否与铭牌上的设计数据相符合。

(2)检查全部管路法兰、接头的密封性,要求严密不漏。

(3)检查联轴器保护罩、地脚螺丝是否紧固,有无松动现象。转动连轴器,检查泵的转动是否灵活,如有卡阻等现象,应排除。

(4)首次启动新泵或者长期(6个月以上)停用的泵在使用前,必须向泵内注入输送液体,这既可为启动提供必要的液体密封,保证泵能够自吸,又可使泵内各摩擦副得到足够的润滑。

(5)检查管线连接是否正确,启动前应全部打开吸入和排出管路中所有的阀门,严禁闭阀启动。防止因空转或压力超高导致泵发生故障。

(6)点动,检查电动机的旋转方向是否正确。

(二)启动与运行

(1)上述准备工作完毕后,可接通电源,直接启动。

(2) 泵运行中,应注意检查出口压力不得超过泵的铭牌所示压力。

(3) 对于间歇性操作、高温、低粘、润滑性差的介质,泵的使用寿命可能会缩短,因此应定期检查泵轴承处的温度。

(4) 运行中检查轴封密封是否完好,轴封处点滴泄漏是正常现象,如泄漏量大于10mL/h,应停车排除故障或更换新的密封元件。

(5) 检查泵出料量、振动和运转声音是否正常,如泵和电动机的声音异常或电流表指针迅速上升,应立即停车,查明原因并排除。

(6) 泵上所带安全阀只作为一种保护机构,在出厂前已调好,一般不需用户自行调整。如管路系统发生故障,有安全回流应立即停车排除故障,一般安全阀回流时间不得超过3min。若时间过长,泵内回流液体不断产生的脉冲波使泵产生振动,甚至使泵"咬死"损坏。

(7) 如泵"咬死",应立即切断电源,以防止电动机烧坏。

(三) 停泵

停泵前需先停止电动机运行,后关闭吸入管路阀门,再关闭排出管路阀门(防止干转,以免擦伤工作表面)。

四、三螺杆泵的常见故障及排除方法

三螺杆泵的常见故障及排除方法如表2-4所示。

表2-4 三螺杆泵的常见故障及排除方法

序号	故障现象	故障原因	排除方法
1	振动噪声大	吸入管路或泵吸入端漏气	检修、消除漏气现象
		轴承损坏	更换轴承
		泵与电动机不同心	校正同心度
		安装高度过大,泵内产生汽蚀	降低安装高度或降低转速
2	压力波动大	吸入管路或泵吸入端漏气	检修、消除漏气现象
		安全阀没有调好或工作压力过大,使安全时开时闭	调整安全阀或降低工作压力
3	泵流量下降	吸入管路或泵吸入端堵塞或漏气	检修,消除堵塞、漏气现象
		吸上高度超过泵的允许吸上真空度	降低吸上高度,减少管路阻力
		转速过低	提高转速
		螺杆与泵套磨损	更换磨损件
		安全阀泄漏	配研阀密封面
		轴封泄漏	检修更换密封元件
4	泵不上油	吸入管路或泵吸入端堵塞或漏气	检修、消除堵塞、漏气现象
		吸上高度超过泵的允许吸上真空度	降低吸上高度,减少管路阻力
		螺杆衬套磨损	更换磨损件
		轴转向不对	调整电动机转向
		介质粘度过大	将介质加温

续表

序号	故障现象	故障原因	排除方法
5	功率增大	输送介质粘度大	升温降低粘度
		螺杆与泵套严重磨损	检修更换有关磨损件
		泵与电动机不同心	校正同心度
		出口管路堵塞	消除堵塞
6	泵发热	输送介质粘度大	升温降低粘度
		泵与电动机不同心	校正同心度
		出口管路堵塞	消除堵塞
		泵内严重摩擦	检查调整螺杆和泵套
		油温过高	适当降低油温
7	机械密封发热	机械密封回油孔堵塞	清洗、疏通回油孔
8	机械密封大量漏油	装配位置不对	重新按要求安装
		密封压盖未压平	调整密封压盖
		动环或静环密封面碰伤	研磨密封面或更换新件
		动环或静环密封圈损伤	更换密封圈

三螺杆泵理论上属于严格密封型螺杆泵。三螺杆泵的最高工作压力可达30MPa,输送介质为清洁的、无腐蚀性的润滑油,特殊场合可输送高粘度、无腐蚀性介质(如油墨、胶液等)。由于三根螺杆按1:3:5的尺寸比例以及其他原因的限制,三螺杆泵输送的介质粘度范围有限,一般仅限于润滑介质。

第六节　螺杆泵的型号含义

螺杆泵广泛应用于石油、电力、化纤、船舶、冶金、玻璃、机械、机床、公路等各行各业。适用于输送燃料油、液压油、润滑油、沥青、污泥污水、原油等各种介质,生产厂家众多,规格表示多种多样,型号含义也各不相同。

一、单螺杆泵型号含义

例1 DLB—200.4

DLB表示单螺杆泵;200.4表示单螺杆泵转子名义直径为200mm,级数为4级。

例2 GNF29×4

G表示单螺杆泵;N表示一般结构;F表示螺杆及过流部分的零件用不锈钢制成,橡胶衬套由耐腐、无毒、无味的胶料制作;29表示螺杆的直径为29mm;4表示螺杆的螺距数为4。

例3 FG35—1

F表示泵体和内部零件全部为不锈钢(无字母泵体为铸铁,其内部零件为不锈钢);G表示系列单螺杆泵;35表示螺杆名义直径为35mm;1表示一级泵;2表示二级泵。

例4 GS15—1

表示转子名义直径15mm,一个标准导程级数、卧式、输送食品和医药介质用单螺杆泵。

例5 GULC35—2

表示转子名义直径35mm,两个标准导程,立式船用单螺杆泵。

例6 GLF002—06

表示长导程、耐腐蚀介质用单螺杆泵,理论流量为$2m^3/h$,最高工作压力0.6MPa。

二、双螺杆泵型号含义

例7 2LYQB115—1.6

表示额定流量为$115m^3/h$,额定工作压力为1.6MPa,输送介质为单相液体或油气混合流体的双螺杆油气混输泵。该泵型号含义见表2-5。

表2-5 2LYQB115—1.6泵型号含义

2	LYQB	115	1.6
螺杆数量	螺杆油气混输泵	额定流量,m^3/h	额定工作压力,MPa

例8 2W.WH6.1—64BⅡ

该泵型号含义如表2-6所示。

表2-6 2W.WH6.1—64BⅡ泵型号含义

2W.W	H	6.1	64	B	Ⅱ
系列代码	多相混输型	规格代码	螺旋导程	密封代码	材料代码

(1)系列代码。2W.W:卧式、外置轴承式;2W.N:卧式、内置轴承式。

(2)规格代码。规格代码反映泵的尺寸大小、工作能力范围,代码大,一般尺寸大,压力也高。详细技术特性见本章附表。64表示螺旋导程为64mm。

(3)密封代码。J:一般机械密封;B:金属波纹管机械密封。

(4)材料代码。Ⅰ:一般工程结构钢为主;Ⅱ:马氏体耐蚀钢为主;Ⅲ:奥氏体耐蚀钢为主。2W.W双螺杆泵主要零部件材料选用表如表2-7所示。

表2-7 2W.W双螺杆泵主要零部件材料选用表

零件名称	材料类别		
	Ⅰ	Ⅱ	Ⅲ
泵体	20	0Cr13	0Cr18Ni9
主动轴、从动轴	45	3Cr13	1Cr18Ni9
螺套	38CrMoAl	3Cr13	1Cr18Ni9
衬套	QT600-3	ZG1Cr13	ZG0Cr18Ni9

例9 2MPS 800-30M1W3

该泵型号含义如表2-8所示。

表 2－8　2MPS 800－30M1W3 泵型号含义

2	MPS	800	30	M1	W3
双螺杆	油气混输	名义流量,mL/r	螺杆导程,mm	密封形式	材料组合

（1）名义流量。名义流量是指每种规格泵的理论流量（mL/r），目前油气混输泵有 800、1400、2500、4200、7000 和 9800 六种。

（2）螺杆导程。同一种规格的螺杆有多种导程，并可根据不同的流量要求采用不同的导程。

（3）密封形式。根据泵送介质的不同，选用密封形式也不同。

（4）材料组合。如表 2－9 所示，列出了 2MPS 800－30M1W3 双螺杆泵泵体、衬套、螺旋套、轴等过流部件的材质，可根据泵送介质选用合适的材料组合。

表 2－9　2MPS 800－30M1W3 双螺杆泵材质选用表

代号	泵体	衬套	螺旋套	轴
W3	QT450－10		38CrMoAl	20CrMnTi
W4	ZG1Cr18Ni9Ti		0Cr18Ni9	0Cr17Ni4Cu4Nb
W11	20	QT450－10	38CrMoAl	20CrMnTi
W12	20	38CrMoAl	38CrMoAl	20CrMnTi
W20	0Cr18Ni9	0Cr18Ni9	0Cr18Ni9	0Cr17Ni4Cu4Nb

三、三螺杆泵型号含义

例 10　3GSFBW45×2—46WZ

该泵型号含义如表 2－10 所示。

表 2－10　3GSFBW45×2—46WZ 泵型号含义

3G	S	F	BW	45×2	46	W	Z
3G 系列三螺杆泵	结构特征	安装形式	使用特征	规格	螺旋升角	轴承配置	泵进口位置

（1）系列：3G 表示三螺杆泵。

（2）结构特征：无符号为单吸螺杆泵；S 表示双吸螺杆泵。

（3）安装形式：无符号为底脚卧式安装；F 表示法兰支架安装；L 表示柱脚立式安装。

（4）使用特征：无符号为普通型泵；N 表示高粘度介质专用泵；BW 表示保温型泵。

（5）规格：螺杆外径 45mm，螺杆螺距数目 2 个；3G 系列规格范围为 30×4～200×3。

（6）螺旋角：螺杆的螺旋角为 46°。

（7）轴承配置：无符号表示轴承内置式；W 表示轴承外置式。

（8）泵的进口位置：无符号为由联轴器向泵方向看，进口在泵体右侧；Z 表示由联轴器向泵方向看，进口在泵体左侧。

例 11　3GR25×4－1.6/2.5，3GC50×2－10/5，3GS160×3－280/16

3G 表示三螺杆泵；R、C、S 分别表示一般结构、船用结构、双吸结构；25×4、50×2、160×3

表示螺杆泵外径(mm)×螺纹工作长度的螺距数;1.6/2.5、10/5、280/16 表示设计点流量(m^3/h)/设计点压力($×10^5Pa$)。

例12 CHSNH440—46W1ZT

该泵型号含义如表2-11所示。

表2-11 CHSNH440—46W1ZT泵型号含义

C	HSN	H	440—46	W1	Z	T
使用特征	系列	结构特征	规格	密封形式	进口方向	特殊要求

(1)使用特征:无符号为通用型;C表示船用型。

(2)结构特征:H表示普通泵体侧进侧出卧式安装;F表示普通泵体侧近侧出支架式安装;S表示普通泵体侧进侧出立式安装;K表示普通泵体侧进侧出浸没式安装;D表示普通泵体端进上出卧式安装;Ra表示底部加热泵体侧近侧出卧式安装。

(3)规格:表示在电动机转速1450r/min时,螺旋角为46°泵的理论流量(l/min)的圆整数,供选泵时参考。

(4)密封形式:N表示轴承内置式机械密封;W1表示轴承外置式机械密封。

(5)进口方向:从驱动端看,无符号为右进;Z表示左进。

(6)特殊要求:用户特殊要求。

第七节 螺杆泵的选型

螺杆泵因为有可变量输送、自吸能力强、可逆转、能输送含固体颗粒的液体等特点,而被广泛地使用在输送水、油、湿污泥和絮凝剂药液等方面。螺杆泵的选型是由被输送液体的性质、流量和压力来决定的。螺杆泵的选用应遵循经济、合理、可靠的原则。如果在设计选型方面考虑不周,会给以后的使用、管理、维修带来麻烦,所以选用一台满足生产实际需要、合理可靠的螺杆泵,是既能保证生产顺利进行、又可降低修理成本的一项重要工作。

一、单螺杆泵的选型

(一)单螺杆泵的压力确定

单螺杆泵最大输出压力是根据衬套级数即衬套的导程数来确定的:1级,最高工作压力为0.6MPa;2级,最高工作压力为1.2MPa;4级,最高工作压力为2.4MPa。

由于输送介质情况不同,对于含有严重磨损性的介质,可参照表2-12选择衬套级数。

表2-12 根据介质的磨损性选择衬套级数

磨损性	一级	二级
无	0.6MPa	1.2MPa
一般	0.4MPa	0.8MPa
严重	0.2MPa	0.4MPa

(二)单螺杆泵转速的选择

单螺杆泵由于其结构特点,大部分用于输送较高粘度及含有颗粒的液体,因此其转速的选择非常关键。表2-13、表2-14列举了转速选择情况,可根据具体情况综合考虑。

表2-13 根据介质的磨损性选择泵转速

磨损性	介质名称	转速,r/min
无	淡水、促凝剂、油、浆汁、肉沫、油漆、肥皂水、血液、甘油	400~1000
一般	泥浆、悬浮液、工业废水、油漆颜料、灰浆、菜籽油过滤后的沉积物	200~400
严重	石灰浆、粘土、灰泥、陶土	50~200

表2-14 根据介质粘度选择泵转速

介质粘度,mm^2/s	1~1000	1000~10000	10000~100000	100000~1000000
转速,r/min	400~1000	200~400	<200	<100

表2-10中给出了所输送的具体介质及其磨损性的特例,应注意介质的特性会随其浓度和温度的变化而变化。当泵的规格大时,转速应选低一些。

在选择转速时也要根据经验,因为一些其他因素也影响着转速的选择,在最后确定了上述数值的同时最好向生产厂家咨询。

(三)单螺杆泵衬套橡胶材料的选择

单螺杆泵衬套为橡胶制品,也是单螺杆泵的一个易损件,它的选择好坏,直接影响衬套的寿命,正常情况下衬套的寿命为3~6个月,如果选用不当,衬套可能从钢管中脱落或橡胶掉块。所以应根据橡胶的基本特性及橡胶对各种不同介质的适应性综合分析后进行选择。

(四)材料组合选择

输送不同性质的介质,需进行不同的材料组合,详见厂家泵样本中的说明。

(五)性能表

一般单螺杆泵的性能表或特性曲线都是以20℃清水为介质(粘度为$1mm^2/s$)进行测定的,对于输送不同粘度流体时的流量与轴功率,需要与生产厂家联系。

(六)轴封

根据需要和输送介质,可采用机械密封和填料密封两种轴封方式,且这两种结构具有互换性。

(七)泵的驱动方式

由于单螺杆泵为低速泵,泵的驱动方式较多,一般有低速电动机直联(6级、8级)、齿轮减速电动机驱动、皮带减速驱动、无级变速电动机驱动等方式。采用何种方式驱动,根据现场情况选择。

二、双螺杆泵选型

选用双螺杆泵主要考虑的因素包括介质进、出口压力、泵的安装高度,使用场合的防爆要求及输送介质的润滑性、清洁度、腐蚀性、粘度和温度等。

双螺杆泵的选型包括性能参数的选择和泵结构型式的选择,泵结构型式的选择参见双螺杆泵的结构介绍。下面介绍性能参数的选择。

(一)流量

作为容积式泵,影响双螺杆泵流量 Q 的因素主要有转速 n、压力以及介质的粘度。

1. 转速 n 的影响

双螺杆泵在工作时,两螺杆及衬套之间形成密封腔,螺杆每转动一周便由进口向出口移出一个密封腔,即一个密封腔体积的液体被排出去。理想状态下,泵内部无泄漏,那么泵的流量与转速成正比。即:

$$Q_{th} = qn$$

式中　Q_{th}——理论排量,L/min;
　　　q——理论排量,即泵每转一周所排出的液体体积,L/r;
　　　n——转速,r/min。

2. 压力 Δp 的影响

泵实际工作过程中,其内部存在泄漏,也称滑移量。由于泵的密封腔有一定的间隙,且密封腔前、后存在压差 Δp,因此,有一部分液体回流,即存在泄漏,泄漏量用 ΔQ 表示,则:

$$Q = Q_{th} - \Delta Q$$

显而易见,随着密封腔前、后压差 Δp 升高,泄漏量 ΔQ 逐渐增大。对于不同型线和结构,影响大小也各不相同。

3. 粘度的影响

对于双螺杆泵,粘度大的流体比粘度小的流体的泄漏要小,泄漏量与介质粘度有一定的比例关系。

综上所述,要综合地考虑以上各种因素,通过一系列的计算才能精确地知道泵的实际流量是否符合工况要求。

(二)压力

与离心泵不同,双螺杆泵的工作压力由出口负载决定,即出口阻力来决定。出口阻力与泵的出口处的压力是匹配的,出口阻力越大,工作压力也越大。若想知道压力,则需要用流体力学的知识对出口阻力进行精确计算。

(三)轴功率

泵的轴功率 N 分为两部分:N_{th},液压功率,即压力液体的能量;N_r,摩擦功率。对于确定的压力和流量,其液压功率是一定的,因此影响轴功率的因素为摩擦功率 N_r。

摩擦功率是由于运动部件的摩擦而消耗的那部分功率。摩擦功率显然是随着工作压差的增加而增加的,并且介质粘度的增加也会引起液体摩擦功率的增加。因此在选择配套电动机时,介质的粘度也是一个非常重要的参考依据。尤其在输送高粘度介质时,需要作比较精确的计算。

电动机功率按下式计算：

$$N_m = NK$$

式中 N_m——电动机功率，kW；
N——轴功率，kW；
K——功率储备系数。

在计算功率后，选择配套电动机时应遵照表 2 – 15 中的有关规定。

表 2 – 15 双螺杆泵电动机选型

N，kW	$N \leq 10$	$10 < N \leq 50$	$N > 50$	$N > 100$
K	1.5	2.5	1.5	1.0

(四) 汽蚀余量

1. 吸上性能

泵工作分为以下几个阶段：

第一阶段，吸入阶段，此时液体连续不断地沿吸入管道移动；

第二阶段，能量传递阶段，旋转的螺杆把能量传给工作液体；

第三阶段，压出阶段，此时液体带有克服压出管道系统所有阻力所必需的压力，并从泵中排出。

在以上三个阶段中，最为重要的是必须保证泵的吸上条件，泵才能正常工作，这是泵工作的重要条件，否则就会发生汽蚀，引起振动、噪声等问题。

2. 汽蚀余量的计算

泵的汽蚀余量 $NPSH_r$ 与泵的转速 n、导程 h 以及泵所输送介质的粘度 ν 等因素都有关系，可用以下公式计算：

$$NPSH_r = (1.5 + 0.253 v_F^{1.84345} + 0.0572 v_F^{1.55}) \nu^{0.4146}$$

$$v_F = nh/60$$

式中 v_F——轴向流速，m/s；
n——转速，r/min；
h——导程，m；
ν——工作粘度，°E。

由此可见，泵的汽蚀余量 $NPSH_r$ 随 v_F、ν 的增大而增大。因此在吸入条件不好的情况下，宜选择小导程的双螺杆泵。

若要保持泵正常工作，即不发生汽蚀、振动等问题，必须保证以下条件：$NPSH_a > NPSH_r$，这是泵的吸入条件。

(五) 双螺杆泵的转速选择

选择不同的转速常涉及以下问题：

(1)通过选择合适的泵转速,以达到适当的性能参数,如流量等。
(2)随着粘度的不同,泵的转速亦应有所改变。

对于双螺杆泵,粘度的变化是决定转速的主要条件,随着粘度的增大,允许转速也越低。

转速的选择实质上也是吸上性能的问题,尤其是在高粘度的情况下,如果转速选得过高,就会引起吸入不足,从而产生噪声和振动等问题。因此务必遵照有关原则选择转速。

三、三螺杆泵选型

三螺杆泵尽管有诸多优势,但若选型不当,不仅得不到满意的运行效果,而且会导致泵的噪声和振动,甚至严重损坏泵的内部零件,使泵系统不能正常工作,因此,选型时应多方慎重考虑,合理选型。

三螺杆泵选型时,要尽可能详尽地了解泵的使用条件,除了运行参数,如流量、压力需要清楚以外,输送介质的特性如腐蚀性、含汽量、含固溶物的比率及固体颗粒的大小,介质的工作温度、粘度、密度以及泵装置的吸入条件、安装条件等均要了解。根据经验,三螺杆泵选型时应注意以下几点。

(一)泵转速的选择

(1)以输送介质粘度和泵的规格确定转速范围。输送高粘度介质时,应选择低转速;若粘度较低,相应可选择高转速:

对于大规格的泵(主杆外径60mm以上),介质粘度大于20°E时,转速以970r/min或720r/min为宜,如果粘度更高(粘度大于80°E),如粘胶液,可降低转速使用,推荐200~500r/min;

对于小规格的泵,介质粘度大于20°E时,转速以1450r/min或970r/min为宜,如果粘度更高(粘度大于80°E),可降低转速使用,推荐300~600r/min。

(2)由于泵的转速越高,在相同性能参数下,泵的体积就越小,但由于转速高,摩擦功率高,泵的磨损就大,寿命就短,如果输送介质的润滑性比较差或含有微量杂质,应选择较低转速,以使泵保持较长的寿命,推荐在1450r/min以下。

(二)泵结构的选择

泵结构的选择可根据泵的安装和使用条件参考三螺杆泵的系列和型式来进行,原则上:

(1)输送润滑性油类,温度在80℃以下时选择内置轴承结构的泵;
(2)温度超过80℃或输送介质润滑性差时,选择外置轴承结构的泵;
(3)输送流动性差、粘度较高的介质或需要对所输送介质进行加热或保温时选择双层加热泵体结构的泵;
(4)高温输送时,应选择耐高温材料制成的泵;
(5)泵材料组合的选择由输送介质的性能决定;
(6)关于泵的吸入能力可查阅厂家提供的 $NPSH_r$ 或 $NPSH_a$ 值。

(三)配套电动机的选配

泵的选型确定后,根据样本数据可查到泵的轴功率 N,该轴功率再加上一定的功率储备后,作为选配电动机的依据。一般电动机功率 N_m 应不小于泵轴功率 N 乘以功率储备系数 K 后所得值,K 值可参照表 2-16 取值。

表2-16 三螺杆泵功率储备系数

N,kW	$N<5$	$5<N<10$	$10<N<50$	$N>50$
K	2.5	2.0	1.5	1.0

另外,选泵时还常由于样本提供的泵性能参数均以表格形式或特定粘度、转速下性能曲线的形式给出,所需泵的性能值有时不能直接读出,这时可遵循以下原则作粗略估算:

(1)三螺杆泵的流量、压力在相同转速、粘度时近似呈直线关系,压力越高,流量越小。
(2)相同粘度、压力下,泵的流量与转速近似成正比。
(3)相同转速、粘度下,轴功率与压力近似成正比。
(4)同一粘度、压力下,轴功率与转速近似成正比。
(5)粘度增大时,流量和轴功率均增加,但由于其中关系较复杂,必要时可向专业人员咨询。

对螺杆泵进行设计选型时,还应该了解用泵位置的电网情况,是否具备全压启动的条件,再要求泵厂家提供螺杆泵的启动力矩曲线,最终选定电动机的功率。从节能角度考虑,除了按正常螺杆泵选型配置电动机功率外,还必须根据电网情况,注意负载及电动机的转矩特性,校验电动机启动特性。如果电动机输出启动扭矩不足以带动泵启动,而且1台螺杆泵同时具有不同的出口工况时,则可考虑借助于变频器来启动和调速。为了充分发挥变频器的节能效果,可以采用1台变频器与多台泵并联切换电路。

复习思考题

1. 根据单螺杆泵的结构分析写出泵的拆卸顺序。
2. 分析单螺杆泵不上量、振动、发热的原因,并制定处理措施。
3. 2MPS双螺杆泵和2W.W双螺杆泵有何异同点?
4. 根据所在油田的实际情况,分析如何选择合适的多相混输泵。
5. 解释下列型号含义:G25-2;3GL30×4-46;3GW80×4-46;2W.W5.0-64JⅠ;2LYQB75—2.4;2MPS9800—80M1W4。
6. 选泵时需要注意哪些事项?

参考文献

[1] 赵恒枫. 螺杆泵的应用与节能. 机床与液压,1994,3:126~128.
[2] 董贤勇. 螺杆泵故障诊断及处理浅析. 石油矿场机械,2004,33(4):53~56.
[3] 段礼祥,师国臣,何易,等. 螺杆泵驱动装置磨损状态监测系统. 润滑与密封,2007,32(2):92~94.
[4] 夏德荣,王吉成. 螺杆泵吸入系统的设计. 液压气动与密封,1998,3:21~22.
[5] 刘凯春. 螺杆泵选型误区分析及对策. 石油化工设计,2004,21(2):6~9.
[6] 张军,陈听宽,金友煌. 螺杆泵转速应考虑的几个问题. 石油钻采工艺,1998,20(2):88~90.
[7] 刘磊. 双螺杆多相泵输送气液混合流体时的转矩特性. 石油机械,2001,29(7):8~10.
[8] 马永林,刘宏志. 双螺杆泵替代往复泵输送沥青及效果. 炼油设计,1998,(5),37.
[9] 曹锋,束鹏程,邢子文. 双螺杆多相混输泵技术及研究进展. 石油机械,1999,27(3):49~52.
[10] 刘磊. 双螺杆多相泵性能参数与含气率的相关性研究. 流体机械,2001,29(5):8~11.
[11] 曹锋,彭学院,邢子文,等. 双螺杆多相流混输泵的设计计算. 流体机械,2001,29(1):14~17.

[12] 郭淼,王勇. 双螺杆多相输送泵旋转密封技术. 国外石油机械,1999,10(5):51~53.
[13] 詹建东. 油气混输泵降压技术在油田油气集输系统的应用. 内蒙古石油化工,2006,4:106~108.
[14] 郑钦祥. 稠油降粘技术及输送方法. 油气田地面工程,2006,25(4):6~7.
[15] 侯桂华,孙洁,王世清. 多相混输泵在塔河油田油气集输系统中的应用. 石油工程建设,2006,32(1):26~28.
[16] 胥勋元,班兴安. 多相混输技术在英买7凝析气田群应用探讨. 天然气与石油,2002,20(3):13~15.
[17] 王银周. 边远小断块油田油气混输泵降压集输. 江汉石油学院学报,2002,24(3):72~73.
[18] 王立军,胡德高. 油气密闭混输及配套工艺技术在王场油区的应用. 油气田地面工程,2002,21(6):46~47.
[19] 周永翔,王汉平. 油气密闭混输工艺的运用与改进. 江汉石油职工大学学报,2005,18(6):57~58.
[20] 李秀锦,唐鑫. 靖安油田陈氏螺杆泵油气混输工艺技术优化. 石油天然气学报,2005,27(3):560~561.
[21] 吉效科. 油田设备技术与管理. 北京:中国石化出版社,2009.
[22] JB/T 8644—2007,单螺杆泵. 北京:机械工业出版社,2008.

附表 2W.W 双螺杆泵规格代码详细技术特性表

规格代码	压力 MPa	1450 r/min								950 r/min				720 r/min			
		30 mm²/s		75 mm²/s		150 mm²/s		300 mm²/s		450 mm²/s		750 mm²/s		1500 mm²/s		2500 mm²/s	
		m³/h	kW	m³/h	kW	m³/h	kW	m³/h	kW	m³/h	kW	m³/h	kW	m³/h	kW	m³/h	kW
2.5-15	0.6	2.4	1.5	3	2.2	3.2	2.2	3.3	2.2	1.8	1.5	1.8	2.2	1.3	2.2	1.3	2.2
	1.0	1.7	2.2	2.6	2.2	2.9	3	3.1	3	1.7	2.2	1.7	2.2	1.2	2.2	1.2	2.2
2.5-20	0.4	3.9	1.5	4.3	1.5	4.4	2.2	4.5	2.2	2.6	1.5	2.6	2.2	1.9	2.2	1.9	2.2
	0.6	3.4	1.5	4	2.2	4.2	2.2	4.3	2.2	2.5	2.2	2.5	2.2	1.8	1.5	1.8	2.2
2.8-18	0.6	4.3	2.2	4.8	3	4.9	3	5	3	2.9	2.2	2.9	3	2.1	3	2.1	3
	1.0	3.7	3	4.4	4	4.7	4	4.8	4	2.7	3	2.7	4	2	3	2	4
2.8-24	0.4	6.3	2.2	6.6	2.2	6.7	3	6.8	3	4	2.2	4	3	2.9	2.2	2.9	3
	0.6	5.9	2.2	6.4	4	6.5	4	6.6	4	3.8	3	3.8	3	2.7	3	2.7	3
3.1-22	0.6	7.7	3	8.2	4	8.3	4	8.4	4	5	3	5	4	3.7	3	3.7	4
	1.0	7	4	7.8	5.5	8	5.5	8.1	5.5	4.8	4	4.8	5.5	3.5	4	3.5	5.5
3.1-30	0.4	11.1	3	11.4	3	11.5	4	11.6	5.5	6.9	3	6.9	5.5	5.1	3	5.1	4
	0.6	10.6	4	11.1	5.5	11.3	5.5	11.4	5.5	6.7	4	6.7	5.5	4.9	4	4.9	5.5
3.2-18	1.6	—	—	4.8	7.5	5.8	7.5	6.3	7.5	2.4	5.5	2.4	7.5	0.9	4.0	0.9	5.5
	2.0	—	—	4.2	7.5	5.5	7.5	6.1	11	2.3	7.5	2.3	7.5	0.9	4.0	0.9	5.5
	2.5	—	—	3.4	11	5.0	11	5.8	11	2.1	7.5	2.1	7.5	0.8	5.5	0.8	5.5
3.2-24	1.25	5.5	5.5	7.6	7.5	8.4	7.5	8.7	11	4.6	5.5	4.6	7.5	2.7	5.5	2.7	7.5
	1.6	4.6	7.5	7.2	11	8.2	11	8.5	11	4.5	5.5	4.5	7.5	2.6	5.5	2.6	7.5
	1.6	3.4	7.5	6.7	11	7.8	11	8.3	11	4.3	7.5	4.3	7.5	2.5	5.5	2.5	7.5
3.2-30	0.6	9.7	5.5	11	5.5	11.5	5.5	11.7	7.5	6.8	5.5	6.8	5.5	4.3	5.5	4.3	5.5
	1.0	8.0	7.5	10.2	7.5	10.9	7.5	11.2	7.5	6.5	7.5	6.5	5.5	4.3	4.0	4.3	5.5
3.2-44	0.4	16.4	5.5	17.5	7.5	17.9	7.5	18.1	7.5	11.2	4.0	11.3	5.5	8.0	4.0	8.0	4.0
	0.6	15.2	7.5	17	7.5	17.4	7.5	17.6	7.5	10.9	5.5	11	5.5	7.8	5.5	7.8	5.5

续表

规格代码	压力 MPa	1450 r/min 30 mm²/s		75 mm²/s		150 mm²/s		300 mm²/s		950 r/min 450 mm²/s		750 mm²/s		720 r/min 1500 mm²/s		2500 mm²/s	
		m³/h	kW	m³/h	kW	m³/h	kW	m³/h	kW	m³/h	kW	m³/h	kW	m³/h	kW	m³/h	kW
3.4-24	1.6	—	—	7.4	11	9	11	9.8	11	5.7	7.5	4.3	7.5	5.7	7.5	4.3	11
	2.0	—	—	6.5	11	8.5	11	9.5	15	5.5	11	5.5	11	4.1	7.5	4.1	11
	2.5	—	—	5.3	15	7.8	15	9.1	15	5.1	11	5.1	11	3.9	11	3.9	11
3.4-30	1.0	8.3	7.5	11.4	7.5	12.4	11	12.9	11	7.6	7.5	7.6	7.5	5.6	7.5	5.6	7.5
	1.25	6.9	11	10.7	11	12.1	11	12.6	11	7.4	7.5	7.4	7.5	5.5	7.5	5.5	11
	1.6	5	11	9.9	11	11.5	11	12.3	15	7.1	11	7.1	11	5.3	7.5	5.3	11
3.4-40	0.6	14.8	5.5	16.8	7.5	17.5	7.5	17.8	11	10.6	7.5	10.6	7.5	7.8	7.5	7.8	7.5
	1.0	12.2	11	15.5	11	16.6	11	17.2	11	10	7.5	10	7.5	7.4	7.5	7.4	7.5
3.4-56	0.4	21.8	5.5	23.2	7.5	23.7	7.5	24	11	14.3	5.5	14.4	7.5	10.5	5.5	10.5	7.5
	0.6	20.2	7.5	22.5	11	3.1	11	23.4	11	13.8	7.5	13.9	7.5	10.1	7.5	10.1	7.5
4.0-26	1.6	—	—	12.4	15	14.6	15	15.7	18.5	9.3	11	9.3	15	7	11	7	15
	2.0	—	—	11.2	15	13.9	15	15.3	22	9	15	9	15	6.8	15	6.8	15
	2.5	—	—	9.6	18.5	13.1	22	14.8	22	8.6	15	8.6	15	6.6	15	6.6	15
4.0-32	1.0	13.9	11	18.2	15	19.6	15	20.3	15	12.2	11	11.9	11	9.1	11	9.1	15
	1.25	12	15	17.3	15	19.1	15	20	18.5	11.9	15	11.9	15	8.9	11	8.9	15
	1.6	—	—	16.1	18.5	18.4	18.5	19.5	22	11.5	11	11.5	15	8.6	11	8.6	15
4.0-44	0.6	24.6	11	27.4	11	28.3	11	28.8	15	17.3	11	17.3	15	12.8	11	12.8	11
	1.0	21.1	15	25.7	15	27.2	15	27.9	18.5	16.6	11	16.6	15	12.3	11	12.3	15
4.0-64	0.4	37.2	11	39.1	11	39.8	11	40.1	15	24.1	11	24.2	11	17.8	11	17.8	11
	0.6	35	11	38	15	38.9	15	39.4	18.5	23.5	11	23.7	11	17.3	11	17.3	11
4.5-30	1.6	17.4	18.5	22.3	22	24	22	24.8	30	14.9	18.5	15	18.5	11.1	18.5	11.2	18.5
	2.0	15.1	22	21.3	30	23.4	30	24.4	30	14.5	22	14.6	22	10.9	18.5	11	22
	2.5	12.3	30	20	30	22.6	30	23.9	30	14.2	22	14.3	22	10.6	18.5	10.6	22

续表

规格代码	压力 MPa	1450r/min								950r/min				720r/min			
		30mm²/s		75mm²/s		150mm²/s		300mm²/s		450mm²/s		750mm²/s		1500mm²/s		2500mm²/s	
		m³/h	kW	m³/h	kW	m³/h	kW	m³/h	kW	m³/h	kW	m³/h	kW	m³/h	kW	m³/h	kW
4.5-40	1.0	29.1	18.5	32.4	18.5	33.5	22	34	22	20.5	18.5	20.6	18.5	15.3	15	15.3	18.5
	1.25	27.5	18.5	31.6	22	33	30	33.7	30	20.2	18.5	20.3	18.5	15	18.5	15.1	22
	1.6	25.3	30	30.6	30	32.3	30	33.2	30	19.9	22	20	22	14.7	18.5	14.8	22
4.5-52	0.6	41.8	15	43.9	15	44.6	18.5	45	22	27.3	15	27.4	18.5	20.3	15	20.3	15
	1.0	38.9	22	42.4	22	43.6	30	44.2	30	26.6	18.5	26.7	18.5	19.7	15	19.7	18.5
4.5-72	0.4	57.3	15	58.8	15	59.3	18.5	59.6	22	36.1	15	36.2	15	26.9	15	26.9	18.5
	0.6	55.5	18.5	57.7	22	58.5	22	58.9	22	35.5	22	35.6	18.5	26.3	18.5	26.3	22
5.0-28	2.5	17.3	37	24.7	37	27.2	37	28.4	45	17.1	30	17.3	37	12.9	30	12.9	37
	3.2	—	—	23.1	45	26.3	45	27.9	55	16.7	37	17	45	12.7	37	12.8	37
	4.0	—	—	21.3	55	25.3	55	27.3	75	16.2	45	16.5	45	12.4	37	12.6	45
5.0-40	1.6	34.6	37	39.5	45	41.1	45	42	45	25.4	30	25.6	37	19.9	30	20	37
	2.0	32.3	37	38.4	45	40.5	45	41.5	45	25.1	37	25.3	37	18.8	37	18.9	37
	2.5	29.4	45	37.1	45	39.7	45	41	55	24.7	37	24.9	37	18.5	37	18.6	37
5.0-52	1.0	50.7	30	53.9	30	55	37	55.5	37	33.8	30	34	30	25.3	30	25.4	30
	1.25	49.1	30	53.1	37	54.4	37	55.1	45	33.5	30	33.7	37	25	30	25.1	37
	1.6	46.9	37	52	45	53.7	45	54.6	55	33.1	37	33.3	37	24.7	30	24.7	37
5.0-64	0.6	66.1	22	68.1	22	68.8	30	69.1	37	42.3	22	42.4	22	31.6	22	31.7	30
	1.0	63.2	30	66.6	37	67.7	37	68.2	45	41.5	30	41.7	30	30.9	30	31	30
5.0-96	0.4	96.7	22	98.1	22	98.6	30	98.8	37	60.3	22	60.4	30	45.1	22	45.1	30
	0.6	89.7	30	96.9	37	97.7	37	98	45	59.6	30	59.7	30	44.4	30	44.5	30
5.5-30	2.5	26.7	45	34.1	45	36.6	55	37.8	75	22.7	45	23	45	17.1	45	17.3	45
	3.2	23	55	32.5	55	35.7	75	37.2	75	22.2	45	22.5	55	16.8	45	17	55
	4.0	—	—	30.6	75	34.6	75	36.6	75	21.8	55	22.1	55	16.6	55	16.8	55

续表

规格代码	压力MPa	1450 r/min								950 r/min				720 r/min			
		30mm²/s		75mm²/s		150mm²/s		300mm²/s		450mm²/s		750mm²/s		1500mm²/s		2500mm²/s	
		m³/h	kW	m³/h	kW	m³/h	kW	m³/h	kW	m³/h	kW	m³/h	kW	m³/h	kW	m³/h	kW
5.5-44	1.6	43	45	51.7	45	54.6	55	56	55	33.8	37	34.1	45	25.5	37	25.6	45
	2.0	39	55	49.9	55	53.6	55	55.4	75	33.2	45	33.6	55	25	45	25.2	55
	2.5	34.1	55	47.8	75	52.3	75	54.6	75	32.7	55	33.3	55	24.7	45	24.8	55
5.5-56	1.0	64.3	37	70	37	71.9	45	72.9	55	44.1	37	44.4	45	33	37	33.2	45
	1.25	61.6	45	68.8	45	71.1	55	72.2	75	43.7	37	44	45	32.7	37	32.8	45
	1.6	57.9	55	67	55	70	75	71.5	75	43.1	45	43.4	45	32.3	37	32.4	45
5.5-80	0.6	99.7	30	103	37	104	45	105	45	64	30	64.2	37	48	30	48	37
	1.0	94.6	45	100	55	102	55	103	75	62.8	45	63.1	45	46.9	37	47	45
5.5-120	0.4	146	30	149	37	150	55	150	55	91.8	30	92	45	68.6	30	68.7	45
	0.6	143	45	147	55	148	55	149	55	90.7	37	90.9	45	67.6	37	67.6	45
6.1-36	2.5	40.9	75	51.9	75	55.7	75	57.4	90	33	55	33.4	75	24.9	55	25	75
	3.2	35.4	75	49.5	90	54.2	90	56.6	110	32.4	75	32.9	75	24.5	75	24.7	75
	4.0	—	—	46.8	110	52.7	110	55.6	110	31.7	75	32.4	90	24	75	24.3	75
6.1-48	1.6	67.6	55	74.8	75	77.3	75	78.5	75	47.5	55	47.8	75	35.7	55	35.8	75
	2.0	64.2	75	73.3	75	76.3	75	77.8	90	47	75	47.5	75	35.2	55	35.3	75
	2.5	60	75	71.4	75	75.2	90	77.1	110	46.4	75	46.9	75	34.9	55	34.9	75
6.1-64	1.0	99	45	103	55	105	75	106	75	64.5	45	64.7	55	48.4	45	48.5	55
	1.25	96.6	55	102	75	104	75	105	90	64.1	55	64.3	75	48	55	48	75
	1.6	93.3	75	101	75	103	75	104	90	63.2	75	63.7	75	47.2	55	47.5	75
6.1-96	0.6	155	45	158	55	160	75	160	75	98	45	98	55	73.2	45	73.3	55
	1.0	151	75	156	75	158	75	158	90	96.4	55	96.7	75	72	55	72.1	75

续表

规格代码	压力 MPa	1450 r/min								950 r/min				720 r/min			
		30mm²/s		75mm²/s		150mm²/s		300mm²/s		450mm²/s		750mm²/s		1500mm²/s		2500mm²/s	
		m³/h	kW	m³/h	kW	m³/h	kW	m³/h	kW	m³/h	kW	m³/h	kW	m³/h	kW	m³/h	kW
6.1-144	0.4	225	45	228	55	228	55	229	75	140	45	140	55	104	45	105	55
	0.6	222	75	225	75	227	75	227	90	138	55	138	75	103	55	103	75
6.9-40	2.5	61.3	90	74	90	78.2	110	80.3	110	46.3	75	46.8	90	35	75	35.1	90
	3.2	54.9	110	71.2	110	76.6	132	79.3	132	45.6	90	46.2	110	34.5	90	34.7	110
	4.0	—	—	68	160	74.8	160	78.2	185	44.8	110	45.6	132	33.9	110	34.2	132
6.9-56	1.6	102	110	110	110	113	132	114	132	69.8	75	70.2	90	52.5	75	52.6	90
	2.0	98	132	108	132	112	160	114	160	69	90	69.6	110	51.9	90	52	110
	2.5	93	132	106	132	110	160	113	160	68.4	110	68.9	110	51.4	110	51.5	110
6.9-80	1.0	157	110	163	110	165	132	166	132	101	75	101	90	75.9	75	76	90
	1.25	154	132	161	132	164	160	165	160	100	90	100	110	75.3	90	75.4	110
	1.6	150	160	159	160	162	185	164	185	99.7	110	100	110	74.6	110	74.8	110
6.9-112	0.6	228	90	232	90	233	110	234	110	143	75	143	90	107	75	107	90
	1.0	222	132	228	132	231	160	232	160	142	90	142	110	106	90	106	110
6.9-144	0.4	283	75	285	75	286	110	287	90	176	55	176	75	132	55	132	75
6.9-160	0.6	279	110	283	110	284	132	285	132	174	75	174	90	130	75	130	90
7.6-96	0.6	261	110	265	110	267	132	267	132	165	75	165	90	124	75	124	90
	1.0	254	160	262	160	264	185	266	185	163	110	163	110	123	110	123	110
7.6-112	0.6	305	110	309	110	311	132	312	32	192	75	192	90	144	75	144	132
	0.8	301	160	308	160	310	185	311	185	191	110	191	110	143	110	143	90
7.6-144	0.4	420	110	425	110	424	132	424	132	261	75	261	90	197	75	197	90
	0.6	415	160	420	160	422	185	423	185	259	90	259	110	195	90	195	110
7.6-160	1.6	81.8	90	92.9	110	96.7	110	98.5	110	70.2	75	70.3	90	56.4	75	56.4	90
	2.0	76.7	110	90.6	132	95.3	132	97.6	132	69.4	90	69.5	110	55.9	90	55.9	110
7.6-56	2.5	70.3	110	87.8	132	93.6	132	96.5	132	68.6	110	69.3	110	55.3	110	55.3	110

续表

规格代码	压力 MPa	1450 r/min								950 r/min				720 r/min			
		30mm²/s		75mm²/s		150mm²/s		300mm²/s		450mm²/s		750mm²/s		1500mm²/s		2500mm²/s	
		m³/h	kW	m³/h	kW	m³/h	kW	m³/h	kW	m³/h	kW	m³/h	kW	m³/h	kW	m³/h	kW
7.6–80	1.0	132	90	139	90	141	110	143	110	102	75	102	90	81.7	75	81.7	90
	1.25	128	110	137	110	140	132	142	132	101	90	101	110	81.2	90	81.2	110
	1.6	123	132	135	132	139	160	141	160	100	110	100	110	80.4	90	80.4	110
7.6–96	0.6	166	75	171	90	172	90	173	90	124	55	124	75	99	55	99	75
	1.0	160	110	168	132	170	132	171	132	122	75	122	90	97	75	97	90
7.6–112	0.6	195	90	200	90	201	90	202	90	144	75	144	75	115	75	115	75
	0.8	191	110	198	110	200	110	201	110	143	75	143	75	114	75	114	75
7.6–160	0.4	270	75	274	75	275	75	276	75	196	55	196	75	157	55	157	75
	0.6	266	110	271	132	273	132	268	132	194	75	194	90	155	75	155	90
8.3–64	1.6	112	132	126	132	131	132	133	132	95.2	110	95.4	110	76.5	90	76.5	110
	2.0	106	132	123	132	129	160	132	160	94.3	110	95	132	75.8	110	75.8	110
	2.5	98.4	160	120	160	127	185	131	185	93.2	132	94.1	185	75	132	75	185
8.3–96	1.0	189	132	198	132	202	132	203	132	145	110	145	110	134	110	134	110
	1.25	185	132	196	160	200	160	202	160	144	110	144	110	115	110	115	110
	1.6	178	160	193	185	198	185	200	185	143	132	143	132	114	132	114	132
8.3–120	0.6	248	110	253	110	255	110	256	110	183	75	183	75	146	75	146	75
	1.0	239	160	249	160	252	160	254	160	181	110	181	110	144	110	144	110
8.3–144	0.6	298	110	304	132	306	132	307	132	202	90	202	90	175	90	175	90
	0.8	293	160	302	160	304	160	306	160	218	110	218	110	174	110	174	110
8.3–192	0.4	385	110	389	110	390	110	391	110	279	75	279	75	222	75	222	75
	0.6	378	132	385	132	387	132	388	132	276	110	276	110	220	110	220	110

第三章 原油加热设备

油田用加热设备是油田勘探开发中的重要设备之一,也是油田的主要能耗设备之一,尤其是我国东部油田大面积进入高含水期及稠油开发期,加热设备就显得尤为重要。随着油气田勘探开发面积增大、开发难度增加,油田用加热设备的数量越来越多,能耗十分惊人。据统计,仅加热设备的能耗就占油田总能耗的10%以上,年能耗总量折合成原油约为17.4×10^6t,相当于一个小型油田的年产量。因此,加热设备的高效运行与油田企业的经济开发息息相关。

目前,油田用加热炉主要存在设备老化(平均新度系数0.41)、小型加热炉较多、效率偏低、燃烧不充分和炉内腐蚀、结垢等问题,如表3-1所示。为了改变油气集输加热设备的现状,也为了更安全、经济地生产,替代传统加热装置技术的需求日益迫切。相变加热炉、集肤效应电伴热(加热)装置、电磁加热器和自动相变掺热装置就是在加热炉技术改造的背景下现身的,它们的问世对于提高油田生产效率有着重要的意义。

表3-1 各种加热炉的性能特点对比表

项目		加热炉名称	特点
根据加热方式分类	直接加热式	管式加热炉	通过火焰直接加热炉管中的原油;易在管内壁结焦、结垢,造成管壁局部过热、失效,甚至导致爆管事故的发生,并且阻碍管壁热量传递给被加热原油;炉管为往复式密闭结构,管内污垢很难用机械方法清除
		火筒式加热炉	比管式加热炉更易结焦、结垢,不适合加热稠油和较高压力的原油;炉体庞大,钢耗量大,表面散热损失大;当受热面结垢后,排烟热损失会显著上升,导致炉效降低
	间接加热式	水套炉	采用水浴加热;锅壳内的水与盘管之间为自然对流,传热系数小,炉体钢耗量大;热效率低,能源浪费较大
		有机热载体炉	可提供200~300℃的高温导热油对被加热原油进行加热;可有效缩小换热器的换热面积;但导热油价格昂贵,运行中必须依靠高温导热油泵使导热油快速流动,运行电耗较大,因此运行成本较高;系统较复杂,占地面积大
		相变加热炉	采用热管技术,利用水蒸气的相变换热,间接加热盘管换热器内的被加热原油;具有不爆炸、不结垢、不腐蚀、不发生裂纹、不鼓包、不爆管等特点,运行安全、可靠、平稳,热效率高

由上表可知,管式加热炉、火筒式加热炉、水套炉、有机热载体炉等加热设备在实际运行中均存在一些不足之处,而相变加热炉则很好地解决了传统加热炉存在的问题,具有安全、环保、节能、高效的优点,是传统加热炉的最佳替代加热设备。

第一节 相变加热炉

相变加热炉是近年来研制的一种新型加热炉。其技术核心是采用相变理论,由热管技术衍生而来。利用中间介质的相变过程连续不断地将燃烧器产生的热量传递、置换给换热管内流动的工质,使之加热到所需温度。因此相变加热炉是指在加热炉本体内没有不凝结气体,或不凝结气体分压力(绝对压力)接近于零的状态下,锅内介质通过不断蒸发、冷凝的气液两相循环,连续将吸收的热量传递给换热管内工质的加热炉。

相变加热炉按启动和温控方式不同,分为 Honeywell—DC 1020 比调仪控制相变加热炉和 WT—600C 比调仪控制相变加热炉,前者简称"H 型",控制介质出口温度;后者简称"W 型",控制炉内蒸汽温度。按筒体内蒸汽运行压力不同,可分为真空相变加热炉、微压相变加热炉和压力相变加热炉。按结构特点不同可分为一体快装式相变加热炉和分体式相变加热炉。

一、真空相变加热炉

真空加热炉一般是水介质真空相变原油加热炉的简称,具有安全可靠效率高、节能环保寿命长、适用性广泛、自动化程度高及运行成本低等特点,以其核心技术的先进性和配套技术的完善性,受到各油田的认可和欢迎,目前我国各油田普遍都使用真空加热炉。

(一)真空相变加热炉结构

真空相变加热炉主要由加热炉本体、燃烧器、自动控制系统和操作间等构成。而加热炉本体主要由后烟箱(回烟室)、烟管、前烟箱、烟囱、换热盘管和防爆门等部分组成,如图 3-1 所示。

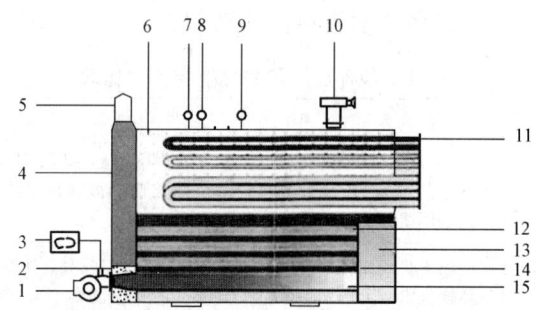

图 3-1 真空相变加热炉本体结构示意图
1—燃烧器;2—炉口砖;3—燃气阀组;4—前烟箱;5—烟囱;6—水蒸气;
7—温度计;8—温度传感器;9—真空压力表;10—真空阀;11—主加热盘管;
12—烟管;13—后烟箱;14—载热体;15—燃烧室

加热炉本体采用湿背式二、三回程结构,以二回程结构为例,燃料自燃烧器喷入燃烧室进行燃烧,高温烟气在回烟室(后烟箱)内转向,再进入第二回程烟管进行充分换热,最后经前烟箱和烟囱排出。燃烧室上部有盘管式换热器,换热器与水蒸气进行换热。操作间可为自动燃烧器提供一个适宜的工作环境。

(二)真空相变加热炉工作原理

由燃烧器、燃烧室(炉胆)、回烟室、烟管、前烟箱和中间介质——水组成的蒸发器,吸收燃料燃烧所释放的热量而产生大量高温水蒸气作为载热体向上流动,高温水蒸气经过换热盘管时向工质(原油)放热,并冷凝还原成液态水再流回蒸发器,完成一个液相(吸热)—气相(放热)—液相的相变过程。

燃烧器通过燃烧燃料给中间介质源源不断地提供汽化热,而被加热的工质源源不断地带走载热体释放的冷凝热达到自身加热的目的,并逐渐达到动态的热平衡。如此往复循环,实现原油加热。真空相变加热炉的工作原理如图 3-2 所示。

第三章　原油加热设备

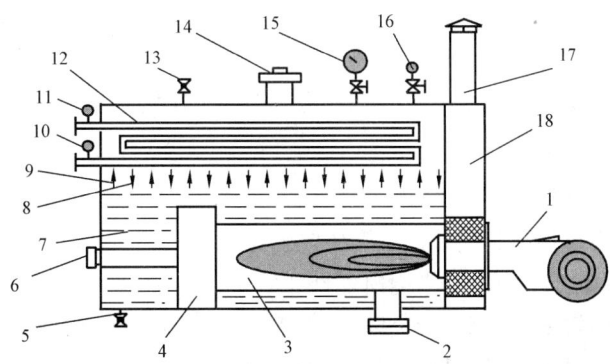

图 3-2　真空加热炉工作原理示意图
1—燃烧器；2—防爆门；3—燃烧室；4—回烟室；5—排污阀；6—窥火镜；7—中间介质；
8—冷凝水；9—载热体；10—进口温度；11—出口温度；12—换热盘管；13—进气阀；
14—真空控制器；15—压力表；16—压力变送器；17—烟筒；18—前烟箱

(三)真空相变加热炉安全附件

真空相变加热炉的安全附件主要有：压力测量仪表、温度测量仪表、报警监控装置、液位计、真空压力控制器(安全阀)、紧急放空装置阀门、防爆门等。

1. 压力测量仪表

压力测量仪表包括压力变送器和压力表。压力变送器把压力信号传到电子设备，并在计算机上显示压力，进而实现自动化控制。压力表的精度等级不应低于 1.5 级；表盘直径不得小于 100mm；真空相变加热炉所用的真空压力表，至少每半年进行检验一次。

2. 温度测量仪表

温度测量仪表包括温度变送器和温度计，其中温度变送器是通过先进的电路集成和处理技术，配合温度传感器，实现对温度的准确测量，并输出标准电压或电流信号。

3. 报警监控装置

为了确保加热炉的安全运行，配置了超温报警、超压报警、超高和超低液位报警、燃烧器熄火报警等装置报警。

通过监控装置可以随时观察和控制加热炉的运行状态，当运行参数超过设定的参数时自动停机，保证加热炉的安全。

4. 液位计

每台真空相变加热炉必须设有液位计，并应安装在便于观察的位置。

5. 真空压力控制器

真空压力控制器是真空相变加热炉的安全保护装置，当锅筒工作时的压力超过规定的压力时，能够自动开启排出气体，使压力下降，从而保护筒体，防止设备发生爆炸事故。

6. 紧急放空装置阀门

紧急放空装置阀门是加热炉盘管高温憋压或穿孔时进行快速泄压、保证加热炉安全运行的重要装置。

7. 防爆门

防爆门的作用是当加热炉内发生正压爆燃，产生爆喷时，防爆门动作，从而降低燃烧室内气体压力，保护炉体不受破坏。

(四) 真空相变加热炉特点

(1) 安全可靠。加热炉在运行中，锅壳内的压力始终低于大气压力，消除了传统加热炉存在的裂纹、鼓包、结焦、盘管结垢、过热烧损等现象。

(2) 热效率高。热效率可达到 90% 以上，全自动燃烧器使燃料利用率达到 99% 以上，炉体表面散热损失小于 1.5%，热损耗低，节能效果显著。

(3) 寿命长久。炉体在运行时，锅壳处于微负压状态，壳内无空气，从而有效避免了氧腐蚀的发生。正常运行时，加热炉基本无水分散失，因此补水少，结垢几率降低，延长了加热炉使用寿命。

(4) 自控燃烧。采用全自动燃烧器和监控系统，大大减少了加热炉维护管理的工作量，并可实现运行过程的精确控制。

(5) 一炉多用。一炉可以配置多组相互独立的换热器，可集生产加热与生活采暖、洗炉于一体，通过换热器进、出口专门设置，能够独立调节每组换热器的出口温度，使用更方便，投资更经济。

(五) 真空相变加热炉启停标准操作程序

真空相变加热炉启停标准操作程序如图 3-3 所示。

(六) 真空相变加热炉维护保养

(1) 真空相变加热炉运行一段时间以后，可能由于炉体内部有空气，出现换热效果下降的情况，此时应按照排气方法重新进行排气。

(2) 定期巡检，保证加热炉水位、温度、压力等参数正常，自动控制系统灵敏可靠，定期对液位计和气管线排污。

(3) 对于烟管的清理，用足够长的 1/2~3/4in 焊接管，前端缠裹棉布进行逐根清理，将烟灰推入炉子后部回烟室，再由人孔进入回烟室，将烟灰清出炉外。应尽可能清理干净，必要时可用水或蒸汽冲洗，因为残余烟灰的存在会影响换热效果。清理完毕将烟箱盖、检查门、防爆装置重新装好，在操作中应保证密封垫的完好，否则必须更换。

(七) 真空相变加热炉使用注意事项

(1) 操作间内部温度控制在 0~50℃，由于燃气、燃油管路连接及附件在使用中可能会发生微渗漏，为了保证空气流通，操作间顶部的通气孔在冬季也不得将其完全关闭，室外温度高于 5℃ 时，适度开启两侧窗户。

(2) 当加热炉由于缺水、超压、超温自动停止运行时，在未消除隐患的情况下，不可强制启动加热炉。

(3) 加热炉因缺水自动停运时，应使锅筒温度自然降温，不得马上加入冷水，以防损坏设备。

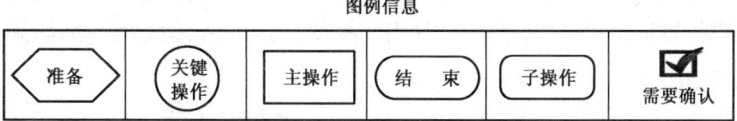

图3-3 真空相变加热炉启停标准操作程序

(4)加热炉因停电、停油(气)自动停止运行时,应立即关闭电源开关和供油(气)阀门;恢复供电、供油(气)后,按照启动步骤重新投运加热炉。

(5)真空阀是保证锅壳非承压的关键部件,不得拆解、修改。

(6)当控制柜上的报警仪发出警报铃时,应检查原因,消除故障。

(7)操作间突发火灾时,应在远距离关闭燃料阀门并切断电源,用专用灭火器灭火。

(8)操作间内严禁动火,当在防爆口处工作时,应留有一定安全距离。

(9)严格按照说明书规定的方法使用和调整加热炉,不得违章作业。

(八)真空相变加热炉常见故障及排除方法

真空相变加热炉常见故障及排除方法如表3-2所示。

表3-2 真空相变加热炉常见故障及排除方法

序号	故障现象	原因分析	排除方法
1	加热炉换热效果差	锅筒内有空气	检查各密封点,重新启动、排气和投产
		负荷太大	检查并核对加热介质流量与标牌流量,应降至小于等于标牌流量
		加热盘管内结垢	清洗或更换新盘管
		燃烧器配风量小,燃料流量小,出力不足	更换电动机、扇叶,加大燃料流量,更换燃烧器
		烟管内有大量烟灰	停炉清理、畅通烟管
		如果是初安装的炉,可能是设计的出力不足	重新核实参数计算,想办法提高炉的出力
2	加热炉排烟温度高	烟管内有大量烟灰(如燃油不充分)	停炉、清理烟管
		燃烧器运行时最大燃油量或燃气量已超出额定指标	检查燃料流量,使燃料流量小于等于标牌流量
		燃料/空气配比不当	调整燃料/空气配比
3	加热炉液位失灵	锅筒内水太脏	停炉,排净锅筒内的水,重新加入水及化学药剂煮炉,然后排净,重新向锅内加水
		水位计内部太脏	拆开,用水冲洗干净,定期维护保养
4	初次安装投产时,锅筒烟囱多处漏水	保温层潮湿有水	持续使用即会改善
		燃烧器、烟囱等处潮湿	持续使用即会改善
		燃气燃烧时天然气中分解出的水	详见燃烧器部分(本章第五节)

二、分体式相变加热炉

虽然真空相变加热炉在油田油气集输领域得到了广泛应用,但真空相变加热炉在稠油加热方面受到了限制,目前又开发出基于压力相变换热原理的分体式相变加热炉。

(一)分体式相变加热炉结构

分体式相变加热炉主要由低压蒸汽发生器、管壳式换热器、自动燃烧器、自动控制装置及配套设施构成,如图3-4所示。

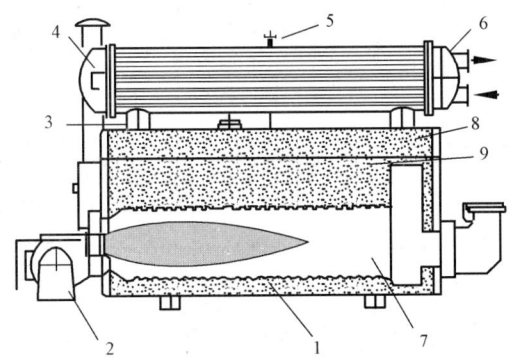

图3-4 分体相变加热炉结构示意图

1—低压蒸汽发生器;2—自动燃烧器;3—蒸汽接管;4—管壳式换热器;
5—排空阀门;6—换热器出口接管;7—燃烧室;8—蒸汽空间;9—水空间

(二)分体式相变加热炉工作原理

自动燃烧器将燃料油或燃气充分燃烧,产生的高温烟气使低压蒸汽发生器(即锅筒)内的中间介质——水受热沸腾汽化。水蒸气自供气管进入换热器壳程,遇到低温换热管外壁,释放大量汽化潜热,即蒸汽与换热器内的热管壁面发生了相变换热。热管内的被加热工质——原油等吸收热量后升温,完成加热。蒸汽相变后的冷凝水返回蒸汽发生器,继续被加热蒸发,如此循环往复,完成加热炉对原油、采暖水或生活水等的加热工程,如图3-5所示。

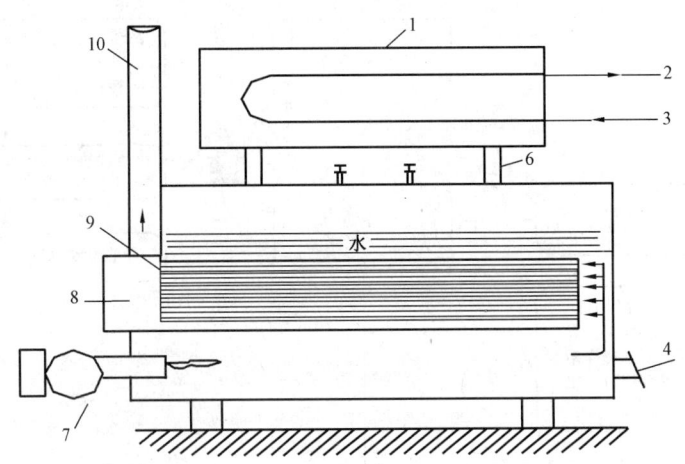

图3-5 分体式相变加热炉工作原理示意图

1—换热器;2—介质出口;3—介质进口;4—防爆门;5—火筒;6—供气管;
7—燃烧器;8—烟箱;9—烟管;10—烟囱

(三)分体式相变加热炉特点

分体式相变加热炉是新型大、中功率加热装置,采用水相变换热方式,具有高效、节能、环保、结构紧凑、体积小巧、运输方便等特点,适用于中、高粘度原油和腐蚀性原油的加热。

(四)分体式相变加热炉运行标准操作程序

分体式相变加热炉运行标准操作程序如图3-6所示。

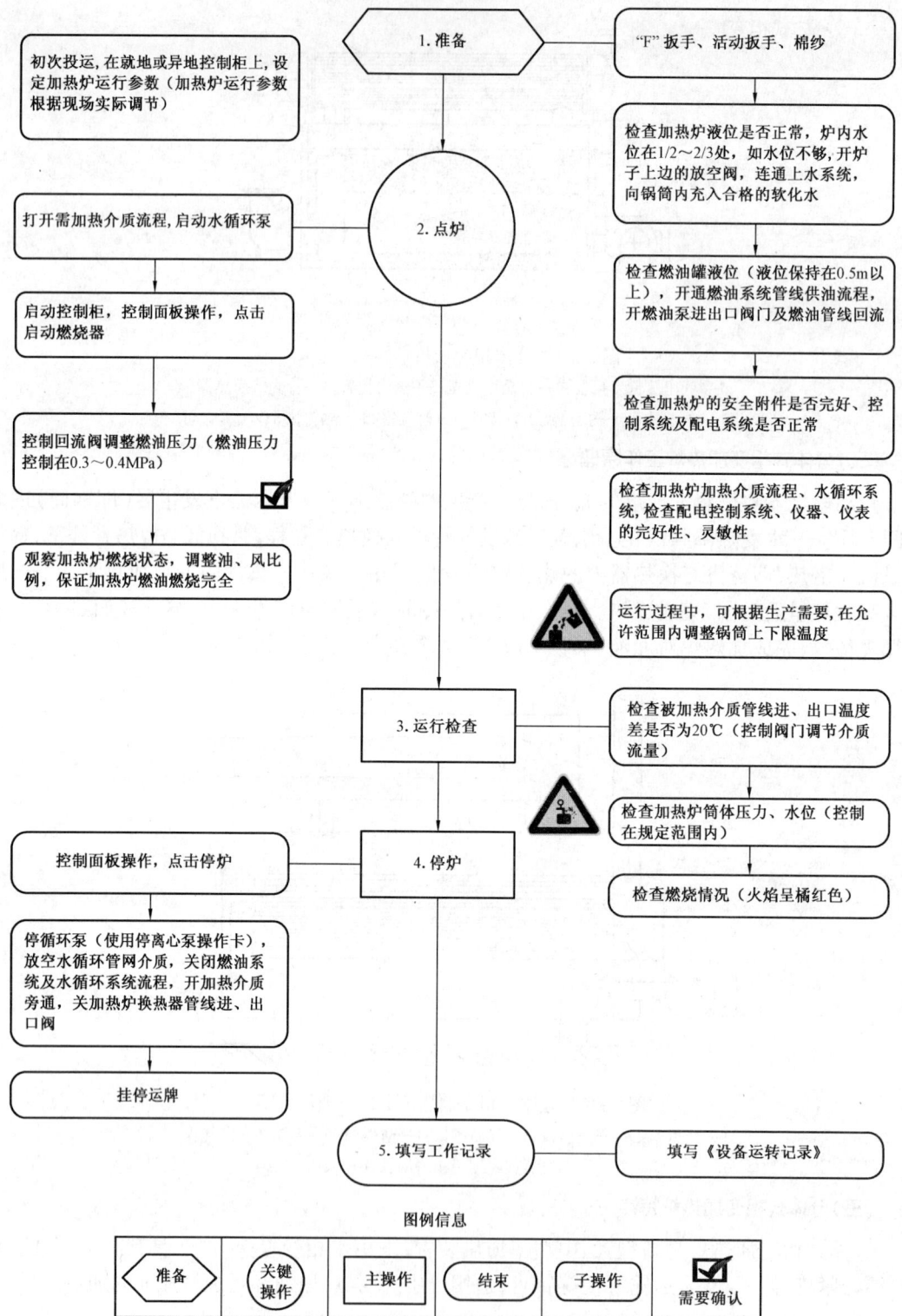

图 3-6 分体式相变加热炉运行标准操作程序

(五)分体式相变加热炉维护保养

(1)每班必须观察锅筒液位,保证刻度清晰可见,并冲洗排污一次;
(2)每班冲洗一次压力表弯管;
(3)每班要检查排烟温度是否正常;
(4)每班要检查油箱的油位及供油温度是否正常;
(5)每班要检查油或天然气/空气配比,检查燃烧器火焰燃烧状况;
(6)每月对锅筒液位手动排污一次;
(7)每月试验一次水位报警、超压报警的灵敏性;
(8)采用油品燃料时,定期清洗油路过滤器、燃烧器油泵过滤器、喷嘴过滤网;
(9)每年检验一次压力表、安全阀。

三、相变加热炉的型号表示方法

由于标准的制订总是滞后于技术的发展,目前中华人民共和国石油天然气行业标准暂无石油工业用相变加热炉有关型号编制的具体规定,各相变加热炉生产厂家也是采用自己公司制定的标准,因而没有统一的相变加热炉的型号表示方法。本书结合 GB/T 21435—2008《相变加热炉》和 SY/T 0540—2006《石油工业用加热炉型式与基本参数》介绍相变加热炉的型号表示方法。

相变加热炉的型号由四部分组成,各部分之间用短横线相连,如图3-7所示。

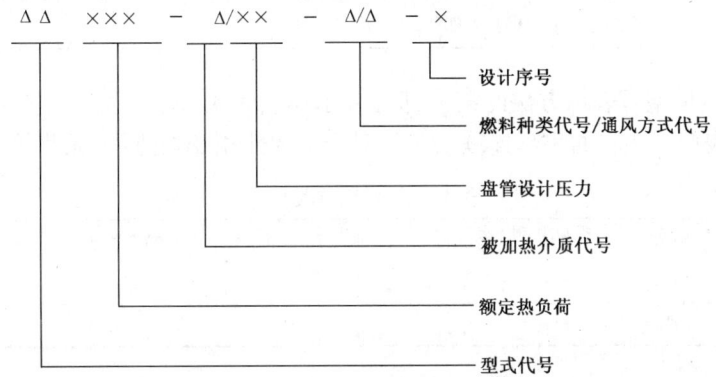

图3-7 相变加热炉型号表示方法

(1)相变加热炉型号表示方法的第一部分分两段,表示相变加热炉的种类和额定热负荷,第一段用字母表示加热炉的种类,如表3-3所示;第二段用阿拉伯数字表示加热炉的额定热负荷,单位为kW。两段连续书写,互相衔接。

表3-3 相变加热炉的种类代号

项 目	代 号	含 义	备 注
相变加热炉种类	Z	水介质真空相变	
	W	水介质微压相变	
	Y	水介质压力相变	

续表

项 目	代号	含 义	备 注
换热管布置方式	K	内置快装	换热管布置在锅筒内,只有一组换热管时,可省略
	F	外置分体	换热管布置在锅筒(锅壳)外专门的换热器壳体内
锅内介质种类	S	水介质	可省略
	Y	有机介质	
	W	无机介质	

(2)相变加热炉型号表示方法的第二部分分三段,期间以斜线相隔。第一段用字母代表被加热介质的种类,如表3-4所示,若同时加热两种或两种以上的介质(一般设两组或多组盘管),用代表被加热介质的字母连续表示;第二段用阿拉伯数字表示入口压力最高一组换热管工质的额定入口压力,单位为MPa,可省略;第三段用阿拉伯数字表示工质粘度最高一组换热管的工质额定出口温度,单位为℃,可省略。

表3-4 被加热介质的代号

序 号	被加热介质种类	代 号
1	原油	Y
2	生产用水	S
3	天然气	Q
4	气液混合物(原油、天然气、水混合物)	H

(3)相变加热炉型号表示方法的第三部分表示燃料种类,其代号如表3-5所示,若可用两种燃料,用代表使用燃料的字母连续表示。对于电加热相变加热炉,无此部分。

表3-5 燃料种类代号

序 号	燃料种类	代 号	序 号	燃料种类	代 号
1	燃料油	Y	3	煤气	MQ
2	天然气	Q	4	煤	M

(4)相变加热炉型号表示方法的第四部分用阿拉伯数字表示设计年号。

例1 XGF3500-DY/2.5/0.09-Q 表示分体式相变加热炉,额定热负荷是3500kW;被加热介质是多种介质,被加热介质额定工作压力是2.5MPa,炉体的设计压力是0.09MPa;燃料是天然气。

例2 VH2500-DY-Y-06 长表示分体式相变加热炉,额定热负荷是2500kW;被加热介质是多种介质;燃料是原油;于2006年专为长庆油田设计建造。

例3 ZHJ400-YS/6.3-Q(Y)表示真空加热炉;相变、火筒、间接加热的真空原油额定热负荷为400kW;被加热介质为原油和生产用水;油(水)盘管设计压力为6.3MPa;燃料为天然气、油田伴生气或原油。

第二节　集肤效应电伴热(加热)装置

管道集肤效应电伴热(加热)技术是近年来出现的一种新的管输原油加热方法,是热输管道加热保温的新技术、新工艺,国外简称为 SECT 法。集肤效应是指在交流电流通过碳钢导体时,电流渐趋集中在导体表面通过的一种现象。运用集肤效应的此种加热技术具有效率高,安全可靠,安装维修方便等优点,适用于所有长、中、短距离金属输液管道的伴热和加热,因此广泛用于稠油油田的井口集油和输送工艺中。

一、集肤效应电伴热(加热)装置构成

管道集肤效应电伴热(加热)装置由变压器、加热电源、伴热管和伴热电缆、保温层、保护外壳等部分组成。加热电源分工频加热电源和中频加热电源两种;伴热管为普通钢管,伴热管直径为 15~40mm,间断地焊接在原油管上;伴热电缆穿在伴热管中,外面是保温层和保护外壳,结构如图 3-8 所示。

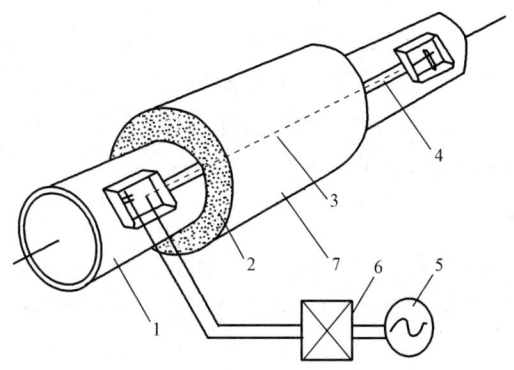

图 3-8　集肤效应电伴热(加热)装置结构示意图
1—原油管;2—保温层;3—伴热电缆;4—伴热管;
5—变压器;6—加热电源;7—保护外壳

二、伴热原理

当工频交变电流经电缆通过伴热管壁时,在集肤效应和邻近效应的作用下,电流不是均匀沿着管壁走,而是集中在伴热管内表层通过,在管壁电阻的作用下,通过电流发热,经传导使原油管温度升高,而伴热管外表面电压、电流为零,自身形成绝缘结构,使原油在管道内安全可靠地输送。

根据计算,单根伴热管的最大发热量为 150W/m,并可根据输送原油的温度要求,设计伴热管的根数和运行电压,最多可以装有 6 根伴热管。伴热管道末端及中间有可靠接地,用以防止产生静电或感应电,以确保管内原油的安全输送,集肤效应伴热与管道阴极保护可同时进行。

三、集肤效应电伴热(加热)装置特点

(一)适应性强、应用范围广

集肤效应电伴热(加热)装置可应用于所有长、中、短距离输油金属管道的伴热和加热;适用于管道的不同敷设方式,如地下直埋、水下和地面架空管道等。

(二)安全可靠、安装维修方便

伴热管采用钢管,强度大、密封严,有较好的保护作用。伴热电缆采用耐高温的氟塑料电缆,伴热管由于集肤效应自身形成绝缘结构,使输油管和伴热管外表面不带电,输油管每千米左右即进行安全接地,接地电阻不大于 4Ω,保证输油管始终是零电位,做到安全可靠。与其他电伴热方式比较,集肤效应电伴热方式维护检查方便,正常运行时几乎没有维护保养工作量。一旦出现故障,也可以很方便地找出故障点。只要将故障点两端的接、拉线盒打开,将损坏电缆拉出来,换一条即可。而用电热带伴热时,如某处发生问题,整条伴热线将全部拆除,且要破坏保温层才能修复。

(三)节约能源,加热效率高

集肤效应电伴热属于等温加热法,加热效率高,能耗低,经济效益好,伴热距离可达几十千米,寿命可达 10 年。例如,输油管道采用工频集肤效应电伴热能耗为 231kg/km 标煤,采用热循环或蒸汽伴热能耗为 1813kg/km 标煤。集肤效应电伴热是均匀加热,不会出现局部过热现象,随着管输距离的加长提高加热电压即可。

(四)可以实现自动化控制

控制、保护屏均可安装在仪表室(值班室)内。内设短路、过流等常规保护,并可通过温度传感器实现温度的准确调节,从而实现自动化控制,做到无人值守,满足企业现代化发展的要求。

(五)可提前预制

输油管与伴热管焊接在一起,外面加上保温层和保护壳,可在预制厂内预制加工,既方便施工,又保证了工程质量。

四、集肤效应电伴热(加热)装置应用领域

根据所输送液体的物性不同,要求管道内维持的温度也不同,工频集肤效应管道电伴热技术主要应用于管道的伴热和管道内液体或已凝固介质的加热、熔化或间歇输油管线的伴热。集肤效应管道电伴热技术主要适用于下列情况:

(1)用于防冻型管道的伴热,输气管线含有饱合蒸汽,要求维持温度不低于 6℃。

(2)用于常温时为凝固状态,输送时管道维持温度不低于 50℃ 的流质。这类流质只有加热到一定温度才能变成液态可以输送,如巧克力等。

(3)用于要求管道维持温度为 50~100℃,在常温下为固态或粘度很高、难以流动,但加热到一定温度后又易于流动物质的输送。采用集肤效应电伴热,可有效防止管线降温和管道停输难启动。如稠油、高凝油、燃料重油、煤焦油和蜡等的集输。

(4)用于要求维持温度高于100℃而低于150℃的物质输送,如硫黄必须加热到130～140℃时,才能变成液态,易于输送。

(5)间歇输送的高凝点介质或粘稠介质,如码头燃料油间歇装车、船,管线不用扫线,可直接再启动。

以上各种物质的管输,均可采用集肤效应电伴热,并已取得良好的输送效果和显著的经济效益。

五、与其他伴热方法的比较

集肤效应电伴热与其他伴热方法的比较如表3-6所示。

表3-6 集肤效应电伴热与其他伴热方法比较表

序号	项目名称	集肤效应伴热	电热带伴热	Mg电缆伴热	蒸汽伴热
1	伴热距离	长	短	短	短(末点温度低)
2	电源供电点	少	多	多	多
3	伴热功率	大	小	小	大
4	伴热效果	好	一般	一般	一般
5	伴热管敷设	直接焊接	捆扎	捆扎	捆扎
6	自动化控制	方便	控制点多	控制点多	无法实现
7	缠绕	方便	难度大	难度大	方便
8	局部伴热	不好	好	好	好
9	安全可靠性	好	一般	一般	好
10	施工费用	较高	较高	较高	低
11	运行费用	低	低	低	高
12	管理	方便	方便	方便	方便

从表3-6中可以看出,电热带伴热和Mg电缆伴热两种伴热方法较适应局部伴热和短距离伴热,如对阀门、阀件、旁通、短节和站内短管线等的加热。对于中、长距离的管线伴热,由于单根伴热电缆功率较小、电源供电点较多,一旦发生问题,维修较困难,要将所有保温层去掉才能更换其电缆。而集肤效应电伴热适用于中长距离各种口径管线的伴热,突出的优点是伴热功率大,电源供电点少,传热效果好,维修方便,因此在油气集输中得到了广泛的应用。

第三节 电磁加热器

青海尕斯库勒油田原油的含蜡量高,属于典型的高凝油,由于地处高寒地区,原油的流动性差,增加了单井集输的难度。此前采用了几种加热方式,都存在不足之处,特别是能耗较高。本着"新油田优化,老油田简化"的原则,尕斯库勒油田简化了高能耗的单井地面集输流程,探索出一套工艺简单、能耗低的高凝油单井集油工艺,利用电磁加热器对井口原油进行加热,实现了节能减排的目标,达到了降本增效的目的。

一、电磁加热器结构

电磁加热器主要由料筒、保温层、电磁感应线圈、电线槽及连接线、电磁加热控制器和 220V 电源组成,如图 3-9 所示。

二、电磁加热器工作原理

电磁加热器是一种利用电磁感应原理将电能转换为热能的装置。电磁加热控制器将 220V、50/60Hz 的交流电整流变成直流电,再将直流电转换成频率为 20~40kHz 的高频、高压电。高速变化的高频、高压电流流过线圈会产生高速变化的交变磁场,当磁场内的磁力线通

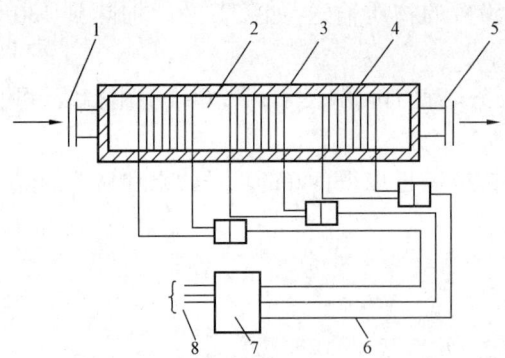

图 3-9 电磁加热器结构
1—原油进口;2—料筒;3—保温层;4—电磁感应线圈;
5—原油出口;6—电线槽及连接线;7—电磁加热控制器;
8—220V 电源

过导磁性电磁加热器内的金属料筒时会在金属料筒内产生无数小涡流,使金属料筒高速发热,从而使金属料筒内的油井采出液受热而降低粘度,增加流动性。

三、电磁加热器特点

(1)结构简单、便于安装维护。

(2)加热速度快,效率高,输出温度可以自行设定且便于修改。

(3)适应温度范围宽,可以在 -40~40℃ 的环境中使用,使用寿命长。

(4)由于高频电磁场的作用,极大地削弱了油水混合液中金属离子的结合力,可使液体中钙、钠和镁等金属离子有序排列而不结合,不易结垢,因此不会影响热交换,同时有利于油井生产。

(5)电磁加热器可实现智能控制,自动根据出口温度调节输出功率,做到夏季小功率输出,冬季大功率工作,真正达到了节能的目的。

四、电磁加热器安装方式

电磁加热器是杆状设备,既可以立式安装,也可以卧式安装。但考虑电磁加热器的稳定性,为了便于安装和维护,应选择卧式安装为宜,安装方式如图 3-10 所示。

电磁加热器投入使用后,尕斯库勒油田的单井集输流程得以简化和优化,减少了管理环节和巡回检查

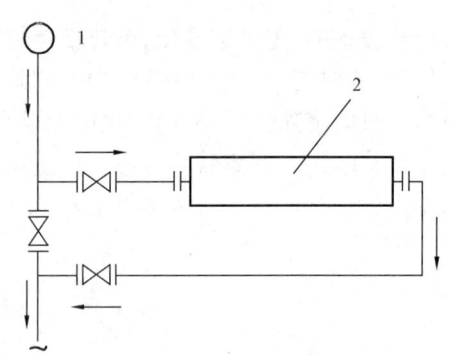

图 3-10 电磁加热器安装示意图
1—采油井井口;2—井口电磁加热器

点,而且使管道结垢堵塞和腐蚀穿孔频发的现象得到了有效改善,大大减小了维护工作量,减轻了工人的劳动强度,取得了显著的经济效益和社会效益。

第四节 自动相变掺热装置

新疆油田六、九区稠油粘度(20℃脱气)达2000~100000mPa·s,密度大,属特稠油,四座集输联合站均采用热化学沉降脱水处理工艺技术。由于螺旋板式换热器在实际生产中存在密封困难、容易发生内漏、检修麻烦、传热效率低、占地面积大、蒸汽回水得不到充分利用、热能浪费严重以及产生水击现象造成管线剧烈振动等一系列问题,遂在集输处理站的升级改造过程中加以淘汰,取而代之自动相变掺热装置,对原油进行掺热升温,该装置自投用以来运行稳定,取得了良好的效果。

一、自动相变掺热装置的结构及工作原理

自动相变掺热装置主要是用于加热原油,以降低其粘度,以便于原油的存储、运输以及达到后续炼化处理工艺过程所需的条件。

(一)结构及组成

自动相变掺热装置为组合结构,由掺热套管、掺热管、操作门、锁紧器、防震橇座、蒸汽分配器、防震圈、就地直读式仪表和自动控制系统等组成,如图3-11所示。

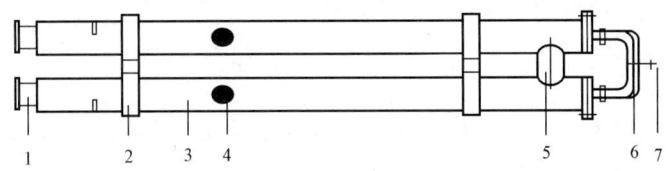

图3-11 自动相变掺热器结构
1—原油进口;2—锁紧器;3—掺热套管;4—操作门;
5—原油出口;6—蒸汽分配器;7—蒸汽进口

(二)工作原理

自动相变掺热装置是一种将高压节流后的高温饱和蒸汽通过蒸汽喷头直接掺入原油的加热装置,包括掺热套管和掺热管,掺热套管装在掺热管上,在掺热管上有原油进口管和原油出口管,在掺热套管内的掺热管上有蒸汽喷头,高温蒸汽经历由气态变为较低温度下液态的相变过程,释放出大量的热量,对原油进行加热和掺水以达到升温和降粘的目的。

(三)主要技术参数

设计热负荷:3000kW;
压力设计等级:0.6MPa;
最高工作压力:≤0.55MPa;
实验压力:0.75MPa;
蒸汽压力:0.4MPa;
设计温度:180℃;
掺热套管尺寸:$\phi530\times8000$;

掺热管尺寸：φ159×7800；

装置重量：2.67t；

装置充水后重量：6.15t。

(四)技术特点

1. 运行安全、可靠

自动相变掺热装置采用蒸汽掺热、闭环负反馈、机械防震等成熟的加热和控制技术，选用电动调节阀、PID自整定控制仪等产品，均为油田实用可靠产品，因此具有安全、可靠的特点。

2. 功率大、传热效率高、适应性强

与传统换热器相比，该装置具有功率大，传热效率高，适应性强，既可以实现自动控制，也可在需要的情况下进行手动操作以及工艺流程简单等特点。

3. 安装、维护方便，易于管理，运行费用低

由于STU自动相变掺热器采用整体安装、撬装供货的方式，大大减少了现场施工工作量。自动化程度高，可以实现无人值守，降低了运行费用。

4. 流程简单，操作方便

与集输站原来采用的螺旋板式换热器相比，自动相变掺热装置加热流程简单，管线布置合理，操作方便，而且倒换流程更容易。

二、自动控制系统

自动相变掺热装置采用自动控制系统的目的是将装置出口原油温度稳定在85℃，低压端蒸汽压力稳定在2MPa。

控制方案采用串级控制方法，主调蒸汽环节，副调原油流量环节，如图3-12所示。回路a为压力控制回路，回路b为温度控制回路，原油流量采用变频控制。

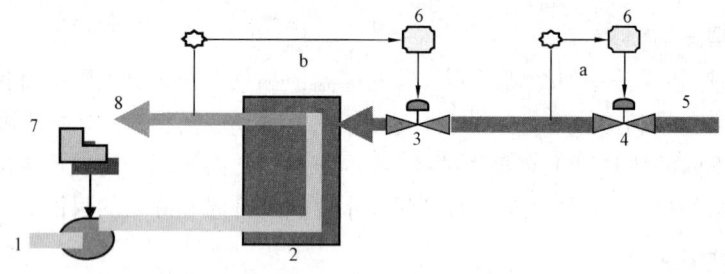

图3-12 自动相变掺热器的自动控制系统

a—压力控制回路；b—温度控制回路；1—原油；2—掺热器；3—中压电动调节阀；
4—高压自动调节阀；5—总蒸汽线；6—控制器；7—变频器；8—出口；a—压力控制回路；b—温度控制回路

自动控制系统通过检测自动相变掺热装置出口处的原油温度，来自动调节高温蒸汽量的大小，使流经自动相变掺热装置后的原油达到所要求的工艺条件。如图3-13、图3-14所示。

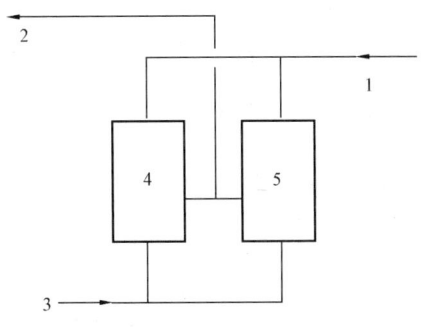

图 3-13 自动相变掺热装置工艺流程
1—原油进口;2—原油出口;3—蒸汽进口;
4—1 号掺热器;5—2 号掺热器

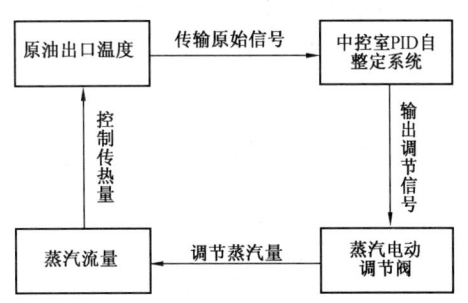

图 3-14 自动相变掺热器自动控制信号处理流程

三、原油处理系统含水分析

自动相变掺热装置与螺旋板式换热器生产数据对比如表 3-7 所示。

表 3-7 自动相变掺热装置与螺旋板式换热器生产数据对比表

换热器类型	蒸汽压力 MPa	蒸汽温度 ℃	加热前温度 ℃	加热后温度 ℃	原油升温后含水 %	净化油含水 %
螺旋板式换热器	0.34	135.4	65.3	90.8	0.8	0.2
自动相变掺热装置	0.15	120.0	66.0	86.0	4.2	0.3

通过对表 3-7 中两种原油升温方式的比较可知,采用自动相变掺热装置后,饱和蒸汽压力明显下降,由原来的 0.34MPa 降至 0.15MPa,蒸汽温度由 135.4℃降至 120℃,原油温升由原来的 25.5℃降至 20℃,极大地提高了原油升温过程中的安全运行几率。由于原油脱水工艺没有变化,原油升温前含水变化不大,但由于蒸汽凝结水掺入原油,原油升温后含水增幅较大,由原来的 0.8% 增至 4.2%,但经过净化罐 15h 左右的沉降放水处理,外输净化油含水达到了规定的要求。因此采用自动相变掺热装置的加热方式完全可以满足现场的生产需要。

四、运行效果和经济效益评价

(一)强化了原油升温过程的安全运行

以往采用螺旋板式换热器升温,由于换热器蒸汽降温后的凝结水无法及时排除,水击现象一直无法消除,震动较大,造成附属闸阀及管线焊口因长期震动而刺漏,给安全生产带来隐患。而自动相变掺热装置内蒸汽管线的高温蒸汽通过蒸汽喷头,直接均匀掺入流经掺热套管的原油中,水蒸气经历由高温气态变为低温液态的相变过程,释放出大量的热量,对原油进行加热,以达到升温和降粘的目的。既解决了凝结水的去向问题,又消除了管网的震动,同时采用掺热装置后蒸汽压力和温度都大幅下降,因而提高了生产运行中的安全系数,强化了原油升温过程的安全运行。

(二)提高了蒸汽热能的利用率

利用自动相变掺热装置,高温蒸汽直接进入原油中,所有蒸汽的热量都用于提高原油温度,不会造成热能的浪费,热效率非常高。高温蒸汽直接进入原油中,不会造成热能的浪费。此外,通过使用相变掺热装置降低了蒸汽管压,节约了蒸汽用量,降低了生产成本。高温蒸汽液化成水进入原油中,在一定程度上会造成原油含水上升,但通过实际生产观察,只要保证二段沉降罐和净化罐原油有足够的沉降时间,就可以有效地控制净化油含水率保持在1%以内。

(三)降低了生产运行成本

自动相变掺热装置代替螺旋板式换热器后,无换热回水,从根本上解决了水击现象的发生,消除了设备存在的安全隐患,延长了原油温升设备的使用寿命,同时大量减少了附属阀件的更换,减少了运行过程中的维修量,节约了维修资金。

(四)节约了热能

六、九区3座以及克浅区块1座共4座集输处理站日均加热原油5612t,含水2%,自动相变掺热装置比螺旋板式换热器加热方式每年节约蒸汽用量9925t,按目前蒸汽价格52元/t计算,每年可节约蒸汽成本51.61万元。

(五)节约设备维修费用

采用自动相变掺热装置消除了管网的水击震动,降低了蒸汽管网压力,延长了设备使用寿命,减少了因设备更换所产生的维修、服务费用。2002~2006年稠油集输处理站每年需更换换热设备2.4台,目前每台价格为7.5万元,每台维修、安装费用1万元。因此,每年可节约费用20.4万元。

自动相变掺热装置的使用,结束了低换热效率、高生产能耗的现状,节约了生产运行成本,降低了劳动强度,提高了集输处理站生产管理水平,迎来了原油处理站长期安全、平稳、高效运行的新局面。

第五节 燃 烧 器

燃烧器是使燃料和空气以一定方式喷出混合(或混合喷出)并进行燃烧的装置的统称。

一、燃烧器分类

燃烧器种类较多,各种加热设备都需要燃烧器。燃烧器通常按燃料种类可分为燃油燃烧器、燃气燃烧器、油气两用燃烧器、煤粉燃烧器和水煤浆燃烧器等。

根据燃烧器的油嘴数量不同可分为一级(单段)燃烧器、二级(双段)燃烧器和三级(三段)燃烧器。其中一级燃烧器有一个喷油嘴,二级燃烧器有两个喷油嘴,三级燃烧器有三个喷油嘴。

根据燃烧器的调节方式不同,可分为渐进式燃烧器和比例调节式燃烧器。比例调节式燃烧器的负荷随着锅炉出力大小连续调整变化,而渐进式燃烧器是通过改变油嘴数量来调整锅炉出力的大小。

燃烧器根据主体结构的安置不同可分为整体式燃烧器和分体式燃烧器。把燃油输送和雾化装置及调风装置通过电路组合为一体的燃烧器,称为整体式燃烧器;而分体式燃烧器的油系统、风系统分开,因而电路系统也分开,通常为功率较大的工业燃烧器。

按自动化程度可将燃烧器分为全自动燃烧器、半自动燃烧器和人工燃烧器。全自动燃烧器是在燃烧器基础上配置风机、自动点火器、火焰检测器、燃烧程序控制器、燃料控制调节装置(如电磁阀、自动调节阀)和燃烧风量控制调节装置(如自动风门、风门调节器),由此组成了一个智能化的燃烧系统。

国外进口的燃烧器品种较多,其中常见的有德国的扎克、威索、欧科,芬兰的奥林,意大利的意高、百得、利雅路,日本的奥林匹亚等。国内燃烧器主要有炬龙、百特、赛威特、新远等。

二、燃烧器的基本结构

(一)燃油燃烧器的结构

燃烧器是燃油锅炉的关键设备,它由喷油部分(雾化器)、调风器部分、点火及稳燃装置、电气系统和电动机及伺服马达等构成。喷油部分由油泵、油泵调节阀、滤网、油预热器、电磁阀、喷油嘴、回油调节阀等组成。调风器部分由风机、空气挡板、调节套筒、外壳等组成。点火及稳燃装置由变压器、点火电极等组成,稳燃装置由调风盘及燃烧头组成。电气系统由火焰传感器、燃烧程序控制器、燃油加热控制器等组成。电动机及伺服马达为风机、油泵、风门调节、回油调节提供动力,如图3-15所示。

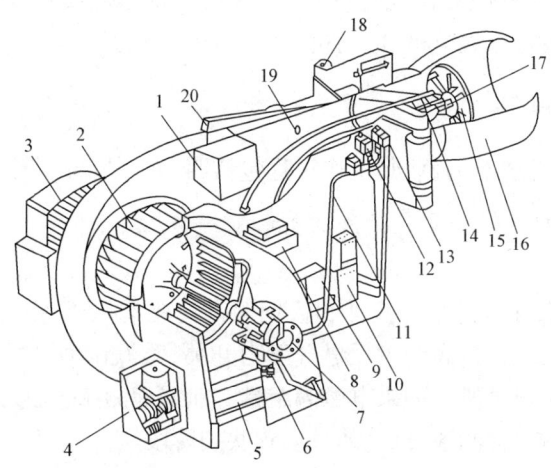

图3-15 燃油燃烧器结构图

1—控制器;2—风机;3—电动机;4—伺服调节机构;5—风门;6—回油管;
7—油泵;8—点火变压器;9—操作开关;10—交流接触器;11—出油管;
12—1号喷油电磁阀;13—2号喷油电磁阀;14—点火电极;15—稳压器;
16—燃烧筒;17—油喷嘴;18—门铰法兰;19—火焰监视器;20—观望镜

(二)燃气燃烧器的结构

燃气燃烧器主要由三部分组成,即气系统、风系统和控制系统,如图3-16所示。

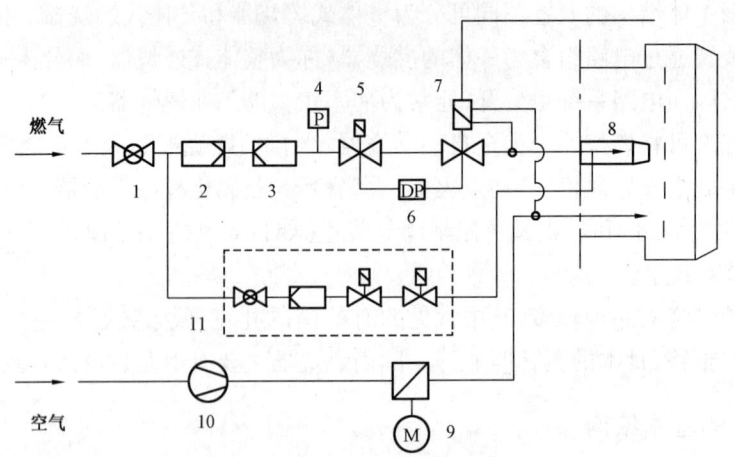

图3-16 燃气燃烧器结构示意图
1—手阀；2—过滤器；3—稳压器；4—压力开关；5—电磁阀；6—泄漏检测；
7—空气—燃气压力平衡调节器；8—喷嘴；9—风门调节器；10—鼓风机；11—点火气阀

气系统的功能是提供燃烧需要的燃气，主要由过滤器、稳压器、压力开关、安全阀、电磁阀、流量调节阀、分配器等组成。

风系统的功能是提供燃烧所需要的一定数量和压力的空气，主要由机壳、风机叶轮、风门、稳焰器(配风盘)、燃烧头、轴、滑杆、风门刻度盘、测压孔、燃烧头调整螺丝等组成。

控制系统的功能是使燃烧器按规定的程序工作，主要由接线端子、穿线孔、控制盒、接触器、热继电器、点火变压器、点火电极、电动机(含伺服电机)、光电管(火焰传感器)等组成。

三、燃烧器工作过程

以比例调节式燃气燃烧器为例，其工作过程包括四个阶段，分别是准备阶段、预吹扫阶段、点火阶段和正常燃烧阶段。

(一)准备阶段

程控器得电后，开始内部程序自检，同时，伺服马达驱动风门到关闭状态，程序自检完毕后，处于待机状态，当恒温器、过高和过低燃气压力开关、蒸汽压力开关等限制开关允许时，程控器开始启动，进入预吹扫阶段。如果电磁阀组带有泄漏检测系统，该系统在上述限制开关允许时先进行阀门泄漏检测，检测通过后，才进入预吹扫阶段。

(二)预吹扫阶段

伺服马达驱动风门到大火开度状态，同时风机马达启动，以吹入空气进行预吹扫。根据程控器的不同，吹扫约20～40s后，伺服马达驱动风门到点火开度状态，准备点火。整个预吹扫阶段，空气压力开关测量空气压力，只有保持空气压力在一个足够高的水平上，预吹扫过程才能持续进行。

(三)点火阶段

伺服马达驱动风门到点火开度状态后，点火变压器切入，并输出高电压给点火电极，以产生点火电火花,约 3s 后,程控器送电给安全电磁阀和比例式电磁阀,阀打开后,燃气到达燃烧头,与风机提供的空气混合,然后被点燃。在阀打开后 2s 内,电离电极应检测到火焰的存在,只有这样,程控器才继续后面的程序,否则,程控器锁定并断开电磁阀停止供气,同时报警。

(四)正常燃烧阶段

点火正常并稳定燃烧几秒后,伺服马达驱动风门到大火开度状态,同时,比例式燃气调节阀的伺服电机切入,并根据空气压力和炉膛背压来调节燃气阀后的燃气压力以调节燃气量,达到稳定、高效燃烧的目的。此后,燃烧器根据各个限制开关的要求自动实现大、小火转换和停机。此外,整个燃烧过程中,电离电极和空气压力开关对燃烧器实行监控。

四、油田对燃烧器的要求

对于油田用燃烧器,由于工况、环境不同,对燃烧器要求也有所不同。总体来讲,燃烧器应安装在室内,操作间要求必须有专门的通风口,风机、电动机应考虑防爆,保持清洁,不应有易漂浮物,以免被风机吸入阻塞燃烧器供风通道等。

(一)对燃气燃烧器的要求

在满足安装条件的基础上,考虑到油田现场多应用未经过处理的石油伴生气作为燃气,且燃料中含水、凝析油以及气体在分离过程中易携带原油,而这些液体一旦进入供气管路,燃烧器将无法正常工作,因此油田用燃气燃烧器应满足以下要求:

(1)不论在新站建设还是在老站改造中,气体必须经过三级分离:缓冲罐—生产分离器—压力缸,才能保证较好的供气质量。一般到主管路前的气压控制在 0.2MPa 较为适宜,如果压力过高,需要两级减压,但供气量不能减少。压力缸直径不能小于 $\phi 800mm$ 否则,不能对石油伴生气携带液体起到有效的分离作用。如果没有压力缸,用 $\phi 800mm$ 生产分离器替代,效果会更好。

(2)为了便于调试与维修,应在燃气阀组前安装低压燃气表(量程宜选为 25kPa)。如需在同一锅炉房中安装两台以上燃烧器,且燃气都来源于锅炉房内同一组燃气管道,在每台燃烧器的燃气阀组前一定要加装燃气稳压器,以保证燃气的稳定供应。

(二)对燃油燃烧器的要求

燃油燃烧器现场燃料以原油为主,由于部分站原油含沙、含水、含蜡量较高,导致燃烧器运行故障较多,影响生产。因此,配套选型时,要注意以下几点:

(1)燃烧器需要设置回油管线,回油直接回到燃油罐,而不能将回油管线与供油管线连接,否则会造成燃烧器供油不足,出力较小。

(2)由于现场燃油罐距离燃烧器常常较远,且回油管线较长,在冬季停用时间较长或燃油罐原油粘度较大时,常常出现供油(回油)管路堵塞、燃烧器供油不足的现象。在燃油罐出口增加齿轮油泵,作为燃烧器燃油泵的供油泵,可以解决这一问题。齿轮油泵的流量、扬程都要满足燃烧器燃油泵的需要,与燃油罐连接管路的尺寸要满足齿轮油泵的需要。

(3)燃烧器原配燃油泵耐磨损性能差,为了延长燃油泵使用寿命,应将其更换为耐磨损的三螺杆泵,油泵与燃烧器分开,与风机同步运行,可降低油泵维修成本。

(4)对含砂量高的站点,在油泵进口处增加两级过滤器,过滤网不低于 80 目,以减少沙粒对油泵的磨损,以及对喷油头、油枪管路的堵塞。

(5)当原油粘度大时,需要在燃油罐内对原油进行初次加温。通常在燃油罐内增设热水循环盘管,提高原油温度(一般不低于40℃),以保证原油具有良好的流动性。

(6)当原油含水较高时,需要在燃油罐内进行脱水,使含水率不高于5%。一般建设2台燃油罐,互为备用。当站点日燃油量小于5m³时,单台燃油罐容积以5m³为宜;当站点日燃油量为5~10m³时,单台燃油罐容积以10m³为宜,且燃油罐出口管线应高于排污管线20~30cm,以提高原油沉降时间。将原油中含砂沉积在燃油罐底部,从而减少因原油含砂而造成的燃烧器故障。

(三)对油气两用燃烧器的要求

油气两用燃烧器即双燃料燃烧器,可根据实际燃料的供应情况分别使用燃油、燃气两种燃料。其功效相当于一台同功率的燃气燃烧器或一台同功率的燃油燃烧器。但因其设计标准以及生产标准较高,此种燃烧器的价格一般高于同功率燃气燃烧器与燃油燃烧器价格的总和。同时其控制系统仅有一套,如出现故障,两套系统均不能使用。因此同时购买燃气、燃油燃烧器各一台,依照一备一用的原则,更为安全可靠,因此不建议选用。

(四)对控制系统配置的要求

自动燃烧器的智能化体现在其控制系统,燃烧器的运行根据控制系统发出的指令执行操作,保持加热介质温度的相对平稳和炉体安全运行。

(1)控制柜应具有水位过高、过低,锅筒压力过高和熄火报警、停炉功能;此外,还应具有加热温度自动控制程序、自动点火、点火前自动吹扫、燃料供给与供风实现联锁等功能。

(2)控制柜应可就地控制,对排烟温度、筒体压力、盘管内介质出口温度、燃烧器燃烧情况进行远传、显示,并可对筒体的压力、盘管内介质出口温度进行控制。

五、燃烧器的选型

燃烧器作为热的发生设备是加热炉的一个重要组成部分,标准规定燃烧器必须具备风压检测、火焰检测、熄火保护、燃气高压力保护、燃气低压力保护、漏气保护和排烟温度保护等功能,还要求燃烧器与锅炉超压、超温、水位、连续给水、排烟温度等进行联锁保护。加热炉产生任何故障,燃烧器都必须同时停止运行。恰当配置也很重要,要考虑火焰和炉管的相对距离、燃烧器互相之间的距离,还要达到燃料的完全燃烧和均匀的传热效果。选用技术性能与加热炉工艺要求、炉管结构、传热特点相匹配的燃烧器对保证加热炉高效、低耗、环保以及"长、安、稳、满"运行有着重要意义。

(一)油田锅炉或加热炉选用燃烧器的基本原则

(1)单台燃烧器的输出功率必须考虑锅炉或加热炉的效率,高海拔地区选用燃烧器时还要考虑修正系数。

(2)使用燃料的种类必须与生产条件相匹配。

(3)燃烧器的结构或火焰形状必须与加热炉工艺要求、炉膛结构、传热特点相匹配。

(4)以重质燃料油为燃料时,应控制过剩空气系数≤1.2,化学不完全燃烧热损失≤1%;以轻质油为燃料时,过剩空气系数≤1.15;以炼厂瓦斯或天然气为燃料时,过剩空气系数≤

1.1,化学不完全燃烧损失≤0.5%。

(5)以重质燃料油为燃料时,雾化蒸汽耗量≤0.25kg/kg(油);以轻质油为燃料时,雾化蒸汽耗量≤0.2kg/kg(油)。

(6)燃烧噪音≤80dB(A),燃烧产物中NO_x的含量≤120mg/L。

(7)强制通风燃烧器在自然通风时必须满足生产需要。

(8)燃料喷嘴装卸方便,运行中燃烧道不结焦,连续运行时间在3年以上。

(9)通风装置的功能是把燃烧用空气引进的同时,把烟气向炉外排出,有自然通风和强制通风两种。前者靠烟囱的通气力引出烟气,后者靠引风机的强力引出烟气。炉内压力损失小时,多采用自然通风方式,烟囱安装在加热炉的上部,与加热炉成为一体。烟囱的高度以克服炉内的压力损失、并保持充分的通风为准。加热炉构造复杂、炉内压力损失大或有废热回收装置的加热炉多采用安装引风机的强制通风方式。

(10)应根据地域不同选用不同类型的燃烧器。地域对燃烧器的要求和影响都不同,如东北地区,燃烧器控制系统要求耐低温;新疆地区要求控制系统既要耐高温,又要耐低温;高原地区气压低,标准燃烧器会产生出力不够的情况,选用时要考虑这一因素。

(二)燃烧器的选型

每种型号的燃烧器都有额定的最大功率和最小功率。所谓额定功率,就是在标准状态下(炉膛背压为0),燃烧器在满足一定烟气排放要求的前提下,在标准测试炉上获得的燃烧器运行最大功率和最小功率。也就是说只要在这个功率范围内,该型号的燃烧器都能使用。

由于一定型号的燃烧器配备了特定规格的助燃风机,风机的输出功率即风量与全压的乘积为一固定值,因此当炉膛背压增大到一定程度后,助燃空气的流量必然会相应减少。为维持燃烧器一定的空燃比,保证燃烧器的正常运行,相应的燃气流量也应减少,于是燃烧器的功率就会下降。在燃烧器的功率—背压曲线图上可以看出,随着燃烧器背压的增大,燃烧器的最大功率减小。

与此相对应,燃烧器在小负荷运行时,必须保证一定的流场才能使燃气和空气得到充分的混合和燃烧,当炉膛背压提高到一定程度后,由于需要克服增加的流动阻力,因此需要更高的燃气和空气流量才能保证完全燃烧。所以每一种型号的燃烧器都有唯一的一张功率—背压曲线图。

在燃烧器选型时,应根据燃烧器的功率—背压曲线图,结合燃烧器的输出功率和在此输出功率条件下克服锅炉烟气侧总阻力的能力进行选型。

六、燃烧器的维护和保养

燃烧器的常规维护可大量节约能源和资金,并延长燃烧系统的寿命,一台进行了定期维护的燃烧器能及时有效地适应工作环境的变化。但在维护之前,应全面检查燃烧器及其零部件。

(一)燃油燃烧器

1. 过滤器

对于燃油燃烧器,要求定期清洗油箱与油泵之间的过滤器。良好的重油和渣油过滤效果是防止喷油嘴和阀门堵塞的关键;另外,过滤器清洗后,可使燃油顺利地到达油泵,降低潜在的部件失效的可能性；还要检查过滤器是否有过量磨损或损坏的迹象。一般要求每周清洗一次。

2. 压力调节阀

检查压力调节阀或减压阀，确保可调节螺栓的锁紧螺母表面洁净并可拆卸；若发现螺钉和螺母表面过脏或已生锈，则应修理或更换压力调节阀。缺乏维护的压力调节阀可能会导致燃烧器工作障碍。

3. 油泵

检查油泵，确定其密封装置完好、内部压力保持稳定；更换破损或有泄漏的密封元件。若使用的是热油，则需确定所有的油管保温良好；若油路中有较长油管，则需检查安装路线是否合适，更换损坏或失去保温性能的油管。

4. 燃烧器

检查燃烧器的压力表是否工作正常、油压是否在合适的范围内，保证燃烧器在调节后能准确指示燃油压力；调整油嘴上雾化器伸出长度，调节并检测低油压开关。当使用重油时，检查燃油加热和控制装置，查看燃烧器管组上的油温开关，并定期检查所用重油或渣油的粘度是否符合要求，以保证燃烧器处于正常工作范围内。清洗并润滑油阀连接处也是必要的。如果连接处粘结或太粗糙，则需修理或更换合适的配件，并按照要求定期清洗油嘴。油嘴的最佳工作时间为1000h，即使燃烧时无明显不良症状，为降低能耗确保燃烧质量，建议油嘴每年更换一次。

5. 主风机、燃烧或雾化空气鼓风机

检查主风机、燃烧或雾化空气鼓风机入口是否安装防护装置，工作环境是否符合要求；修复风机外壳的泄漏和损坏；观察叶片的运转是否有太大的噪声和振动，若有可通过调节叶片来消除；检查风机出气口和燃烧器空气入口间的连接管，修复可能的泄漏。

对于皮带传动的鼓风机，要定期给轴承上润滑油并绷紧皮带；确定鼓风机能产生额定的压力；检测电流强度；清洗并润滑空气阀门连接处，调节阀门应开关灵活。

6. 点火电极

清洗点火装置油嘴，确认点火电极是否正常。

7. 火焰探测器

清洁火焰探测器，确定其安装位置是否合适，是否正确冷却。

(二)燃气燃烧器

1. 主气源

检查主气源调节阀以确保线路完好，不要调节燃气公司的调节阀，燃气公司会协助清洗、维护和调整主气源调节阀。如果有传感线路，检查其是否损坏。

2. 过滤器

如果在控制调节阀前安装了"Y"型过滤器，要注意清洗。

3. 控制调节阀

检查燃气燃烧器的控制调节阀，确定调节螺栓易于调整、所有出口和筛网没有被堵塞。

4. 燃烧器

检查燃气管组,确认手动开关调节灵敏、阀门把柄正确安装和气压表工作正常。气阀的连接处需进行清洗和润滑,如果连接处粘结或太粗糙,则需更换合适的配件。如果燃烧器安装有可拆卸的管路,也应注意清洗。

燃气燃烧器的风机、点火电极、火焰探测器等的检查和维护参照燃油燃烧器。

(三)不可忽略氧气供应量

一旦供油系统和燃烧器的维护计划已经确定,就要检查系统的氧气供应量。大多数燃烧器的氧气供应量是通过一台风机或风机组合系统实现的。

1. 压缩空气

不少燃烧器需要有压缩空气才能正常运转。首先检查压缩机是否能提供燃烧器所需要的压力。清洗管路上的所有过滤器,检查管路是否有泄漏,若有应及时修复。

2. 主风机、燃烧/雾化空气鼓风机

检查主风机、燃烧/雾化空气鼓风机入口是否安装防护装置,工作环境是否符合要求;修复主风机外壳的泄漏和损坏,观察叶片的运转是否有太大的噪声和振动,若有可通过调节叶片来消除;检查主风机出气口和燃烧器空气入口间的连接管,修复可能的泄漏。

对于皮带传动的鼓风机,要定期给轴承上润滑油并绷紧皮带;确定鼓风机能产生额定的压力;检测电流强度;清洗并润滑空气阀门连接处,调节阀门应开关灵活。

3. 诱导排风

确定排气风门正常工作,设置正确;对风门连接处进行润滑;检查风门叶片的磨损情况。

4. 点火装置

清洗点火装置油嘴,确认点火电极是否正常。

5. 零部件

清洁火焰探测器,确定其安装位置是否合适,是否正确冷却。

(四)燃烧器的调试

燃烧器的维护程序包括燃烧器的调试,调试良好的燃烧器能发挥更高的工作效率,这在设备投入运行的初期尤为重要。典型的燃烧器调试方法包括燃料分析和一系列能使燃烧器在保持燃烧功率条件下达到最佳运转性能的调节。

对燃烧器的调试是根据燃烧烟气的取样信息进行的。任何对空气、燃料油的调整都会影响烟气排放物,因此通过研究烟气成分即可分析燃烧的效率。

规律而有效的燃烧器维护工作,不仅可降低因故障停工、维修造成的损失,还可提高燃烧效率、节约燃料成本,对延长燃烧系统的寿命是非常重要的。

七、油田常用燃烧器故障及处理

在分析和判断燃烧器的故障时,应注意正确、全面地反映故障的现象(做好记录、保存好已损坏的元件),在故障检查时可以同时检测电路控制部分和各燃烧器元件。以下详细讲述常见的新型燃烧器的故障判断与处理方法。

(一)赛博油气两用燃烧器的故障与处理

赛博油气两用燃烧器常见故障与排除方法如表 3-8 所示。

表 3-8 赛博油气两用燃烧器常见故障及排除方法

序号	故障现象	原因分析及处理方法
1	打开燃烧器启动开关但不启动	打开主开关,重新启动
		检查更换线路保险丝
		检查加热器热保护,维修排除故障
		检查风机热保护,合闸重新启动
		检查更换辅助保险丝
		检查油加热器故障,更换或维修
		检查油温控合闸
		检查程控器,出现故障进行维修或更换
		检查电阻温控,出现故障进行更换
2	燃烧器持续吹扫,无法进行下步程序	检查程控器,出现故障进行维修或更换
		检查温控器线路,维修或重新接线
3	燃油未达到预热温度,燃烧器就开始启动	燃油加热器故障,更换或维修
		检查电路,然后合闸
4	燃烧器程控器运行到点火位置自动结束程序,燃烧器停止工作	检查点火变压器,出现故障进行更换
		检查点火电极位置,设定位置在 4~6mm 为佳
		重新调整风门
		检查维修电磁阀或更换
		提高油压
		清洗过滤器
		清洗油嘴
		检查程控器,出现故障进行维修或更换
		清洗点火电极
5	燃烧器只能小火工作,大火时即自动熄火,无法正常工作	检查控制箱中的大小火转换继电器,若烧坏应更换
		检查线路接线是否虚接
		检查继电器要插紧
		检查伺服电机行程开关位置,重新设置或更换
		检查伺服电机凸轮,重新校对
		检查程控器,出现故障进行维修或更换
		检查温控器线路,维修、重新接线

续表

序号	故障现象	原因分析及处理方法
6	燃烧器在运行过程中出现熄火,重新启动后无法点火	检查燃烧器燃油压力表显示数据,如异常应检查流程、燃油罐液位以及燃油泵上量情况
		调整燃油压力至合适压力
		温控器重新设定参数
		调整油压和风门,使油和空气比例合适
		清理风压开关,检查通道是否堵塞、通风不畅,无法恢复时应更换风压开关
		将燃油重新脱水处理
		清洗油嘴
		检查程控器,出现故障进行维修或更换
7	运行时出现爆燃,燃烧效果不好	检查维修电磁阀或更换
		提高油压
		清洗过滤器
		检查更换油泵
		检查更换油嘴
		清洗光敏电阻或更换
		调整油压和风门,使油和空气比例合适
		检查程控器,出现故障进行维修或更换

(二)百得燃气燃烧器的故障与处理

百得燃气燃烧器的常见故障与处理方法如表3-9所示。

表3-9 百得燃气燃烧器的故障与处理方法

序号	故障现象	原因分析及处理方法
1	燃烧器喷射燃气,但无火焰,红色指示灯亮	检查点火变压器的电压
		连接或更换点火变压器电线
		更换点火变压器
		调整电极与地线间的距离至正确位置
		清洗或更换绝缘体及电极
		更正空气/燃气的比例(可能空气太多或燃气太少)
		极度小心地排走燃气管道内的空气
		点火时检查燃气压力值(如果可能最好使用千帕压力表)
		调节圆盘/燃烧头的开度

续表

序号	故障现象	原因分析及处理方法
2	燃烧器在运行过程中熄火，重新启动后无法点火	由燃烧器燃气压力表显示数据进行判断，如果是此故障，应检查流程
		调整燃气减压阀使燃气压力为合适压力
		调整气量和风门，使气量和空气比例合适
		清理风压开关，检查通道是否堵塞或通风不畅，无法恢复时应更换风压开关
		检查程控盒，出现故障进行维修或更换
3	打开燃烧器启动开关但不启动	检查打开主开关，重新启动
		检查更换线路保险丝
		检查程控器，出现故障进行维修或更换

（三）百得燃油燃烧器的故障与处理

百得燃油燃烧器的故障与处理方法如表3-10所示。

表3-10　百得燃油燃烧器的故障与处理方法

序号	故障现象	原因分析及处理方法
1	燃烧器出现火焰，红灯亮后，突然熄火	更换光敏电阻线路
		清洁或更换光敏电阻
		检查锅炉和烟囱中的所有排烟道
2	在没有点火的情况下，红灯亮起来，燃烧器喷射燃料，但不能燃烧	调节泵压，检查管路是否堵塞
		对含水燃油进行脱水处理，采用合格燃油
		检查燃油加热器是否完好，必要时维修更换
		调整风门，减少空气量
		纠正燃烧头调节装备的位置
		清洗或更换喷嘴
3	燃烧器正常燃烧情况下，燃油泵噪声太大	在油罐中进行预加热或提高燃油预加热温度，或用粘度小、流动性更好的燃油替换
		根据安装说明更换管道
		查找渗漏原因并消除渗漏
		拆除过滤器进行清洗
		更换软管
		使管道保持完全绝缘
4	加热器温度显示燃烧器进口油温低	检查电路并提高电压
		维修或更换加热器
		在满足设备所要求数值范围的前提下，降低燃油流速
5	燃烧器已达到最低预热温度，但仍不启动	提高恒温器或压力开关设定值
		更换光敏电阻

续表

序号	故障现象	原因分析及处理方法
6	燃烧器不启动	关闭开关或等待电力恢复
		检查连接处和恒温器
		检查维修或更换燃烧器
7	燃烧器火焰不正常,带有火花	利用恒温器提高温度
		提高雾化压力,在适当的数值复位
		减少助燃空气量
		清洁或更换喷嘴
		严格控制燃油含水

(四)新远系列燃气燃烧器的故障与处理

新远系列燃气燃烧器的常见故障与处理方法如表3-11所示。

表3-11 新远系列燃气燃烧器的故障与处理

序号	故障现象	原因分析及处理方法
1	燃烧器启动预吹扫及点火后燃烧器锁定	离子探针接地不好或离子探针未与火焰接触,检查并消除
		离子探针与控制盒连线断开,检查并消除
		离子探针电流太弱(<3μA),检查并消除
		燃气压力开关设定值接近于实际燃气压力,检查并消除
2	燃烧器有预吹扫,无火焰出现,燃烧器锁定	点火气量太小或管道压力太低,检查并消除
		燃气电磁阀损坏,维修或更换
		点火棒安装错误或损坏,检查并更换
		燃气管道内空气未清扫干净,检查并消除
3	不能通过预吹扫,燃烧器锁定	模拟火焰存在或炉内有火焰存在,检查并消除
		气体压力开关未调整好,检查并消除
		风压太低或空气压力开关损坏,检查并更换
		燃烧头设置错误或燃烧头损坏,检查并更换
4	温度控制开关接通,但燃烧器不启动	燃气压力开关设定值太高或燃气未供应,检查并消除
		燃气压力开关接触不好或损坏,检查并更换
		风门执行器损坏,维修或更换
5	燃烧器连续循环执行吹扫和点火但不锁定	燃气压力开关设定值与实际压力接近,当燃气阀门开启时,管道燃气压力下降,压力保护开关动作,燃烧器停机,检查并消除
		当燃气电磁阀关闭后,管道压力上升,燃烧器又重新启动,可重新设定燃气压力开关值
		检查风门伺服电机、燃烧器电机、气阀连线、点火变压器等电路的连接及各送电插头是否连接好
6	运行失败,燃烧器进入锁定	火焰非正常熄灭或离子探针接地不好,检查并消除
		空气压力开关或燃气压力开关断开,检查并消除

复习思考题

1. 真空相变加热炉和分体相变加热炉的异同点分别是什么？
2. 集肤效应电伴热（加热）装置的工作原理是什么？
3. 电磁加热器用于普通原油的加热，是否妥当？
4. 自动相变掺热装置可否用于普通原油和高凝油的加热？
5. 油田选配以原油为燃料的加热炉燃烧器时，需要注意哪些事项？

参 考 文 献

[1] 李鹏程,魏新春,李强,等. 稠油自动相变掺热技术研究与应用. 石油矿场机械,2008,37(8)：67~69.
[2] 任慧,李小平,杨再荣,等. 电磁加热器在高凝油单井集输中的应用. 石油矿场机械,2008,37(11)：76~79.
[3] 杨洪升,席励新,毛恒轩. 相变换热技术在油气集输加热设备中的应用. 石油工程建设,2003,31(5)：92~95.
[4] GB/T 21435—2008 相变加热炉.
[5] SY/T 0540—2006 石油工业用加热炉型式与基本参数.

第四章 原油处理工艺及设备

从油井中采出的原油一般都含有伴生气、水和一定量的泥砂等杂质。这些物质的存在,不仅腐蚀设备、管线、仪表,而且还会堵塞阀门、管线,影响正常生产,尤其原油含水,更是增加了后续处理工艺和输送过程中的动力、热力消耗。因此原油在外输之前必须经过脱水、脱气、除砂等净化处理,甚至还需经加热炉、缓冲罐、提升泵等处理过程,从而导致流程复杂、设备繁多、能耗高、投资大。

随着我国陆上油田进入开发后期,原油综合含水大幅度上升,高含水原油使原油储运、加工成本大大增加,因此,为保证原油集输、储运和加工工艺的正常、经济运行,必须对原油进行脱水。原油脱水在原油处理工艺中占相当大的比重,它是原油处理的核心。目前常用的脱水设备主要有:沉降罐、电脱水器和陶粒脱水器等。尽管这些设备都为原油脱水作出了很大贡献,但已远远不能满足低油气损耗、低耗能的要求,因此采用新型高效的气、油、水分离设备是时代的要求,也是实现"十二五"节能目标的要求,更是国家可持续能源发展战略的要求。

第一节 原油脱水新方法

原油脱水是在不影响原油理化性质或改善原油理化性质的前提下,脱除原油中含水的过程,是原油生产的重要环节,是控制外供原油含水指标的重要手段,因而受到广泛关注。目前,国内广泛应用热沉降法、电化学法等原油脱水工艺,两者以其成熟的技术而成为原油脱水的主流方法,但它们也存在分离速度慢、能源消耗大、设备腐蚀、安全性差等缺陷,而且还需要使用大量的破乳剂,不仅造成资源浪费,还不利于环境保护。所以,开发高效、低耗、快速的脱水技术具有重要意义。

新型脱水方法包括高频脉冲电脱水法、微波脱水法、超声波脱水法、生物脱水法和磁处理脱水法等,都是目前研究的热点。新型脱水方法对环境无污染或者污染程度小,并且有较高的脱水效率,相信随着研究的不断进行,会形成较完善的原油脱水工艺体系。

一、高频脉冲电脱水法

对许多原油,特别是重质、高粘原油,许多脱水方法尚不能达到商品原油的含水率要求,常使用电脱水法。电脱水是低含水原油彻底脱水的最好方法,常作为原油脱水工艺的最后环节。将原油置于高压直流或交流电场中,由于电场对水滴的作用,削弱了水滴界面膜的强度,促进水滴的碰撞,使其聚结成粒径较大的水滴,在原油中沉降分离出来。

高频脉冲电脱水法是在常规电脱水法的基础上发展起来的,对其机理比较一致的看法是:由于连续相(油)和分散相(水)的电导率相差很大,液滴能被外电场极化,极化液滴通过碰撞,在极短时间内完成聚结过程。直流脉冲电场如同交流电场有诱导偶极子,松弛过程作为乳状液破乳机理的一部分,其电场中不仅有液滴的极化,也有相互吸引、碰撞导致的聚结。由于脉冲电场的振动,分散相周围或内部的流体速率发生变化,界面张力诱导界面流动。分散相中两相的电导率、介电常数不连续,也导致界面电荷的累积,界面电荷的累积有利于碰撞聚结。在电场中,特别是施加交流电、直流脉冲电的情况,增加了液滴接触、相遇的几率,液滴界面振动加剧,界面膜容易破裂,从而加速液滴间的相互聚结。

新研制出的高频脉冲原油电脱水装置与常规电脱水装置相比,在电场平稳性及处理效果方面有明显的优越性,在生产中取得了良好的效果,解决了复合驱采出液的脱水难题。

二、微波脱水法

Klaika 首先提出了微波辐射破乳的概念,并于 1984 年进行了微波辐射破乳现场试验,取得了令人满意的结果。

微波脱水法是利用微波在破乳方面的优势而提出的一种脱水方法。微波破乳时,形成高频变化的电磁场,使极性分子高速旋转,破坏油水界面膜的 Zeta 电位(Zeta 电位是对颗粒之间相互排斥或吸引力强度的度量)。当水(油)分子失去 Zeta 电位的作用后,自由上下运动、碰撞聚结,油水分离的同时,由于水分子吸收微波的能力比界面膜的油分子能力强,因此内相水滴吸收更多的能量而膨胀,使界面膜受内压变薄。另一方面,由于界面膜中的油受热而溶解度增高,使界面膜的机械强度降低而更容易破裂。除此之外,微波形成的磁场还使非极性的油分子磁化,形成与油分子轴线成一定角度的涡旋电场,该电场能减弱分子间的引力,降低油的粘度,从而增大油水的密度差。这些作用都使得油水分子能有效地碰撞聚结。水滴聚结到一定程度在重力作用下沉降到底层,实现油与水的分离。

在微波炉中,对含水 60% 的乳液进行辐射,观测其 Zeta 电位的变化,结果表明:微波辐射能有效降低油水界面膜强度,有较理想的破乳效果。

对辽河油田含水 50% 的牛心坨稠油进行了微波辐射试验,利用常规加热至 80℃,恒温静置 50min 和 60min 的脱水率分别为 0 和 11.9%;而用 2.0kW 的微波处理 40s,静置 50min 和 60min 的脱水率分别为 65.3% 和 72.0%。微波脱水法较常规加热法脱水率有所提高,但仍然差强人意,因此稠油的破乳一直是急需解决的问题。

随着微波技术研究的深入,美国 Camegie Mellon 环保研究中心开发了含油淤泥的微波脱油技术,并实现工业化应用。此项技术用微波辐射原始乳液,再以连续流动的方式进行离心分离,其中油料回收率为 98%;残余固体可进行填埋处理,工艺成本低廉,仅相当于传统方法处理成本的 1/10。

针对 W/O 型和 O/W 型乳状液分别采用常规加热、化学试剂和微波辐射三种破乳方法进行破乳效果比较,结果表明:采用微波辐射省时、高效,不仅能显著地加快破乳速度,而且具有无需化学试剂、绿色环保、易于实现自控等优点。这些研究都证实了微波技术用于原油脱水不仅是可行的,而且从立即脱水率、总脱水率、沉降时间以及能耗、环保等多方面看,微波破乳法具有其他脱水方法无可比拟的优越性,具有良好的工业化应用前景。

三、超声波脱水法

超声波是一种在媒质中传播的弹性机械波,具有机械振动、空化及热作用。超声波破乳主要依靠超声波的机械振动和热作用。机械振动可以促使水"粒子"凝聚。首先,当超声波通过有悬浮水"粒子"的原油介质时,造成悬浮水"粒子"与原油介质一起振动。由于大小不同的水"粒子"具有不同的相对振动速度,水"粒子"将相互碰撞、粘合成为直径较大的水滴,在重力作用下实现沉降分离。其次,机械振动可使原油中的石蜡、胶质、沥青质等天然乳化剂分散均匀,增加其溶解度,降低油水界面膜的机械强度,有利于破乳。最后,热作用可以降低原油粘度和油—水界面膜强度。一方面原油吸收部分声能转化成的热能,降低原油的粘度,有利于水"粒子"的沉降分离;另一方面边界摩擦使油—水分界处温度升高,有利于界面膜的破裂。在用超声波处理原油时,影响原油脱水的因素主要有沉降时间、声强和超声波处理时间。有研究表明,相对于自然沉降,超声波脱水的沉降时间缩短了,而脱水的效果却大幅度提高。

目前国内已成功将超声波破乳技术实现工业化。2003 年 6 月,在中国石化胜利炼油厂一级电脱盐装置上进行了"超声波强化胜利混合原油破乳技术"的工业试验,通过超声波—电场联合作用,不加入破乳剂即可达到原油破乳后含水不大于 0.3% 的指标。与现有的破乳技术相比,其工艺简单,设备性能可靠,破乳效果显著。经过 1 年多的应用,电单耗降低约 60%,节约破乳剂费用约 300 万元,每年可获得直接经济效益 400 万元,显现出了极大的优势。

四、生物脱水法

生物脱水法是利用微生物对原油乳状液进行破乳,进而达到脱水的目的。其原理是:某些微生物通过消耗表面活性剂得以生长,并对乳化剂起生物变构作用,破坏乳状液;另外,有些微生物在代谢过程中分泌出一些具有表面活性的代谢产物,这类天然的表面活性剂是原油乳状液的良好破乳剂。

生物破乳剂起主要破乳作用的是细菌胞体,破乳剂的表面活性是衡量破乳剂能否起作用的关键指标。微生物胞体的尺寸一般为几微米左右,并且胞体表面含有—COO^-、—NH_2、—SH、—OH 等活性基团。由于细胞表面有活性,能被原油乳状液的非连续相(液滴)润湿,但又不是完全润湿,因此细菌细胞最终会在连续相和非连续相的界面上占据平衡位置,其一半以上浸入非连续相中。在破乳过程中,非连续相的两个单元(两个乳状液液滴,或者一个乳状液液滴与一个已分层的非连续相液滴)只要在同一个细胞表面接触、润湿并铺展,则这两个单元在到达平衡前就会在细胞表面上凝聚。由于细胞尺寸一般比聚合物等乳化剂的尺寸大若干数量级,加上其相对较高的表面活性,使液滴能较快地润湿、铺展,使两个液滴凝聚并达到油水分离。此外,细菌胞体的椭球形外形也有利于破乳。

娄世松等为解决破乳剂的选择性强、破乳效率低的问题,采用化学破乳剂和微生物破乳剂复合的方法,研制出了高效、低成本的复合破乳剂,并在大庆三次采油采出液、塔河原油、南阳原油、蓬莱原油、俄罗斯混合原油中进行了脱水试验。结果表明:对于大庆油田采出液,微生物复合破乳剂与化学破乳剂比较，脱水效率提高5%以上，脱出水含油质量分数可降低40%以上；对于易乳化的南阳原油、蓬莱原油，脱出水含油质量分数可降低50%以上。工业应用表明：对于俄罗斯混合原油，脱出水含油质量分数可降低70%以上，脱后排水含油小于15mg/L，说明所研制的微生物复合破乳剂适应性强，成本可降低20%~50%。

生物破乳是一种环保型的原油脱水新技术，有可能逐渐取代化学脱水技术。该技术药剂使用量低、脱水快、脱水率高、脱出水水质好、运行费用低。生物破乳剂无毒，对人体无害，可望在不久的将来在胜利油田大面积推广应用。

五、磁处理脱水法

关于磁处理脱水法的脱水原理的学术观点很多，目前尚无定论。主流观点认为：磁处理可以改变水、原油、原油乳状液和破乳剂的一些性质，如原油粘度降低、相对密度和凝点下降、表面张力减弱和破乳剂活性提高等，因而改善了原油及其乳状液的流变性和脱水性，有利于原油脱水。

20世纪60年代初，苏联首先将磁处理技术应用于石油工业。中国石油工程设计有限责任公司华北分公司于1988年开始对原油脱水磁处理技术进行研究。

对华北油田四种相对密度和粘度较小的轻质原油和两种相对密度和粘度较高的稠油进行磁处理脱水试验，结果表明：磁处理对不同性质、不同含水率的原油均有一定的脱水效果。在试验范围内，原油乳状液含水率对磁处理脱水效果影响不大，这可解决低含水原油难以脱水的问题。同时指出，在磁处理脱水过程中，磁场强度对原油脱水效果影响较大，但磁处理脱水效果与磁场强度呈现出非线性关系，所以并非磁场强度越强效果越好。只有当磁场强度在某一值附近时，才能取得较好的磁处理脱水效果，这是由于磁场的边缘效应所致。在此研究基础上，针对楚一联原油进行了现场试验，原油经磁处理脱水后污水含油量由原来的900~1000mg/L降低到500~600mg/L；破乳剂用量由处理前40kg/d降低到9kg/d；电脱水温度由75℃降低到64℃。

通过对原油磁处理脱水应用的研究表明，磁处理有利于原油脱水和油水分离。现场试验结果表明，原油磁处理脱水可以节约破乳剂30%以上，降低脱水温度3~8℃，同时可以提高脱后污水的质量。

磁脱水技术适用性较强，对不同性质、不同含水量、加入不同药剂的原油均有一定的脱水效果。磁脱水是一种简单、经济、方便、行之有效的新技术，可以大幅度提高原油脱水率，减少破乳剂用量，降低脱水温度，同时还可以提高脱后污水质量，具有较好的经济效益。

第二节　高效破乳剂

破乳剂是一种表面活性物质，它能使乳化状的液体结构被破坏，以达到乳状液中各相分离的目的。原油破乳是利用破乳剂的化学作用将乳化状油水混合液中的油和水分离开来，达到原油脱水的目的，以保证原油外输含水标准，因而破乳剂是当今油田必不可少的化学试剂之一。

随着三次采油技术、重质油开采技术和海洋石油开采技术的使用，不仅对破乳剂的需求量日益增加,而且对其性能要求也更为苛刻,破乳剂除了要满足传统破乳剂的基本性能外,还要达到快速、高效和低温条件下也能脱水的要求,因此研究新型原油破乳剂已刻不容缓。

一、破乳机理研究

破乳剂对原油乳状液的破乳脱水有着较强的针对性,至今人们还没找到一种能够适合各种原油的破乳剂。为了研究破乳剂的破乳机理,首先必须研究乳状液稳定的界面膜特性及在破乳剂作用下界面膜的变化情况,而界面膜的改变会直接影响油—水界面张力,因此对界面张力的研究是了解界面膜变化的最直接方法。

长期以来,通过系统地研究原油乳状液的油—水界面张力与破乳剂的分子结构及破乳效果之间的关系发现,破乳剂的破乳效果与原油乳状液的油—水界面张力密切相关,破乳剂降低界面张力的能力越强,破乳效果就越好。破乳剂的破乳过程包括顶替作用和胶溶作用,在低破乳剂用量下,以顶替作用为主,界面张力随破乳剂用量的增加而降低;较高破乳剂用量下,以胶溶作用为主,界面张力随破乳剂用量的增加而升高。同一原油的油—水界面膜对破乳剂 HLB 值(表面活性剂为具有亲水基团和亲油基团的两亲分子,表面活性剂亲水基的亲水性与憎水基的憎水性两者之比,定义为表面活性剂的亲水亲油平衡值 HLB,HLB 值越大,表示该表面活性剂的亲水性越强)的要求有一定的确定性,只有当破乳剂的 HLB 值处于或接近最佳值时,才能形成最大的界面吸附,此时界面张力下降到最低。

二、复配型破乳剂

由于原油的组成复杂,其中的天然乳化剂和稳定剂含量变化大,特性也不尽相同,加之受原油物性的影响,不同原油形成的油包水乳状液界面膜的组成、结构和强度更有很大不同。一般针对某一含水原油筛选出的单一破乳剂,很难在热化学脱水的每一阶段都具有相应的优异特性。将数种各具特色的破乳剂复配起来,使各单剂的优势互补,是提高破乳脱水效果的一条有效途径。

(一)两种结构差异较大的破乳剂的复配

如 APE 型和 POI 型破乳剂,两者无论是从脱水过程还是从分子结构看均有显著差异。APE 型破乳剂破乳脱水时管壁附着水珠颗粒较大,不易下沉,油—水界面状况较差;而 POI 型破乳剂脱水情况恰恰相反。再者 POI 型破乳剂为线性结构,APE 型破乳剂为多支链形结构,二者复配的药剂 K531 破乳剂可使净化油含水小于 0.5%,污水含油小于 300mg/L。

(二)多元复配破乳剂

采用多种起始剂、多种嵌段形式、多种分子结构的破乳剂复配而成的 PAK-5 多元复配破乳剂有亲油亲水多向性,易于快速分散到油—水界面,具有脱水速度快、脱水率高、脱出水含油少和油水界面整齐的特点。

(三)用于破除中间乳化层的复配破乳剂

由特殊配比的 APE 型和 BPE 型两种聚醚单体与低分子有机物复配,用于破除中间乳化层的复配破乳剂,可消除原油破乳脱水过程中形成的稳定中间乳化层。

(四)适于高含水混合原油的复配破乳剂

使用多支链三嵌段聚醚破乳剂(LB—1)和油溶性的高相对分子质量、多支链破乳剂(AJ—8511)组成的复配物,适于处理高含水(80%~90%)的原油,净化原油含水小于0.3%,污水含油小于30mg/L。

(五)沥青质原油破乳剂

对于含蜡量高和含胶质高的沥青质原油,选用三嵌段聚醚结构的AP型破乳剂,它易吸附到蜡晶层表面上排挤蜡晶,破坏蜡晶层;选用AE型双嵌段聚醚破乳剂,其在极性的界面膜上吸附,向膜内渗透并破坏界面膜的能力较强,破坏胶质沥青;再选择净水作用较好的破乳剂SPl69作为第三复配组分,得到三组分复配破乳剂,破乳脱水效果较佳,同类型的复合破乳剂还有PR—9618。

(六)SF系列原油破乳剂

SF系列原油破乳剂是含有机硅的直链结构分子和支链网状结构分子,其相对分子质量较大,界面活性高,破乳能力强,能实现低温快速破乳,具有防蜡、降粘能力。

(七)用于脱水异常的老化原油的复配破乳剂

破乳剂分子结构中带有强正电基团,可加快在油—水界面上的分配平衡速度,使原油脱水速度加快;破乳剂分子空间构型呈星状,能使细小水珠聚结沉降,对含蜡原油的油—水中间层有抑制作用,对原油适应性强。例如KSZ—3型系列破乳剂解决了老化原油脱水异常的问题。

(八)适合于特性原油的复配型原油破乳剂

根据各类型破乳剂的不同性能,如对石蜡基原油脱水效果好的AE型、净水效果好的SP型、低温性能好的AR型以及稠油破乳剂PFA型,可采用不同的方式进行复配以适应高凝低粘、低凝低粘、高凝高粘、高凝中粘等不同特性的原油类型。

三、专用破乳剂

(一)稠油破乳剂

随着油田开发的深入和蒸汽热采技术、乳化降粘技术的应用,稠油的开采量越来越大。稠油属重质油,具有高粘度、高密度、高胶质、高沥青质含量等特点。胶质、沥青质以胶体粒子状态存在于原油中,因而稠油的水乳状液稳定性好,许多常规破乳剂对其破乳作用较弱,效果很差。通过对常规破乳剂进行交联改性可获得适用于高含水稠油的破乳剂。PFA型破乳剂为酚胺型非离子表面活性剂,含有芳香核,分子具有AE型破乳剂的多分枝特性,对乳化原油,尤其是乳化稠油具有脱水速度快的优点。其他用作稠油破乳剂的还有油溶性高相对分子质量破乳剂,如AP-05(采用了甲苯二异氰酸酯扩链剂)、MT-41(以合成咪唑啉为起始剂的聚氧乙烯聚氧丙烯嵌段聚醚经扩链而成)、水溶性破乳剂PR-23(以直链亚烷基二醇为起始剂的多嵌段聚醚)以及高含硫重质稠油脱水破乳剂SHD。

为了满足冀东油田稠油、混合油等各种原油脱水的要求,研制了JDP系列破乳剂,一般加剂浓度100mg/L,脱水温度70℃左右。其中JDP-5型破乳剂效果最好,该破乳剂为各种离子聚醚组成的复合型破乳剂,适用于蜡、胶质和沥青质含量高的 O/W 型乳状液脱水,破乳剂用量一般为 20~100mg/L,具有脱水速度快、中间乳化层小、破乳后油水界面整齐和污水含油少等特点,是一种高效的原油破乳剂。

(二)低温破乳剂

在保证破乳效果、脱水水质和不产生中间乳化层的情况下,应选用破乳温度较低的破乳剂。由 APE 型两嵌段聚醚和 BP 三段聚醚复配,通过少量乙酸调节 pH 值,并以乙醇为溶剂合成的低温破乳剂 XJ-720,能保证一段脱水温度在 32℃ 下正常破乳脱水。以多乙烯多胺为起始剂合成的聚氧丙烯聚氧乙烯嵌段共聚物用高活性特殊碱性液体酚醛树脂制得的非离子—阳离子两性表面活性剂 BA-2,是具有降粘、防蜡性能的低温破乳剂。另外,最近新研制了一种低温高效稠油破乳剂 LTB,可在 50℃ 下对稠油进行破乳脱水。

(三)复合驱采出液破乳剂

随着复合驱的广泛应用,开发适合复合驱采出液的化学药剂及破乳技术是非常必要的。对于二元复合驱(碱/聚合物),聚合物含量是影响破乳效果的主要因素,为此,利用破乳剂之间"协同效应"研制出的 FPW320 破乳剂,有一定的抗聚合物干扰的能力,破乳速度快、能力强,能减少乳化层的产生,且污水含油量低。对于三元复合驱(ASP)采出液中 W/O、O/W、O/W/O 型乳状液共存,乳状液稳定性好,不易破乳脱水的情况,室内合成了 DASP 系列复配型破乳剂,对复合驱采出液有较好的破乳脱水效果。

(四)反相破乳剂

常规的原油破乳剂是依靠其分子中的高活性,非离子聚醚基因对 W/O 型乳状液界面膜具有良好的渗透、破坏、絮凝、聚结作用,从而破除 W/O 型乳状液;常规的反相破乳剂是依靠其分子中的阳离子基团带有的大量正电荷,有效中和 O/W 界面膜上的负电荷,从而破除 O/W 型乳状液。RD-1 反相破乳剂就是以改性环氧乙烷环氧丙烷阳离子聚醚为主要成分,同时辅以助剂,使渗透、破坏、絮凝、聚结作用和电荷中和作用相互促进,相互结合,使得 RD-1 反相破乳剂能够快速、高效地同时破除 W/O、O/W 型或复杂圈套式乳状液,同时又可用于污水除油,且具有一定的缓蚀性能。

四、化学破乳剂与新型脱水方法联合使用

随着三次采油与稠油开采的进行,特别是三次采油大量使用了表面活性剂/聚合物/碱驱方式,使得原油所形成的乳状液越来越稳定,原油质量不断下降,破乳脱水工作越来越困难。目前常规破乳剂的脱水能力已经不再令人满意,而且破乳温度较高、适用面窄、效率低,导致油田能量的浪费。为了改变此局面,化学破乳剂与新型脱水方法联合使用,成为解决原油脱水难、减小环境污染的研发趋势。

(一)微波辐射原油破乳技术

微波辐射原油破乳技术是根据原油的特点通过改变加热温度、破乳剂用量、微波辐射时间等参数对不同含水量原油乳状液脱水效果的影响趋势进行深入研究的技术。研究结果表明:

(1)升高温度和加入适当的破乳剂均有利于原油破乳脱水,但破乳剂用量有一个最佳值,否则会影响破乳的效果。

(2) 微波辐射时间的增长,有利于破乳,且当微波辐射时间一定时,破乳剂用量与原油体积之间有一个最佳比例范围。

(3) 当微波辐射原油破乳法与热化学方法的最佳脱水率接近时,前者需要加入的化学破乳剂用量少、破乳时间短。例如对某种原油,采用热化学方法时,破乳剂的用量为 100mg/L,加热温度为 65℃,加热 9min 后,脱水率约为 96%;而采用微波辐射原油破乳法时,破乳剂的用量为 50mg/L,辐射时间为 10s,沉降时间为 1min,脱水率约为 95%。

(4) 微波对高含水量的原油乳状液破乳脱水效果优于低含水量的原油乳状液。

根据对比不同原油破乳方法的实验结果指出:原油乳状液脱水工艺采用二次脱水处理时,一次脱水采用微波辐射原油破乳法,再对一次脱水后的上层原油乳状液采用加热法进行二次破乳脱水,可达到较好的脱水效果。对含水量为 78% 的原油乳状液,一次微波辐射脱水后,上层油的含水量在 18% 左右,对上层油进行加热二次脱水后,原油的含水率小于 0.3%,得到了合格的原油。可见微波辐射原油破乳法适用于二次脱水处理的一段工艺,可达到较好的脱水效果。微波辐射原油破乳技术开辟了原油高效、快速脱水工艺的新途径。

(二) 超声波与化学破乳剂联用技术

国外对超声波破乳的研究结果证实,将超声波法与化学破乳法联用可达到更佳的破乳效果。利用超声波进行破乳,在加入破乳剂后,脱水率可达 99% ~ 100%。Roatz 等分别用超声波和超滤膜处理稳定的 W/O 型乳状液,研究发现,后者处理油水分离不完全,而前者可以使油水完全分离,同时研究还表明,加入破乳剂后,提高温度或降低 pH 值都可以显著加快油水分离过程,提高破乳效率。

高密度、高粘度原油的破乳异常困难,常规破乳方法难以达到满意的效果,但超声波与破乳剂具有良好的协同作用,在超声波的作用下,处理粘度大于 5000mPa·s 的稠油,可使破乳剂用量减少 35%,经超声波处理后油品粘度降低了 50% 以上,流动性提高,有利于破乳。另外,根据对胜利油田采油厂采出的高密度(20℃时密度为 984.2kg/m³)、高粘度(20℃时粘度为 119800mPa·s)稠油进行超声波处理,脱水率可以达到 93.7%,效果明显。

也可将超声波技术用于污油破乳脱水,在超声波的作用下可以脱除污油中 80% 的游离水,将污油含水率降到 9.85%;当加入破乳剂 NS-1 后,超声波的处理效果更加明显,可以脱出 94% 的游离水,污油的含水率可以降到 3.08%。在相同温度和破乳剂量的条件下,超声波与化学破乳剂联用可使污油脱水量提高 2 倍左右,和单纯热化学沉降相比具有显著优势。

近年来,为了寻求快速高效的破乳剂,利用新开发的有机合成技术研究出了超高相对分子质量高效破乳剂,试验证明其具有惊人的脱水速度,将少量每升几十毫克的破乳剂加到乳化原油中,搅拌 1~10min,就可脱出 90% 以上的水,从而把破乳剂的应用研究推向了一个崭新的阶段。

破乳剂经历了由中低相对分子质量向高相对分子质量、从水溶性向油溶性、从通用型向专一型的发展阶段。随着人们对环境的不断关注,迫切需要不污染环境或者对环境污染小的破乳剂的问世。可以预见,更多新型、低温、快捷、高效、环境友好的破乳剂是未来破乳剂的研发方向,在不远的将来必将得到充分的应用与发展。

第三节 提高沉降脱水效果的措施

联合站原油在经过电脱水、化学脱水、电化学联合脱水和超声波脱水等多种油水分离方法处理后,必须有足够的空间和时间保证油水分离,即在原油破乳剂对原油进行破乳后,再利用重力作用与油水密度的差异进一步沉降,使得油水完全分离。

沉降罐是利用介质的密度差进行重力沉降分离的设备,它在我国原油处理过程中拥有举足轻重的地位。通常来自集油站的原油进入沉降罐中,依靠下部水层的水洗作用和上部原油中水滴的沉降作用使油水得以分离。经沉降分离后的原油由中心集油槽和原油排出管流出沉降罐,而污水经由集水管排出。

由沉降脱水的工艺原理可知,沉降的好坏是影响脱水分离效果的重要因素。因此,深入全面地分析影响沉降罐脱水效果的因素,是指导原油脱水工艺正常运行、充分发挥工艺优势、不断提高效益的关键,同时也是提高沉降脱水效果的措施实施的依据。

一、提高沉降脱水效果采取的措施

(一)筛选破乳剂

不同油田原油组分不同,形成原油乳状液的物性不同,对原油破乳剂性能的要求也不同。各油田普遍通过室内试验筛选和大量现场试验的方式,选择、确定合适的破乳剂。破乳剂一旦确定,影响其效果的关键是投加浓度和投加位置。

(1)投加浓度:越来越多的试验表明,加药浓度应根据室内评价确定,一般保持浓度在 80~150mg/L 范围之内。对于用量超过 200mg/L 的药剂应淘汰。

(2)投加位置:传统的做法是加药点距脱水站越远越好,只有这样才能使破乳剂与乳化油有足够的接触时间,才能充分破乳。基于这种认识,脱水工艺运行初期,加药位置大都选择在距脱水站较远的采油井口,然而脱水效果并非十分理想,而且还增大了加剂管理的难度。进一步研究表明,如果破乳剂过早加入,在破乳完成之后游离出来的水不能及时分离出,继续在管道中流动,经剪切和扰动又会重新被乳化,其稳定性会更好;如果破乳剂加入过晚,原油不能充分破乳,进入沉降罐后造成药剂流失,增加沉降时间,同样也会影响脱水效果。因此,要根据原油含水的多少、集输距离、集输流程的布局和加药覆盖情况,合理确定加药站数量,选择最佳加药点,保证系统总的加药量处于合适的比例范围,才能确保达到更好的沉降脱水效果。

(二)确定适宜的脱水温度

温度对原油破乳有重要作用。提高温度有利于水滴聚结,也可以降低原油粘度,加速破乳剂的扩散和渗透,有利于破乳。从这个意义上讲温度越高,原油破乳脱水效果越好。然而也由此出现了四个突出的问题:

(1)加速了沉降罐内细菌繁殖,给污水处理和回注增加了难度;

(2)当原油温度超过浊点温度时,破乳剂分子将发生胶团化,许多原处在界面的破乳剂单分子缔合、聚集变成若干个分子的集合体进入液体内部,从而增大了破乳难度;

(3)过高的温度势必消耗过多的燃料;

(4)西北地区昼夜温差较大,沉降罐内部与外界环境温差悬殊的情况下,高温时罐内水蒸气随着原油伴生气逃逸到沉降罐上部无油空间,低温时水蒸气在罐顶发生冷凝作用,水珠又会滴落在油层顶部。

因此,就热化学脱水流程而言,要根据各地原油的粘温曲线确定脱水温度,保证原油在一个经济、合理的温度范围内进行脱水。

(三)确定必要的沉降时间

含水原油的沉降分离需要一个过程,而生产过程本身是一个动态变化的过程。因此,根据原油的性质及脱水工艺的特点,结合实际生产中沉降液体的波动、伴生气的逸出以及药剂浓度和油温很难一直控制在恒定状态下运行等诸多因素的影响,原油沉降时间随各地原油物性的不同而不同,不可能完全一致。但在保证脱水效果的前提下,应尽量缩短污水在沉降罐内的停留时间,以减少硫酸盐还原菌在罐内的繁殖,并减小沉降罐的容积。

(四)控制合理的油水界面

1. 油水界面过低影响乳化层厚度及脱出水水质

油水界面过低时,沉降罐内由于下部进液压力对油层的搅动与冲击,油水界面处于一片混沌状态,油和水在有限的沉降时间内未能得到彻底分离,加之破乳剂的作用,会形成乳化层。

另外,油水界面过低会导致污水含油升高。在水洗油的过程中,污水外排也在进行中,部分原油来不及上升到油层中,便已随污水排出沉降罐。根据对某联合站油水界面的数据监测证实,油水界面过低会造成乳化层厚度加厚及脱出水水质变差。

2. 油水界面过高影响净化原油含水

沉降罐油水界面过高会导致净化原油含水升高,因此需要控制合理的油水界面以保证原油脱水工艺平稳运行。

(五)及时处理沉降罐乳化层

沉降罐在运行过程中,由于罐内的油层和水层中间存有破乳不充分的油包水型乳状液与固体杂质,很容易形成中间乳化层而影响原油脱水。因此沉降罐运行中,可根据乳化层的厚度,利用抽乳化层管线定期将含油乳化层抽取到沉降罐外专门处理,以降低乳化层对脱水效果的影响。为防止污油、落地油等老化油对沉降脱水系统产生不利影响,对站内回收的污油不允许返回沉降罐,应单独进行处理。

此外,沉降罐要根据罐底污泥厚度,及时进行清罐,一般2~3年清罐一次,逐步推广大罐排泥装置排泥。清罐时要对罐内壁涂层、加热盘管、集水槽、十字喷淋管等进行检查维修,确保原油脱水系统正常运行。

(六)及时清除罐底污泥

含油污泥给生产带来的直接危害表现为油水处理系统逐渐恶化、设备处理效率下降、油罐内形成油水过渡带逐渐增厚、脱水沉降时间增加、注水水质下降和储罐腐蚀加剧,并可使回注水中悬浮物的含量严重超标,堵塞地层……这些已经严重影响了原油集输生产的正常运行。因此,沉降罐要根据罐底污泥厚度,及时清除,一般2~3年清罐一次,以确保原油脱水系统正常运行。

(七)保持平稳的操作

要保证原油脱水工艺的正常运行,操作与管理是非常重要的一个环节。操作的关键是控制四个平稳:即药剂投加平稳、处理量平稳、温度平稳和油水界面平稳。

1. 保持平稳的处理量

来液的平稳均衡是影响沉降罐运行的一个重要因素。集油站或卸油台来液量过大的波动、污水进入沉降罐不平稳以及在倒油操作过程中倒罐、泵排量过大,都会破坏沉降罐的动态平衡,导致剖面含水波动较大,致使溢流口含水严重超标。

根据对某联合站沉降罐不同时段的进液量与溢流口含水、溢流口下 1m 含水数据监测发现,进液量的不平稳,也是影响溢流口含水波动的主要因素。

2. 保持平稳的油水界面

富含伴生气的原油进入沉降罐后,过多的气体会对沉降罐内油水界面产生较大的冲击,破坏油水层的分布,使进入沉降罐的液流失去平衡。因此,沉降罐引气(补气)平稳进行是一个很关键因素,若某环节出现改变都可能打破沉降罐之前运行的平衡。此外,轻烃回收既可以降低现场的危险隐患,又有很高的经济价值,这是很多联合站附近建立轻烃厂的原因。

为保证沉降脱水工艺高效运行,单纯强调某一影响因素是不科学的,应把影响脱水效果的诸多因素综合起来,将各影响因素的关键参数控制在最佳状态,才能达到低耗、高效运行之目的。此外,平稳操作和严格管理也是影响脱水效果的因素之一,同样应予以重视。

二、长庆油田提高原油脱水效果的措施

长庆油田原油脱水主要采用热化学沉降脱水工艺技术,其工艺流程可概括为"端点加药、管道破乳、大罐溢流沉降脱水"。多年的实践证明,这项技术适合长庆油田的原油脱水。

经过室内瓶试法和现场试验,筛选使用的破乳剂类型主要有 YT – 100、CQ – C3、CDJ – 5 等,均属聚醚类型,是环氧乙烷、环氧丙烷共聚物,使用浓度在 80 ~ 100mg/L 之间。

(一)端点加药、管通破乳工艺

长庆油田早期采用井口加药。20 世纪 90 年代后,加药点优选在骨架接转站,联合站进行补充加药,加药浓度小于 100mg/L。通过端点加药,充分发挥破乳剂的性能,降低管线回压,实现乳状液提前破乳,缩短了沉降罐内油水分离时间,提高了联合站油水分离的效果。同时管道破乳后水滴在管壁形成水膜,对输油管道也起到减阻降粘的作用。

对于小站加药的区块,接转站加药应从输油泵的进口加入,联合站应从总机关汇管中加入。严禁在沉降罐罐口倒加破乳剂的做法,这会造成局部浓度过高,形成反向乳化,反而难以脱除水。

(二)确定脱水温度

以华池原油为例说明如何确定原油脱水温度,华池原油粘温曲线如图 4 – 1 所示。由图可见,原油温度达到 25℃后,粘度急剧下降,粘温性能变好。粘温曲线在 25 ~ 28℃附近出现拐点,此点所对应的温度即为理想的脱水温度。低于此温度区间,粘度大幅度增加,而在 30℃后随着温度的增加,粘度的降低并不显著,对原油脱水速度的影响甚微。因此,根据生产实践和

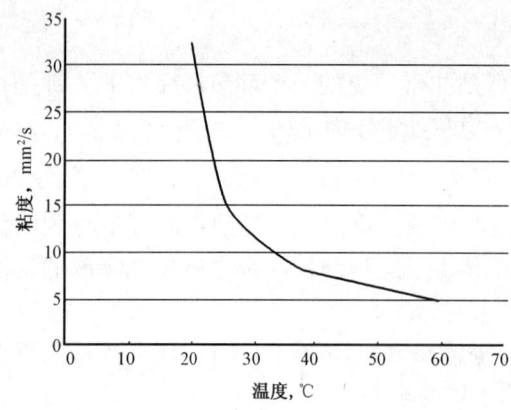

图 4-1 华池原油粘温曲线

室内试验,结合破乳剂的特征和有关工艺运行参数,华池原油的脱水温度控制在 30~35℃,可达到低温脱水的要求。

(三)确定沉降罐的运行参数

沉降罐的运行参数主要受油水界面高度、来液量多少等因素影响。油水界面的高低,实际上是一个油相沉距和水相沉距的问题。油水界面的控制高度不同,对脱水效果有一定影响,油水界面高度要根据实际脱水效果、调节水箱的高度确定,并应保证油相和水相停留时间处于合理的范围。

运行参数控制指标:

(1)油水界面高度 4.5~5.5m;

(2)沉降温度 30~45℃(视区块不同);

(3)沉降时间 12~20h 以上;

(4)净化油层厚度保持在 2.0m 以上;

(5)乳化层厚度控制在 2.0m 以下。

沉降罐油水指标:溢流口的净化油含水小于 0.5%,沉降罐污水出口含油小于 200mg/L。

(四)采用大罐抽气装置进行储罐密闭集气

在西峰油田联合站、接转站的事故罐、沉降罐和净化油储罐上均采用大罐抽气装置,以储罐密闭集气的方式回收原油中的伴生气,可使油气中的液化气回收率达到 70%~85%,轻油回收率达 95% 以上。

(五)大罐溢流沉降低温脱水工艺

自试验成功后,原油脱水和采出水处理都取得了很好的效果,净化油平均含水仅 0.2%;采出水中含油在 100mg/L 以下。大罐溢流沉降低温脱水工艺淘汰了电脱水,可节省电能和热能,生产过程安全可靠,亦可实现自动控制,是国内先进的单一热化学低温脱水工艺,也是长庆油田独特的原油处理工艺。

三、胜利油田提高原油脱水效果的措施

胜利油田临盘采油二矿四净站主要担负着采油二矿、济北公司等年产 70×10^4t 原油的脱水外输和 $230 \times 10^4 m^3$ 的污水处理任务。脱水分离的好坏,将直接影响生产和外输含水。不断探讨和研究影响原油脱水效果的因素,并采取有效措施是确保生产正常运行和外输含水达标的根本保证。

(一)沉降效果的影响因素

1. 沉降罐水位影响

一次沉降罐水位的高低,是影响沉降效果和生产的首要因素。水位过高,易造成溢油和含水上升,直接影响后端生产;水位过低,易造成过水带油,直接影响外输水质达标。

2. 气体影响

由于各区来液量不稳、分离器波纹管堵塞、调节不及时等原因,造成分离器油、气、水分离效果变差,使得大量气体随油水进入一次沉降罐,对罐内液体进行扰动,严重影响沉降效果。

3. 老化油影响

采油队落地原油回收后,卸入卸油台 $500 m^3$ 池子内,经过一段时间累积后,就要通过泵回收到卸油罐,然后直接打回一次沉降罐。由于这些老化油作用,严重影响整体沉降,使得油水过渡带增长,油水界面不清,严重时发生过水带油现象。

(二)提高沉降效果的措施

胜利油田临盘采油二矿四净站对影响一次沉降罐的因素进行全面细致地分析后认为,从源头抓起,加强管理,对症下药,制定合理有效的措施,是全面提高沉降效果的有力保证。

1. 合理控制一次沉降罐水位

通过长时间的摸索发现,一次沉降罐合理水位为 7.5~8.5m,油水界面较清晰,沉降效果较好。但由于来液量及外输水的不稳定、突发事件等因素影响,易造成水位变化较大,为此设定了上下"红色警戒线",即水位超过 9.5m 或低于 6.5m,均要采取有效措施进行控制。

(1)水位超过上"红色警戒线"。

由于注水站管线结垢、后端注水受限,以及管线破裂等突发事件的发生,造成过水量大幅降低,使得一次沉降罐水位明显上升,水位超越上"红色警戒线"。一旦超越,应立即启动事故罐,并上报协调解决。

(2)水位低于下"红色警戒线"。

由于停电、后端注水放大,以及投运新罐等因素影响,造成水位下降较快,水位可能很快突破下"红色警戒线"。一旦突破,应迅速启动事故罐,对一次沉降罐进行水位补充,并上报协调解决。

2. 减少气体影响

(1)加强分离器调节计量,减少油水中带气,尽可能避免气体扰动对大罐沉降的影响。因此安排两名干部承包计量岗,并要求班长倾重于该岗,形成干部负责监督,计量工负责分离器调节,班长辅助调节的生产格局,确保分队计量的准确度。

3. 减少老化油影响

为避免回收的老化油对一次沉降罐的影响,将回收后的池内原油,通过流程导入事故罐,长时间沉降后,通过脱水泵,直接将事故罐上部原油打入外输罐直接外输。

4. 加强管理

(1)为了保证正常的原油脱水,合理的升温加药极其重要,为了严把加药关,加药工作坚持由值班干部监督加药,加药完毕后签字;严格考核电脱温度,对于温度不达标者进行相应的惩罚。

(2)原出水、出油阀及管线规格尺寸过大,造成液位不稳,调节难度较大,为此将出水凡尔及管线尺寸由 $\phi 219$ 改为 $\phi 159$ 或 $\phi 114$,将出油凡尔及管线尺寸由 $\phi 219$ 改为 $\phi 159$,改造后调节及分离效果大为改观。

（3）若分离器放水管线较低，当水中带气较多时，对罐内液面扰动较大。通过改造流程，将分离器放水管线与来油阀组相接，使水随来油进罐管线共同进罐。

（4）由于分离器长时间运行未检修清理，使得波纹板阻塞严重，因此在对所有的分离器全部进行检修的同时，对波纹板进行了清理；并对波纹板进行了改造，将横向缝隙改为纵向缝隙。清理改造完毕后，分离效果明显改善。

通过多方举措的有力实施，一次沉降罐的沉降效果明显提高，确保了原油集输生产的正常运行和外输含水的达标。因此在原有管理的基础上，加强细节管理和微项调节，进行更深入地分析，制定出更有效的措施，为提高沉降罐脱水效果提供更有利的技术支撑，是每一个集输工作者的职责所在。

第四节 原油脱水新设备

针对部分现有设备效率低、能耗高、老化严重的局面，各油田结合产能的实际需要，普遍采用了高效率、低能耗、适应油田发展的新型脱水设备，使开发后期的原油处理工艺技术达到新的水平。

高效三相分离器具有结构紧凑、处理能力大、综合功能强、分离效果好、自动化程度高等特点，它的应用，不但减少了原油集输与处理系统的设备，简化了流程，而且切实解决了原油集输系统存在的油气损耗大、油水分离效果差等问题。

一、HXS 型三相分离器

长庆油田长期以来采用"端点加药、管道破乳、溢流沉降"的传统原油脱水工艺模式，在运行过程中存在如下难题：一是由于沉降罐底部加热器长期浸泡在污水介质中，腐蚀破损频繁、维修困难，影响油田的安全平稳生产；二是污水在沉降罐内滞留时间长，细菌繁殖较快，加剧了下游污水处理设备的腐蚀；三是由于沉降罐脱水为开式流程，油气蒸发损耗量大；四是部分区块气油比较高，气液混合物进入沉降罐内气液分离，对罐内净化油层有所冲击，导致沉降罐运行不平稳，溢出油含水超标。

为了解决这些问题，长庆油田引进了 HXS 型三相分离器，它可以将含水油一次处理合格，也可作为预脱气、脱水设备进行预处理。同大罐脱水工艺相比，HXS 型三相分离器具有脱水速度较快、流程密闭、占地面积较小、投资低，并可回收一定量的伴生气的特点。经过多年的运行测试，取得了良好的效果。

（一）HXS 型三相分离器的结构和工作原理

HXS 型三相分离器的结构及工作原理如图 4-2 所示，主要由聚结元件、整流元件、流体流型自动调整装置等组成。

油气水混合物进入一级捕雾器，首先将大部分的气体分离出来，通过气体导管进入二级捕雾器，与从设备内分离出的气体一起流出设备。在此设有旋液分离装置，对油水进行预分离，预分离后的液体通过落液管流入液体流型自动调整装置，对流型进行整理。在此过程中，作为分散相的油滴进行破乳、聚结，而后随油水混合物进入分离流场。在流场中设置有整流和聚结装置，为油水液滴提供稳定的流场条件，实现油水的高效聚结分离。分离后的原油通过隔板流入油腔；而分离后的污水则经过污水抑制装置重新分离，含油量进一步降低，通过导管进入水腔，从而完成油水分离过程。

(二) HXS型三相分离器的工艺流程

HXS型三相分离器的工艺流程如图4-3所示。油气水混合物通过泵增压进入三相分离器，首先进行气液的分离，气相进入气处理系统，液相通过整流、机械破沫等过程进入沉降室。其次，液相中的油、水和少量的固相泥砂在沉降室内分离，最终形成上部油层，下部水层，底部固相泥砂。处理后的油进入油室，水进入水室，再分别通过管道泵增压进入站场的净化油罐和水处理系统。底部的泥砂在重力作用下进入容器下部安装的集砂斗，通过利用倒吸原理制造的排砂系统，排出容器。

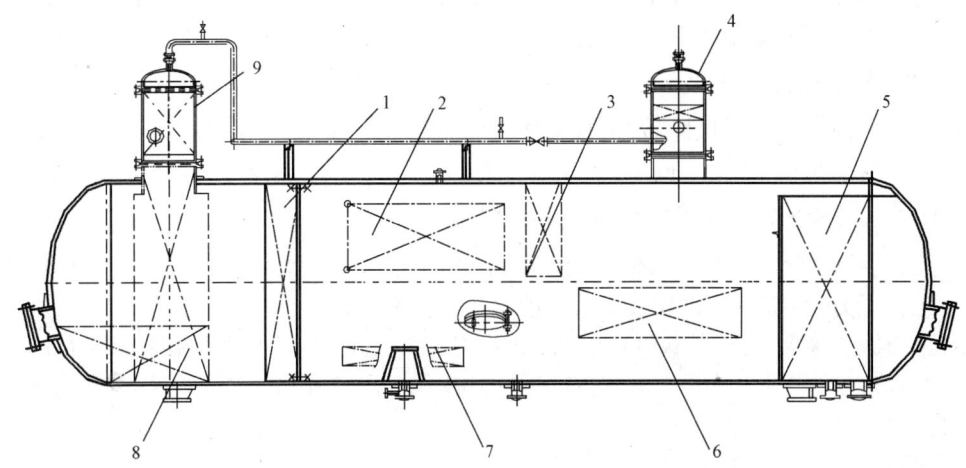

图4-2　HXS型三相分离器结构及工作原理图

1—聚结元件；2—加热元件；3—整流元件；4—二级捕雾器；5—油水存储缓冲装置；6—污水抑制装置；7—清砂元件；8—液体流型自动调整装置；9——级捕雾器

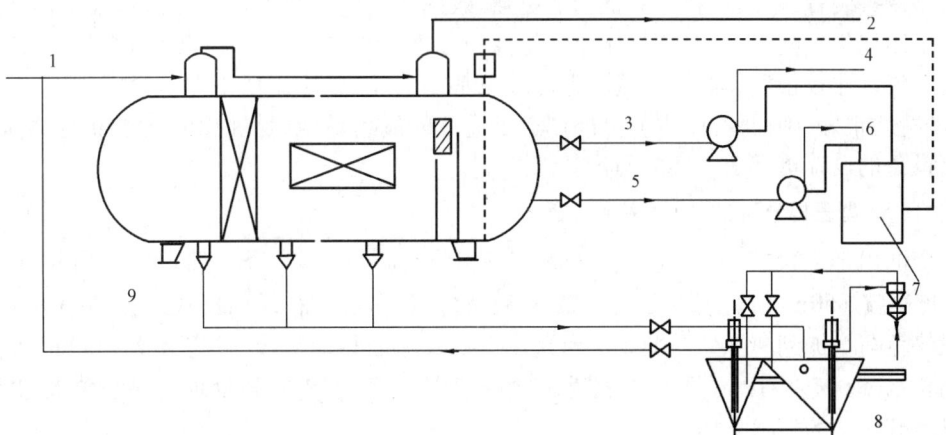

图4-3　三相分离器工艺流程

1—油气水混合物；2—气处理系统；3—油出口；4—油储运系统；5—水出口；6—水处理系统；7—变频控制系统；8—除砂系统；9—排污

(三)HXS 型三相分离器的特点

(1)采用来液旋流预分离技术,实现对油气初步分离。增加了设备内流场液体的有效处理容积,提高了设备处理效率。

(2)采用静态搅拌器活性水水洗破乳技术,强化了药液混合和乳状液破乳,改善了分离的水力条件,加快了油水分离速度,提高了设备的分离质量。

(3)采用强化聚结材料,增加油水两相液滴碰撞聚结几率,可稳定流动状态,提高分离效率。

(4)采用污水抑制装置,即将分离后的含油污水进行二次处理、聚结,提高了分离后的污水质量。

(5)将油水界面控制度为油水液面控制技术,实现了油水界面的平衡控制。

(6)采用迷宫式捕雾装置,有效地控制了气中带液率。

(四)HXS 型三相分离器的适用范围

(1)用于原油脱水、脱气、除砂(对原油中伴生气量没有要求)。

(2)原油密度小于 $960kg/cm^3$。

(五)HXS 型三相分离器的主要运行参数及技术指标

(1)工作温度为 30~60℃,依据处理介质特性来确定。

(2)工作压力为 0.3~0.8MPa,根据现场运行工艺来确定。

(3)出口原油含水率:石蜡基原油小于 0.5%(平均值),环烷基混合原油小于 1%(平均值)。

(4)处理液量为 5~20000m^3/d,设备规格从 $\phi 0.5m \times 2.2m \sim \phi 3.6m \times 18.4m$。

(5)出口原油含气率小于 $0.005g/m^3$。

(6)出口污水含油率小于 500mg/L。

(六)流场测试

利用粒子图像测速系统对分离器主要功能性元件的流动特性进行了研究测试,开发出了流型自动调整装置、聚结填料等一批功能更强、效率更高的分离元件。在此基础上,对分离设备进行了结构优化配置,并对其整体流动特性和分离特性进行了研究测试。测试结果表明:整个流场的流动比较稳定、均匀,回流和返流现象基本消除,总体流场基本呈稳定的正向平面流动,流动特性很好,因而为油、水的分离创造了优良的流场环境,是理想的油水分离设备,给此类分离设备的设计奠定了坚实的理论基础。

(七)HXS 型三相分离器的应用效果分析

长庆油田于 2005 年 3 月进行了 HXS 型三相分离器的试验。第一阶段将三相分离器负荷调到 70% 左右(50m^3/h),用于处理原油,日进液量 1050m^3 左右,原油平均含水率 3% 左右;第二阶段将负荷增加到 90% 左右(65m^3/h),用于处理原油和外来液,日进液量 1450m^3 左右,原油平均含水率 6% 左右。试验结果表明,三相分离器达到设计负荷,处理后原油含水和污水含油能够达到预期的技术指标。

(八)HXS 型三相分离器的使用注意事项

(1)平稳进液对稳定三相分离器出口指标的作用非常关键。试验过程中,由于上游来液不稳定,导致短时间内来液量超过处理能力,原油含水率短期内超过 0.5%。

（2）处理后原油含水和污水含油对加药浓度的变化敏感，加药浓度控制在 120~150mg/L 比较合理，过高和过低的加药浓度均不利于原油脱水。

（3）处理后原油含水率指标对温度最为敏感，短时间的温度波动不会影响处理指标。但长时间的低温运行会导致指标长时间不合格，三相分离器恢复到合格的处理指标所需时间较长。三相分离器合适的脱水温度应在 50~60℃。同时，来液的不稳定也会导致原油温度变化。

（4）两个阶段的运行情况表明，原油含水率上升后更有利于原油脱水。随着油田产出液含水率上升，三相分离器的适应性将会更好。

HXS 型三相分离器是集旋流分离、水洗破乳、填料聚集和热化学沉降脱水等多种方式于一体，在不同的阶段采用合理的结构进行综合高效脱水的一种设备。通过采用流型自动调整装置、污水抑制装置等高效分离元件，达到油、气、水高效分离，水质状况好转，伴生气得以回收利用的目的。三相分离器体积小，处理时间短，检修方便，自动化程度高，降低了操作劳动强度，解决了油气密闭集输中的一大难题，使长庆油田的油、气、水分离工艺达到了一个新的水平，值得推广应用。

二、HNS 型三相分离器

HNS 型三相分离器是河南油田结合中、高含水期工艺改造的需要而研制的，采用了预脱气技术、水洗破乳技术等多项新工艺，在来液温度 50~55℃，停留时间 10min 条件下，出口原油平均含水不高于 0.5%，达到了净化油标准，从而创造了河南油田高凝原油不加热一段脱水即获合格净化油的新技术。

（一）HNS 型三相分离器的结构和工作原理

HNS 型三相分离器的结构和工作原理如图 4-4 所示。HNS 型三相分离器主要由功能不同的进口、布液、聚结和集液等四部分分离构件所组成。这种优化的设备结构，依靠各分离构件的不同作用，采用强化活性水水洗化学破乳与机械破乳相结合，替代了常规沉降罐的热化学脱水或电脱水器的电化学破乳脱水方式，一段流程不仅达到了气液及游离状态的油水混合液的快速分离，而且能够很好地对乳化液进行有效分离，较好地解决了乳化水脱除难的问题，变常规的二段或三段脱水流程为一段流程，使原油脱气、脱水净化处理工艺上了一个新台阶。

当具有一定速度的油气水混合物从进口流入分流器时，流体的速度和方向突然改变，较重的油水混合物沿着分流器壁流入水洗室，然后从水洗室底部进入缓冲沉降室和分离室，较轻的气体沿着分流器气体出口管线逸出，达到油气初步分离的目的。油室、水室与分离室分别有隔板，水从分离室底部流入水室，再由水室出口管线输入污水处理系统。油从隔板顶部流入油室。油室出口分两条管线，根据含水分析仪显示分离效果的优劣，分离出含水不高于 0.5% 的合格油品进入净化油罐，不合格油品进入沉降罐。

（二）HNS 型三相分离器采用的主要技术

（1）旋流预分离脱气技术：使传统的气相空间由 50% 降到 5% 左右，从而提高设备利用率。

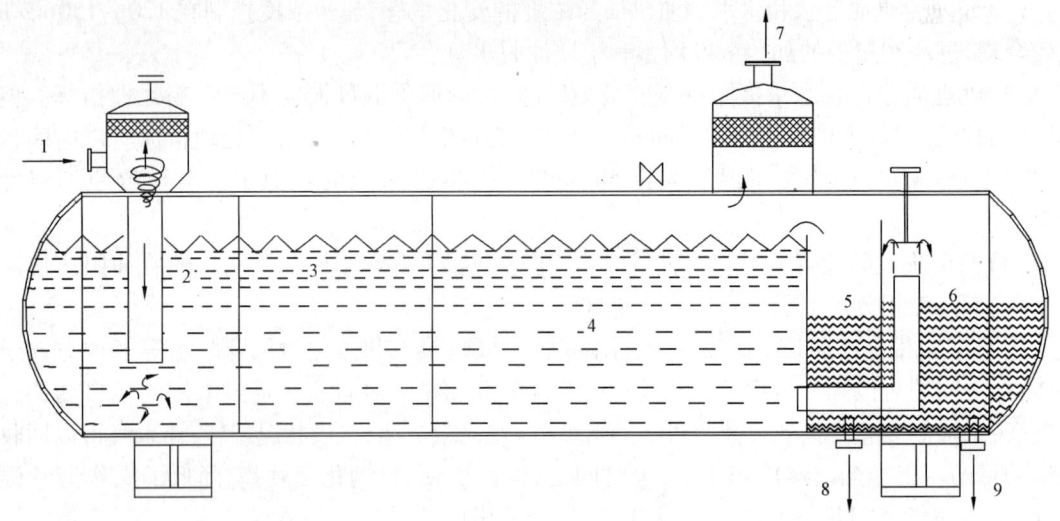

图4-4 HNS型三相分离器的结构及工作原理图
1—进口;2—水洗室;3—缓冲沉降室;4—分离室;5—油室;6—水室;7—天然气出口;8—油出口;9—水出口

(2)水洗破乳技术:将油中的水变为水中浮油,加快了油气水分离速度。

(3)聚结填料技术:乳化液通过微孔板的"梳理",加速水滴聚结,使小水滴变为大水滴,从而加快脱水速度,提高脱水效率。

(4)油气二次分离、捕雾技术:除油器合置在设备本体内,使脱出气携液量降低。

(5)设置油水界面调节器:使油水界面根据现场情况的变化进行调节,增加其可操作性和适应性。

(6)设置排污除砂装置:根据具体需要设置排污除砂装置,定期排污、排砂,延长检修周期。

(三)HNS型三相分离器的特点

(1)脱水质量高。能够实现高含水原油一次处理即达合格净化油的标准,污水含油小于1000mg/L。

(2)处理能力大。其容积负荷是传统设备的6~8倍。

(3)处理效率高。出口原油含水低于0.5%,脱水率大于99%。

(4)脱水能耗低。对必须采用来液升温的高凝原油,由于采用了先进的油相加热技术,使脱水加热负荷降低了80%以上。

(5)自动化程度高。该设备应用微机进行自动监控,运行平稳,操作方便。

(6)工艺流程简化,投资低。由于实现了一段脱水即达净化油标准,可使脱水流程由原来的二段或三段变为现在的一段处理,减少了设备,简化了流程,节省了工程投资。

(四)HNS型三相分离器内加热盘管的防垢措施

为了有效防止HNS型三相分离器内加热盘管结垢,可采取如下防垢措施:

(1)加热盘管采用光管,由于光管相对其他形式的加热管(如外螺纹管、翅片管等),其外表相对不易结垢,而且便于清垢。

(2)加热盘管外表面涂耐温防垢涂料,并对加热盘管外表面进行处理,以有效减轻加热盘管外表面结垢。

(3)为了防止结垢,蒸汽炉所用的水质都经过了软化处理。

(五)HNS 型三相分离器在胜利油田的应用

随着胜利油田开发的不断深入,桩西采油厂桩 1 接转站所承担的原油处理任务日益繁重,而生产设备的老化与自动化程度较低,难以适应进液量大的现实,迫使该站进行了脱水工艺的流程改造。

高效三相分离器是该站工艺改造中的核心设备。改造后该接转站脱水工艺采用两台 HNS 型三相分离器的一段脱水工艺流程,即各计量站来液(60℃)进入分离器后,进行油气水分离,分离出的含水原油进缓冲罐经外输泵外输,脱出气经压力控制外输,脱出的含油污水自压进污水罐经外输泵外输。其工艺流程如图 4-5 所示。

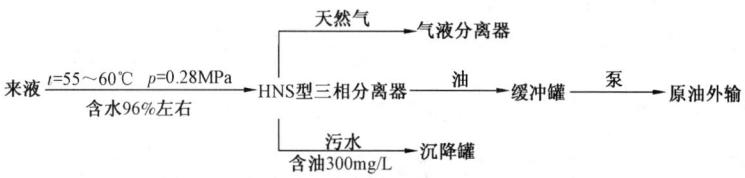

图 4-5 桩 1 接转站改造后的脱水工艺流程

从实际生产运行情况来看,HNS 型三相分离器在自行脱水的同时,具有污水处理功能,降低了成本,提高了生产效益,同时提高了桩 1 接转站自动化管理水平。根据工艺流程配置的相应仪表及控制系统,能满足分离器及缓冲罐在正常生产情况下的各种工艺参数的自动调节与控制要求,保证分离器、缓冲罐的平稳有效运行。在控制方面采用气动仪表配 PLC 控制系统的控制方式,具备分散控制、集中管理的功能;配备微机并留有备用接口,可达到处理设备增加后的控制要求。所配用仪表有:温度检测采用温度变送器,压力检测采用压力变送器,油室、水室液位采用电动浮球液位变送器,分离器压力和油室、水室液位由气动调节阀控制,液位计配套电伴热。缓冲罐液位采用雷达液位计检测,并与目前外输泵变频器联锁,实现外输泵频率与缓冲罐液位自动调节功能,大幅降低了外输污水的含油指标。通过三相分离器聚结整流、沉降悬浮及沉降罐和污水罐的三级沉降措施,污水含油指标由投产前 800mg/L 降至 80mg/L(最低时在 30mg/L 以下),为下游污水处理站控制外排水质的达标起到了决定性作用。

(六)HNS 型三相分离器在吉林油田的应用

吉林油田乾安采油厂中心处理站自 2002 年 10 月投产 3 台 HNS 型三相分离器后,虽经过 1 年的运行调试,但原油含水始终不尽人意。分离器出口原油含水率在 0~15% 之间,且水质不稳定,波动较大,超过 0.5% 的标准。经分析认为,加药点距分离器进口太近(距最近一台约 17m)、破乳剂药力未能发挥作用是影响脱水质量的关键。为此制定了在海坨子中间站(距离中心处理站约 14km)和大情字联合站(距离中心处理站约 37km)对三相分离器进行远程加药的试验方案,即在海坨子中间站和大情字联合站各建加药装置一套,同时对进入中心处理站的海坨子区来液和大情字区来液进行最优远程加药浓度的筛选试验工作。试验加药浓度分别从 40mg/L、30mg/L、20mg/L 降到 15mg/L。

经过漫长而艰苦的探索,终于发现:

(1)对大情字井区块来液,采用远程加药,在加药浓度为 30mg/L、分离器混合室温度在 50~55℃的条件下,经一次加热脱水可获合格净化原油。

(2)对海坨子来液,采用远程加药,在加药浓度为 15mg/L、分离器混合室温度在 45~50℃的条件下,经一次加热脱水可获合格净化原油。

乾安采油厂 HNS 型三相分离器的运行过程,经历了从低效到高效的阶段,由此说明原油物性、加药浓度、加药距离等参数都是影响 HNS 型三相分离器发挥正常功能的主要因素。同时也说明 HNS 型三相分离器并非对所有来液都能表现出高效处理的特性,如对开发初期的低含水原油,脱水效果不好;另外抗冲击能力差,当处理量波动较大时,脱水效果不好。

虽然 HNS 型三相分离器对原油脱水具有一定的局限性,但在保证来液量平稳、原油含水平稳、加药量平稳、混合室温度平稳的前提下,该设备脱水效果还是能够达到标准要求的。

三、胜利油田研制的新型高效三相分离器

为适应油田高含水期采用三次采油工艺注聚采出液处理的需要以及高稠、高含水采出液处理的需要,胜利油田研制了采用高效聚结分离技术和控制技术,适用于含聚、高稠采出液的新型高效三相分离器,并在多个联合站进行了现场试验。试验结果表明,新型高效三相分离器效率高、工艺简单、运行可靠。

(一)新型高效三相分离器的结构和工作原理

新型高效三相分离器的结构如图 4-6 所示。主要由整流板组、波纹板组、斜板组、溢流挡板等组成。

新型高效三相分离器为一卧式容器,被溢油挡板分隔为分离沉降室和油室两部分。油气水混合物来液进入三相分离器,经布液管流出,先后流经整流板组、波纹板组、斜板组后,大部分液相沉降到分离沉降室的液相区,少部分液相继续重力沉降,微量液滴在经过气相除雾器后得到分离,回到分离沉降室。气体经除雾器,通过压力调节阀进入天然气系统。

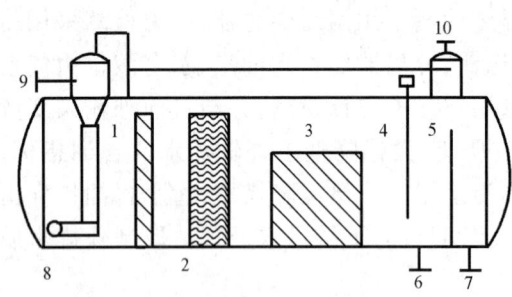

图 4-6 新型高效三相分离器结构示意图
1—整流板组;2—波纹组;3—斜板组;4—油水界面仪;
5—溢流挡板;6—水出口;7—油出口;8—布液管;
9—进口;10—气出口

经整流板组、波纹板组、斜板组有效调整后的油水混合液,停留 20~60min 后,因密度的差异逐渐分层,水相沉积在集水包和液相区的底部,油相浮于液相区的上部。当液位高出隔油板顶部时,油相流入油室,并从油室下部的油出口排出,水相经出水阀排出。

（二）新型高效三相分离器的特点

新型高效三相分离器沉降段前部设整流板组，既起到稳定流场的作用，又达到除砂的目的，保护了后部波纹板组、斜板组不受采出液含砂的影响。分离器沉降段有波纹板组，将小油滴聚结成大油滴，以加快油水的分离速度，提高分离器的分离效果。沉降段后部水层中有斜板组，应用浅池原理，将污水中的油滴除去，以提高分离器对污水的处理效果。采用油水界面检测仪检测油水界面，并通过电动调节阀控制油水界面高度，实现了油水界面的稳定性和可调性，确保分离器在理想状态下工作，保证了油水分离的效果。

（三）新型高效三相分离器的现场试验

1. 试验工艺流程

新型高效三相分离器及计量部分的工艺流程如图4－7所示，包括三相分离器、油气水单相流量计、油气水控制调节阀和油水界面检测仪等。油气水在三相分离器内实现分离，天然气经调节阀和计量装置后进入天然气处理系统；含水原油经溢油堰板进入油腔，油腔内的液面由浮子液面调节阀控制，并经计量后进入下游处理工艺；含油污水经过油水界面仪控制的自动调节阀及流量计后进入污水站处理。

2. 试验设备

试验时，采用橇装小型高效三相分离器，参数如下：

外形尺寸 6600mm×1300mm×2800mm

分离器规格 ϕ1200mm×5270mm

额定处理液量 200m^3/d

额定处理气量 2000m^3/d

液体停留时间 20~60min

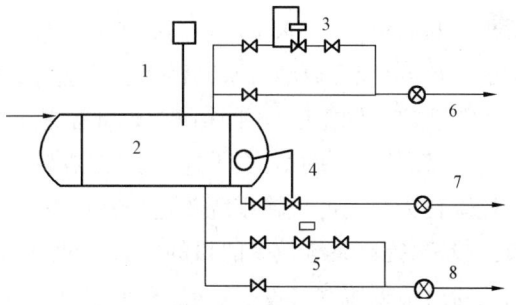

图4－7 三相分离器及计量部分工艺流程
1—油水界面仪；2—三相分离器；3—自力式压力调节阀；
4—浮子液面调节阀；5—电动调节阀；6—气体；
7—原油；8—污水

3. 试验条件

胜利油田孤岛采油厂广泛实施了三采注聚增油技术，聚合物驱油采出液油水乳化严重、乳状液异常稳定，油水分离难度大，分离效率低。其中，孤四联合站、孤二联合站是最具有代表性的注聚采出液处理站。孤四联合站原油进站温度40~52℃、液量25000~28000m^3/d、油量2204~2604t/d、气量50000~65000m^3/d、原油密度0.94~0.96g/cm^3、原油粘度600~1500mPa·s(50℃)、综合含水率90.7%左右、聚合物含量约70mg/L。孤二联合站井排来液温度43℃、液量18000m^3/d、含水率达到89.5%，单井采出液聚合物含量平均240mg/L，最高达到1701mg/L，含聚采出液处理难度极大。孤一联合站采出液进站温度40~50℃、液量40000m^3/d、含水率高达95.0%、原油密度为0.946g/cm^3，原油粘度313mPa·s(50℃)。

4. 试验结果

孤四联合站、孤二联合站、孤一联合站油气水三相分离器现场试验结果如表4－1所示。

表 4-1 三相分离器试验数据

来液种类	试验地点	进口综合含水率 q_w,%	原装置处理数据		三相分离器试验数据		加药浓度 mg/L
			出口原油含水 q_{1w},%	出口水中含油 q_{1o},mg/L	出口原油含水 q_{2w},%	出口水中含油 q_{2o},mg/L	
含聚采出液	孤四联合站	90.7	70~80	>1000	<20	<200	50
	孤二联合站	89.5	75~85	3000	<20	<300	50
高稠、高含水采出液	孤一联合站	95.0	80~89	1000	<25	<100	不加药

现场试验结果表明,针对含聚采出液特点,在配合适当的化学药剂的条件下,三相分离器原油含水可以降低到20%,污水含油可以降低到300mg/L以内。

新型高效三相分离器用于高稠、高含水采出液,也取得显著的效果。出口原油含水由原来的80%~89%下降到25%以下,出口污水含油由原来的1000mg/L下降到100mg/L以下。

通过现场试验说明,新型高效三相分离器适用于注聚采出液的三相分离,对重质稠油含聚采出液和高稠、高含水采出液的处理效果较好,有效降低了原油含水,减轻下游沉降罐和加热炉的负荷,可保证原油含水和污水水质达标,达到了节能降耗、提高管理水平的目的。

为适应不同密度、不同粘度、不同驱油方式的采出液的需要而开发的各种形式的高效三相分离器,以其合理的结构、先进的性能,在油田范围内得到了广泛的推广应用,更是成为目前以节能降耗为目的的集输系统改造的首选设备。它的应用,不仅实现了系统的密闭,而且达到了节约投资、提高系统效率的目的。为了使高效三相分离器真正达到"高效处理"的目的,各油田纷纷就最低脱水温度、最佳加药浓度等进行了摸索试验,并在此基础上获得了诸多宝贵的实践经验。

四、高效分水器

高效分水器是针对油田高含水、特高含水期原油脱水生产而开发的。它改变了过去的电—化学两段式脱水工艺,是替代三相分离器和电脱水器的换代设备,具有脱气、分水、除砂、自控等四大功能,可实现对分水器内的油水界面、液位、工作压力、工作温度等进行实时检测与精确控制,达到理想的分水效果和稳定的工况,在确保安全生产的前提下,能够大幅度降低生产成本,切实提高综合经济效益。

(一)高效分水器的结构和工作原理

高效分水器主要由筒体、旋流预分离筒、配流管、整流迷宫板、内部加热器、水位调节器、除砂器及浮子连杆机构等组成。其外观如图4-8所示。

油气水混合液进入旋流预分离筒,依靠离心力和重力作用,脱除90%以上的伴生气,该气体与分水器内的少量气体一起经二次除液后,经压力控制进入气体系统。油水混合液(含少量气体)经配流管均匀进入分离区,再经整流迷宫板缓冲整流进入沉降区沉降。在沉降区内,加热器进一步激发破乳剂的活性,使乳状液破乳分离,油滴聚结上浮,脱水原油经隔板进入油室,再经液位控制流出分水器;底部污水靠压力平衡,经集水导管进入水室,控制液位后流出分水器,从而达到油气水的高效分离。

(二)高效分水器的功能

(1)脱气功能:能迅速进行气液两相分离,天然气适时分离后,减少对油水分离的影响。

(2)分水功能:通过旋流、稳流、整流后加温、破乳,一般污水含油低于500mg/L,出口原油含水低于10%。

(3)除砂功能:利用积砂漏斗,将原油中的砂沉积到分水器底部,并利用外部除砂装置定时冲洗,将砂子排出。

图4-8 高效分水器外观

(4)自控功能:可以根据工况的变化和需要随时调整各项工艺参数,实时控制油气水的分离。

(三)高效分水器在胜利油田的应用

高效分水器主要有以下技术特点:(1)采用旋流预分离技术,分离伴生天然气;(2)设计配流管和整流迷宫板,稳定液流状态;(3)采用内部加热技术,破乳脱水;(4)利用水位调节器,控制油水界面。

高效分水器分别在河口采油厂的首站、渤三站和义和站等原油处理站投入现场使用,取得了良好的效果。在原油密度为0.90~0.96g/cm³和来油平均温度为44~58℃的相同条件下,来自首站、渤三站和丁王站的原油粘度为0.5~93mPa·s时,分水后的原油含水低于5%,分水后的污水含油分别低于50mg/L、30mg/L和50mg/L。而来自义和站、埕东站和飞雁滩站的原油粘度分别为103mPa·s、200mPa·s和438mPa·s时,分水后的原油平均含水低于10%,分水后的污水含油分别低于200mg/L、300mg/L和500mg/L。

胜利油田河口采油厂先后在9个原油处理站使用20台高效分水器,并结合工艺流程改造,建立了一种全新的油气集输生产模式,如图4-9所示。

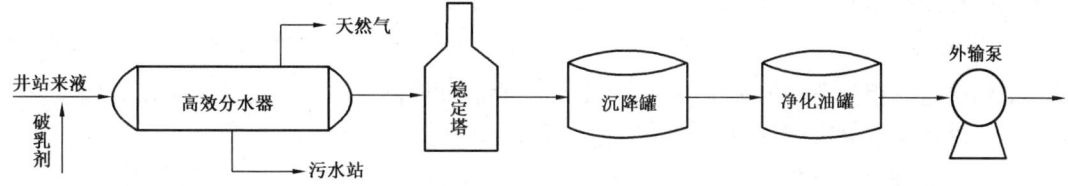

图4-9 油气集输生产新模式

由于采用了高效分水器,简化了原油处理的生产工艺,运行方式简单、合理、易行,提高了设备安全运行系数;同时淘汰了一些废旧设备,仅设备维修等费用产生的直接经济效益就达1000余万元。

五、玻璃钢三相分离器

三相分离器在油田接转站和联合站中有着广泛的应用,是原油集输过程的重要设备之一。目前油田大都采用传统的钢制分离器,耐腐蚀性能差、使用寿命短、故障多、效率低、维护费用高。玻璃钢三相分离器是在"四合一"设计的基础上吸收国外原油脱水的先进技术而开发的新型油气水三相分离设备,较好地解决了上述问题。

(一)玻璃钢三相分离器的结构和工作原理

玻璃钢三相分离器为卧式结构,整个设备分为分离腔、稳定沉降腔、油腔和水腔。玻璃钢三相分离器外观如图 4-10 所示,结构如图 4-11 所示。

油气水混合液首先通过分离头,使液流改变方向及流速并吸收其动量,进入分离腔,在其内部主要完成气液分离。然后,液流通过立管并经过碗形转向器改变方向和流速,再通过筛孔板进入装有波纹板填料的稳定沉降区,在这个区域主要完成油水分离。水集中在底部,油集中在上部。通过水位调节器控制油水界面,以达到所要求的油水分离效果。分离后的油水分别进入油腔和水腔,并经过浮子液面调节器控制液面高度。油水分别由出油口和出水口经出油阀、出水阀自动排液。其工艺流程如图 4-12 所示。

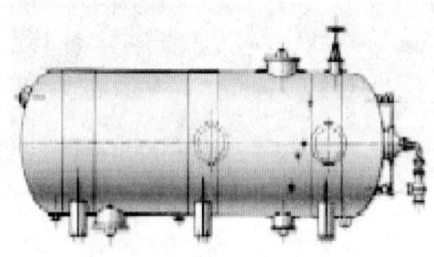

图 4-10 玻璃钢三相分离器外形图

(二)玻璃钢三相分离器的罐壁材料层

玻璃钢三相分离器罐壁采用了内衬层—静电导出层—结构层—外保护层的四层结构。

1. 内衬层

内衬层由含胶量95%的内表面毡层和含胶量75%的短切毡层组成。内表面毡层起防腐、防渗作用;短切毡层既可起到防腐、防渗作用,又可起到加强表面层的作用。同时加入适量的导电剂,改善其导电性能。

2. 静电导出层

静电导出层为金属网状结构,均匀地附着于内衬层与结构层之间,由连接金属网的导线穿过结构层将静电导入大地,以保证三相分离器的使用安全。

3. 结构层

结构层是三相分离器的承压层,具有较高的强度和断裂延伸率。设计时采用有限元法对整个设备进行受力分析,根据不同部位的受力情况采用不同的铺层设计。

4. 外保护层

外保护层表面加入适量的防紫外线吸收剂,起抗老化的作用。

(三)玻璃钢三相分离器的防静电措施

玻璃钢已广泛地应用于油田,其对油的耐腐蚀性能优良,但玻璃钢三相分离器是用于易燃、易爆环境中,必须具备防静电特性。按 GB 13348—2009《液体石油产品静电安全规程》的

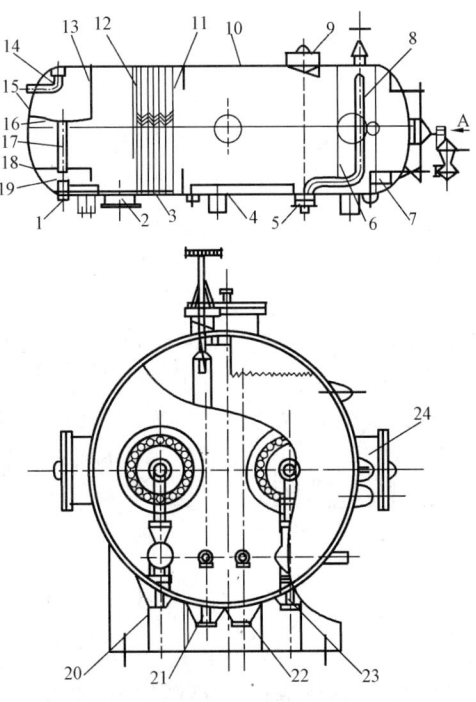

图4-11 玻璃钢三相分离器的结构及工作原理图

1—冲砂管;2—蓄污排污器;3—波纹板填料;4—冲砂管;5—蓄污排污器;6—横隔板;7—盐水包;
8—水位调节器;9—捕雾器;10—分离器筒体;11—固定架;12—立撑;13—堵板;14—分离头;
15—分离器封头;16—锥板;17—立管;18—筛孔板;19—碗形转向器;20—出水口;21—排污口;
22—排污口;23—出油口;24—取样口

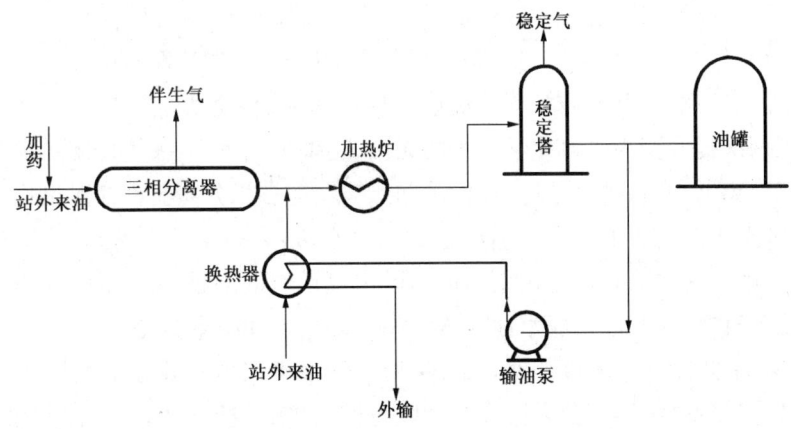

图4-12 一段脱水流程

要求,对盛装易燃、易爆油品的容器,内壁体电阻率应低于$10^8 \Omega \cdot m$。玻璃钢是一种良好的电绝缘体,因而首先必须解决玻璃钢三相分离器的防静电问题。为此,采取了以下措施:

1. 防止外部静电进入三相分离器

在三相分离器进、出液口法兰连接处接地,防止进、出液管内的静电进入三相分离器内部。

2. 提高三相分离器内部导电性能

在内衬层中加入导电剂炭黑,加入量为内衬层基体树脂重量的3%~5%。经检测,内壁体电阻率达到了应低于$10^8\Omega\cdot m$的要求。经按 GB 3857—2005《玻璃纤维增强热固性塑料耐化学介质性能试验方法》所做的耐腐蚀试验表明,内衬层的防腐性能不受影响。

3. 将三相分离器内部静电导出

为了将三相分离器内部的静电由内衬层导出外部释放,在分离器筒体和分离器封头的内衬层的内部置入直径为1mm的铜丝,并分别在分离器封头与分离器筒体对接处集结,引出三相分离器外并接地,如图4-13所示。

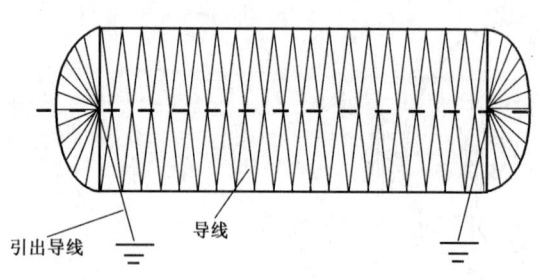

图4-13 三相分离器接地导出静电

(四)玻璃钢三相分离器的优点

(1)在保持了分离效果的前提下,对整体材料进行了革命,使三相分离器具有优秀的耐腐蚀性能,使用寿命由3~5年提高到15年以上。

(2)采用了与筒体同材质的波纹板填料,基本做到填料与筒体同寿命,因而杜绝了每年检修、更换填料的麻烦,减少了工人的劳动强度和对环境的污染,降低了运行成本。

(3)有效地解决了防静电的问题,从而使玻璃钢三相分离器在易燃、易爆的环境中能安全运行。

(4)玻璃钢除了具有优良的防腐性能外,还是良好的绝热材料,其传热系数仅为钢的0.5%,因此具有良好的保温性能。与钢制三相分离器相比,可省掉保温层。

使用新型的玻璃钢三相分离器,配以优选的高效破乳剂,使站内工艺流程大为简化,由原来的两段脱水、两次提升变为一段化学脱水的无泵、无罐短流程,省去了使用一次沉降脱水器、电脱水器、油气分离器、脱水提升泵等设备。同时,玻璃钢三相分离器为常温热化学脱水,节省了可观的燃料油费用。处于油田开发后期的原油含水量,大多情况下都超过80%,原来采用的多段脱水工艺因电脱水器难以稳定而造成的脱水效果差的问题,在采用高效玻璃钢三相分离器后,得到妥善解决,在常温下脱水原油含水率不高于1.0%,污水含油小于300mg/L,达到规定要求。开采后期的油中含砂量较大,大量的泥砂聚集在填料处堵塞填料,降低填料的效率,在高效玻璃钢三相分离器的分离段及沉降段增设了排砂、冲砂装置,从而有效地减少了泥砂的聚集和堵塞。

玻璃钢三相分离器以其高效、耐腐蚀、寿命长、维护费用低等诸多优点,在油田开发后期采出液含水较高、采出水矿化度较高的原油处理中占有一席之地,将逐渐取代传统的钢制分离器,具有广阔的应用前景。

六、多功能组合处理装置

(一)多功能组合处理装置的结构和工作原理

为了降低外围低产、分散小区块油田原油集输处理系统的投资,方便生产管理,大庆油田研制了多功能组合处理装置,其结构如图4-14所示。

该装置简称"五合一",具有气液分离、沉降、加热、电脱水、缓冲功能。自油井来的气液混合物先进入分气包进行气液初步分离,分出的伴生气通过容器外部的管道进入后端的缓冲段,经二次捕雾后进入湿气管线;分出的含水原油进入火筒罩后减速降压,同时伴有油气分离,再进入火筒下部进行沉降分离脱水;脱后含水原油经水洗和火筒及烟管加热后溢过堰

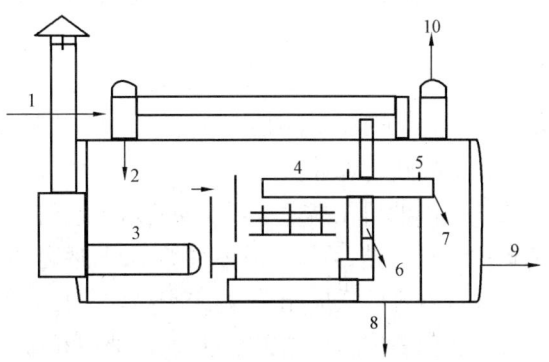

图4-14 "五合一"多功能处理装置的结构图
1—气液混合物;2—气液分离段;3—加热、沉降段;4—电脱水段;
5—缓冲段;6—水室;7—油室;8—污水;9—净化油;10—气

板进入电脱水段底部的布油槽;再经二次水洗,进入电场进行脱水,脱出的净化油经收油槽流入油室,而后,经油调节阀进入输油管线;脱出的污水经可调堰管溢流口流入水室,经水调节阀进入污水管线。

(二)多功能组合处理装置的特点

(1)采用卧式容器,容器顶部为油气分离空间,气体的行程长,有足够的空间进行分离。

(2)在火筒上部设置火筒罩,使含水原油中的气体进一步析出,降低液中气含量。含水原油在进电脱水段之前有长达6.8m的行程,有利于水滴充分聚结,使大部分游离水沉降下来。

(3)采用可调堰管控制油水界面。当测水电极显示水位过高或水位过低时,调节容器顶部的可调堰管手轮即可获得正常的水位。电脱水段底部的污水,靠设在水缓冲室的可调堰管溢流口流入水室,再经浮子调节阀外排,排水不影响油水界面。

(4)烟管内装有可拆卸的烟气扰流器,增强了传热效果。采用引射式燃烧器,可在较低的燃气压力下正常燃烧。

(5)油气分离包和捕雾器均采用波纹板结构,不易堵塞,分离后气中带液量少。

(6)电脱水段采用新型杯式结构绝缘棒,内充变压器油,有较强的绝缘性能。壳体与电极线之间的绝缘距离比常规结构加长了250mm,并将绝缘棒埋入油中,避免发生放电现象,提高了安全性。

(三)多功能组合处理装置的应用情况

安装在徐家围子油田、规格为$\phi 2600mm \times 7828mm$的第一台"五合一"多功能处理装置样机,经多年的运行表明,在进液平均含水率20%,加药量10mg/L,脱水温度50℃的条件下,其出口油中含水小于0.3%,污水含油小于1000mg/L。分出的伴生气直接作为加热燃料,加热段运行热效率达85%以上,达到了一次处理即产出合格油水的设计要求。

为适应进液含水85%以上的操作条件,大庆油田对该装置进行了改进。在进液含水85%以上、加药量10mg/L、脱水温度45℃的工况下,其出口油中含水低于0.3%,污水含油低于1000mg/L。与同等规模的原油集输处理站相比,该装置可节省工程投资约38%,减少占地约69%,减少建筑面积约76%;同时,还可大幅度减少操作管理人员及维护费用,获得显著的经济效益。

多功能组合处理装置的应用大幅简化了站内原油处理工艺,使脱水站的单一多台设备的功能集为一体,适宜于外围小区块低产油田的脱水处理。该装置的设备规格还可根据处理站来液量的需要进行设计。

虽然我国油田在高含水开发期脱水工艺的研究上已取得较高水平的进展,但油气水三相分离器的结构各异,适用的原油种类不同,适合使用的油田也不同,进一步提高分离器对全国各油田原油处理的适应能力,是未来高效三相分离器的研发方向。

目前正值我国东部油田改造、西部油田和海洋油田大开发时期,新建产能项目对于油气水三相分离器都有不同程度的需求,高效油气水三相分离器的推广,必将在降低工程投资、节约运行费用、方便生产管理等方面取得显著的经济和社会效益。

第五节 稠油处理工艺技术及设备

稠油含沥青质、胶质较多,粘度较高,流动性差,目前大多采用注蒸汽开采,而沥青质和胶质是一种天然乳化剂,在蒸汽热采过程中,极易吸附在油水界面上形成一层粘稠的厚膜,这层厚膜会阻止水滴的凝聚,从而形成稳定的油包水乳状液,导致稠油脱水十分困难。由于泥砂和胶质、沥青质的堵塞,在稀油脱水中广泛应用的填料聚结技术不能充分发挥应有的作用,处理工艺相对复杂,一般采用掺稀油、大罐沉降、多级加热的集输处理工艺流程,但常规脱水工艺设备效率低下、投资大和运行费用高,是制约稠油高效脱水的重要因素。因此,研制专用于稠油脱水的工艺和设备是各稠油油田高效开发的客观需要。

一、辽河油田稠油处理综合技术

辽河油田是我国的大型油田之一,其中稠油、超稠油产量占有较高的比重,是我国稠油、超稠油产量最大的油田。辽河稠油属于重质原油,具有粘度高、密度大的特点,造成了脱水处理的困难,且采出液均质性较差,不宜采用普遍使用的电脱水工艺。因而辽河油田的稠油脱水处理多采用热—化学沉降脱水工艺。如曙光油田、高升油田主要采用两段热化学沉降脱水工艺;兴隆台油田、锦州油田采用热化学沉降加电化学脱水两段脱水工艺;曙一区杜84、杜32块采用一段热化学静止沉降脱水流程。

虽然热—化学沉降脱水工艺在辽河油田稠油脱水处理中得到了大规模的应用,但不能忽视的是热—化学沉降脱水工艺同时存在耗时长、耗能高、耗剂量大的缺点,甚至有时脱后原油含水达不到质量要求。为此,辽河油田不得不另辟蹊径,将稠油处理的革新技术定位在化学破乳剂的改良上,主要表现在两个方面:一是改变破乳剂的类型,降低药剂单价;其次是多种药剂复合,降低吨油药剂耗量。两种方法都是以提高破乳效率、降低生产成本为目的。通过在热—化学沉降方法中引入超声波物理场,利用超声波对原油乳状液的搅拌、聚结、空化温热、负压等作用,与优选的破乳剂相结合,实现声、化学和热联合作用,对辽河稠油进行全方位、多角度的破乳脱水研究,力求摸索出一条新路。

(一)超声波联合试验装置

超声波联合试验装置—原油脱水动态模拟装置如图4-15所示。

该装置主要由药剂储罐、原油储罐、沉降罐、计量泵、超声波装置、加热及温度控制器等组成。工作时,首先加热原油储罐中的原油,并控制在合适的温度后,将原油储罐中的原油由计量泵不断地注入沉降罐中;同时将破乳剂由另一计量泵注入原油计量泵后的管线中,实现油剂混合。当原油进入沉降罐后,控制沉降罐内的温度到合适值;当沉降罐中的原油淹没超声波换能器后,超声波装置开始工作,分离后的水由污水口放出,脱水后原油由顶部出口流出。

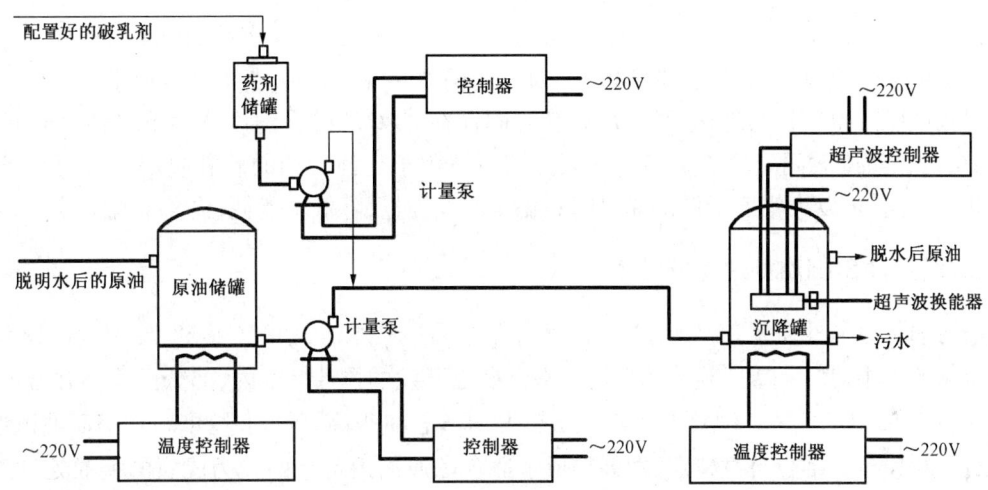

图4-15 原油脱水动态模拟装置示意图

(二)超声波联合试验

超声波联合试验的破乳剂、温度、沉降时间及超声波声场等试验参数如表4-2所示。

表4-2 超声波联合试验参数

序号	项目	参数	序号	项目	参数
1	破乳温度,℃	80	4	超声波声强,W/cm^2	0.6~0.8
2	破乳剂LH-1型,mg/L	80~120	5	超声波场辐照时间,h	1
3	超声波频率,kHz	20	6	沉降时间,h	10

在模拟装置中,采用LH-1型破乳剂,试验浓度范围为80mg/L、100mg/L、120mg/L。进一步试验,结果如表4-3所示。

表4-3 超声波联合试验数据

序号	破乳剂浓度,mg/L	超声波声强,W/cm²	超声波场辐照时间,h	脱水率,%
1	80	0.6	1	95.8
2	80	0.7	1	96.5
3	80	0.8	1	97.1
4	100	0.6	1	96.8
5	100	0.7	1	97.1
6	100	0.8	1	97.4
7	120	0.6	1	96.7
8	120	0.7	1	96.9
9	120	0.8	1	97.3

注:原油含水37%,温度80℃。

由表4-3中数据可以看出,当破乳剂加量在80mg/L以上、辐照时间约1h、声强介于0.6~0.8W/cm²之间、沉降时间为10h时,对辽河稠油的脱水处理,都能达到要求。

对比试验所得数据与现场运行数据表明:同样在80℃的破乳温度条件下,破乳剂用量降低了16.7%,沉降时间减少了66.7%。因此超声波用于辽河稠油的破乳脱水,与热和化学破乳剂联合作用,可以大幅度降低沉降时间和化学药剂加量,降低了能耗,提高了脱水效率。

二、塔河油田稠油处理工艺技术

塔河油田原油性质复杂,1区、2区、3区等基本为中质原油,4区、6区、8区、10区、12区等以重质稠油为主,其中12区为特超稠油。在这些已开发的稠油区块内,部分区块油井含H_2S,如4区、6区、8区、10区、12区等,其中少数油井H_2S含量很高。针对这些特点,塔河油田近年来通过不断探索并结合自身特点,发展形成了适合塔河油田特点的较为成熟的稠油处理工艺技术。

(一)稠油化学破乳脱水技术

塔河油田稠油富含胶质、沥青质、粘度高、密度大,属于重质稠油,其原油乳状液稳定性能强,对热不敏感,采出水矿化度高达22.0×10^4mg/L以上。室内试验结果表明,在加剂量200mg/L、温度80℃、沉降时间60min的条件下,破乳剂对塔河油田高含盐稠油乳状液有良好的破乳性能及降粘作用,可使其脱水率达到97%以上,乳状液粘度降低80%以上。在试验成果的基础上,塔河油田选择采用了热化学破乳沉降脱水工艺。实际生产中,以室内实验为指导,根据各区块混合油品脱水实验结论,确定了适宜的药剂。

(二)高粘原油高效电脱水技术

塔河油田原油物性较差,造成原油的导电性强、抗击穿能力低、极易使电脱水装置脱水电流过大、电场不稳定、净化油含水不达标等问题,电脱水装置不能正常运行。为解决高粘原油的脱水问题,在电脱水器设计前,对塔河S74井和TK630井原油进行了动态模拟电脱水试验。

通过对脱水温度、操作压力、电场强度、原油在电脱水器内的停留时间等工艺参数的评价与研究,确定了适合塔河原油物性特点的电脱水器各项参数,以此为依据,对电脱水器的结构、供电设备、供电方式及油水界面控制方式等进行了改进,并应用于塔河二号联合站,设置了 3000mm×17600mm 电脱水器三台,电脱水器设计处理量为 100m³/h。

改进后的电脱水器在脱水效果、节电、自控、抗腐蚀能力和安全等方面都有很大程度的提高,有效地解决了塔河油田高含盐、高粘原油脱水难的问题,确保了外输原油的含水率合格,满足了塔河稠油处理的需求。

三、胜利油田稠油处理技术

胜利油田在对稠油脱水工艺深入研究的基础上认为:稠油单独处理不仅增加设备和设施的能源消耗,还在一定程度上加重了职工的劳动强度,且脱水效果并不理想。但在一定的脱水温度下,运用稠油掺稀油的方法,使原油组分的粘度降低,增强其油水分离能力,是目前能够取得良好脱水效果的较经济办法。胜利采油厂稠油掺稀油脱水工艺流程如图 4-16 所示。

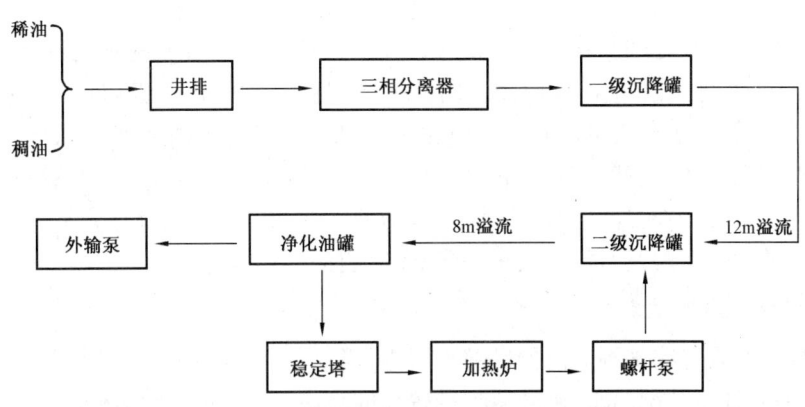

图 4-16 稠油掺稀油脱水工艺流程示意图

在对稠油热化学沉降脱水过程中,温度是决定脱水效果的重要因素。该工艺流程具有如下特点:(1)在提温过程中,以净化油作为换热介质,比高含水油作为换热介质可实现稠油更快、更彻底地脱水,可以节省加热炉的燃料消耗,减少热量损失;(2)高温净化油进入二级沉降罐油层进行换热,提高了油层温度,有利于热化学脱水,脱水后的原油经过溢流管线进入净化油罐;(3)原油稳定脱水系统可以和原油循环加热系统合为一体,合并后可以节省设备投资和运行费用。

四、新型四相分离器

河南油田在借鉴现有分离技术的基础上,针对高含水原油,特别是高含泥砂稠油的特点,通过从不同角度对油气水的分离规律的进一步研究,而后成功开发的新型四相分离器终于问世了,其结构更为优化,并采用入口旋流预脱气、稠油密闭除砂等技术,不仅大大提高了设备的运行效率,而且有效降低了设备的运行能耗。

(一)新型四相分离器的特点

1. 设备结构优化

同一设备分离效果的好坏不仅与填料聚结有关,同时也与设备内流体的流动特性密切相关。流动特性好,则流体停留时间长,反之则停留时间短。在多相流体力学及流体相似理论的基础上,采用粒子图像测速(PIV)和液滴动态粒径分析等技术,通过进行停留时间分布、分离特性试验和液滴动力学分析,分别对设备各功能段的不同构件进行了优选,最后提出油气水分离设备根据各构件的作用不同,可分为入口、布液、聚结和集液四个主要部分。研究结果表明,优化设备的流场特性接近于塞状流,已经形成了稳定的流场,为油水分离创造了良好的内部环境。

2. 入口旋流预脱气

油气水三相分离,气液之间比较容易进行,而液液较困难。据调查,大多三相分离设备,气液和液液的分离都在设备内部进行,气相空间约占设备有效容积的50%。

随着近几年旋流技术的发展,将以往的依靠重力进行气液分离的方式逐步转变为依靠离心力进行,效率得到了大幅度提高。通过对气液旋流预脱气的研究认为,气液分离介于气固旋风分离和液液旋流分离之间。在模拟设备进口处引入预分离旋流器的室内试验中,基本可脱出95%以上的气体,脱出的气体经旋流器内的捕雾器后直接进入二级捕雾器,而不进入设备内部空间,这样进行油水分离的液相容积由原来的50%左右可提高到95%以上。入口旋流预脱气不仅能够提高设备的有效液相容积,而且对平衡设备压力、稳定流态和消泡吸能也有一定的作用。事实上,该技术对高气油比原油、易起泡原油的油气分离处理是非常有效的。预脱气后原油中剩余的少量溶解气对乳化液进一步破乳也有一定的好处。

3. 活性水强化水洗破乳

油水混合物经入口构件到分离器底部水层内,当油水混合物向上通过水层时,由于水的表面张力较大,使原油中的游离水、破乳后粒径较大的水滴、盐类和亲水固体杂质等并入水层,这一过程称为水洗。以往水洗在原油脱水中的应用主要是在沉降罐中进行游离水分离。HNS型分离器在引入水洗过程以后,经现场测试,设备分离效果有较大程度上的提高。水洗不仅可使游离水快速分离,使大部分水从原油中分出,而且能使原油从油水界面处沿分离器截面上流动的流速减慢,为原油中较小粒径的水滴沉降创造有利条件。同时由于油水混合物在水洗室里进行碰撞、摩擦、翻滚和搅拌等作用,还能够起到二次强化破乳的效果。目前,对水洗破乳机理方面的研究仍处于初始阶段,有待以后进一步深入研究。

4. 油水分离模式转化

研究原油脱水的规律表明:液滴沉降速度的提高,意味着原油脱水效率的提高。而沉降速度与连续相粘度成反比,为提高沉降速度,传统的做法之一是对连续相进行加热,以降低连续相粘度。这种做法虽能收到一定的效果,但能耗较大。

而新型四相分离器的做法是,采用油水分离模式转化技术,用特定的入口、布液装置,变传统分离的"原油脱水"为"水中除油",水作为连续相,油滴作为分散相从连续相中分离出来。在同一条件下,水的粘度要远小于原油的粘度,所以油滴在水中的上浮速度要远大于水滴在油中的沉降速度。经测算,同颗粒直径的水滴在油中的沉降速度约是油滴在水中浮升速度的 1/(18~180),即"水中除油"的效率要远大于"原油脱水"的效率。

5. 填料聚结

聚结填料在稀油脱水上得到了很好的应用,但在稠油脱水上由于泥砂和胶质、沥青质的堵塞,一直没有得到推广。通过研究稠油中泥砂的流动规律,新型设备采用了新型波纹板聚结技术。该技术既克服了砂堵和胶质、沥青质的堵塞问题,又起到了良好的整流聚结作用。

6. 来液单相加热

在对稠油的脱水中,往往需要通过加热来降低原油粘度,以提高脱水效率。以往的加热方式是对油气水三者混合加热,由于水的比热容为 4.1868kJ/(kg·K),油的比热容为 1.88kJ/(kg·K),如果来液含水较高,大部分热量实际上是用于给水进行升温,造成很大的浪费。

在对设备经过仔细分析后认为,设备内来液经水洗后,基本已形成子午面以上是以油为主的油相和子午面以下是以水为主的水相。如果在子午面以上设加热盘管进行加热,就使热量用于给油相升温。在高含水来液情况下,两种加热方式相比,单相加热可节约热耗80%左右。

7. 界面自控

传统设备对界面的控制一般是通过界面检测仪来进行的,这种控制方式要么不稳定,要么系统复杂,难以操作和维护。新型四相分离器通过采用可调"U"形管,将油水"界面控制"转化为油水"液面控制",用微机进行控制,较好地解决了油水界面的自控问题。

8. 槽式负压除砂

针对稠油脱水,在设备内部构件上采用单向流道、微孔压延波纹板整流和斜板聚结技术,用单流道和倾斜面代替平面,可使砂容易滑落,并沉积到容器底部,同时分离器底部收砂槽设计为斗形,以利于泥砂的集中处理,然后再用除砂器清除。

水力喷射负压除砂技术的工作原理是:当具有一定压力的流体通过喷嘴以一定速度喷出时,射流质点的横向紊动扩散作用将吸入室内的流体带走,吸入室形成低压区,在吸入管内外压差的作用下,将低压含砂流体不断送入吸入室。由喷嘴和吸入管来的两股流体在混合段及喉管中混合并进行能量交换,工作流体的速度降低,被吸入流体的速度增加,直到喉管出口,两股流体的速度渐趋一致。在扩散管中,混合后的流体进行能量转换,把大部分动能转变为压力能,最后排出。除砂器没有运动部件,结构简单,工作可靠,安装维护方便,密封性好。

集八项新技术于一体研制的油、气、水、砂高效新型四相分离器在处理含水85%左右的稠油时,经一段脱水后,原油含水低于3.0%,污水含油低于1000mg/L,设备效率是同规格其他设备的6~8倍。对于一般的高含水原油,脱水率可达99%。高效新型四相分离器具有效率高、能耗低、不停产除砂、控制稳定、分离效果好和自动化程度高等特点,整体达到了国际先进水平,使高含水稠油脱水技术提升到了史无前例的新高度。

(二)新型四相分离器在河南油田的应用

2004年河南新庄油田投入开发,扩建稠油联合站达到 30×10^4 t 的处理能力。根据含砂稠油的特点,采用了两台油、气、水、砂高效新型四相分离器。改扩建后的流程为各转油站(计量站)来液直接进入四相分离器,经一段处理后分离器出口净化油含水低于3.0%,污水含油低于800mg/L,再经适当沉降就可外输,取得了稠油一段脱水后净化油含水降至3.0%以下的新成果。

新建的脱水工艺流程与原脱水系统相比,减少了一段加热(两台换热器)、一段提升泵和一段脱水(两台分离器),简化了工艺流程,提高了自动化水平,降低了油气损耗和运行能耗,实现了短流程、低能耗稠油脱水工艺的新变革。

截至目前,在河南油田的稠油联合站、杨楼转油站和新庄转油站推广应用了9台油、气、水砂高效新型四相分离器,多年来脱水系统运行良好。新设备的应用为河南油田节省工程投资1010万元,年节约运行费用1060万元,取得了良好的经济效益。

第六节　原油脱硫工艺

硫在原油中大部分以硫化物的形式存在,极少数以元素硫存在。硫化物的存在,给石油加工过程带来许多负面影响。因此,在炼制石油时,必须脱除其中的硫化物。然而塔河油田随着开发的不断深入,高含硫化氢的重质原油产量呈逐步上升趋势,给油气集输工作带来较多的难题,迫使原油脱硫工作不得不前移至联合站内。

塔河油田10、12区块,由于原油高含硫化氢,导致油气集输工作难以为继,主要表现在以下几个方面:

(1)虽然系统全程采用了密闭处理,但取样、排污等工作难免会造成油气外泄,高浓度硫化氢给作业人员安全带来隐患;

(2)外泄硫化氢对周边环境造成较大威胁,造成环保治理工作被动;

(3)高含硫原油、气体在集输过程中,较强的酸性加快了设备、管线的腐蚀速度,造成站内设备、管线的维护频率升高;

(4)外输原油硫化氢含量严重超标时,为保证合格原油的外输,只能按传统办法添加大量的液态脱硫剂,但脱硫剂成本昂贵,每天增加成本约10万元;

(5)加入脱硫剂的原油对后续的炼油产生很大影响,电脱盐时严重乳化,脱盐、脱水效果极差,直接影响了原油的外销价格和油田的经济效益。

尤为严重的是,重质原油在运输过程中易挥发出高浓度H_2S气体,给原油运输带来极大的安全隐患,铁路部门曾一度中断此类原油的运输,严重影响了塔河油田的原油生产。

2009年1月4日,国内首套重质原油干法汽提脱硫装置在塔河油田三号联合站投产使用。这是利用干法汽提脱硫原理的原油脱硫系统在国内首次的实际应用,也是塔河油田油气集输史上的首次应用,开创了塔河油田油气集输的新局面。装置投用后,通过对数据的统计分析证实,站内原油硫化氢含量不仅大幅度降低,而且由于高含硫化氢导致的各种原油集输问题均得到了有效控制。

一、塔河原油物性

塔河油田12区原油为高粘度、高含蜡、高含硫的超重质原油。其物理性质如下:密度为$0.9950 \sim 1.0337 g/cm^3$,平均$1.0259 g/cm^3$;流动性能较差,凝固点为$30 \sim 60℃$,平均49℃;平均蜡含量为 4.33%；盐含量为 747.9～31902.3mg/L,平均 20123.2mg/L。常压条件下原油中 H_2S 含量为 1107mg/kg,平均硫含量 2.99%。根据相关标准,H_2S 的质量浓度要求限定在 10～60mg/kg 范围内。为了实现塔河油田的大规模开发,原油脱硫已成为油田迫切需要解决的问题。

二、塔河原油处理工艺流程

塔河油田三号联合站主要处理塔河 8 区、10 区和 11 区及外围区块原油。设计原油处理能力为 $180×10^4 t/a$。

塔河油田三号联合站建有完善的原油和伴生气处理系统。原油处理系统主要流程如图 4-17 所示。

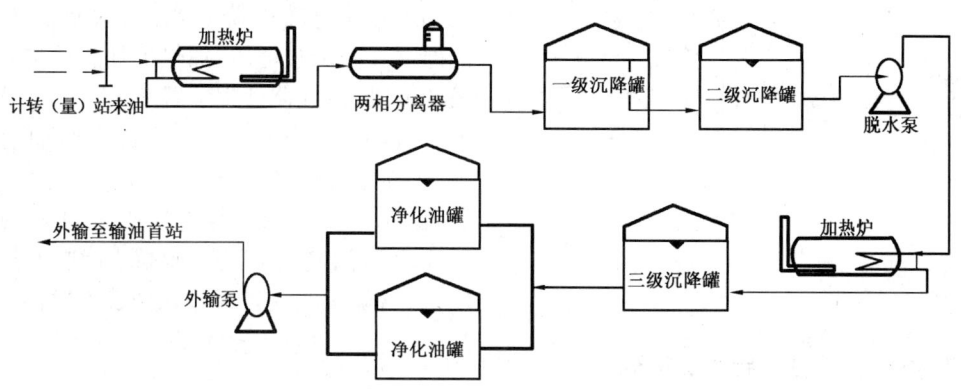

图 4-17　塔河三号联合站原油处理工艺流程图

计转(量)站来油加药(破乳剂)后,进入加热炉加热,原油温度由 35.40℃ 升至 60.65℃,然后进入油气两相分离器进行气液两相分离。分离出来的伴生气除液后进入气体处理站(或去放空火炬);液相进入一级沉降罐进行沉降脱水,脱水温度 60～65℃,沉降后原油含水小于 10%,污水进入污水处理系统。一级沉降后的原油溢流进入二级沉降罐,通过脱水泵提升进入加热炉加热,原油温度升至 80℃,进三级沉降罐继续沉降,沉降后含水不高于 1% 的原油进净化油罐储存。二级沉降罐、三级沉降罐及净化油罐的底部污水,合格的(含油不高于 1000mg/L)排放到污水池,不合格的则放入底水罐,由液下泵打入一级沉降罐。净化油罐的净化原油经外输泵增压、计量外输至输油首站。

伴生气处理系统包括天然气脱硫及轻烃回收两部分:天然气脱硫及硫黄回收采用 MDEA 法和自循环 LO-CAT 工艺,脱硫后天然气中 H_2S 的含量不高于 $10mg/m^3$;轻烃回收采用膨胀机、辅助冷源和低温吸收工艺,C_3 回收率为 97.5%。

三、原油脱硫工艺流程

(一)常用的原油脱硫工艺

目前常用的原油脱硫工艺包括加氢脱硫、闪蒸脱硫、汽提脱硫及脱硫剂脱硫等。其中加氢脱硫工艺流程复杂,设备投资较高,通常在炼化企业应用,在原油集输系统未有应用先例。

(二)塔河原油脱硫工艺流程

为满足原油火车运输的要求,净化后原油中的 H_2S 含量应不高于 10mg/kg。塔河三号联合站采用以下两段工艺进行原油脱硫。

(1)进站原油经加热、气液分离、游离水脱除后,含水 30% 的原油进入脱硫塔,脱硫后的原油依次进一级沉降罐、二级沉降罐沉降脱水。

(2)原油经一级沉降罐和二级沉降罐沉降脱水后,含水低于 10% 的原油经脱水泵增压、加热炉加热后进入脱硫塔,脱硫后的原油进入净化油储罐并外输。

(3)原油脱硫塔设置为两段,同时对含水 30% 的原油和含水 10% 的原油进行汽提脱硫,工艺流程如图 4-18 所示。原油经一级沉降罐和二级沉降罐沉降脱水后,含水低于 10% 的原油经脱水泵增压、加热炉加热后进入脱硫塔的上段,由气体处理装置来的净化天然气进入脱硫塔上段的底部,与低含水原油逆流接触,脱除原油中的 H_2S;塔顶含硫天然气进入脱硫塔下段的底部,与下段上部进入的含水 30% 的原油逆流接触,脱除原油及水中的 H_2S。含硫天然气去气体处理装置净化。

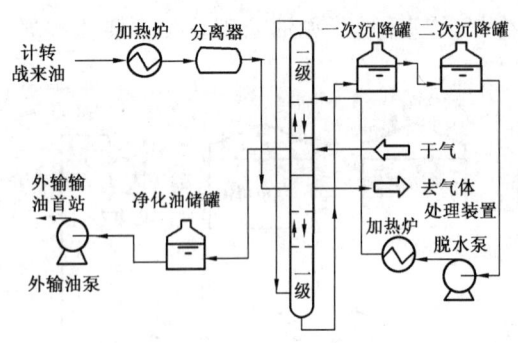

图 4-18 塔河三号联合站两段原油脱硫工艺流程图

四、脱硫装置投运后的效果分析

(一)应用模拟软件进行的效果分析

在原油处理规模为 $180×10^4 t/a$ 以及含水 30% 和 10% 的条件下,采用 PRO Ⅱ 流程模拟软件对不同汽提气量下的脱硫效果进行了计算,结果如图 4-19 所示。由以上数据可以看出:

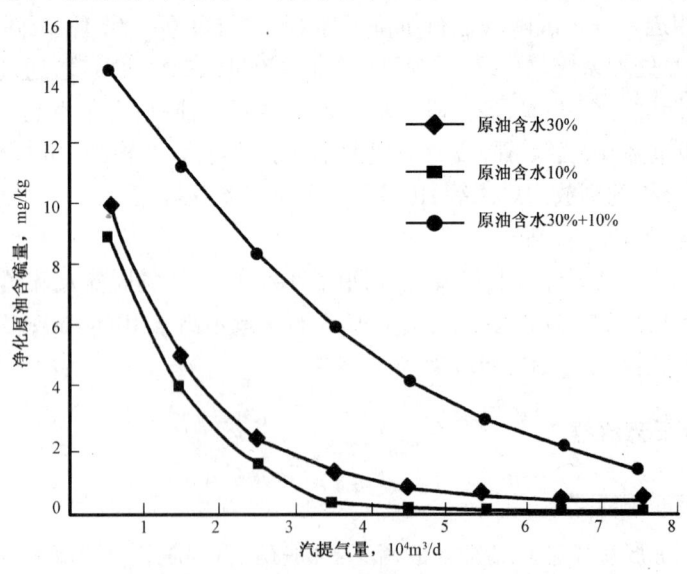

图 4-19 原油脱硫后 H_2S 含量

(1)汽提工艺可以显著降低原油中的H_2S含量,并且可以降低净化原油的饱和蒸气压,起到原油稳定的作用。

(2)在相同汽提气量的前提下,降低原油的含水量,可以降低净化原油中H_2S含量31%~88%。

(3)在原油含水较高的情况下,净化原油中的H_2S含量基本随着汽提气量的增加均匀下降;当原油中含水降至10%,而汽提气量增加至40000m^3/d时,净化原油中H_2S含量降低的速率变缓,此时在脱硫塔工作条件下的气液比为2:1。

(4)同时对含水10%和含水30%的原油进行汽提,可以降低净化原油中的H_2S含量。当汽提气量为40000m^3/d时,可以降低净化原油中H_2S含量55%。

(二)实测效果分析

塔河油田三号联合站为保证脱硫的效果,防止处理量、原油含水发生变化时对净化原油中H_2S含量的影响,设置液体脱硫剂加注装置,作为汽提脱硫工艺的辅助措施。

原油脱硫装置于2009年1月4日投运,进液量平均每天6810.48m^3,为设计值的107%,在合理的运行范围内。为评价脱硫的效果,对脱硫塔进、出口原油中的H_2S含量进行了化验,结果如表4-4所示。

表4-4 实测原油中的H_2S含量和温度

取样时间	一段进口		一段出口		二段进口		二段出口	
	含量	温度	含量	温度	含量	温度	含量	温度
1月13日2:00	33.1	77	18.1	77	38.7	78	15.0	77
1月13日10:00	32.2	77	17.3	77	48.3	77	1.6	77
1月14日8:00	35.4	78	19.4	78	43.5	77	5.1	76
1月15日0:00	38.0	77	11.3	77	37.2	77	15.5	77
平均	34.7		16.5		41.9		9.3	
H_2S脱除率,%	52.4				77.8			

注:H_2S含量,mg/kg;温度,℃

由表中可以看出:汽提脱硫工艺可以明显降低原油中的硫化氢含量,平均值为9.3mg/kg;虽然实际运行过程中有波动,但通过加注液体脱硫剂可以满足火车运输的要求。实际运行数据与模拟计算结果差别较大,分析是以下原因造成的:

(1)模拟计算为气液完全平衡,但在实际生产运行中进站原油粘度大,高含水状态下存在水包油型乳化现象,低含水状态下存在油包水型乳化现象,这些因素都会造成在脱硫塔内无法完全达到气液平衡,降低了脱硫效果。

(2)原油中含有硫酸盐还原菌,高含水原油在脱硫后的后续工艺中,硫酸盐还原菌把部分有机硫转化成了无机硫,造成低含水原油中的H_2S含量重新升高。

原油汽提脱硫装置的应用不仅降低了油气集输工作对三号联合站周边环境的污染,减少了硫化氢外泄量,而且有力地保障了现场操作人员安全,同时也对维护自然生态平衡起到了积极的作用。

低成本的投入,高收益的回报,体现了该装置在原油生产企业中的推广价值。从人员安全、环境保护的角度更说明了原油脱硫的重要意义,安全环保工作已然成为石油企业发展的必然趋势。

复习思考题

1. 在多种原油脱水新方法中,哪种方法既高效又实用?
2. 破乳剂向通用型方向发展是否可行?为什么?
3. 提高沉降脱水效果的措施除了文中提到的之外,还有哪些措施?
4. HXS 型三相分离器与 HNS 型三相分离器,二者在结构、工作原理和使用条件方面有何异同点?
5. 新型四相分离器与 HNS 型三相分离器,二者在结构、工作原理和使用条件方面有何异同点?
6. 多功能组合处理装置是否还可以进行更多功能的优化组合?为什么?
7. 稠油净化处理还可以采取哪些措施?
8. 原油中硫化物含量高,具有哪些危害?

参 考 文 献

[1] 马效忠,裴润有.影响马岭油田原油热化学沉降脱水效果的因素.油田地面工程,1994,13(6):29~32.
[2] 王猛.提高沉降罐效果简析.内蒙古石油化工,2008,11:58~59.
[3] 杨天举,刘俊全.吐哈油田油气集输与处理工艺技术.油气田地面工程,2001,20(1):6~7.
[4] 冀兴伟,刘庆海,宫炬焱,等.含聚原油脱水工艺分析.油气田地面工程,2004,23(8):22.
[5] 宋承毅.大庆油田原油集输处理技术进展及攻关方向.油气集输及处理工艺技术专辑,2003,14(1):28~33.
[6] 张兆生,马林红,孙文平.原油处理一体化设计.油气田地面工程,1996,15(2):24~27.
[7] 杨秀莹.浅谈高含水期油气集输处理工艺技术.油气田地面工程,2002,21(2):42~43.
[8] 孙灵念.河口采油厂油气集输工艺技术.油气田地面工程,2002,21(1):40.
[9] 赵全俊,李玉春.多功能组合装置在外围低渗透油田的作用.石油地面工程技术专辑,2002,13(6):44~46.
[10] 杨守国,梁勇,彭清华.联合站节能降耗集输工艺.油气田地面工程,2006,25(1):29~30.
[11] 王军.三相分离器分离油气水效果分析及对策浅谈.石油矿场机械,2004,33:118~120.
[12] 王在强,马能平,王秀华,等.HXS 型油气水三相分离器应用效果分析.石油矿场机械,2007,36(5):80~83.
[13] 刘学.低渗透油田油气集输及脱水技术.油气田地面工程,2003,22(9):30.
[14] 范延骞,王建华,李树青,等.高效三相分离技术在原油脱水中的应用.石油工程建设,2005,31:85~88.
[15] 曹立勇,周山林,胥晓英.高效三相分离器用于原油脱水.油气田地面工程,2005,24(1):62.
[16] 王荣庆.石油集输系统节能技术的应用.内江科技,2004,5:68~69.
[17] 刘坤.新型高效三相分离器现场试验研究.石油矿场机械,2005,34(3):105~107.
[18] 刘宏魏,高秀军,郭丽梅,等.新型原油脱水方法.油气田地面工程,2007,26(3):32~33.
[19] 牛彬.油田高含水期油气集输与处理工艺技术研究.中国石油大学胜利学院学报,2008,22(4):8~12.
[20] 王顺华,刘波,周彩霞,等.原油集输脱水处理工艺的优化.油气田地面工程,2007,26(11):19~20.
[21] 乔树成,李和,丛延刚.远程加药对改善分离器运行效果的试验研究.油气田地面工程,2004,23(10):13~14.

[22] 汤清波,钱维坤,李玉军.HNS型高效三相分离器技术.油气田地面工程,2007,26(6):16~17.
[23] 肖稳发.原油破乳剂的研究进展.精细与专用化学品,2004,12(24):18~20.
[24] 胡广群,陈志明.低温高效石油破乳剂研制.化工时刊,2002,11:31~34.
[25] 祁强,李萍,张起凯,等.原油脱水新技术研究进展.石化技术与应用,2009,27(6):559~565.
[26] 吴书信.玻璃钢三相分离器.玻璃钢/复合材料,2005,4:47~48.
[27] 姚婷,单士明,张洪歧,等.稠油脱水工艺方法研究.油气田地面工程,2007,26(2):17~18.
[28] 邹伟,李亚云.稠油集输处理工艺技术在塔河油田的应用.胜利油田职工大学学报,2007,21(4):70~71.
[29] 单君平,崔洪颖.稠油脱水工艺的研究与改造.石油工业技术监督,2005,8:19~20.
[30] 李冬林,方云,罗立新.高效稠油脱水工艺技术研究及应用.石油地质与工程,2008,22(6):121~123.
[31] 周铁金.辽河稠油破乳脱水综合技术实验研究.渤海大学学报(自然科学版),2007,28(2):113~116.
[32] 王智,闫广宏,卓海波.塔河油田三号联合站原油脱硫工艺的优化.石油工程建设2009,35(6):22~24.
[33] 徐正斌,颜映霄,孙洁,等.塔河油田重质原油脱硫工艺浅析.石油规划设计,2008,19(6):35~36

第五章　采出水处理工艺及设备

在石油开采过程中,各油层采出液经原油脱水工艺处理后的脱出水称为油田采出水,又称为采油污水或采油废水。

油田采出水的处理依据油田生产、环境等因素可以有多种方式。当油田需要注水时,油田采出水经处理后回注地层,此时要对水中的悬浮物和油等多项指标进行严格控制,防止其对地层产生伤害。如果是作为蒸汽发生器或锅炉的给水,则要严格控制水中钙和镁等易结垢离子的含量、总矿化度以及水中的油含量等。如果处理后排放,则根据当地环境要求,将污水处理到排放标准。因此,油田采出水的处理对于环境保护、水资源再利用和促进经济可持续发展具有非常重要的意义。

随着油井开采时间不断增长,为保持合适的油藏能量及采油速率,油井注水及注水驱油是油田开发的必需措施。目前,我国许多油田已经到了二次和三次采油期,通过注水和改变注入水的特征来提高采油率已成为主要的开发方式。因此,对油田采出水进行处理并用于回注,满足油田开采过程中注水量日益增长的要求,是采出水处理的主要用途。然而,由于油井油藏特性、采出液物性及油田区块分布等的不同,油田采出水处理及回注并非一件容易的事情。

第一节　油田采出水处理方法概述

近年来,各油田都对油田采出水处理工艺及方法进行了大量的试验研究,处理技术有了长足的进步,初步形成了适合各油田特点的采出水处理工艺流程和适用有效的处理设备,并在不断的试验研究中改进、完善,使采出水处理后水质接近或符合本油田回注、回用或外排水质要求。由此可见,采出水处理是否得当是油田能否持续发展的重要保证。

一、油田采出水特性

油田采出水是一种含有固体杂质、液体杂质、溶解气体和溶解盐类等成分的复杂的多相体系。细小杂质大概可分为 5 大类:悬浮固体、胶体、分散油、乳化油及一些溶解物质。其中悬浮固体(颗粒直径 $1\sim100\mu m$)主要包括:泥砂、各种腐蚀产物及垢、硫酸盐还原菌、腐生菌和重质油类等;胶体($1\times10^{-3}\sim1.0\mu m$)主要由泥砂、腐蚀结垢产物和细菌有机物构成;油田采出水中一般含有 $1\sim5g/L$ 的原油,其中90%左右为分散油($10\sim100\mu m$)和浮油(大于$100\mu m$),约有10%乳化油($1\times10^{-3}\sim10\mu m$);溶解物质主要包括溶解盐类($1\times10^{-3}\mu m$ 以下,如 Ca^{2+}、Mg^{2+} 和 Cl^-)和溶解气体($3\times10^{-4}\sim5\times10^{-4}\mu m$,如溶解氧和硫化氢)。由于各油田地质条件、原油特性、集输及分离条件等的差异,各地油田采出水的水质不尽相同,但都具有以下共同的特点:含油量高、成分复杂、矿化度高、水温较高、pH 值偏低、含有细菌和采出水水质水量具有多变性。

二、油田采出水危害

油田采出水最理想的处理方式是处理达标后回注,但由于种种原因仍有大量采出水不得不外排,流入外部水域或渗入周边土壤。油田采出水中含有的主要污染物有石油类、水中溶解的有机物、重金属、硫化物、悬浮物、挥发酚、氨氮等。据统计,全国油田每天外排水量大约为 $30000m^3$。

油田采出水进入水体后,不仅使水体的化学需氧量升高,而且由于油类等物质的降解消耗大量的溶解氧,同时水体表层的油膜阻止了空气中的氧向水中扩散,造成局部水域的缺氧状态,使水生动物因缺氧而死亡,水生植物的光合作用也会遭到破坏,并且还会影响饮用水资源和地下水资源,破坏大气和水体界面上的能量和物质平衡。

油田采出水渗入土壤的量超过土壤的自净容量后,积累的油类等物质将长期残留于其中,破坏土壤结构,影响土壤通透性,损害植物根部,阻碍根的呼吸和吸收,对土壤植物和土壤微生物生态系统甚至地下水都造成危害,严重影响土壤的生产力和农作物产量;污染物还能进入食物链,影响人类健康。

三、油田采出水处理方法

对油田采出水的处理既要处理其中的大量油类,还要去除水中溶解的有机物、悬浮物与硫化物等。如果这些杂质处理不当,在回注过程中会堵塞地层、腐蚀管线、结垢,还会加快微生物繁殖,外排则会造成更大的污染。不同类型的油田采出水要采用不同的处理方法。目前国内外含油污水的处理技术按处理原理不同可分为 4 类:物理法、化学法、物理化学法和生物化学法。

(一)物理法

物理法的作用是去除油田采出水中的矿物质和大部分固体悬浮物、油类等。物理法包括重力分离法、离心分离法、粗粒化法、过滤法和膜分离法等。

1. 重力分离法

重力分离法是初级处理方法,它利用油和水的密度差及油和水的不相溶性,在静止或流动状态下实现油珠、悬浮物与水分离。重力分离法除油的主要设备有立式除油罐和斜板式隔油池等。

2. 离心分离法

离心分离法是通过使装有油田采出水的容器高速旋转,形成离心力场,因颗粒和污水的质量不同,受到的离心力也不同。相对密度大的水受到较大的离心力作用被甩到外侧,相对密度小的油珠则被留在内侧,并聚结成大的油珠而上浮,从而达到分离目的。离心分离法的常用的设备有水力旋流器。

3. 粗粒化法

粗粒化法是利用油水两相相对聚结材料亲和力的不同来进行分离。当油田采出水流经疏水亲油物质时,油珠在其表面润湿聚结、碰撞聚结、截流、附着等联合作用下聚集成较大的油滴,从而实现油水分离。粗粒化法常用的装置分为固定床式和流化床式两种类型,常用的粗粒化材料是石英砂、无烟煤、蛇纹石、陶粒和树脂等。

4. 过滤法

过滤法是将油田采出水通过设有孔眼的装置或通过由某种介质组成的滤层,使污水中的悬浮物得以去除,主要是利用颗粒介质的截流、惯性碰撞、筛分、表面粘附、聚并等作用,将水中油分去除。常用过滤器有压力式和重力式两种,目前我国油田普遍采用的是压力式过滤器,例如石英砂过滤器、核桃壳过滤器、多层滤料过滤器等。

5. 膜分离法

膜分离法是利用膜的选择透过性对油田采出水进行分离和提纯的方法。其原理是用1张(或1对)多孔滤膜,利用液液分散体系中两相与固体膜表面亲和力不同而达到分离的目的。常用的膜分离技术有反渗透、超滤、微滤、电渗析和纳滤5种,通常使用的材料有乙酸纤维素系、乙烯系聚合物和共聚物、聚亚酰胺等。

(二)化学法

化学法是通过加入化学试剂、采用电极或光辐照手段,发生氧化还原作用将采出水中不能单独用物理法或生物化学法去除的一部分胶体和溶解性物质(特别是乳化油)去除,还可以通过化学作用将采出水中的污染物转化为无害物质,使水质达到标准。常用的化学法有化学破乳法和化学氧化法等。

1. 化学破乳法

化学破乳法是向乳化液中投加化学试剂,通过化学作用使乳化液脱稳、破乳,达到油水分离的目的,是采出水处理的传统方法;一般包括酸碱调节、凝聚、吸附等过程;包括盐析法、酸化法和混凝法。

盐析法是指向乳化液中投加无机盐类电解质,破坏油珠的水化膜,去除乳化液油珠外围的水化离子,恢复油珠间吸引力而相互聚合,从而达到破乳的目的。该方法因操作简单、投资省而日益受到重视,但目前国内未能对盐析法的反应机制进行深入研究,无法解决其处理周期长的缺点,一定程度上阻碍了该法的进一步应用。

酸化法是向乳化液中投加硫酸、盐酸、乙酸或环烷酸等,破坏乳化液油珠的界面膜,使污水得到净化的一种方法。采用这种方法因降低了水的pH值,故在油水分离后需要用碱剂调节pH值,使之达到排放标准。

混凝法是通过混凝剂使污水中的胶体颗粒失去稳定性,凝聚成大颗粒而下沉。通过混凝法可去除污水中细小分散的固体颗粒、乳状油及胶体物质等。该法可用于降低污水的浊度和色度,去除多种高分子物质、有机物、某种重金属毒物(汞、铅)和放射性物质等,也可以去除能够导致富营养化的物质,如磷等可溶性无机物,此外还能够改善污泥的脱水性能。因此,混凝法在工业污水处理中应用非常广泛,既可作为独立处理工艺,又可与其他处理法配合使用,作为预处理、中间处理或最终处理方法。当单独使用混凝剂不能达到一定的净水效果时,为加强混凝过程、节约混凝剂用量,常可同时投加助凝剂。

2. 化学氧化法

化学氧化法是转化采出水中污染物的有效方法,能将污水中呈溶解态的无机物和有机物转化为微毒、无毒物质或转化成容易与水分离的形态。化学氧化法可分为氧化剂氧化法、电解氧化法和光化学催化氧化法。氧化剂氧化法是指利用强氧化剂氧化分解污水中的油和COD等污染物质以达到净化采出水的一种方法;电解氧化法是指在污水中插入电极并通过一定的直流电,污水中的油和COD等污染物质在阳极发生电氧化作用或与电解所产生的氧化性物质发生作用以达到净化采出水的一种方法;光化学催化氧化法是指以半导体材料(TiO_2、Fe_2O_3、WO_3等)利用太阳光能或人造光能使废水中的油和COD等污染物降解,以达到净化采出水的一种方法。

(三)物理化学法

物理化学法主要包括气浮法、吸附法、电化学法、离子交换法及超声波分离法等,这些方法一般适应性都较强、选择性广、处理较彻底,但有些工艺未成熟且能耗大。

1. 气浮法

气浮法是依靠气泡能表面吸附油粒或悬浮物的作用,达到油水分离的目的。在采出水中通入空气或其他气体产生微细气泡,使水中的一些细小悬浮油珠及固体颗粒附着在气泡上,形成水—气—油三相混合体系,随气泡一起上浮到水面形成浮渣,然后使用适当的撇油器将油撇去。按照气泡产生的方式,可分为加压溶气气浮、叶轮气浮、曝气气浮、引风空气气浮和电解气浮等。

2. 吸附法

吸附法是利用吸附剂的多孔性和大的比表面积,将采出水中的溶解油和其他溶解性有机物吸附在表面从而实现油水分离。根据固体表面吸附力的不同,吸附可以分为表面吸附、离子交换吸附和专属吸附三种类型。

3. 电化学法

电化学法包括电凝聚、电气浮和电火花法。电凝聚是利用溶解性电极电解采出水,从溶解性阳极溶解出金属离子,金属离子水解生成氢氧化物,它能吸附和凝聚乳化油与溶解油,然后沉淀可除去油;电气浮是利用不溶性电极电解采出水,在电解分解作用和初生态的微小气泡的上浮作用下,破坏乳化油,并使油珠附着在气泡上;电火花法是利用交流电去除采出水中的乳化油和溶解油,在电场作用下导电颗粒间会产生电火花,电火花和水中均匀分布的氧共同作用,使油分被氧化和燃烧分解。

4. 离子交换法

离子交换法是用固体物质去除污水中的某些物质,即利用离子交换剂的离子交换作用来置换污水中的离子化物质。随着离子交换树脂的生产和使用技术的发展,近年来在处理工业污水的有毒物质方面,由于效果良好,操作方便,离子交换法得到一定的应用。

在污水处理中使用的离子交换剂有无机离子交换剂和有机离子交换剂两大类。采用离子交换法处理污水时必须考虑树脂的选择性。树脂对各种离子的交换能力是不同的,交换能力的大小主要取决于各种离子对该种树脂亲和力(又称选择性)的大小。目前离子交换法广泛用于去除污水中的杂质,例如去除污水中的铜、镍、镉、锌、汞、金、银、铂、磷酸、有机物和放射性物质等。

5. 超声波分离法

超声波(频率一般为 $2\times10^4\sim5\times10^8$ Hz)在水中可以发生凝聚、空穴或空化效应。当超声波通过采出水时,会使微小油滴与水一起振动。但由于大小不同的粒子具有不同的相对振动速度,油滴将会相互碰撞、粘合,使油滴的体积增大。变大的油滴不能随声波振动,只作无规则运动,最后凝聚并上浮,再用其他设备分离。

(四)生物化学法

生物化学法是利用微生物的生物化学作用,将复杂的有机物分解为简单物质,将有毒物质转化为无毒物质,使采出水得到净化。微生物可将有机物作为营养物质,使其一部分被吸收转化成为微生物体内的有机成分或增殖成新的微生物;其余部分可被微生物氧化分解成简单的有机或无机物质,如甲烷、二氧化碳和水等。根据氧气的供给与否,将生物化学法分成好氧生物处理和厌氧生物处理。好氧生物处理是在水中有充分的溶解氧的情况下,利用好氧微生物的活动,将污水中的有机物分解为 CO_2、H_2O、NH_3、NO_3^- 等;厌氧生物处理的特点是在厌氧反应器中稳定地保持足够的厌氧生物菌体,使污水中的有机物降解为 CH_4、CO_2、H_2O 等。生物化学法按过程形式不同可分为:活性污泥法、生物过滤法和氧化塘法。GilbertT 研究了用活性污泥法处理采出水,表明停留时间为 20d 时能去除采出水中 98%~99% 的碳氢化合物,使液相中悬浮物总体质量浓度下降为 730mg/L,能量消耗约为 1.25 美元/吨。

近来关于土地处理法的研究比较多,该法是利用土壤中的微生物和植物根系来吸收分解采出水中的污染物。其净化功能主要由三要素构成:植物根系的吸收、转化、降解和生物合成作用;土壤中细菌、真菌和放线菌等微生物的降解、转化和生物固化作用;土壤的有机、无机胶体及其复合体的吸收、配位和沉淀作用。哥伦比亚 Kelt 公司利用以芦苇为基础的根区过滤系统去除采出水中的污染物,处理后的水用于灌溉稻田。该方法 1 年后能去除 90% 的苯、酚等污染物,3 年后发挥全部效果,并且 SS、COD 都有不同程度的下降。

生物化学法较物理法或化学法成本低、投资少、效率高、无二次污染,广泛为各国所采用。由于油田采出水可生化性较差,且含有难降解的有机物。因此,目前国内外普遍采用 A-O 法、接触氧化法、曝气生物滤池法、SBR 法、UASB 法等处理油田采出水。

四、油田采出水处理技术评价

油田采出水处理方法较多,各有优缺点,其比较如表 5-1 所示。采出水成分比较复杂,油分含量及油在水中存在形式也不相同,单一方法处理往往效果不佳。同时,因各种方法都有其局限性,在实际应用中通常是两三种方法联合使用,才能使水质达到标准。挪威国家石油公司对采出水处理技术评价的标准有:处理量大、造成的影响很小、投资和运作费用低、少产生或不产生废物、化学药剂的使用量少、装置具有较低的重量和高度,最重要的是能非常有效地去除危害环境的各种因素。

表 5-1 油田采出水处理方法优缺点比较表

方法名称	去除粒径,μm	优点	缺点
重力分离法	>60	结构简单,效果稳定,运行费用低,处理量大,管理方便	占地面积大
粗粒化法	>10	设备小,操作简单	粗粒化材料易堵塞,长期使用效果下降,存在表面活性剂时效果差
过滤法	>10	出水水质好,结构简单,设备投资少,无浮渣	滤床要反复冲洗
吸附法	>10	出水水质好,设备占地小	投资较高,吸附剂再生困难,不适用于量大、污染负荷高的采出水
浮选法	>10	效果好,工艺成熟	占地面积大,药剂用量大,产生浮渣,浮油难处理
膜分离法	<60	出水水质好,设备简单	膜易污染,清洗困难,操作费用高
化学凝聚法	>10	效果好,工艺成熟	占地面积大,药剂用量大,污泥难处理
活性污泥法	>10	出水水质好,基建费用低	进水要求高,操作费用高
生物滤池法	<10	适应性强,运行费用低	操作费用高
氧化塘法	<10	效果好,管理方便,投资较少	占地面积大
电解法	>10	除油效率高	耗电量大,装置复杂,电解过程中有氢气产生,易爆
电火花法	<10	效率高,适应性广,占地面积小	耗电量大,导电材料要求高
电磁分离法	>10	效率高,方法简单,占地面积小	磁种要求高,耗电量大,工艺未成熟
超声波法	>10	分离效果好	装置价格高,难于大规模处理
水力旋流器	>10	设备小型化,分离时间短	能耗高,操作费用高

综上所述,油田采出水的处理方法还需要进一步创新、完善和组合,并朝着低污染、低成本、易操作、高效处理的方向发展。

从国内外油田生产情况来看,油田采出水经处理后的出路一般有三种:

(1)回注,代替清水资源直接回注地层或配制聚合物后回注地层;

(2)回用,处理后作为热采锅炉的给水;

(3)外排,处理后达到国家污水排放标准,直接排放。

从环境保护和节约水资源等角度考虑出发,将油田采出水进行处理后作为生产用水回注地层是最经济有效的办法。我国各油田采油污水水质状况差异较大,针对自身特点和不同出路对水质要求不同,在实际生产中,各油田均对现有的处理工艺技术进行了改进和优化选择。

第二节　油田采出水处理——回注处理工艺

石油工业是一个用水量和产水量都较大的行业,除产生大量的采出水外,油田同时还需要回注大量的水来驱油。大量的采出水外排既造成了环境污染,又浪费了宝贵的水资源。因此,采出水经处理后回注采油成为减少环境污染,提高油田经济效益的一个重要途径。另外,采出水矿化度高、温度高,且与油层的配伍性好,回注有利于驱油。

然而,采出水中的污染物质是多种多样的,只用一种方法就能够把采出水中所有的污染物质去除殆尽的愿望是不现实的,采出水往往需要通过几种方法组成的处理系统,才能达到处理要求。因此油田采出水处理工艺的实质就是根据不同的处理要求,将除油、除悬浮物、降低矿化度、除二氧化硅和除 COD 等工艺进行优化组合的过程。

一、油田采出水处理流程组合的原则

按油田采出水处理程度划分,污水处理可分为一级、二级和三级(深度)处理。常见的一级处理有沉降、浮选和离心分离,主要除去浮油;二级处理有过滤、粗粒化和化学处理等,主要去除分散油;深度处理有超滤、活性炭吸附和生化处理等,主要去除微细的分散油和溶解油。由于各油田生产方式不同,使油田污水处理工艺的差别较大。

采出水处理流程的组合,一般应遵循先易后难、先简后繁的原则,即首先去除大块垃圾及漂浮物质,然后依次去除悬浮固体、胶体物质及溶解性物质。亦即,首先使用物理法,然后再使用化学法和生物化学法。

对于某种污水,采取由哪几种处理方法组成的处理系统,要根据污水的水质水量、回收其中有用物质的可能性和经济性以及排放水体的具体规定,并通过调查、研究和经济比较后决定,必要时还应当进行一定的科学试验。调查研究和科学试验是确定采出水处理合理流程的重要途径。

二、注水水质标准

根据油藏物性的不同、采出液物性的不同、区块分布的不同以及油田开采的有效性和经济性,对油田采出水回注水质提出了不同的要求。我国现执行的高、中、低渗透油田注水水质标准如表 5-2 所示。

表 5-2　注水水质标准

主要项目	推荐指标		
	渗透率,μm^2		
	<0.1	0.1~0.6	>0.6
含油,mg/L	≤5.0	≤8.0	≤15.0
悬浮物,mg/L	≤1.0	≤3.0	≤5.0
悬浮物粒径,μm	≤1.0	≤2.0	≤3.0

三、回注处理工艺技术

油田地层渗透率不同,采用的油田采出水处理工艺技术也不相同。对于回注中、高渗透油层的含油污水,国内大部分油田都采用自然沉降除油—混凝除油—过滤除油的"三段式"常规处理工艺。对于中、低渗透油层的含油污水,一般为"三段式"处理工艺加"精细过滤"工艺,具有代表性的有以下几种处理工艺。

(一)混凝除油—精细过滤

当采出水中油珠粒径较小时,可采用混凝除油—精细过滤工艺,工艺流程如图5-1所示。目前大庆龙连污水站、大港马西污水站、华北岔北联、中原文东油田等均采用这种工艺流程。

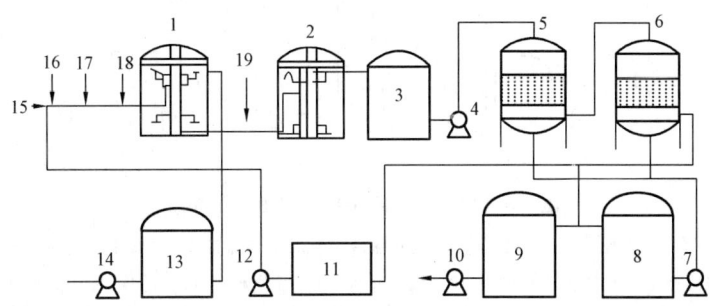

图 5-1 混凝除油—精细过滤工艺流程
1—自然沉降罐;2—混凝沉降罐;3—缓冲罐;4—升压泵;5—核桃壳过滤器;6—多介质过滤器;
7—反冲洗泵;8—反冲洗罐;9—外输罐;10—外输泵;11—回收水池;12—回收水泵;13—油罐;
14—油泵;15—原水;16—破乳剂;17—缓蚀剂;18—杀菌剂;19—混凝剂

(二)水力旋流—精细过滤

当油水密度差较大时可采用水力旋流—精细过滤工艺,工艺流程如图5-2所示。

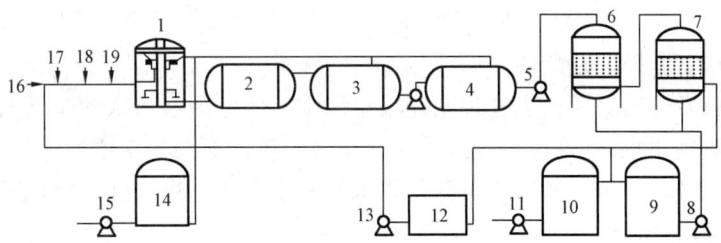

图 5-2 水力旋流—精细过滤工艺流程
1—自然沉降罐;2—水力旋流除油器;3—聚结器;4—压力除油器;5—升压泵;6—核桃壳过滤器;
7—多介质过滤器;8—反冲洗泵;9—反冲洗罐;10—外输罐;11—外输泵;12—回收水池;13—回收
水泵;14—油罐;15—油泵;16—原水;17—破乳剂;18—缓蚀剂;19—杀菌剂

该工艺已运用于大港南三站、塔中四联合站、吉林新北采油厂联合站、新木采油厂联合站、彩南污水站和新疆东河塘联合站等。

（三）气浮浮选—精细过滤

当油水密度差较小时，一般采用气浮浮选—精细过滤工艺，工艺流程如图5-3所示。采用这种工艺流程的有辽河油田署一联、欢三联，大庆油田中七联，大港南一污水站和冀东油田柳一联合站等。

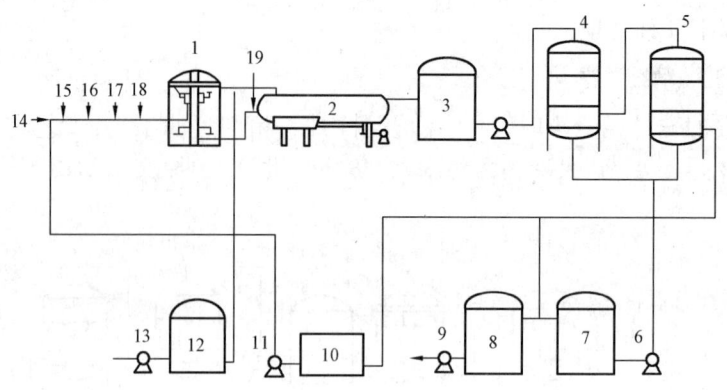

图5-3　气浮浮选—精细过滤工艺流程

1—混凝沉降罐；2—加压溶气气浮装置；3—缓冲罐；4—核桃壳过滤器；5—双滤料过滤器；6—反冲洗泵；
7—反冲洗罐；8—外输罐；9—外输泵；10—回收水池；11—回收水泵；12—油罐；13—油泵；14—原水；
15—破乳剂；16—缓蚀剂；17—杀菌剂；18—混凝剂；19—浮选剂

四、长庆低渗透油田采出水回注处理工艺

注水是低渗透油田及时补充地层能量，保持油田长期高效稳产的基础。然而，低渗透油藏的主要特点就是地层渗透率低（$<0.10\mu m^2$）、流体通过能力差、有效孔隙率低、孔道弯曲且孔喉径小，其本身就相当于滤料，因而水质是注水的关键。如果没有合格的注水水质，溶解氧、细菌会加速对注水设备、流程管线的腐蚀，杂质、腐蚀产物就会进入目的层，对油层造成堵塞和伤害，使注水井注水压力上升，注水量下降，造成地层能量补充不及时，增加后期措施增注的难度，从而使油田开发形势日益严峻。

目前，国内低渗透油田采出水处理站还很难稳定地使处理后污水达到低渗透油层，特别是超低渗透油层回注水的水质要求。我国低渗透油藏储量占60%~70%，是今后相当一个时期内增储上产的主要基础，而低渗透油藏开发技术的主要方式是注水，因此对低渗透油层回注水处理的研究就显得尤为重要。

长庆油田属低渗透、特低渗透油田，极低的渗透率造成了采出水处理系统对于出水水质较为苛刻的要求。

（一）采出水回注水质要求

长庆油田白二联合站采出水处理系统总处理规模为1500m^3/d，处理后出水指标需满足长庆油田采出水回注技术推荐指标的要求（渗透率$1\times10^{-3}\sim10\times10^{-3}\mu m^2$）。具体指标如表5-3所示。

表5-3 长庆油田采出水回注技术推荐指标

	注入层平均空气渗透率,$10^{-3}\mu m^2$	<1.0	1.0~10.0	10.0~100.0	>100.0
控制指标	配伍性,mg/L	100	100	100	100
	悬浮物浓度,mg/L	<5	<10	<10	<15
	悬浮物粒径,μm	<3	<3	<3	<5
	含油量,mg/L	<10	<15	<20	<30
	平均腐蚀率,mm/a	<0.076			
	SRB菌,个/mL	<10			
	TGB菌,个/mL	<100			
辅助指标	总铁量,mg/L	<0.5			
	pH值	6~9			
	溶解氧,mg/L	<0.05			
	硫化物,mg/L	<2.0			
	二氧化碳,mg/L	-1.0~1.0			

(二)采出水处理工艺

根据白二联合站特殊的原水水质情况,在设计中有针对性地提出了全新的采出水处理工艺。其主要流程如图5-4所示。

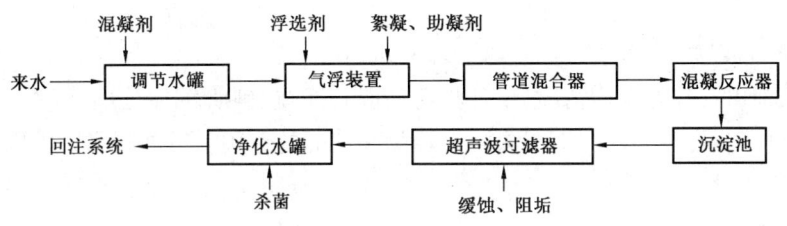

图5-4 采出水处理流程

(三)主要构筑物、设备及设计参数

1. 调节水罐

调节水罐的主要作用是匀质调节,并利用混凝机理对污水中的浮油和悬浮物进行初步分离沉降。设计选用200m³钢制拱顶污水罐2个,单罐停留时间为3.2h(终期)。罐壁上部设收油设施,对剩余浮油进行二次回收。罐体内部设置加热器,保证系统内采出水的温度控制在35~40℃。

2. 气浮装置

设计选用高效溶气式氮气气浮装置2套。该设备自动收油和排渣,单套处理量50m³/h。主要组件有循环水泵和控制柜等。混凝反应时间30s,氮气输入量为2m³/h,压力不小于

0.75MPa。其主要进出水指标如下:进水含油量≤200mg/L,悬浮物浓度≤100mg/L;出水含油量≤20mg/L,悬浮物浓度≤30mg/L。

3. 混凝反应器

在混凝反应器中,以0.4MPa氮气为动力,将气浮出水与混凝剂进行充分混合,并利用氮气本身的推流作用将污水送至反应器出口进入下一级处理构筑物。

4. 沉淀池

污水与药品经过反应器的充分混合后进入斜管沉淀池进行二次沉降,进一步去除污水中的悬浮杂质。设计停留时间约为3.4h。

5. 超声波过滤器

超声波过滤器为滤筒式设计,有效增大过滤面积,过滤精度为2μm。超声波震子清洗,实现了滤网的在线自动清洗,能确保滤网恢复如新。底水回流设计,打破传统过滤器的禁锢,在过滤的同时进行自清洗,大大减少了微滤网附着密实的几率,提高了设备的工作效率。其主要进出水指标如下:进水含油量≤20mg/L,悬浮物浓度≤30mg/L;出水含油量≤5mg/L,悬浮物浓度≤2mg/L。

6. 污泥离心机

调节水罐底泥、气浮装置排渣及沉淀池底泥统一回收至站内污泥浓缩池,进过初步浓缩脱水后通过离心脱水机将污泥含水率降至95%以下,便于污泥外运。

(四)新技术、新材料的应用

1. 高效溶气气浮工艺的应用

针对长庆油田特殊的水质情况,设计将药品混合絮凝、斜管沉淀分离、气浮三项技术结合在一起,从而进一步提高气浮法对于去除悬浮物和油污的作用。考虑到腐蚀等因素的影响,采用氮气气浮。

2. 氮气系统的应用

由于长庆油田采出水水质的特殊性,Cl^-含量较高,处理系统腐蚀严重,而溶解氧含量的增加会进一步加剧这种腐蚀的程度。因此考虑利用氮气作为系统的气源,一部分用于气浮装置用气;另一部分用于反应器用气,最大限度地降低了溶解氧对整个系统的损害。

3. CPVC化工管的应用

氯化聚氯乙烯(CPVC)材料具备机械强度高、耐温性高(持续操作温度达93℃)、耐蚀能力好、对强氧化物质及卤素具有良好的阻抗力的特点,这些优点决定了CPVC化工管作为采出水处理系统工艺管线的选择是正确的。

4. 超声波过滤清洗的应用

过滤器采用超声波在线清洗,即过滤的同时超声波震子可以起到清洗的作用,能有效地降低滤孔的堵塞程度。底水回流设计,大大减少了微滤网附着密实的几率,提高了设备的工作效率。

(五) 运行结果

长庆油田白二联合站污水处理系统自 2008 年 3 月投产以来,已成功运行多年,处理后出水指标达到了长庆油田采出水回注指标的要求。处理后出水中悬浮物、油、硫化物的质量浓度分别为 2.76～5.98mg/L、3.5～7.62mg/L、0mg/L,pH 值为 6。

白二联合站采出水处理系统长期平稳运行进一步表明这种全新的采出水处理工艺是合理的、正确的与可靠的,对长庆油田乃至整个低渗透油田采出水处理技术的发展方向具有非常重要的指导意义。

第三节 油田采出水处理——回用处理工艺

稠油开采大都采用热采方式,即蒸汽吞吐驱油,这就意味着原油开采过程中需要消耗大量的淡水资源,能耗是普通原油开采的 2～3 倍,而每开采 1m³ 稠油又产生 2～4m³ 的稠油污水。辽河油田热采炉日用清水约 50000m³,日产含油污水却高达 150000m³,含油污水除用于开发注水、掺水作业以外,还有 65000m³ 的剩余污水。过去这些污水都直接回注到地下,造成的直接后果就是污染地下水层。随着稠油蒸汽驱采规模的日益扩大以及辽河流域综合治理的开展,污水过剩的矛盾变得越来越突出。

另外,由于油田油井相对分散以及地表水水质较差,难以提供优质的淡水作为热采锅炉用水,所以油田生产和生活用水不得不大量使用地下水。过度的开采,使地下水位急剧下降,已接近甚至超过临界水位线。面对生产生活用水量与日俱增、水资源日益紧张和污水过剩外排超标的严峻形势,如何合理处置这些数量巨大的稠油污水,使之资源化再利用,成为稠油开发面临的艰巨的技术挑战。

20 世纪 70 年代以来,美国、加拿大等一些发达国家对稠油污水的处理基本上就是采用回用锅炉的处理方式。事实上这也是目前解决油田蒸汽锅炉供水和稠油污水处理双重矛盾最有效的方法。加拿大狼湖油田稠油污水资源化回用每年经济效益可达 400 万美元,冷湖油田处理水量较大(每天 52000m³),每年可产生 900 万美元的经济效益。国外从工艺流程、设备、自动控制等方面都有完整配套技术,有成熟的运行经验,生产实践证明了稠油污水资源化利用技术的可靠性、实用性和经济性。

因此,在引进国外采出水资源化利用技术的基础上,结合我国稠油主产区稠油污水的特性,研究应用合适的处理工艺将稠油污水进行深度处理后回用热采锅炉,不仅充分利用了稠油污水水源和水温,获得了良好的社会效益和经济效益,而且形成了各具特色的污水处理技术,无论从环境保护还是资源利用的角度看,都是稠油污水处理的最佳选择。

一、污水回用热采锅炉给水水质指标

稠油污水深度处理后回用,其水质应满足热采锅炉给水水质标准,SY/T 0027—2007《稠油注汽系统设计规范》中规定了热采锅炉给水的各项水质指标,如表 5-4 所示。

表5-4 热采锅炉给水水质指标表

序号	项目	标准	备注	序号	项目	标准	备注
1	含油,mg/L	<2.0	建议不计溶解油	6	可溶性固体,mg/L	≤7000	
2	悬浮物,mg/L	<2.0		7	总铁,mg/L	<0.05	
3	总硬度,mg/L	<0.1	以$CaCO_3$计	8	pH值	7.5~11	
4	总碱度,mg/L	<2000	以$CaCO_3$计	9	溶解氧,mg/L	<0.05	
5	二氧化硅,mg/L	<50					

(一)含油

一般认为所有油田热采锅炉给水中都不应含油,油会导致有机物沉积在炉管内,引起腐蚀和堵塞。美国石油学会的标准解释是:"油造成垢粘附、膜沸腾和结焦,并会污染离子交换树脂,所以定为1mg/L(建议为浮油)。"我国工业锅炉供水标准解释为:"给水含油过高时,使炉内的水产生泡沫,影响蒸汽质量,也会使炉内产生导热系数很小的带油质的水垢。另外高温时受热面上油分分解形成导热性极差的碳质水垢,附于炉壁上。同时也认为油会对离子交换树脂起污染作用,这是因为油膜包围树脂,降低其交换容量,并使树脂结块,导致交换过程流水不匀,水质变差。也由于油污包围树脂,使之浮力增大,造成反洗流失,所以定为2mg/L。"因此在进入离子交换树脂之前,稠油污水中的油含量就要低于2mg/L。稠油污水回用于热采锅炉的经验做法是:首先采用重力沉降、气浮和过滤等工艺将油含量降至2mg/L以下,确保离子交换树脂和蒸汽发生器免受污染。因此除油工艺是关键。

(二)悬浮物

进入热采锅炉的水中最好不含悬浮物,离子交换树脂可以去除少量的悬浮物,当来水悬浮物含量较高时,离子交换树脂比一般的过滤器更易受到污染。因此,如果过滤器出水悬浮物含量过高时,还需要采用其他方法将悬浮物去除干净,如传统的混凝沉降工艺。

(三)总硬度

通常认为热采锅炉进水中的总硬度要求为0。如果水中总硬度为200~300mg/L,单独采用钠离子交换树脂软化是经济可行的;如果总硬度高于300mg/L,进入离子交换树脂之前就需要采用冷石灰或热石灰软化,单独采用离子交换并不经济。但如果水中可溶性固体浓度大于3000mg/L,在设计的时候就需要仔细考虑,因为高可溶性固体不论是对于石灰软化还是对传统的强酸钠离子交换树脂,均大大增加了其漏硬的频率。

(四)总碱度

总碱度是碳酸盐和碳酸氢盐的总称。对于多回路大型锅炉系统而言,碱度过高会引起严重的问题。当给水温度和压力上升时,水中的碳酸盐和碳酸氢盐容易分解形成CO_2气体和氢氧化钠。蒸汽在冷凝器中冷凝或在蒸汽管线中,CO_2气体与干汽混合,最终溶解在蒸汽中,形成碳酸,碳酸对钢管具有很强的腐蚀性。油田热采锅炉系统为直通型,没有冷凝液回流系统,因此就没有冷凝液回流管的腐蚀问题。油田蒸汽发生器可产生干度为80%的蒸汽,同时还有20%的水,蒸汽发生器中产生的CO_2气体可溶解在这部分水中,而这部分水中还含有较高浓度的可溶性固体,具有较强的缓冲能力,因此溶解的CO_2气体对pH值的影响很小。所以总碱度定为2000mg/L是比较合适的。

(五)二氧化硅

二氧化硅浓度定为多少合适,目前有很多观点。油田锅炉的两大制造商Struthers TIW公司和C. E. Natco公司认为,他们生产的锅炉可承受较高的二氧化硅浓度,分别为100mg/L和150mg/L。而加拿大Alberta油田二氧化硅的企业标准定为50mg/L。许多热采锅炉生产厂家都将进水中的二氧化硅定为50mg/L。他们认为二氧化硅浓度大于50mg/L时,可在炉内结垢。二氧化硅产生的垢很难去除,导致受热面不均匀、导热性差,并产生垢底点腐蚀。

(六)可溶性固体

尽管大部分稠油污水回用于热采锅炉的可溶性固体都小于7000mg/L,但直通型热采锅炉给水中单独的可溶性固体并不是限制因素。之所以重要,是因为可溶性固体含量直接影响离子交换树脂的交换能力。我国工业锅炉专家认为:可溶性固体含量过高易造成碱性发脆,产生碱性腐蚀,并对交换树脂不利。美国石油学会认为:当液相中的可溶性固体含量接近溶解度极限时才予以考虑。可溶性固体含量高的危害是盐结晶、氢脆、碱性腐蚀、对交换树脂不利,所以定为7000mg/L。而加拿大莫尼柯公司则定为10000mg/L。

(七)总铁

热采锅炉中的总铁含量通常规定小于0.05mg/L,事实证明水中浓度过高的铁离子会破坏锅炉内壁上的磁性氧化铁保护膜。离子交换树脂在去除Ca^{2+}、Mg^{2+}硬度的同时,对铁的去除也非常有效。铁一方面会引起树脂的污染,另一方面可作为催化剂,促使树脂化学结构的分解。因此在进入离子交换树脂之前,水中的总铁含量就要降低至0.05mg/L以下。水中的亚铁离子可通过溶气气浮去除,也可通过石灰软化去除。

(八)pH值

热采锅炉给水中的pH值应该显碱性(7.5~11.0),这不仅有助于减轻软化水与热采锅炉之间的腐蚀,而且可使二氧化硅以溶液状存在于水中,避免热采锅炉产生二氧化硅垢。

二、稠油污水回用处理工艺技术

稠油污水回用热采锅炉的前段处理工艺与回注处理基本相同,都是采用物理化学法等成熟处理工艺,主要去除油及悬浮物。后续深度处理则着重于污水的软化。和常规清水软化相比,油田污水的软化具有更大的技术难度。

(一)加拿大冷湖油田稠油污水处理回用工艺

国外在稠油污水处理后回用热采锅炉的技术领域起步较早,在20世纪初就开始了工业试验。加拿大冷湖油田在1964年便采用蒸汽驱开采稠油,并于1978年将稠油污水处理后用于热采锅炉,于1985年建成第一座300000m³/d的稠油污水回用热采锅炉深度处理站。其主要工艺流程如图5-5所示。

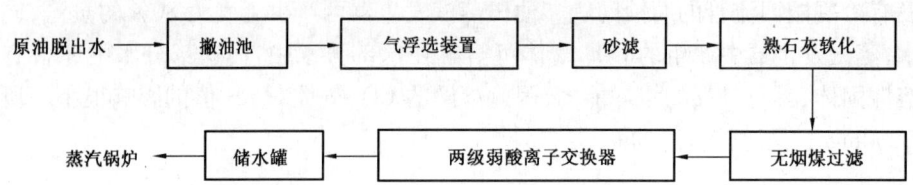

图 5-5　加拿大冷湖油田稠油污水处理工艺流程

德士古 TORCH NEVO 油田采用如图 5-6 所示的工艺流程对稠油污水进行深度处理。

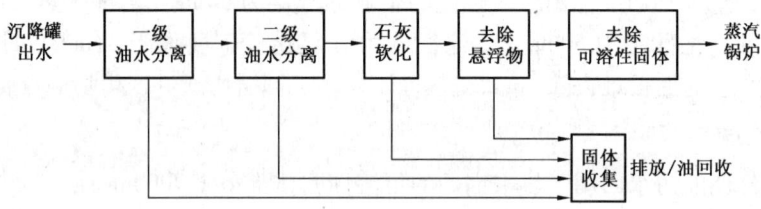

图 5-6　TORCH NEVO 油田稠油污水深度处理工艺流程

国内将稠油污水用作热采锅炉给水的研究始自 1988 年，起步较晚，但是发展迅速。特别是近年来，胜利油田、辽河油田、新疆油田等油田都针对稠油污水的深度处理技术进行了大量研究，逐步形成了适合各自生产特点的稠油污水深度处理工艺。

(二) 胜利油田稠油污水处理回用工艺

胜利油田借鉴美国、加拿大污水回用的成功经验和先进技术，于 1999 年 12 月建成投产了国内第一座油井采出水回用于热采锅炉的大型泵站——乐安污水深度处理站，日处理稠油污水 15000m³，处理工艺流程如图 5-7 所示。

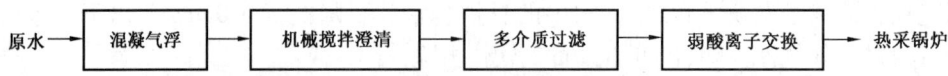

图 5-7　胜利油田乐安污水深度处理站稠油污水深度处理工艺流程

(三) 辽河油田稠油污水处理回用工艺

辽河油田于 2002 年建成了欢三联稠油污水深度处理站，日处理稠油污水 20000m³，处理后污水回用热采锅炉，处理工艺流程如图 5-8 所示。

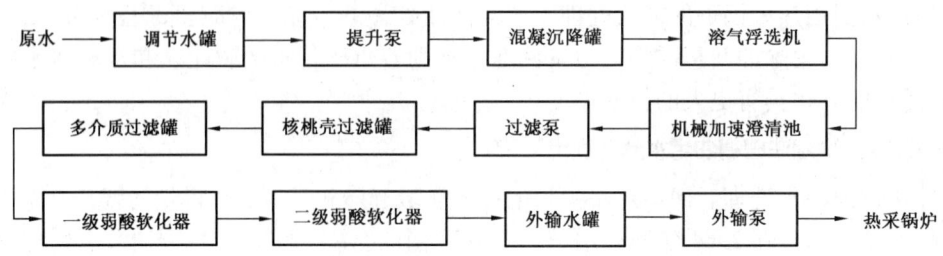

图 5-8　辽河油田欢三联稠油污水深度处理工艺流程

(四)新疆油田稠油污水处理回用工艺

在新疆油田,通过现场中试、工业性试验,筛选出最佳的强酸树脂,确定了稠油污水的深度处理流程,如图5-9所示。

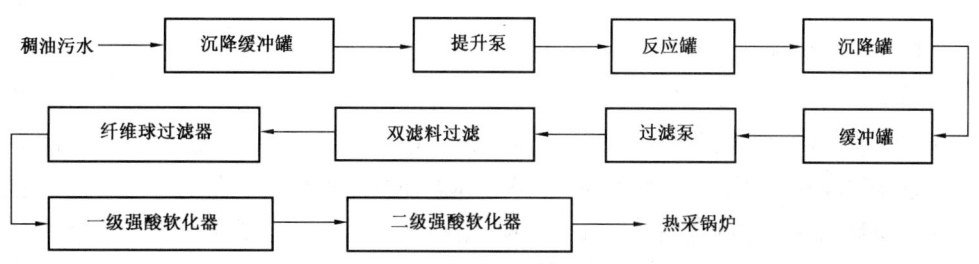

图5-9 新疆油田稠油污水深度处理工艺流程

国内外稠油污水深度处理工艺及处理效果的对比分析,如表5-5、表5-6所示。

表5-5 典型稠油污水深度处理工艺对比

序号	技术名称	加拿大冷湖油田	辽河油田	新疆油田
1	除油技术	自然沉降除油、气浮除油	混凝沉降除油、气浮除油	自然沉降、混凝沉降
2	过滤技术	砂滤、无烟煤过滤	核桃壳过滤、多介质过滤	双滤料过滤、纤维球过滤
3	软化技术	熟石灰软化、两级弱酸离子软化	两级弱酸树脂软化	强酸钠离子树脂软化

表5-6 典型稠油污水深度处理效果对比　　　　　　　　　　mg/L

序号	项目	加拿大冷湖油田	辽河油田	新疆油田	SY/T 0027—2007
1	可溶性固体	7000	3400	≤3000	≤7000
2	二氧化硅	50	74	65~100	<50
3	总硬度(以$CaCO_3$计)	1	未检出	0.05	<0.1
4	非溶解油	0	0.18	0	<2
5	pH值	10	8	7~8.5	7.5~11
6	悬浮物	3	1.8	0~4.8	<2

由表5-5和表5-6可知:

(1)稠油污水深度处理工艺系统,主要包括除油、过滤和软化等三个子系统。

(2)加拿大冷湖油田污水处理采用自然除油和气浮除油,辅以反向破乳,除油效果非常明显,但是由于技术发展的局限,采用砂滤和无烟煤过滤、熟石灰软化,悬浮物和可溶性固体浓度都很高。

(3)辽河油田和新疆油田在借鉴国外成熟技术的同时,根据各自不同的实际情况,设计的稠油污水深度处理工艺基本符合行业标准的要求。辽河油田采用两级弱酸树脂软化技术,降硬效果非常明显;新疆油田采用自然沉降、混凝沉降相结合的技术,除油效果优于辽河油田。

(4)国内稠油污水深度处理的一个棘手问题就是二氧化硅的去除。锅炉给水除硅的目的在于防止因结垢而产生的安全事故。辽河、新疆油田的稠油污水虽经处理,但二氧化硅的含量很难达到行业标准的要求。

三、新疆油田稠油污水处理回用工艺技术特点

(一)离子调整旋流反应技术

新疆油田采出水通过加入以锌、钙为主要成分的离子调整剂,调整污水的pH值,使乳状液破乳,悬浮固体颗粒聚并,水质得到净化;而多功能旋流处理器,能充分保证离子调整剂与污水反应的时间间隔和混合强度,使油、气、水及固体悬浮物迅速分离。在多功能旋流处理器内,新生的悬浮物颗粒在穿过陈化后的污泥层时被吸附拦截,这样多功能旋流处理器出口的水质已经基本达到了注水水质标准。

(二)重核—催化强化絮凝净水技术

重核—催化强化絮凝净水技术就是首先加入相对密度大的金属阳离子,形成较为密实的"重核",加大絮体的密度,利于絮体沉降;其次加入催化剂,降低水质净化难度;同时再投加混凝剂;最后加入絮凝剂吸附桥架,使污水形成较大的絮体而沉降,水质迅速得到净化。

(三)改性纤维滤料应用

改性纤维球及纤维束过滤器采用了改性纤维滤料,纤维改性即在纤维表面加一层极性极强的化合物。改性后的纤维可以通过表面存在的极性基团与水分子发生作用,通过水包油的形态间接吸附采出水中的原油。在水的冲洗剪切力作用下,原油十分容易地脱离纤维表面。改性纤维束过滤器出口水质悬浮物含量小于1.6mg/L,含油微量。

(四)SST-60强酸性钠离子交换树脂

经过大量研究及筛选,选定SST-60强酸性钠离子交换树脂,该树脂是一种具有特殊结构、特殊官能团的特殊级别的强酸性树脂,具有工作交换容量高、泄漏低、除硬性能好、运行费用低及操作成本低等特点。

(五)自动控制

新疆油田采出水处理自动控制主要由控制系统、水质检测、水位检测、流量检测、加药自动化、收油及排污自控和过滤系统等几部分组成。应用小型的DCS监控与数据采集系统可保证水质达标。为进一步降低水处理成本,还应研究药剂随水质指标投加的自动控制系统。

稠油污水处理技术是近年来国内广泛开展的研究课题,代表了将来油田污水处理的基本方向,其对于稠油开发、保护地面水体和地下水资源、维持生态平衡及促进经济发展都具有重要意义。

近年来,通过引进和开发新的油田采出水处理技术,极大地推动了油田采出水处理工艺的发展,彻底扭转了不达标水直接外排造成污染环境的局面。虽然在稠油污水用于热采锅炉的研究上取得了一系列重大的突破,但仍然很难满足日益扩大的稠油开采规模的要求。实现稠油污水深度处理工艺的整体自控、安全、高效和低成本运行,是石油工作者的愿望,为此我们还需要走很长的一段路。

第四节 油田采出水处理——外排处理工艺

我国各主力油田已进入后期开发,平均含水率已达 80% 以上。例如,2000 年产原油 1.03×10^8 t,采出液量达 6.24×10^8 t,采出水量达 5.20×10^8 t。其中采出水有效回注 4.70×10^8 t,无效回注 0.258×10^8 t,排放 0.242×10^8 t(其中不达标排放 0.163×10^8 t),外排达标率仅为 32.64%。各油田剩余采出水大都采取无效回注的方式,不但回注费用高,而且回注本身也受到环保要求的限制。采出水达标外排是目前解决大量的剩余含油污水的唯一有效途径。

油田采油污水处理一般采用隔油—混凝—过滤,即所谓的"老三套"进行处理,可有效去除石油类物质和悬浮物,达到了回注标准,但难以达到排放标准,尤其是 COD 指标很难达到要求。为了实现达标排放,油田采油污水的治理需采用多种方法联合处理,并将原来的隔油—混凝—过滤技术改变为隔油—混凝气浮—生化—过滤技术。气浮和生化技术的采用已成为近年来先进的采油污水处理工艺的一种标志。

一、COD 和 BOD

所谓化学需氧量,亦称化学耗氧量,常以符号 COD 表示。化学需氧量是在一定条件下,采用化学氧化剂(如高锰酸钾、重铬酸钾)氧化水中有机污染物时所需的氧气量,以每升水消耗氧的毫克数表示(mg/L)。化学需氧量是评定水质污染程度的重要综合指标之一,COD 数值越大,表示水体污染越严重。由于氧化剂的种类、浓度、氧化条件有所不同,导致可氧化物质的氧化效率也不相同,故同一水样采用不同检测方法时,所得 COD 值也有所差异。采用重铬酸钾($K_2Cr_2O_7$)作为氧化剂测定出的化学需氧量表示为 COD_{Cr}。

生化需氧量,通常记作"BOD",亦称"生化耗氧量"是指地面水水体中的微生物分解有机化合物过程中所消耗的溶解氧,以每升水中被消耗的氧的毫克数表示(mg/L),是评价水体有机污染的主要指标。为使测定值有可比性,常采用 20℃ 条件下培养五昼夜后测定的污水的生化需氧量表示,称为"五日生化需氧量",记作"BOD_5"。

二、油田采油污水外排的污染现状

根据对全国各油田采油污水水质的常年监测,采油污水所含的污染物主要有两类,一类是重金属;另一类是普遍超过排放标准的污染物,包括石油类、COD、BOD_5、硫化物、挥发酚和氨氮。

三、外排处理工艺技术

油田含油污水外排处理中,重点是 COD 的达标排放,这是油田含油污水全面达标排放的关键。针对油田含油污水 COD 去除难的情况,国内有关单位主要从膜分离技术、高级氧化技术和生物处理技术、植物湿地法等几个方面进行了大量研究。

(一)膜分离技术

近几十年来,膜分离技术发展迅猛,被应用于油田含油污水处理领域。与常规水处理工艺相比,膜分离技术可保证更好、更可靠的水质,无需投加化学药剂,自动化程度高而且占地面积小。膜分离技术处理油田污水后的水质可达到最严格的排放标准。国内在胜利油田、江汉油田、大庆油田、江苏油田等地,都进行了室内试验和现场中试试验。试验结果表明:膜分离技术短期运行时,处理效果好,膜通量大;随着运行时间的增长,膜通量一般会成倍下降,使出水水质恶化和需进行高频率的清洗,最终导致运行成本和基建投资的增长。以上缺点限制了膜分离技术在工程上的大规模应用。

(二)高级氧化技术

高级氧化技术(Advanced Oxidation Technologies,AOT)是利用活性极强的自由基(如OH^-)氧化分解水中有机污染物的新型氧化除污染技术。高级氧化技术在油田含油污水处理中的研究处于起步阶段,而且基本上都是实验室或中试研究,工业化应用还不多见。

(三)生物处理技术

生物处理技术具有有机物去除效率高、运行稳定、投资少等特点,倍受油田含油污水外排处理技术研究学者的青睐。生物处理通常被认为是使用微生物将有机物氧化成无害终端产品(如二氧化碳、水及某些新的微生物细胞)的方法。

污水生化处理是利用自然界中存在的各种微生物,并采用一定的人工措施,创造有利于微生物生长、繁殖的环境,使微生物大量繁殖,提高污水中有机物分解和向无机物转化的效率,达到净化水质、消除污染物的一种污水处理方法。在污水处理过程中,微生物是以活性污泥和生物膜的形式存在并起作用。

目前,污水生化处理的工艺是将各种生物方法结合起来,例如,普遍采用的A-O法,即先厌氧处理,再进行好氧处理(活性污泥或生物接触氧化)。A-O法去除COD效果好。氧化沟是将厌氧、曝气、沉淀融为一体的构筑物,氧化沟通常采用折流式设计,使污水在沟内停留时间较长,可分为三段,即厌氧、曝气和沉淀,利用进水、出水位置和曝气方式的不同改变每一段在水处理中的作用,使各段的微生物发挥最大功效,有效去除有机物。

(四)植物湿地法

土壤植物系统被看成是一种高效的"活过滤器"。其净化功能主要由下列要素构成:
(1)绿色植物根系的吸收、转化、降解和生物合成作用;
(2)土壤中细菌、真菌和放线菌等微生物的降解、转化和生物固化作用;
(3)土壤中有机、无机胶体及其复合体的吸收、配位和沉淀作用。

在美国,植物湿地法已成功应用于油田采出水的外排处理。典型的处理系统为人工构建湿地系统CWS(Constructed Wetland System),该系统利用湿地植物和微生物吸收、分解过剩的养分并从污水中除去。

CWS是在现场构造并模拟天然湿地处理水流。CWS模拟天然湿地的净化过程,去除养分、沉降物以及其他杂质。处理系统的实际尺寸要根据水的污染程度(氮、磷及总悬浮固体含量等)、水力负载量以及水的停留时间进行设计。

CWS具有占地面积小、工程造价低、使用寿命长、技术难度小和便于管理的优点,同时绿肥的重复利用可带来潜在的经济效益。

植物湿地法较物理化学方法(例如离子交换)有很多优点。首先它可利用植物本身的能力吸收大量的污染物离子;其次具有可选性,被选择的植物可吸附指定的污染物;此外,该技术还具有成本低的优点。

四、采出水外排处理技术应用

(一)辽河油田

辽河油田杜 84 块稠油污水含 COD3300mg/L、BOD600mg/L,是一种生物难降解的高浓度有机污水。首先采用厌氧微生物来改善污水的可生化性,提高 BOD 和 COD 的比值,然后再采用特殊的生物载体和常规的接触氧化技术,使杜 84 块污水 COD、BOD、悬浮固体和含油量达到国家污水综合排放标准。

(二)中原油田

中原油田针对采出水过剩问题采用氧化沟曝气与土壤植物系统进行处理。氧化沟曝气技术将采出水的曝气、沉淀、稳定等处理过程集中于一个环形沟渠内,曝气和沉淀过程交替间歇进行。经过上述处理之后,再利用土壤以及其中的微生物和植物根系对污染物的分解、吸收进一步除去剩余的氨、氮及磷等污染物,同时还利用其中的水分和肥分促进农作物的生长。

(三)胜利油田

胜利油田在解决高温和高矿化度采出水处理上,引进美国的采出水生物处理专利技术进行试验,培育出能降解其采出水的菌种,而该菌种在高矿化度条件下能长期生存,为采出水达标外排奠定了技术基础。

此外,还利用黄河三角洲湿地系统资源丰富,并具有芦苇荡的地理特点,建设了芦苇池氧化塘的生化处理系统,解决了采出水达标外排的难题。

(四)河南油田

双河联合站是河南油田最大的联合站,日产污水 20000t,日排污水量达 7000t,虽然站内有污水处理设施,处理工艺为一级沉降→一级缓冲→一级过滤→二级过滤。但处理后的污水仍达不到国家外排标准。为了解决污水排放问题,河南油田进行了生化处理的研究和运用,试验表明出水 COD 最低为 90mg/L,最高为 124mg/L,出水达标率为 92%,平均去除率为 52%;出水硫化物平均含量为 0.7mg/L,达标率为 96%,平均去除率达 98%,效果极好。

五、冀东油田采出水生化处理站运行简介

随着冀东油田南堡陆地开发的不断深入,部分油井已进入高含水期和措施提液稳产阶段,产液量大幅度上升,采出污水迅速增多,污水达标处理外排成为制约油田发展的问题之一。因此,冀东油田建成污水生化处理站 3 座,均为悬浮与附着生物厌氧—好氧污水处理站。从 2002 年以来的运行数据表明,所有外排水指标全部达到国家一级排放标准。

(一)污水生化处理工艺

污水生化处理站生化处理工艺流程为:

常规处理后的剩余污水→冷却塔→气浮选池→厌氧池→中沉池→好氧池→二沉池→储水池→外排泵→外排。

1. 冷却塔

为了确保生化处理的污水温度能使微生物处于最佳的生长环境,污水首先进入玻璃钢冷

却塔冷却,使进入厌氧池的污水温度降低到适合厌氧菌生长的温度。

2. 气浮选池

含油污水通过气浮选池时在空气气泡的作用下,通过碰撞、聚结将溶解油及悬浮油变成大颗粒上浮,经过收油后减少进入厌氧池的含油量及COD。

3. 厌氧池

厌氧池与中沉池合建,按照污水停留时间12h设计。厌氧池内设生物填料架,池底设水下搅拌器,中沉池污泥回流到厌氧池进口。采用的低密度立体弹性填料是一种不堵塞、不结团、长膜和脱膜均比较容易,且价格低、寿命长的填料。微生物生长在活性污泥上,活性污泥的相对密度一般为1.04~1.06。每个厌氧池装有一个潜水搅拌器,以保证污水和微生物充分接触,防止污泥下沉,同时达到便于收油的目的。

4. 好氧池

好氧池与二沉池合建,按照污水停留时间14h设计。好氧池底装有可变微孔曝气装置,通过鼓风机提供好氧菌需要的氧气。池中设置中密度弹性立体填料,在曝气过程中,弹性立体填料对气泡有多层次的切割能力,可以提高充氧效率,节约动力消耗。池底设置可变微孔曝气管,具有氧传递效率高、不易堵塞、造价低,便于维护管理等特点。采用鼓风机来保持好氧池溶解氧浓度,满足好氧菌生长需要的溶解氧,同时为排泥、回流提供动力源。

厌氧池、好氧池的有效水深为4.5~4.7m,填料区的有效高度为3.0m。高一联4000m^3/d生化站填料采用固定式;高一联20000m^3/d生化站柳一联10000m^3/d生化站填料采用自由摆动式。

5. 中沉池、二沉池

中沉池和二沉池在功能上要同时满足澄清(固液分离)和污泥浓缩(回流污泥的含水率降低和回流污泥的体积减少)两方面的要求。在中沉池与二沉池中均设有排泥斗,沉降污泥分别由气体提升回流到厌氧池和好氧池前端或排放。柳一联10000m^3/d生化站、高一联20000m^3/d生化站二沉池中设有斜管,可更好地满足固液分离需要。

(二)工艺技术评价

悬浮与附着生物厌氧—好氧污水处理技术是一种高效污水处理技术,具有以下优点:

(1)微生物活性高。由于曝气装置设在填料之下,不仅供氧充足,而且对生物膜起搅动作用,加速生物膜的更新,提高微生物活性。

(2)传质条件好,微生物对有机物的代谢速度快。在好氧池中,由于空气的搅动,整个氧化池中的污水在填料之间流动,使生物膜和水流之间产生较大的相对速度,加快了细菌表面的介质更新,增强了传质效果,加快了生物代谢速度,缩短了污水处理时间。

(3)有利于丝状菌的生长。在有填料的接触氧化池中,对丝状菌的生长十分有利。丝状菌的存在,能提高对有机物的降解能力。

(4)充氧效率高。接触氧化法的填料有增进充氧效果的作用,充氧效率高,则有机物的氧化速度快。

(5)有较高的生物浓度。一般活性污泥法的污泥浓度为2~3g/L,而接触氧化法可达10~

20g/L。由于微生物浓度高,提高了处理效果。

(三)水质保障措施

冀东油田生化污水外排执行《污水综合排放标准(GB 8978—1996)》。2002年建成投产的高一联4000m³/d污水生化处理站外排执行二级排放标准(其中主要控制指标为石油类含量不高于5mg/L,COD不高于150mg/L)。2003年建成投产的柳一联10000m³/d污水生化处理站外排执行二级城市污水处理指标(其中主要控制指标为石油类含量不高于5mg/L、COD不高于120mg/L)。2005年10月建成投产的高一联20000m³/d污水生化处理站执行一级排放标准(其中主要控制指标为石油类含量不高于5mg/L,COD不高于100mg/L)。目前,三个污水生化处理站平均处理油田采出污水30000m³/d,实现了长期全部达标排放。

1. 细菌的培养与驯化

细菌的培养与驯化是否成功,直接影响污水生化处理站处理系统能否正常运行。为了缩短驯化周期,在细菌培养时要求达到以下五点:一是保持厌氧池水温在30~45℃。二是保证进水质量,减少有机负荷,要求进水含油量低于30mg/L。三是在活性污泥培养期间,注意好氧池供气量的调整。初期控制好氧池溶解氧为1.5~2mg/L,以防止有机物氧化太快,培养出的活性污泥质轻、不宜沉降;随着处理量的加大,逐步将溶解氧中的供气量加大到1.5~3mg/L。四是加入适量葡萄糖、磷酸氢二钠、尿素等物质,满足微生物生长的营养需要。五是控制好污泥回流,根据产生的污泥量,进行回流量控制及排泥,确保厌氧池、好氧池需要的活性污泥量。

2. 保持适宜的处理温度

温度是影响微生物生长的重要因素。任何微生物只能在适宜的温度范围内才能快速地生长、繁殖、生存。处理温度过低会使代谢速率降低,难以保证处理效果;过高的温度对微生物有致死作用。在生产运行过程中,控制进口温度,将生化处理站进水温度保持在30~50℃之间。

为保持平稳的水处理温度,避免其大幅波动,采取了如下措施:

(1)改变前段污水处理设施结构。

随着油田产液量的上升,高一联、柳一联污水量逐渐增加,污水处理温度相对上升,因此,将隔油罐、缓冲罐由原来的保温结构改为裸罐,从而降低进生化处理站污水的水温。

(2)不同季节采用不同的运行工艺。

冬季工艺:提升泵→厌氧池;

春、秋季工艺:提升泵→冷却塔(停冷却塔风机)→厌氧池;

夏季工艺:提升泵→冷却塔(启冷却塔风机)→厌氧池。

同时,根据来水温度随时调节旁通阀门开度,使污水进系统温度更平稳,实现了厌氧池温度变化小于1℃/5h。

(3)定期对冷却塔设备进行保养。

在每年冬季,通过对风机保养、设备检修、填料更换,确保冷却塔的降温效果。此外,一方面,严格控制污水进水温度变化速率,为微生物提供适宜生长繁殖的温度,保证污水处理效果;另一方面,利用细菌的变异性,逐步提高细菌对水温变化的适应性。目前,高一联4000m³/d生化处理站厌氧细菌能够在30~53℃的温度范围内良好生长繁殖,比设计运行温度扩大了13℃的温度区间。细菌适应温度范围扩大后,污水进水温度范围相应增大。

3. 减少 pH 值波动

微生物对 pH 值的瞬时波动十分敏感,即使在其生长的 pH 值范围内,pH 值的突然变化也会引起细菌活性的明显下降。微生物对 pH 值改变的适应过程要比对温度的适应过程慢得多。当进水 pH 值发生变化时,应及时减少处理量,以降低对生化处理站的影响;加大厌氧池、好氧池的回流比,以降低厌氧池、好氧池的 pH 值波动范围,防止微生物生长繁殖受到限制而影响处理效果。目前,各污水生化处理站 pH 值在实际运行中的控制值如表 5-7 所示。

4. 保证溶解氧浓度

溶解氧是好氧菌生长繁殖的重要因素之一。溶解氧的适宜度对污水处理有三个方面的影响:一是影响好氧菌包括原生动物和后生动物所需环境;二是对污泥产生量产生影响;三是对污泥沉降产生影响。在设施、设备建设安装后,溶解氧的供给要结合细菌的生长及处理效果进行调整。每个设施进水的 COD 不同,阶段性处理量变化较大,生物膜厚度、生长细菌的数量、污泥活性千差万别,因此对溶解氧需求也不相同。目前各污水生化处理站溶解氧实际含量范围参见表 5-7。

表 5-7 污水生化处理站 pH 值及溶解氧含量范围

序号	站名	pH 值	溶解氧,mg/L
1	高一联 4000m^3/d 生化处理站	7.4~7.6	1.5~2.0
2	柳一联 10000m^3/d 生化处理站	8.0~8.4	2.3~2.7
3	高一联 20000m^3/d 生化处理站	7.8~8.1	2.8~3.4

5. 选择适宜的 COD_{cr}:N:P 的比例

微生物的生长繁殖需要碳源、氮源、磷源和无机盐等营养物质。碳源构成微生物细胞的含碳物质和供给微生物生长、繁殖及运动所需的能量。氮源是提供微生物合成细胞蛋白质的物质,有氮气、氨气、尿素、硫酸铵、硝酸铵、氨基酸、蛋白质等。磷源对微生物的生长、繁殖、代谢起着重要作用,是合成核酸、核蛋白质的重要元素。

厌氧池按照 COD_{cr}:N:P = 300~400:5:1,好氧池按照 COD_{cr}:N:P = 100~200:5:1 的比例控制运行。按上述比例运行时,污泥增加较快,处理效果良好。高一联与柳一联进水水质变化都比较大,氨氮最高为 35mg/L,低时只有 3.5mg/L;总磷最高为 1.4mg/L,最低 0.2mg/L 以下。因此,在运行中应对总磷、氨氮、COD 进行分析,结合实际生产状况不断进行调整,确保生化处理站的正常处理效果。如果 COD、油含量符合要求,可以不加营养盐,但提高处理负荷时,应根据实际情况进行添加营养氮肥或磷肥。

6. 减弱有毒物质的影响

污水中对微生物有抑制生长繁殖或杀害作用的化学物质统称为有毒物质。不同类型的化学物质,对微生物毒害作用不同。许多重金属离子的毒害是与微生物的蛋白质结合使之变性或形成沉淀,使酶失去活性。游离氯对微生物起强氧化作用,甲醛起还原作用,酚等有机化合物使蛋白质变性。化学混凝剂对生物处理有一定的影响,铝盐、铁盐对活性污泥有损害。

这些毒害发生的判断,一般只能通过观察污泥脱落、水的颜色变化、水的粘稠度变化来推测。与保证 pH 值的措施一样,通过加大回流,减少处理量来控制毒害物质的影响。

7. 平稳调节进水量

水量突然加大会直接冲击自由摆动填料,造成生物膜脱落。合理调节进水量,每次调节进水量不得超过设计能力的 10%,再次调节进水量必须是在稳定 5h 以后,这样可以减少水量变化对生物膜的冲击,保证处理效果。

(四)运行中应注意的事项

1. 对水的观察

观察厌氧池、好氧池、中沉池、二沉池水的颜色,来确定运行是否正常。正常情况下,厌氧池水呈灰黑色,在处理效果好时可见生物膜;好氧池水的颜色随悬浮污泥含量多少而呈现清、浅黄、土黄等颜色。当发现颜色有变化时,通过水质分析确定运行状况,通过 pH 值、溶解氧、氨氮、总磷的测定和分析,确定影响因素,并根据不同的影响因素,采取相应的对策,如可采用降低处理量、加大或减少曝气量、改变营养物质的补充、增大或减少回流等措施。

嗅水的气味,从气味中可以发现水质的变化。由于氨氮含量高或生物膜过厚出现厌氧时,会闻到刺鼻的臭味。显微镜观察可以发现钟虫、轮虫少而活性差,藻类种类相对减少。

当进水含有高浓度硫化物、系统超负荷、曝气池内缺氧时,生物膜中硫细菌会大量生长,形成白色生物膜。当进水偏酸性时,生物膜中的丝状菌会大量繁殖。在发现生物膜呈黑色并散发臭味时,应采取"脱膜"的方法,通过打回流、人工搅动等措施来实现"脱膜"。

2. 对泥的观察

每天取进水、中沉池、二沉池、外排水样,细致观察水中污泥含量、污泥颗粒的大小和形状。注意观察上清液的透明程度,有无浮泥存在。上清液清澈透明表明,运行正常,污泥形状良好;上清液浑浊表明,负荷高,污泥对有机物氧化、分解不彻底;大块污泥上浮表明,沉淀池局部厌氧,导致该处污泥腐败;细小污泥漂浮表明,水温偏高,营养不足,溶解氧过量,污泥自身氧化,pH 值突然变化。根据二沉池具体情况,对症采取措施,确保水质正常。

取好氧池中的水,观察污泥形状及污泥沉降速度、污泥沉降界面的整齐度、上清液清澈程度。污泥沉降速度快,泥水界面清晰,上清液中未见细小污泥、絮粒悬浮于其中,则污泥样品性能较好。污泥沉降界面不清的原因,主要是由于短期内缺乏营养、溶解氧过量或污泥中毒,造成部分污泥解絮;污泥中丝状菌过多,也会造成沉降困难。

3. 对曝气池的控制

观察好氧池曝气是否均匀,泡沫的色泽及气泡的粘性。污泥泥龄过长会形成暗褐色泡沫,表明污泥老化或过氧化,需要增加排泥量。在高负荷时,有机物分解不完全,气泡较粘,不易破碎,需要降低进水负荷或减少处理量。目前,采用溶解氧快速测定仪检测溶解氧含量,并与氧化还原电位结合,进行曝气量的调整。

4. 生物相观察

活性污泥生物相主要观察污泥的结构、微生物活动的状态、同一种微生物数量的增减及微生物种类的变化,从而判断活性污泥的性能。

活性污泥中微生物的种类、数量、代谢活力等状况是判断水质的一种依据,可在一定程度上反映好氧系统的处理质量及运行状况。借助显微镜的低倍镜可以观察活性污泥生物相全貌、种类、活性、数量；使用高倍镜可以进一步观察原生动物和后生动物的结构特征和内部结构、纤毛的摆动等。污水处理效果好，则生物相观测中发现最多的是钟虫、轮虫和藻类。在处理过程中发现，如 pH 值发生变化，则钟虫呈不活跃状态，纤毛停止摆动；轮虫以细菌原生动物和有机物颗粒为食，在污水处理中有一定的净化作用，需氧高，生活在比较干净的水中。在活性污泥中，轮虫数量往往是反映污水处理效果好坏的标志，轮虫数量太多会破坏污泥结构，使污泥松散；太少则污水指标差。二沉池出水、储水池出水、外排口出水三个地方的污泥中轮虫数量、活性、大小均不相同，并且差异较大。

生物处理法具有不产生二次污染、自然净化、水质稳定、处理成本低的特点。目前我国油田采出水达标外排以采用生物处理法、植物湿地法或两种处理方法相结合为宜。

尽管污水回注是目前油田消纳含油污水的主要手段，但随着环保要求的提高和油田注水水质的严格化，深化采出水回用热采锅炉技术、开展采出水用于农业灌溉和绿化以及采出水作为消防用水的处理技术研究，是采出水资源化合理利用的有效途径。低污染、低成本、易操作、高效率则是未来油田采出水处理技术的发展趋势。

第五节　聚合物驱采出水处理工艺

目前我国大部分油田已进入三次采油阶段，聚合物驱和三元复合驱是最重要的三次采油技术，该技术在大庆、大港、胜利、辽河和玉门等油田得到了大面积的推广。虽然聚合物驱采油技术的大规模推广，为我国原油的稳产奠定了坚实的基础，但注聚合物开发对油田地面集输系统的最大影响是联合站脱出污水的含油量增大，污水的处理难度也随之大幅度升高。与注水驱采油污水的水质相比，聚合物驱采油污水中不仅含油量高，而且含有大量的聚合物。聚合物的存在增加了油水分离的难度。此外，由于在聚合物驱油过程中，注入地层的聚合物只有一小部分随采出水排出，大部分留在地层中，如果将采出水回注地层，加入的聚丙烯酰胺量要大于用清水配制时的量，才能达到与清水同样的采收率，这会导致地层中聚丙烯酰胺的积累。因此，含聚合物采出水的处理问题已经成为油田含油污水处理的重要课题之一。

一、聚合物对含油污水处理的影响

聚合物驱采油污水与水驱采油污水的最大差别是其中含有聚合物 PAM（聚丙烯酰胺）。由于聚合物的存在，使得含聚污水的性质与普通含油污水有很大的不同。在聚合物驱采出水中，聚合物的质量浓度通常小于 600mg/L，相对分子质量为 200 万～500 万。聚合物对含油污水处理的影响主要体现在：

(1)采出水中含有聚合物，会使含油污水的粘度增加。45℃时水驱采出水的粘度一般为 0.6mPa·s，而聚合物驱采出水的粘度随聚合物含量的增加而增加，一般为 0.8～1.1mPa·s。粘度的增加会增大水中胶体颗粒的稳定性，使污水处理所需的自然沉降时间增长。

(2)采出水的油珠变小了。粒径测试发现聚合物驱采出水中油珠粒径小于 $10\mu m$ 的占 90% 以上，油珠粒径中值为 3～5μm。微观测试结果表明，聚合物使油水界面水膜强度增大，界面电荷增强，导致采出水中小油珠稳定地存在于水体中，因而增加了处理难度，使处理后的污水中含油量较高。

（3）由于阴离子型聚合物的存在，严重干扰了絮凝剂的使用效果，使絮凝作用变差，大大增加了药剂的用量。同时，处理后的水质达不到原有水质标准，含油量、悬浮固体含量严重超标。

（4）由于聚合物吸附性较强，携带的泥沙量较大，大大缩短了反冲洗周期，增加了反冲洗的工作量。同时由于泥沙量增大，要求处理各工艺环节排泥设施必须得当，必要时需增加污泥处理环节。

二、聚合物驱采出水处理工艺

（一）沉降—过滤组合工艺

目前典型的含聚污水处理工艺流程有两种：一种是两级沉降、两次压力过滤的处理工艺；另一种是两级沉降、一次压力过滤的处理工艺。两级沉降、一次压力过滤的处理工艺，即是在两级沉降、两次压力过滤处理工艺的基础上减掉第二次过滤的环节。

（二）以横向流除油器和 DTH 聚结除油器为主体的系统工艺

横向流除油器主要由聚结板区和分离板区构成。水流在设备内沿水平方向流动，油垂直向上移动，泥垂直向下滑动，处理后水质不会产生二次污染等问题。利用单体横向流除油器在聚合物驱现场进行试验，设备的处理量为 $15m^3/h$，有效停留时间 20min，污水中聚合物质量浓度为 380～420mg/L。试验结果表明，设备进口含油量变化较大（640.9～8220mg/L），但除油率均在 89.55% 以上，最高达 94.65%，出口含油量最低达 66.96mg/L。

采用横向流聚结除油器和 DTH 聚结除油器为主体的除油设备，配合二次过滤，对聚合物驱采油污水进行处理，在聚合物质量浓度为 254.6～286.8mg/L、进水含油量为 1301mg/L、悬浮固体平均含量为 68.9mg/L 的条件下，处理后出水平均含油量为 3.3mg/L、平均悬浮固体含量为 14.1mg/L、粒径中值平均不高于 $3\mu m$，达到回注中、高渗透层的注水水质要求。

（三）以水力旋流器为主体的系统处理工艺

水力旋流法是利用油水密度不同、互不相溶及含油污水在水力旋流器中高速旋转时产生离心力的差异来实现油水分离的。

采用新型气携式水力旋流器对油田聚合物驱采出水进行的现场除油试验表明，在聚合物的质量浓度为 400～500mg/L、污水含油量为 1000mg/L 左右的条件下，最佳分流比为 30%、气液比为 0.45，出水含油量在 100mg/L 以下。与常规旋流器相比，气携式水力旋流器提高除油效率约 10%。

采用改进后的静态 K 型液—液水力旋流器并结合过滤处理聚合物驱采油污水时，在聚合物质量浓度为 200～549.9mg/L、进水含油量小于 2000mg/L 的条件下，出水可达到中渗透层注水水质指标。

水力旋流法具有设备体积小、重量轻、处理速度快的优点，但水力旋流法处理污水时，由于污水在旋流器内的高速流动易产生湍流、剪切以及涡流作用，造成污水再乳化，影响油水分离精度。所以对于本身乳化程度就很高的三次采油污水，水力旋流法的处理效果还有待进一步证实。

(四)气浮处理技术

气浮法对于重质油和乳化油有很好的处理效果。采用射流气浮法处理聚合物驱采出水的工艺原理是,利用射流泵在射流器前后产生负压,吸气后产生微细泡,微细泡携带油滴、悬浮物上浮至水面,达到净化水的目的。

利用射流气浮机处理含聚污水时,在污水中聚合物质量浓度280mg/L、含油量300mg/L的条件下,出水含油降低至40~100mg/L,结合过滤处理,出水可以达到油田中、高渗透层注水水质要求。但随着时间的推移,污水中聚合物的浓度会不断增大,气浮法能否获得同样的处理效果,还有待实践的检验。同时,浮选剂往往对浮选处理效果起着至关重要的作用,因此研发高效浮选剂也是三次采油污水处理研究的一个重要方面。

三、新型絮凝剂的研制

在油田含聚污水处理的新工艺开发中,最简便的方法是在现有工艺系统的基础上,研究出针对聚合物污水的高效絮凝剂,从而可以避免耗费大量资金筹建新的处理站或增设新的处理设备,目前在这方面已有一些进展。

通过筛选复配得到的絮凝剂 XN98,由无机絮凝剂和有机阳离子絮凝剂组成,主要成分为无机絮凝剂,其作用是电性中和,使胶体脱稳;而其中少量的有机阳离子絮凝剂则起到电性中和及絮凝架桥的双重作用,使絮团紧密结合。现场试验结果表明,絮凝剂 XN98 用量为 50mg/L 时,处理后水质达到中、高渗透层含聚合物污水注水水质控制指标;当絮凝剂 XN98 的用量达到 200mg/L 时,处理后出水水质达到低渗透层含聚合物污水水质控制指标。

新型改性聚合铝(HPAC),用于处理聚合物驱采油污水,实现了污水中的油、颗粒物和聚丙烯酰胺的同步去除。

絮凝剂 LN-A 由无机高分子和有机低分子共聚物组成,对聚合物采出水中的悬浮物和残余油有高效脱稳、强絮凝及破乳能力。用于大庆油田采油二厂的聚合物驱采出水处理,出水悬浮物和残余油满足回用水质标准。

以上新型絮凝剂均是针对阴离子型 PAM 的特点来设计的,且大多是对无机阳离子絮凝剂改性或复配的结果。有机高分子絮凝剂虽然絮凝效果好,但由于价格较高,应用受到限制。可见对于絮凝法处理合聚污水的研究方向是研制高效低价的阳离子絮凝剂。

目前,国内油田含油污水的常规处理技术导致注水—污水系统失衡的矛盾日益加剧,已不能满足含聚污水处理的需要。为更好地利用聚合物驱采出水,针对含聚合物污水的特点,研究聚合物驱采出水通过降低矿化度处理,达到配制聚合物回注原地层的可行性,从根本上解决采油过程中注水—污水系统失衡的矛盾。同时,为缓解现有矛盾,有必要研制高效、切实可行的含聚污水处理工艺,进一步简化处理工艺流程,为含聚污水达标排放做好技术储备。

第六节 膜分离技术的应用

膜分离技术是近20年来迅速发展起来的一种高新技术,它是利用膜的选择透过性进行分离和提纯的技术。用于油、水分离的膜有反渗透膜、超滤膜、微滤膜、纳滤膜和电渗析膜等。膜分离技术处理含油污水一般无相的变化,不产生含油污泥,浓缩液可焚烧处理;透过流量和水质较稳定,不随进水中油分浓度波动而变化;一般只需压力循环水泵在常温下操作。膜分离法处理含油污水具有操作简单、分离效果好、化学添加剂用量少、易自控、易维修、能耗低等优点,具有良好的应用前景。

一、膜分离机理

膜分离机理十分复杂,影响因素众多,基于已进行的研究,认为流体通过膜的推动力主要是压力差、分压差、浓度差和电位差等。选择性和膜通量是膜分离的重要技术指标。当需要从流体中除去高分子、胶粒、低分子等溶质时,常用去除率表示选择性;膜通量指单位时间内单位膜面积透过物质的量。在膜分离过程中选择性和膜通量通常是相互矛盾的。常用于油水分离的微滤膜和超滤膜的膜分离机理一般以筛分原理为主,油粒的分离主要取决于膜孔径的大小。但实际上,油粒在压力下的变形以及吸附、电荷等因素导致大直径油粒可通过小膜孔,这一现象宜用膜分相机理解释。

膜分相技术是利用多孔薄膜(分相膜)的亲油性或亲水性将液液分散体系中有机相(油相)和水相分开。当两种液体互不相溶,且对同一种分相膜的亲和力有一定的差别时,在一定的水力学和外力作用下,必有一种液体在膜的表面形成一定厚度的纯液层,另一种液体在该纯液层中形成浓度梯度。在有分相的条件下,分相能力与分相产液的浓度有一定关系,分相能力越小,产液浓度越高。膜分相技术具有常温操作、无相变、不添加杂质、节省能源等优点,但所面临的最大问题是膜的污染有待解决。

筛分原理和膜分相机理都不能完整地表达实际分离过程中膜的传质过程。膜的传质机理一般认为由两部分构成:膜内传质和膜表面传质。对油水乳液而言,膜内传质比较符合孔模型的筛分原理。超滤和微滤基本上都是典型的筛分过滤过程。在不考虑浓差极化时,将流体通过膜孔的流动看作毛细管内的层流。实际上,膜分离受表面浓差极化和凝胶层形成的影响。也有观点认为膜的选择透过性使含油污水中某一组分被截留,积累在膜高压侧表面,造成与主体液的浓度差。若被截留物质在膜表面沉积成凝胶,表面传质将受其控制。油水膜分离过程的基本理论还很不完善,需通过流场动力学机理研究建立合理的数学模型。

二、应用现状

(一)反渗透(RO)膜

RO 膜几乎可以将相对分子质量为 150 以上的有机组分完全截留。对于低含盐的油田采出水,采用常规处理工艺,就可以去除主要的污染物,但对于高含盐的采出水,需采取更加复杂的处理工艺,如蒸馏或 RO 工艺。蒸馏法耗能大,成本高,所以并不经济。

1989 年第一次采用 RO 工艺处理油田采出水是在贝克斯油田。该污水处理站采用油水分离、澄清、过滤、RO 和除盐工艺,处理后的水质达到锅炉用水水质标准。

1993 年美国的 Tao 等在 SanArdo 油田采用化学澄清、石灰软化、调节 pH 值、浮石过滤器、沸石软化器、弱酸离子交换器、筒式过滤器、RO、好氧生物处理以及钠吸收装置等一系列处理后,将采出水转化为清水。RO 系统处理规模为 $27m^3/d$。中试研究发现,SanArdo 油田采出水在低 pH 值(5~7)条件下极不稳定,RO 膜很快就被污染,滤后水在很短时间内就变黄。因此,在 SanArdo 油田,保持采出水稳定是成功使用 RO 的关键。通过大量的试验,采取提升 pH 值

(10.6~11.0)的方法,解决了 RO 膜的污染问题。回收率为 75%,运行 45d,膜污染速率几乎为 0。中试成功地将 TDS 含量 7000mg/L、硅含量 250mg/L 和溶解油含量 170mg/L 的采出水处理后,达到加利福尼亚州饮用水标准。

反渗透膜分离技术已经在世界各地得到了广泛的应用,已成为海水淡化、苦咸水淡化、各种料液分离和浓缩的主要手段。

(二)超滤(UF)膜

UF 膜可以截留固体颗粒、胶体及相对分子质量为 1000~100000 的大分子,现已成为应用领域最广的膜技术。UF 膜处理含油污水时,可采用间歇式或半间歇式流程。

1987 年 Famand 等采用超滤膜对稠油污水进行了处理。对不同采出水水样,在不同操作条件下,对超滤管式膜的渗透率、油含量及膜通量进行了检测。结果表明,采出水越稳定,超滤膜处理效率就越高;反之,处理效率就会降低。

采用超滤膜处理采出水,在降低水处理药剂量的同时可将油全部去除,为后续的软化及其他水处理工艺提供稳定和干净的水。

1998 年,国家生态环境研究中心王静荣等采用不同材料的中空纤维超滤膜对油田污水做了实验研究。筛选出适合处理油田含油污水的几种中空纤维超滤膜,研究了操作条件对膜透过性能的影响,以及不同清洗方法对膜透过性能的恢复效果。进一步研究表明,使用表面活性剂和异戊醇混合溶液为清洗剂,采用负压抽洗和反压冲洗同时进行的方法,可以使膜通量恢复率达 90% 以上。

2003 年,胜利油田尹赐予等采用 HPL 型板框式超滤器对油田含油污水进行处理试验。在进口处含油量为 500~6000mg/L,经过一次浓缩,可使污水含油量达 1%~3%,而渗透液中的含油量在 100mg/L 以下,油分截留率达 99%。

(三)微滤(MF)膜

一般来说,微滤膜是一种孔径为 0.01~10μm、高度均匀、具有筛分过滤作用的多孔固体连续介质,主要分为有机膜和无机膜两类。

由于有机膜的性能随使用时间推移而降低,甚至会因溶胀而报废。而无机的金属膜、陶瓷膜具有耐高温、耐化学侵蚀、机械强度好、抗生物能力强、渗透量大、可冲洗性强和使用寿命长等特点,目前应用于油田采出水处理研究的主要是无机膜。

王怀林等采用国产及进口的陶瓷微滤膜进行了大量试验研究,探讨了不同温度、压差、膜面流速和孔径等参数对过滤特性的影响。针对膜处理中最为关键的清洗问题,设计了脉冲及预处理工艺,有效地延长了过滤周期,并验证了所采用的预处理工艺、清洗工艺、脉冲工艺的可重复性和稳定性,为工业性放大试验奠定了技术基础。

利用陶瓷微滤膜处理油田采出水的试验研究表明:陶瓷膜处理含油污水效果较好,处理后含油量小于 3mg/L,悬浮物含量小于 1mg/L,粒径小于 1μm,可满足低渗透油田注水水质要求。优化清洗剂配方和强化清洗工艺可以较好地解决陶瓷微滤膜清洗中膜通量恢复率低、污染物累积的难题。其技术优势明显,有着广阔的应用前景,但由于无机膜再生困难、成本较高等原因,距油田大规模推广应用还有一定的距离。

(四)纳滤(NF)膜

纳滤膜是20世纪80年代出现和推广的一种新型工业分离膜,它可截留透过UF膜的那部分溶质,同时又可使被RO膜所截留的盐透过。其截留相对分子质量约为200~2000,由此推测它可能拥有1nm左右的微孔结构,故称为纳滤膜。在石油化工行业,广泛采用NF膜技术处理含盐量较高的工业废水和酸性废液。

石油工业的含酚污水的毒性很大,必须脱除后才能排放,若采用纳滤技术,不仅酚的脱除率可达95%以上,而且在较低压力下就能高效地将污水产生的镍、汞等重金属高价离子脱除,其费用比反渗透等方法低得多。

(五)电渗析膜

电渗析技术是在直流电场作用下利用离子交换膜的透过选择性,把电解质从水中分离出来,实现溶液的淡化、精制或纯化的过程。

大庆油田是世界上最大的聚合物驱采油的油田,每年产生大量的聚合物驱采出水。高矿化度的出水会造成聚合物粘度损失较大,因此聚合物主要采用清水配制。目前常规处理流程不能降低采出水矿化度,大部分采出水只能回注到中、高渗透层重复使用,造成了注采不平衡。

利用三室电渗析槽降低含聚污水矿化度,用降低矿化度后的淡水配制的聚合物溶液,其粘度和抗剪切性能均超过清水。用降低矿化度后的淡水配制的1g/L聚合物溶液的粘度比清水所配的高$11.9 mPa \cdot s$,可以用其代替清水进行聚合物驱油。试验结果表明,用电渗析方法降低油田聚合物驱采出水的矿化度在技术上是可行的。

三、存在的问题及对策

采用膜分离技术所要面临的严重问题是膜污染问题。对此,大量的研究提出了两类解决途径,其一是使用震动或离心装置增强膜表面的剪切力以减小浓差极化;其二是使用膜表面改性技术增强膜表面的亲水性以减小污染。通过表面改性技术可制出适当的油水分离膜,既具有足够的机械强度,又能有效地降低膜污染。

另外,膜通量衰减也是制约膜分离技术的一个重要因素。

现有的一些试验数据表明,在短期内(几天至几星期)膜通量可达到$3400 L/(m^2 \cdot h)$,但随着时间的延长,膜通量一般都成倍下降。膜通量通常与采出水水质如pH值、温度、油含量、处理流量及化学药剂等具有很大的关系。通过深入研究分离膜的膜面特性与采出水水质特性之间的关系,明确引起膜通量下降的原因和机理,从微观上了解分离膜的分离过程和机理,从而为寻求解决膜通量下降措施铺平了道路。例如,采用动力膜和不同水力技术来降低膜污染和提高膜通量,使膜的清洗周期延长。

将膜分离与传统的油田水处理技术相结合,利用两种分离技术可以弥补各自的缺点,并最大限度地发挥各自的优势。例如与生物处理技术相结合的膜生物反应器,与化学絮凝、沉淀技术相结合,以及将不同级别孔径的过滤膜相结合的分级过滤等。这种膜组件减少了目前的多单元处理模式,具有高效、动态、抗污染特性。还可将膜技术和传统聚结技术结合起来,开发具有抗污染、破乳特性强的功能膜。这些技术都将使各种污水处理技术各尽所长,以达到最好的处理效果和最佳的经济效益。

近年来,国产膜元件及组器开发取得了丰硕成果,部分膜和组器性能达到或接近世界先进水平。随着国内膜工业的迅速发展,高性能的国产膜组器必将逐步替代进口膜组器,膜技术在油田采出水处理中的大规模应用指日可待。

第七节 液液水力旋流分离技术

液液水力旋流器是一种用于非均相液体的分离设备,它是利用不同密度、互不相溶的液体混合介质高速旋转时,各相产生不同的离心力而进行分离的。20 世纪 80 年代中期,国外成功地将水力旋流器应用于石油行业作为油水分离装置,在海上平台、污水处理站及井口装置等场所均取得了显著效果。水力旋流器作为液液分离器的优点十分突出,它结构简单、质量轻、占地面积小、没有过滤元件,不存在经常更换易损件的问题;其次是维修费用低、分离效率高和处理时间短,是一种安装方便、成本低廉的高效分离设备。液液水力旋流器所显示的超强优越性能,使其在原油处理和采出水处理等工程领域得到了广泛的应用与发展。

根据该类设备有无运动部件,水力旋流器可分为静态水力旋流器和动态水力旋流器,并由此衍生出了第三类复合型水力旋流器。

一、静态水力旋流器

水力旋流器是利用不同相之间的密度差来实现有效分离的。旋流器中的离心力很强,其分离能力是重力分离设备的数百倍到 1000 倍以上。用于含油污水净化的典型静态水力旋流器如图 5-10 所示。

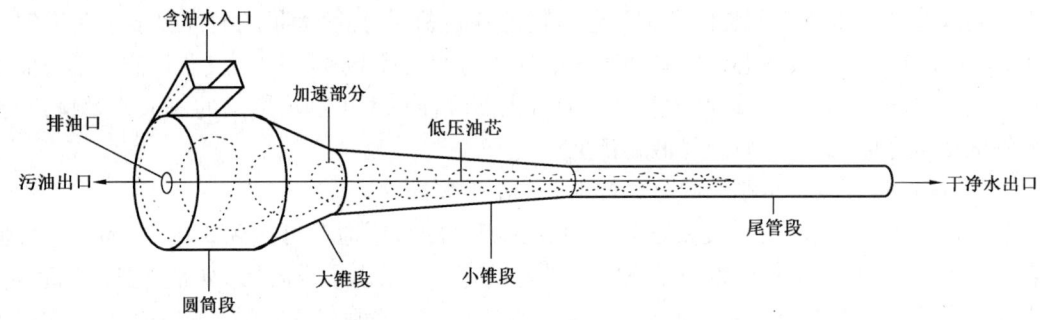

图 5-10 静态水力旋流器的结构和工作原理示意图

(一)结构和工作原理

静态水力旋流器主体是由入口段、收缩段、分离段和出口段四个回转体顺序连接而成。

液液水力旋流器的工作原理包括三个部分:首先,借切向输入流体的静压力产生旋转运动;继而,在该旋转运动中完成待分离物料的空间规律性分布;最后,经特殊的结构设计完成分离。

在压力作用下,含油水通过入口腔切向进入水力旋流器,其压能迅速转化为动能。当流体沿水力旋流器的轴线螺旋向下流动时,在大、小锥段的缩径面上得以加速,产生了油水分离所需的强离心力。其中小锥段补充离心力和摩擦损失以保持流体的高加速度。作用在重质水相的离心力使水相沿锥段壁运动，轻质油相则形成低压油芯。最终，水相进入尾管段从水出口流出，低压油芯在底流出口的背压作用下，沿逆水流方向从同心设置于入口段后壁的溢流出口流出。

(二)功能

早在20世纪80年代，英国就在旋流管的基础上，对静态水力旋流器的功能进行了全方位的研究与完善。

液液两相分离的静态水力旋流器在含油污水的分离净化方面已得到广泛的应用。

英国南安普顿大学应用静态水力旋流器对原油预脱水和预分离技术开展了前期的研究工作。研究表明在不同溢流比条件下，油中含水可以由入口的25.5%降低到0.5%左右；但阻力特性曲线显示，原油脱水旋流管压力损失比污水除油旋流管显著增大，而且不同含水比下的阻力特性曲线形态变化较大。这主要是因为处理介质与含油污水的特性有较大差别，随着介质中含水量的下降，其粘度值明显增加，一方面要获得较好的分离效果需要建立更强的离心力场，另一方面维持强离心力场又会导致能量损失的成倍增加。因此，静态水力旋流器用于原油的脱水净化，虽具有技术上的可行性，但从压力损失和设备运行费用方面考虑又具有局限性。但静态水力旋流器用于高含水原油的预分离，则具有技术和经济上的双重可行性。因为高含水原油的含水率一般在90%左右，介质特性与含油污水相差无几，旋流器中就无需太强的离心力场，其压力损失也不会很大，只是在操作工况中要选取较大的溢流比。

静态水力旋流器在原油预分离方面具备了较好的应用背景。对轻质低粘原油，当进液含水高于90%时，出油含水在45%以内，脱水率在90%以上；对于重质高粘原油，当进液含水高于90%时，出油含水在65%左右，脱水率在80%以上。

综上所述，静态水力旋流器可以应用于含油污水处理和高含水原油的预分离，并且得到了较广泛的实际应用，但用于低含水原油的预脱水方面，仍受到一定的经济可行性制约。此外，静态水力旋流器要获得较好的应用效果还需有完备的工艺配套措施(如低剪切增压方式)，仅依靠静态水力旋流器尚不能达到油田采出液深度处理的要求。表5-8列出了静态水力旋流器的主要技术参数。

表5-8 静态水力旋流器的主要技术参数

序号	技术参数	预分离旋流器	原油脱水旋流器	污水除油旋流器
1	进口物流	高含水原油	低含水原油	含油污水
2	底流	含油污水	含油污水	净化水
3	溢流	低含水原油	净化原油	含水污油
4	入口含油，%	≤20	≥80	≤0.2
5	底流含油，mg/L	≤2000	≤50000	≤50
6	溢流含水，%	≤30	≤0.5	没限制
7	溢流比取值，%	≤50	≥50	≤5
8	溢流产物再处理	脱水、脱气	脱气	打回上游循环处理
9	底流产物再处理	除油净化	除油净化	过滤、回注或外排

二、动态水力旋流器

法国的 Total Ccp 和 Neyrtec 联合对静态水力旋流分离技术又进行了发展,并于 1986 年 7 月成功开发了用于含油污水净化处理的动态水力旋流器,20 世纪 90 年代美国 CINC 又开发出了新的专利产品。

动态水力旋流器结构如图 5-11 所示,主要由电动机、调频装置、导向件、旋流分离腔和集流口等组成。其工作原理是在电动机驱动下,旋流筒作高速旋转,被分离介质进入旋流筒后,在粘性剪切作用下产生高速旋流,建立实现分离所需要的离心力场,在此力场中较轻油相介质向轴心汇集,较重水相介质则趋于筒壁,然后分别由排料端的集油口和集水口排出,调节旋流筒的转速即可控制旋流筒内离心力场的强度,从而达到不同的分离质量要求。

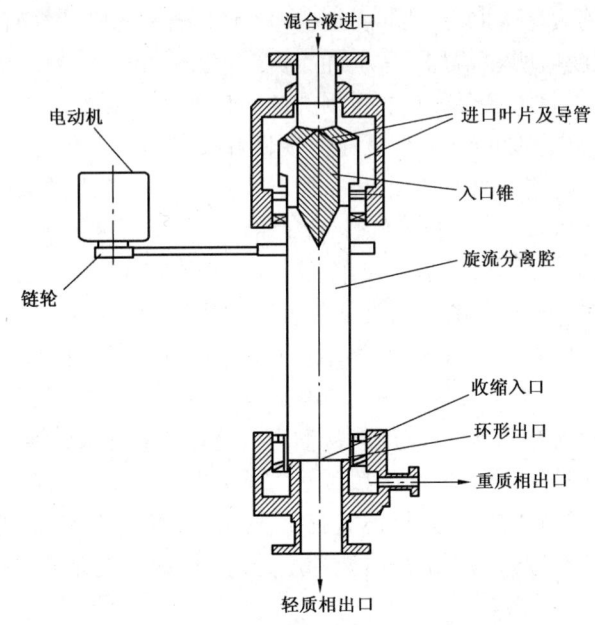

图 5-11 动态水力旋流器的结构和工作原理示意图

目前,该类设备主要用于含油污水的分离净化,动态水力旋流器在此应用方面的典型工作参数如表 5-9 所示。

表 5-9 动态水力旋流器处理含油污水时的典型工作参数

处理量,m³/h	转速,r/min	入口压力,MPa	入口含油,mg/L	出口含油,mg/L
16.6	1655	0.93	1300	48
5.96	2070	1.21	6000	48

通过对动态与静态水力旋流器的对比研究表明,动态水力旋流器的除油效率更高,对小于 15μm 的油滴也具有显著的脱除效果。在能耗方面,最大流量为 11.355m³/h 的静态水力旋流器所需泵的驱动功率最高为 15.67kW,而动态水力旋流器只需 8.952kW 的电动机就可满足额定设计处理量 15.897m³/h 的需要。

相对于静态水力旋流器而言,动态水力旋流器还具有操作弹性大、适于处理高粘介质等优点,其不足是要解决动平衡及动密封问题,设备的结构复杂、制造成本高、维护量大。

三、复合型水力旋流器

(一)静—静复合型水力旋流器

由于油田采出液的成分比较复杂,某些采出液中还可能含有大量不同来源、不同性质的悬浮固体,为适应分离这种采出液的特殊要求,国外学者于1987年在静态水力旋流器的基础上,研制出一种增加集砂功能的单锥形三相水力旋流设备,如图5-12(a)所示。其工作原理是含有泥砂的油水混合液进入设备后,在离心力场作用下,密度较小的油相向轴芯汇集,最后由顶部的溢流口排出;密度较大的泥砂被甩向器壁并沿器壁螺旋向下游运移,进入单锥底部的集砂腔中,而水相则由底流口外排。

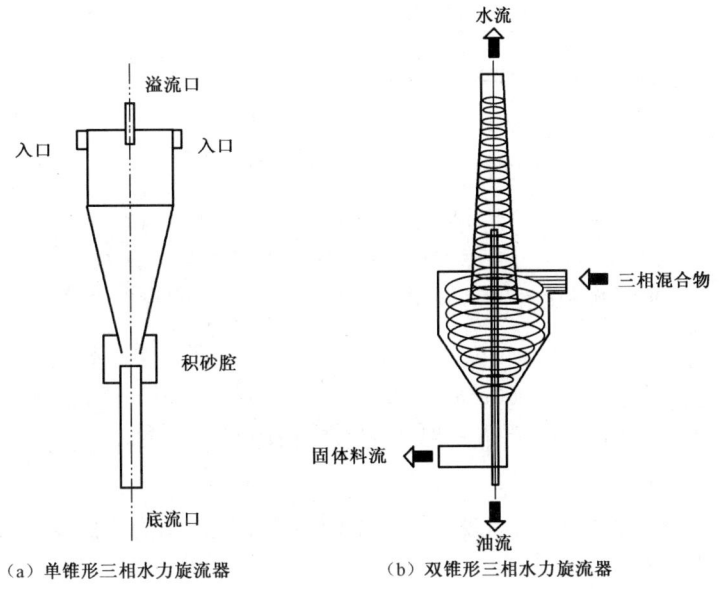

图5-12 三相水力旋流器工作原理示意图

这种单锥形三相水力旋流器的主要设计缺点是:按混流方式分离的固体在收集过程中很容易错过环形开口,固体会与水一起从底流口流出。出于此种考虑,又设计出新型的双锥形三相分离器,如图5-12(b)所示。它的两个锥腔同心反向设置,可以看作是两个静态水力旋流器的反向复合,其中重质固相在粗短的下锥腔中分离,轻质油相则在上部的细锥腔中分离。

双锥形三相分离器兼有除油和除固两种功能,却保留了液液水力旋流器原有的特点。这在很大程度上可以认为是液液旋流技术在应用方面的衍生,从而增大了进一步简化油气集输系统的可能性。

通过对样机(公称处理量为$1.4m^3/h$)的试验研究表明:双锥形三相水力旋流器对采出液的分离效果良好,有较宽的调节比,其除油、除砂效果可与专用除油、除砂水力旋流器的效果相媲美;和除油的静态水力旋流器有相同的尺寸、重量和可靠性;三相水力旋流分离器的配套系统比用于深床过滤结构或除砂、除油水力旋流器的水处理系统更轻便、更紧凑;由于在一个设备上实现了两种功能,减少了设备投资和成本,尤其适宜于海上油田使用。

(二)静—动复合型水力旋流器

大庆石油学院将静态与动态水力旋流技术有机地结合在一起,开发出静—动复合型水力旋流器。这种旋流器由动力组件(包括电动机、空心驱动轴、旋转栅及溢流嘴等)、静态水力旋流器、入口腔、底流腔及溢流腔等部分组成,其结构如图 5 – 13 所示。油水混合液先进入复合式水力旋流器的入口腔,此时电动机通过联轴器带动旋转栅作高速转动。待分离液随旋转栅作高速转动,形成高转速涡流,受压力作用经旋转栅流道进入静态水力旋流器的锥体分离段。分离出的轻质油相沿中心反向运移,先后流经溢流嘴、空心驱动轴中心孔、轴径向孔槽,汇集入溢流腔后排出;重质水相被甩到静态水力旋流器内壁,沿底流水出口排出。

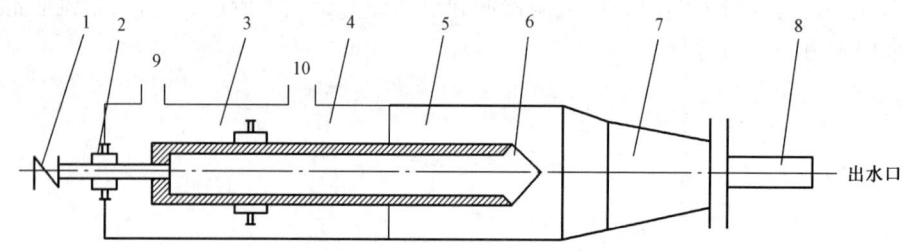

图 5 – 13 静—动复合型水力旋流器结构图
1—空心驱动轴;2—密封装置;3—溢流腔;4—入口腔;5—旋转栅;
6—溢流嘴;7—静态水力旋流器;8—底流腔;9—溢流口;10—进液口

该旋流器的额定处理量为 $8m^3/h$,用作对含油污水的分离试验开展研究,其主要分离特性是:当电动机驱动轴转速低于 3000r/min 时,入口压力 0.10 ~ 0.35MPa,底流压差为 0.05 ~ 0.20MPa,处理量为 3 ~ $10m^3/h$,选用单螺杆泵增压和离心泵增压两种方式,分离效率分别达 97% 和 84%。

在水力旋流器的发展过程中,出现了许多不同结构型式的水力旋流器,它们具有各自不同的应用特点和分离性能。

水力旋流器与常规分离设备相比,具有分离效率高,结构简单,占地少,无运动部件,操作维修方便,安装灵活,对振动不敏感等诸多优点,尤其是能够满足海洋平台和海洋石油生产设施对集输工艺设备的较高要求,还可以适应作业环境中的摆动影响。因而在陆上老油田的工艺改造和海上油田集输中具有广阔的应用前景。最大限度地开发、应用新型水力旋流技术,不断地提高油气集输水平,是节能降耗、提高经济效益的时代对集输工作的根本要求。

第八节 OPS 型油田采出水处理装置的应用

陇东油田随着生产规模的扩大及开发时间的延长,产出水量逐年递增,原有采出水处理配套设施与生产规模越来越不相适应。同时,随着对环保要求的提高,合理解决油田采出水的达标外排及回注问题,保护油区生态环境已成为陇东油田可持续发展的迫切需要。因此采用先进的采出水处理装置,提高污水处理质量尤为重要。为此,陇东油田积极引进采出水处理新装

第五章 采出水处理工艺及设备

置,先后在木一综合站、悦三转等建立了采出水处理工艺的试验点,对引进的 OPS 型油田采出水处理装置进行跟踪评价,经监测结果表明,回注水质得到明显改善,有效提高了采出水处理效率。

一、OPS 型油田采出水处理装置设备参数

(一)进水参数

(1)进水含油≤1000mg/L;
(2)机械杂质≤400mg/L;
(3)处理能力≤400m³/d;
(4)原水中不含聚合物;
(5)环境温度≥5℃。

(二)出水参数

(1)出水含油≤15mg/L;
(2)机械杂质处理效率≥80%;
(3)悬浮物含量≤5mg/L。

(三)设备参数

(1)长×宽×高:6.95m×2.2m×2.65m;
(2)运行功率:12kW。

二、OPS 型油田采出水处理装置系统组成及作用

OPS 型油田采出水处理装置系统主要由 OPS 油水分离单元、TSS 悬浮物分离单元和制氮系统组成,如图 5-14 所示。

(一)OPS 油水分离单元

OPS 油水分离单元包括预处理区、油水分离区和清水缓存区。

1. 预处理区

预处理的作用一方面是在进水不稳定的情况下对进水的水质和水量进行调节,减少对后续

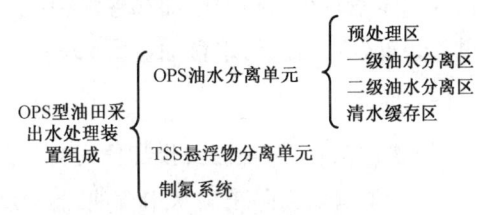

图 5-14 OPS 型油田采出水处理装置系统组成

处理单元的冲击,增强整个系统的耐负荷能力;另一方面可以通过旋流和引气气浮的方式去除进水中的大部分大颗粒浮油和部分悬浮物,减小后续处理的压力。

在预处理区的上方,有刮油机将水面的浮油收集到收油槽中,通过排油管道排放到污油池中。在预处理区的底部有泥斗和排泥管道,可将收集的污泥通过排泥管道排放。

2. 油水分离区

油水分离区的作用是通过乳化油与油水分离组件的摩擦碰撞,将乳化油聚集成小油滴,并在微小气泡的作用下,上浮到水面以上形成浮油;并使密度大于水的悬浮物颗粒在重力的作用下沉积到水池底部的泥斗中,实现油水分离和去除部分悬浮物的目的。

在油水分离区的上方,有刮油机将水面的浮油收集到收油槽中,通过排油管道排放到干化池中。在油水分离区的中部有氮气吹扫装置,通过压力氮气对粘附在油水分离组件上的浮油和污泥进行吹扫,使浮油浮到水面上、污泥脱落沉到池底。在油水分离区的底部有泥斗和排泥管道,可将收集的污泥通过排泥管道排出装置。

3. 清水缓存区

处理水在清水缓存区静置,使水中的悬浮物进一步沉降,并通过底部的泥斗和排泥管道排放至污泥池。同时清水缓存区的另一重要作用是使处理水在此缓冲,准备进入下一级TSS悬浮物分离单元。

（二）TSS悬浮物分离单元

TSS悬浮物分离单元是根据物理拦截原理设计的双级精密悬浮物分离单元,主要功能是进一步去除水中的泥沙、粘土、铁锈和悬浮物等微小颗粒杂质。TSS悬浮物分离单元采用不锈钢烧结滤芯和先进的清洗技术,可有效地去除水中悬浮物,无需更换滤芯,具备全自动反冲洗功能,使用寿命长。

（三）制氮系统

在OPS型油田采出水处理装置处理污水过程中,需要气体作为载体,考虑到无需增加回注水中的溶解氧和使水中离子处于稳定状态的原则,装置选用氮气作为气体载体。制氮系统为装置提供纯度在99.9%以上的高纯度氮气。

三、OPS型油田采出水处理装置特点

OPS型油田采出水处理装置是基于气浮原理进行工作的。气浮法是利用高度分散的微气泡作为载体粘附污水中的原油和悬浮物,使其密度小于水而上浮到水面,从而实现固液分离。通过该装置处理后的污水含油量为15mg/L左右,悬浮物含量为5mg/L左右。

（一）优点

（1）物理法处理,不需要投加任何化学药剂,运行成本低,不会造成二次污染;

（2）能够有效去除采出水中含油、悬浮物和COD;

（3）停留时间短、装置体积小、结构紧凑、占地面积小,在很大程度上节约空间;

（4）操作简便,手动、自动灵活操作,无需人工值守,只需定期巡视;

（5）不产生污泥絮体,降低后期污泥处理难度及费用,污油不含任何药剂,可回收利用,节约资源。

（二）缺点

（1）对油田采出水的物理化学性质要求高;

（2）维修费用高,难度大（需厂家专门维修）;

（3）精密度高,对员工操作技术素质要求较高;

（4）结构复杂,容易损坏。

四、OPS 型油田采出水处理装置工艺流程

OPS 型油田采出水处理装置的工艺流程如图 5-15 所示。

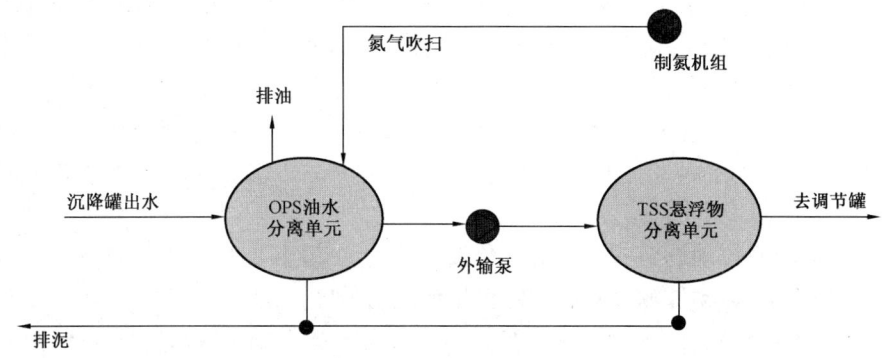

图 5-15　OPS 型油田采出水处理装置工艺流程

从沉降罐出来的含油采出水首先进入 OPS 油水分离单元的预处理区,经过旋流和气浮处理,去除了水中大部分的浮油和悬浮物。而后进入 OPS 油水分离区,在油水分离区内,水中细小的乳化油在聚结除油组件表面摩擦碰撞,聚集成小油滴,小油滴与多相流泵产生的微泡粘附在一起,并在微泡的带动下浮到水面上。密度大于水的悬浮物经过与聚结除油组件的碰撞,在重力的作用下沉积到底部的泥斗中。经过一级、二级油水分离的水在清水缓存区中短暂缓冲停留后,在外输泵的压力作用下进入 TSS 悬浮物分离单元。在 TSS 悬浮物分离单元中经过两级精滤,有效去除水中悬浮物。经上述两个单元处理的水在压力泵的压力作用下进入调节罐。

五、OPS-400-Ⅰ型油田采出水处理装置的操作

(一)开机操作

在整套设备启动前,要先开启制氮机组。首先打开空压机的空气开关启动空压机,再打开冷干机和制氮机空气开关并分别打开冷干机和制氮机面板上的电源开关。待氮纯度达到 99% 以上后,打开制氮机出口阀门。

OPS 油水分离单元开机前,首先检查电控柜内的所有空气开关应处在关闭的位置,检查确保供电电源符合要求后,进行连接及接地保护线。送电前再次确认检查电控柜内的开关都处在关闭位置,送电后,合上总开关和单台设备的空气开关,此时相对应设备的按钮指示灯红灯亮,显示其处于待机状态。关闭 TSS 悬浮物分离单元的进出口阀门。打开旁通阀,然后按如下步骤启动各台设备。

(1)启动气浮机:按下气浮机对应的绿色按钮启动气浮机,气浮机受变频器控制,在调试时已经设定在最佳位置(28Hz)。

(2)启动 1 号多相流泵:将 1 号多相流泵的进出口阀门开至最大,关闭进气阀门;按下 1 号多相流泵对应的绿色按钮启动 1 号多相流泵,然后通过调节泵出口阀门,使泵后压力表读数在 0.54MPa,调节 1 号多相流泵的进口阀门使得 1 号真空表读数在 -0.01MPa 左右,最后通过调

节泵出口阀门再次调节1号多相流泵出水压力,使泵后压力表读数降低到0.52MPa,1号多相流泵操作结束。从一级油水分离区上方观察孔观察,此时的进水应为白色乳液状,说明1号多相流泵已经进入最佳工作状态。

（3）启动2号多相流泵：将2号多相流泵的进出口阀门开至最大,关闭进气阀门；按下2号多相流泵对应的绿色按钮启动2号多相流泵,然后通过调节泵出口阀门,使泵后压力表读数在0.52MPa,调节2号多相流泵的进口阀门使得2号真空表读数在－0.01MPa左右,最后通过调节泵出口阀门再次调节2号多相流泵出水压力,使泵后压力表读数降低到0.50MPa,2号多相流泵操作结束。从二级油水分离区上方观察孔观察,此时的进水应为白色牛奶状,说明2号多相流泵已经进入最佳工作状态。

（4）启动调节阀：按动调节阀对应的绿色按钮启动调节阀。

（5）启动外输泵：按动外输泵对应的绿色按钮启动外输泵。

（6）启动TSS悬浮物分离单元：待OPS油水分离单元运行稳定以后,打开TSS悬浮物分离单元进出水阀门,关闭旁通阀,TSS悬浮物分离单元开始运行。

（二）关机操作

如遇到特殊情况需要关机,可按如下顺序进行。

（1）关闭制氮机组：关闭空压机空气开关和冷干机空气开关,并将运行的空压机中空气排放掉。

（2）关闭进水阀门。

（3）关闭外输泵：按动外输泵对应的红色按钮停止外输泵。

（4）关闭TSS悬浮物分离单元：按动TSS悬浮物分离单元对应的红色按钮停止TSS悬浮物分离单元运行。

（5）关闭2号多相流泵：将2号多相流泵的进出口阀门开至最大,按动2号多相流泵对应的红色按钮,停止2号多相流泵,同时关闭2号多相流泵的进气阀门。

（6）关闭1号多相流泵：将1号多相流泵的进出口阀门开至最大,按动1号多相流泵对应的红色按钮,停止1号多相流泵,同时关闭1号多相流泵的进气阀门。

（7）关闭调节阀：按动调节阀对应的红色按钮,关闭调节阀。

如果此时1号、2号刮油机正在运行,分别按动对应的红色按钮关闭刮油机。

经过上述操作即可关闭OPS油水分离单元的空气开关,整套装置停止运行。

（三）日常操作

（1）排泥操作：设备运行一段时间(10~15d)以后,依次打开OPS油水分离单元下部的排泥阀对各处理区分别排泥,每个处理区排泥时间不超过2min,排完泥后要及时关闭阀门。排泥周期一般为10~15d,也可根据实际情况进行调节。

（2）排油操作：OPS－400－Ⅰ型油田采出水处理装置投产以后即可将排油阀门开启,正常运行情况下,排油阀门一直保持开启状态,需要排油时启动刮油机对应的绿色按钮,两台刮油机即可将浮油刮进收油槽中并通过排油管线排至站内的干化池。排油操作一般每天一次,也可根据实际情况进行调整(目前设为自动操作)。

（3）吹扫操作：氮气吹扫每半个月运行一次,运行时先打开氮气管路上的阀门,然后启动制氮机进行氮气吹扫。如需要对两级油水分离区分别进行吹扫,可以开启需要吹扫一边的阀门,关闭另一边的阀门,再开启制氮机对其进行单独吹扫。吹扫过程中不需要停止整个系统的运行,吹扫过程持续5min。也可根据实际情况调整吹扫周期。

(4)TSS悬浮物分离单元反洗操作:反洗压差预先设定,设定值为0.05MPa,在二次仪表上显示的数值为50,也就是说当TSS悬浮物分离单元进出口压差达到0.05MPa时,系统开始自动清洗。整个清洗过程无需人工干预,不影响正常生产。

(四)操作注意事项

(1)日常操作中,要严格遵照操作规程进行操作,确保人身及设备的安全。

(2)装置总进水不得长时间超过$20m^3/h$,否则会严重影响处理效果,导致出水不合格,严重时污水还会从设备顶部溢出。

(3)OPS油水分离单元排污过程中,每个处理槽的排污时间不得超过2min,且绝对不能对两个或多个单元同时排污。

(4)OPS油水分离单元的氮气吹扫时间不得超过20min;一级、二级油水分离区的氮气吹扫管路可以同时进行吹扫,吹扫强度不够时可以关闭其中一个阀门,单独吹扫一个单元。

(5)OPS油水分离单元运行不稳定或进水水质极其恶劣,导致进入清水缓存区水质不稳定或含油过高(>30mg/L)时,OPS油水分离单元出水不能进入TSS悬浮物分离单元,否则会损坏TSS悬浮物分离单元的分离功能。含油过高的出水可通过TSS悬浮物分离单元的旁通管路。

(6)进入TSS悬浮物分离单元的介质不能是强酸、强碱等具有强烈腐蚀性的液体,温度不得超过60℃。

(7)TSS悬浮物分离单元的反洗过滤压差设定不宜过大,一般在0.05MPa为宜。

(8)当TSS悬浮物分离单元运行中蜂鸣器发出报警时,说明滤网清洗不彻底造成通水不畅或堵塞,应立即打开旁通阀,排除故障后再运行。

(9)气浮机的电动机频率不得超过28Hz。

(10)启动外输泵前,应保证清水缓存区中的液位足够高(超过清水缓存进水管)。

(11)OPS油水分离单元长期停机前,应先将各处理槽上方的油通过刮油机刮到油槽中,以防排水时污染油水分离组件,再通过排泥阀和排油阀将各单元中水放空。冬季需将所有水泵中的水放空。TSS悬浮物分离单元长期停机前,应手动启动清洗功能,将滤网彻底清洗干净后再停机。冬季需将机体及高压泵内的水放空。

(12)本套设备为全自动运行,但为了及时发现问题,排除故障,建议每班操作人员务必每2h现场巡视一次,以便于及早发现问题,采取措施。对于装置的运行记录需按时间顺序整理并妥善保管,以便于分析查询。

六、应用分析

木一综合站原来采用一级除油加二级过滤处理的工艺流程沉降脱水→除油罐→调节罐→一级过滤(核桃壳)→二级过滤(改性纤维球)→净化水罐→回注泵→回注,如图5-16所示。

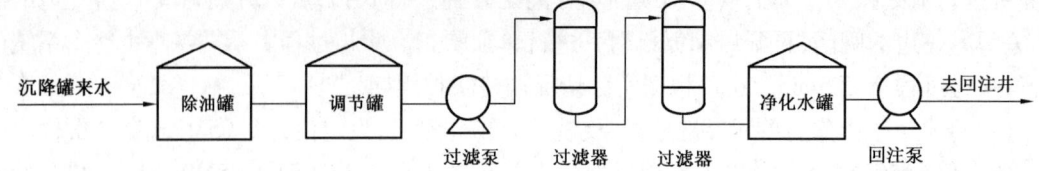

图 5-16 一级除油加二级过滤处理工艺流程

该工艺处理后水质指标如表 5-10 所示。

表 5-10 原处理工艺的水质指标

级别	处理量,m³/d	含油量,mg/L	悬浮物,mg/L	含铁量,mg/L
一级过滤	260	≤35	≤9	≤0.5
二级过滤	240	≤15	≤3	≤0.5

在进口流量 8~15m³、一级液位 1.0~1.3m、清水液位 1.4~1.55m、外输泵频率 18~50Hz、1 号多相流泵出口压力 0.5~0.6MPa、2 号多相流泵出口压力 0.5~0.6MPa、出口流量 8~25m³、TSS 悬浮物分离单元正常和制氮机正常情况下,采用 OPS 型油田采出水处理装置对污水进行处理后的水质指标如表 5-11 所示。

表 5-11 OPS 型油田采出水处理装置处理后的水质指标

级别	处理量,m³/d	含油量,mg/L	悬浮物,mg/L	含铁量,mg/L
一级过滤	260	≤25	≤7	≤0.5
二级过滤	240	≤8	≤3	≤0.5

对比表 5-10 和表 5-11 数据可知,OPS 型油田采出水处理装置处理污水效果较好,尤其污水含油指标经二级过滤后从原装置的"≤15mg/L"降低到"≤8mg/L"。

OPS 主体设备自投运以来,保持运行稳定可靠。经该装置处理的采出水,含油及机械杂质含量达到了回注标准,满足油田的应用要求。处理过程中,不需要添加化学药剂,不产生污泥絮体;对于进口来液的骤然变化适应性强,出水稳定,水量和水质的波动对出水效果没有显著影响;与现有的处理工艺相比,设备内无传动部件、自动化程度高、处理效率高,缩短了处理的工艺流程;使用方便,运行过程不需要人为干预,只需定期监测运行数据即可;尤为重要的是装置运行费用低、处理吨水成本仅 0.37 元。OPS 型油田采出水处理装置以其突出的性能优势在激烈的污水处理设备市场中占领了一席之地。

第九节 一体化油田水处理设备

为解决集油站水处理过程中存在的化学加药处理效果差、运行成本高、处理工艺不完善和出水指标不达标等问题,多功能一体化油田水处理设备应运而生。该设备在杨米涧集油站现场应用试验表明,达到了降低运行费用、提高处理效果和保证水质达标的目的。

油田水处理在用的过滤装置中单一过滤介质较多,存在滤料性能单一和反冲洗功能单一的问题,对于要求过滤精度较高和反冲洗后水质要好的回用水尚难以达到处理要求。为提高过滤精度,现场多采用不同精度的过滤器串联使用,或增加高精度的过滤设备;但却同时存在流程长、设备数量多、工程投资及运行费用高、反冲洗回水量大、系统效率低、难管理以及滤板孔隙结垢堵塞、滤料结垢板结的难题。而新一代一体化油田水处理器,很好地解决了这一技术难题,满足高精度工业用水的处理需要,同时也大大地简化了污水处理流程。

一、设备结构

一体化油田水处理设备主要由精滤层、核桃壳滤层、高压电极、除油填料和旋流器等组成,其结构如图 5-17 所示。

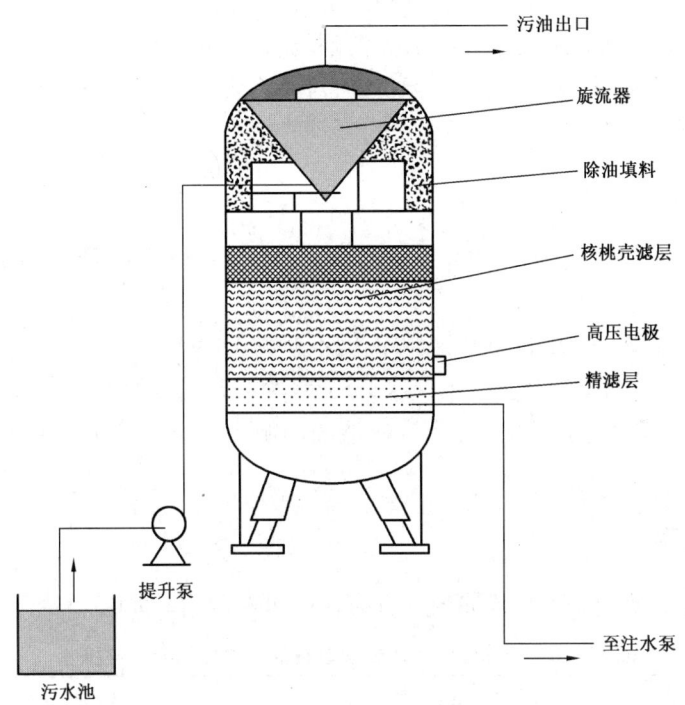

图 5-17 一体化油田水处理设备结构图

二、设备工作原理

一体化油田水处理设备具有溶气气浮除油、溶气增氧脱硫、溶气增氧灭厌氧菌的特点,通过在一体化水处理罐的进水管上溶气增氧,增加的氧用于硫化氢的氧化去除和厌氧菌的杀灭,其他气体用于罐内气浮,从而提高一体化油田水处理器的脱硫、除油、杀菌效果。另外,通过多介质滤层过滤提高了出水精度,出水精度的提高,减少了活性电子对有机物的氧化消耗;活性电子在水中的存在,有利于对污水的后续处理,提高了设备的防垢、除垢和杀菌效果。此外,还可以根据出水水质要求,在一体化水处理罐出水管上进行加药,以弥补仅仅依靠物理法处理出水之不足,从而达到更好的污水处理效果。

三、设备工作过程

污水提升加压后,经管道溶气进入过滤罐内的旋流器中,产生涡流混凝和离心分离除油。混凝、除油后的污水进入微涡旋填料迷宫进行微涡旋除污降浊,降浊后的污水进入多介质滤层过滤,过滤后的水经电极的极化处理后从出水管排出。分离出的污油经收油管汇排出,完成一体化处理的过程。

四、设备特点

一体化油田水处理设备的特点在于将气浮、混凝、除油、降浊、脱硫、多介质过滤、阻垢、除垢、缓蚀、抑菌、充装、冲洗循环滤料及自动控制运行等功能融为一体,实现了一器多能,简化了水处理流程,降低了工程投资和运行费用,方便现场管理,减轻了工人劳动强度。该设备结构紧凑、合理,操作简便,运行安全,对人体无伤害,对环境无污染,为油田提供了一种新型结构的一体化污水处理设备。

五、维护及保养

(1)机泵轴承润滑、加机油,每班检查油面一次,每运转1500h更换一次新油,电动机每年保养一次。

(2)机泵轴承温升不得大于35℃,极限温度不应大于75℃。

(3)正常运行要求每季度补加滤料一次,补充量为装入总量的1.5%~2.0%。

(4)当反冲洗效果变差时,可以加入专用清洗剂循环浸泡滤料30min,再用清水进行循环滤料反冲洗。

六、故障与处理

一体化油田水处理设备的故障原因分析与处理如表5-12所示。

表5-12 一体化油田水处理设备的故障原因分析与排除

序号	故障现象	原因分析	处理方法及措施
1	水量小、泵压低	供水不足	提高水罐的液面高度
		泵的叶轮腐蚀或脱落	修泵
2	加料泵憋泵	滤料已满	停止加料
		滤料卡泵	打开泵头放空口放料
3	电机不转动	保险丝熔断	更换保险丝
		热继电器跳闸	按热继电器复原开关复原
		电控系统故障	维修电控系统
4	过滤精度达不到要求	反冲洗不彻底,滤料太脏	加强反冲洗
		滤料磨损漏失,水流短路	检查出水口和排污口是否有滤料漏失,补充滤料或开罐检修

油田含油污水的处理问题是一项难度极大的技术课题,随着国家加大对滩海、煤层气以及油砂资源等新领域的不断拓展,许多以前没有遇见的新问题、新情况都对采出水处理提出了新的要求。因此,传统方法、高效药剂、膜处理法、旋流分离技术等相融合的采出水处理技术,为未来高效率处理油田采出水,提供了新的发展空间。

油田企业应以"环保、节能节水"为宗旨,以提高水质达标率为目标,围绕制约油气田采出水处理的瓶颈技术,加强科技创新,强化生产管理,进一步加强各油田之间的技术交流,认真总结和推广适用有效的采出水处理技术,不断优化采出水处理工艺,达到全面提升采出水处理技术和管理水平的目的。

复习思考题

1. 油田采出水处理方法有哪些?
2. 油田采出水回用处理工艺与回注处理和外排处理工艺有何不同?
3. 聚合物驱采出水处理工艺有哪些特点?
4. 轻烃回收的膜分离技术与采出水处理的膜分离技术有何区别?
5. 静态和动态水力旋流器在采出水处理应用方面有何区别?
6. 你认为一体化油田水处理设备还应该增加哪些功能?
7. 小区块油田橇装式污水处理装置是否可行?应具备哪些功能?

参 考 文 献

[1] 张学佳,纪巍,王宝辉,等. 油田采出水处理技术进展. 工业安全与环保,2007,33(4): 13~15.
[2] 陈兰,张贵才,刘敏. 油田含油污水处理中膜技术的研究与应用. 精细石油化工进展,2006,7(2): 52~55.
[3] 马卫国. 油田污水处理新技术新装备述评. 石油机械,2003,31(12): 42~45.
[4] 王保民,李瑞莲,周东月,等. 油田采出水生化处理站运行探讨. 石油规划设计,2008,19(5): 16~19.
[5] 王棠昱,黄坤,王元春,等. 稠油污水深度处理技术探讨. 内蒙古石油化工,2007,1: 118~121.
[6] 高明霞,张劲,王敏捷. 油田采出水达标外排处理技术. 国外油田工程,2005,21(1): 39~42.
[7] 骆伟,王爱军,张志庆,等. 新疆油田稠油污水处理资源化利用技术. 油气田地面工程,2009,28(9): 62~63.
[8] 张逢玉,姜安玺,吕阳. 油田采出水处理技术与发展趋势研究. 环境科学与管理,2007,32(10): 65~68.
[9] 王国柱,白剑锋,薛洁,等. 低渗透油田采出水处理系统工程设计. 工业用水与废水,2009,40(2): 86~87.
[10] 谢陈鑫,刘小东,赵慧. 油田含聚污水的处理现状与研究进展. 中国精细化工协会第五届水处理化学品行业年会论文集,2009,7: 31~37.
[11] 吕慧超,左岩. 油田回注水处理技术及其发展趋势. 工业用水与废水,2009,40(2): 15~18.
[12] 陈兰,张贵才,刘敏. 油田含油污水处理中膜技术的研究与应用. 精细石油化工进展,2006,7(2): 52~55.
[13] 吕慧超,左岩. 油田回注水处理技术及其发展趋势. 工业用水与废水,2009,40(2): 15~18.
[14] 刘洪,郭清,胡攀峰. 国内外液—液水力旋流分离器研究进展. 钻采工艺,2007,30(3): 78~81.
[15] 李太平,周鹏,胡震宇. 油田用水力旋流器的不同结构型式及应用. 石油工业技术监督,2007,23(10): 52~56.

第六章 原油稳定工艺及设备

原油中含有 $C_1 \sim C_4$ 的挥发性很强的轻组分，它们在常温常压下是气体，从原油中挥发时会带走大量的戊烷、己烷等组分，造成原油的大量损失。而原油在油气集输过程中，为了满足各种工艺要求，需要降压、加热、转输、储存等，这就为原油中的轻组分挥发提供了充分的条件。

将原油中挥发性强的轻组分比较完全地脱出，降低原油在常温常压下的蒸气压，这一工艺过程称为原油稳定。

原油损耗发生在原油饱和蒸气压大于当地大气压的情况下，原油稳定的目的就是将原油中的轻组分脱出，降低原油蒸气压，使原油的饱和蒸气压低于当地大气压，从而降低集输、储存中的原油蒸发损耗。一般降到最高储存温度下，饱和蒸气压为当地大气压力的 0.7 倍。

根据油田生产和集输过程中油气损耗的情况，减少油气损耗的方法主要有三种：
(1) 采用密闭集输流程，密闭储存、密闭装卸，不随便排放气或油；
(2) 原油稳定；
(3) 天然气多的油田集中建轻油回收装置。

第一节 原油稳定的原理

原油稳定是从原油中脱除挥发性轻组分的过程，也是降低原油蒸气压的过程，使原油在常温常压下储存时蒸发损耗减少，保持稳定。因此，降低原油蒸气压是原油稳定的关键。

一、降低原油蒸气压的原理

原油的蒸气压与温度和组成有关。同一种原油的蒸气压随温度的升高而增大；在相同的温度下，轻烃含量高的原油，其蒸气压也高。因此，要降低原油蒸气压，可以从降低原油温度或减少原油中轻烃的含量来实现。但降低温度会受工艺条件的限制，不容易在油气集输和处理的整个工艺系统中实现。所以，常用的方法是减少原油中的轻组分含量，尽可能地脱除 $C_1 \sim C_4$ 的组分。

在同一温度下，对烃类组成来说，相对分子质量越小的组分蒸气压越高，相对分子质量越大的组分蒸气压越低。众所周知，液体的挥发度可用一定温度下的蒸气压来表示，蒸气压大的容易挥发，蒸气压小的不容易挥发。因而组分越轻，越容易从液相中挥发出来。但是，无论是轻组分还是重组分，从液相中挥发出来都需要消耗能量。不同组分从液相中挥发出来所需要的能量是不同的。

提高原油温度，可以使液相中的分子运动加速，克服相邻分子间的吸引力，逸散到上层气相空间。轻组分的相对分子质量小，分子间的引力也小，从液相中挥发出来所需要的能量也少，因而更容易挥发。这样，利用轻、重组分挥发时需要的温度不同，就可以把原油中 $C_1 \sim C_4$

的轻组分分离出来,使其蒸气压降低,从而实现原油稳定。

在一定温度下降低压力,就会破坏原来的气、液平衡状态,使原油中一部分组分挥发出来。在相同温度下,轻组分饱和蒸气压高,率先从液相中挥发出来;重组分饱和蒸气压低,若要从液相中挥发出来,则需要更低的压力。这样,利用轻、重组分挥发时需要的压力不同,也可以把原油中 $C_1 \sim C_4$ 的轻组分分离出来,使其蒸气压降低,实现原油稳定。

所以,提高温度和降低压力,是目前常用的降低原油蒸气压、实现原油稳定的有效方法。

二、原油稳定的深度

原油稳定的深度是指从未稳定原油中分离出多少挥发性组分,挥发性组分分离出得越多,原油稳定的深度越高。但并非稳定深度越高越好,过多的挥发性组分从原油中分离出来,会影响原油的质量,如使出矿原油密度升高等。

那么,原油稳定的深度多高合适呢?原油稳定的目的是降低原油蒸气压,减少蒸发损耗。为了达到此目的,通常需要把 $C_1 \sim C_4$ 的烃类从原油中比较完全地脱出,而在脱除 $C_1 \sim C_4$ 的过程中将携带出的 C_5 以上的重烃类回收,掺回到原油中去。这样,既能达到实现原油稳定、减少油品蒸发损耗的目的,又可保证原油的质量要求。

原油稳定的深度,可以用原油的密度来表示,也可以用一定温度下原油的蒸气压来衡量。目前常用最高储存温度下原油的蒸气压来衡量原油稳定的深度。由于 C_6 是炼油厂重整的原料,规定其拔出率不得超过稳定前原油中 C_6 总含量的 5%。我国对原油稳定的深度要求是稳定处理后的原油在最高储存温度下的饱和蒸气压不大于 0.1MPa。

第二节　原油稳定的方法

根据原油稳定的原理,原油稳定的基本方法可分为通过降低压力实现的闪蒸稳定法和通过提高温度实现的分馏稳定法两大类。

一、闪蒸稳定法

液体混合物在加热、蒸发过程中所形成的蒸气,始终与液体保持接触,直到达到某一温度之后,随着气液混合系统压力的降低,气相与液相最终分离开来,这种气液分离的方式称为闪蒸。

闪蒸分离方法,常用于需要分离的多组分混合物中各组分的沸点相差较大,且对分离要求不是很高的情况下。闪蒸分离的实质是平衡汽化。在工程上,把通过一次平衡汽化来改变溶液组成的方法,称为平衡蒸馏或闪蒸分离。

在原油稳定工艺中,通过对原油加热并减压,使原油中的轻烃组分从原油中分离出来,从而使原油的蒸气压降低,原油得到一定程度的稳定的方法,通常称为闪蒸稳定法。

一般情况下,在油气处理流程上,原油稳定装置是安排在原油脱水之后。电脱水器脱水后的未稳定原油经过加热炉加热到一定温度后,再经减压阀减压进入闪蒸稳定塔装置,进行平衡闪蒸分离。

根据分离稳定的操作压力不同,闪蒸又可分为负压闪蒸稳定、微正压闪蒸稳定和正压闪蒸稳定三种。

(一)负压闪蒸稳定

负压闪蒸稳定就是使原油的蒸发过程在一定的真空度下进行。这种稳定方法的操作压力低,在相同的操作温度下原油可以得到更高的稳定程度,宜用于原油中 $C_1 \sim C_4$ 的含量小于2%、密度较大的原油,因为较重的原油轻组分较少,负压闪蒸才可以达到较好的效果。另外,由于油田外输原油的温度一般较低,而正压闪蒸稳定和分馏稳定的操作温度都比较高,若在较高的温度下稳定,在较低的温度下外输,势必造成一定的能量浪费,故负压稳定更适合于油田的原油稳定。近几年来,负压闪蒸稳定法在油田发展较快,并且向着和原油脱水工艺联合的方向发展。

脱水后原油的温度一般是 60~65℃,进入负压闪蒸塔闪蒸分离。在负压闪蒸塔的顶部由真空压缩机抽气,使闪蒸塔的操作真空度保持在 20~70kPa 之间。塔顶的闪蒸气经过负压压缩机压缩后,压力升高至 0.2~0.3MPa,再经冷却器冷却至 40℃ 后进入三相分离器进一步分离;塔底原油经输油泵外输。

(二)微正压闪蒸稳定

微正压闪蒸压力一般为 0.103~0.105MPa(绝对压力),闪蒸温度在 60~90℃ 之间就可达到原油稳定的要求,比较适用于一般原油的稳定处理。

(三)正压闪蒸稳定

当原油中轻组分的含量较多时,如 $C_1 \sim C_4$ 的含量大于 2%,其汽化量较大,若利用负压闪蒸稳定,则用于抽真空的压缩机的抽吸功耗增大,会造成经济上的不合理。因此,对于这种原油的稳定,通常是采用加热并适当提高闪蒸压力的方法,这种方法称为正压闪蒸稳定法或加热闪蒸稳定法。

正压闪蒸压力一般为 0.25~0.3MPa(绝对压力),原油温度在 120℃ 以上。与负压闪蒸稳定相比,系统在正压下操作,无须像负压稳定那样保持系统的真空严密性,而且稳定无须抽气压缩机,流程较简单,但脱水后的原油需要进一步加热升温后才能进入稳定塔,能耗相对较高,一般不宜单独采用,而是在将加热稳定与原油降粘或热处理等工艺结合起来的情况下,才选用这种正压闪蒸稳定法。

二、分馏稳定法

分馏稳定法是利用原油加工过程中的精馏原理,将含有各种烃类混合物的原油按沸点不同分开,分成不同馏分,将 $C_1 \sim C_4$ 组分脱出,达到原油稳定的方法。

原油的分馏过程是在分馏塔中进行的,根据分馏塔结构不同,分馏稳定方法可分为三种:只有提馏段没有精馏段的提馏法,只有精馏段没有提馏段的精馏法和既有提馏段又有精馏段的全塔分馏法。

典型的全塔分馏法原油稳定流程如图 6-1 所示。该方法将原油温度加热得更高,原油稳定塔塔底一般为 180℃,塔顶一般为 50~90℃,压力一般为 0.05~0.1MPa,此时原油中的轻组分蒸发得更加彻底。闪蒸气从塔顶出来后经过冷却器冷凝后进入三相分离器,再用回流泵抽出一部分打入塔顶作为回流,将由于温度高而带入塔顶的 C_6 以上的重组分再压回塔内。全塔

分馏法馏出物中含 C_6 以上的组分较少,稳定深度高,但流程复杂,能耗较高,如果与外输原油热处理结合起来,就可降低能耗。

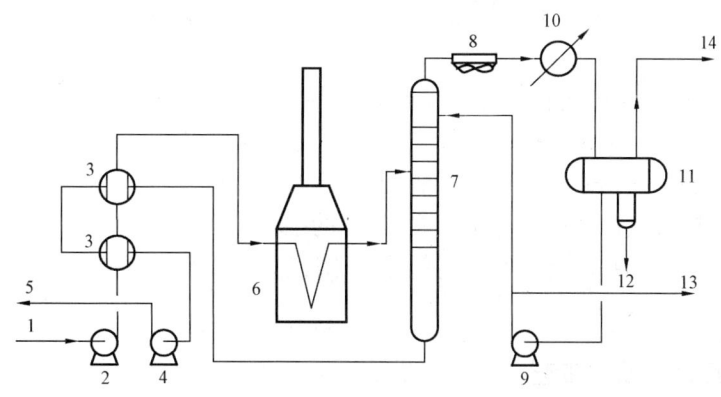

图 6-1 全塔分馏法原油稳定流程图

1—原油;2—原油泵;3—换热器;4—外输泵;5—稳定原油;6—加热炉;7—原油稳定塔;
8—空冷器;9—回流泵;10—冷却器;11—三相分离器;12—水;13—轻烃;14—不凝气

分馏稳定法要求的设备较多,流程较为复杂;原油加热温度比正压闪蒸稳定法高,一般达到 200℃ 以上;对操作过程的控制也比较严格,能耗较高。但分馏稳定法能比较彻底地拔出原油中的甲烷、乙烷和丙烷,稳定质量好,稳定深度较高,便于实现自动控制。一般用于相对密度小于 0.85 的轻质原油或 $C_1 \sim C_4$ 含量大于 2% 的原油,在国外应用较为普遍。国内大部分原油 $C_1 \sim C_4$ 含量在 0.8% ~ 2% 之间,因此很少采用分馏稳定法。

三、原油稳定方法的选择

原油稳定方法的选择要根据原油的物性、能耗和经济效益综合确定。无论采用哪一种稳定方法,稳定后的原油饱和蒸气压应小于当地大气压的 0.7 倍。这样可大大降低原油储运过程中的挥发损耗,提高收益,同时又能保证原油储运过程中的安全及减少对环境的污染。

分馏稳定法、负压闪蒸稳定法和正压闪蒸稳定法三种稳定工艺的比较如表 6-1 所示。

目前,国内各大油田采用的原油稳定工艺因原油物性、集输系统等条件的不同而有所差异。根据调查,全国 80 多套原油稳定装置中负压闪蒸装置约占 80%,正压闪蒸装置约占 5%,分馏装置约占 15%。

表 6-1 三种原油稳定工艺的比较

比较项目	分馏稳定法	负压闪蒸稳定法		正压闪蒸稳定法
		与集输共用热能	加热	
稳定效果	最佳	比分馏稳定法差	较好	差
流程复杂程度	最复杂	简单	比较简单	比较简单
操作难易程度	操作条件及控制要求严	操作简单	操作简单	操作简单
单位能耗	最高	能耗低	能耗较低	略低于负压加热闪蒸稳定法
装置投资	最高	低	较低	较低
投资回收期,a	4.1	1~2	4	—

第三节 原油稳定工艺技术的应用举例

随着近年来液化气和稳定轻油价格逐年走高,为了最大限度地减少油品的蒸发损耗,回收部分易挥发的轻烃,各油田纷纷献计献策,有的建造了储油罐和沉降脱水罐密闭抽气法回收烃蒸气装置;有的开展了汽提原油稳定项目的研究,旨在不影响生产的前提下,解决负压闪蒸稳定工艺中出现的难题,从提高原油稳定效率;还有的根据自身油品的特性,结合原油脱水工艺选择不同的稳定方法,这些措施的实施均使储存原油达到一定程度的稳定,取得了很好的经济效益和社会效益。

一、储油罐烃蒸气回收工艺

在流程没有密闭的情况下,回收油罐气也是节能、保护环境的重要措施,对于 $C_1 \sim C_4$ 含量较高的原油适合采用储油罐烃蒸气回收工艺。

鄂尔多斯盆地地处黄土高原,海拔一般在 1100~1760m 左右,大气压约为 82~89kPa。此处的油田皆为低渗透或特低渗透油田,所产原油比较轻,20℃时密度在 839.8~855.2kg/m³ 之间。长南联合站原油 $C_2 \sim C_4$ 含量达 3.6%;西峰油田气油比较高,可达 60~110,$C_2 \sim C_4$ 含量达 7.5%。因此,在原油集输过程中,挥发损失较大,约为 2%。为了降低油气集输过程中的原油蒸发损耗,最有效的方法就是结合原油脱水工艺选择不同的稳定方法。长庆油田大多采用井口加药、管道破乳、大罐沉降脱水的集输工艺,结合这一工艺,研制了储油罐烃蒸气回收工艺。

(一)接转站储油罐烃蒸气回收工艺

接转站储油罐比较小,一般为 200m³,且分离缓冲罐分出的气有一定的压力,为此研制了用分离缓冲罐气体作动力气源的喷射器储油罐烃蒸气回收技术,用于常压油罐密闭抽气工艺上有其独特的优点。

1. 喷射器

喷射器是一种流体机械,它以高速流体的紊动来传导能量而不直接消耗机械能。它没有相对的运动部件、无磨损、无泄漏,因而具有设备简单、运行可靠和维护管理方便等特点。用接转站具有一定能量的伴生气作喷射器的动力气,直接抽吸储油罐挥发气,并通过一简单的压力调节装置,控制储油罐压力在 20~80mmH$_2$O(196.133~784.532Pa)范围内。该装置对于产量不同的接转站均有一定的适应性,尤其对气油比较大的油田,其经济意义更大。

(1)喷射器的工作原理。

如图 6-2 所示,具有一定能量的伴生气经渐扩型喷嘴以音速或超音速喷出后形成高速射流,在混合室形成负压。由于射流与被吸气体之间的粘滞作用,把被吸气体带走,再经扩压管增压外输。

(2)影响喷射器抽气工艺的因素。

① 伴生气产量及压力的影响。

喷射器出口混合气的压力高低与伴生气的压力、流量和被抽气量有关。此外,还受一些固

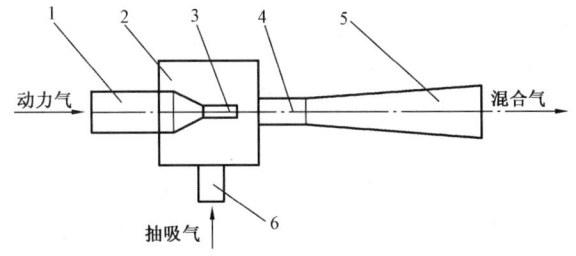

图 6-2 喷射器工作原理示意图
1—动力气管；2—混合室；3—喷嘴；4—混合段；5—扩压管；6—吸气管

定因素的影响，如加工精度和喷射器效率等。根据气液平衡原理，油气分离器压力越高，储油罐内挥发气量越多，喷射器动力气相应减少。根据现场实测，分离器压力在 0.5MPa 以下时，分离压力每增加 0.1MPa，每立方米油里溶解的气量增加 1.8~2.0m³。

当伴生气产量和压力确定后，抽气量可由下式计算：

$$Q_{抽} = Q_{动} u$$

式中　$Q_{抽}$——理论抽气量，m³；
　　　$Q_{动}$——动力气量，m³；
　　　u——喷射系数，被抽气量与动力气量的比值。

从式中可以看出，当喷射系数确定以后，抽气量的大小取决于动力气量的大小，而抽气量的变化与分离压力有关。当抽气量大于挥发气量时，储油罐压力逐渐下降，达到 20mmH₂O 时由压力调节器自动向罐内补气；当挥发气量大于抽气量时，油罐压力缓慢上升，当达到 80mmH₂O 时，压力调节器自动放气，维持油罐压力在 20~80mmH₂O 之间。

② 储油罐进油量和排油量的影响。

储油罐均匀进油是提高挥发气回收率的重要因素。实践证明，分离器出油阀性能好坏严重影响储油罐进油的均匀性，性能良好的出油阀使储油罐挥发气的产生较为均匀。进油量的增加会使挥发气量增大，罐内压力增加的速度加快。如果在喷射器正常工作范围以内，并不影响抽气。如果超出喷射器的工作范围，一部分气将被放空，或者需要更换大的喷嘴。

储油罐排油时液面下降，抽出的气量减少，储油罐压力下降，当降到 20mmH₂O 时，压力调节器向罐内补气。

③ 储油罐内存油量的影响。

储油罐内存油量的多少，决定了罐内液相空间和气相空间的大小。气相空间越大，罐内压力变化越平稳。当喷射器抽气量与挥发气量不符时，补气或放气的周期延长。

④ 其他因素的影响。

除以上所说主要影响因素外，原油溶解气系数、原油进罐温度、存油温度、伴生气温度、被抽气温度及压力等也会影响喷射器抽气工艺。

(3) 工艺流程。

由分离器来的伴生气进入喷射器作动力气，通过喷射器将储油罐挥发气抽出外输。当储油罐挥发气量小于抽气量时，油罐压力下降，到 20mm 水柱时，压力调节器向油罐补气；当储油罐挥发气量大于抽气量时,油罐压力上升,到80mm水柱时,压力调节器放空一部分气体。分离器分出的油外输。喷射器抽气工艺流程如图6-3所示。

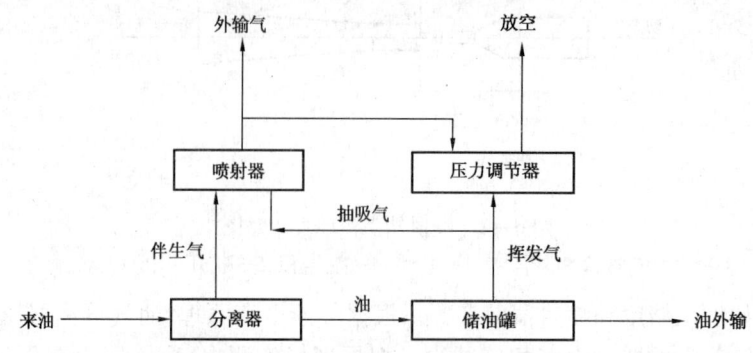

图6-3　喷射器抽气工艺流程图

2. 压力控制系统

储油罐是微正压容器,其承受压力能力在 -50 ~ 200mmH$_2$O(-490.333 ~ 1961.33Pa)范围内。压力控制系统在抽气过程中控制储油罐压力远小于这个范围,所以在压力调节器正常工作的情况下,可以保证储油罐的安全。但为了防止意外,在罐顶部安装了双作用液压式安全阀,兼有一般机械式呼吸阀和液压式安全阀的功能。压力控制系统的结构原理如图6-4所示。

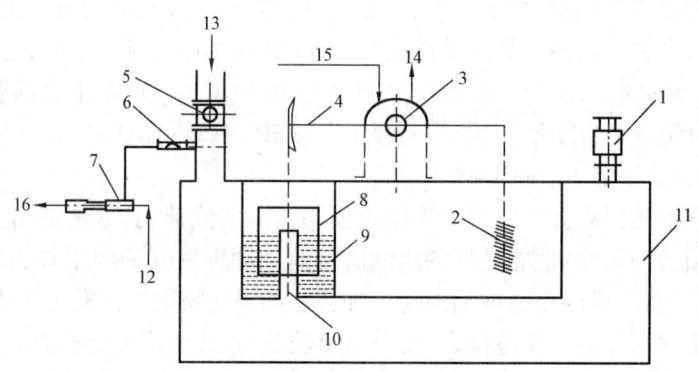

图6-4　压力控制系统结构原理图
1—可读数液封阀;2—柔性配重;3—压力调节阀;4—杠杆;5—气量记数表;6—单流阀;7—喷射器;
8—浮筒;9—防冻液;10—连通管;11—方箱;12—动力气;13—挥发气;14—放空口;15—补气口;16—外输气

压力控制系统用 ϕ89mm × 4mm 管线旁接于储油罐,使储油罐与方箱内压力一致。喷射器经旋启式单流阀和计量仪表抽吸储油罐挥发气,与动力气混合后外输。从外输气中引一部分作为补充气,以调节储油罐压力。方箱被分为内室和外室。外室盛有防冻液,用连通管与内室连通。内室压力与储油罐相同。当浮筒罩在连通管上后,通过液封作用,浮筒内压力为储油罐内压力,浮筒外空间则为大气压力。当储油罐压力发生变化时,与大气压产生压差,在重锤(图6-4中2)和杠杆的共同作用下,使浮筒上下移动,同时带动压力调节阀外筒转动,根据罐内压力大小自动进行补气或放气。

3. 工艺设计参数的确定

(1) 储油罐正常工作压力一般为 100~200Pa。

(2) 循环阀动作压力一般为 100Pa。

(3) 自动停机压力宜高于 100Pa。

(4) 补气阀动作压力一般为 50Pa。

(5) 安全阀动作压力宜比储油罐试验压力的正压低 500Pa,比其负压高 200~300Pa,对旧罐应经再试压而确定。

(6) 紧急放空阀的给定压力宜比安全阀的正压动作压力低 200~500Pa。

(7) 抽气压缩机的设计排量可取储油罐蒸发气量的 1.5~2 倍(包括烃蒸气、水蒸气等主要气量在内)。气量的计算,对新建的储油罐,可按原油进罐前的末级分离压力、分离温度参照在实验室做出的相近段的原油脱气系数(或气在原油中的溶解系数),结合相似条件的运行数据确定;对已投产的油罐,应由实测确定。

4. 主要工艺设备

烃蒸气回收工艺的主要设备为一抽气压缩机组,包括抽气压缩机、进口缓冲分离罐和凝液泵。一般情况下可安装在一个橇上。

抽气压缩机可选择活塞式压缩机或螺杆式压缩机,一般不设备用机组。

油罐抽气成败的关键不是技术问题,而是管理问题,例如各油站来油的稳定性问题。目前交接班以前各油站开始输油,大罐气抽不及,只好放空;输完油,气又不够抽,来回补气,浪费能源。正确的方法是将各个集油站的输油时间排序,使各站来油均匀。

(二)沉降脱水罐烃蒸气回收工艺

长庆油田脱水沉降罐大多为 3000~5000m³,抽气工艺基本相同。现以白于山集油站为例,介绍沉降脱水罐烃蒸气回收技术。

白于山集油站内两座 5000m³ 脱水罐和两座 5000m³ 净化油罐的挥发气,经管输至分离缓冲罐,分离掉凝液后再由自控调压器进一步调压后进入负压抽气压缩机的入口;缓冲罐的凝液自流到储液罐,在累积到一定液位后定期由负压螺杆抽气压缩机抽出,输往轻烃回收装置。压缩机出口引出一部分气体作为补充气,保持储油罐压力在安全范围内。沉降脱水罐烃蒸气回收工艺流程如图 6-5 所示。

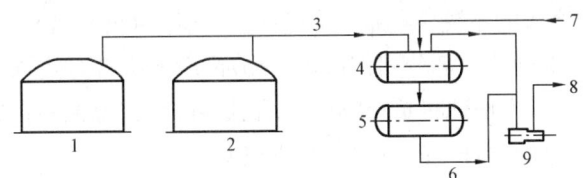

图 6-5 沉降脱水罐烃蒸气回收工艺流程图
1—沉降脱水罐;2—净化油罐;3—挥发气;4—缓冲罐;5—储液罐;
6—凝液;7—补充气;8—抽吸气去轻烃回收装置;9—螺杆抽气压缩机

西峰油田联合站、接转站的事故罐、沉降罐和净化油罐上均采用大罐抽气装置进行储罐密闭集气,回收原油中挥发出的油气,可使油气中的液化气回收率达 70%~85%,轻油回收率达 95% 以上。

二、气体汽提原油稳定工艺

中原油田已建原油稳定装置 13 套,普遍采用负压闪蒸稳定工艺,总处理能力达到 $1295 \times 10^4 t/a$。原油进塔温度控制在 80~90℃ 之间,负压螺杆压缩机石油气进气压力在 -0.02~-0.05MPa 之间,排气压力 0.2~0.4MPa,压缩机出口闪蒸气冷凝温度在 22~45℃ 之间,原油中 C_2~C_5 轻烃拔出率为 46%~55%。

该原油稳定装置存在的问题是:

(1)原油稳定温度高,热量浪费严重。很长时间以来,中原油田负压闪蒸工艺的原油稳定温度较高,进塔原油温度控制在 80~90℃ 之间,原油出稳定塔后未经换热即外输,外输温度大大高于实际需要温度(60~65℃),过高的外输温度造成巨大的能量浪费。

(2)负压螺杆压缩机超负压运行,管理难度大。中原油田联合站原油稳定处理能力为 $150 \times 10^4 t/a$,由于油田接替资源不足,原油产量逐年下降,原油稳定塔平均处理量不到设计量的 1/3,造成负压螺杆压缩机超负压运行,原油稳定塔塔顶真空度增大,经常出现贫气现象,严重影响设备的使用寿命。

针对负压闪蒸稳定工艺存在的问题,采取了汽提工艺降低原油稳定温度、提高轻烃拔出率的措施。

(一)汽提工艺原理

原油稳定采用的负压闪蒸分离是一次相平衡汽化过程,根据相平衡原理,只要有效地降低轻组分蒸气分压,就能促使原油中轻组分汽化。汽提工艺就是应用这一原理向稳定塔内通入一定量的更易分离的气体,减少塔内轻烃蒸气分压,使得原油中轻组分更易汽化。

(二)汽提工艺的作用

(1)通过向稳定塔内充入一定量的不凝气,可以在稳定塔内负压不变的情况下(负压螺杆压缩机的额定工作参数),降低塔内原油轻组分的分压,有利于原油轻组分的汽化与分离,以使原油轻组分比较完全地从重组分中脱出,提高稳定塔的稳定效率。

(2)充入的不凝气,在稳定塔内自下而上运动,对已经分离出的轻组分起一定程度的携带作用,便于轻组分气体的脱出。

(3)原油稳定塔内充入的不凝气与脱出的轻组分气体由负压螺杆压缩机抽出,经过加压冷却变为液体回收。不凝气的一部分用作汽提气循环使用,大部分进入天然气管网回收外输。控制充入的不凝气量,可以方便地将负压螺杆压缩机的进口压力控制在额定工况之内,彻底解决了因负压过低造成的负压螺杆压缩机故障和机组寿命短的问题。

(三)汽提气的选择

从理论上分析,联合站生产的湿气、气体处理厂生产的干气和过热蒸汽都可以用作汽提气。但由于联合站生产的湿气中 CH_4 含量低,进入稳定塔后不能有效降低轻烃分压,不利于轻烃从原油中蒸发;过热蒸汽不含烃类,理论上最有利于轻烃从原油中蒸发,但对于没有蒸汽气源的现场实施较为困难。因此,利用油田气体处理厂的干气作汽提气,就成为汽提气的最佳选择。

将汽提工艺技术应用于原油稳定中,从稳定塔塔底通入汽提气至塔盘下方,降低轻烃分压、增大油气分离界面,可以有效提高轻烃回收率,获得最佳的经济效益。

三、高压提馏稳定工艺

针对福山凝析油气田压力比较高和油品比较轻的特点,为了充分利用压力能,原油稳定采用高压(1.8MPa)提馏法。稳定气不用压缩机,分液后直接去轻烃回收;原油不用泵,作为液化气塔和脱乙烷塔重沸器热源后,再与凝析油换热,然后去常压蒸馏。稳定后的轻油直接去轻烃回收装置,其工艺流程如图6-6所示。

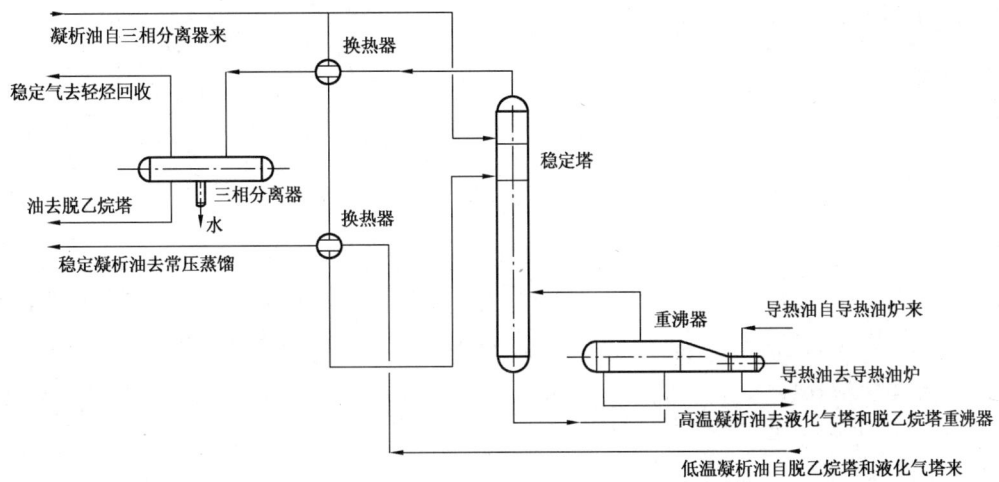

图6-6 高压原油稳定流程图

凝析油自三相分离器来,温度20℃左右,分成两路:一路直接进入稳定塔塔顶作为回流;一路先与塔顶(温度110℃)稳定后的气体换热,再与从液化气塔和脱乙烷塔底重沸器来的稳定凝析油换热,然后进入稳定塔第5层塔盘。凝析油自上而下,在塔底重沸器的作用下,蒸出其中的 C_3、C_4 和部分 C_5 组分。从重沸器底部出来的高温凝析油,温度约246.4℃,先去液化气塔和脱乙烷塔底重沸器作为热源,然后再与未稳定凝析油换热,温度降至50℃左右去常压蒸馏装置。塔顶稳定出来的气体与低温凝析油换热,被冷却至40℃左右进入三相分离器,分出的气体直接去轻烃回收,分出的油去脱乙烷塔,分出的水排入污水处理厂。

四、加热闪蒸稳定工艺

安塞油田王窑集中处理站建有两套原油稳定装置,采用加热闪蒸稳定工艺,同时直接生产液化气。其原理流程如图6-7所示。

原油经过原油泵与稳定原油二次换热后进入加热炉,加热至约120℃进入原油稳定塔,塔底稳定原油与未稳定原油换热后用泵抽出外输。稳定塔塔顶闪蒸气经空冷器冷却至40℃左右进入三相分离器。三相分离器分出的水去污水处理;分出的轻油一部分打入稳定塔顶,控制拔出深度,一部分去轻烃回收三相分离器;分出的气用压缩机抽出加压至1.0MPa左右,经空冷器冷却至40℃左右进入三相分离器。在此三相分离器中,分出的水去污水处理;分出的气

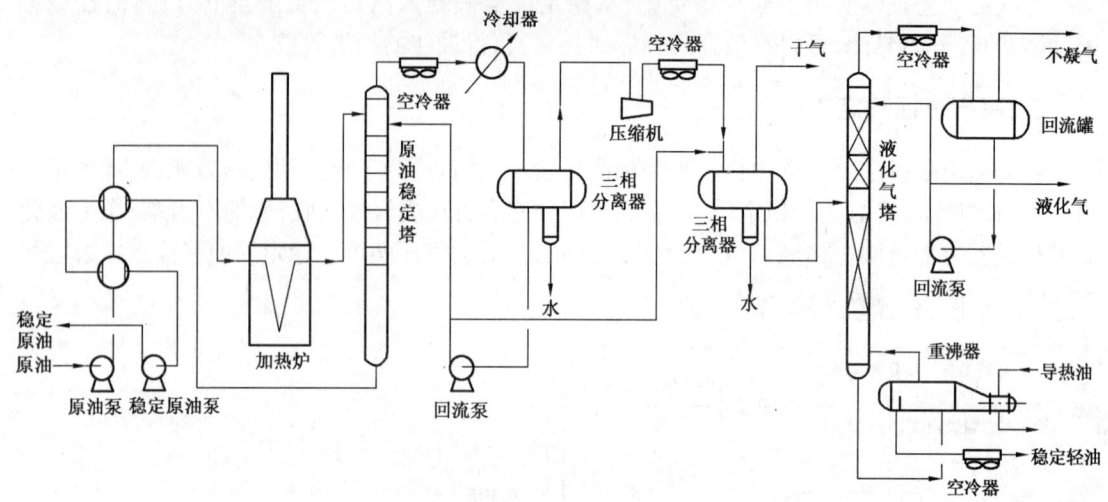

图 6-7　安塞油田王窑集中处理站原油稳定流程图

外输作燃料；分出的轻油进入液化气塔，在塔底重沸器的作用下蒸出液化气，经空冷器冷至40℃左右进入回流罐，然后用泵抽出，一部分打入液化气塔塔顶作回流，一部分作为成品去储油罐。液化气塔塔底稳定轻油经空冷器冷却至40℃左右，去稳定轻油储罐。

主要工艺参数有：

(1) 稳定原油量：3400m^3/d；

(2) 原料气量：6000m^3/d；

(3) 液化气产量：6t/d；

(4) 主要操作条件：加热炉出口温度为110~120℃，气体压缩机出口压力为0.9~1.0MPa。

复习思考题

1. 原油稳定有哪些方法？
2. 为什么负压闪蒸稳定法应用广泛？
3. 气体汽提原油稳定工艺属于闪蒸稳定还是分馏稳定？为什么？
4. 过热蒸汽作为汽提气进入稳定塔内，进入量不宜过大，为什么？
5. 气体汽提原油脱硫和气体汽提原油稳定二者有何异同点？

参考文献

[1] 王念兵，宋丹. 汽提工艺在原油稳定装置中的应用研究. 中国勘察设计, 2009, 3：49~52.
[2] 燕继勇，李凤春. 汽提原油稳定轻烃回收技术的应用. 油气田地面工程, 2000, 19(3)：23~24.
[3] 陈飞，燕继勇，李凤春. 应用汽提原油稳定工艺提高轻烃回收率. 油气储运, 2001, 20(4)：36~39.
[4] 魏自科，王营召，杨建华. 汽提工艺在原油稳定中的应用研究. 油气田地面工程, 2004, 23(2)：15.
[5] 李晶，苏菊英，王祥，等. 汽提工艺在中原油田原油稳定装置改进中的应用. 江汉石油学院学报, 2003, 25(3)：124~125.
[6] 丁万庆. 萨南原稳装置原油系统工艺优化技术研究. 中国新技术新产品, 2009, 10：10~11.

[7] 宋红,魏开华,李萍等.原油深度稳定工艺研究.油气田地面工程,2004,23(6):59.
[8] 党惠平,党森林,薛蕊华,等.提高轻烃回收率的方法.管道技术与设备,2008,4:53~54.
[9] 贾琴芳.丘东轻烃原油稳定系统工艺优化研究.化学工程与装备,2009,7:105~107.

第七章 轻烃回收工艺及设备

自20世纪60年代起,先进的工业国家就将油气回收处理作为降低油品蒸发损耗及防止油气污染的重点技术加以研究推广,并对油气排放标准加以立法来严格控制油气排放浓度。日本、美国在六七十年代就已成功研制出了油气回收装置,形成了成套的活性炭吸附法、贫油吸收法、冷凝法油气回收装置。德国也在近年推出了使用膜分离技术的油气回收成套装置,使油气回收技术得到了进一步发展。目前,先进工业国家的炼油厂、油品码头、油库、加油站等普遍都采用了油气回收设施,这些设施既保护了环境,也取得了良好的经济效益。

70年代以来,我国各油田也相继开始了油田气的回收利用工作,进入80年代以后,一批轻烃回收装置陆续投产,年回收轻烃近百万吨,不仅提供了数量可观的化工原料和优质燃料,也大大降低了油气损耗,提高了资源的综合利用程度,而且减少了大气污染,保护了环境。尤其是在面临世界性经济危机的今天,回收利用油田气,不仅为企业创造了更多的财富,取得良好的经济效益,同时也将取得良好的社会效益。随着原油生产的不断发展和可持续发展的需要,油气回收工作将受到越来越多的重视。

轻烃回收是将油气集输工艺过程中的油气分离和原油稳定等环节所得到的油田伴生气进一步加工,分割为以戊烷(C_5)以上组分为主的轻质油、以丁烷和丙烷(C_4和C_3)为主的液化气、以甲烷和乙烷(C_1和C_2)为主的干气。因此,轻烃回收是将天然气中相对甲烷或乙烷更重的组分以液态形式回收下来的过程,其目的是为了控制天然气的烃露点以满足天然气输送要求。

第一节 轻烃回收的方法

油气田开发中存在着丰富的伴生气,为了合理利用这部分天然气资源,国内外各油田均采用了轻烃回收装置。轻烃回收的主要方法有吸收法、固体吸附法、冷凝分离法和膜分离法等,如图7-1所示。其中,冷凝分离法是回收油田伴生气的主要方法,但存在能耗高、收率低等制约因素。近年来引进、开发了一些新工艺和新技术,如膜分离技术、DHX(直接换热)工艺和马拉法(Mehra)等,在轻烃回收工程中得到了推广应用。

一、吸收法

吸收法是利用天然气中各组分在吸收剂中的溶解度不同,使不同烃类得以分离的方法。吸收分离过程是通过油气和吸收剂的逆流接触,从而将易溶解的组分和难溶解的组分分离开来。该方法可使用多种不同的吸收剂,如轻柴油、低温汽油、有机溶剂等。根据吸收温度的不同,油吸收法可分为常温油吸收法、中温油吸收法和低温油吸收法。常温吸收的温度一般在30℃左右,以回收C_3^+轻烃为主;中温吸收的温度在-20℃以上,C_3收率为40%左右;低温吸

第七章 轻烃回收工艺及设备

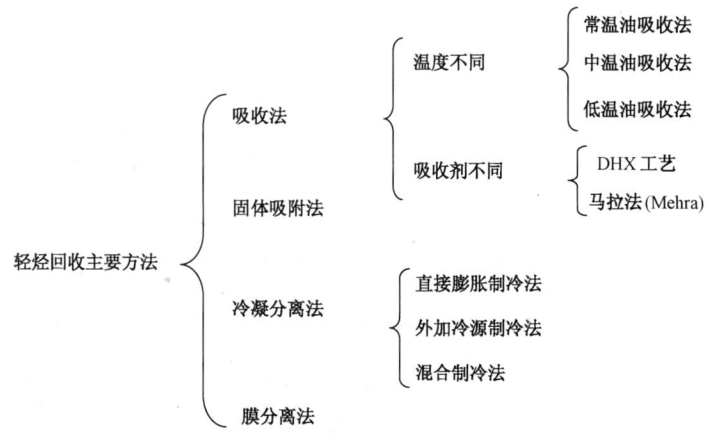

图 7-1 轻烃回收的主要方法

收的温度在 -40℃左右，C_3 的收率为 80%~90%，同时可回收 35%~50% 的 C_2。

二、固体吸附法

固体吸附法是利用固体吸附剂（主要为活性炭）对各种烃类的吸附量不同，从而使天然气中各组分得以分离的方法。这种方法用于从湿气中回收较重烃类，或处理气量较小（$<60 \times 10^4 m^3/d$）及较贫的天然气（液烃含量为 13~40mL/m^3），以达到吸附原料气中的水和液烃，使原料气露点满足管输要求的目的。这类装置流程简单，不需要特殊的材料和设备，但再生能耗大，生产成本高，轻烃收率低，很少使用。

三、冷凝分离法

冷凝分离法是根据原料气中不同组分的沸点不同，对原料气进行低温分离的过程。由于甲烷和乙烷的沸点比丙烷以上各组分的沸点低得多，故通常情况下，通过冷凝分离可将原料气分为以 C_1 和 C_2 为主的干气、液化气和稳定轻烃三部分。冷凝分离轻烃回收工艺原理流程框图如图 7-2 所示。

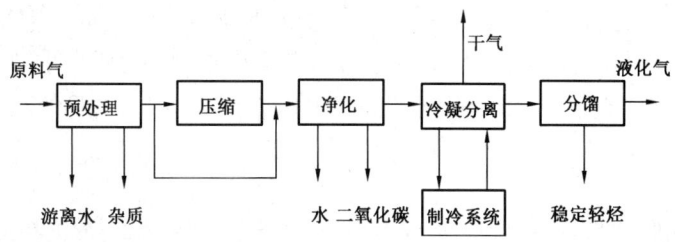

图 7-2 冷凝分离轻烃回收工艺原理流程框图

该流程中的原料气预处理，是为了除去管道来气中夹带的油、游离水和泥砂等杂物；增压是为了满足后续处理工艺对压力的需要；净化是为了脱出增压后气体中仍含有的水分和二氧化碳等杂质，以防止在后续的冷凝分离时，由于温度过低在管道或设备中生成水合物，造成冰堵。

这种方法需要提供足够的冷量使气体降温。根据提供冷量方式的不同,冷凝分离法可分为外加冷源制冷法、自制冷法(直接膨胀制冷法)和混合制冷法等;根据冷冻深度不同,冷凝分离法又可分为浅冷(-20℃左右)和深冷(-100℃)两种。

外加冷源制冷法一般采用氨制冷循环、丙烷制冷循环或氟利昂制冷循环,若单独采用外冷源时一般为浅冷工艺。

直接膨胀制冷法采用膨胀机制冷装置,靠膨胀机出口低温气体作为主要冷源,一般用于深冷工艺。

混合制冷法即膨胀机制冷与外加冷源制冷相结合,补充膨胀机冷量供给不足,降低高压气体的冷凝温度。

一般来说,回收油田气中60%左右的C_3组分,冷气温度要达到-15~-35℃,油田将冷却到这个温度范围的凝液回收,称为浅冷回收。如果要从油田气中回收70%以上的C_2组分或回收90%以上的C_3组分,冷却温度需要达到-70℃以下,油田将冷却到这种温度的凝液回收称为深冷回收。

四、直接换热工艺(DHX工艺)

DHX工艺(Direct Heat Exchange)是加拿大埃索资源公司(Esso Resources Canada L. td)于1984年首先提出,在Judy Greek装置上实践并获得成功的新工艺,在相同条件下可使装置中C_3的收率由原来的72%提升至95%。

目前国内油气田大部分轻烃回收装置主要以回收C_3^+、生产液化石油气等产品为设计目标,DHX工艺作为一种在不回收C_2情况下,能大幅提高C_3收率的轻烃回收新工艺,与常规流程设备的区别主要是增加了轻组分分馏塔。DHX工艺在近年国内引进的几套轻烃回收装置中被广泛采用。我国对DHX工艺中塔设备的翻译主要有DHX塔、重接触塔、轻组分分馏塔、脱甲烷塔等,也有设计资料称之为低温吸收塔,其中以重接触塔最为常见。对应的DHX工艺国内常称为重接触塔工艺、直接换热工艺等,也有资料称之为双塔流程工艺。

DHX工艺是一种以回收C_3为主的新工艺。以回收C_3^+为目的的轻烃装置,尽可能提高C_3^+冷凝率是提高C_3^+收率的关键,但为经济合理地利用冷量,避免C_2过多冷凝,装置的C_3收率一般在50%~70%之间,此时C_2的冷凝率一般在20%~35%之间。但采用DHX工艺后,在相同工况下能使C_2获得更高冷凝率,并通过液态乙烷的制冷剂(汽化制冷)和吸收剂作用使C_3^+收率大幅提高,能实现在节能降耗的同时大幅提高C_3^+收率的目的。

五、膜分离法

有机蒸气膜回收技术是20世纪90年代兴起的新型膜分离技术,正在逐渐应用于石油石化行业中乙烯、丙烯、氯乙烯及其他烷烯烃的回收和液化气(LPG)、天然气凝析油(NGL)的回收中。其中,压缩/冷凝/有机蒸气膜(CCM)系统回收烯烃单体的工艺,曾荣获1997年美国化学工程K. K奖。

国内石油石化行业已在岳阳石化、石家庄炼油厂、荆门石化、哈尔滨炼油厂等近40家炼化企业成功应用了此项技术,丙烯回收率均在95%以上。在吉林石化、辽阳石化、燕山石化等应用膜法乙烯回收系统九套;在大庆炼化应用了膜法液化气回收系统,在天津石化应用了膜法凝液回收系统,取得了显著的经济和社会效益。

第二节 轻烃回收工艺及设备

一、西一联浅冷回收工艺

我国已建的油田伴生气轻烃回收装置中,有相当一部分采用浅冷分离工艺。这些装置大多以回收 C_3^+ 烃类为目的,通常用于气量比较小,且处理的伴生气中 C_3^+ 含量较多的情况。

西峰油田西一联轻烃厂即采用了浅冷分离工艺进行轻烃回收。

(一)工艺流程和特点

西峰油田西一联轻烃回收工艺流程如图 7-3 所示。

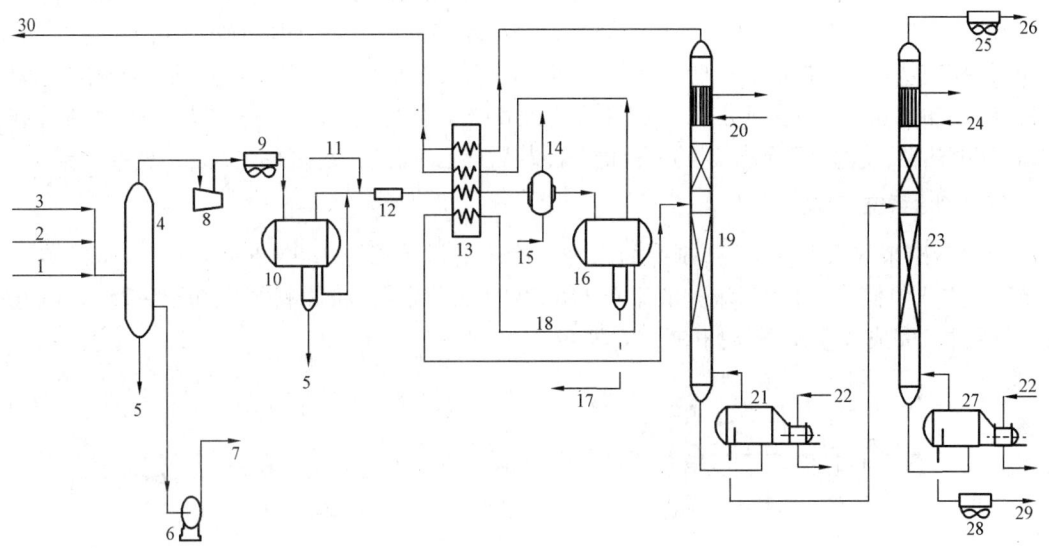

图 7-3 西一联浅冷回收工艺流程图

1—分离器来气;2—原油稳定气;3—大罐气;4—分液罐;5—水;6—液烃泵;7—液烃;8—原料气压缩机;9—空冷器;10—三相分离器;11—乙二醇;12—静态混合器;13—贫/富气换热器;14—氨蒸发器;15—液氨;16—低温三相分离器;17—乙二醇水溶液;18—液烃;19—脱乙烷塔;20—液氨;21—重沸器;22—导热油;23—脱丁烷塔;24—循环水;25—空冷器;26—液化气;27—重沸器;28—空冷器;29—稳定轻油;30—干气

大罐气 3、原油稳定气 2 和分离器来气 1,先进入分液罐 4,分出的水 5 去污水处理;分出的液烃用泵 6 抽出打入脱乙烷塔 19。分出的气体用压缩机 8 抽出经两级加压至 2.0MPa,进入空冷器 9 冷却至 40℃后进入三相分离器 10。分出的水去污水处理,分出的液烃和气体混合后再与注入的乙二醇防冻剂 11 在混合器 12 中混合,然后进入贫/富气换热器 13,温度降至 10℃左右进入氨蒸发器 14,进一步将天然气冷却至 -20 ~ -25℃进入低温三相分离器 16。分出的乙二醇水溶液 17 去乙二醇再生系统,再生后循环使用,分出的液烃进入贫/富气换热器,复热后进入脱乙烷塔 19 中部，在塔底重沸器 21 的作用下，脱出多余的乙烷。脱乙烷塔塔底液烃进入脱丁烷塔 23，在塔底重沸器 27 的作用下，蒸出液化气 26，经冷凝冷却后去液化气罐区。脱乙烷塔塔顶有部分冷凝气用液氨 20 冷却形成部分回流，提高 C_3 收率。液化气塔顶也安装了部分冷凝器，形成内回流，控制液化气质量。液化气塔底稳定轻油冷却后去储油罐。

西一联浅冷回收工艺具有如下特点：

(1) 根据西峰油田气温较低的特点，广泛采用空冷器，节约用水。

(2) 在脱乙烷塔塔顶增加了氨冷器，使浅冷流程的 C_3 收率高于普通浅冷流程。

(二) 乙二醇再生系统

乙二醇再生系统流程如图 7-4 所示。

在三相分离器中分出的质量分数为 70% 的乙二醇富液，进入分馏塔顶冷凝器预热，然后进入过滤器除掉 10μm 以上的固体，使乙二醇不致于在加热炉中结垢、发泡或堵塞。过滤后的乙二醇进入贫/富液换热器加热，然后送到分馏塔中。

分馏塔是一个填料塔，位于甘醇重沸器的顶部，其作用是分离水和乙二醇。塔顶冷凝器是一个翅片型的回流盘管，可通过手动旁通来控制冷凝器的冷凝量，使塔顶温度保持在规定的温度下，以控制从塔顶损失的乙二醇，同时也不会因过分冷凝而增大加热炉的负荷。加热炉的温度控制在要求的温度下，以保证乙二醇贫液浓度为 80%。再生后的乙二醇，由塔釜的排放管进入贫/富液换热器，使温度降到规定的运行值。冷却后的乙二醇贫液，由泵送到乙二醇喷雾器。

(三) 制冷系统

蒸发器出来的低温气态氨 (制冷剂)，经制冷压缩机压缩至 1.6MPa，然后进入水冷器冷却至 35℃，进入氨储罐，再经节流阀节流至 115kPa 进入蒸发器，将原料气冷却至 -25℃，氨气循环至压缩机，完成一个循环。如图 7-5 所示。

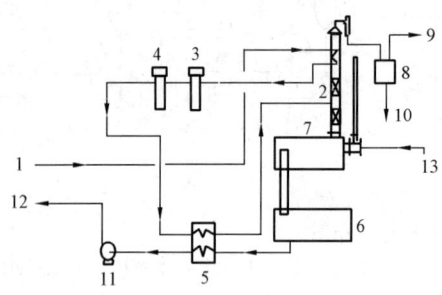

图 7-4 乙二醇再生工艺流程图

1—乙二醇富液；2—分馏塔；3—滤布过滤器；
4—活性炭过滤器；5—贫/富液换热器；6—缓冲罐；
7—重沸器；8—分液罐；9—水气；10—冷凝水；11—注乙二醇泵；12—乙二醇贫液去贫/富气换热器；13—燃料气

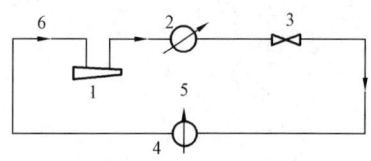

图 7-5 制冷循环图

1—制冷压缩机；2—水冷器；3—节流阀；
4—蒸发器；5—原料气；6—氨

(四) 不凝气排放

当压缩机出口压力过低时，会使入口造成真空，制冷剂系统有漏气的危险。一旦产生不凝气，会降低制冷剂分压，使得操作温度下的氨气不能在冷凝器中冷凝。要使其冷凝，应排放氨气中的惰性气体(不凝气)。排放装置由放空冷凝器和氨水分离器组成,放空冷凝器的制冷氨液是由液氨罐提供的,由控制阀控制氨返回温度,以保持恒定制冷量。当排出氨液后,抽气装置的温度下降,则打开电磁阀,使不凝气排出装置。

(五)主要设备

(1)压缩设备。该工艺中有两种压缩设备,一是制冷压缩机,二是原料气压缩机。制冷压缩机通常选用螺杆式压缩机,原料气压缩机则选用多级垂直剖分式离心压缩机或活塞式压缩机。

(2)冷换设备。该工艺的冷换设备有中间冷却器、排出气冷凝器、贫/富气换热器、富气最终冷却器、乙二醇冷却器、冷剂冷凝器、油冷却器、稳定塔重沸器和凝液冷却器等。

(3)机泵。该工艺的机泵有乙二醇循环泵、低温冷凝液泵、排污泵、润滑油泵、乙二醇泵、冷凝液泵。

(4)塔器:脱乙烷塔、稳定塔用来脱出产品中的多余乙烷并使液化气、稳定轻油合格。

(5)容器。该工艺使用的容器有入口分离器、排出分离器、三相分离器、乙二醇储罐、中间分离罐、排污罐、轻烃储罐、制冷剂储罐和制冷剂进料罐等。

二、杏河冷油二次吸收工艺

近年来长庆油田根据油田伴生气特点,在冷凝法轻烃回收工艺和冷油吸收工艺的基础上,开发了冷油二次吸收工艺。通过积极探索适合长庆油田伴生气特点的轻烃回收工艺,逐渐认识到产品收率高、经济效益好、能达到节能减排要求的冷油二次吸收工艺是目前适合长庆油田原料组分的最佳轻烃回收工艺方法。该工艺应用于安塞油田杏河轻烃厂,装置自 2006 年 10 月投产后运行至今,不仅达到了设计指标,而且操作灵活、产品收率高,取得了显著的效益。

(一)工艺流程

安塞油田杏河轻烃回收冷油二次吸收工艺流程如图 7-6 所示。

安塞油田杏河集油站是长庆油田一个典型的原油集输站,该站管辖油区的伴生气资源相对较多,但除部分供热系统使用部分伴生气做燃料外,其余都放空或烧掉。为了回收杏河区的放空伴生气资源,于 2006 年建成了安塞油田杏河轻烃厂。设计处理原料气规模 $3 \times 10^4 m^3/d$,弹性范围 50% ~150%。主要产品为液化石油气、稳定轻烃和燃料干气。杏河轻烃厂包括大罐抽气系统、原料气增压空冷系统、分子筛脱水系统、丙烷冷冻系统、冷油循环二次吸收系统、产品储运系统及公用工程配套系统。

原料气经脱硫塔脱硫后,进入一级压缩机入口,压缩至 800kPa,然后进入空冷器冷却至 40℃左右,在一级出口分液罐分液后进入分子筛干燥器,然后进入原料气二级压缩机入口,压缩至 2.20MPa,再经空冷器冷却至 40℃左右进入冷箱,与干气换热后温度降到 34℃进入脱乙烷塔中部,与来自吸收塔底的吸收油逆流接触,天然气中大部分 C_3、C_4 组分被吸收。在塔底重沸器的作用下,脱出大部分乙烷。脱乙烷塔顶的干气经丙烷蒸发器冷却至 -25℃进入吸收塔底部,与打入塔顶的温度为 -25℃的吸收剂逆流接触,将干气中可能携带的少量 C_3 组分再次吸收,确保干气质量。吸收塔顶干气经节流阀节流后,压力由 1200kPa 降至 400kPa,温度由 -10.4℃降至 -16.9℃,与原料气换热后去燃料气系统。吸收塔底液烃用泵抽出打入脱乙烷塔

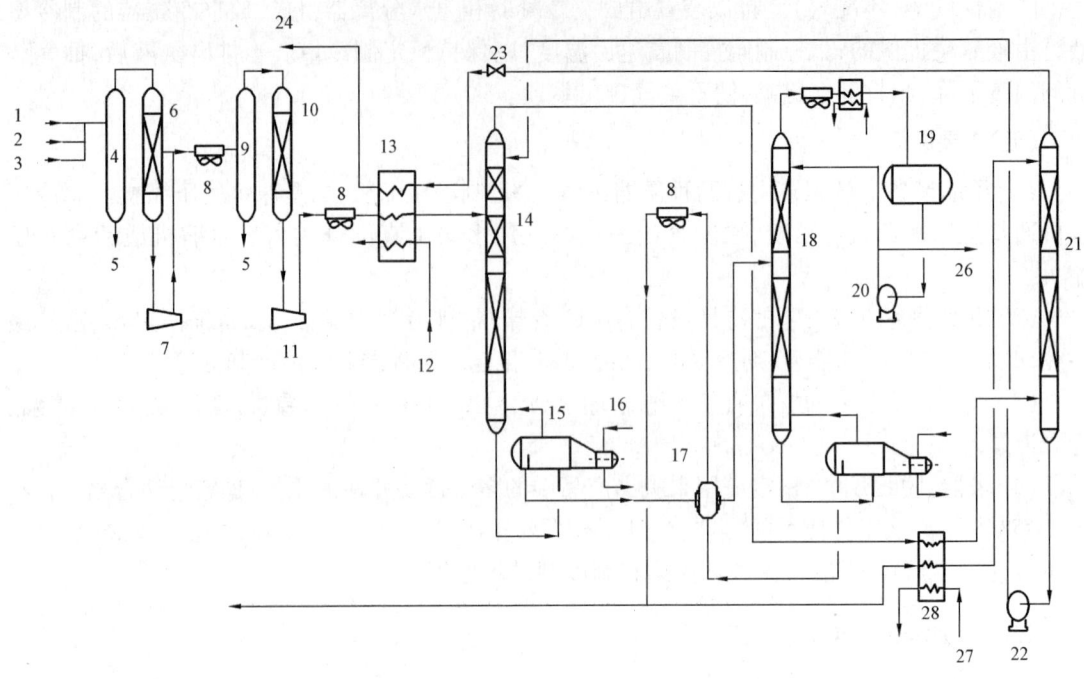

图 7-6 杏河冷油二次吸收工艺流程

1—油罐挥发气;2—原油稳定气;3—井场套管气;4——级入口分液罐;5—水;6—原料气脱硫塔;7——级压缩机;8—空冷器;9——级出口分液罐;10—分子筛干燥器;11—二级压缩机;12—水;13—冷箱;14—脱乙烷塔;15—脱乙烷塔底重沸器;16—导热油;17—换热器;18—脱丁烷塔;19—缓冲罐;20—回流泵;21—吸收塔;22—液烃泵;23—节流阀;24—干气;25—稳定轻油;26—液化气;27—液相丙烷;28—蒸发器

顶。脱乙烷塔底液烃自压进入脱丁烷塔,脱丁烷塔顶液化气冷却至40℃进入缓冲罐,然后用回流泵抽出,一部分打入塔顶作回流,一部分出装置进入液化气储罐,脱丁烷塔底稳定轻油与脱乙烷塔底液烃换热后,温度由165℃降至115.7℃,再经空冷器冷却至40℃,一部分作为产品直接去产品罐区,一部分进入丙烷蒸发器进一步冷却至-25℃作为吸收剂,进入吸收塔吸收,然后进入脱乙烷塔继续作为吸收油循环。

该工艺与冷油一次吸收工艺的区别体现在以下两方面:一是将脱丁烷塔底产品(稳定轻烃)的一部分与脱乙烷塔顶的干气一起进入蒸发器冷冻到-20℃左右,进入二次吸收塔,将干气中可能携带的重烃彻底吸附下来,保证了干气质量,从而提高了产品收率。二是将吸收塔底的低温吸收油再次增压后继续进入脱乙烷塔,完成了对干气的一次吸收,从根本上保证了干气的外输质量。

(二)流程特点

(1)根据已建几套装置的液化气罐的腐蚀情况,原料气采取了脱硫措施。

(2)该流程处理的原料气为油罐挥发气、原油稳定气和井场套管气,三种气的C_3^+烃组分的含量不尽相同,气量波动大,但用冷油二次吸收工艺均能适应,流程操作弹性大。

(3)原料气脱水采用分子筛,便于控制,可防止乙二醇脱水时,人为操作易冻堵情况的发生。

（4）使用板翅式蒸发器同时对吸收油和干气进行冷冻，降低了设备投资，提高了传热效率，降低了制冷负荷，可以有效地保证吸收效果。

（5）脱乙烷塔顶气经冷冻后进入吸收塔，提高了 C_3 收率，在吸收剂量只有 2t/h 的情况下，C_3 收率可达 97.8%，液化气产量可达 24t/d，效益十分显著。

（6）彻底解决了冷油吸收过程中由于各种客观因素造成的脱乙烷塔操作波动引起的产品收率低等问题。

（7）该工艺运行可靠、平稳，在生产过程中可通过冷冻吸收油量的控制，使 C_3 收率在85%～95%之间调节，以实现生产操作的最优化和效益的最大化。该工程投产后由于冬季干气需求量大，要求人为降低产品收率，保障站场燃料用气，该工艺在调整操作中表现优良，无论是提高和降低产品收率，都做到了生产平稳、安全可靠。

（三）主要操作条件

（1）操作温度。冷油二次吸收工艺将冷冻系统转移至脱丁烷塔底产品和干气处，使天然气和吸收剂都冷冻到 -20～-25℃，保证了吸收塔顶的干气质量。冷冻系统采用丙烷制冷，与液氨制冷相比，在相同 C_3 收率的情况下，溶剂循环量可以进一步降低。

（2）操作压力。吸收压力一般在 1.7MPa 左右即可，太高的吸收压力在有压力能可利用的情况下对吸收有利，也可以采用；如果用压缩机加压，则 1.7MPa 已完全可以满足 C_3 收率要求，压力太高对 C_3 收率影响并不明显，反而造成设备笨重、能耗增加，经济上不合算。

（3）吸收剂量。吸收剂量是根据 C_3 收率要求来确定的。但冷油吸收过程是一个吸收剂循环的过程，因此，吸收剂量要慢慢提升，直到 C_3 收率满足规定为止。开始时没有稳定轻油出装置，待吸收剂的量符合要求时，才有稳定轻油出装置。开工前最好先准备一定的稳定轻油作吸收剂，天然气脱水正常后，即可启动溶剂循环泵，生产很快进入正常。

冷油循环量受塔顶温度制约，循环量过小基本没有吸收效果，反而干气将循环油携带出来，还会引起干气温度过高，加大了 C_3 的损耗。轻烃回收装置运行工况表明，冷油循环量维持在 2000kg/h 时，产品收率及装置能耗可保持在平衡状态。

（四）装置投产运行情况

安塞油田杏河轻烃回收装置于 2006 年 10 月开车试运行，一次性投运成功并产出合格的液化气产品。经过方案对比优化，用冷油二次吸收工艺比 2004 年投用的一次油吸收工艺提高 C_3 收率 5% 左右。实际生产液化气 15t/d，稳定轻烃 17t/d，装置运行平稳。

长庆油田开发的冷油二次吸收工艺，是对长庆油田伴生气回收利用的有益革新。实践证明，该工艺开发是成功的，具有流程简单、操作条件缓和、生产运行便利、C_3 收率高等特点，尤其是在小规模油田伴生气的回收利用方面，有着良好的应用前景，成为销售收入新的增长点。

三、大港油田 DHX 工艺

自 1964 年美国首先将透平膨胀机制冷技术用于天然气凝液（NGL）回收装置后，该方法以其流程简单、操作方便、对原料气组成的适应性强、投资低及效率高等优点，在近几十年来得到了迅速发展。无论是在国外还是国内，新建或改建的液化石油气（LPG）回收装置约有 90% 以上都采用透平膨胀机制冷法。

在膨胀机制冷工艺的基础上,又相继开发了气体过冷法(GSP)、液体过冷法(LSP)和直接换热法(DHX)等工艺。我国在对 DHX 工艺进行研究的基础上,吸收国外经验,在国内的 LPG 回收装置的设计上采用了 DHX 工艺,并对初期的 DHX 工艺流程进行了优化,使其变得更为简单实用,且降低了操作难度,提高了轻烃收率,大幅提升了 DHX 工艺的推广应用价值。目前,我国 DHX 工艺普遍采用"膨胀机制冷 + 重接触塔 + 脱乙烷塔"的工艺流程,如图 7 - 7 所示,此流程已在我国多个 LPG 回收装置中应用。

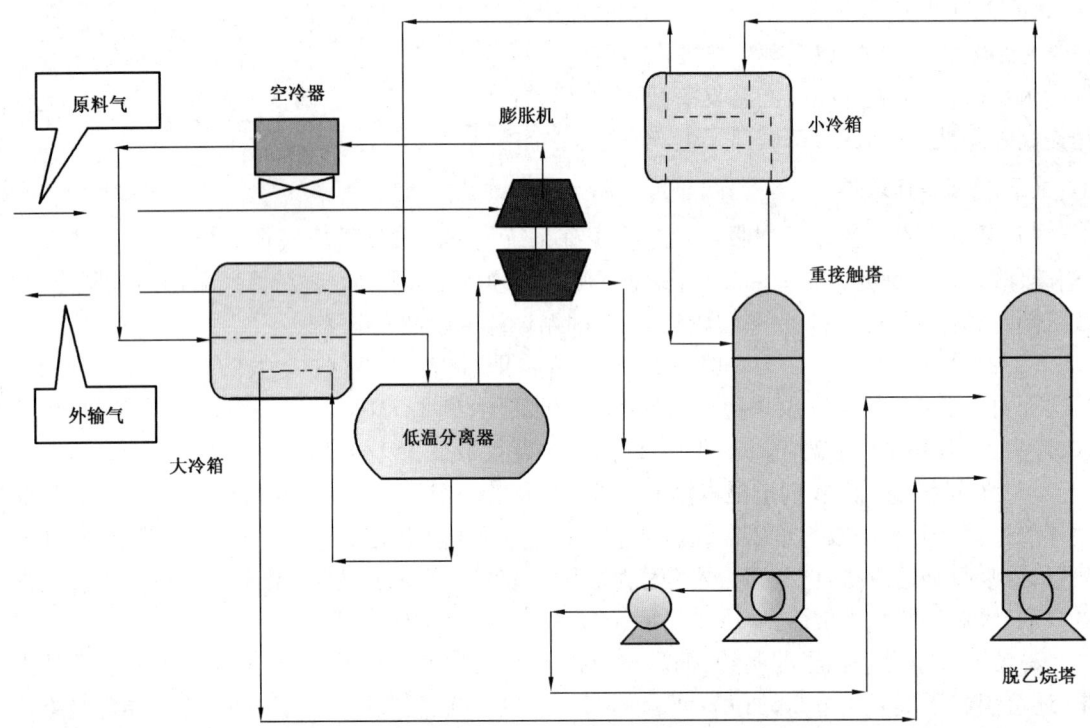

图 7 - 7　膨胀机制冷 + 重接触塔 + 脱乙烷塔工艺流程图

(一)DHX 工艺分类

DHX 工艺按进料方式可分为单料工艺(仅低温分离器气相经膨胀机制冷后进入 DHX 塔底)和双料工艺(低温分离器气相和液相最终均进入 DHX 塔)。大港压气站、玉门青西联合站、吐哈温米联合站、涠洲岛陆上终端、雅克拉站等轻烃装置的 DHX 工艺类似单料工艺;而吐哈丘东 LPG 装置中的 DHX 工艺则类似双料工艺。单料工艺运用段为普遍,而双料工艺更强调 DHX 塔对轻组分(C_1、C_2)的分离,可实现降低脱乙烷塔气相负荷、提高 C_3^+ 收率的目的。

按重接触塔与脱乙烷塔压力控制方式可分为同压运行(两塔间不设节流阀,压差不大于 0.2MPa)和差压运行(两塔间设置节流阀调压,压差不小于 0.3MPa)两种。采用同压运行的装置有:大港压气站(0.96MPa/1.09MPa)、雅克拉站(2.33MPa/2.45MPa)等;采用差压运行的装置有:玉门青西联合站(1.57MPa/1.9MPa)、吐哈油田温米联合站(1.55MPa/2.1MPa)、涠洲岛陆上终端装置(0.6MPa/1.7MPa)等。

(二)重接触塔的工作原理

DHX 工艺的脱乙烷塔为提馏塔,塔顶无回流,这样一来,塔顶气中的 C_3 含量便较高,若不回收,将影响装置的 C_3 收率,而重接触塔则直接给回收脱乙烷塔顶气中的 C_3 创造了条件。脱乙烷塔顶气(含有部分 C_3)与重接触塔顶较低温度的气体在小冷箱内换热,脱乙烷塔顶气经过小冷箱后温度降低,然后进入重接触塔顶与膨胀机出口的低温气液混合物进行气液逆流接触。由于该低温气液混合物中含有一定量的甲烷和乙烷,而甲烷和乙烷蒸发汽化可获得一定的冷量,从而使重接触塔内温度降低,将脱乙烷塔顶气中的部分 C_3 冷凝回收。因此,从重接触塔的设计理念来说,其实际上是一个吸收塔。

吸收过程是气相组分在液相中溶解的过程。各种气体在液体中都有一定的溶解度,当气体和液体接触时,气体溶于液体中的浓度逐渐增加,直到饱和为止。在吸收过程中,被吸收的气体叫吸收质,吸收气体的溶液叫吸收剂。对于常规吸收塔,吸收剂与吸收质之间的沸点相差较大,相际之间发生的主要是吸收质溶于吸收剂的传质过程,吸收剂基本上不发生相变,传热效应表现不明显。而对于重接触塔,由于吸收剂 C_2 比吸收质的关键组分 C_3 轻,而吸收质的温度又比吸收剂高,使相际之间传热所占的比例较常规吸收塔大,从而造成吸收剂中的 C_1、C_2 在重接触塔内逐板汽化,同时 C_3^+ 组分逐级被冷凝吸收。由此可知,液态乙烷在该工艺过程中兼具制冷剂和吸收剂的双重作用。

因此,DHX 工艺是利用脱乙烷塔顶气体与膨胀制冷后的低温原料气体直接换热,使气体中的 C_2 以上的烃类冷凝,再进入重接触塔(DHX 塔)顶。在与原料气接触过程中,由于 C_2 是烷烃,选择性好、相对分子质量小和吸收能力强,在 C_2 的吸收作用和蒸发后产生的冷量作用下直接与原料气换热,使原料气的温度进一步降低,从而获得较高的 C_3 收率。

(三)DHX 工艺流程

大港油田压气站引进的天然气处理装置,主要处理凝析气田气和油田伴生气,回收天然气中 C_3 以上组分,装置 C_3 收率高达 97.2%,是采用常规轻烃回收工艺难以企及的收率目标。大港油田 LPG 回收装置工艺流程如图 7-8 所示。

来自上游的天然气(15℃、0.05MPa)先经压缩机增压至 3.1MPa,再经 F-800 除油器除去其中携带的机油后进入脱硫塔。天然气经脱硫塔将其中的 H_2S 含量由 20mg/m³ 降到 0~1mg/m³ 后,进入分子筛脱水塔,脱水后天然气的含水量低于 1mg/L,操作压力下其露点低于 -50℃。随后进入膨胀机增压端增压到 4.0MPa、70℃,再经过空冷器冷却至 30℃进入大冷箱,然后与重接触塔塔顶来气和低温分离器分出的凝液换热至 -30℃后进 V-160 低温分离器。V-160 低温分离器分出的气体经膨胀机膨胀端降压至 0.85MPa、-85℃,进重接触塔顶部;分离出的低温凝液节流降温至 -50.8℃,进大冷箱复热至 10℃,进脱乙烷塔中部。重接触塔顶气(0.8MPa、-90.9℃)经小冷箱和大冷箱复热至 30℃后,作为干气产品(压力为 0.7MPa)外输。重接触塔塔底凝液(0.85MPa、-80℃)经 P-15 泵泵入脱乙烷塔,脱乙烷塔底凝液经 P-10 泵泵入脱丁烷塔,脱丁烷塔顶分馏出 C_3 和 C_4 的混合物(LPG),而其塔底则分馏出 C_5 以上组分(稳定轻烃)。

(四)DHX 工艺的应用条件

(1)对原料的适应性考察证明,当原料气中 C_3 含量大于 10% 时,DHX 工艺优越性不明

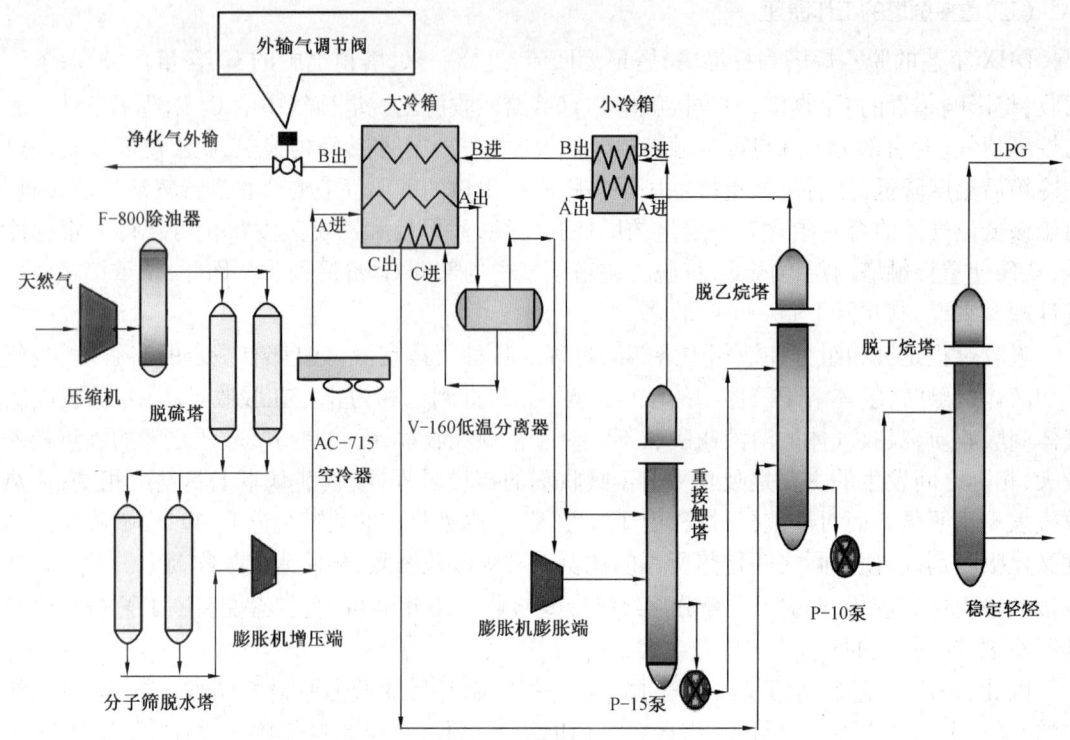

图7-8 大港油田LPG回收装置工艺流程图

显,此时可采用其他简单有效的加工工艺。

(2)原料气中C_3含量是影响DHX工艺应用的主要因素,而非C_1/C_2的比值。

(3)降低重接触塔压力,膨胀机出口温度降低,C_3收率可提高2.7%~5.2%,但如果外输时还需增压,就要做经济比较才能确定是否采用该工艺。

(4)原料气压缩机二级出口水冷器后加分离器,分出的液烃直接去脱乙烷塔,C_3收率略高于不加分离器。

(5)DHX工艺需要足够且合理的冷量,一般要求脱乙烷塔顶气体乙烷的冷凝率达到20%~40%为宜,当其冷凝率不够时,可采用丙烷制冷等措施辅冷。

(五)操作重接触塔的实践

1. 塔顶小冷箱换热效果是重接触塔正常工作的基础

重接触塔是一个吸收塔,吸收剂C_1、C_2来自膨胀机膨胀端的出口,被吸收物的关键组分C_3来自脱乙烷塔塔顶。依靠吸收剂和被吸收物的相间传热关系,重接触塔塔顶的温度要比膨胀机膨胀端出口的温度低3℃左右,在实际生产过程中,两处的温度分别约为-93℃、-90℃。为了保证重接触塔发挥吸收塔的重要作用,图7-8中小冷箱A流道出口和B流道进口的温度差必须保持在5℃左右。如果温差过大,说明小冷箱换热效果较差,此时重接触塔塔顶的温度就会接近膨胀机膨胀端出口的温度。需要分析小冷箱A流道和B流道进出口的压差,如果压差超过了合理的数值范围,说明流道内部发生了冻堵,可以通过向流道内注甲醇的方式解决。

2. 严格控制重接触塔的液位

由于重接触塔内的组分较轻,塔底泵有时会出现不上量现象,此时需要密切关注塔的液位,保证其液位不能过高,否则会使重接触塔的液相进入大、小冷箱的B流道。由于液相的汽化潜热大于气相潜热,B流道中过冷的低温液体在冷箱内会被汽化,从而吸收大冷箱A流道的原料气热量。这种现象会造成低温分离器的温度低于正常操作温度,易引起膨胀机进出口温度急剧下降,导致重接触塔不能正常建立液位,并使该塔的温度低至-110℃的严重后果。此时在大、小冷箱流道内很容易发生CO_2冻堵,使得LPG回收装置的核心制冷系统出现紊乱现象,这样装置就无法正常生产,需要停机处理再重新开车。

3. 确保重接触塔塔顶压力稳定

由于LPG回收装置的分子筛再生气都引自大冷箱B流道的外输气调节阀前,经过分子筛加热炉加热后进入分子筛脱水塔,分子筛吸附的水分被270℃以上的再生气带走而达到再生目的。再生气经过冷却后,再生气分离器分离出饱和水,最后进入外输气调节阀后的外输管网外输。

LPG回收装置重接触塔塔顶的压力主要由大冷箱出口的外输气调压阀控制,而外输气调压阀前后压差的大小决定了再生气流量的大小。鉴于下游外输管网的压力不稳定,为了保证再生气流量的稳定,需要经常修改重接触塔塔顶的压力设定值。使外输气调节阀前后的压差保持在0.2MPa以上,才能确保分子筛再生气的流量保持在5000m³/h左右。在设定重接触塔塔顶的压力时需要仔细操作,避免其压力有大幅波动,否则会造成重接触塔塔底泵不上量及制冷系统运行不平稳。

4. 确保重接触塔塔底泵运行状况良好

由于重接触塔的工作温度较低,因此在塔底泵的选型上要求较严格,需要根据塔内介质的密度、饱和蒸气压及流量通过严格的工艺计算来确定,一般都选用低温离心泵或低温屏蔽泵,在实际生产过程中重接触塔塔底泵容易出现不上量现象。引起泵不上量的原因有以下几点:泵进口滤网被杂质堵塞;泵进口滤网形成干冰与冰水的混合物,堵塞滤网;塔底轻组分在泵体内形成气蚀。相应的解决方法为:清洗滤网,除去杂质,解除堵塞;通过向泵入口管线注甲醇解冻;通过泵体放空,暂时把轻组分放掉。

由于重接触塔塔底泵的运行状况直接关系到塔内介质的液位是否保持在合理范围内,因此需要操作人员密切注意运行状况,才能保证重接触塔达到较高的工作效率。

虽然DHX工艺自20世纪90年代陆续在国内新建的轻烃回收装置中普遍采用,相关技术运用也日趋成熟,但目前国内有关该工艺的公开报道仍然较少,对实际应用的指导性也较有限。因此开展DHX工艺研究,提高对DHX工艺的认识,完善DHX工艺原理分析,对DHX工艺技术的推广运用具有重要意义。

四、大庆膜分离法轻烃回收工艺

目前油田伴生气的回收主要采用压缩冷凝和节流膨胀制冷的办法。通常深冷冷凝工艺轻烃的回收率很高,干气中的C_3^+组分含量很低,但在浅冷冷凝工艺中,冷凝温度一般在-20~

-30℃,处理后的干气中仍然含有3%~5%以上的C_3^+组分,造成了轻烃的浪费。为此,大庆油田天然气公司采用了膜分离法轻烃回收工艺。

(一)基本原理

对于有机气体(烃类)的分离和回收过程来说,膜的分离选择性是源于组分的渗透率的差异。气体透过膜要经过以下三个步骤:气体分子溶解在膜的上游表面;在浓度差的推动下扩散至膜的下游表面;在膜的下游表面解吸。

有机蒸气膜回收系统主要采用"反向"选择性高分子复合膜。根据不同气体分子在膜中的溶解扩散性能的差异,在一定的压差推动下,可凝性有机蒸气(如丙烷、丁烷、重烃等)与惰性气体(如氮气、甲烷、氢气等)相比,被优先溶解渗透,从而达到分离的目的。

(二)工艺流程

根据油田伴生气的组成、压力等条件,以及回收率要求和现有分离状况等,膜分离法回收伴生气中的轻烃可以采取不同的流程,与其他分离方法结合使用有时会取得更好的效果。

大庆膜分离法轻烃回收工艺流程如图7-9所示。原料气首先经过压缩机压缩至一定压力后,进入冷凝器,部分轻烃被冷凝液化,然后进入分液罐。分液罐分出的液态轻烃去往储罐,不凝气进入膜单元后,干气外输。轻烃组分在渗透气中富集后返回压缩机入口进行循环,进一步回收轻烃组分。

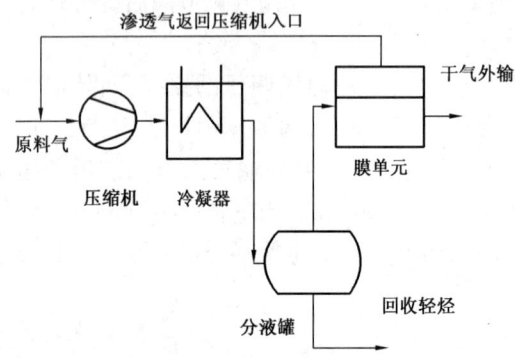

图7-9 大庆膜分离法轻烃回收工艺流程图

(三)数据对比

2006年3月,大庆天然气公司的三套装置应用膜分离法轻烃回收工艺前后的轻烃回收量数据对比如表7-1所示。

表7-1 三套装置的轻烃回收量数据对比

装置名称	原回收量,kg/h	装膜后回收量,kg/h	增加回收量,kg/h	年增加回收量,t/a
喇压装置	3865.88	4552.19	686.31	5490
中七浅冷	2010.52	2526.61	516.09	4129
北压二套浅冷	2374.31	3064.09	689.78	5518

(四)工艺技术要求

(1)气体来源:原装置干气(出口气);
(2)冷量有一定的富余;
(3)压缩机有余量。

(五)工艺特点

(1)C_3以上组分回收率为60%以上。
(2)膜组件的使用寿命可长达5~8年。膜系统所选用分离膜为高分子复合膜材料,分离机理为溶解/扩散机理,膜组件不能再生,亦无需反冲洗。操作简单,维修保养容易,膜系统可以适应-20~40℃的温度操作范围,原料气温度变化不会影响膜系统性能。

(3)膜系统无需增加额外动力源。膜系统无传动和转动部件,推动力为压力差,即以原系统提供的压力作为膜回收系统的推动力,渗透气返到压缩机入口,无需增加额外动力源。渗透气温度略有下降,但因压力下降较多,不会在渗透侧结液。

(4)膜回收系统以原装置富甲烷气流为原料气,渗透气为富轻烃气,返回装置压缩机入口,尾气为进一步处理的甲烷气流。

(5)膜回收系统为一体化橇装设备,占地面积小。分现场部分和控制部分,控制部分可以单独上工控机,亦可并入DCS系统。

(6)膜回收系统投资效益显著。通过三套装置的物料衡算得知,每年可多回收轻烃4000多吨,有较好的经济效益,投资少见效快,投资回收期短。

同溶剂吸收法和活性炭吸附法相比,膜分离法的优点是流程简单、油气回收率高、操作弹性大、自动化程度高、无需专人维护保养、无二次污染、环保节能和安全可靠。其主要缺点是由于增加了压缩机,所以能耗高于上述两种方法,然而较高的轻烃收率,使得膜分离技术在天然气轻烃回收领域仍然有较好的应用前景。

近年来,随着原油生产的不断发展,从油田气中回收的轻烃已成为油田生产的一种重要产品,轻烃回收作为油气田新的经济增长点,日益受到企业的重视。我国轻烃回收技术水平取得了较大的进步,轻烃回收工艺技术将以低温分离法为主,向高收率、低能耗、橇装化、自动化的方向发展。

第三节　春晓气田陆上终端深冷轻烃回收工艺及设备

春晓气田群开发建设工程陆上终端(简称春晓终端)是目前国内处理量最大的天然气凝液回收工厂,位于浙江省宁波市北仑区,分为厂前区、辅助生产区、生产区及罐区。厂前区包括综合办公楼、化验楼、机修间、车库等;辅助生产区包括水处理站、高低压变电所、空压站等;生产区包括设备基础、水池等;罐区包括2000m^3球罐,5000m^3水罐。

一、生产装置组成

春晓终端生产装置包括段塞流捕集、分子筛干燥脱水、凝液深冷分离(A/B列)、凝液分馏(A/B列)等设施。春晓终端工艺流程框图如图7-10所示。

(一)入口段塞流捕集器

入口段塞流捕集器由入口汇管、气相出口汇管、液相出口汇管、6根主流管和6根分离管组成,单管长约146m,有效容积740m^3,是一"指状"大型油、气、水三相分离设备,具有储气、储液及缓冲作用。段塞流捕集器接收自海上平台经350km海底管道输来的天然气,利用物理性质不同的原理将液烃和游离水分离出来,确保向轻烃回收装置平稳供气。

(二)分子筛干燥脱水系统

分子筛干燥脱水系统采用三塔同压再生工艺,周期性循环操作,通过时间控制程序自动切

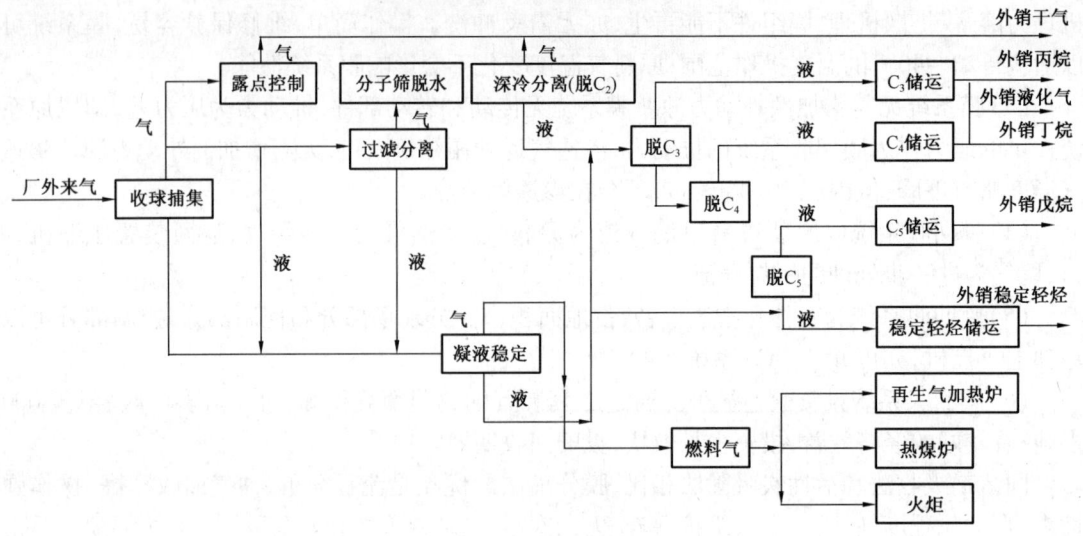

图 7-10 春晓终端工艺流程框图

换,并可根据气量适时调整三塔或两塔流程操作。分子筛干燥工艺流程为:原料气经过滤、分离、计量进入分子筛干燥塔进行深度脱水,干燥后的干气大部分进入粉尘过滤器,除去分子筛粉尘后,进入深冷分离单元,小部分作为再生气进入再生气加热炉加热至288℃后,进入已吸附了水的干燥塔内解吸分子筛吸附的水分,使其再生后恢复干燥脱水的功能。含水的再生气进入再生气空冷器冷却至46℃后,由再生气分离器分出游离水,进入再生气压缩机增压至5.1MPa返回原料气入口。分子筛三塔同压再生工艺如图7-11所示。

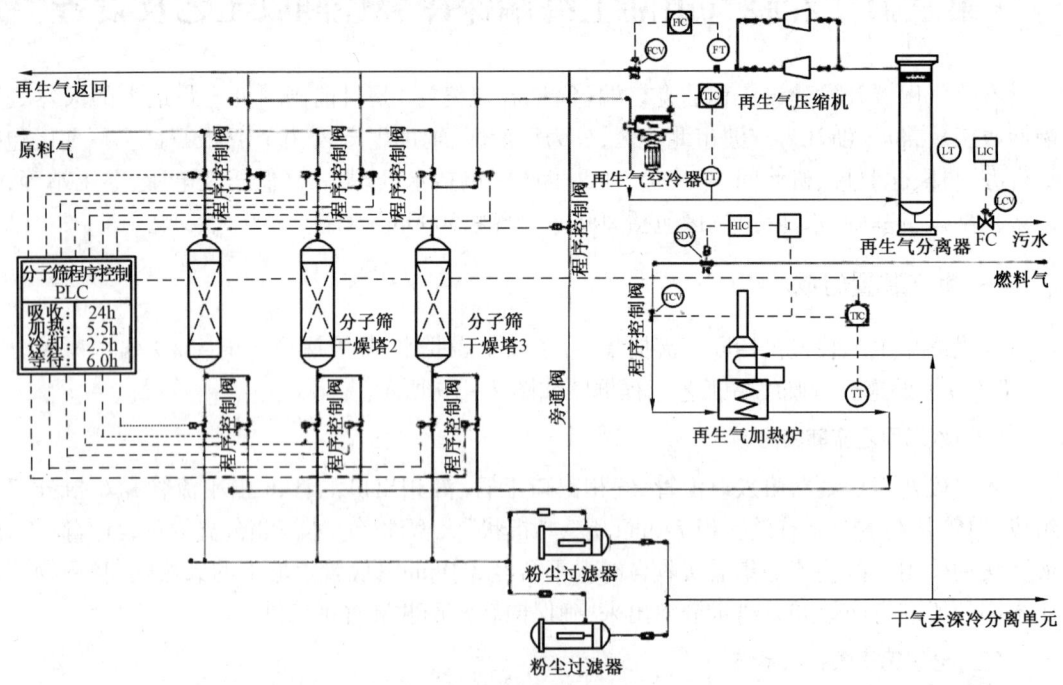

图 7-11 分子筛三塔同压再生工艺流程图

同压再生工艺与降压再生工艺相比,无需频繁升降压,不仅控制程序简单,而且床层不会因压力频繁变化而反复松动,分子筛磨损相对较轻,粉尘量减少,寿命延长。虽然增加了两台压缩机,但克服了降压再生存在的缺陷。其另一独特的优点是在湿气进站的同时或分子筛之后的工艺系统检修期间便可进行分子筛再生,能大幅度缩短从投料到合格产品出厂的时间。脱水压力 5.1MPa,温度 29℃,在较高的压力、较低的温度条件下,原料气在分离器中可多分出一部分水,减少了分子筛的脱水负荷。同时,在较高压力下也增加了分子筛的吸附能力,减小了干燥器的结构尺寸,减小了分子筛的填充量,简化了操作程序。

(三)凝液深冷分离系统

分离系统采用先进的深冷加工工艺,综合应用了膨胀机制冷工艺和冷箱冷量回收工艺,C_{3+} 收率达 98% 以上。此工艺充分利用了装置冷量,提高了丙烷收率,并解决了 CO_2 冻堵问题。

(四)凝液分馏系统

凝液分馏系统包括脱丙烷塔、脱丁烷塔、脱戊烷塔,塔压和塔顶回流罐液位控制采用选择调节系统,有效地稳定了塔压。塔顶冷凝器为全冷凝器,压力变送器 PT 安装在塔液位测量引出管线上,用于测量塔底压力并与回流罐液位组成串级调节系统,控制 PCV-1 开度,同时控制塔顶放空调节阀 PCV-2 开度,以稳定塔压。正常情况下,选择开关是合在 PT 和 PCV-1 控制回路上,即由 PCV-1 的开度调节回流罐液位及塔压;当塔压居高不下时,PCV-1 的开度继续增大仍不能降低塔压,回流罐低液位开关动作,选择开关切换至 PCV-2,塔顶气相放空,至 LT 低液位开关复位后关闭 PCV-2。选择开关又切换回到 PT 和 PCV-1 控制回路上,在 PCV-2 动作期间,PCV-1 一直保持动作前的开度。凝液分馏系统控制流程如图 7-12 所示。

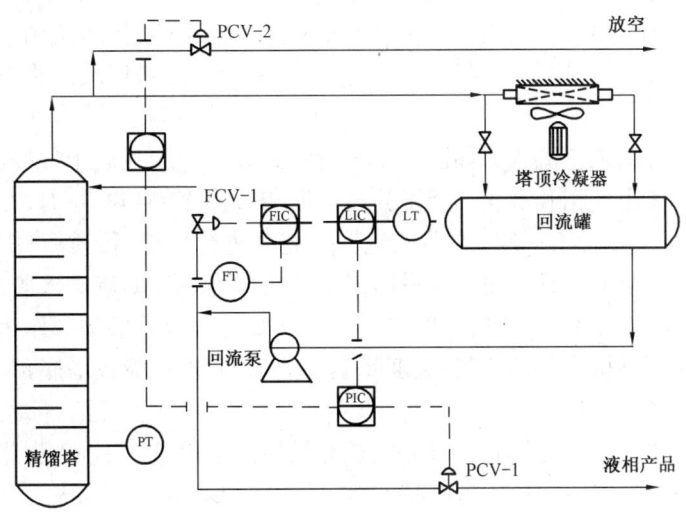

图 7-12 凝液分馏系统控制流程图

二、深冷分离工艺的选择

深冷分离工艺是将天然气冷却到很低的温度,一般在-100℃左右,分离回收轻烃的方法。天然气制冷一般采用膨胀机制冷、冷剂制冷、冷剂与膨胀机联合制冷、热分离机制冷、节流阀制冷等方法。

深冷分离工艺方法的选择,其基本原则是在考虑原料气的压力、组成、厂址等条件基础上,力求提高凝液回收率和产品质量,达到节约工程造价,减少一次性投资的目的,以获得较高的经济效益。一般情况下以回收 C_2、C_3 为主的轻烃回收装置,多采用冷剂与膨胀机联合制冷工艺,将冷剂循环制冷作为辅助制冷工艺,此时可以将重烃先行冷凝分出,使进膨胀机的气流变贫,这样不仅会降低膨胀机的带液量,而且有利于降低膨胀机的制冷温度,从而使轻烃冷凝率得到提高。

对于深冷工艺装置,为满足对冷量的要求,多采用膨胀机。那么,原料气预冷后是先膨胀后增压还是先增压后膨胀、残余气是采取冷循环还是直接外输、低温液如何有效利用等都要从系统流程出发进行总体考虑,使膨胀机达到比较合适的膨胀比,工艺装置操作平稳可靠,并取得尽可能低的制冷温度和尽可能高的产品收率。

春晓终端原料气进站压力 5000kPa,进站流量 $760\times10^4\text{m}^3/\text{d}$,夏季最高温度 29.2℃,冬季最高温度 1.8℃,干气出界区压力不低于 2000kPa。

春晓终端由于进厂原料气压力较高(5000kPa),气量比较稳定,外输气压力较低(2000kPa),因而有足够的压差可供利用。主要回收 C_3 及以上轻烃,采用单级一次膨胀机制冷就可获得适宜的冷凝分离压力和足够的低温(-77.2℃),膨胀比为 2.74,无需冷剂制冷。故采用浅冷的节流阀和深冷膨胀机制冷相结合的工艺技术。浅冷节流阀制冷满足外输天然气管输露点要求,深冷膨胀机制冷满足回收原料天然气中轻烃的要求。

春晓终端深冷分离系统采用先进的深冷加工工艺,综合冷残余气循环工艺(CRR 工艺)、液体过冷工艺(LSP 工艺)和直接换热工艺(DHX 工艺)的各项优点,结合春晓气田气质情况及产品要求进行工艺优化,应用了膨胀机制冷工艺技术和冷箱冷量回收工艺,充分利用冷量,C_3 收率最高可达 98%。

春晓终端深冷分离工艺流程为如图 7-13 所示。分子筛脱气后干气经冷箱初步冷却后,进入低温分离器分离出气相和液相。低温分离器液相节流至 -45℃左右,在冷箱中与热介质换热至 3.9℃,进入脱乙烷塔中部。在脱乙烷塔内充分进行传热、传质后,塔顶气相进入冷箱换冷后再进入脱乙烷塔回流罐。脱乙烷塔回流罐液相作为塔顶回流进入脱乙烷塔顶部,气相进入冷箱换冷至 -81℃左右,节流后温度降至 -92.3℃进入吸收塔顶部作为吸收剂。低温分离器气相进入膨胀压缩机膨胀端膨胀,温度降至 -77.2℃,进入吸收塔底部,气液相在塔内充分接触并换热传质。

吸收塔塔顶气相(-86.8℃)进入冷箱与热介质换热至 25.8℃,进入膨胀压缩机增压端增压至 2.4MPa,再经冷却器冷却后作为产品天然气外输。吸收塔塔底液相(-77.8℃,1.8MPa)经塔底泵增压至 2.96MPa 后,进入冷箱与热介质换热至 -5.6℃后进入脱乙烷塔上部。脱乙烷塔底部的液相(101.6℃,2.77MPa),一部分进入分馏单元,一部分经脱乙烷塔再沸器加热后返回脱乙烷塔。

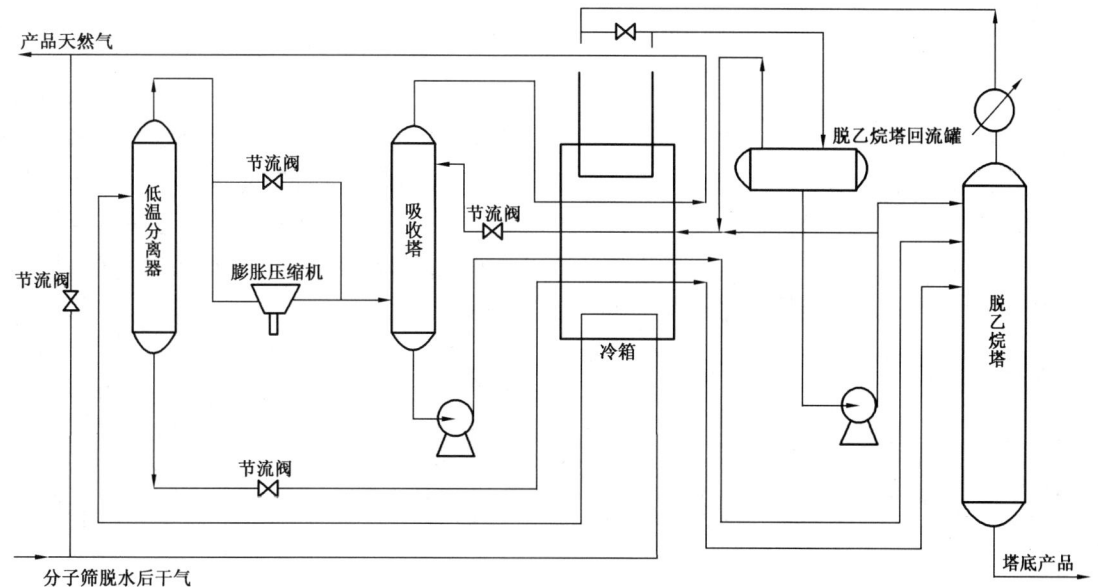

图 7-13 春晓终端深冷分离工艺流程图

优化后的深冷分离工艺,不仅保证了 C_3 产品的纯度,而且提高了 C_3 收率。通过膨胀制冷及甲烷、乙烷的蒸发使温度降低至 -86.8℃,C_3 收率可高达 98%。与液体过冷工艺(LSP 工艺)相比,无需冷剂辅助制冷,可以节约能量 930kW 左右,并且减少了一台丙烷压缩机及辅助制冷、循环设施。

三、主体工艺操作模式

由于投产初期天然气气量较小,加之生产过程中装置检修以及从 2005 年到 2008 年春晓气田群开发期间天然气气量逐年增加等种种原因,致使春晓终端主体工艺设计有三种生产模式:正常生产模式、J-T 阀生产模式和露点控制生产模式,以适应气量的变化。

(一)正常生产模式

当原料气量达到 $114×10^4 m^3/d$(B 列膨胀/压缩机组最小处理量的 75%;A 列膨胀/压缩机组处理量为 $335×10^4 m^3/d$,B 列膨胀/压缩机组处理量为 $152×10^4 m^3/d$)以上时,即可按正常生产模式运行。此时,除露点控制单元以外,全部工艺单元均运行。原料气经分子筛脱水、膨胀压缩机组膨胀制冷、深冷分离、凝液分馏后,干气外输,液态产品储存,装车外运,产品规格满足要求。装置运行正常时,丙烷收率可达 98%。

(二)J-T 阀生产模式

当原料气充足,膨胀压缩机组故障停车时,可利用膨胀压缩机组的旁通节流阀(J-T 阀)进行降压降温的操作。此时,露点控制单元、膨胀压缩机停运,J-T 阀运行,其余单元也全部运行。即原料气经分子筛脱水、膨胀压缩机组旁通、J-T 阀节流制冷、深冷分离、凝液分馏后,干气外输,液态产品储存,装车外运。在此模式下外输干气热值误差大于 ±5%,丙烷收率小于 95%,其余产品均满足要求。

(三)露点控制生产模式

原料气气量不足或主装置停运时,春晓终端处于旁通供气模式。此时,分子筛干燥脱水塔、膨胀压缩机、深冷分离单元、轻烃分馏单元停运,露点控制单元运行,外输干气的水露点和烃露点可达到要求。其工艺流程为:湿天然气先经露点气气换热器、露点气液换热器预冷到-5.7℃后,再经 J-T 阀节流降温至-8℃进入露点分离器,将气液相分开,气相返回露点气气换热器换冷之后进入干气外输管网;分离下来的凝液进入露点气液换热器换冷后进入凝液稳定塔。露点控制生产模式不仅控制了旁通供气的天然气的水露点、烃露点,还回收了节流降温产生的天然气凝液。露点控制单元流程如图 7-14 所示。

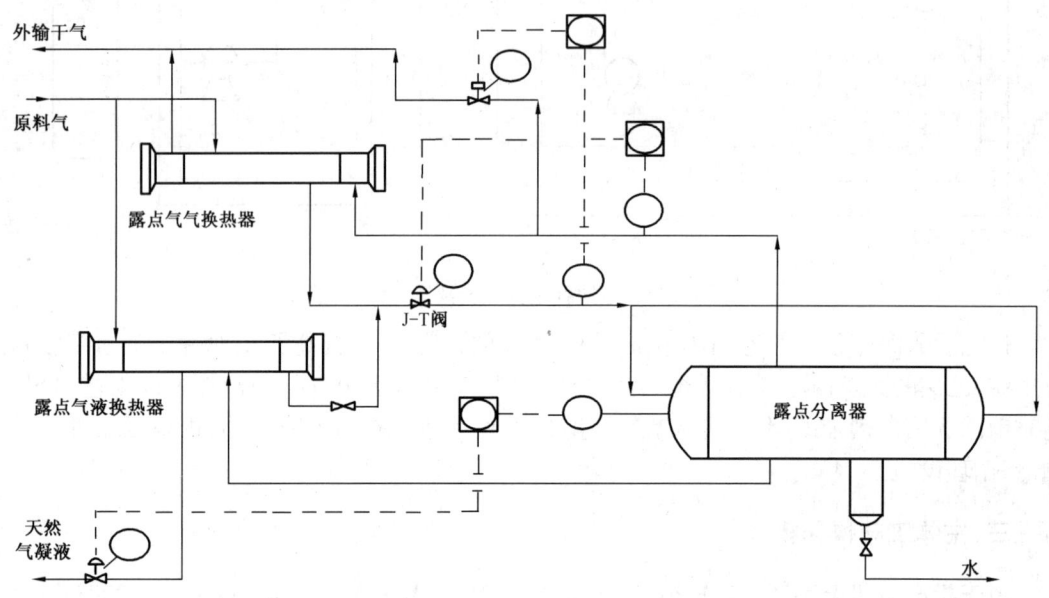

图 7-14 露点控制单元流程图

四、主要设备

(一)膨胀压缩机

膨胀压缩机组是深冷分离装置的核心设备。在制冷过程中,为最大限度地得到低温,要求膨胀机在较高的等熵效率下运行,膨胀比一般为 2~4。

如果膨胀比大于 7,膨胀压缩机的等熵效率明显偏低,此时可考虑采用两级膨胀。但是否采用两级膨胀,应根据工艺过程进行经济技术分析,并权衡其操作的难易后确定。膨胀压缩机入口物流温度宜为 -30~-70℃,压力一般不高于 6~7MPa;根据不同的组分,膨胀压缩机出口物流中的带液量一般为 6%~10%,有的可高达 20%(质量分数)。春晓终端膨胀压缩机入口温度 -36.1℃,制冷温度达 -77.2℃,入口压力 4691.1kPa(g),出口压力 1713.3kPa(g),膨胀比 2.74,膨胀压缩机的效率约 80%,膨胀压缩机处于高效区运行。正常情况下,根据低温分离器气相压力调节膨胀压缩机的天然气流量、导向叶片的方向及旁通 J-T 阀的开度,控制膨胀压缩机的出口压力及转速,使其在一个较窄的范围内稳定运行。

(二)板翅式换热器

天然气轻烃回收装置中,热量传递是要求最苛刻的工艺过程之一。产品收率取决于冷却后气体温度降低的程度,而85%~90%以上的冷却是在冷箱中发生的,所以冷箱的结构形式和物流分配是保证产品收率的关键。

春晓终端冷箱采用铝散热片的板翅式换热器,为六股物流同时换热,整体设计比较复杂,这相当于将多个单项热交换器汇集在一起的一个复杂的网络。在整个工艺设备中,这种设计大大提高了热交换效率,降低了成本费用和操作费用。在深冷工艺技术应用中,铝合金板翅式换热器具有纯逆流换热、热端换热温差小(4~6℃)、单位体积和单位质量传热面积大、换热效率高、性能价格比高等优点,应优先考虑选用。

春晓终端自2005年11月份投运以来,装置运行平稳,各项产品质量达到设计要求。终端采用优化的深冷分离工艺,与液体过冷工艺(LSP工艺)相比,可以节约能量930kW,不需冷剂辅助制冷,丙烷收率提高2%~3%,切实达到了提高轻烃收率、降低能耗、减少工程投资和增加经济效益的目的。

复习思考题

1. 轻烃回收的冷油吸收法和改进冷油吸收法有何异同?
2. 用于浅冷轻烃回收的制冷剂主要有氨和丙烷两种,二者的特性及使用条件有何不同?
3. 直接换热工艺有哪些特点?
4. 膜分离法轻烃回收的基本原理是什么?
5. 春晓终端采用了哪些新工艺?

参考文献

[1] 邢巍巍. 浅谈油气回收技术及其意义. 中国环保产业,2005,6:38~40.
[2] 武洪胜,李毅成. 天然气膜法轻烃回收技术研究. 应用能源技术,2006,7:12~13.
[3] 朱建东,崔红霞. 天然气轻烃的加工与利用. 西部探矿工程,2006,18:146~147.
[4] 李士富,李亚萍,王继强,等. 轻烃回收中DHX工艺研究. 天然气与石油,2010,28(2):18~19.
[5] 王玮. LPG回收装置重接触塔操作实践与认识. 天然气技术,2009,3(2):54~56.
[6] 周学深,孟凡彬. 轻烃回收装置中DHX工艺应用. 石油规划设计,2002,13(6):62~65.
[7] 付秀勇. 对轻烃回收装置直接换热工艺原理的认识与分析. 石油与天然气化工,2008,37(1):18~22.
[8] 仝淑月. 春晓气田陆上终端天然气轻烃回收工艺介绍. 天然气技术,2007,1(1):75~80.
[9] 田庆育,陈金巧. 春晓气田陆上终端地基处理方案优选. 化工建设工程,2003,25(1):41~42.

第八章 含油污泥处理技术

含油污泥是在石油开采、运输、炼制及含油污水处理过程中产生的含油固体废物。

含油污泥是原油开发过程中产生的重要污染之一,也是制约油田环境质量持续提高的大难题。含油污泥组成复杂,是一种极其稳定的悬浮乳状液体系,含有大量老化原油、蜡质、沥青质、胶体、固体悬浮物、细菌、盐类、酸性气体和腐蚀产物等,还包括生产过程中投加的大量凝聚剂、缓蚀剂、阻垢剂、杀菌剂等水处理剂。污泥中含油率一般在10%~50%,含水率在40%~90%,还含有大量苯系物、酚类、蒽、芘等恶臭有毒物质。因此,含油污泥既是污染物,也是内含大量能量的能源物质。目前我国每年产生的含油污泥总量达500余万吨。如此大量的含油污泥,若不加以处理,不仅直接占用土地与空间,严重污染环境,而且浪费了资源,在一定程度上妨碍了油田生产的发展。

含油污泥的处理和处置,就是要通过适当的技术措施,使污泥得到再利用或以某种不损害环境的形式重新返回到自然环境中。在石油工程中,将改变污泥性质称为处理,而安排出路称为处置。国家污泥处理处置目标是:控制污染,确保环境安全与公众健康;实现营养物质循环利用,利于可持续发展;利用能量,开发清洁能源。因此,探索经济、合理的含油污泥处理方法、对含油污泥进行无害化处理和资源化利用是实现这一目标的根本保证。

第一节 含油污泥的来源及特点

油田含油污泥主要来源于石油勘探开采、油田建设及油品加工生产的许多环节中。

一、含油污泥来源

(一)原油开采过程产生含油污泥

在油井采油生产和井下作业施工过程中,部分原油放喷或被油管、抽油杆、泵及其他井下工具携带至井场地表,这些原油渗入地面土壤而形成落地油泥。

(二)原油集输过程产生含油污泥

原油集输过程中产生的含油污泥主要来源于接转站和联合站的油罐、沉降罐、污水罐、除油罐、隔油池底泥、轻烃加工厂和天然气净化装置等设备中清除出来的油沙、油泥;地面处理系统由于管线穿孔、破裂而产生的落地油泥和含油污泥。

(三)炼油厂污水处理场产生含油污泥

炼油厂污水处理场的含油污泥主要来源于隔油池底泥、浮选池浮渣、原油罐底泥等,俗称"三泥"。

二、含油污泥的主要特点

含油污泥的产地、来源不同,其性质差别较大。例如,钻井污泥中含有害重金属;洗井、修井等作业后的污泥中腐蚀性产物含量高;压裂、酸化污泥中有机质含量高或酸度高;原油罐底油泥含有原油开发过程中加入的各种表面活性剂;污水处理产生的含油污泥包括处理过程中投加的大量凝聚剂、缓蚀剂、阻垢剂、杀菌剂等水处理剂,部分污泥中细菌含量超标等。含油污泥成分的复杂性决定了其处理技术的多样性。

调查发现,原油处理站清罐含油污泥以及污水处理站排放的含油污泥占油田所产污泥总量的75%以上。检测数据表明,目前油田堆存的污泥中一般含油率小于50%,含水率为40%~90%,泥土等其他物质含量约为10%~50%。这些含油污泥组成各异,成分复杂,既含有大量的老化原油、蜡质、沥青质、胶体、机械杂质、沙粒、泥土、重金属盐类、酸性气体,又含有污水处理过程中投加的各种药剂所形成的絮体,以及设备及管道的腐蚀产物和垢物、细菌(尸体)等成分,不仅影响外输原油质量,还导致注水水质和外排污水难以达标。而污泥含油量高、粘度大、颗粒细、脱水难的特点,又增加了其处理工艺的难度和成本。

三、含油污泥的性质与危害

含油污泥成分极其复杂,主要由乳化油、水、固体悬浮物等混合组成,其成分与地质条件、生产技术、污水处理工艺、污水水质、加药种类、排污方式和管理操作水平等因素有关。含油污泥的比阻比一般污泥大40倍,其可压缩性系数大20倍,属难过滤性污泥,又由于其颗粒细小,呈絮凝体状,含水量高,体积庞大,因此不易实现油、水、泥的三相分离。我国大部分油田含油污泥的含水率一般为70%~99%,油、盐成分含量较高,且含有重金属(铜、锌、铬、汞)和其他有害杂质(放射性核素);炼油厂污泥还含有大量苯系物、酚类、芘、蒽等有毒物质。

含油污泥的性质是选择污泥处理工艺的重要基础资料,它取决于污水性质、处理工艺等多种因素,也和加药种类、排污方式、管理水平等有密切的关系。因而污水处理过程中,产生的污泥性质各异。

油田含油污泥给油田生产和发展带来的危害是多方面的,主要表现在以下几方面:

(1)污泥的沉降性能极差,导致大量悬浮物和原油进入污水处理系统,并在系统内部形成恶性循环,使污水处理系统状况恶化,对生产造成不可预计的损失。

(2)污泥属于危险废物,若不对其进行处理而直接排放,不仅会占用大量土地,造成土壤板结与碱化,而且对周围水体、空气也将造成污染;污泥还含有大量的病原菌、寄生虫(卵),以及铜、锌、铬、汞等重金属,另外,还含有盐类和多氯联苯、二噁英、放射性核素等难降解的有毒有害物质,危害动植物及人类健康,严重恶化生态环境,是导致很多疾病的罪魁祸首,可以说是一个隐形杀手,故油田含油污泥已被列为危险固体废弃物。

(3)大量的含油污泥给油田企业带来沉重的经济负担,例如大港油田每年就要缴纳500万元排污费。

四、含油污泥的可再生性

含油污泥直接外排,其含有的有毒物质会污染水、土壤和空气,同时大量石油资源被浪费。

含油污泥已被列入《国家危险废物目录》中的含油废物类,《国家清洁生产促进法》和《固体废物环境污染防治法》都要求必须对含油污泥进行无害化处理。因此,无论是从环境保护、维护正常生产还是从回收能源的角度出发,都必须对含油污泥进行无害化、资源化处理。

此外,随着天然资源的短缺和固体废物排量的激增,许多国家把固体废物作为"资源"进行综合利用,固体废物已逐渐成为可开发的"再生资源"。我国现已开展了这方面的工作。含油污泥的石油类物质含量高,同时还含有较多金属与粘土无机矿物,具有油气回收和矿物质再生利用价值,含油污泥资源化利用将成为最终处置的根本方式。目前,国内含油污泥的资源化处理仍处于研究与应用的试验阶段,开展含油污泥资源化技术的开发研究与应用具有重要意义。

第二节 含油污泥处理工艺及设备

由于含油污泥的含水率通常较高,所以必须在后续处理工艺前先进行调质、脱水预处理,达到污泥浓缩、减容的目的。污泥脱水过程是污泥的悬浮粒子群和水的相对运动。而污泥的调质则是通过化学或物理手段调整固体粒子群的界面性状和排列状态,使之适合不同脱水操作的预处理,以提高机械脱水性能。例如,污泥焚烧前需先用真空过滤和离心分离等机械处理方法将污泥处理成半固体形式;而采用生物处理时,则多采用重力沉降或气浮等方法对污泥进行浓缩,保持污泥处于流态。

因此,浓缩、调质、脱水是含油污泥预处理系统必不可少的三个环节。以下对调质和脱水进行说明。

一、含油污泥预处理工艺

(一)含油污泥调质

在污泥脱水前进行强化处理,改变污泥粒子的物化性质,破坏其胶体结构,减少其与水的亲和力,从而改善脱水性能,这一过程称为污泥的调质或调理。

由于含油污泥颗粒表面吸附同种电荷,相互之间排斥,加之充分乳化,使得油、水、泥渣分离比较困难,需要加入调质剂,使原油与固体颗粒分离,油滴聚合,原加入的化学药剂随固体杂质沉降,实现油、水、泥渣三相的完全分离。

调质要根据含油污泥的性质、脱水机械的性能和滤饼的后续处理方法等因素选择合适的调节剂。研究发现,无机絮凝剂中,聚合氯化铝(PAC)的效果最好;有机絮凝剂中,阳离子型聚丙烯酰胺(PAM)由于具有正电荷中和与吸附架桥的双重作用,絮凝效果比非离子型聚丙烯酰胺(CPAM)好。无机和有机絮凝剂都存在投加量适度的问题,投加量过大会使污泥比阻升高,水分难以去除。经絮凝处理的含油污泥,加入合适量的助滤剂 CaO 可降低污泥的比阻。

调质后的污泥再经重力沉降脱水后通常为黑色粘稠状液体(含水率小于96%),称为浓缩污泥,一般由水包油(O/W)乳状液、油包水(W/O)乳状液以及悬浮固体共同组成,属于多相的胶体体系,组成较为复杂,可进一步进行机械脱水减容。

因此,含油污泥调质的实质是通过一定手段调整固体粒子群的性状和排列状态,减小水与污泥固体颗粒的结合力,达到加速污泥脱水的目的。

(二)含油污泥脱水

污泥经浓缩和消化之后,其含水率仍在96%左右,为使固体部分得到富集,减少污泥体积,为污泥的最终处置创造条件,需要进一步脱水,提高泥饼的含固率。将污泥的含水率降低到80%~85%的操作叫脱水。污泥脱水是污泥处理工艺的一个重要步骤。目前国内油田常用的含油污泥脱水工艺主要有以下几种:浓缩脱水法、自然干化法和机械脱水法、干燥法、焚烧法。常用含油污泥的脱水方法及效果如表8-1所示。

表8-1 常用含油污泥的脱水方法及效果

脱水方法		脱水装置	脱水后含水率,%	脱水后状态
浓缩脱水		重力、气浮、离心浓缩	95~97	近似糊状
自然干化法		自然干化场、晒沙场	70~80	泥饼状
机械脱水法	真空过滤	真空转鼓、真空转盘	60~80	泥饼状
	压力过滤	板框压滤机	45~80	泥饼状
	滚压过滤	滚压带式压滤机	78~86	泥饼状
	离心过滤	离心机	80~85	泥饼状
干燥法			10~40	粉状、粒状
焚烧法			0~10	灰状

二、含油污泥预处理工艺设备

污泥经机械脱水后体积可大大减小,便于运输和处置。机械脱水法处理含油污泥的主要技术有真空过滤、压力过滤、滚压过滤和离心过滤;国内主要使用的设备是板框压滤机和带式过滤机,而国外广泛使用的是带式压滤机和卧式螺旋卸料沉降离心机。具体选择何种类型的机械脱水设备,应根据污泥的沉降性质、污泥粒径分布、现场条件等,综合考虑技术、经济、环境和运行管理等因素,全面分析判断后做出合理恰当的选择。

(一)真空过滤机

真空过滤机需配用真空泵、滤液罐等附属设备,含油污泥脱水后泥饼含水率一般在80%左右,处理能力小,耗电量大,滤布易堵塞、损坏,在油田应用不多。

(二)板框压滤机

板框压滤机为间断式运作,脱水效果好,泥饼含水率通常在65%以下;缺点是占地多、设备密闭性差、工人劳动强度大、进口滤布价格昂贵、塑料板框使用寿命短、污泥中的杂物和油泥容易对滤布造成堵塞和损坏。

(三)带式过滤机

带式过滤机处理含油污泥的特点是:脱水效率高、噪音小、能源消耗低、附属设备少、操作维修方便,但工作环境差,脱水后泥饼的含水率较高(80%左右),故必须选则合适的有机高分子混凝剂配合使用。如图8-1所示为水平滚压带式过滤机工作过程。

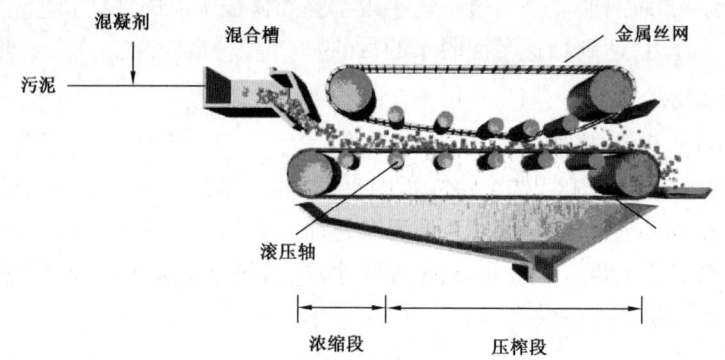

图 8-1　水平滚压带式过滤机工作过程

(四)卧式螺旋卸料离心机

卧式螺旋卸料离心机简称卧螺离心机,它是利用离心作用原理,当浓缩污泥通过中心进料管进入高速旋转的离心机内时,进泥中密度大的固体颗粒在离心力作用下迅速沉降,聚集到转筒的内壁上形成沉渣层,而密度小的液体则形成分离层。沉渣脱水后由出渣口甩出,分离液从溢流口排出,从而完成污泥脱水的过程,如图 8-2 所示。虽然卧螺离心机存在噪声较大、脱水后污泥含水率高达 65%～75%、当固液密度差很小时不易分离等缺点,但该设备以其结构紧凑、占地少、全封闭式操作、环境卫生、不需要过滤介质、维护方便、可长期自动连续运转等优点,得以广泛应用。同时,集污泥浓缩、油水分离于一体的三相卧螺离心机在今后含油污泥处理设备的发展历程中具有一定的推广应用价值。

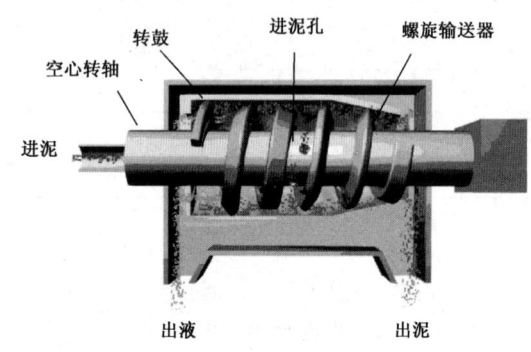

图 8-2　卧式螺旋卸料离心机工作过程

涠洲岛终端污水处理厂的含油污泥处理也采用了卧螺离心机,该工艺应用至今运行良好,工艺流程如图 8-3 所示。

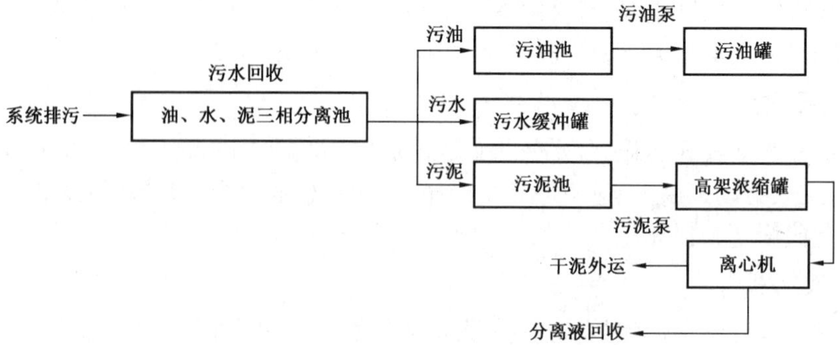

图 8-3　涠洲岛终端污水处理厂含油污泥处理工艺流程示意图

含油污泥的调质—机械脱水工艺是污泥处理技术的关键,只有实现"水清、泥干、油纯"的三相分离,才能显著减少后期处理费用。

第三节 含油污泥无害化处理技术

含油污泥因处理难度大、处理费用高而成为困扰油田发展的一大难题。此外,各区块含油污泥成分也不相同,寻求多种处理途径彻底解决含油污泥的污染问题,对于创建环境友好型企业意义重大。随着环境法规的日益严格和完善,含油污泥无害化处理技术将引起高度重视。

一、生物处理技术

生物处理是比较有效的一种含油污泥处理技术,也是今后发展的方向之一。不同来源的含油污泥化学组分差别较大,如含油污水处理所产生的含油污泥主要由油类、泥砂、菌体、胶质以及人工投加的化学药剂组成,其中泥砂等无机组分所占比例较大;而炼油厂含油污泥中油类等有机组分含量较多。但总体来说,含油污泥均含有以石油烃类为主要有机成分的有机物。含油污泥的生物处理技术的主要原理是,微生物利用石油烃类作为碳源进行同化降解,使其最终完全矿化,转变为无害的无机物质(CO_2 和 H_2O),同时增加土壤腐殖质含量。其处理方式包括地耕法、堆肥法和污泥生物反应器法等。

地耕法又叫土壤耕作法,基本原理是把污泥堆放在选定的土地上,对污泥量、水分、空气量、营养物质、pH 值等进行控制和调节,促使其自然发生降解作用,最后使碳氢化合物转变成二氧化碳和水,从而增加土壤中腐殖质含量。采用这种方法处理过的土地,可用于建设,更适合种植树木、牧草。

土壤耕作法自 1954 年以来就被用于炼油厂含油污泥处理,并于 20 世纪 70 年代成为美国石油公司主要的含油污泥处理技术之一,1984 年公布的《资源修复法》,使该方法的使用受到限制,因为会造成水和大气的污染。但该方法仍是目前热带干旱地区含油污泥的主要处理技术。研究表明,在炎热干旱条件下,影响土壤耕作法处理效果的因素主要有温度、湿度、微生物的数量和组成、耕作条件和营养物质等,其中耕作条件和土壤中营养物质的多寡是影响生物降解效果的关键因素。耕作条件包括合适的耕作方法、次数和深度。营养物质能增加微生物活性,提高直链烷烃的降解效果,但营养物质过多会引起土地板结。对土壤中的水分也有一定的要求,过多的水中含有大量氧,会降低生物降解效率,水分过少则会降低微生物的活性,适宜的含水率为 1.6% ~4.9%。夏季温度高导致土壤中水分减少使微生物数量降低,较冷的季节微生物数量较多,但活性有所降低。研究同时表明,生物降解并不是土壤耕作法中碳氢化合物降解的唯一机理,风化作用也在降解中起重要作用。

堆肥法是以前国内外被广泛采用的一种含油污泥处理方法。堆肥法是将石油工业固体废弃物与适当的松散材料相混合并成堆放置,使天然微生物降解石油烃类从而处理石油工业废弃物的过程。堆肥法能保持生物代谢过程中产生的热量,有利于石油烃类的生物降解,所采用的松散材料能增加持水性、渗透性及适当的孔隙率,可有效地加快石油废弃物中的烃类生物降解速度。堆肥法对于较高烃含量的含油污泥很适用,另外,在冬季较长的石油工业生产区(不适宜采用农田法),堆肥法也能适用。

生物反应器是一种能将石油工业废弃物稀释于营养介质中使之成为泥状的容器。生物反应器能人为地控制充氧、温度、营养物质等操作条件，烃类物质的生物降解速度较其他生物处理过程更快，尤其是驯化过的高效烃类氧化菌，能加快烃类的生物降解。生物反应器法不仅适用于含油污泥，也适用于油污土壤及含油钻屑，处理后的液体部分可排入处置井或另作他用，固体部分可施用于农田。此外，生物反应器法也可用于石油工业废弃物的预处理，以减少烃类含量，然后进行其他处理。

生物处理技术操作方便，作用持久，无二次污染（最终产物为 CO_2 和 H_2O），处理成本低，易于管理，日益受到国内外环保界的重视，并已在国外得到广泛的商业化应用。生物处理技术是含油污泥的最终处置方式，并将成为未来含油污泥无害化处理的主要方式之一。但目前仍存在着选择合适的菌种困难，处理周期长，油资源没有得到回收利用，对环烷烃、芳烃、杂环类有机物处理效果差，以及对高含油污泥难适应等问题。

二、固化技术

固化技术是在含油污泥中加入一定组分的固化剂，使其发生一些稳定的、不可逆的物理化学反应，固化其中的部分水分和有毒物质，并使其有一定强度，以便堆放、储存和后续处理。理想的固化产物应该具有良好的机械性能和抗浸透、抗浸出、抗干湿、抗冻、抗融等特性。

固化剂的作用是将含油污泥中的有害物质（污油、有害气体等）固定或封闭在惰性物质中，大幅降低有害物质的渗透性和溶出率。

固化剂分有机固化剂和无机固化剂两种。有机固化剂包括脲醛树脂、聚酯、环氧乙烷、丙烯酰胺凝胶体、聚丁二烯等。目前使用较多的是以水硬材料为主体的无机固化剂，如波特兰水泥、波特兰水泥混合物、磷石膏、河沙等。

含油污泥固化实验表明，污泥、固化剂、促凝剂之比为 4∶1∶0.01 时，一般在 1d 内达到一定的强度，3d 后基本较硬，10d 后基本达到最大硬度。污泥固化后，矿化度下降了 46%，含油量从未固化时的 40000mg/L 降至 0.4mg/L，硫化物含量仅为 0.4mg/L，将固化产物作为建筑材料和进行填埋都可满足环保要求。

同时研究表明，水泥的添加量越多、固化时间越长，固化物硬度越高，但增容比较大，可通过减少水泥的添加量控制增容比和 pH 值。固化浸出液测试结果表明，除 pH 值稍大于国家标准外，浸出液中石油物质、悬浮物、COD 含量都能满足国家工业废水排放标准的要求。

固化处理是一种较为理想的含油污泥无害化、减量化处理技术，但固化后的污泥堆放占用了大面积土地，造成了资源的浪费，且加入有机固化剂可能带来二次污染。因此，只有将固化后的污泥进行资源再利用，才能从根本上解决污染问题。

三、焚烧处理技术

含油污泥焚烧是将经过预先脱水浓缩预处理后的含油污泥，送至温度高达 800~850℃ 专门建立的焚烧炉中进行焚烧，经 30min 焚烧即可完毕，焚烧后的灰渣需进一步处理。

污泥焚烧已有 70 年的发展历史。1934 年，美国密西根州安装了第一台有记录的污泥焚烧炉。20 世纪 60 年代，污泥焚烧炉以多膛式焚烧炉为主，后来由于辅助燃料的成本不断增加及气体排放标准日益严格，多膛炉逐渐失去了竞争力。70 年代，流化床焚烧炉逐渐占据了主导地位,在美国和日本得到了广泛应用。

目前,在日本、瑞典等国又研究了湿式氧化技术焚烧工艺,该法的操作温度为570℃,压力为23.3MPa。污泥经湿式氧化后的产物为无毒无害的物质,气态产物主要为O_2和CO_2,液态产物为含铵根及脂肪酸类的物质,固态产物为Fe_2O_3、SiO_2及Al_2O_3等,由于该工艺较复杂,还没有被广泛应用。

焚烧技术适用于各种成分的含油污泥,是一种较好的污泥无害化和减量化处理方式,具有以下突出的优点:首先,焚烧法可使污泥体积在原地减少到最小,最大限度地实现减量化;其次,焚烧在高温下进行可使污泥中的有毒有害物质分解,杀灭致病菌等微生物;第三,可以回收能量,污泥焚烧释放的热量可用于发电。但是污泥焚烧过程也存在一定的弊端。由于污泥中含有大量有害物质,而焚化是在有氧环境下进行的燃烧反应,污泥中含有的重金属又可作为反应的催化剂,所以燃烧过程中不可避免地会产生大量的有害物质,如氮氧化物、二氧化硫及二噁英类物质,从而对生态环境造成二次污染。此外,从国内外的污泥焚烧工艺运行过程看,污泥焚烧处理的成本较高,为其他处理工艺的2~4倍。如不考虑燃烧热能的综合利用,将会造成更多的能源浪费。法国、德国的石化企业将含油污泥焚烧后的灰渣用于修路或填埋,焚烧产生的热量用于供热发电,这种做法值得我们借鉴。

四、微波处理技术

微波加热技术作为一项新技术已受到各学科领域的高度重视。微波是频率为$300 \sim 300 \times 10^3$MHz的一种高频电磁波(波长1000~1mm)。它是依靠每秒30000~300000万次周期变化的微波透入物料内,与物料的极性分子相互作用,物料中的极性分子(如水分子)吸收微波能后,改变其原有的分子结构,亦以同样的速度作电场极性运动,极性分子彼此间频繁碰撞,产生大量摩擦热,从而使物料内各部分在同一瞬间获得热能而升温。

微波加热实质是介质材料自身损耗电磁能量发热的过程,然而并不是所有物质都具有这种损耗。要实现电磁能转化为热能,要求物料本身必须能吸收微波。而水是吸收微波很好的介质,所以凡是含水的物质必定会吸收微波。由于含油污泥有很高的含水率,以污泥中的水分为介质,短时间的微波辐射即可实现对含油污泥的加热,进而改变含油污泥自身的结构。

微波热效应具有其他众多加热方法无法比拟的优点。

(1)加热均匀,热效率高。微波穿透能力强,热量从物质内部产生,即理论上所谓的"无温度梯度加热",因而加热均匀,热效率高。

(2)节省时间。利用微波对物体进行加热时,微波是从四面八方穿透物体实现内外部加热的,是一种立体型的加热方式,加热时间仅是传统方法的1/10~1/100,这种加热方式没有能量的损耗,也不会对物体产生污染,加热彻底,热效率高。

(3)经济实惠,简单方便。微波加热物体微波源本身不会变热,功率损耗小,而且只需要将被加热物体放入微波腔内,就可以进行加热,经济实用,操作简便易行。

(4)选择性加热。不同性质的物料对微波的吸收损耗不同,即微波具有选择性加热的特点,这对干燥过程有利。因为水分子对微波的吸收损耗最大,所以含水量高的部位,吸收微波功率多于含水量较低的部位,这使得该部位的含水率相对于其他部位来说有更快的下降速度,从而干燥速率将会趋于一致。一般含水量在万分之几到百分之几十之间的物质都可以有效地采用微波加热。

（5）微波是节能环保无公害型能源。微波加热的操作设备体积小，具有易控特点，能源利用率高，热能几乎全部作用在物体上，即不浪费能量又不污染环境。

利用微波的特性对含油污泥进行干化和脱水，不仅能够有效杀灭细菌，诱导高分子有机物发生裂解，而且结合微波加热技术的特点，使污泥中的油水乳状液破乳分离，有效实现油、水、渣三相分离，为含油污泥处理技术的发展提供了新的契机，也为油田污染物处理提供了一套行之有效的处理方案。

第四节　含油污泥资源化利用技术

根据污泥处理处置目标"安全环保、循环利用、节能降耗、因地制宜、稳妥可靠"的要求，采取措施积极妥善处理属于危险固体废物的含油污泥，改善传统污泥处理工艺的可靠性和效率，开发更具可操作性的新工艺和技术，同时综合考虑各种因素，杜绝不确定因素对环境可能造成的冲击和意想不到的污染物在不同介质之间转移的危害，从而实现含油污泥资源化利用是创建文明、和谐、节约型企业的根本要求。

一、回收油技术

目前含油污泥回收油技术主要有：溶剂萃取法、热处理法、热洗涤法、回收油加热法、化学破乳法和固液分离法等。

（一）溶剂萃取法

溶剂萃取法是利用"相似相溶"原理，选择一种合适的有机溶剂作萃取剂，将含油污泥中的原油回收利用的方法。

溶剂萃取工艺中的超临界流体萃取技术是去除含油污泥中的油和其他有机物的有效手段。它将常温、常压下的气态物质经过高压达到液态，以之作为萃取剂回收污泥中的原油，这是一种正处于开发阶段的新兴含油污泥萃取技术。常用的超临界萃取剂有丙烷、三乙胺、重整油和临界液态二氧化碳等，这些物质的临界温度高、临界压力低、溶解能力大、密度小、易于分离和易于回收循环使用，是良好的超临界萃取剂。

目前，溶剂萃取法处理含油污泥还在试验开发阶段。溶剂萃取法的优点是处理含油污泥较彻底，能够将大部分石油类物质提取回收。油类从污泥中被溶剂提取出来后，通过蒸馏把溶剂从混合物中分离出来循环使用。经萃取后，大多数泥渣都能达到BDAT（美国环保局按指定的最佳示范有效技术的处理标准）要求。但是由于萃取剂价格昂贵，而且在处理过程中有一定的损失，较高的成本阻碍了该技术的应用，因而还没有实际应用于含油污泥的处理。此项技术发展的关键在于开发性价比合理的萃取剂。

（二）热处理法

热处理法是利用全封闭式固控设备循环系统，将含油污泥加热到一定温度，使烃类物质解吸并回收烃类物质的方法，处理后的剩余泥渣能达到BDAT的要求。该技术包括高温处理技术和氧化热处理技术。

在高温处理工艺中加入合适的催化剂和添加剂可缩短反应时间,降低反应温度,提高液体产品质量,减少固体残渣含量。

热处理法效果较好,但操作复杂,反应条件要求高。该技术已在国外广泛应用,国内目前尚处于研究阶段。

(三)热洗涤法

热洗涤法也称热脱附法,是英国、荷兰、加拿大等国家广泛采用的含油污泥处理方法,也是美国环保局处理含油污泥优先采用的方法。

将含油污泥用 70℃ 的热碱水和洗涤剂反复洗涤,在液固比值为 2:1 的条件下,洗涤 20min,可将油含量为 30% 的含油污泥洗至残油率为 0.3%。国内对热洗涤法处理含油污泥的研究证明,含油污泥经化学热洗涤后呈中性,残油率在 3% 以下,处理后的污泥可固化填埋,或通过生物处理技术和做型煤填料进行最终处理。

二、含油污泥用于注水井调剖

含油污泥与地层有良好的配伍性,可将其用作注水井调剖剂。利用含油污泥中的泥组分、油组分,采用化学处理方法,加入适量的各种悬浮剂、分散剂和增粘剂,可使悬浮其中的固体颗粒延长悬浮时间,增加注入深度,提高封堵强度,同时使油组分分散均匀,形成均一、稳定的乳状液。

由含油污泥配制而成的乳化悬浮液调剖剂用于油田注水井调剖,在地层中到达一定的深度后,受地层水冲释及地层岩石的吸附作用,乳化悬浮体系分解,其中的泥质吸附胶质和蜡质,并通过它们粘联聚集形成较大粒径的团粒结构,沉降在大孔道中,使大孔道通径变小,封堵高渗透层,迫使注入水改变渗流方向,提高注入水波及体积。通过优化施工工艺,可使含油污泥只封堵住高渗透层,而不污染中、低渗透层。

对河南油田含油污泥的现场试验表明,经过化学药剂处理后的含油污泥可泵性好,粘度低于 $300mPa·s$,悬浮性能好,沉降时间在 4h 以上,作为调剖剂用于注水井调剖在技术上是可行的,增油效果明显,可减少无效注水量,解决了含油污泥外排造成的环境污染问题,提高了注入水水质,经济效益和社会效益明显。

三、含油污泥用于生产建筑材料

将含油污泥作为原料,采用一定工艺可生产建筑材料,如用于铺设路面或墙体材料以及筑坝等。该技术可以较彻底地解决含油污泥对环境的污染,并能产生较好的经济效益,是近年来含油污泥资源再利用和无害化处理的一个重要方面。

国外常将含油污泥处理后用作道路建设材料。加热后石油中的轻质组分挥发,剩余的重质组分(主要是沥青质)粘附在固体残渣上,将冷却后的固体残渣(40%~50%)与沙子(27%~35%)及粉末状石灰石(20%~25%)混合,然后加入热液态沥青(3%~5%),混合 15min 后即可得沥青混凝土建筑材料。

中原油田进行了含油污泥烧结制作建筑材料的研究工作,并就其中的影响因素进行了分析研讨。将含油污泥和粘土按一定的质量比混合均匀,控制物料总含水率在 8% 左右,在 6~30MPa 压力下压制成试样,经烘干和自然干燥后,高温炉中煅烧 1~2h,然后随炉冷却,得到抗压强度为 49.1MPa 的产品。实验发现，污泥含量大于 30% 时，$CaCO_3$ 分解会产生明显的体积倒缩现象，影响试块的容重和强度；污泥粒度大于 60 目时，试样易炸裂；污泥中可溶盐含量大于 0.5% 时将对强度产生影响；烧结过程中，污泥中的 $CaCO_3$ 分解后与粘土中的活性 SiO_2 反应生成主晶相为硅灰石的稳定矿物，SiO_2 的存在对污泥中 $CaCO_3$ 的分解有明显的诱导作用。

四、焦化法制备含碳除油吸附剂

含油污泥可用作焦化装置的原料，用其生产的浮油吸附材料可以高效地清除溢油污染和回收浮油。含油污泥中的矿物油重质组分沉积居多，利用焦化法处理含油污泥的实质是对重质油的深度热处理，即重质油的高温裂解和热缩合，其反应如下：

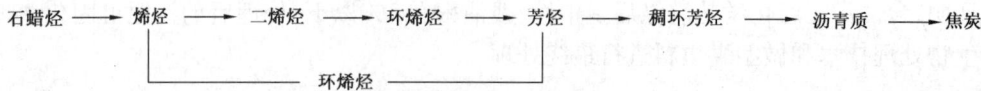

将含油污泥注入焦化装置，可以充分利用焦化过程的废弃热量或过剩余热使污泥中的有机组分经高温热裂解变为焦化产品。同时，含油污泥可以作为骤冷介质在清焦前对热焦炭进行冷却，既消除了含油污泥的污染，又得到了有用的焦化产品。

焦化反应制备含碳除油吸附剂的研究是将预处理过的含油污泥与强度添加剂和炭化添加剂混合后送入已预热至一定温度的焦化反应器中，恒温加热进行焦化反应。当混合物温度达到泡点时，轻组分汽化生成的蒸气经管线引出后冷凝，冷凝产物经分离得到回收油，可继续加工利用。反应结束后，反应器中的固体剩余物即为生成的焦炭。实验证明，温度太低、加热时间太短，固相产物焦化不完全，无法起到吸油作用；但温度过高、加热时间过长，焦炭强度和吸油率又会降低；反应温度以 400℃ 为宜。加入添加剂可提高焦炭的机械强度和吸油率。

粗粒化除油技术的关键是粗粒化载体。研究发现，碳—无机吸附剂比陶粒和聚丙烯的粗粒化除油效果好，但因其孔结构不如活性炭的孔结构均匀、致密，所以除油效果略差于活性碳。碳—无机吸附剂是亲油性材料，除油过程包括吸油润湿粗粒化和重力沉降除油，属于"湿润聚结"原理，所以投加 PAM 能提高出油率，投加 PAC 则使后续除油效果变差。

用含油污泥制备含碳除油吸附剂，含油污泥处理彻底，生产的焦炭应用广泛，产生的轻质液态烃可回收用作燃料，是一种适宜于炼油厂含油污泥的处理方法。但该方法工艺复杂，成本较高，生产的焦炭除油率还有待提高。

五、含油污泥在橡胶制品中的应用

我国部分油田产出的污水水质矿化度高，SRB（硫酸盐还原菌）、H_2S、CO_2 含量高，pH 值低，对注水系统的设备和管道腐蚀严重，为此在处理中加入生石灰乳状液以中和酸性污水，此方法会产生大量被原油污染的 $CaCO_3$ 膏状沉淀。但是可将含油 $CaCO_3$ 污泥制备成橡胶填料剂和补强剂，以代替陶土和轻钙在橡胶制品中使用。

由于含油污泥中原有的原油极性不够强，直接用作填料效果不理想，用苯丙乳液对油田 $CaCO_3$ 固体废渣进行表面改性，利用碳氢化合物和苯丙乳液都是有机物、容易相互吸附反应的特点，使羧基键合或吸附到碳氢化合物表面，形成以羧基为主要极性基团的改性活化 $CaCO_3$ 填料，其性能优于有机物对 $CaCO_3$ 的改性。具体方法为：在油田固体废渣中加入质量分数为

20%的苯丙乳液,投入混合机中充分搅拌30min后,进入压滤机中压出水分,再进入旋转闪蒸干燥机中进行喷雾干燥,用布袋收集器收集其干燥粉体。该产品用于PVC管材、PVC地板革等建材制品,产品性能符合国家相关规定。

含油污泥用于橡胶制品充分利用了其中的$CaCO_3$资源,制得的污泥填料价格低廉,能降低橡胶制品的成本,同时可消除环境污染。但该技术只适用于$CaCO_3$含量较高的含油污泥,其使用受到污泥成分的制约。

六、堆放

泥块中虽然含有各种资源,但品位都较低,一般不能直接使用。受当前技术水平和经济状况的制约,对泥块的利用率是很低的。可以把它们堆积起来,一旦需要或成熟的技术问世时,可将它们取出重新加以应用。

第五节 我国含油污泥的资源化利用技术的应用

近年来,我国各大油田在含油污泥的处理处置遵循"减量化、稳定化、无害化、资源化"的原则指导下,相继开展了含油污泥的资源化利用技术的研究。

含油污泥成分的复杂性决定了其综合利用技术的多样性。如回收污泥中的油气、燃烧利用热值、用于油田开发调剖等,凡此种种,都取得了很好的经济效益和社会效益,为油田治理含油污泥污染、变废为宝找到更多经济、有效的途径。

一、热洗回收油工艺的应用

热洗法是将含油污泥加水稀释后在加热和加入一定量化学药剂的条件下,使油从固相表面脱附并聚集分离的污泥除油方法。

新疆油田通过对比研究国内外含油污泥治理的最新科研成果,从理论可行的角度上初步筛选了一部分可能的助溶剂类化学品,并对其进行大量的复配实验研究。针对取自油田不同区域的污泥试样,经过反复试验评价,取得初步成果。并于2004年在九区建成1套规模为$25m^3/d$的热洗处理装置,对含油量为32%的落地油(含大量的粘土和砂等)采用热化学洗涤工艺可将其中的油、水、泥三相分离,回收其大部分油品,实现资源化。经热化学洗涤可回收含油污泥中85%左右的原油,但处理后剩余干泥的含油量一般为3%~5%,高于《农用污泥中污染物控制标准》(GB 4284—1984)中规定的含油标准(3000mg/kg)。处理后的污泥可固化填埋、做型煤填料或通过生物处理技术进行最终处理。热洗法适用于含油量较高、乳化较轻的落地原油和油砂的回收处理工艺中的预处理,管理简单,运行成本相对较低。

二、"多级热洗+助溶剂"方法的应用

2006年,处理规模为$200m^3/d$、采用"热洗+助溶剂"工艺技术的克拉玛依博达油泥无害化处理厂建成投产。设计优化了多级逆流洗涤、分段脱水、洗涤液充分回收利用等工艺过程,通过均质流化、曝气气浮、自动收油排泥等工艺手段,协同化学药剂的作用使含油污泥中的乳

化油破乳,达到油品脱附并聚结上浮的目的。

该厂处理后污泥中矿物油含量检测值为632～2277mg/kg,达到了《农用污泥中污染物控制标准》(GB 4284—1984)中的规定要求。该厂目前已累计处理含油污泥约30000t,回收原油近2000t,具有较好的经济效益和环境效益,是目前国内含油污泥治理规模最大的单位,也是目前国内油田规模化、产业化应用较为成功的油泥处理厂。

采用强化化学药剂作用的多级热洗工艺,为新疆油田寻找到了一种含油污泥综合利用的方法,既有效回收了原油资源,又解决了含油污泥外排的问题,减少了环境污染。其关键是筛选出高效经济、适用性强的处理药剂,并根据油泥品种在洗涤液配方和洗涤工序中同时进行合理调整,才能取得良好的处理效果。

三、"回转炉"热解处理工艺应用

热解技术由于具有能量或物质回收效率高、环境污染小的特点,是国外广泛应用的一种无害化污泥处理工艺之一。其在隔绝氧气的情况下,通过热解的方式将含油污泥中重质组分转化为轻质组分,可以将其中挥发性有机物和半挥发性有机物组分进行回收,不仅具有较高的能量回收效率,而且其低温还原性环境可使大多数金属元素固定在固体产物中,同时遏制了二噁英的生成,减少了大气污染。回转炉作为典型的慢速反应器,具有较好的物料适应性、灵活的操作调节性等优点,尤其适合高灰分、宽筛分的物料。脱水污泥或干化污泥在回转炉中500～600℃条件下进行热解处理,产生的油气可回收利用,剩余残渣可达标排放。

采用热解处理工艺对乌尔禾油田69区稠油污水处理站排放的含油污泥进行现场中试,当地土壤为中性和碱性,规模为10t/d,根据对"脱水含油污泥600℃残渣污染物数据"的测定表明:残渣中污染物指标均达到《农用污泥中污染物控制标准》(GB 4284—1984)和《土壤环境质量标准》(GB 15618—1995)三级指标要求,初步评价其对污水有较好絮凝作用,可再生循环利用。同时残渣浸出液污染物中石油类、COD_{cr}和重金属含量远低于《危险废物鉴别标准——浸出毒性鉴别》(GB 5085.3—2007)和《污水综合排放标准》(GB 8978—1996)中二级指标要求。

热解处理工艺适用于油田采出水处理站排放的含有大量化学药剂的残留物污泥的处理,可与污水处理站配套建设,填补目前油田污水处理站不对排出的油泥做进一步无害化处理的空白。采用该工艺与污水处理站配套建设的相关工艺流程图如图8-4所示。

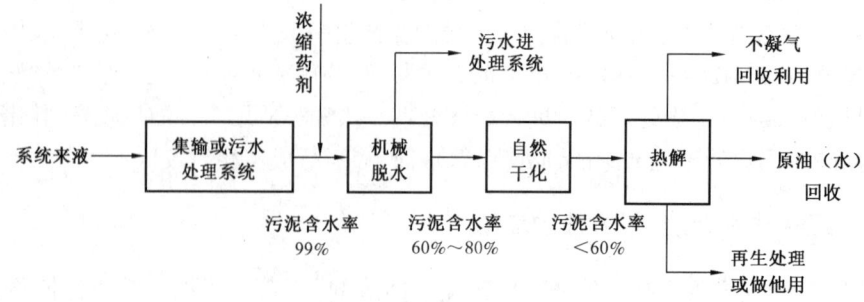

图8-4 含油污泥无害化与资源化利用工艺流程图

需要指出的是,由于污泥的性质差别较大,热解工艺又是一种非常复杂的工艺,某些涉及安全性的要素难以确切认知和把握。热解工艺要真正实现在现场推广应用,关键是把握尺度,汲取国外同类工艺的教训,消除隐患,在可能的范围内,选择、改进、优化合理的工艺,以适应我国国情的需要。热解工艺的安全性是可以肯定的,也是可以实现的。

四、含油污泥深度调剖在陇东油田的应用

2006年6~11月,陇东油田在悦29区对3口注水井开展了以含油污泥为堵剂的堵水调剖试验。

含油污泥是马岭中区的清罐污泥,含水率为60%以上,泥质含量约占10%~23%,胶质沥青和蜡质约占10%~30%。泥质粒径较小,含蜡相对较高,50℃下含油污泥粘度保持在100mPa·s左右,用作封堵大孔道的堵剂具有抗盐性好、可泵性好、性能稳定、配置施工方便、成本低的特点。

施工采用全井挤注工艺,并合理组配使用调堵剂,应用复合调堵技术,调堵剂注入序列为含油污泥、聚合物弱凝胶调堵剂、触变型凝胶加纤维型水膨体。以机械封堵作用较强的含油污泥着力于大孔道的深部调堵,以增粘作用较稳定的聚合物凝胶着力于裂缝式的高渗透条带的封堵。

施工累计消耗含油污泥98t,注入含油污泥调堵剂等10345m³,工艺成功率达到了100%。截至2006年11月中旬,调剖试验的3个井组中有6口油井见效,日增产原油8.12t,综合含水下降3.7%,累计增油707t,创造经济效益141万元(扣除操作成本),3口井含油污泥调剖费用为84万元,投入产出比为1:1.7。

因此,含油污泥经过化学剂处理后作为调剖剂用于注水井调剖,在工艺技术上是可行的,达到了增油降水的效果,经济效益和社会效益显著。

五、提取絮凝剂的应用

油砂、含油污泥无害化处理与综合利用技术首要考虑的是使其彻底无害化,而彻底无害化的最佳途径莫过于高温处理。油砂、含油污泥通过高温裂解,不仅可以回收其中的烃类组分,将污泥中的其他有机物彻底去除,而且实验证明,污泥高温裂解工艺可靠、安全、环保,剩余残渣完全无害,就地排放或综合利用完全达到了环保要求。

对于油砂,裂解后可用于铺路、制砖、建筑砌块,也可直接填埋。

对于污水处理站产生的污泥,由于含有大量的混凝剂和助凝剂,裂解回收烃类组分后的残渣除了可用于铺路、制砖、建筑砌块、直接填埋之外,还可以用作生产混凝剂的原料,将其中的无机混凝成分回收再重复利用。絮凝剂产率可达95%以上,产品质量完全达到同类产品标准,并可使残渣量缩减80%以上。对胜利油田某污水站污泥的有关实验研究结果如表8-2所示。

表8-2 滨南污水站污泥实验数据

序号	污泥量 g	焙烧剩余量 g	絮凝剂回收量 g	污泥利用率 %	絮凝剂有效含量 %	残渣量 g	含水率 %	残渣率 %
1	20	14.5	28	59	17.85	2.7	17.5	13.5
2	20	14.4	28.45	59	17.57	2.6	17.4	13
3	20	14.4	28.2	58.3	17.7	2.74	17.4	13.7

在500~800℃条件下,污泥中的各类有机质将分解为碳和可燃气体,可燃气体作为能源在后续工艺中被利用,碳与其他污泥混在一起用来生产合格絮凝剂后,在1000℃以上进一步烧结除碳,形成烧结残渣用作铺路等材料,从而彻底实现污泥的综合利用,其工艺流程如图8-5所示。

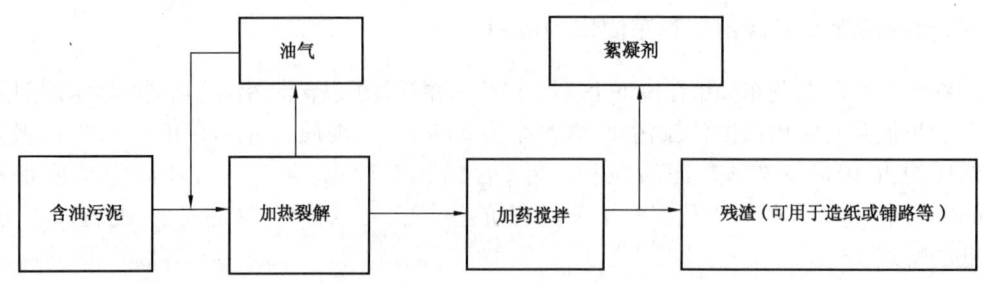

图8-5 从污泥中提取絮凝剂的工艺流程

用该工艺所产絮凝剂质量性能完全与市售同类商品相同,提取絮凝剂后的残渣不到污泥的15%,其主要成分为不溶性粉沙、碳酸钙,与普通粉沙、尘土一样,无任何有害物质,其中碳酸钙也可以作为副产品供造纸等。

六、建设固废处置场

虽然含油污泥调剖技术的应用取得了成功,达到了污泥的有效利用,一定程度上减少了环境污染,但是油田含油污泥的产生面广、量大,多是断续产生,来源各不相同,针对大量性质各异的含油污泥还应该采取规模化的集中处理系统,逐步配套、完善工艺体系,最终达到含油污泥的规范合理处置。

按照《陇东油田环保隐患治理方案》的设计思路,陇东油田将在所处的庆城、华池县境内建设两处固废处置场,对生产过程中产生的含油污泥等固废物集中规范处置,减少、降低固废对生态环境的污染。根据逐步配套、分期实施的原则,逐步配套建成油泥无害化处理系统。

石油污泥无害化、资源化处理系统由污泥预处理系统、原油回收系统、热解焚烧系统、尾气处理系统、热能利用系统和自动化控制系统组成。其工艺流程为:污泥预处理→原油回收→混合加料→热解焚烧→余热利用→尾气处理→环保排放。如图8-6所示为热解焚烧系统的工艺流程示意图。

热解焚烧系统的技术特点是:

(1)热解焚烧系统采用先进的热解汽化焚烧技术,对石油污泥的适应性强,处理效果好。

(2)处理过程采用全面的DCS或PLC自动控制,中央控制室集中管理,实现设备运行自动化。

(3)预处理系统可使物料在炉内均匀分布。炉排具有搅拌、破渣、排渣、布风功能,彻底解决了炉排高温变形和炉渣表面烧结与搭桥等问题。

(4)对低热值的污泥可加入高热值生活垃圾等混烧处理。

(5)产生烟气量少,尾气易于处理,二噁英排放量极低。

(6)设备的制造与维护成本低,运行时间长。

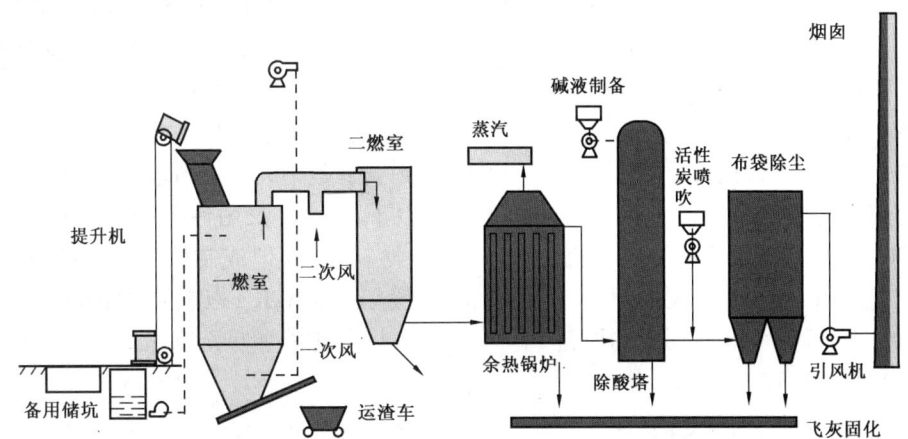

图 8-6 焚烧系统工艺流程示意图

经过上述工艺处理后,污泥减容率能达到 90%~95%,不再含有石油类及其他有害成分,符合环保要求,余热可充分利用,残渣可用作铺垫路基材料、建筑材料等,实现了减量化、无害化、资源化处理危险废物的目的。

此外,胜利油田以污泥为主要原料生产的生态建筑材料——合格的地面花砖,找到了油田污泥处置的最终出路,变废为宝,从根本上防治了油田污泥对周围环境的污染,保护了生态环境,也为我国其他油田类似问题的解决提供了思路。

含油污泥处理难度大,目前已成为油田环保领域的突出问题之一。从综合利用的技术现状来看,缺少高附加值的深度处理和利用技术;从长远观点来看,回收污油、综合利用污泥是实现无害化和资源化的有效途径。各地可因地制宜,寻求综合利用和解决油泥污染的最佳方法。值得借鉴的是,国外含油污泥处理通常是由专业承包商来完成的,由于含油污泥收集、脱水、运输和处理操作难度大、技术含量高,且具有临时性及批量性的特点,因此从规模效益考虑,发展含油污泥处理的专业化服务产业在我国将是大有可为的。

第六节 含油污泥处理的新设备

一、三相分离机

含油污泥处理中的固液分离、杂质分离难度比较大。经过多年实践研究,辽河油田设计了一套油、水、泥快速高效分离的工艺设备——三相分离机,分离后可达到综合利用的目标。

(一)三相分离机的机械原理与工艺流程

含油污泥三相分离机上部是搅拌器,中间为水浴,设有型煤加热炉,底部是出渣机和空气搅拌管。用型煤加热炉将水加热到 95℃ 后开动搅拌器,其转速为 10r/min,然后开动罗茨风机,以 $4m^3/min$ 的流量向水中送入压缩空气,以 $0.5kg/cm^2$ 压力从分离机底部两侧管孔中喷出,使水在容器内高速冲刷;开动进料升降机,含油污泥进入分离机后先经过搅拌器搅拌,在热水作用下油浮出水面,随着水的注入油排出。水循环使用,水温保持在80~90℃,重物从搅拌器筛底漏出,密度大的石砂经空气搅拌反复洗刷干净后落入分离器底部,用刮板除渣机带出。细泥溶于水中,达到一定浓度后排出,静置后水、泥分层,水抽回分离器内再用,泥渣经压榨挤水后排列型煤生产车间作为型煤生产混配料。塑料杂物洗净后人工分捡,塑料进入塑料热熔机制成块状物,可作为注塑原料。橡胶等可燃物送到裂解釜中裂解燃料油,釜中残留物继续粉碎制作型煤。经水洗后的砂中油含量可降至3‰以下,达到《农用污泥中污染物控制标准》(GB 4284—1984),不会造成二次污染,可作为筑路材料、填洼地或制板砖等。细泥是型煤的良好生产拌合料,代替了黄泥,并具有较高热值(一般在8.368kJ/g以上)。如回收的老化油含量较高,可用作道路和建筑沥青的原料,生产工艺为:将老化油加热至高于240℃,送入压缩空气,氧化聚合成沥青。

(二)三相分离机的技术特点

三相分离机是集筛分、搅拌、洗选、分离裂解、焚烧等功能为一体的新型处理机,对油田作业产生的含油污泥的处理基本达到了资源化综合利用、循环利用的目标,符合循环经济及环境保护的要求。具有如下特点:

(1)先进性。三相分离机将搅拌、筛选、洗涤、加热功能融为一体,采用机械分离方式,水循环使用,不会造成二次污染。从实际出发、适应性强、便于操作,最终通过型煤方式焚烧,燃烧时间长、温度高、分解彻底、排放烟气完全达到《锅炉大气污染物排放标准》(GB 13271—2001)。

(2)经济性。使用三相分离机处理含油污泥和浮渣,设备投入小,运行费用低,处理每吨含油污泥成本在100元以内,但每年由此产生的效益可达到1100万元,经济效益显著。

(三)技术应用

辽河油田在盘锦某利用三相分离机对含油污泥进行了处理试验。首先根据含油污泥的成分特点,对其加热后,泥中含油融化,再利用油水的密度差,回收漂浮的油污。其次根据杂物粒度大小由搅拌器将大块杂物甩出,大多数砂粒及泥土从筛底漏出,在95℃热水中用热空气搅拌搓洗,最后密度大于水的砂粒落入设备底部,由出渣机带出,可作为修路材料或垫井场就地利用。一部分暂时混入水中的细土,排入沉降池(罐),然后将沉降后的底泥取出,均匀细腻的底泥可作为蜂窝煤的高级填料,上部浮选出的油污通过溢流管流入储油罐回收。塑料布等分选后作为热解炼油原料,在裂解釜中的残渣可保持热量。

该厂年处理井场含油污泥3000t(设计规模8000t),含油污泥综合利用制造型煤800t(设计规模2000t),从建厂以来低消耗、高效运营,废物获得了全部综合利用(利用率100%)。

利用该技术与设备处理油田含油污泥既可以使污泥变害为利、变废为宝,又可以降低处理成本,提高油田开发的效益。因此,该技术与设备具有较好的应用前景和良好的社会、经济及环境效益。

二、撬装式含油污泥处理装置

国内多数联合站的污泥处理流程,都有污泥分离池、污泥浓缩装置及机械脱水设备等。污泥分离池占地面积大,且需配套刮油、刮泥机及地下泵房等设备,使工艺流程投资高、现场管理很不方便。同时,联合站的含油污泥处理为间歇运行,设备利用率低,实际应用中还存在停留时间长和分离效率低等问题。由于在用的污泥浓缩剂成本偏高,在一定程度上影响了其在污泥处理中的应用。

河南油田在对污泥处理设备进行优化选型的基础上,制成了撬装式含油污泥处理装置。该装置将原污泥处理系统中的污泥分离池、浓缩罐和机械脱水设备合为一体,可对站内污水池底部的各种污泥进行处理。在稠油联合站的应用实验表明,污水池中含水率为99%的污泥经该装置处理后,脱出的干化污泥含水率低于30%。

(一)污泥分离器

污泥分离器是撬装式含油污泥处理装置的关键设备。为有效处理污泥,首先必须浓缩污泥,把其中大部分水脱掉。为此,研制了一套污泥分离器,如图8-7所示。

(二)工艺流程

河南油田在完成了污泥浓缩剂筛选、污泥分离器研制的基础上,成功研制了一套撬装式含油污泥处理装置,工艺流程如图8-8所示。

该装置设计处理规模为 $5m^3/h$,撬装装置占地为 $7m×2.5m$,主要设备包括自吸式排污泵、污泥分离器、集泥装置、污泥提升泵、离心分离机、加药装置、防爆配电柜等,可用于处理油田各种污泥池底部的含油污泥。

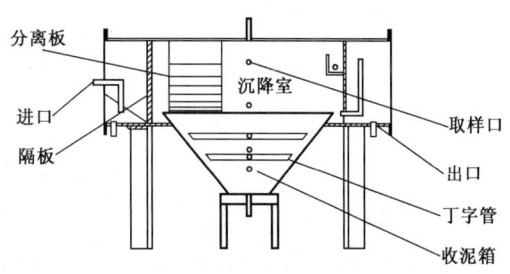

图8-7 污泥分离器装置示意图

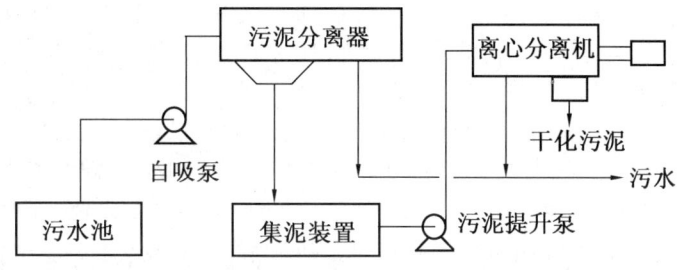

图8-8 撬装式含油污泥处理装置工艺流程

(三)撬装式含油污泥处理装置的应用

河南油田稠油联合站日处理污水约 $6000m^3$。以稠油联合站污水池底部的污泥作为处理对象,自吸泵从污水池底部将污泥抽上来进入污泥分离器,并加入浓缩剂PAM和H-618,加药浓度为0.8%。污泥在浓缩剂的作用下,在污泥分离器中絮凝、浓缩、分离及沉降后,沉到污泥分离器底部从排泥口排到集泥装置。污泥分离器排出的污水回到污水池,通过对污泥分离器的出水表观观察,水质已明显变清。这说明加入浓缩剂后,绝大多数固态物质都沉降到分离器底部。沉降至集泥装置的浓缩污泥经污泥提升泵进入离心分离机进行脱水,脱出的干化污泥成条形。经检测,干化污泥平均含水率为28.02%,离心分离机出水中已无明显的絮体漂浮,水体较清。

经过 3 年的实验研究,河南油田成功研制了集浓缩、分离、沉降、脱水为一体的撬装式含油污泥处理装置。经过在稠油联合站的现场实验,各个单体设备运行工况良好,整套装置运行平稳,最大处理量可达到 $7m^3/h$,最终脱出的干化污泥平均含水率为 28.02%。采用的浓缩剂(PAM + H - 618)处理效果很好,处理每吨污水的成本从 20 元降至 4 元,使得经济地处理稠油污泥的愿望终成现实。撬装式含油污泥处理装置的问世,在深度和广度上拓宽了含油污泥处理的新思路。

随着环保法规的日益完善和严格,含油污泥无害化、清洁化、资源化处理技术将成为污泥处理技术发展的必然趋势。油泥处理在达到环境标准的前提下,尽量回收能源是科学研究和技术开发的方向之一。我国应在从原油、基质、环境三方面综合考察含油污泥性质的基础上,充分汲取国外的先进技术,并结合我国国情,开发经济合理的污泥无害化处理的适用技术。

复习思考题

1. 含油污泥的无害化处理和资源化处理有何不同?
2. 你认为含油污泥的资源化处理还有哪些好方法?
3. 试比较含油污泥主要处理方法的优缺点。
4. 含油污泥处理新设备中,三相分离机和撬装式含油污泥处理装置二者的功能有何区别?

参 考 文 献

[1] 姜勇,赵朝成,赵东风. 含油污泥来源与处理方法综述. 油气田环境保护,2005,15(4):38~41.

[2] 萨依绕,李慧敏,张燕萍,等. 新疆油田含油污泥处理技术研究与应用. 油气田环境保护,2009,19(2):11~13.

[3] 杨锋,康利伟,刘芳,等. 陇东油田含油污泥处理技术. 油气田环境保护,2008,18(1):30~32.

[4] 桂召龙,邓波,田鲁兴. 胜利乐安油田污泥无害化应用研究. 水处理技术,2003,29(3):182~184.

[5] 李军,孙金坛,赵宇. 含油污泥处理新技术与设备研究. 油气田环境保护,2009,11:50~51.

[6] 王军,罗立新. 河南油田含油污泥处理技术研究. 石油规划设计,2006,9:17~19.

第九章　原油集输系统管道防腐除垢技术

油田设施由于长期与强腐蚀介质接触,其中有许多在高温、高压和高流速等条件下运转,其腐蚀问题显得非常突出和严重。我国油气田大多数分布在盐碱沼泽地带,属中、强,甚至特强腐蚀土壤,对各类管道、埋地设施的腐蚀很严重。另外,我国多数油田已进入中、高含水期,采出液的含水率一般在70%～90%,对各种设施的腐蚀十分严重。此外,早期建成的普通钢旧集油管线已处于超负荷运行状态,难以满足高强度提液的需要,集输油管线腐蚀严重、频繁更新的现象屡见不鲜。腐蚀不仅造成管道、储罐、钻杆、深井油泵等设施破坏和原油泄漏等直接经济损失,而且还会引起火灾、爆炸等灾难性事故,以及环境污染、停工、停产等严重后果,极大地影响了油气工业的安全生产和经济效益。因此,随着油田的不断开发,油气管道的防腐对于保障能源的运输起着至关重要的作用。

第一节　原油集输系统管道防腐新工艺

目前,国内先进的管道防腐工艺主要包括管道外防腐新工艺、应用非金属材料管道、采用环境友好型涂料以及采用新型高效缓蚀剂等多方面。

一、管道外防腐新工艺

(一)圆模负相成型三层 PE 防腐管

三层 PE 防腐管目前采用的是侧向缠绕成型生产方法,此方法不适合生产小口径三层 PE 防腐管。而生产的中、大口径三层 PE 防腐管,又存在防腐层厚度不均匀、螺旋焊缝上防腐层厚度减薄严重、容易造成防腐层开裂、生产工艺复杂、产品质量难以控制和设备价格十分昂贵等问题。

圆模负相成型技术成功地解决了上述问题,同时也使生产的原材料国产化。圆模负相成型三层 PE 防腐管工艺、生产线及产品总体达到了国内先进水平,圆模负相成型工艺处于国内领先水平。

1. 防腐层成型机理

胶粘剂和 PE 分别通过各自系统的挤出进行加热、熔融,在螺杆的推动下,送至各自系统的适配器机头内,从机头出来的物料呈圆筒形,当直线前进的钢管通过机头时,在负压和大气压力的作用下,就将胶粘剂和 PE 分别包覆在钢管上形成防腐层。

2. 圆模负相成型技术的先进性

(1)解决了小口径三层 PE 防腐管的生产技术难题,采用圆模负相成型工艺生产时,钢管直线前进,小口径管在前进过程中,可以保持平稳不抖动,圆模负相成型挤出的胶粘剂层和 PE 层厚度可直接达到标准要求,包覆在钢管上,不存在断带、分层现象。利用负相和大气压力作用完成的防腐层压实,可避免防腐层易开裂现象的发生。

(2)防腐层厚度均匀,螺旋焊缝上防腐层减薄很小。圆模负相成型工艺的机理是将胶粘剂和PE分别通过两个机头,挤出成圆筒形,单层次且厚度均匀,在负压和大气压的作用下,不需滚动使各层牢固地粘接在一起形成复合结构的防腐层。生产的防腐层不存在搭边、空隙、滚压减薄等现象,所以采用圆模负相成型工艺生产的防腐层厚度均匀,螺旋焊缝上防腐层减薄很小。

(3)可有效排除层间气体。采用圆模负相成型装置生产三层PE防腐管解决了防腐层拉伸过长的问题,提高了防腐层的拉伸强度,并减少了轴向和环向强度偏差。成型距离缩短,减少了成型温度的降低,有利于层间化学反应和物理变化,提高了层间的粘接力,可有效排除层间气体。

(4)机头内加热减少能耗。机头采用内加热,加热时间短、效率高,对物料加热均匀,节省能耗。加热过程中可对成型的钢管起到加热和保温作用。

3. 圆模负相成型三层PE防腐管的性能

圆模负相成型三层PE防腐管的性能和达到的技术指标,如表9-1所示。

表9-1 圆模负相成型三层PE防腐管性能指标数据

防腐层	测试项目	性能指标	测试结果	执行标准
熔结环氧涂层	附着力,级	≤2	1	SY/T 0413—2002
	阴极剥离,mm	≤8	3	SY/T 0413—2002
聚乙烯层	拉伸强度,MPa	轴向:≥20	轴向:21.1	GB/T 1040—2006
		周向:≥20	周向:22.8	
		偏差:≤15	偏差:7.1	
	断裂伸长率,%	≥600	740	GB/T 1040—2006
	耐环境应力开裂,h	≥1000	≥1350	GB/T 1482—2010
	压痕硬度,mm	(23℃)≤0.2	0.18	SY/T 0413—2002
		(70℃)≤0.3	0.28	
防腐层	外观	平整光滑、无暗泡、色泽均匀	符合要求	目测
	剥离强度,N/cm	(20℃)≥100	103	SY/T 0413—2002
		(50℃)≥70	78	
	阴极剥离,mm	≤8	3	SY/T 0413—2002
	冲击强度,J/mm	≥8	11	SY/T 0413—2002
	抗弯度,2.5°	聚乙烯无开裂	无开裂	SY/T 0413—2002

由上可看出,圆模负相成型三层PE防腐管的质量和性能明显优于侧向缠绕成型生产的防腐管,可以进一步提高防腐管的使用寿命。该工艺在国家重点工程——哈大输气工程、大庆油田和城市建设管网中进行了大量的应用,证明工艺先进、设备简单、操作方便、易控制、产品质量稳定,具有一定的推广价值。

(二)钢制管道防腐保温泡沫黑夹克新一步法成型工艺

钢制管道防腐保温泡沫黑夹克新一步法作业线改进了原一步法作业线,使钢管保温层与夹克防护层的防护强度得到加强,钢管外保温层与保温层外的防护层(即夹克)黏结强度提高,将原来的黄夹克改为黑夹克,提高了采用"一步法"对钢管进行防腐保温的质量,故称"新一步法"工艺技术。由黄夹克到黑夹克,不仅仅是颜色的改变,更是质量的重大转变。黄夹克在阳光照射下一个月即产生龟裂,而黑夹克不龟裂且在抗紫外线、耐老化方面性能更优越。

1. 新一步法工艺技术特点

(1)发泡位置可见性技术。

采用黑夹克的关键是解决发泡位置的可见性。对发泡质量及发泡可能形成的空洞进行观察,利用黑泡沫夹克一步法工艺观测仪可以在显示屏上直接透过黑夹克层观测发泡位置,使黑泡沫夹克管在"一步法"生产上获得了技术上的突破。

(2)泡沫与夹克黏结技术。

对保护层黑夹克内壁进行点计划处理,使无极性的聚乙烯材料极性化,与极性聚氨酯泡沫结合时,形成泡沫与夹克的黏结层,使两者牢固地黏结在一起。

(3)颜色的最佳组合。

采用沥青聚氨酯泡沫塑料作为保温层材料,使保温、防腐合二为一,形成黑夹克、黑瓤。实现了"黑黑"最佳组合。

由于发泡位置可见性技术的成功,使采用沥青聚氨酯泡沫塑料"管中管技术"成为可能。沥青聚氨酯泡沫塑料是在普通沥青聚氨酯泡沫塑料中加入 30% ~ 40% 的沥青,使沥青聚氨酯泡沫塑料改性,由酸性材料变成中性材料,同时,抗老化、抗紫外线的性能增强,对埋地管线可抗虫咬、鼠啮,这些性能无疑增加了管道的防腐保温寿命,一般可达 20 年。使用沥青聚氨酯泡沫塑料后,钢制管道可不用做防腐层,使防腐工艺简化、成本降低。两种泡沫的对比如表 9 - 2 所示。

表 9 - 2　沥青泡沫塑料与普通聚氨酯泡沫塑料对比表

指标	聚氨酯泡沫塑料	沥青聚氨酯泡沫塑料
透水性	透水性不如沥青聚氨酯泡沫塑料	具有不透水性
耐老化性	不耐大气风化	对基材黏结性好,能抵抗大气的风化作用,耐老化性能好
防腐性能	阻燃硬泡易放出酸性物质,易腐蚀钢管	硬泡呈中性,对钢管管材具有防腐性能,可取消底层防腐
催化剂用量	需催化剂的品种多、使用量大	沥青中含有具催化作用的胺基及重胺基等活泼氢化合物,具有自催化作用

(4)先进的液压自动纠偏机。

原"一步法"纠偏机为电动机带动纠偏机,着水后易使电动机烧坏;新"一步法"以液压作为动力,通过上下、左右、前后、开合 4 台液压油缸对偏心的泡沫夹克层进行自动纠偏。

2. 经济效益评价

(1)新一步法作业线具有单机组合的优点,可根据工艺需求随意组合,其成本和售价都不高于原一步法作业线。

(2) 降低成本：

① 采用新一步法作业线后，由于机器的优越性能和夹克与保温层的黏结性好，管接头不易破坏，可取消原工艺中的防水帽，可大大降低防腐保温管线成本20%~30%。

② 采用沥青聚氨酯泡沫塑料，可降低材料成本5%~10%。

(3) 管线防腐保温寿命增加且防晒性能增强，黑夹克耐老化性能比黄夹克能提高20倍。

经青海油田花—格线400km管道上应用，证明新一步法工艺切实可行，设备操作简单，产品质量好，符合工艺设计要求，具有很好的应用前景。

（三）钢管橡胶硫化外防腐新技术

钢管橡胶硫化防腐是在钢管外表面包裹一层再生橡胶片，橡胶片经硫化成型后可在钢管外形成一层软质硫化橡胶层，从而对钢管起到外防腐的作用。再生橡胶片的性能指标如表9-3所示。各项性能指标均符合《埋地钢质管道再生橡胶防腐层技术标准》的要求（Q/CNPC 79—2002）。

表9-3 再生橡胶片的性能指标

序号	项 目	指 标	实验方法
1	外观	黑色、平整无网眼、无结块	目测
2	厚度，mm	0.85~1.15	HD-10型橡胶厚度计
3	拉伸强度，MPa	≥8.0	GB/T 528—2009
4	拉断伸长率，%	≥360	GB/T 528—2009
5	门尼粘度，ML(100℃)	40~60	GB/T 1232.1—2000
6	丙酮抽出物，%	≤25	GB/T 13460—2008
7	灰分，%	≤12	GB/T 13460—2008
8	水分，%	≤1.2	GB/T 13460—2008

1. 硫化橡胶防腐层的性能

(1) 硫化橡胶防腐层电绝缘性能。

对于钢管外防腐材料来说，防腐层的电绝缘性能是其最基本和最重要的属性。通过电火花检测，1.44mm厚的硫化橡胶防腐层检测电压值为10kV，平均每毫米厚度耐电压值约为7000V。而厚度不小于7mm的特加强级五油八布石油沥青防腐层，检测电压值为20kV，平均每毫米厚度耐电压值约为2900V。可见，硫化橡胶防腐层的电绝缘性能优势是显而易见的。

(2) 硫化橡胶防腐层耐介质性能。

钢管外防腐层的耐介质性主要是指其耐水性。通过在水及水溶性介质中进行硫化橡胶防腐层浸泡实验证实，在25℃条件下，硫化橡胶防腐层在10%的NaOH、HCl、NACl溶液及生活水和土壤浸出液中浸泡15d都不会大量吸水，实验数据如表9-4所示。特别是能够耐盐水（10% NaCl溶液）的浸泡，这是在油田地区（土壤含盐量高）硫化橡胶能够作为钢管外防腐层最突出的性能特点。

表 9-4 硫化橡胶防腐层在介质中浸泡实验数据

介质	市政用水	土壤浸出液	10% NaCl	10% HCl	10% NaOH
增重,%	0.66	0.95	0.22	0.34	3.25
实验条件	25℃,15d				

2. 硫化橡胶防腐层的应用

胜利油田海洋开发公司海五连输气管道首次采用了规格为 ϕ219mm×6mm、长度为 6.8km 的硫化橡胶外防腐层螺纹钢管。在现场实际应用中,该防腐层以其质量可靠、符合环保要求以及成本较泡沫黄夹克防腐层低廉的特点,得到了用户的肯定。ϕ219mm 管道的硫化橡胶防腐成本为 33958.20 元/km;而 ϕ219mm 管道泡沫黄夹克防腐成本则为 57500.00 元/km(泡沫厚 30mm,黄夹克厚 3mm)。硫化橡胶防腐成本只有泡沫黄夹克防腐成本的 59.1%,可以预见,橡胶硫化防腐工艺在今后的油田地面管网防腐中将会得到越来越广泛的应用。

二、应用非金属材料管道

随着油田的持续开发,油田原油综合含水率越来越高,输送介质和油田生产环境的恶劣,使得金属管道的腐蚀日趋严重。而玻璃钢、尼龙、钢骨架塑料复合管以及连续增强塑料复合管等非金属材料管道,以其良好的耐腐蚀性能优势,越来越被人们所看好,也越来越多地应用到油田地面系统中。

(一)玻璃钢复合管道

玻璃钢复合管道是由聚乙烯材料作内衬、玻璃钢作外加强层,经过特定的机械缠绕工艺复合制成的,增强了耐磨性。这种管道与钢管具有相似的性质,在连接方式上具有相同的优缺点。在现场同样的工作条件下,玻璃钢复合管比钢管具有更强的防腐耐砂磨性;良好的水力特性,也起到一定的节能降压作用。该管道特别适用于高含砂介质的输送,胜利油田油气混输管道就采用了玻璃钢复合管。

(二)钢骨架塑料复合管

钢骨架塑料复合管是以钢丝为增强相、塑料为基体,采用钢丝点焊成网和挤出塑料真空填注同步进行,在生产线上连续拉膜成型的新型双面防腐压力管道。它克服了钢管耐压不耐腐、塑料管耐腐不耐压等缺陷,可以根据要求生产任意长度的管道。它突出的特点在于连接采用电熔套筒式,即把连接头插入电熔套管内,通电热熔 4min 将接头处融合成一体,形成牢固不渗透的接头。维修时换上新管再用电熔焊接即可,现场操作非常方便。

从该种管道在孤东、胜利、纯梁等油田的使用情况看,防腐效果基本满意,连接快速、维修方便,无须再防腐,但存在耐压低,易破裂的问题。所以,该管道适合低压、受外力较小的油田区块。

(三)尼龙管

尼龙管采用新型高分子材料 MC 尼龙增强而成,通过离心浇铸一次成型,管线与两端法兰连接一体,具有良好的耐磨、耐高温性(160℃),抗外力冲击力强。其特点是可以根据需要生产出各种形状规格的三通、四通、大小头等,特别适用于出砂严重的区块,以及分离器出口和矿化度高的污水站。

胜利油田在一条出砂严重的单井管线上使用了尼龙管,效果良好,运行寿命是钢管的5倍。由于优良的防腐性能,尼龙管在孤岛、桩82站、坨三污水站得到了推广应用。但尼龙管只能用法兰连接,仅适宜于单井管线及站内管网的使用。

(四)连续增强塑料复合管

近年来,连续增强塑料复合管以其材质的优越性,在解决管线耐腐蚀的问题上,受到了更多的青睐与认可,并已经在油田管网上得到了广泛应用。

1. 连续增强塑料复合管的特点

(1)耐化学腐蚀性。

通过大庆油田建设设计院防腐保温检测实验中心对连续增强复合管耐酸、碱、盐及三元溶液等化学介质腐蚀的实验证明,连续增强塑料复合管具有优异的耐化学腐蚀性。测试结果如表9-5所示。

表9-5 连续增强复合管耐腐蚀性测试数据表

介质	复合管	标准 SY/T 0415—1996、GB/T 1040—2006	实验条件
10% NaCl 拉伸强度,%	90	>85	浸泡7d
27% NaOH 拉伸强度,%	86	>85	
三元溶液拉伸强度,%	86	>85	

(2)可探测性能。

油田地下管网纵横交错,管线的可探测性至关重要,连续增强塑料复合管的特殊复合结构,使其具有钢管的可探测性,解决了非金属管线在以后运行过程中的巡线问题。

(3)可加热性能。

由于非正常作业,油田管线存在凝管和冻管现象。连续增强塑料复合管具有钢丝通电加热解堵、解冻的功能。采用特制的可控硅直流调压器,根据管道的不同直径、不同长度施加不同电压,控制加热温度小于65℃,加热4~8h可达到解堵、解冻效果,而不影响管材的使用性能和使用寿命。

(4)地貌适应性强。

连续增强塑料复合管广泛适用于平原、山川、沼泽、低洼、耕地、盐碱地等环境,不受地壳变动与管基不均匀沉降的影响。

(5)使用温度高、使用寿命长。

连续增强塑料复合管由于采用交联聚乙烯为基材,具有良好的耐热老化性与电绝缘性,不受外电场的影响,不产生电化学腐蚀。

(6)连续性。

由于连续增强塑料复合管柔顺、抗压的特点,对施工管沟的要求不苛刻,管沟的宽度大于管径即可,所以管线连续,中间无接头,安装便捷,省去了探伤、补口、管线清扫及大量的焊接费用,施工费用大大降低。管道内壁光滑不结垢、不结蜡,流体阻力小,对输送介质无污染,节省了大量维护费用。

(7)保温性。

连续增强塑料复合管道热系数是钢的1/230,在华北、中原及南方地区可以不保温,但在大庆、新疆等高寒地区使用仍需保温。

2. 应用及经济效益评价

连续增强塑料复合管使用寿命在30a以上,是钢管使用寿命的2~3倍。两者综合工程造价基本相当。从长期的综合效益考虑,连续增强塑料复合管节省了大量的施工、维护和更新费用,其经济效益优于保温钢管。

萨北油田的第二油矿采用了连续增强塑料复合管,主要用于单井集油管线、掺水(兼热洗)管线,少部分用于站间管线。

从使用情况分析,连续增强塑料复合管适用于土壤腐蚀较严重、受外力较小的区块。同时,不需要内外防腐和阴极保护系统,维修费用低,输送能耗小,使用年限长,经济效益显著。使用连续增强塑料复合管还可以减少因腐蚀穿孔导致的停产及污水、原油泄漏造成的环境污染,利于环保,其社会效益也相当可观。因此,连续增强塑料复合管在油田管网的建设中具有广阔的应用前景。

三、采用环境友好型防腐涂料

社会发展对涂料的性能要求越来越高,同时要求涂料对环境的污染越来越小,开发环境友好型防腐涂料已成为涂料研究领域的热点。战略转型、节能减排、安全环保已成为涂料行业的主旋律。环境友好型防腐涂料是低VOC(即挥发性有机物)和低毒性的涂料,目前主要产品有水性涂料和粉末涂料等。

(一)WJ-89自固化水性无机富锌涂料

WJ-89自固化水性无机富锌涂料研制的基本目标是实现水溶性、自固化且经济。水玻璃类硅酸盐可以满足水溶性和经济性的要求,但不能自固化。为此,首先对普通水玻璃进行了改性研究,研制出改性水玻璃。改性水玻璃外观透明,储存稳定,与锌粉反应的活性高,配漆施工后一般2~3d即可自然达到完全饱和的硅酸锌结构,形成性能优异的涂膜。WJ-89涂料自固化的涂膜试件经300℃/24h耐热试验、100℃/5% NaCl/1000h耐盐水试验后,涂膜完好。该涂料在大港油田的消防管线上应用1a后,涂层仍然完好。WJ-89涂料已大批量应用到我国承包的苏丹石油管道工程中,经受了长途海运、高热带现场施工的考验,涂层性能仍然达到了工艺要求。

(二)WJ-90水溶性硅酸锂富锌涂料

以硅酸锂为主要成膜基液制成的无机富锌涂料,在耐候性(金属或覆盖层耐大气腐蚀的性能)和耐热性等方面比其他硅酸盐系列的无机富锌涂料优异,但市场已有的产品却价格昂贵。为提高无机富锌涂料的性能,降低产品的价格,通过添加复合辅助成膜物,对水溶性硅酸锂富锌涂料进行了改性研究。研制的WJ-90涂料具有优良的性能,耐碱性(10% NaOH)30d、耐喷气燃料6个月、耐盐雾试验1000h后,涂膜完好;经400℃/10d耐热试验后涂膜完好,瞬间耐热可达1000℃以上;涂膜的体积电阻率和表面电阻率小于$10^5\Omega$,符合成品油储罐用导静电的要求。因此,WJ-90水溶性硅酸锂富锌涂料可用作钢结构的长效涂料,尤其适用于大型原油和成品油储罐的内壁防腐蚀,还可用于热交换器等带温设备构件的防腐蚀。该涂料已在海上石油的绥中36-1工程的原油储罐防腐中得到应用,经受了冬季施工的考验。

(三)ET-98无机磷酸盐富锌(铝)涂料

ET-98无机磷酸盐富锌(铝)涂料是一种水与醇类改性无毒环保涂料。它由无机黏结剂的水溶剂加入少量醇类溶剂,再与填料的锌粉组成。该涂料可在无条件喷沙、抛丸的情况下,采用人工除锈,除锈标准和一般涂料标准相似,达到St3级即可。ET-98无机磷酸盐富锌(铝)涂料通过了各项指标的检测,填补了国内空白,获得了国家科委高新技术奖,有很好的推广应用前景。

ET-98无机磷酸盐富锌(铝)涂料具有优异的耐温性、耐温差骤变性,可长期耐受500~600℃的高温,并具有干燥快、附着力强、坚硬耐磨、防腐效果好、稳定性好等特点。一般涂2道ET-98涂料,加2道防腐蚀面漆,15a以上不会生锈,属长效防腐蚀涂层。可广泛用于冶金、化工、埋地管道、油气管道等,且该涂料无毒,可以用作自来水管道内涂层等。

四、采用新型高效缓蚀剂

随着石油天然气工业勘探开发的进展,特别是近10年来,含H_2S、CO_2、Cl^-和水等多种腐蚀性介质的油气田开发,石油工业中的腐蚀问题引起越来越多的关注。腐蚀问题吞噬了油气田的大量财富,降低了石油天然气工业的经济效益。在石油天然气开采过程中,影响油气田腐蚀的因素很多,因而防腐的方法也多种多样。除了从工艺设计、材料选择方面进行防腐以外,实施有效的涂层防腐、电化学防护、化学药剂防腐也是行之有效的方法,其中化学药剂防腐(即缓蚀剂)技术由于具有良好的减缓金属腐蚀的效果和突出的经济效益,已成为防腐蚀技术中应用最广泛的技术之一。

(一)缓蚀剂的特点

缓蚀剂是一类用于腐蚀环境中抑制金属腐蚀的添加剂,又称腐蚀抑制剂或阻蚀剂,当它以适当的浓度和形式存在于环境(介质)中时,可以防止或减缓化学物质或复合物的腐蚀速度。

使用阻蚀剂有以下明显的优点:

(1)几乎不改变腐蚀环境,就可获得良好的防腐效果;

(2)基本不增加设备投资,操作简便,见效快;

(3)对于腐蚀环境的变化,可以通过相应改变缓蚀剂的种类或浓度来保证防腐效果;

(4)同一配方的缓蚀剂组分可以同时防止金属在多种不同腐蚀环境中的腐蚀破坏。

(二)缓蚀剂的选用原则

1. 腐蚀介质

不同的腐蚀介质应选用不同类型的缓蚀剂,以达到有效的金属防护。不同腐蚀介质中采用的缓蚀剂,必须考虑它们在这些介质中的溶解度问题。不同腐蚀介质中缓蚀剂的用量以及介质的温度、运动速度等因素都会影响缓蚀剂的功效。

2. 金属

不同金属的电子排布、电位序列、化学性质等可能很不相同,它们在不同介质中的吸附和成膜特性也不同。钢铁无疑是使用最广泛的金属,钢铁用缓蚀剂也是研究和使用最多的。但许多高效的钢铁用缓蚀剂对其他金属往往效果不好。因此,如果需要防护的系统是由多种金属构成,单一的缓蚀物质一般难以满足防护要求,此时应考虑多种缓蚀物质的复配使用问题。

3. 缓蚀剂的复配

由于金属腐蚀的复杂性,现代缓蚀剂很少采用单种缓蚀物质。多种缓蚀物质复配使用往往比单独使用其中任何一种缓蚀剂具有更为优良的缓蚀效果,其缓蚀率比简单的加和值要大得多,这种相互发挥各成分作用的效应,称为缓蚀剂的协同效应,简单地说,就是"1+1>2"的效应。协同效应是研究缓蚀剂从延缓腐蚀到阻止腐蚀的重要途径之一。

4. 缓蚀剂的毒性

许多高效缓蚀物质往往带有毒性,致使它们的使用范围受到限制,所以,现代缓蚀剂的研制和使用必须高度重视环境保护问题。

5. 药剂的配伍

由于在油田油井和油气集输系统中,缓蚀剂与破乳剂等药剂一起使用,而在整个水处理系统中,缓蚀剂与阻垢剂、杀菌剂和净水剂等多种药剂也几乎是同时投加使用的,因此应当密切注意各药剂相互之间的配伍问题。

此外,为充分发挥各类药剂效果,应定期对系统进行清洗,清洗设备表面的沉积物和污垢,使缓蚀剂与腐蚀点充分接触,保证缓蚀效果。

(三) 几种新型的缓蚀剂

1. 长效固体缓蚀剂

固体缓蚀剂具有投加工艺简单、缓蚀剂缓慢释放、缓蚀有效期长、缓蚀效果好的特点。长效固体缓蚀剂是以咪唑啉衍生物液体缓蚀剂为母体缓蚀剂,填加适量的增效剂、填充剂、粘合剂混合而成的适合油田使用的固体缓蚀剂。

长效固体缓蚀剂的母体缓蚀剂咪唑啉衍生物是吸附型缓蚀剂,其缓蚀机理为缓蚀剂可在金属表面吸附,而咪唑啉环上疏水烷基支链则覆盖在金属表面起到屏蔽疏水作用,阻滞了溶解氧到达金属表面,也阻滞了阴极和阳极腐蚀产物 OH^-、Fe^{2+} 向外扩散,对易腐蚀的碳钢表面起到保护作用。同时,缓蚀剂分子中含有未共用电子对的氮、氧等元素,这些元素上的孤对电子可与金属表面空的 d 轨道形成配位键,从而形成牢固的化学吸附层。膦氨基团的引入则使缓蚀剂兼具一定的阻垢性能,增强了在高矿化度下的缓蚀效果。缓蚀增效剂考虑了杀菌、除氧等功能,这在一定程度上也增强了缓蚀效果。

长效固体缓蚀剂在胜利东辛油田进行了现场试验,油井的平均腐蚀速率降至 0.076mm/a 以下,缓蚀率达到 95% 以上;水井的缓蚀率接近 90%,最长有效期超过 150d,而且均继续有效,表现出了良好的缓蚀效果。

2. 新型 CO_2 缓蚀剂 HSJ-1

新型 CO_2 缓蚀剂 HSJ-1 是由丙酮、甲醛和环酮通过缩聚形成的,其中的 N 原子在酸性水溶液中与氢离子形成离子。N、O 原子具有孤对电子,可以在金属表面通过物理吸附形成保护膜,从而抑制 CO_2 对金属的腐蚀。该缓蚀剂合成条件温和,原料易得,对于含 CO_2 的油田集输管道具有很好的缓蚀效果。

3. IMC – 80 – ZS 油井及集输干线缓蚀剂

IMC – 80 – ZS 油井及集输干线缓蚀剂是以炔氧甲基和季铵化合物为主体成分、以复配杀菌剂为辅助药剂组成的复合型缓蚀剂。适用于含 CO_2、细菌和综合含水率 80% 以上的油井和集输干线的防腐。在给定用量下，缓蚀率为 75% ~ 80%。

五、集输管道腐蚀后的修复技术

对于严重腐蚀且仍在役运行的油田集输管线，如果采取全部更新的方式，不仅耗费巨额资金，而且也不现实；即使分段更新或修补也需要耗费大量的人力、物力和财力。因此采用经济、易行的修复技术对遭受腐蚀的管道加以修复，不啻为一种新思路、新举措。

（一）多点阴极保护技术

随着油田开发时间的延长，埋地管线的防腐涂层老化破坏日趋严重，导致实施阴极保护的管线的保护率不能达到 100%。为了解决管道频繁腐蚀穿孔、泄漏问题，传统的解决办法是更换管线、对管线进行大修处理或增加阴极保护站。然而，更换管线的费用很大，若更换 $\phi 60mm$ 管线 1km，需投入约 15 万元，若更换 $\phi 159mm$ 管线 1km，需投入约 35 万元；管线进行大修处理费用也不低。除了更换管线或对管线涂层进行大修处理外，也可以对阴极保护系统进行改造。对于阴极保护系统的改造，通常在欠保护地段施加牺牲阳极保护和增加强制电流阴极保护站。施加牺牲阳极保护在设计合理的情况下可以满足阴极保护的要求，但不可避免的是随着涂层老化和破坏程度的不断加重，所需的保护电流还会增加，有可能新的欠保护部位，届时还要进行补救。建立新的强制电流阴极保护站，可以较好地满足要求，但建一座阴极保护站需投入 35 万元左右，建设费用较高，协调工作比较繁琐，且管理难度大、运行费用高。

1. 多点阴极保护技术的特点

多点阴极保护技术即在管道沿线选择一个或多个点，使用一个既像整流器那样简便，又像恒电位仪一样适应野外气候环境，能够提供可靠的输出电压的阴极保护设备——多点阴极保护仪，就近安装，同时在附近埋设辅助阳极。一套多点装置建成投入使用约需资金 5.2 万元左右。多点阴极保护技术具有投资少、见效快、管理简单、操作方便和性能可靠的特点。

2. 多点阴极保护仪的工作原理

当由于外界原因造成电位或电流波动时，经过放大调节电路将误差信号放大后控制可控硅触发回路，以调节主回路的可控硅导通角度，从而使保护电位或阳极电流维持在预先设定的范围内。

多点阴极保护仪可工作在恒电位工作方式或恒电流工作方式。在恒电位工作方式时，来自参比电极的电位信号通过短接器进入放大器；在恒电流工作方式时，来自电流互感器的电流模拟信号通过转接器进入放大器。

3. 应用效果

通过在大港油田集输管线和支线的应用，经检测管道沿线的保护电位全部达到了最小保护电位（ – 0.85V）的要求，保护度达到了 100%，取得了理想的保护效果。

多点阴极保护技术的开发与应用,成功地解决了因管道涂层老化和漏电点多等长期影响阴极保护正常运行的问题,也解决了管线涂层大修、小修、局部更换或新建保护站等措施实施的高投入问题。该技术工程造价低,操作简单,能够适应野外复杂多变的环境,工作温度在 $-30\sim85℃$,抗雷击,系统可靠性强,无须定期维护和专人管理。

(二)内衬聚乙烯管修复防腐技术

内衬聚乙烯管修复防腐技术是一种代替管段更新或修补的简便、经济、可行的修复现役腐蚀管线的首选方法,对于延长老油田集输管道的使用寿命具有深远的意义。

1. 实施内衬聚乙烯管防腐技术的方法

对于漏失严重,直径不小于100mm 的集油干线直管段,每隔200~300m 断开,将内部清理干净,在其内部连续地穿入瘪的聚乙烯管,然后用压风机将聚乙烯管吹鼓,并紧贴在旧集油干线内壁上。这样旧钢管在聚乙烯管外起到骨架支撑作用,而内衬的聚乙烯管则将液体与金属管材完全隔离,从而达到防腐的目的。每段两头使用特殊的法兰连接,整条管线的两端也通过特殊法兰与钢管线连接,如图9-1所示。

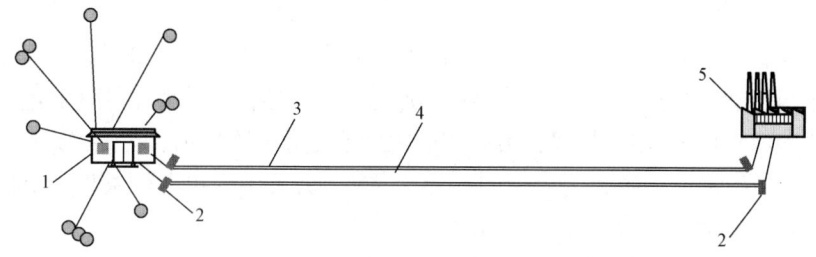

图9-1 内衬聚乙烯管防腐方法示意图
1—井组;2—特殊法兰;3—原有钢管线;4—内衬聚乙烯管;5—泵站或联合站

2. 内衬聚乙烯管修复防腐技术的特点及应用效果

(1)易操作、成本低。

集油干线及支干线内衬聚乙烯管修复防腐技术,只在集油干线和支干线内部穿入连续的聚乙烯管,不破坏管线原有的外防腐层和保温层。因此除了几个操作坑外,没有大的土方和占地费用发生,投入成本较低,每公里费用仅为更新费用的三分之一,节约了大量的费用。

(2)延长管线的使用寿命。

集油干线及支干线内衬聚乙烯管后,聚乙烯管将液体与金属管完全隔离,液体只与聚乙烯管接触,对聚乙烯管几乎不发生腐蚀,并且聚乙烯管内壁非常光滑,降低了液体流动时的水力摩阻,缓解了水力冲刷和沙子的打磨。因此采用内衬聚乙烯管修复防腐技术治理的集油干线及支干线,使用寿命要比新管线长1~2倍。

目前,在吉林油田的大老爷府油田集输系统中,内衬聚乙烯管防腐工艺应用较多。截止到2007年底,整个大老爷府油田管道总长57.413km,其中内衬聚乙烯管防腐管段共计22条,长达23.909km。

3. 内衬聚乙烯管修复防腐技术的新尝试

（1）新建集输管线亦采用该技术。

尝试在新建的集油干线支干线中直接采用内衬防腐技术,同时可将支撑的钢管线壁厚适当减薄。例如新建一条长为1200m、规格为ϕ159mm×5mm的集油干线,需要钢材23.5t,而采用ϕ159mm×4mm的无缝钢管加内衬聚乙烯管防腐技术,仅需要钢材18.8t,不仅降低了投资成本,而且延长了管线使用寿命。

（2）改进现有的内衬聚乙烯管防腐技术。

将原有的等厚度的内衬聚乙烯管改为非等厚,即上薄下厚的方式,既增加了管线底部的耐磨余量,又进一步延长了管线使用时间,如图9-2所示。

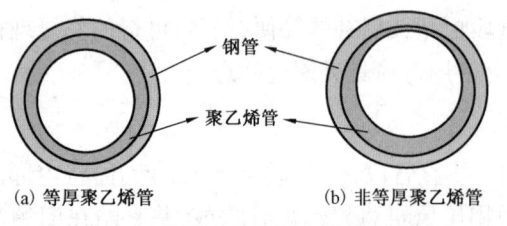

图9-2 等厚和非等厚内衬聚乙烯管

六、我国原油集输管道防腐技术应用中应注意的问题

(一)注意材料的选择

管道自身的选择,要考虑管道具有足够的强度和良好的焊接性及韧性。对防腐层的选择,应遵循"技术可行、经济合理、因地制宜"的原则。对防腐层的要求应包括:电绝缘性好、粘合力强、透气性和渗水性低、耐土壤腐蚀性强、机械强度及耐土壤应力性好等。不同的涂层防腐材料具有不同的特点,它们各自适应不同的土壤条件、施工环境和运行条件,只能根据不同的工程项目,结合具体情况综合考虑。选材时应考虑如下因素:

（1）外部环境,包括土壤腐蚀性、周围介质的物理化学性质、温度、环境与施工条件等,如沼泽、水网地带应选择煤焦油瓷器、3PE等具有良好憎水性、抗水性的材料;热输管线选择FBE等具有较强耐温性能的材料。

（2）根据施工条件进行选择,山地施工防腐层容易受到磕碰,应选择抗冲击性好的3PE;在管沟回填土或细沙缺少时,砾石、戈壁地段宜用抗咯能力强的FBE。

（3）根据经济性原则选择材料,由于各种材料有其自身的防腐寿命,应综合考虑管道的预期使用寿命和工程费用,工程费用是一个切实的制约因素。不仅要考虑一次性投入,还应考虑运行维护成本。

（4）综合考虑材料的供应、工程预测、现场安装与补口、质量检验等因素的影响,应选择合理的修补技术和材料,大修材料应根据具体情况进行选择。

(二)加强管道工程的质量检测

建立管道腐蚀防护质量评估体系,对于及时掌握有关地质、环境条件、有机涂层的防腐性能以及工程质量具有重要的作用。这些检测评估中,包括工程设计时的土壤状况、防腐涂层的各种电化学指标以及腐蚀情况的定期监测等。同时应注意对阴极保护状况及时作出评估,这对及时掌握腐蚀发生情况大有帮助。近年来多有采用数学方法对管道工程进行评价的报道,根据许多参数都有不确定性的特点,将防腐层的外观质量、防腐层厚度和防腐层的漏电性能等作为评价因素,建立了数学模型,充分考虑各影响因素以及它们的权重,作出合理的评价。

随着科学技术的进步和日新月异的防腐技术的发展,陈旧的防腐技术、有害的防腐材料和防腐方式淡出防腐的历史舞台,21世纪的管道防腐领域将是管道工程的重要组成部分,逐步采用较为先进、成熟的防腐技术是大势所趋。

第二节 原油集输系统管道防垢技术

随着油田开发到中后期高含水阶段,区块整体提液成为油田稳产增产的主要手段之一,随之而来的问题是油井液量高、综合含水量高、矿化度高和出砂严重等,由此导致集输系统管线腐蚀结垢现象日益严重。同时,由于来自不同油井和计量站的高含水原油中成垢离子含量不同,异型水混输后不配伍,造成原油加热、油气分离、污水处理等原油集输系统发生严重的结垢和腐蚀。而管线的结垢会引起管线的缩径、油水混合物流态的改变,从而导致整个集输系统的回压增高,影响井口产量,降低处理设备的效率,尤为严重的是引起管线堵塞,造成集输系统瘫痪,频繁地维修和更换设备的现象屡屡发生,直接影响了原油的正常生产。因此,采取有效的防垢、除垢清管措施,相对有效地延长管线、设备使用周期,既是开发中后期高含水区块的需要,又是维持油田正常生产运行和提高油田开发综合效益的重要途径。

一、影响集输系统管线结垢的因素

管线结垢是成垢离子在压力、温度等物理化学条件变化时,在管线表面结晶、聚集的过程。除了管壁本身的影响因素外,管线结垢是成垢离子浓度、异型水混合、液流流态、集输压力、温度等多种因素综合作用导致离子平衡状态被破坏的结果。根据多年的实践经验可知,结垢重点部位主要集中在弯头、支线交汇处、炉出口和变径处等。

(一)管线内壁粗糙

管线内表面越粗糙,成垢晶体越易固结,而一旦管线内壁结垢,原油流动的摩擦阻力将进一步增大,导致管线压力升高,不稳定流态加剧,结垢速度将大幅度提高,垢晶体越结越大。

(二)油井产物中泥沙含量高

由于原油中的泥沙含量比较高,极易在重力作用下在管线内形成沉积,经过一段时间后管腔越来越小,液流流速降低,这样垢物沉积得就越来越多,而且越来越快,最终导致管线瘫痪。

(三)异型水混输

两种异型水混合后,破坏了原有离子的饱和状态,造成集输管线结垢严重。

(四)液流流态变化的影响

由于受油井产液量的不稳定性、含气量、管线走向、变径和弯头等因素的影响,导致管线液流流态的变化,破坏了成垢离子的平衡状态,使其结晶析出,并固结在钢管内壁,这是造成集油管线结垢点主要集中在弯头、变径处的主要原因。

(五)集输过程中压力变化的影响

油井远离接转站,长距离输送过程中支线多、压降大均会造成管线始端与末端压差大,输送过程中离子的饱和状态改变,导致成垢离子结晶析出而结垢。

（六）集输过程中温度变化的影响

由于不同井的井深不一，井温不同，各井产液汇合后，混输液温度有很大的变化，长距离输送过程中温差变化也较大，使离子平衡状态破坏，特别是在水套炉出口、温差大的支线液量汇入处、跨沟处等管段，结垢较严重。

二、成垢机理

在油田生产过程中，影响垢形成的因素众多，影响程度不一，但集输管线的结垢一般可以分成下面四个步骤。

(1) 水中的成垢离子结合形成溶解度很小的盐类分子。

(2) 由于结晶作用，使上述盐类分子间相互结合排列并形成微晶体，产生晶粒化过程。

(3) 大量晶体堆积长大、沉积成垢。

(4) 由于不同的条件，形成不同产状的结垢。如在加热炉中，由于温度过高或局部过热，使垢脱水，石膏变成硬石膏，使垢坚硬致密。而在处理设备中，因流速缓慢，沉淀起主要作用，垢较疏松。

三、成熟的防垢技术

（一）阻垢剂防垢

向可能产生垢的油流中加入螯合型阻垢剂或抑制型阻垢剂以防止垢的生成。目前阻垢剂种类繁多，然而阻垢剂法也有其局限性：

(1) 对于矿化度较高的油田水，化学阻垢剂的防垢效果会大大降低，并且投加量如不合适会给油田水造成二次污染，增大采出水处理难度；

(2) 对于已经结晶即将析出的垢颗粒不起作用，阻垢剂不能阻止悬浮在产液或污水中的小颗粒的垢聚集长大、结垢。

（二）超声波防垢

利用超声波的空化及机械作用对溶液结晶过程产生影响，将液体介质中的垢微粒粉碎、细化，使垢微粒间的亲合力降低，垢在疲劳状态下附着力降低，进而变得疏松而脱落。但超声波防垢受频率、声强、脉冲宽度、间歇比及辐照时间影响较大。由于超声波在管线内衰减严重，对远距离的介质收效不大。从水质化验看，经过超声波防垢后，溶液的成垢离子浓度及矿化度变化不大，因此超声波防垢有一定的局限性。

（三）磁防垢

磁防垢技术作为一种物理处理技术，因为具有应用方便、投资少、运行费用低、无污染等优点而倍受青睐。但高频电磁场水处理技术，由于频率参数和电压幅值的提高均受元器件极限参数和允许功耗等条件的限制，其防垢除垢实际效果不够理想。而采用电磁脉冲处理技术产生一定频率的高强度电磁脉冲，电磁场作用于水介质中，可有效克服水分子的极化能障，使水分子产生极化效应，理论上可达到水介质的高效防垢除垢的目的。

因此，无论是化学法防垢还是超声波防垢，都是通过某种作用阻止或减少无机盐沉积于管壁上，并不是从根本上将油井产出液内的成垢离子在其进入集输系统之前将其脱除。如果能够在分析电磁场防垢除垢的实际应用基础上,对电磁脉冲技术进行深入研究,或多种防垢技术组合应用,研制高效磁防垢设备,使成垢离子在进入集输系统之前全部或部分脱除,从而降低集输系统的结垢速度,对于石油工业的发展无疑具有深远的意义。

四、防腐防垢配套技术

胜利油田随着原油含水逐渐升高,水中高浓度结垢离子引起严重的结垢问题,造成油井及管道堵塞,严重影响了油井的正常生产能力和油气管线的有效输运,为此加大了防腐防垢技术的研究力度。经过多年的研究实践,胜利油田在防腐防垢的综合治理方面逐渐形成了以八项主要防腐防垢工艺为主的综合配套治理技术,现场应用效果较好。

(一)三级旋流除砂工艺技术

针对桩1块油井出砂量大、管线底部磨蚀严重的现状,在单井、计量站、接转站采取三级旋流除砂处理流程,如图9-3所示。在离心力和重力的作用下,将油井产液中携带的砂在进入集油干线、大罐或分离器前分离。

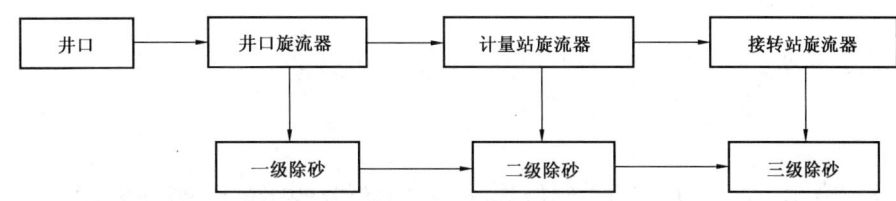

图9-3 单井和计量站旋流除砂流程图

(二)油气分输工艺技术

针对计量站气量大,集油管线频繁穿孔的问题,应用了油气分输工艺技术,安装了卧式分离器,并修复了原管线作为湿气返输线,以减少集输液中所含湿气的影响。

(三)计量站"一站双线"流程技术

修复旧管线,并与新建流程相连,使计量站具有"一站双线"流程,管线穿孔后倒入备用线即可保持正常生产,避免停井影响产量。

(四)聚合物水泥砂浆复合内衬防腐技术

以旧管线为骨架,采取普通硅酸盐水泥内衬结构,内涂玻璃钢磷片层使管线内壁光洁,摩擦阻力小,不易结垢。修复后的管线具有四层结构,从外向内分别是钢管层、高强度聚合物水泥砂浆层、环氧胶泥层和玻璃钢磷片层,因而具有较强的耐腐蚀和耐磨蚀性能,使用寿命与新管线相当,投资仅为新管线的1/3。

(五)接转站分水技术

在接转站集油干线的末端采用分水技术,将其通过污水线排入污水处理站,缓解了接转站运行压力,满足了区块油井提液上产的需要。

(六)酸洗除垢技术

近几年在集油管线实施了酸洗除垢技术,但从实施效果看,该技术存在有效期短(平均

242d)、酸洗费用高(平均5万元/次)等缺点。

(七)加药防垢技术

根据室内模拟现场条件的试验结果,相继在4号、15号计量站安装药剂泵、罐和搅拌器等设施,采取连续泵入集油管线的方法,实施加药防垢技术,取得较好防垢效果,管线压力在加药前后相比,没有明显升高。

(八)非金属管线应用技术

由于非金属管线具有耐酸碱、防腐、绝缘、防潮、垢和砂不易沉积、输液能力高、质量小、抗老化等优点,较适合于高含水、高矿化度腐蚀介质环境和异型水的混输。目前采用的非金属管线主要有玻璃钢塑料管线、玻璃钢复合管线、玻璃钢内衬管线、钢骨架增强塑料管及水泥砂浆复合管线,改善了高含水区块集输管线腐蚀结垢的状况。

通过八项主要防腐防垢工艺技术在桩西采油厂的配套实施,特别是"一站双线"异型水分输流程、更换非金属管线、加药防垢等措施的实施,腐蚀结垢的状况得到极大改观,保证了原油生产的正常进行。但同时也存在玻璃钢管线造价高、一次性投资大,且管线穿孔后维修难度大等缺点。

因此,高含水期集输管线、设备结垢仍是制约油田开发效果的重要隐患之一,探索广泛适用的防腐防垢配套技术是一项艰巨的任务。

第三节 原油集输系统管道清洗除垢新技术

原油集输系统管线除垢清洗的过程就是将管壁附着物从管线表面剥离的过程,也就是克服附着物自身结合能以及附着物与管体结合能的过程。管道清洗技术可分为物理清洗和化学清洗两大类,实际应用往往是这两类清洗技术的综合运用。

管道物理清洗就是借助物理力作用于管道内壁上,使结垢破碎、剥离,达到清洗的目的。目前,常用的管道物理清洗技术主要有高压水射流清洗技术和通球清洗技术。

管道化学清洗就是使用化学清洗剂,依靠溶解、氧化还原、配位等化学反应清除结垢。常用的清洗剂有酸碱清洗剂、配位剂、氧化还原剂和表面活性剂等。

多年来,我国原油集输管道的清洗一直处于以化学清洗为主的落后阶段,不但腐蚀性极大,同时对环境造成严重污染,而且危害操作人员的健康,因此呼唤经济、环保、行之有效的防垢除垢新方法是石油管道、储罐清洗行业的共同心声。

一、高压水射流清洗技术

高压水射流清洗技术是近年来国际上兴起的一项高科技清洗技术。高压水射流清洗是通过高压水发生装置将水加压至数十到上千大气压以上,再通过具有细小孔径的喷射装置转换为高速的微细"水射流"。这种"水射流"的速度一般都在1倍马赫数以上,具有巨大的打击能量。这种具有高能量、高速度的水流正向或切向冲击物体表面时将产生强烈的作用,从而完成切割、清洗、破碎等操作。将利用这种高度聚能的水射流完成各种清洗作业的技术称为"高压水射流清洗技术"。高压水射流清洗在美国、日本、德国、英国、法国等发达国家已经成为主流清洗技术,在工业及大型民用清洗中已占有绝对优势。美国石油化工企业的换热设备清洗,采用化学清洗的只占5%,而采用高压水射流清洗的则占80%以上。

(一)高压水射流清洗技术的特点

高压水射流清洗技术属于物理清洗。由于高压水射流清洗具有清洗成本低、速度快、洁净率高、不损坏被清洗物、应用范围广、不污染环境等诸多优点,一经问世,便得到了快速的发展和广泛使用。随着现代社会对清洗行业提出的效率、洁净率及环保要求的不断提高,高压水射流清洗技术在我国工业清洗中的普及及应用是必然趋势。高压水射流清洗与化学清洗相比,具有如下优点。

1. 节水节能,清洗成本低

高压水射流使用的介质是普通自来水,在清洗过程中,由于能量强大,不需附加任何填充物及洗涤剂,即可清洗干净,故成本很低。另外,水射流清洗方法与消防方法不同,属细射流喷射,所用的喷嘴直径只有0.5~2.5mm,故耗水量只有3~5m^3/h,所用动力的功率为37~90kW,属于节水节能方法。

2. 清洗质量好

清洗管道及热交换器内孔时,高压水射流方法能将管内的结垢物和堵塞物全部剔除干净,可见到金属本体。具有巨大能量且以超音速运动的高压水射流完全能够破坏坚硬结垢物和堵塞物,但对被清洗金属没有任何破坏作用。同时由于高压水的压力小于金属或钢筋混凝土的抗压强度,故对管路没有任何破坏作用,能实现高质量清洗。通常情况下,选择合适的压力等级,高压水射流清洗不会损伤被清洗物体。

3. 清洗速度快

由于水射流(国外称水弹)的冲刷、楔劈、剪切、磨削等复合破碎作用,可立即将结垢物打碎脱落。它比传统的化学方法、喷砂抛丸方法、简单机械及手工方法清洗速度快几倍到几十倍。

4. 应用范围广

高压水射流清洗能在空间狭窄、复杂和操作环境较差的条件下进行清洗,对设备材质、特性、形状及垢物种类无特殊要求,只要求能够直射,故其应用十分广泛。不但可以对原油管道进行清洗,还可以用于其他工业设备如换热器、锅炉、塔、储罐等的清洗。

5. 无环境污染

水射流清洗不像喷砂抛丸及简单机械清洗那样会产生大量粉尘,污染大气环境,损害人体健康;也不像化学清洗那样,产生大量酸、碱废液污染河道、土质和水质。以清水为介质的水射流,无臭、无味、无毒,喷出的射流雾化后,可降低作业区的空气粉尘浓度,使其达到国家规定的安全标准2mg/m^3以下,因此不会造成任何污染。此外,高压水射流清洗液的回收在技术上也相对容易实现。

高压水射流清洗技术自动化程度高、洗净力强,不管是什么结垢沉积物——油污、锈蚀和氧化铁皮、树脂、化学残留物、油漆、环氧树脂都能彻底除掉,留下清洁、光滑的表面,清洗质量很好。该技术作业效率高,可实现三维清洗,是一项可靠、安全、环保、经济实用的清洗技术。

(二)高压水射流清洗装置的结构

高压水射流清洗装置称为高压水射流清洗机,主要由高压水装置、动力设备、高压软管、喷嘴及工作附件等组成,如图9-4所示。

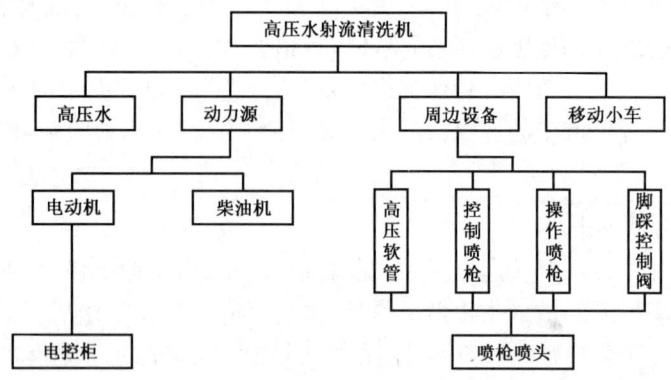

图9-4 高压水射流清洗机组成

1. 高压水装置

高压水装置是高压水射流装置中最重要的部件,主要有离心泵、柱塞泵和增压器等。

2. 动力设备

动力源通常为柴油机或电动机。为方便现场施工,一般车载的高压水射流清洗装置的动力源为柴油机,它尤其适合在不具备大功率电源的工厂或车间使用。一些小型高压水射流清洗装置常用电动机作动力源。

3. 高压软管

高压水泵和喷嘴之间通过高压软管连接,高压软管由内管、增强层和外皮三部分组成。内管输送水,增强层提高内管的强度以耐受高压,外皮起保护作用,以防止腐蚀和机械损伤。高压软管的增强层用钢丝编织,一般有2~3层。

4. 喷嘴及工作附件

高压水经高压软管到达喷嘴及工件。喷嘴的作用是将高压低流速水转化为低压高流速的射流。喷嘴及工作附件是影响清洗效果的重要因素。喷嘴一般由特种材料制成,有圆柱形和扁平形两种。圆柱形喷嘴射程远,但作用面积小;扁平形喷嘴的射程短,但作用面积大。同一型号的喷嘴有不同的口径,一般为1.5~2.1mm,口径小的喷嘴适用于高压力低流量的清洗,反之则选用大口径的喷嘴。

(三)高压水射流清洗装置的工作原理

高压水射流清洗技术是以水为介质,利用增压设备(通常是高压泵)和专用设备使水产生多束、多角度、强度各异的高压水射流由喷头射出,形成高速水射流,以高压软管带喷头向周边结垢喷射,靠喷射反力自动前进,清洗除垢。由于水射流具有很高的冲击和剥削能力,通过对被清洗设备内结垢和附着物以及堵塞物进行彻底地切削、破碎、挤压、冲刷,可达到完全清洗的目的。对不同直径的管道可选用不同规格的钢性喷枪配合不同类型的喷嘴。

(四)高压水射流清洗操作的安全管理

高压水射流具有很强的冲击伤害能力,能够压缩、剪切及撕裂肌体,25MPa 的水射流可以击穿人的皮肤和肌肉。因此,在使用高压水射流进行管道清洗时,应该将作业区域封闭,禁止其他人员进入;操作人员应掌握一定的安全技术和事故应变能力,尽可能避免各种人身伤害事故的发生。

1. 高压水射流伤害的形式

(1)喷射冲击。喷射枪具是清洗机的核心部件,是清除表面污染物的主要工具,由于高速射流由此喷出,喷枪会受到强大反冲力的作用。手持射流喷枪作业时,会给操作人员带来危险。水枪一旦控制失手,水射流造成的人身事故将不堪设想。因此,不能将喷枪指向任何人,遇到站立不稳或摔倒等意外情况,应立即松开喷枪扳机切断射流。

(2)射流喷溅。除了水射流喷射会直接伤人之外,高压系统任何细小的泄漏点都会形成微射流,对人员构成潜在的危险。射流喷溅的水滴同样会对人体造成伤害。尤其是使用磨料水射流时,如不加保护,飞溅的磨料会刺伤眼睛与皮肤。

(3)物体撞击。物体飞出伤人是指高压系统零部件松动抛出或高压软管甩动对人体造成伤害。高压软管是一种细长柔性体,如果接头脱落,正在喷射的软管失去约束,在射流反冲力作用下,一端会大幅度摆动如棍棒一样,可能会伤人或损坏设备。

(4)油气爆炸。在适当条件下,静电是一种不容忽视的潜在火源。在清洗油罐时,经常用工作压力为 20~35MPa 的扇形射流。伴随着射流的强大喷射,油罐内会产生高电位的静电油雾。当水射流周围的油雾存在足够的电位时将产生火花引发油气爆炸燃烧。从安全的角度出发,可充填惰性气体控制罐内气体成分,使之难以达到爆炸状态。但应注意,充填惰性气体时,油罐内不得有人。

(5)缺氧窒息。人体维持正常生命过程所需氧量为 0.25L/min,进行工作和行走时为 1~3L/min。因此,在储罐内等可能缺氧的环境下进行水射流清洗作业时,如果通风条件不良,操作人员可能会因缺氧而晕倒。这样的工作环境,人员进入前要用新鲜空气充分换气,认真检测氧气浓度,确保人身安全。

(6)噪声超标。噪声是指影响人们正常工作和生活,危害人们身心健康而需要控制的声音。噪声的大小与水射流工作压力密切相关。由于水射流高速通过细小的喷嘴,与喷嘴出口处气流产生强烈的混合与摩擦,其噪声甚至可高达 120dB。射流噪声是一种刺激性噪声,使人难以忍受,如不加以控制可能导致事故。

高压水射流清洗技术凭借众多的优点在原油集输管道和储罐的清洗领域都有广泛的应用,但在实际使用过程中时有安全事故发生,严重的甚至危及生命。因此高压水射流清洗的安全使用与防护是一个必须高度重视的环节。

2. 高压水射流清洗作业的防护

(1)头部防护。头部防护主要使用头盔、面罩和挡边眼镜,眼镜的边挡应能阻止液体穿透,当液体会对眼部造成损害时,必须使用组合护目镜或带全防护面罩的头盔。

(2)听力保护。由于各种大功率设备的运转,高速气流或水流的喷射等,清洗现场噪声通常都在 80~100dB,但又无法彻底消除这些噪声源。为了减轻噪声带来的不适,可以使用泡沫耳塞、带圆箍的塑料耳塞和耳罩进行听力保护。

(3) 手防护。手防护用品主要为手套,手套的类型包括涂塑手套、橡胶手套和金属丝网增强手套。

(4) 脚防护。脚防护主要用防水靴,可使用一般劳保靴,持枪作业者则应在防水靴上加装金属防护片。

(5) 呼吸保护。在进入塔、储罐类封闭空间清理杂物或对设备内表面清洗施工时,存在大量粉尘和刺激性气体,使得呼吸不畅,甚至灼伤呼吸道,必须佩戴呼吸系统防护装备,常用的有过滤式防尘口罩或面罩和隔离式通风面罩。在有毒有害气体场合应带防毒面具,它既能提供新鲜空气又具备面部防护功能。

(6) 躯体防护。躯体防护用品主要指防护服,应能遮盖操作者、防水并能挡住射流反溅的碎屑的冲击。

水射流的伤害极具隐蔽性,必须充分重视高压水射流致伤特殊的严重性与危险性。强化操作人员的安全意识,提高安全防护的自觉性。

此外,清洗作业时必须有安全事故应急救援预案和突发环境事故的应急预案。

3. 清洗废水治理

原油集输管道和储罐清洗施工时,应将清洗废水尽量集中,并防止向作业环境以外扩散清洗废弃物。要求在一定范围内集中进行无害化处理,然后才允许向外界环境排放。否则,应当重新安排清洗工艺和现场布置,这是选择清洗系统时始终坚守的原则。

(五) 自进式高压水射流清洗技术简介

自进式高压水射流清洗技术吸纳了传统的二维旋转喷头方式对管道内壁进行清洗,但在喷头的后部布置 2~4 个反向喷嘴,反向喷嘴提供推力的同时还进行反向清洗及排除垢物,具有清洗距离长、能通过弯曲管路与弯头、对于管路系统不需要拆卸环节以及可以整体清洗等特点。清洗速度控制在 5~19m/min 时,清洗效果最好。

自进式高压水射流清洗技术可应用于输气管道、输油或其他工业物料输送的管道。其工作原理是利用喷头前部的旋转高压水射流将管道内壁上的积垢切割粉碎后,由喷头后部的高压水射流将污垢排出,向后喷射喷头所产生的反作用力将喷头和高压软管向前推进。当喷头达到管道的另一端时,适当减小压力,高压胶管在卷管器拉力作用下强制后移,进一步清洗管壁并把剩余的杂物带至管外,达到清洗管道的目的。该技术可以清洗弯曲管路及螺旋管等复杂管线,最小转弯半径为 300mm,清洗长度可达 300m 以上。

高压水射流清洗技术的发展目前处于管道射流清洗机器人的仿真研究阶段,如果该方法能达到无需将管道分段拆除进行清洗,且能根据清洗管道的实际需要自如地控制各种类型的高压水射流,相信高压水射流清洗技术应用于原油集输管道和储罐的清洗将会大有作为。

二、Scalewatcher 电子除垢技术

(一) Scalewatcher 电子除垢的原理

Scalewatcher 实际上是一台电子除垢器,它的核心是调制信号发生器。它采用了先进的集成电路和信号处理技术,能产生一种复杂的频率调制信号。此调制信号作用于结成水垢的钙

分子并产生一种核化效应(分子干扰技术),该效应可以改变钙分子的电特性和物理特性(例如改变碳酸钙晶体的形状和尺寸),从而改变钙分子之间和钙分子与其他任何表面的粘附特性。此外还产生一个作用,即提高了水中矿物质的溶解度,使已生成的水垢被分解并逐渐回到水中,实现清除已生成水垢的目的。

Scalewatcher 与常规的磁化水处理有着本质的区别。其关键所在是运用了 ADDMF(分子力动态干扰)技术,在管线内部产生一个 ADDMF 信号场,其除垢效果正是由于 ADDMF 产生了信号场,因此,其除垢机理是物理感应。

(二)Scalewatcher 电子除垢系统的特点

与化学除垢相比,Scalewatcher 电子除垢具有以下特点:水质不发生化学变化,可保留水中的矿物质;没有化学污染,对人体无害;不会由于缓蚀剂使用不当,引起设备严重腐蚀;节省了除垢投资,如化学药剂配制场地投资,长期使用药剂投资,投药、实验人员及环保投资等。

与物理除垢相比,电子除垢系统安装简便,无需拆卸管道,更无需停工停产;对于黏结性强的硬垢和腐蚀产物,Scalewatcher 电子除垢系统具有其他物理除垢方法难以企及的效果。

Scalewatcher 电子除垢系统还具有以下特点:适用于任何类型的管材,钢管、铜管、镀锌铁管或塑料胶管均可安全使用;一般情况下,安装 10 周即可有明显的除垢效果;耗电省,运行费用低,免维护;产品覆盖面广,工业型、家庭型、舰船型、游泳池型和商务大楼型应有尽有,适用管径为 5~1500mm;产品使用寿命长,一般无故障使用周期为 10 年。

(三)Scalewatcher 电子除垢仪在大庆油田的应用

大庆油田采出水中往往含有较高含量的成垢离子和钙、镁、钡、锶等矿物质。这些离子的存在,导致了集输管线和掺水管线不同程度地存在 $BaSO_4$、$SrSO_4$ 和 $CaCO_3$ 的结垢问题。又由于管线结垢严重(结垢厚度一般在 5~20mm 之间),造成集输管线内径缩小,甚至堵塞管线,致使(集)输油站及其集输管线的压力升高和生产管线的回压上升,严重影响了油田的正常生产。以往的解决办法是停产除垢或者管线报废更新,致使有些管线仅用了一年就要报废更换,这在很大程度上加大了开采成本,降低了油田开发效益。

为了解决集输管线的结垢问题,经过比较、综合考虑选择在大庆油田西四中转站开展了 Scalewatcher 电子除垢仪的实验研究工作。根据选型流程图选定了 Scalewatcher 的型号,主要参数如下:

(1)保护位置,三台掺输泵及管线,有效距离 9.8km;
(2)根据管线直径 ϕ150mm,可选取 3LM 工业型;
(3)根据水的矿化度、pH 值、水流流速和管线壁厚等,最终选用 4SM 工业型。

将 Scalewatcher 电子除垢仪安装在西四中转站距离过滤器 20m 处二合一管线其中的一条管线上使用,而另一管线未经除垢的水也依然流过过滤器。该仪器正常运行 223d 后拆除,打开过滤器检验去垢效果,发现过滤罐中除垢效果十分明显。

这个过滤罐已运行长达 8 年,形成罐垢 25mm,经电子除垢仪除垢的过滤缸中,由流水冲刷形成流水区和滞水区,且在流水区与滞水区出现一个陡峭的檐,檐深达 15mm 左右,在流水区的垢厚度仅剩下 2~3mm。而与此形成鲜明对比的是,另一个未经电子除垢仪除垢的过滤罐仅运行 3 年,已形成上下光滑的垢达 12mm。可见,电子除垢仪的除垢效果是比较理想的。

电子除垢是一种安全、环保、经济实用的除垢技术,它采用高科技手段,以电子技术为基础,通过产生和释放复杂频率的调制信号,对液体中的成垢分子产生一种核化效应,从而达到阻垢和除垢的目的。

三、PIG 管道清洗技术

(一)Pig 简介

Pig(清管器)是管道工业中必不可少的机具。Pig 最早是在 1962 年由美国的 Knapp 公司和 Girard 公司研制开发并用于管道清洗的。早期用来清通管道的器材有用天然橡胶以及聚氨酯等合成橡胶制成的圆杯盘状物(Cup. Disc),中文统称皮碗,装置于钢轴及铁架上,将此器材放进管道内,籍流体本身的流动力或以气筒加压的方式推动此器材以清除管道内壁的污垢或堵塞物。这种清通管道的器材叫 Pig,而此类清通管道的方法称为"推掘清通"(Pigging)。

起初 Pig 仅用于对未投入使用之前的新管道进行清洗,现在它的应用范围已经大大扩展了,如应用在集输气、集输油管道,工业及民用输水管线,工业用浆料及锅炉的燃气管线等的清理除垢。而且它的应用范围还在不断扩大,不仅用在清洗方面,也应用于对管线的监测及干燥处理等方面,并在世界上许多国家得到了广泛的应用。

(二)Pig 的特点

由于 Pig 是由聚氨酯发泡体组成,所以有很好的弹性,在管道线路中弯头、T 型三通管接头和弯曲管道部分都能顺利通过,并且有很好的耐磨性,所以可在管道中长距离行走。在清洗长达数公里、形状复杂的管道时采用机械清洗或喷射清洗比较困难,而采用 Pig 清洗,往往能较好地完成清洗任务,且具有其他技术无法替代的优势。

(三)Pig 的种类及用途

Pig 的种类从简单到复杂,目前已发展到 300 多个种类。根据 Pig 外观形状可以分为多种,其中比较典型的有四种,分别是球形清管器、子弹形清管器、平板皮碗清管器和芯棒形清管器,其外观形状如图 9-5 所示。

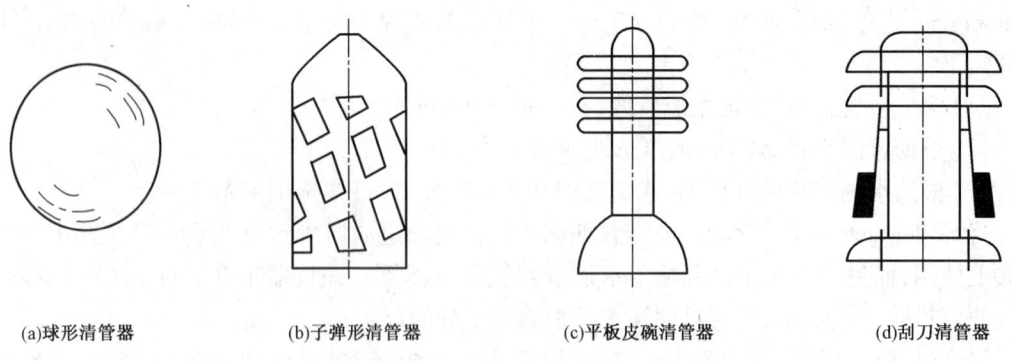

(a)球形清管器　　(b)子弹形清管器　　(c)平板皮碗清管器　　(d)刮刀清管器

图 9-5　清管器外观形状

清管器根据使用目的进行分类,可分为测径清管器、管道内涂敷清管器、用于除垢的清洗清管器、除锈清管器等,如图 9-6 所示。有时也把上述具有清洗或分离作用的清管器,归类为实用清管器,而把对管道具有检测功能的清管器归类为遥控清管器。除了以上几种典型的结构外,在实际应用中,还有直型清管器(Disc Pig)、碟形清管器(Cup Pig)、直型钢刷清管器(Disc brash Pig)等。

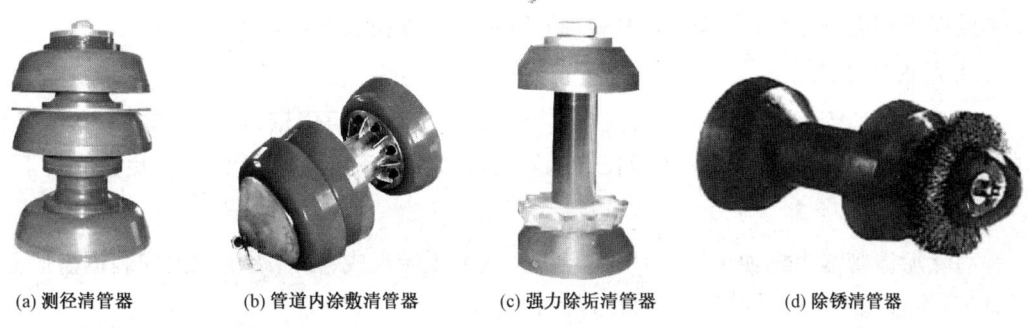

(a) 测径清管器　　(b) 管道内涂敷清管器　　(c) 强力除垢清管器　　(d) 除锈清管器

图 9-6　各种功能清管器示意图

1. 球形清管器

球形清管器(sphere pig)在曲率半径很小的弯管中也能行走自由,因此可以通过任何形状的管道。它在很早以前就被用于封堵管道,被制成外表层柔软内芯坚硬的双重结构的球形 Pig,很适合用于对管道内壁衬里的处理。

2. 子弹形清管器

泡沫塑料型清管器(Foam pig)一般是用聚氨酯发泡体制成子弹形状,译为泡绵弹或简称绵弹,又称弹性体清管器。此种 Pig 很容易调整其发泡率、软硬度、密度和重量,亦可以在其表面涂上一层强度高、耐磨性好、柔性好的聚氨酯橡胶涂料,以增强其摩擦力及撕裂强度。在这层弹性体表面有时还附有钢丝刷或钢针,甚至喷上钢砂等以增强其刷除力。适合用于清除较牢固附着在管壁上的污垢。

用低密度聚氨酯发泡体制成的软体 Pig,具有收缩性好的特点,适用于初期的管道清洗处理及检查管道内有无异物,并可利用它吸湿性好的特点,专门用于对新管道中的水分和油污进行清除,也可用于清除管道中的污泥和软性污垢。

用高密度聚氨酯发泡体制成的高硬度 Pig,更适合对长距离管道的除锈和清除污泥作业。而在外面设置钢针或钢丝刷的 Pig,可以用于清除硬度很大的钙质水垢和加热炉内的堵塞性结垢,所以通常用于管道衬里的基础处理。

3. 平板皮碗清管器

平板皮碗清管器是一体化清管器(Solid cast Pig),采用聚氨酯树脂整体成型制成,因此具有密封性好的特点。它适合在同一种管道内输送几种不同流体时使用,进行分批分别输送前的清洗。

4. 芯棒形清管器

芯棒形清管器(Mandrel Pig)的本体是用钢材制成,多个聚氨酯泡沫体的杯形环固定在其外面,形成了杯状驱动环结构。在这类 Pig 上还可以带有钢刷和刮刀片,在芯棒上设有排出污垢的旁通孔,杯形环的形状分为圆杯形和圆盘形。圆盘形的 Pig 可在管道中往复双向行走。

5. 测径清管器

测径清管器用于了解新建管线及在役管线的变形状况。该清管器通常是在常规清管器上安装测径铝盘,铝盘直径为待测管线管内径的90%~95%,清管器通过管线后,根据测径铝盘的变形及损伤程度,确定管线施工质量和判断管道是否存在变形。

6. 管道内涂敷清管器

管道内涂敷清管器可将水泥砂浆或有机涂料均匀涂于管道内壁,形成完整、坚实、均匀的保护涂层,从而提高管道输送效率、延长管道使用寿命,尤其对埋地旧管线修复更是必备工具。

7. 强力除垢清管器

强力除垢清管器由钢轴主体、两个或三个聚氨酯皮碗组成,在后端皮碗前安装锯齿形合金刀具,以清除管壁上坚硬的结垢,刀具可以更换。

8. 除锈清管器

在普通皮碗清管器的前端安装特制圆盘形钢丝刷,用以清除管道内壁的铁锈和污垢。

(四) Pig 清洗系统的组成和技术原理

Pig 清洗系统主要由 Pig、发射装置和接收装置组成,如图 9-7 所示。发射器和接收器分别位于管道的两端,是比实际管道直径稍大一点、安有变径接头的专用设备(又称渐缩管,是一种旋转锥体结构)。通过发射筒可把 Pig 推入管道,在液压泵或空气压缩机产生的液压或气压作用下使 Pig 在管道中行走,并利用 Pig 与管壁间的摩擦作用进行清污。

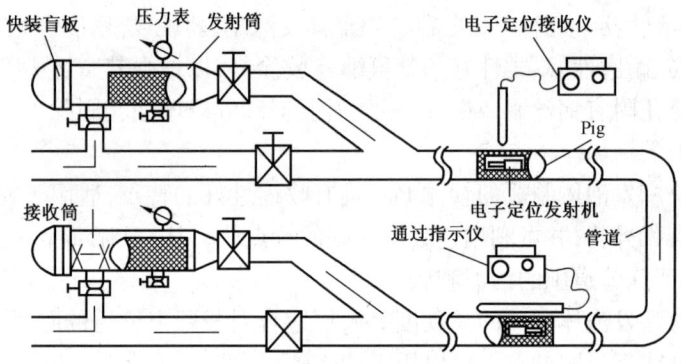

图 9-7 Pig 清洗系统

液压泵产生的推动力驱动 Pig 在管道中前进,具体的驱动方式有两种:一种是利用流体的背压作为 Pig 行走的动力,并在推进时清除管道中 Pig 前方的污垢,这种方式适合对较短管道的清洗;另一种是利用从 Pig 周边泄漏的流体产生的压力,使附着在管壁上的污垢粉化并被排送出去,这种方式适合长管道的清洗。

Pig 的外径通常比管道内径大 3%~5%,能与管道紧密结合,因此它在运行中密封性很高,易于对污垢进行清理。尤其是使用液体作为压送液体时,所形成的射流会对管壁上的污垢产生很强的冲击能力。被冲击下来的污垢是怎样被清理出管道而又不会沉积和滞留在 Pig 的前面呢?在 Pig 运行的过程中大约有 5%~20% 的压送流体从 Pig 与管壁间的环形缝隙中间泄漏出去,并且冲击被剥落下来的污垢,使它们不会将管道堵塞而是向前输送加以清除。因此,Pig 能够不断前进并完成对管道的清理。此时,被 Pig 剥落的破碎污垢颗粒的沉降速度与排送它的流体速度之间的关系就显得很重要。一般要求泄漏流体形成的向前的移动速度是结垢粒子沉降速度的 5~6 倍,这样才能保证污垢粒子不会在管壁上沉积。结垢粒子的沉降速度主要由结垢粒子的颗粒大小和溶液的相对密度决定。因此,破碎的结垢粒子颗粒越小、溶液的相对密度越大,结垢粒子沉降速度就越慢,污垢就越不易将管道堵塞;加大液体的泄漏,使流体向前运动的速度加快,也有利于防止粒子沉降造成对管道的堵塞。

当管道中的积垢较厚时,可先后选用不同直径的 Pig 进行清洗。即先用略小于管道内径的 Pig 进行清洗,然后逐步加大 Pig 的尺寸,最后采用硬度大的 Pig,这样可以将不同硬度的污垢分别除去。在清除质硬的氧化铁垢时,可使用钉子式 Pig,先将坚硬的锈垢破碎,然后利用 Pig 缝隙泄漏水流的冲刷作用,将剥落的锈垢从 Pig 的前方冲走,再用低密度的弹性体 Pig 对管道进行排水和干燥处理,最后用钢丝刷 Pig 进行磨刷清理管壁,将残余的粉状锈垢清除。如果在用钢丝刷 Pig 清洗之前,不先用低密度的弹性体 Pig 进行干燥处理,潮湿状态下是很难将残余的粉状锈垢清除干净的。

Pig 清洗技术有如下特点:

(1)适应性广,一般情况下,各种管道都可用 Pig 清洗;
(2)适合于对超长管道的清洗;
(3)可采用多层清洗方式;
(4)具有设备简单、需用人员少、经济效益高的优点。

(五)泡沫弹除垢技术的应用

胜利油田孤岛采油厂所属垦利油田自 1972 年 12 月投入开发以来,已经历了 30 多年的开发历程,由于地层污水中含有大量的 Ca^{2+}、Mg^{2+} 和 HCO_3^- 等易成垢离子,在原油加热系统、集输系统、油气分离系统产生了严重的结垢和腐蚀,直接影响了原油的正常生产,不得不频繁地维修和更换设备。由于常规酸洗不仅污染环境,对远距离管道除垢效果不理想,并且对管线腐蚀较严重,因此采用清垢效果好,不腐蚀设备,也不污染环境的物理除垢方法——泡沫弹除垢技术就成为首选。

1. 泡沫弹的构成和特点

泡沫弹的中心是一发射信号装置,外包特殊的合成聚氨脂,状如子弹。另有手提信号跟踪器,可在 5m 内监测跟踪泡沫弹的走向位置,差异在 7cm 左右,比较精确。

泡沫弹有很强的缩张性。泡沫弹进入管道,用变压水或高压空气、氮气作为动力推动,从而对管壁产生较高的摩擦力,加上泡沫弹表层包有斜行钢刷或金刚砂,在推进中自行旋擦,就像无数的小刮刀切入壁垢,将壁垢刮下带走。泡沫弹重量轻,有可塑性,操作方便,发泡体的柔软性可作 90°拐弯运行,因此不易卡在管内,可以进行不停产清洗。泡沫弹在管道中的速度为 1.5m/s,推动前进的水压为 3~4kg 时,可以刮去坚硬的钙、镁离子水垢。

2. 施工程序

根据对垦利油田的水质分析,油田水型为 $NaHCO_3$,总矿化度 3188~11557mg/L;又通过对垢样处理和化学成分分析发现,垢样的主要成分是碳酸盐。根据以上分析,结合垦利油田的实际情况,投资20万元建立了泡绵弹发射和接受装置,并对垦90油站到垦利联合站的9.0km输送管线进行了现场除垢。现场施工程序如下:

(1)清洗之前先建好泡绵弹发射和接收装置,如图9-8所示。

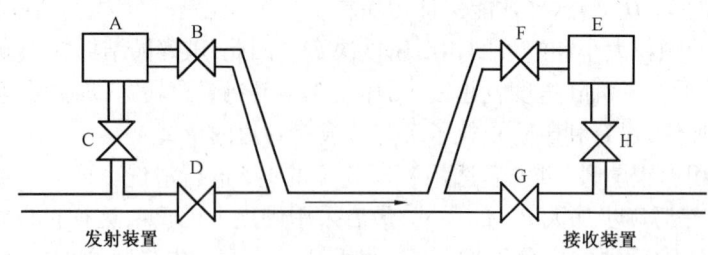

图9-8 泡绵弹发射和接收装置

(2)先将泡绵弹放入发射装置A中,打开阀门B、C,关闭阀门D,借助外输压力,推动泡绵弹前进。中途设立多处监控点,跟踪监控泡绵弹的运行方位,在距离接收装置100m处,加密监控点。泡绵弹快到接收装置时,打开阀门F、H,关闭阀门G,泡绵弹进入接收装置E,然后打开阀门G,关闭阀门F、H,打开接收箱E,取出泡绵弹。

本次共发射泡绵弹两颗,清扫管线9.0km,外输泵压由2.42MPa降到0.7MPa,电流由100A下降为40A,取得了明显的除垢效果。

3. 经济效益

使用泡绵弹除垢技术可年节约电费(以3台电动机计算)12万元,年减少外输泵维修费2万元,年减少管线穿孔维修费1万元,年节约化学清洗费用10万元,年增加原油产量50t,增加收入5万元,减少环境污染治理费用2万元,合计年创效益36万元。

泡绵弹管道疏通技术初次投资20万元,但建立了发射和接收装置,以后再除垢时只需加入泡绵弹即可完成,不需另加投资,使用成本低,一年即可收回投资。同时不必停产停输,保证了生产正常进行,增加了原油产量,延长了管道使用寿命,节约了生产成本,避免了环境污染,取得了良好的经济效益和社会效益。

四、原油集输管线在线清洗技术

江苏油田现有油水混输管线已超过300km,因油田区块小且分散,一般都是就近几个油田的产出液汇集在一起集中输送到联合站进行处理。由于产出水水性不配伍,加之原油析蜡温度高,管线无机垢与有机垢沉积严重,部分管线运行一二年甚至几个月后结垢厚度就达到10~20mm,严重堵塞了集输管道,造成输送干压升高,输送效率降低,影响了油田正常生产。

为了解决这一生产问题,在分析、选择清洗工艺技术的基础上,江苏油田重点开展了管线在线收发球装置及清管器的设计研究,对油水混输管线进行不停产通球清洗,取得了较好的效果。

(一)混输管线结垢形态

油水混输管线的输送介质是原油和产出污水的混合物,由于不同区块的产出液汇集到一条干线进行输送,产出水配伍性差,成垢阴、阳离子混合后就会在管线中形成盐垢。产出原油中石蜡、胶质、沥青含量较高,集输管线沿线温度不断降低,当输送温度低于原油析蜡温度时,石蜡、胶质和沥青就会形成有机垢沉积。有时有机垢与无机垢同时沉积,形成交替沉积的垢层。

(二)管道除垢的措施

管线结垢,一是减小了管道有效输送面积,二是增大了管壁粗糙度,使得集输管线压降增加、流量降低,最终降低了管道的输送效率,而且其影响程度是数量级关系,严重影响了正常生产。

因此,为满足生产需要可采取如下措施:

(1)提高泵压增加输送动力;

(2)新建管线补足输送液量;

(3)进行管道清洗,清除结垢,增加管道有效内径,恢复输送能力。

前两种方法都会增加能耗和投资,而进行管道清洗是提高管道输送效率经济、快速、有效的方法。

(三)清洗技术的选择

清洗技术的选择需综合考虑结垢形态、现场条件、生产要求和施工成本等因素。

管道在线清洗有其特殊性,在选择清洗工艺技术时,首先要考虑安全可靠,不能发生堵管、停产等事故,否则影响生产;其次清洗速度要快,施工时间不能太长,正常清洗时间 1~2d,临时停产不能超过 2h;三是施工成本要低,而清洗周期为二三个月,施工费用太高的清洗方法是难以承受的。

根据以上分析,化学清洗技术不适合;物理清洗技术中,高压水射流方法需要停产清洗,难以满足不停产的生产需要;超声波、热清洗方法成本太高,且有一定的局限性。因此通球清洗是经济、安全、快捷的较好选择。

根据江苏油田油水混输管线的实际情况和生产要求,通过对收发球装置、通球工艺进行改进,确定采用物理清洗技术中的通球清洗技术,使得集输管线不停输在线清洗成为现实。

(四)清管器的选择

油水混输管线在线清洗由于其特殊性,在清洗施工时清管器类型及大小的选择是清洗成功与否的关键,要根据管线状况和结垢类型进行考虑。

1. 清管器类型选择

如果管线结垢以有机垢为主,则可选用球形、子弹形和平板皮碗这三种类型的清管器,投球顺序为先球形或子弹形再平板皮碗清管器。如果结垢以无机垢为主,则可选用子弹形、平板皮碗、弹性刮刀这三种类型的清管器,投球顺序为先子弹形再平板皮碗和弹性刮刀清管器。

2. 清管器大小选择

清管器的大小选择主要是直径和长度两个指标。清管器的直径取决于被清洗管线的内径 d 和结垢厚度 σ,其经验计算公式为:

$$D_{\min} = d - 2\sigma \qquad (9-1)$$

$$D_{\max} = 1.05d \qquad (9-2)$$

式中 $D_{\min}$——清管器最小直径,mm;
$D_{\max}$——清管器最大直径,mm。

清管器杆长 L 取决于被清洗管线弯头曲率半径 R、清管器球径 D,其近似计算公式为:

$$L = (4RD - 3D^2)^{\frac{1}{2}} \qquad (9-3)$$

在线清洗时,为防止堵球,要选用比理论计算小一号的清管器。

(五)收发球装置设计

实现在线通球清洗的两个关键是清管器和收发球装置。其中清管器必须与管线结垢状况相适应,而收发球装置则必须满足不停产的生产要求。

1. 收球装置

通过对末站集输管线进行改造,设计、安装了不停产收球装置,如图9-9所示。收球时打开收球筒进出口阀门,关闭旁通阀门,当清管器到达时打开旁通阀门,关闭收球筒进出口阀门,即可取出清管器。如果清出的结垢较多,收球筒堵塞、压力过高,泄压阀会自动打开,以防管线憋压。

2. 发球装置

通过对首站集输管线进行改造,设计、安装了不停产发球装置,如图9-10所示。通球时打开发球筒进出口阀门,关闭旁通阀门,借助外输泵的动力,由输送介质推动清管器对管线进行清洗。

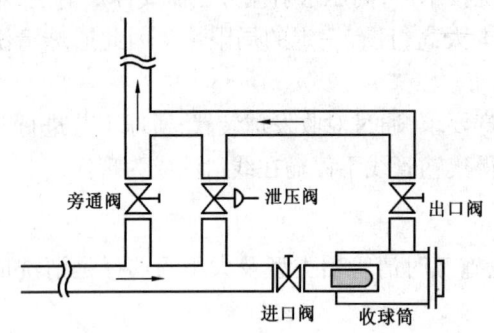
图9-9 在线清洗收球装置

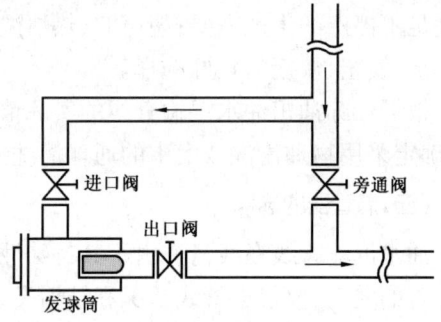
图9-10 在线清洗发球装置

根据各油田的实际情况,针对管线的结垢问题,寻求一种经济、安全、高效、环保、非化学的解决方法迫在眉睫。另外,除蜡、除垢同时进行,实现蜡、垢清洗合一的清管技术,有效地解决集输管线的积蜡和结垢,将是清管技术研究的主要方向和重要课题。

(六)现场清洗工艺

以江苏油田码—马—黄管线高邮湖南岸—韦9中转站管段为例,介绍现场清洗工艺与应用情况。

1. 管线概况

江苏油田码—马—黄管线为 $\phi 114mm \times 4.5mm$ 油水混输管线，全长6.7km，主要为有机结垢，清洗前输量 $18m^3/h$，泵压1.2MPa，压降达到1.0MPa。

2. 清洗施工步骤

(1) 污水扫线，安装收发球装置；
(2) 打开发球筒，装入清管器；
(3) 利用外输泵提供动力，推动清管器进行清洗；
(4) 清管器到达收球筒后打开旁通阀，关闭收球筒进出口阀门，取出清管器；
(5) 重复步骤(1)~(4)，达到清洗效果后，恢复流程，正常外输。

3. 清洗压力、流量变化

通球初期压力、流量比较稳定。1.5h后，剥离的结垢堆积增加了清洗阻力，压力升高、流量降低，最高压力达到1.4MPa，流量降到 $6m^3/h$。清管器到达收球筒后，压力降到0.9MPa，流量升到 $20m^3/h$。

4. 清洗效果

高邮湖南岸—韦9中转站油水混输管线清洗效果如表9-6所示。

表9-6 管线清洗前后压力和流量对比

序号	项目	流量，m^3/h	外输压力，MPa	末站压力，MPa	压降，MPa
1	管线清洗前	18	1.2	0.2	1.0
2	管线清洗后	22	1.2	0.2	1.0
3	管线清洗后	18	0.8	0.2	0.6

由表9-6可知，管线清洗后在相同压降下流量增加了 $4m^3/h$；在相同流量下压降降低了0.4MPa，取得了较好的清洗效果。该管线目前每2个月投球清洗1次，维持了正常生产。

在线清洗技术在江苏油田施工了15条管线，在相同流量下都达到了降低集输压力的效果，如表9-7所示，满足了外输泵压和液量的要求，达到了稳定生产的目的。

表9-7 管线清洗前后压降变化统计

序号	管线名称	管线规格	清洗前压降，MPa	清洗后压降，MPa
1	Z26	$\phi 114mm \times 150m$	0.6	0.1
2	Z67	$\phi 114mm \times 200m$	0.5	0.2
3	M39-B13	$\phi 133mm \times 2.5km$	0.5	0.4
4	B13-YJB	$\phi 133mm \times 2.5km$	0.6	0.3
5	F8-XY	$\phi 89mm \times 1.8km$	0.8	0.6

在线通球清洗技术现场应用结果表明,该技术能有效地降低管线压降,恢复输送效率,是安全、经济、高效的管线清洗方法之一。但还应进一步加强管线在线清洗周期、堵球预防措施和清洗效果评价等多方面的探索与研究,使在线通球清洗技术不断完善。同时要加强污水配伍和结垢预防技术攻关,从源头解决油水混输管线的结垢问题。

虽然原油集输系统管道防腐、防垢及除垢方法多种多样,但应用化学药剂和复合管等防垢方法成本太高,难以规模实施,甚至现场实施效果与预期目标存在较大距离。因此,为了保证油田的正常生产,各油田公司可在对造成本系统腐蚀结垢的主要原因进行认真分析的基础上,组织科研力量研究综合防腐、除垢的治理方案,开发具有防腐防垢效果好、实施管理简便、经济效益高、便于规模推广等特点的橇装装置或一体化装置,这对解决油田集输管线、混输管线、注水管线等管网腐蚀和结垢问题具有深远的意义和广阔的应用前景。

复习思考题

1. 简述造成油田集输管道腐蚀的主要因素。
2. 何为缓蚀剂?油田用缓蚀剂的选用原则是什么?
3. 简述非金属材料在集输管道中应用的优点。
4. 沥青聚氨酯泡沫塑料与普通聚氨酯泡沫塑料相比有何优势?
5. 比较连续增强塑料复合管与金属泡沫黄夹克管防腐工艺的特点。
6. 根据阴极保护的原理解释多点阴极保护仪器的工作原理。
7. 简述硫化橡胶防腐层的适用条件。
8. 我国油气管道防腐技术应用中需要注意哪些问题?
9. 原油集输管道现有的防垢和除垢技术各有哪些局限性?
10. 可否组合采用多种除垢方法清除原油集输管道的污垢?

参 考 文 献

[1] 张清玉. 油气田工程实用防腐蚀技术. 北京:中国石化出版社,2009.
[2] 尹国耀,魏振宏. 非金属材料在油田地面系统的应用. 防腐保温技术,2008,16(1):4~6.
[3] 张景远. 钢制管道防腐保温泡沫黑夹克新一步法成型工艺技术. 防腐保温技术,2009,(1):26~27.
[4] 史福忠. 圆模负相成型三层 PE 防腐管. 防腐保温技术,2008,16(3):21~24.
[5] 金红平,黄志宇. 新型 CO_2 缓蚀剂 HSJ-1 的研究. 油气储运,2009,28(8):37~38.
[6] 张国清. 埋地钢制管道橡胶硫化外防腐新技术,石油工程建设,2006,32(4):49~51.
[7] 赵修太. 长效固体缓蚀剂的研制及应用. 石油化工腐蚀与防护,2005,22(4):23~26.
[8] 吴世刚,常斌. 多点阴极保护技术的研究及应用. 化工设备及防腐蚀,2003,6(2):64~66.
[9] 卞大荣. ET-98 无机磷酸盐富锌(铝)涂料的性能及用途. 防腐保温技术,2008,16(4):35~36.
[10] 万德立,朱殿瑞,董家梅. 石油管道、储罐的腐蚀及其防护技术. 北京:石油工业出版社,2000.
[11] 陈培勤,王凯. 连续增强塑料复合管在油田上的应用. 防腐保温技术,2008,16(4):10~12.
[12] 仲维斌,金莹,时春成,等. 原油管道清洗工程中清洗技术的综合运用. 2003,7:35~37.
[13] 贺江林. Scalewatcher 电子除垢仪在大庆油田的应用. 油气田地面工程,2003,22(9):5.

[14] 舒勇. 防腐防垢综合配套技术在开发中后期油田集输系统中的应用. 石油工程建设, 2003, 29(2): 26~29.
[15] 张薇娜. 清管器(Pig)清洗技术. 洗净技术, 2003, 8: 25~29.
[16] 王志勇, 韩明俊, 李强, 等. 应用泡绵弹除垢技术解决垦利油田集输管线结垢问题. 科技创新导报, 2008, 18: 40.
[17] 陈晓斌, 周拾庆, 杨琦, 等. 油—水混输管线在线清洗技术. 清洗世界, 2008, 24(10): 19~22.
[18] 高婧. 油田集输系统腐蚀结垢治理技术的研究与应用. 工业水处理, 2006, 26(7): 80~81.
[19] 张艺. 近年油气管道防腐技术的应用. 化学工程与装备, 2009, 4: 108~109.
[20] 郑国斌. 集输管线物理除垢器. 油气田地面工程, 2008, 27(2): 78~79.
[21] 孙建勋, 陈毅强, 赵陨. 高压水射流清洗技术. 管建技术与设备, 2001, 4: 40~41.

第十章　原油储罐清洗工艺技术

　　原油中含有的机械杂质、沙粒、泥土、重金属盐类以及石蜡和沥青质等重组分会因为密度差而自然沉降,沉积在原油储罐的底部和附件上,形成又黑又稠的胶状层,即油罐底泥。底泥随着连续储运时间的增长而增多,遂使储罐的有效容积减少,同时会对罐底板和罐壁板产生腐蚀,造成原油泄漏,存在重大安全隐患。为了保护罐体,减少能源浪费,防止安全事故发生,德国早在1993年就要求原油储罐每隔5a必须检修一次。我国石油行业规定,原油储罐清洗检修周期一般为3~5a。另外,新建储罐装油之前、在役运行中的储罐进行除锈防腐时,都需对储罐内外壁进行清洗。

　　长期以来,因为清洗工作是一个非常棘手的问题,一直被国内外业界视为高度危险的工程作业。以往在进行此项工程作业时,由于专业配套设备的欠缺和清洗施工人员的健康、安全、环保专业素质匮乏,加之长期以来国内专业清洗队伍少,施工企业一直没有一套科学、安全、规范的油罐清洗工作程序,因而在清洗作业时往往极易造成人员伤亡和财产损失。但目前随着人们健康意识的提高和行业法规的健全,对清罐作业的安全要求日益严格,能缩短清洗工期、保证清洗质量、节约成本、保护环境、减少事故发生、无需人员进罐的清洗方法受到各油田的普遍重视与欢迎。

　　目前国内外油罐的清洗方法很多,主要有人工清洗、化学清洗、蒸汽清洗、高压水射流清洗、机械清洗、机器人清洗和微生物清洗等。油罐清洗技术经历了从人工清洗、机械清洗到自动清洗的渐进式的发展历程。油罐清洗自动化和系统化是石油储运行业发展的必然结果。

第一节　原油储罐机械清洗技术

　　原油储罐机械清洗技术是从国外引进的储罐清洗专业技术,适用于储存原油的浮顶、拱顶和卧式储罐的清洗。该项技术在日本、北美、中东及欧洲国家和地区广泛应用,而在我国正处于应用起步阶段。

一、原油储罐机械清洗的主要设备

　　(1)清洗装置。将清洗用的清洗油和水经加温、加压后输送给清洗机。

　　(2)回收装置。在清洗油罐之前,将油罐底部流动性较好的油品用隔膜泵移送至回收罐内。

　　(3)氧气浓度检测装置。在油罐的整个清洗过程中,对油罐内的氧气浓度进行检测,以确保罐内氧气的体积分数不超过8%。

　　(4)清洗机。安装在油罐浮顶支柱孔内(安装清洗机时浮顶支柱被拔出),并能够以各种角度运转喷射液体,清洗机安装的数量可根据油罐的大小确定。

　　(5)惰性气体发生装置。将产生的惰性气体输送到被清洗的油罐内,以降低罐内氧气浓度和可燃气体浓度,防止清洗过程中油罐发生火灾事故。

(6)油水分离箱。分离出清洗后混合在污水中的原油,将分离出的原油输送到回收罐内,将分离出的水输送到指定地点集中处理。

(7)喷射式搅拌器。待被清洗的油罐底部绝大部分原油移送到回收罐内后,利用喷射式搅拌器对油罐中粘稠的原油进行搅拌稀释,以利于泥砂的沉淀和原油的回收。

(8)三相分离装置。待凝固油溶解后,将油品中的泥砂和水分分离出去。

二、机械清洗的工作原理

机械清罐系统使用临时敷设的管道将机械清洗设备与被清洗油罐、清洗油供给罐及原油回收罐等连接在一起,将被清洗油罐底部具有流动性的原油用泵抽吸(移送)到原油回收罐中;然后用设置在被清洗油罐单盘上(指浮顶罐)的清洗机,喷射由清洗油供给罐提供的同种清洗用热油,击碎、溶解凝油淤渣,将其移送到原油回收罐中;最后用温水进行循环清洗,同时进行油水分离,最终清除被清洗油罐内所有污油,以达到清洗的技术指标。

三、机械清洗的工艺过程

原油储罐机械清洗的工艺过程主要有准备工作、临时管线敷设、油中搅拌、罐内残油的移送、惰性气体的注入、同种油清洗、温水循环清洗、罐内残水、残渣清理和竣工验收等步骤。机械清洗的工艺流程如图 10-1 所示。

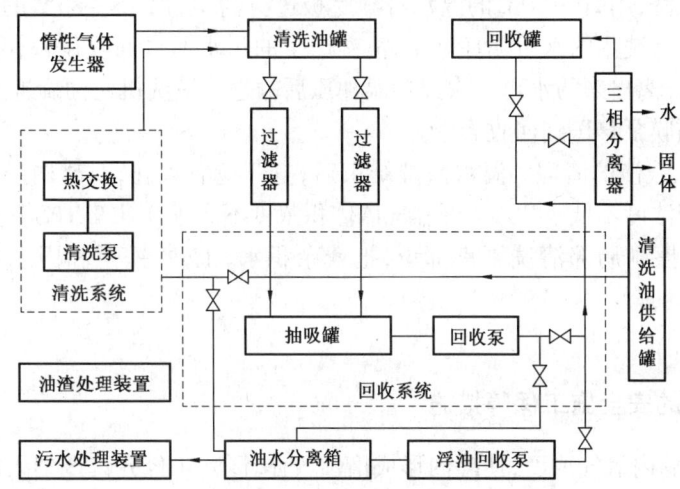

图 10-1 原油储罐机械清洗工艺流程

(1)准备工作。制定施工计划、临时敷设管道图、施工工程表、劳务体制表等,做好器材准备等工作。

(2)临时管线敷设。按照临时敷设管道图进行设备及管道的安装,测试系统整体严密性,达到无泄漏密闭状态,完成临时设置作业。同时,电气系统、可燃气体检测系统安装完毕。

(3)油中搅拌。在淤渣堆积高度较高,致使油罐单盘支柱不能着底时(通常为2m以上),或凝油多无法移送时,为了降低淤渣或凝油高度应进行油中搅拌。其方法是设置清洗机,用清洗机喷射热油击碎、溶解周围的淤渣及凝油,并通过搅拌使其分散,从而降低淤渣、凝油高度,致使单盘支柱着底。

（4）罐内残油的移送。在利用清洗机对油罐进行清洗之前,将油罐中流动性较好的原油移送到回收罐中。但是被清洗油罐的收发油管线一般不能直接将罐内的油品排净,因此,必须追加原油回收管线将罐内原油全部排出。剩余的原油在回收装置的抽吸作用下经罐底部的人孔、过滤器、回收装置移送到回收罐内。

（5）惰性气体的注入。当被清洗油罐内原油高度降低到浮盘以下20cm时,浮盘受浮顶支柱的支撑作用不再下降,此时启动惰性气体发生器,从浮盘上的人孔处注入惰性气体,以降低罐内氧气浓度和可燃气体浓度,防止油罐发生爆炸。

（6）同种油清洗。当被清洗油罐内流动性较好的原油基本抽吸完毕,且罐内氧气浓度低于8%时,自动启动清洗设备对被清洗油罐进行清洗。清洗所用的清洗油一般与被清洗油罐内的油品相同(即同种油),将清洗油提供给清洗设备,清洗油经加压泵加压到0.4~0.8MPa后输送给热交换器,热交换器再将清洗油加温到40~50℃后提供给清洗机。利用清洗机的射流作用对罐顶板、罐底板、罐壁板和罐内附件的表面进行清洗,将附着在上述罐内设施表面的石油蜡、胶质、沥青质等附着物击碎、剥离、溶解,直至清洗干净并将其排出油罐。

（7）温水循环清洗。通过同种油的清洗,可除掉油罐内表面大部分的附着物和难溶物,为了将油罐彻底清洗干净,还需用热水对油罐内表面进行清洗。将清洗用的水经清洗设备加温加压后输送给清洗机,清洗机再对油罐内表面进行温水扫射清洗。一般用90~100℃的热水对浮盘顶部进行清洗,用20~70℃的温水对罐底板进行清洗,用45~85℃的温水对浮盘下部的罐壁进行清洗。清洗用的水可循环利用,清洗产生的污水通过回收设备移送到油水分离箱内,经油水分离箱分离出来的水再一次经加温加压后输送给清洗机对油罐进行清洗,油水分离箱分离出的油经隔膜泵移送到回收罐内。

（8）罐内残水、残渣的清理。温水清洗结束后,打开所有人孔,对罐内进行自然通风。经检测罐内氧气体积浓度不低于20%,可燃气体体积浓度不高于0.01%,硫化氢浓度为0时,人员方可进入罐内,擦刷局部清洗不良部位,把残余积水、土砂、铁锈和固态物等残渣清除到罐外。

（9）竣工验收。

四、机械清洗的安全施工保障措施

（1）实时监测罐内氧气浓度,使罐内形成惰性气体环境,未经允许严禁人员进罐。

（2）严格按照设备操作流程进行作业,运转前对整套装置进行气密性试压,设备运转过程中需派专人对设备进行监护。

（3）特种作业人员必须取得特种作业操作证,在进行高危作业前必须办理相关特种作业工作票,以确保具备足够的安全措施。

（4）临时设置的设备、设施必须固定牢固,恶劣天气禁止作业。

（5）在油罐的整个清洗过程中必须配备足够的消防设施。

（6）建立作业人员健康管理体制,以保障员工的身体健康。

五、机械清洗的技术指标

(1)可清洗容积为 1000 m^3 至 100000 m^3 的各式原油储罐。
(2)清洗过的油罐经可燃气体仪检测,可达到罐内无可燃气体,可以工业安全动火的条件。
(3)油罐内表面均露出罐体本色。
(4)原油回收率可达到 98%。

六、机械清洗操作的注意事项

机械清洗操作过程中应注意以下六个事项:
(1)要建立起良好的移送环境。
(2)选择合适的位置安装清洗头,计算好需安装的清洗头数量和保证清洗头能够按照要求喷射出合适的射流。
(3)控制好加压泵的压力和清洗水的温度。
(4)确保实现良好的油水分离。
(5)要维持好必要的防爆环境。
(6)要保证良好的清洗效果。

七、机械清洗的优点

(1)清洗工期短。机械清洗工期短,工期不受油罐大小和罐内淤渣量多少的影响,清洗设备 24h 运转作业,清洗工期平均为半个月,可以有效地提高站库的储存调节能力。
(2)清洗质量高。机械清洗油罐能使罐内得到全方位的彻底清洗,清洗质量高,清洗后的油品中不含块状杂质。
(3)保障安全。机械清洗采用封闭式清洗,清洗过程中不需要作业人员进入罐内,油罐内形成的惰性气体空间,可防止火灾、爆炸等事故的发生。
(4)降低清罐劳动强度。机械清洗设备可连续 24h 工作运转,除设备、管线和喷枪安装、拆卸外,其余都无需大量作业人员,大大减轻了清罐人员的劳动强度,缩短了劳动时间。
(5)经济效益高。机械清洗油罐所需费用低,原油回收率高达 99.37%,油品几乎全部得到了回收,彻底杜绝了油品流失,回收的油品质量高。而人工清洗油罐所需费用高,油品无法全部回收,且回收的油品质量低,资源浪费造成较大的经济损失。
(6)对环境友好。机械清洗油罐采用全封闭式作业,并进行油水、油砂的分离,无含油污水、废气的直接排出,不会污染环境。人工清洗油罐排放的污水中含有大量的乳化油,整个清洗过程非密闭,大量污水、污油被携带出油罐,另外还有大量的有毒有害气体直接排入大气中,污染环境。

八、机械清洗的缺点

机械清洗设备占用场地大,清洗前后设备安装、拆卸时间长,对操作人员的专业技术和操作技能要求较高;投资较大,且需要一套惰性气体发生装置,在油罐区这种特殊的作业环境条件下,现场管理有较大难度。

九、机械清洗的应用

中国石化管道储运公司于 2005 年引进了原油储罐机械清洗设备,并于 2005 年底在黄岛 14 号原油储罐清洗中投入使用。

(一)清洗设备

机械清洗设备组成及工艺流程如图 10-2 所示。

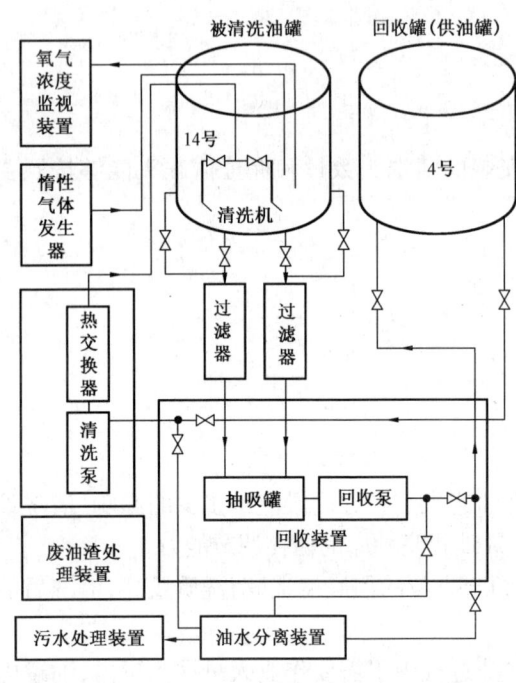

图 10-2 清洗设备组成及工艺流程图

(1)清洗装置。一方面从供油罐抽吸清洗油并将其加热,另一方面,为安装在油罐顶部的清洗机供应清洗液体(油或水)。

(2)回收装置。从被清洗油罐中抽吸液体油,并将其移送到回收罐中。特殊情况下,供油罐或其他油罐不能连续提供清洗油时,回收系统代替清洗系统临时提供清洗油。

(3)清洗机。安装在油罐顶部或检修孔内并能够以各种角度运转喷射液体,清洗机压力为 0.7MPa,有效喷射距离 14m,流量 $80m^3/h$。

(4)氧气浓度监视装置。清洗过程中,控制被清洗油罐内的氧气浓度,使氧气浓度保持在 8% 以下,防止静电产生,预防被清洗油罐爆炸。

(5)惰性气体发生器。生产惰性气体并将惰性气体输送到被清洗油罐内。

(6)油水分离装置。温水清洗过程中,对油和水进行分离,将油回收并移送到回收罐,水被循环利用。

(7)污水处理装置。对清洗中产生的污水进行处理。

(二)清洗程序

(1)现场勘察、制定施工计划、绘制工艺流程图、安装设备。

黄岛油库 14 号油罐为 $500000m^3$ 原油储罐,罐体周围有 2 个人孔、2 个搅拌器孔,浮顶支柱孔 80 个,罐内沉淀原油深度为 1.5m,原油已经凝固,顶板和侧板附着原油厚度5cm。4 号油罐位于 14 号油罐附近。依据勘察结果,将抽吸口确定为 4 个,罐内安装清洗机 22 只,4 号油罐定为回收罐(供油罐)。清洗方案采用原油移送、同种油清洗、温水清洗和罐内清扫。根据勘察结果绘制工艺流程图,并将清洗设备和 14 号油罐及 4 号油罐相连接,以 0.7MPa 的气压进行严密性试漏。

(2)原油移送。因 14 号油罐内的原油不能流动,所以首先从 4 号油罐中抽吸流动性较好的油冲击、溶解 14 号油罐内的原油使其融化,将融化后的原油移送到 4 号油罐中。此过程应往14号油罐内注入惰性气体,使氧气浓度降至8%以下。

(3)同种油清洗。利用清洗机将4号油罐中的原油喷射到14号油罐内,使油罐内的淤渣溶解、分散,尽量减少油罐内淤渣残量,并将油罐内部附着在顶板、侧板及附属物上的污物清洗掉。其流程为4号油罐→清洗装置→14号油罐→过滤器→回收装置→4号油罐。清洗主要数据如表10-1所示。

表10-1 同种油清洗主要数据

清洗方位	给油温度 ℃	回油温度 ℃	清洗泵出口压力,MPa	清洗机压力 MPa	清洗机喷射角度,°	清洗机动作次序	每组动作时间,h	运转总时间,h
罐底板	40~45	30~35	0.6~0.7	0.5~0.6	40~100	外围—中间	2	22
罐顶板	40~45	30~35	0.6~0.7	0.5~0.6	100~140	外围—中间	1.5	16.5
全方位	40~45	30~35	0.6~0.7	0.5~0.6	40~140	中间—外围	3	33

(4)温水清洗。通过同种油清洗,14号油罐中大部分原油回收完毕后,开始温水清洗,温水清洗是将循环热水喷射到被清洗油罐的整个内表面(从罐顶到罐底板)。往14号油罐中注入$80m^3$清水,进行自循环,循环过程中,利用自动油水分离装置不断将水中的油进行分离并回收到4号油罐中。其流程为14号油罐→过滤器→清洗装置→14号油罐。清洗主要数据如表10-2所示。

表10-2 温水清洗主要数据

清洗方位	给油温度 ℃	回油温度 ℃	清洗泵出口压力,MPa	清洗机压力 MPa	清洗机喷射角度,°	清洗机动作次序	每组动作时间,h	运转总时间,h
罐底板	65~70	60~65	0.6~0.7	0.5~0.6	40~100	中间—外围	2	22
全方位	65~70	60~65	0.6~0.7	0.5~0.6	40~140	中间—外围	3	33

(5)污水处理。利用污水处理装置对温水清洗过程中产生的污水进行处理,其流程为14号油罐→过滤器→清洗装置→污水处理装置→排水沟。

(6)通风清扫。通过温水清洗,14号油罐中的油完全被回收,罐内表面被清洗干净,打开全部人孔盖进行自然通风。罐内空气指标达到安全要求后,对被清洗油罐内残留的原始材料,如铁锈、沙砾、木材和胶皮等进行清扫。

(7)废油渣、污物处理。

将14号油罐中清扫出的污物、清洗过程中过滤器产生的污油及油水分离装置沉淀的泥沙放入废油渣处理装置,并按1:1比例加入土壤还原剂进行充分搅拌。

(8)拆除设备、临时敷设的管线,将14号油罐附件复原。

至此,结束清洗作业。

(三)清洗作业关键控制点

(1)清洗机安装位置和深度。该控制点决定着油罐内各个部位能否被清洗到,因此,相邻清洗机之间的距离控制在13m以内,喷嘴插入深度应该通过计算确定,保证清洗机有效清洗面积覆盖整个底板或顶板。清洗14号油罐时,清洗机安装在浮顶立柱孔内,相邻清洗机之间的距离为 10~13m；清洗底板时，清洗机喷嘴部分距底板 1.4m；清洗顶板时，清洗机喷嘴部分距底板 0.3m。

(2)准确判断每个程序的结束与开始。此控制点决定能否将油罐清洗干净，并影响清洗成本的高低，过早结束清洗造成油罐不能被清洗干净，结束清洗过晚，将使清洗成本提高。判断依据是油罐内原油深度、流动性以及油罐内表面附着原油厚度。同种油清洗开始时，14号油罐内原油深度 0.1~0.4m，流动性较差；同种油清洗结束后，14号油罐内原油深度 0.09m，流动性较好，罐底中间部位及罐顶无原油附着。温水清洗结束后，14号油罐内接近罐壁板位置水深 0.05m，其余部位露出金属颜色。

(3)控制氧气浓度。此控制点决定洗罐是否安全，整个清洗过程必须将氧气浓度控制在 8% 以内，否则应停止清洗。

(4)抽吸口高度。该控制点影响清洗速度和清洗质量，在清洗过程中要调整抽吸口高度。清洗 14 号油罐时，原油移送阶段抽吸口距底板 300mm，同种油清洗阶段距底板 120mm，温水清洗阶段距底板 70mm。

(四)在安全、环保、成本、劳动强度上采取的措施

(1)安全措施。为了防止清洗过程产生静电而引起油罐爆炸，利用惰性气体发生器产生惰性气体，不断地注入到被清洗油罐中，油罐内氧气浓度控制在 8% 以内，确保清洗作业安全。

(2)降低清洗成本措施。机械清洗作业成本的主要组成部分之一是往油罐内注入的惰性气体，以往清洗油罐是靠购买液态氮汽化后注入被清洗油罐内。机械清洗设备带有惰性气体发生器，可将柴油燃烧后产生的废气进行冷却处理后注入被清洗油罐内。黄岛 14 号油罐清洗所需惰性气体费用如表 10-3 所示。

表 10-3 黄岛 14 号油罐清洗所需惰性气体费用

序号	注入方式	清洗时间,d	每天消耗材料	单价	总费用,元
1	购买液态氮	7	液态氮 $8m^3$	2500 元/m^3	1.4×10^5
2	自制惰性气体	7	柴油 500L	4.5 元/L	1.575×10^4

由表 10-3 可知，采用注入液态氮的方式，费用为 14 万元；而采用自制惰性气体费用为 1.575 万元，该套设备大大降低了清洗成本。

(3)环境保护措施。机械清洗设备配备有污水处理装置和废油渣处理装置，对清洗过程中产生的污水、废油渣、污物进行充分处理，真正做到了对环境的保护。

(4)降低劳动强度措施。半机械清洗油罐，在温水清洗过程中，需投入大量人力进行刮油，三班作业需投入 12 人，而且刮油劳动强度大。机械清洗设备采用自动油水分离装置，不需要人工刮油、撇油作业，每班只需 1 人操作设备按钮即可，降低了劳动强度。

(五)清洗效果分析

1. 清洗质量分析

采用机械清洗设备清洗原油储罐，在压力和温度的作用下油罐内表面附着的油分被溶解、清除掉，达到清洗的目的。尤其是利用自动油水分离装置，使温水清洗过程中油水分离更彻底，温水清洗达到最佳效果。对黄岛油库 14 号原油储罐清洗后，进入罐内查看，罐内表面露出

了锈迹和金属颜色。

2. 经济效益分析

机械清洗设备清洗原油储罐,对被清洗油罐内部的淤渣进行打碎、溶解,回收过程中进行过滤、分离,能够最大限度地回收原油并且保证回收油的质量。例如,黄岛油库14号油罐,实测淤渣含量1500m³,清洗后残留物为4m³,回收原油1496m³,原油售价按3000元/t计算,总共收入448.8万元。若按淤渣1000元/t出售,只能收入150万元,两者相差298.8万元,减去清洗费用55万元,能够获得效益243.8万元。此外,机械清洗储罐停用时间比其他清洗方式缩短了3~4倍,能够使油罐早投入使用,创造更多的效益。

随着油田生产管理水平的不断提高,对安全、健康、环保和质量提出了更高的要求。为了适应现代石油企业的需要,研发适合我国各油田企业的机械清罐设备具有紧迫的现实意义。

第二节 干冰喷射清罐技术

某单位原料油罐区的石脑油罐,由于装置生产不正常,接收了部分被污染的油品,导致罐内壁被污染。检查发现,罐内壁14m以下部位遍布含油污泥,并且垢层较硬,垢层厚度高达2mm以上。为确保罐区的正常生产,被污染的油罐需进行清洗。常规的清洗方法由于受到现场环境条件的限制和局部试验结果的制约,对于石脑油罐的油垢层均不适用。例如高压水冲洗法、人工铲除清除法均存在劳动强度大、费时、清洗效果差等缺点;而化学清洗法又会造成罐内壁防腐层及本体的破坏和腐蚀;常规喷砂除垢——油漆防腐法,虽能达到彻底清除油污的目的,但存在施工费用高、工期较长等缺点。经综合分析后,尝试采用干冰喷射清罐技术,实践证明,该技术对油罐的垢层清除是有效的。

一、干冰喷射清洗原理

干冰喷射清洗不单纯是物理打击。由于干冰是可挥发性的低温固体颗粒(升华温度-78℃),当其高速喷射到物体表面时,冲击动能瞬间使干冰颗粒气化,并且吸收大量的热,在清洗表面产生剧烈的热交换,迫使附着物骤冷收缩、脆化。附着物和基底材料通常具有不同的膨胀系数,表层与内部的温度差将破坏两种材料间的结合,瞬间的快速收缩能够撕开非结构性连接,同时干冰在千分之几秒的气化过程中体积骤增800倍,这样就在冲击点处造成"微型爆炸",有效击落附着物。干冰气化后变为二氧化碳气体,没有残留,不产生废物。另外,根据研究和实践,在干冰喷射清洗时,即使干冰在很高的速度下直接冲击清洗物表面,其冲击动能也是很小的,干冰在冲击瞬间气化消失,不会对被清洗物体造成冲击和磨损。干冰冷喷射清洗过程如图10-3所示。

二、干冰喷射清洗对罐壁钢材及防腐涂料的影响

根据有关实验结果,ϕ3mm干冰颗粒在不破碎的状态下,由固态变为气态所需时间仅为7s,而一经破碎并在常温(20℃)压缩空气流的作用下,其升华时间仅为1s。其表面温度随时间变化的曲线如图10-4所示。

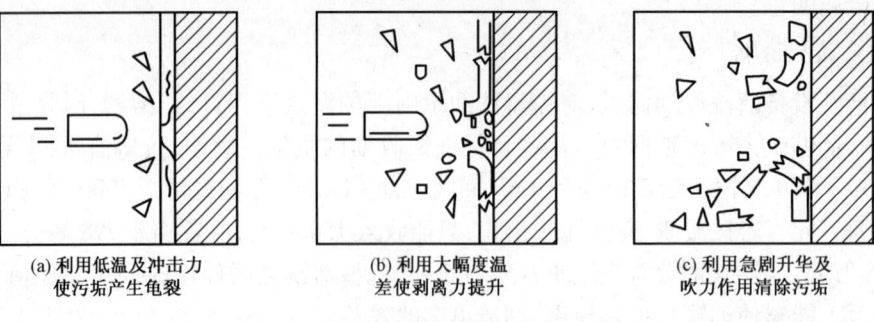

图 10-3　干冰冷喷射清洗过程示意图

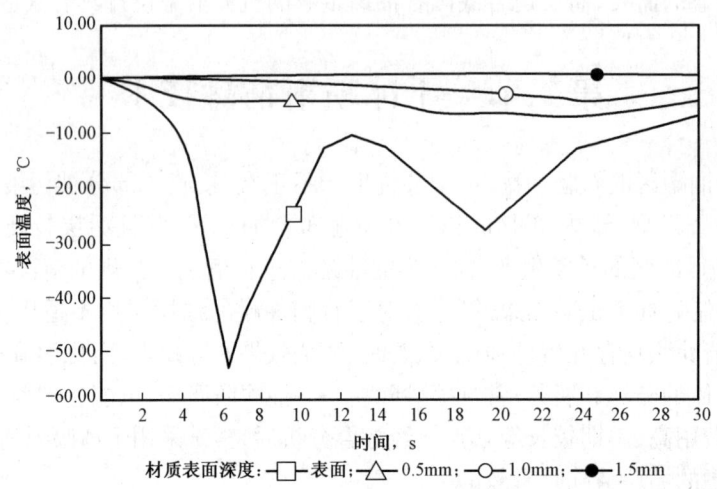

图 10-4　干冰喷射清洗过程中表面温度随时间的变化曲线

将干冰在实验物体表面停留 30s(这已是相当长的时间了)为一个清洗周期,实验中在金属表面、内部各层安装许多热电偶,表面热电偶在每次冲击时都有温度下降,内部不同深度的热电偶的温度缓慢降低,其幅度非常小,2mm 深处的热电偶仅降低了 10℃。因此,通过许多公司检验清洗中出现"热振动"过程时,温度降低只出现在表面,而金属内部并没有出现热应力。在较高的冲击速度和垂直冲击角度下,与其他介质相比,固态 CO_2 的运动效应最小。这是由干冰瞬间特性所决定的,这种瞬间特性提供了在冲击等式中一个几乎不存在的恢复系数。所以干冰喷射清洗不会对罐壁钢材引起表面损坏。

另一方面,油罐钢材本体有油漆防腐层保护,该防腐层厚度达 200μm。干冰清洗除污过程是一个全物理过程,它用压缩空气作为动力,把干冰颗粒喷向罐壁内表面。但实际清洗并非依赖风力,而是利用干冰的低温性,故在清洗时可调低风压以便不损坏罐壁的结构和表面。在清洗顽固油垢时,可以增加压缩空气的压力,配合干冰的冷冻特性,则有更好的除污效果。在实际操作中,通过试验,发现在保证喷枪清洗距离 200mm 左右、压缩空气压力 0.8MPa 左右的条件下,干冰喷射清洗不会对罐壁防腐层引起表面损坏。

三、干冰喷射清洗操作

(一)准备工作

首先向现场提供220V电源,以备干冰清洗机之用。将工程所用型号为FREEZE CO_2 JET HERO75的干冰清洗机2台、干冰保温箱及小型空气压缩机2台(型号AtlasCopeo GA45-10)放置在罐底人孔旁。

现场使用CB2000喷枪及喷嘴各2把,使用的干冰由清洗单位提供,储存在保温箱中,用卡车运至现场。沿罐壁搭设钢制脚手架,平台间层高2m,共6层。操作人员由熟悉业务的专职工人来担任。工作时必须头戴保护罩盔,穿戴好防护服并携带呼吸器及安全防爆灯。由于升华后的二氧化碳属窒息性气体,需在罐顶透光孔及罐底排污孔处分别安装抽风机(一台抽风用,一台送风用),以确保现场同周围环境具有良好通风的条件。

(二)清洗操作

从罐壁顶层开始清洗,自上而下进行施工。干冰清洗时,根据油垢疏密及软硬状况,喷射距离保持在200mm左右,通过调节压缩空气压力(0.5~1.0MPa),保证两者用量的气固比在2∶1左右(实际操作中,压缩空气用量为2~4m^3/min、干冰的用量为0.5~3.3kg/min),来回喷射3次,使清洗更彻底,保证清洗质量。两组清扫人员沿罐壁在脚手架上相反方向移动,完成一层架罐壁清扫后,再移至下一层架。干冰清洗完毕后,再用高压水枪将洒落在罐壁上的浮灰冲洗一遍。

(三)注意事项

干冰喷射清洗施工时,必须有专业人员在人孔处监视配合操作人员施工作业,防止干冰管爆裂发生故障,造成对清洗工人不必要的伤害。

(四)清洗效果

干冰喷射清洗效果如图10-5所示。其中(a)图为清洗前罐壁相片,(b)图为清洗后罐壁相片。由(b)图可见,罐壁内表面油垢层全部被清除,罐内壁已恢复原貌。

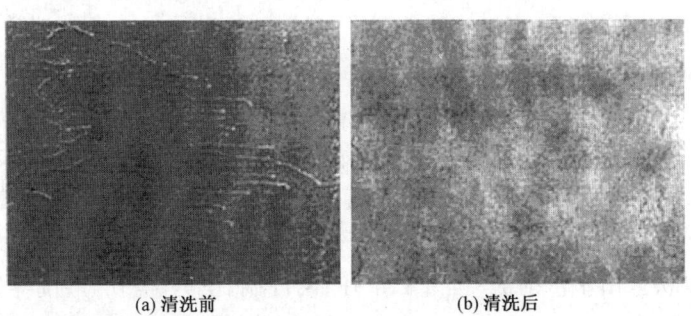

(a) 清洗前　　　　(b) 清洗后

图10-5 管壁清洗前后效果对比图

(五)经济效益

尽管采用常规喷砂油漆防腐的方法也能达到相同的清洗效果,但喷砂油漆防腐总费用

（包括人工费和材料费等）约需 30 万元，而干冰喷射清洗的总费用约需 27 万元，可节省费用 10%。常规喷砂油漆防腐的施工工期约需 20 天，而干冰清洗的施工工期约需 10 天，工期缩短 50%。由此可见，干冰清洗具有良好的综合效益。

干冰喷射清洗法对油罐结垢层的清除是行之有效的。干冰喷射清洗具有以下优点：
(1) 除污效率高，可以在现场设备上直接进行清洗，省时高效；
(2) 无毒、无害、无污染，属环保型清洗法；
(3) 被清洗物不受损伤，适用于储罐类设备的清洗；
(4) 操作简单方便、安全可靠、适用范围广；
(5) 操作成本低廉、综合效益可观。

第三节 高压水射流清洗技术

高压水射流清洗技术在 20 世纪 80 年代传入我国，随着对高压水射流技术的认识和研究不断深化，其应用范围越来越广，已经成为清洗行业一项优先选用的清洗技术。

近年来，随着高压水射流清洗技术应用的广度、深度不断拓展，出现了快速发展的势头。一方面，已从过去单一提高水射流的射流压力转向专项研究提高水射流的总体冲击效果；另一方面，充分发挥高压水射流清洗的优势并与其他清洗手段进行联合清洗也成为当前发展的一个重要趋势。高压水射流清洗装备正向着大型化、智能化和人机一体化的方向发展。

目前我国主流高压水射流清洗设备的工作压力低于 150MPa，仅有少量工作压力在 280MPa 的超高压水射流清洗设备，大多为国外进口设备。

一、高压水射流清洗的特点

高压水射流清洗与传统的高压水冲洗、化学清洗、机械清洗、人工清洗等清洗方法相比，具有以下优点：

(1) 清洗成本低。高压水射流采用的介质是自来水，在清洗过程中，水射流能量强大，不需添加任何磨料及洗涤剂即可将物体清洗干净。另外，这种清洗方法与消防用水不同，不需要大量用水，属细射流喷射，耗水量只有 1.5t/h，所用设备的功率为 190kW，属于节水、节能设备。

(2) 清洗质量好。由于清洗时具有很大的能量，以超音速运动的高压水射流完全能够破坏坚硬的结垢物，虽然清洗后可见到金属本色，但对金属却没有任何损伤。高压水的压力小于金属或钢筋混凝土的抗压强度，不会对管路和设备产生任何损坏。

(3) 清洗速度快。由于水射流（国外称水弹）的冲刷、楔劈、剪切、磨削等复合破碎作用，可立即将结垢物打碎，比传统的化学方法、喷砂抛丸、简单机械及手工方法清洗速度快几倍，乃至几十倍。

(4) 无环境污染。喷砂抛丸及简单机械清洗易产生大量粉尘，污染环境，损害人体健康，化学清洗易产生大量酸碱废液，污染土质和水质。而高压水射流清洗是以自来水为介质，无臭、无味、无毒，喷出的射流雾化后，可降低作业区的空气粉尘浓度，使大气粉尘降低到国家规

定的安全标准 $2mg/m^3$ 以下,有利于消除矽肺病源和无酸碱废液污染,也有利于国家的环保事业。

(5) 不腐蚀金属。由于采用纯物理方法,清洗介质使用的是清洁水,因而对金属无任何化学腐蚀作用。

(6) 应用范围广。喷头小巧灵活,无论是管道、容器内腔、设备表面、坚硬的结垢物,还是结实的堵塞物,凡是水射流能直射到的部位,均可彻底清洗干净。此种清洗方法对设备材质、特性、形状及垢物种类均无特殊要求,应用十分广泛,操作人员易于掌握,3~4 人即可操作一辆清洗车。

(7) 安全性高。采用高压水射流清洗法安全无火花,在油罐储油情况下均可作业,减少了清罐工序,节约了资金。

高压水射流清洗适用范围广,基本可满足各种条件下的清洗要求。如清洗各种冷凝器、热交换器、工业换热器管路、各种化学储罐等,另外还可以用高压热水铲除重油垢、胶质、干涸的沥青等。

二、高压水射流清洗技术原理

高压水射流清洗技术是以水为介质,将普通的自来水通过高压泵加压至 180MPa 以上,再通过孔径为 0.15~0.25mm 的特殊喷嘴喷射到需要清洗的罐内外表面。由于喷嘴上配备了水流旋转元件,旋转水流形成高压水箭,具有很高的冲击和剥离能力,以 200~500m/s 的极高速度通过专用设备使水产生多束、多角度、强度各异、能量高度集中的高压水射流,可以彻底清除锈蚀、氧化铁皮和旧漆膜等结垢物。

三、高压水射流清洗技术在工程中的应用

2004 年 8 月,应用高压水射流清洗技术,对河间输油站在运行的 $50000m^3$ 浮顶罐罐顶进行了维修防腐,实践证明该方法高效、经济、安全可靠。

该储罐的罐顶腐蚀较为严重,必须进行除锈防腐,因输油生产的需要,油罐不能停止运行。该罐的外表包括浮顶、抗风圈、罐体其他部位及附件腐蚀程度已超过 50%,必须进行防腐处理,经过现场实际分析,确定采用高压水射流清洗技术对该罐进行不停运除锈防腐。除锈的面积超过 $6000m^2$,采用移动式高压水清洗设备一套,其中包括增压泵一台,增压泵压力为 240MPa,功率为 190kW;部分管路;高压喷枪 2 支,喷枪型号为 A300,为多孔径旋转式,孔径为 0.15~0.25mm;介质为自来水,流量为 1.5t/h;水射流瞬间接触面积约为直径 200mm 的圆面积,喷枪与工件夹角约为 60°,除锈质量基本达到 Sa2.5 级,满足除锈防腐工艺要求,施工工期为 70d。

在高压水射流除锈过程中,由于储罐的防腐层损坏程度不同,锈层分离不均,采用一次喷射不可能达到技术要求。经过探索实践,改用先粗喷一次,除去腐蚀层和残余涂料后,经过 7d 的裸露腐蚀,再进行二次喷射除锈,其效果更为理想。

四、高压水射流清洗施工应注意的问题

(1) 除锈后的工件表面需要及时进行干燥处理,以免产生新的浮锈。

(2)增压泵与喷枪之间的连接管路不宜过长,否则压力损失太大,影响除锈质量。

(3)采取水喷除锈之后,应立即分块用干布擦干水分并风干曝晒 1h,有条件的地方可用高压空气吹干残余水分,并且在涂刷底漆之前用干布擦去表面浮锈,以保证施工质量。

凡射流可直射的部位皆可清洗,各行各业普遍皆可应用。河间输油站 5 号油罐的实际除锈证明,高压水射流清洗技术针对大型储罐的维修是一项高效、经济、安全可靠的方法,应用前景广阔。

石油储罐的洁净影响到油品质量,储罐的健康状况威胁着周边环境和油罐区的安全。保持油罐清洁,科学控制油罐罐壁腐蚀对于石油企业是不容忽视的。高压水射流清洗技术为储罐的清洗开辟了一条高效的新途径。

第四节　原油储罐清洗的其他技术

一、油罐自动清洗技术

在国外,由于行业法规的完善,油罐清洗技术的研究受到了足够的重视,其发展速度相对较快。截至现在,具有自动化、模块化和专业化等特点的油罐自动清洗技术已经被成功研制并且得到了广泛的推广应用。在油罐自动清洗领域处于世界领先地位的丹麦泰福德(Toftejory)技术公司研制的自动清罐及油泥综合处理(BLABO)系统就同时具备自动化、模块化、密闭化、专业化和便捷化五个技术特点。

泰福德技术公司开发的 BLABO 系统的原理流程如图 10-6 所示。主要技术特点有:一是模块化,整套系统分为几个单元模块,根据不同油罐的清洗要求,可把几个模块的设备分开、串联起来灵活使用,以满足不同的需要;二是自动化,全套清洗分离设施实现 PLC 控制;三是密闭化,清罐前不需要蒸罐、通风、开人孔等一系列繁锁又耗时的准备工作,整个清罐、油泥处理过程无需人员进入罐内,无环境污染;四是专业化,利用其专利喷头和交替使用的容积泵和离心泵,建立特有的油罐体内外大循环,实现自动清洗油罐、自动清出罐底油泥的目的;五是便捷化,全套油罐清洗和油泥分离系统均可以分装在若干个集装箱内,安装移动较为便利。采用这种方法,在 12~16 天内即可清洗 1 座 $10 \times 10^4 m^3$ 油罐,回收的烃类物质接近 100%。

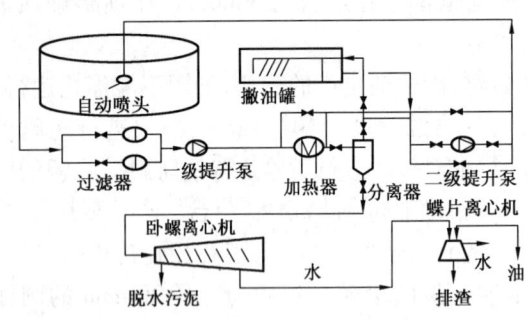

图 10-6　BLABO 系统的原理流程图

二、微生物清洗技术

微生物清洗技术就是利用微生物内细胞将清洗对象表面附着的污物分解,使之转化为无毒、无害的水溶性物质的方法。这类清洗所用的清洗剂称为微生物催化洗涤剂(酶),能将所有的污物彻底分解，是一种真正意义上的环保型清洗技术。微生物清洗主要是利用微生物体内产生的八类微生物催化剂，其中主要的四类酶是蛋白酶、淀粉酶、脂肪酶和纤维酶。酶是微生物清洗催化剂，酶的催化反应比非酶催化剂的反应速度一般要高 $10^6 \sim 10^{12}$ 倍。它用量少、操作容易、省人、省力、费用不高、效果好。一般水垢、锈垢、油垢、泥渣和其他残渣，都可加入微生物清洗剂——多种酶加以清除。微生物清洗技术在美国、德国、意大利、日本的应用实例很多，我国则刚刚起步。

三、超声波清洗技术

超声波清洗是在清洗中引入超声波振动以加速和加强洗涤作用的一种物理方法。超声波清洗主要由超声空化引起，气泡爆破产生的高压高温冲击波减小了污垢与被清洗件之间的粘着力，引起污垢的破坏和脱离；同时气泡的振动能对被清洗物表面进行擦洗，气泡还能钻入裂缝中振动，使污层脱落。当某些固体表面被油粘附时，油被超声波乳化，迅速脱离被清洗件表面。超声空化在被清洗件表面会产生很高的速度梯度和声流，能进一步削弱或除去边界层污染，同时超声振动还会引起介质质点的强烈振动，使被清洗件表面受到强烈的冲击，使污物迅速脱离表面。超声波清洗因其具有环保、节水、省时、高效、低成本、低腐蚀等特征，具有广阔的开发和应用前景。

四、激光清洗技术

激光清洗技术是利用激光束高速有效地清除表面附着物或表面涂层的一种工艺方法。其作用机理主要是基于物体表面污染物吸收激光能量后，或气化挥发，或瞬间受热膨胀并被蒸汽带动脱离物体表面。

激光清洗方法主要有四种：激光干洗，即采用脉冲激光直接辐射去污；激光 + 液膜法，即首先沉积一层液膜于基体表面，然后用激光辐射去污；激光 + 惰气法，在激光辐射的同时，用惰性气体吹向基体表面，及时吹走表面污物；用激光松散污垢后，再用非腐蚀性化学方法清洗。目前，前三种方法使用较为普遍。

五、在线清洗技术

国外提出了两种主要的在线清洗概念：一是定点清洗（Cleaning In Position，CIP），另一种是在线清洗（On – line cleaning）。定点清洗是在不影响生产工艺的前提下，把清洗机具直接安装在生产设备内，在运行过程中可通过工况监控来自动地开启/关闭清洗机具，以减少污垢产生。CIP 已从概念变为现实的清洗工艺，适用于罐、釜等装置，其尺寸可适用于从小的奶制品机械直到 $10 \times 10^4 m^3$ 的石油罐。在线清洗是 CIP 的扩展，即由一个清洗点延长到一条生产线。

六、免洗技术

免洗或少洗技术在于通过选用防污染材料或对材料及其表面进行改性处理，使污染物难以吸附，从而减少或防止污垢的生成。这是清洗行业亟待攻克的课题。

随着科技的进步，国内外出现了很多新的油罐清洗方法。学习、借鉴国际成熟的油罐自动清洗技术，开发具有我国自主知识产权的油罐清洗成套设备具有很高的经济价值。从发展的角度看,系统化的油罐自动清洗技术的推广应用是清洗行业和石油企业共同的需要。石油企业的清洗市场很大,中国的清洗市场更大,清洗行业的技术革新正在迈向绿色和环保时代。发展管、罐的自动清洗技术,使之走向品牌化、专业化、规范化,不仅有着广阔的前景,而且能为企业带来无与伦比的经济效益和社会效益。

复习思考题

1. 原油储罐机械清洗技术主要采用了哪些设备?
2. 干冰喷射清洗的原理是什么?
3. 利用高压水射流清洗油罐,可能会发生击穿罐壁的现象吗?
4. 你认为哪种清洗技术是最安全高效的?

参考文献

[1] 邓玉发,索杏兰. 原油储罐机械清洗技术. 天然气与石油,2008,26(6):20~22.
[2] 李国兴. 机械化清洗设备在原油储罐清洗上的应用. 管道技术与设备,2006,3:40~41.
[3] 徐如良,黄永港. 油罐清洗技术综述. 石油化工环境保护,2003,26(4):54~57.
[4] 高作禧. 原油储罐机械清洗技术在辽河油田的应用. 科技成果管理与研究,2008,9:95~97.
[5] 刘旭辉,石永春,李著. 射流技术在油罐清洗中的应用. 科技信息,2009,20:84.
[6] 刘建强,勾绘. 机械清罐技术推广与应用. 油气田地面工程,2003,22(9):86~87.
[7] 俞晓慧,邱运仁. 化工设备清洗技术进展. 广东化工,2005,32(7):28~30.
[8] 俞宏兴. 原油储罐清罐方法概述. 管道技术与设备,2001,6:37~38.
[9] 康维. 高压水射流清洗油罐安全技术. 四川化工,2007,10(6):32~37.
[10] 朱建华. 高压水清洗技术在储罐维修中的应用. 油气储运,2006,25(9):60~62.
[11] 孙若. 干冰喷射技术在油罐清污中的应用. 清洗世界,2009,25(3):26~28.
[12] 徐锋,胡伟. 地面大型油罐的机械清洗. 清洗世界,2004,20(8):9~12.
[13] 萧莹. 储油罐机械清洗技术应用. 国外油田工程,2007,23(6):45~46.
[14] 廖秾晃. COWS原油罐清洗技术的应用. 节能与环保,2003,8:34~35.
[15] 周勇. COWS原油储罐清洗技术在涠洲终端厂的应用. 清洗世界,2008,24(4):14~18.
[16] 林加永. COWS清罐技术在原油储罐中的应用. 油气储运,2006,25(8):39~41.

第十一章 设 备 管 理

石油天然气行业是技术密集型行业,所有生产过程都要依赖设备,油气生产过程中设备与企业的许多要素,例如科技水平、安全生产、节能和环保等,都有密不可分的关系。常将设备、工艺和地质称为油气田开发的三大技术支柱。

设备管理的主要目的是用技术先进、经济合理的装备,采取有效措施,保证设备高效率、长周期、安全、经济地运行,以保证企业获得最好的经济效益。

设备管理工作的主要任务是保持设备完好,不断改善和提高企业技术装备素质,充分发挥设备效能。

油田企业要持续发展,需要不断改进和完善包括设备管理在内的企业管理工作。油田企业的员工,尤其是高素质技术员工,除了要求能够管好、用好和维修好设备外,还应对企业发展过程中企业设备的规划、生产工艺与设备的适应性、主要生产设备的发展方向,以及设备的选型、更新、改造有所了解,也就是要求了解设备管理的内容和方法。

第一节 设备管理的基本内容

一、设备管理的概念

设备管理是以设备为研究对象,追求设备综合效率和设备寿命周期费用的经济性,应用一系列理论、方法(如系统工程、价值工程、设备磨损及补偿的理论、设备可靠性和维修性的理论、设备状态监测和诊断技术等),通过一系列技术、经济、组织措施,对设备的实物运动和价值运动进行全过程(从规划、设计、制造、选型、购置、安装、使用、维护、修理、改造、报废直至更新)的科学管理。

二、设备管理的作用

(1)设备管理是企业生产经营管理的基础工作。现代企业依靠机器设备进行生产,生产中各个环节和工序要求严格衔接、配合。企业生产过程的连续性和均衡性主要依靠机器设备的正常运转来维持。设备在长期使用中,其技术性能逐渐劣化就会影响生产定额的完成,设备技术状况不良或出现问题,就会无法完成生产计划。因此实现设备的完好可靠是企业管理的重要内容和组成部分。

(2)设备管理是保证企业产品质量的基础。企业产品是通过机器设备生产出来的,如果生产设备特别是关键设备的技术状况不良,严重失修,必然造成产品质量下降甚至废品成堆。

(3)设备管理是提高企业经济效益的重要途径。不仅产品的优质高产依赖于设备,而且产品原料消耗、能源消耗、维修费用摊销、人员配备多少都和设备直接相关。可以说,设备管理既影响企业的产出(产量、质量),又影响企业的投入(投资和生产成本),因此加强设备管理是挖掘企业生产潜力、提高经济效益的重要途径。

（4）设备管理是搞好安全生产和环境保护的前提和基础。设备技术落后和管理不善，是导致设备事故、人身伤害、环境污染的重要原因。生产企业要实现安全生产，必须重视设备的现场管理和隐患整改。

（5）设备是企业持续稳定发展的必要条件。设备是企业固定资产的重要组成部分，只有兼顾当前，放眼长远，不断推进设备技术进步，搞好设备的维护保养和现场管理，才能为企业长远发展奠定基础。

三、设备管理的发展过程

设备管理是随着工业生产的发展、设备现代化水平的不断提高以及管理科学和技术的发展而逐步发展起来的。在设备管理的发展过程中，大致可以分为三个发展阶段：

第一个阶段——事后维修期。19世纪初期，工业生产中已应用了不少机器，从而产生了设备维修问题。最初，设备维修由操作工人完成。随着工业生产的不断发展，设备维修逐步从生产中分离出来，维修工人与生产工人分开，逐渐形成了独立的维修队伍，但直到第二次世界大战前，维修技术才达到专业化的水平。在这个阶段，设备管理主要是实行事后维修制，即设备坏了才修。

第二个阶段——预防维修期。事后维修的结果，使停机时间加长而不能保证机器设备的正常和及时使用。随着生产技术的不断发展，出现了以预防为主的维修方针。

20世纪50年代初期，美国开始研究维修方式问题，在实践中发现采用预防维修的方式可以节约很多时间和费用，因此受到了人们的重视。它以日常检查和定期检查为基础。与此同时，原苏联建立了设备计划预修的理论与制度，并逐步在机械工业与化工企业中推行，它是以修理周期结构和修理复杂系数等一套定额标准为主要支柱的。我国从20世纪50年代开始学习和推行计划预修制度，后来在总结实践经验的基础上形成了具有一定特色的预防性的定期保养和定期修理制度。

第三个阶段——设备综合管理时期。它是在设备维修的基础上，为了提高设备管理技术、经济和社会效益，适应市场经济的进一步发展，针对使用现代化设备所带来的一系列新问题，继承设备工程以及设备综合工程学的成果，吸取现代管理理论（包括系统论、控制论、信息论），尤其是经营理论、决策理论，综合现代科学技术的新成就，而逐步发展起来的一种新型的设备管理体系。

对设备实行综合管理，是有效解决使用现代化设备所带来的一系列新问题的科学方法，是从总体上保证和提高设备可靠性、维修性、经济性，做到安全、节能、环保，以及避免设备积压和浪费的重要措施。它是提高企业技术装备水平，实现技术装备现代化的重要保证，是改革现行设备管理制度的重要方向。

四、设备管理的主要内容

设备管理分为前期管理和后期管理两部分，主要内容有技术、经济和组织三个方面，三者是不可分割的有机整体。设备的前期管理包括：依据企业经营目标及生产需要制定企业设备规划；选择和购置所需设备，必要时组织设计和制造；组织安装和调试即将投入运行的设备。

设备的后期管理包括:对投入运行的设备正确、合理地使用;精心维护保养和及时检修设备,保证设备正常运行;适时改造和更新设备。

(一)前期管理

设备前期管理是指从规划到投产这一阶段的全部工作,是设备一生管理中的前半生管理。设备前期管理的主要内容有:

(1)建立与完善设备的前期管理体制。

(2)运用科学的手段与方法对设备方案进行构思、调研、论证和决策,自制设备的设计和制造,外购设备的采购、订货,设备安装、调试、效益分析、评价、信息反馈等,以期取得良好的经济效益。

(二)后期管理

1. 设备使用与维护

设备使用与维护阶段是设备一生管理中的重要时期和环节。正确地使用与维护设备,可使设备保持良好的技术状态,防止和减少非正常磨损及突发性故障,使设备发挥最大的效能,降低设备的维持费用,提高企业的经济效益。

设备使用管理主要做好使用中规章制度的制定和操作人员的选用、培训等工作。

设备维护管理是指为维持设备的额定技术状态而采取的技术管理措施,其作用在于延缓设备工作能力的降低,保持设备经常处于良好技术状态。

2. 设备状态监测与故障诊断

设备状态监测与故障诊断技术是20世纪七八十年代发展起来的新技术,它能对设备故障的发生做出早期预报,对故障原因做出判断、提出对策,避免或减少设备事故的发生,从而产生巨大的经济效益和社会效益。

设备状态监测与故障诊断技术综合运用了现代科学技术的最新成就,它涉及数学、力学、物理、电子、信息、计算机等多门学科。设备状态监测与故障诊断有多种方法,如振动诊断、温度检测、声学检测、无损探伤、油液分析等。

3. 设备维修

设备维修是指通过修复或更换磨损零件,调整精度,排除故障,恢复设备原有功能而进行的技术活动,其主要作用在于恢复设备精度、性能,提高效率,延长使用寿命,保持生产能力。

按功能不同,设备维修可以分为恢复性维修和改善性维修两种类型;按维修的程度不同可分为小修、项修和大修。

4. 故障管理

设备在使用中因某种因素丧失了规定的机能而中断生产或降低效能时,称为故障。故障管理是指分析故障原因,确定消除方法,总结故障发生规律,做好记录和反馈工作。

故障管理的主要内容有:

(1)科学地确立故障的定义和分类;

(2)严格地制定故障管理的顺序与规章制度;

(3)对故障进行统计分析和性质分析,找出原因,强化管理,减少故障。

5. 设备技术改造与更新

设备技术改造是指运用新技术对设备进行技术上的革新和结构上的改进，以改善或提高设备的性能、精度及生产率，减少能耗及污染。

设备技术改造应考虑以下几点：

(1)确定设备技术改造时应着重考虑生产上的必要性、技术上的可能性和经济上的合理性；

(2)技术改造的手段主要是指数显、数控、微处理机和三新技术的实际应用等，通过改造实现企业生产手段的现代化。

设备更新是指采用新设备替代技术性能落后、经济效益差的原有设备，它是对设备的有形和无形磨损的综合补偿。进行设备更新是为了适应企业发展生产规模、促进技术进步、提高经济效益的需要。

第二节 设备经济管理

设备经济管理是以设备价值形态的运动过程为管理对象，以取得良好的投资效益为目标的管理工作。设备价值形态的运行过程包括为购置或改造设备而进行的筹资过程，把资金变为所需设备进行采购、制造、改造、安装验收而产生成本费用、功能成本和时间成本的过程，设备运行阶段提取折旧、降低成本费用以增加净利润的过程，终止使用后的出租、转让或报废时取得最后一笔收益的过程。

由于涉及较多的技术经济学知识，本节仅介绍设备资产管理和折旧、设备经济寿命、修理费用管理、设备租赁、转让和报废等内容。

一、设备资产管理和折旧

(一)设备资产管理

1. 建立设备资产账目

设备资产管理的基础工作是建立设备资产账目，只有资本性项目中购置的设备才能建立设备资产账目。

建设项目转资时，不能将一个站或一个单位工程整体转资，而应将其细分为单位设备转资，这样才便于分析、核算单个设备的有关费用，有利于设备管理。

设备资产账目不能只求原值、净值的准确及资金上的平衡，设备的数量、型号也应该准确。转资时应注意将一台设备的各种票据合计，作为原值登在一台设备名下，防止将一台设备分为多台记账。

2. 设备资产动态管理

设备调拨、设备租赁、设备资产报废、闲置设备和报废设备处置都应办理相关的资产手续。

设备对外处置应公开、公正，尽量采用拍卖的形式。

(二)设备折旧

1. 折旧的定义

设备折旧是指设备在使用过程中,通过逐渐消耗而转移到产品价值中的那部分价值。

2. 折旧的意义

折旧资金是设备更新资金的基本来源。设备由于使用最终将报废,如果不提折旧,将无资金更新设备,企业生产能力将逐渐削弱。

折旧费是企业生产成本的一部分。正确提取折旧,才能真实反映成本和利润。如果少提折旧,会虚降成本、虚增利润。

折旧还涉及国家的利益,因为国家的税收与企业的利润有直接关系。

3. 折旧年限

油田企业在财政部规定的年限范围内,结合实际情况确定折旧年限,一般不变更。中国石油天然气股份有限公司规定的部分固定资产折旧年限如表11-1所示。

表11-1 部分固定资产折旧年限

序号	资产类别		年限	序号	资产类别		年限
1	油气资产	油气井	10	3	储油设施	原油罐	12
		油田内部输油气管线	10			成品油罐	18
		油气集输设施	14	4	采油气专用设备		8
2	长输油气管线		20	5	施工设备		12

4. 折旧计算和提取

(1)设备计价。

原值:购置或建造设备所发生的全部费用,包括购置费、建造费、运杂费、安装费和调试费等。

净值:原值减去累计折旧的余额。

残值:设备资产报废时的残余价值。

净残值:残值减去清理费用后的余额。财政部规定,净残值按固定资产原值的3%~5%确定。

(2)油田企业的设备折旧方法,一般采用平均年限法,即设备的年折旧额等于原值减去残值后除以折旧年限。该方法是在设备的折旧年限内,平均地分摊设备的价值,即:

$$设备年折旧额 = \frac{设备原值 - 预计残值 + 预计清理费}{设备折旧年限} \quad (11-1)$$

$$折旧率 = \frac{年折旧额}{设备原值} \quad (11-2)$$

二、设备寿命

(一)设备寿命的分类

1. 法定寿命

法定寿命是指政府规定的设备寿命。如2000年12月18日,中华人民共和国国家经济贸易委员会、国家计划委员会、公安部、国家环境保护总局联合下发了"关于调整汽车报废标准若干规定的通知",规定非营运载客汽车和旅游载客汽车的使用年限及办理延缓的报废标准为:9座(含9座)以下非营运载客汽车(包括轿车、含越野车型)使用15年;旅游载客汽车和9座以上非营运载客汽车使用10年。法定寿命必须遵守。

2. 折旧寿命

折旧寿命指设备的折旧年限,它随折旧率的改变而变化。它不完全等于自然寿命,如规定抽油机、各种汽车的折旧年限均为8年,而这些设备的实际寿命一般都在10年以上。达到折旧寿命时,有些设备仍有使用价值。不应以设备达到了折旧寿命而弃之不用,如果设备都按规定的折旧年限更换,将给油田带来巨大的损失。

3. 自然寿命

自然寿命是指设备从开始使用到由于有形磨损造成不能继续使用所经历的时间。设备达到自然寿命时,就毫无使用价值了。

4. 技术寿命

技术寿命是从技术的角度确定合理的使用期限,是指从设备开始使用到因技术落后而被淘汰所延续的时间。它由无形磨损决定,与技术进步的速度有关。

5. 经济寿命

经济寿命是从经济的角度确定合理的使用期限,它由无形磨损和有形磨损共同决定。

(二)设备经济寿命的计算方法

设备经济寿命的概念是在设备寿命周期费用概念的基础上建立起来的。设备寿命周期费用是指设备从研制、生产、使用到报废整个生命周期内的费用总和。从设备管理和使用者的角度来看,设备寿命周期费用包括购置费用和使用费用两部分。设备的购置费用是指设备的前半生费用,包括试验费、设计费、制造安装费等,它往往通过购置价格来反映;设备的使用费用是设备的后半生所需的各项费用,比如维护保养费、修理费、操作费等,它通过设备维持费用来反映。实践证明,设备投产后的动力消耗和维修费用一般高于购置费用。购置价格低廉的设备,其寿命周期费用不一定低,因为寿命周期费用大部分是后半生的使用费用,所以,当设备使用到其使用费用急剧上升时,就意味着设备寿命应到此为止,由此决定的设备合理使用年限,就是设备的经济寿命。

确定设备经济寿命的原则是使设备的基本投资和经营费用的总和最小。其中,基本投资指设备的购置费用,经营费用是使用单位在整个设备寿命期内为使设备正常运转而必须支出的与设备有关的使用费用。设备经济寿命的确定方法有以下几种。

1. 低劣化数值法

随着设备使用时间的增加，设备磨损加剧，从而导致设备维持费用增长，这就是设备的低劣化。若这种低劣化每年以 λ 的数值增加（λ 称为年低劣化增加值），则 T 年内的低劣化累计值为 $(\lambda + 2\lambda + \cdots + T\lambda)$，$T$ 年内平均低劣化值为：

$$\frac{\lambda + 2\lambda + \cdots + T\lambda}{T} = \frac{T+1}{2}\lambda \qquad (11-3)$$

若设备原值为 T_0，经过 T 年使用后残值为 K_L，按直线折旧法计算，每年平均的设备投资费用为：

$$\frac{K_0 - K_L}{T} \qquad (11-4)$$

因此，设备年平均总费用为：

$$TC = \frac{\lambda(T+1)}{2} + \frac{K_0 - K_L}{T} \qquad (11-5)$$

根据经济寿命计算原理，使 TC 最小的年数 T 就是设备的经济寿命 T^*。因此令 $\frac{\mathrm{d}TC}{\mathrm{d}T} = 0$，可以得出：

$$T^* = \sqrt{\frac{2(K_0 - K_L)}{\lambda}} \qquad (11-6)$$

2. 最小年费用法

若设备的低劣化数值每年不是以相等的数值增加，而是非线性的，这时就可采用最小年费用法来计算经济寿命。这种方法是根据对同类型设备逐年经营费用统计资料的分析计算，并对比平均每年的总费用，由此确定设备的经济寿命。其计算公式为：

$$\overline{C_t} = \frac{\sum_{t=1}^{n} C_t + (K_0 - K_L)}{T^*} \qquad (11-7)$$

式中　C_t——第 t 年的经营费用；
　　　$\overline{C_t}$——某一确定年份的年平均使用费用。

三、修理费用管理

设备的维修费用主要有两部分：一部分是日常维护费用，如密封材料、轴承等，属于基层设备使用单位发生的，这部分费用进入基层单位的生产成本，一般在维修费用统计中不反映。另一部分是较大的维修费用，属于委托外单位维修而发生的，这部分费用进入从企业成本中切出的、由企业设备管理部门掌握的设备维修费用中，这部分费用很容易统计出来，各单位计算的设备维修费用率，都是只计算了这部分费用。

不论哪一部分维修费用,都应做好以下工作:

(1)明确各级单位的维修限额和维修权限,防止费用失控。

(2)对维修费用形成的各环节严格控制,如修理内容、价格、换件等,防止产生漏洞,造成经济损失。

(3)准确测算、合理制定设备维修费用指标。设备维修费用应控制在合理的范围内,既不要过高,也不要过低。维修费用过高,表明管理有漏洞或设备性能差,降低效益;维修费用过低,又存在设备失修、带病运行现象,短期或局部看,节省了费用,但从长期或全局看,造成更大的浪费。

(4)应定期对各单位、各类设备的修理费用进行统计分析,从中发现问题,制定对策。

四、设备租赁、转让和报废

(一)设备租赁

设备租赁指设备使用单位按照合同规定,向设备所有单位支付租金,在一定的时间内获得设备使用权的活动。

1. 设备租赁的分类

设备租赁通常分为以下两类:

(1)融资租赁。

用户需要使用设备时,不直接购买,而是以付租金的形式向出租人借用设备,出租人按用户的要求,垫付全部资金,代用户购入所需设备,以租赁的形式将设备租给用户实行有偿使用,出租人在租期内分期收回全部成本、利息和利润。租赁期满时,出租人通过收取名义货价的形式将设备的所有权转移给用户。

在融资租赁中,设备由用户选定,出租人对设备的性能、风险、维修保养不负责任。融资租赁的特点是存在设备产权的转移。

(2)经营租赁。

经营租赁是指出租人既为用户提供融资便利,又负责提供设备的维修保养,同时还承担设备闲置、过时风险的一种短期商品借贷形式。经营租赁的特点是不存在设备产权的转移。

2. 设备租赁注意事项

对油田企业而言,从其他单位租赁设备的情况较少,因为油田企业一般没有这些设备的操作人员,油田企业较常采用的是雇用队伍、自带设备的方式。但下述情况下应考虑租赁:配置短期使用或以后不再使用的设备时;资金紧缺时。

在油田企业,将设备租赁给其他单位是经常发生的业务。对关联交易单位的设备租赁,应以融资租赁的形式租赁,这样可以减轻油田企业的管理负担。如果以经营租赁形式租赁,在租赁协议中,要明确承租方修理、维护设备的责任,明确出租方的监督权利。在租赁中,油田企业应注意对设备使用保养状况的监督,防止设备提前损坏。

(二)设备转让

设备转让是指企业将不再需要使用的设备转让给其他企业使用的管理行为,转让设备又称调剂设备。

设备转让应考虑以下几点：

(1)设备转让时机。应当在设备使用到恰当的时机时进行转让,获得最大的收益。设备的使用费用大致是按"浴盆"曲线(参见图11-2)发生的,应当在使用费用,如能耗、修理费用等开始显著增长前进行转让,即在经济寿命内转让。

应特别重视对非安装设备的转让,因为非安装设备具有转移方便、技术进步快、容易转让等特点。

(2)按质论价。设备转让时,应按质论价,由双方协商同意,并按企业主管部门关于设备分级管理的规定办理有关设备调剂手续。

(3)转让费用处理。设备转出后,企业应将其从固定资产设备台账中注销。企业转让设备回收的资金,应按规定用于设备的改造与更新,专款专用。

(三)设备报废

设备报废是指企业将达到或满足设备报废条件的设备退出管理,回收残值的行为。设备不同的寿命对应不同的报废形式：法定寿命对应牌照报废；折旧寿命对应资产报废；自然寿命对应实物报废；技术寿命对应能力报废；经济寿命对应价值报废。

经济管理中常说的设备报废,是指设备的经济寿命终止,即设备资产报废。

1. 设备报废条件

(1)设备已达到规定使用年限,提足折旧,并退出使用状态的,可进行正常报废处理。

(2)虽不符合上述条件,但属国家强制性规定淘汰的设备,要限期退出使用状态,按照正常报废处理。

(3)设备已达到规定使用年限,提足折旧后,对符合如下条件之一的设备要退出使用状态,予以报废：

① 已经过多次修理,技术性能不能满足工艺要求的设备；

② 若经过修理,虽然能恢复性能,但一次性修理费用超过原值的60%,无更新经济性的设备；

③ 设备老化,技术性能落后,效率低,经济效益差的设备；

④ 耗能超过原机标准20%,进行改造又不经济的设备。

(4)由于不符合健康、安全与环保要求,又无修复、改造价值,已不能使用而永久性退出使用状态的设备,不论是否达到规定的使用年限和是否提足折旧都应报废。

(5)对已达到规定使用年限并提足折旧,需要并能够继续使用的设备,除按正常设备进行管理外,更要加强安全方面的检测。待该设备退出使用状态时,再办理正常报废手续。

有些设备的实际寿命大于折旧年限,到折旧年限时,设备仍很好,甚至在用,这种情况不应申请资产报废。如果这种设备被批准资产报废,则给管理带来一些问题。由于是已批准资产报废的设备,使用人员、管理人员对这些设备的维护管理都会不尽心,加速了这些设备的损坏,甚至造成这些设备的流失,这对企业是一种浪费。

2. 设备提前报废时的有关问题

企业为了减轻资产负担或由于资产重组等原因,常常会对一些在用设备提前进行资产报废。这使许多设备管理人员存在困惑,明明设备完好在用,却要资产报废,不知怎样处理。

(1) 首先应注意区别资产报废与实物报废,设备资产报废不等于设备实物报废,更不等于设备没有使用价值。对提前报废的设备,应像正常设备一样管理,仍执行原来的管理制度,仍列入设备报表,防止资产流失。

(2) 在申请提前报废时,设备资产报废的理由应如实填写,如"减轻资产负担"、"资产重组"等,不应虚构设备损坏、性能差等理由。

(3) 应选择安装设备或价值较高的设备作为提前报废的对象。

(4) 不要选择国家规定报废后不允许使用的设备作为提前报废的对象,如汽车、锅炉、压力容器等。虽然资产报废和实物报废概念不一样,但这些设备资产报废后,容易产生放松管理的现象,容易引发事故。

设备不论资产报废或实物报废,仍属企业所有。有利用价值的,应继续利用;无利用价值的,应尽快处理、转让,回收残值。

五、设备管理常用的技术经济指标

设备基础管理中与经济管理相关的常用技术经济指标有:设备利用率、设备完好率、维修费用率、事故费用率和设备综合效率、设备系统效率等。

(1) 设备利用率考核设备的利用效率,该指标可以反映设备的经济效益:

$$设备利用率 = \frac{设备实际开动时间}{日历计划开动时间} \times 100\% \qquad (11-8)$$

它反映企业固定资产在数量上的利用程度,即有多少在生产过程中发挥作用,有多少处于闲置状态。对于注采设备用下列公式表示,设备利用率:

$$设备利用率 = \frac{设备实际开动台时}{日历天数 \times 24h \times 设备总数} \times 100\% \qquad (11-9)$$

这种方法反映设备在时间上的利用情况。设备利用率越高,生产能力发挥越充分。可用来计算单台设备、一类设备和整个企业设备的利用率。

(2) 设备完好率考核设备在统计期内的完好情况:

$$设备完好率 = \frac{主要生产设备完好台数}{主要生产设备总台数} \times 100\% \qquad (11-10)$$

其中,设备完好的条件是:

① 设备性能良好;
② 运转正常、零部件齐全,有形磨损不超过规定值;
③ 设备的原材料、能源等消耗正常。

设备总台数应包括企业在用的、备用的、停用的以及正在检修的全部生产设备,不包括尚未安装、使用以及由基建部门或物资部门代管的设备。考核设备时必须按完好标准逐台衡量,不能采取抽查推算的办法。设备完好率一般仅考核主要生产设备。

(3) 维修费用率考核设备本身的维修性及维修人员的工作效率:

$$维修费用率 = \frac{设备维修费用}{总产值} \times 100\% \qquad (11-11)$$

（4）事故费用率反映设备事故的损失情况：

$$事故费用率 = \frac{设备事故直接损失金额}{本单位在册设备原值} \times 100\% \qquad (11-12)$$

（5）设备综合效率反映企业活动中设备投资（输入）与产出（输出）之间的关系，其计算公式为：

$$设备综合效率 = \frac{设备寿命周期收入}{设备寿命周期费用} \qquad (11-13)$$

其中，设备寿命周期收入指设备在整个寿命周期内的总收益。

（6）设备系统效率指投入寿命周期费用后取得的效果，通常可以用生产性、可靠性、安全性、节能性、耐用性、维修性、环保性、成套性和灵活性等表示。上述要素中，有的可定量表示，有的无法直接量化，因此可采用评分法来评价设备系统效率。在实际生产中，可根据设备的特点，有增删地选取设备系统效率的评价要素。

第三节　设备故障管理

一、故障的定义

设备故障是设备在运行过程中出现异常，不能达到预定的性能要求，或者表征其工作性能的参数超过某一规定界限，有可能使设备部分或全部丧失功能的现象。

二、故障机理

设备故障机理通常归结为引起故障的物理的、化学的、机械的、电气的和人的原因及其因果关系、原理等。以人的疾病作比喻，故障机理相当于病理，故障模式相当于基本的症状，即使机理不明，但模式总可观测。故障机理往往由于机器、零件、材料和使用环境的不同而不同。如果简单地归纳，则往往表现为磨损、疲劳、腐蚀和氧化。

成为故障直接原因，使设备本身所具有的缺陷扩大，并导致发生故障的应力，大体上可分为使用应力和环境应力两种。前者是该设备发挥机能时所必须承受的负荷产生的应力，例如，轴承的负荷，积聚于给水、注水管道中的水垢内应力等就属于这一类。后者是作为环境因素加到设备上的，如温度、湿度、气压、振动、冲击、盐水、日照辐射能、暴风、沙尘、霉蚀和有毒气体等。一般情况下，在故障中往往同时出现各种应力或交替作用，很多故障机理单独或者同时存在，甚至某种机理又诱发出其他故障机理，最终形成几种故障模式，如图11-1所示。

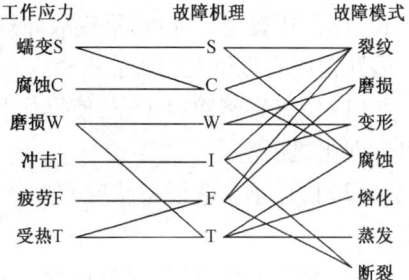

图11-1　故障机理与故障模式的关系

三、故障的分类

（1）按照故障原因可分为：先天性故障（设计缺

陷)、早期故障(制造、材料、安装缺陷造成的故障)、耗损故障(正常磨损)、误用故障(操作、使用、维修不当)和偶然故障。

(2)按照故障发生速度可分为：突发性故障、渐发性故障。两者的差别在于故障原因和表现征兆不同，突发性故障大多为偶然的外界因素、超载等引起的，故障发生前无明显征兆；渐发性故障的原因一般与磨损、腐蚀、疲劳和老化等有关，故障发生前通常会有明显征兆出现。

(3)按照故障发生时间可分为：早期故障(磨合期故障)、偶发故障(正常使用期故障)、耗损故障(劣化故障)。

四、故障率曲线

在按照故障发生时间对故障进行的分类中，其故障率和时间的关系如图11-2所示，图中所示的曲线又称"浴盆"曲线。大多数动力机械设备具有这种故障规律，这种分类方法对设备的维修工作具有一定的意义。

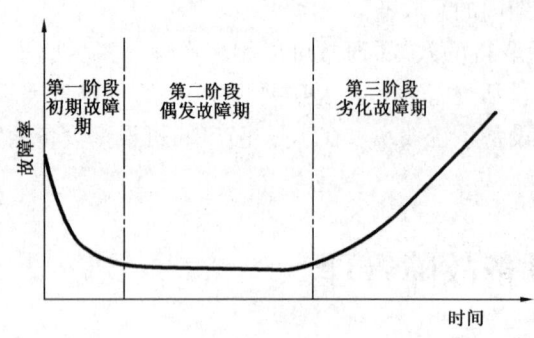

图11-2 "浴盆"曲线

(1)早期故障即第一阶段初期故障期，这种故障的产生可能是由于设计加工或材料上的缺陷，在设备投入运行初期暴露出来。或者是有些零部件如齿轮箱中的齿轮副及其他摩擦副需经过一段时期的"跑合"，使工作情况逐渐改善。这种早期故障经过暴露、处理、完善后，故障率开始下降。

(2)偶发故障即第二阶段偶发故障期，这是产品有效寿命期内发生的故障，这种故障是由于载荷(外因、运行条件等)和系统特性(内因、零部件故障、结构损伤等)无法预知的偶然因素引起的。设备大部分时间处于这种工作状态，这时的故障率基本上是恒定的。

(3)耗损故障即第三阶段劣化故障期，它往往发生在设备寿命后期。由于设备长期使用，甚至超过设备的使用寿命后，因设备的零部件逐渐磨损、疲劳、老化等原因使系统功能退化，最后可能导致系统发生突发性的、危险性的、全局性的故障。这个期间设备故障率呈上升趋势，通过监测、诊断，发现失效零部件后应及时更换，以避免发生事故。

五、故障管理的展开程序

要做好设备的故障管理工作，必须认真掌握发生故障的原因，积累常发故障、典型故障资料和数据，开展故障分析，重视故障规律和机理的研究，加强日常维护、检查和预修。故障管理的展开程序有以下几方面：

(1)做好宣传教育工作，使操作和维修工人自觉对设备故障进行认真记录、统计、分析，提出合理化建议。

(2)根据本企业设备状况和生产实际，对在用设备划分A、B、C三类，以确定故障管理的重点。

(3)利用监测仪器，对重点设备的重点部位进行有计划的检测，及时发现故障的征兆和劣化信息。例如通过人的感官及例检工具进行日常检查、巡回检查、定期检查和完好状态检查等。同时，应建立检查标准，划分设备正常、异常、故障的界限。

(4)培训操作工人、维修工人掌握故障分析方法,开展故障分析。

(5)操作工人、维修工人认真填写和记录设备故障原始资料,并上报有关管理人员和部门。

(6)设备技术人员应根据设备故障的原始资料统计分析,计算出各类设备的故障频率,平均故障间隔期,分析单台设备的故障动态和故障原因,找出故障发生的规律,以便突出重点采取对策,并将故障信息资料反馈给设备管理部门以便安排预防修理。

(7)通过维修工人的日常巡回检查和定期技术状态检查,取得状态信息和故障征兆以及有关记录、分析资料,针对各类设备和已发现的一般缺陷,及早安排维修,预防和控制故障的发生。

(8)做好故障数据信息管理工作。

六、故障分析与排除的基本程序

为尽快有效地进行故障原因分析与排除故障,必须遵循以下程序:

1. 保护现场,进行症状分析

(1)询问操作人员,了解故障发生的时间、类型和背景,以及故障发生前设备的异常和有关人员的操作情况等;

(2)查看整机状况和各项运行参数情况;

(3)检查、检测指示装置的情况;

(4)启动设备检查(在允许情况下)。

2. 检查设备(包括零件、部件、系统线路)

(1)利用感官检查(包括看、听、闻、摸等);

(2)评定检查结果,即故障检查是否准确、故障原因是否找到、各项检查结果是否一致。

3. 确定故障的位置

(1)根据设备说明书,识别系统结构及确定测试方法;

(2)系统检测,在合适的测试点,用合适的技术检测,查出可疑位置。

4. 修理或更换

针对故障情况对设备进行修理或零部件更换。

5. 进行性能测定

对装配测试后的设备进行启动、空载、负荷的性能测定。

6. 记录并反馈信息

(1)收集有价值的资料及数据。记录故障发生的具体时间、故障现象、停机时间、所换零部件、修理的效果和待解决的问题等,按规定要求存入档案。

(2)统计分析。定期分析设备使用记录,分析停机损失,找出减少维修作业的重点措施,研究故障机理,提出改进措施。

(3)按程序反馈。上报有关管理部门和设备制造单位。

第四节 油田主要设备的管理要求

一、设备的分类管理

根据设备在生产使用过程中所起的作用,可将其分为 A、B、C 三类,A 类为关键设备,B 类为主要设备,C 类为一般设备。

(1)设备分类评分标准。为便于分类,油田设备可按固定资产原值和生产的重要程度评分对设备分类,如表 11-2 所示。

表 11-2 设备分类评分标准表

项目名称		评分	类别标准
固定资产原值40分	100万元以上	40	A 类设备80分以上 B 类设备50~80分 C 类设备30~50分
	50万~100万元	35	
	30万~50万元	25	
	10万~30万元	15	
	10万元以内	10	
生产的重要程度60分	关键作用	60	
	主要作用	40	
	辅助、一般作用	20	

(2)油田设备的分类举例。油田设备中的热采锅炉、天然气加工处理设备属于 A 类(关键)设备;注采设备中抽油机、2000kW 以上注水泵和输油泵属于 B 类(主要)设备;清水泵属于 C 类(一般)设备。

二、油田设备使用与维护的要求

(一)设备使用要求

1. 建立、健全管理制度和守则

正确使用设备,必须建立、健全以下管理制度和守则:

(1)单台设备实行"定人定机"管理。每台设备的使用和日常维护、保养及管理等工作,必须由专人负责,以确保设备管理工作"事事有人抓,处处有人管"。

(2)设备操作实行"凭证操作"。设备操作者必须经技术培训取得设备操作资质证后,方可允许其操作规定的设备。

(3)工作衔接实行"交接班制度"。交班人在下班前除完成日常保养作业外,必须将本班设备运行情况、运行中发现的问题、故障维修情况和提醒下一班注意的问题等详细记录在"交接班记录本"上,并主动向接班人介绍情况,双方当面检查并在记录本上签字。如不能当面交接,交班人可做好日常维护工作,使设备处于安全状态,填好交班记录交有关负责人签字。接班人如发现设备存在异常现象,记录不清、情况不明或设备未按规定维护时可拒绝接班。如因交接不清,设备在接班后发生问题,由接班人负责。

设备管理和维修人员应经常检查交接班制度执行情况,随时查看交接班记录,从中分析设备技术状态,为设备管理和维修提供信息。

(4)设备操作工人应达到"四懂"、"三会"的要求。四懂即懂性能、懂原理、懂结构、懂用途;三会即会操作、会保养、会排除故障。

2. 规范设备的使用操作

(1)健全设备使用规程。

设备使用规程是根据设备的特性和结构特点,对有关设备启、停、使用做出的规定。一般包括:

① 设备投产前编制审定设备操作、维护的文件和资料,如操作规程、维护规程、润滑卡片、设备点检和巡检卡片。

② 对操作人员的教育和考核。要求设备操作工人必须经过实际操作、维修技能的教育培训,具备对设备"三会"的能力。

③ 建立必要的业务规定、规则。例如对多人操作设备的机台长的选定,对关键设备专人维修的规定,设备事故报告制度和交接班制度等。

(2)严格设备操作规程。

设备操作规程是操作人员正确操作设备的技术规范。其内容是根据设备的运行特点以及安全运行要求,对操作人员在全部操作过程中必须遵守的事项、程序及动作等做出规定。

设备操作规程的内容一般包括:

① 操作前清理现场及检查设备状态的要求;

② 设备运行工艺参数;

③ 操作程序要求;

④ 点检、维护、润滑的要求。

(二)设备维护要求

所谓设备维护是指为维持设备的额定技术状态而采取的技术管理措施,其作用在于延缓设备工作能力降低,保持设备经常处于良好的技术状态。设备维护分为日常维护和定期维护,是操作者的主要职责之一。

1. 设备的日常维护要求

设备的日常维护又称为日保或例保,由操作工人负责进行,其中专业性较强的工作可由专职维修人员负责。日常维护的内容是:班前对设备的重要部位进行检查并按规定加油润滑;设备运行时严格按设备操作规程使用设备,注意设备运行时发出的异响、异味、温升、压力、油位及安全防护装置的情况,发现异常时应及时进行处理或报告专业维修人员;下班前对设备进行清扫擦拭和检查,清理场地,并将设备状况及存在的待处理问题记录在册,以便进行交接班。

日常维护中的维护周期要制度化,一般每班要进行一次,薄弱部位或运行过程中易发生异常的设备,每班则要检查数次。如油田所使用的油、水泵站设备,规定至少每2h必须检查一次。

2. 设备的定期维护要求

设备的定期维护是按计划定期对设备实施的维护工作,其周期是根据设备的结构、生产环境及生产条件、维护保养水平等不同条件综合确定的。

设备定期维护的目的是清除设备使用过程中由于零件磨损和维护保养不良所造成的局部损伤,调整或更换配合零件,改善设备及其零部件的配合质量,恢复设备的工作能力及技术状态。

设备定期维护的主要内容是:拆卸指定的部件、箱盖及防护罩;清洗及擦拭设备的表面及内部;修理、更换磨损的零部件及填料,紧固松动的零部件;检查及调整部分机构的配合间隙,局部恢复其精度;清洗、疏通油路及润滑部位,加油或更换润滑油脂;清扫、检查、调整电器线路及装置。维护工作结束后应就调整、修理及更换的零部件和已发现但尚未解决的问题做好记录,为日后的设备项修及大修提供依据。

目前油田企业设备的定期维护措施是:抽油机、泵站设备、车辆、施工机械、金属切削机床等设备实行一、二、三级定期维护保养制度;钻井设备、物探设备等实行季节性定期维护保养制度;电力设备、排涝设备等实行每年一次的强制性检修和维护保养制度。

3. 设备的维护规程

设备的维护规程是对设备日常维护保养方面的要求和规范。其主要内容包括:设备要达到整齐、清洁、润滑、紧固、调整、防腐、安全的要求;保持文明的区域环境;定期检查或评比操作工人的维护活动等。认真执行设备维护规程,可以延长设备使用寿命,保持安全舒适的工作环境。

三、油田主要设备的管理要求

(一)油田主要设备的管理要求

(1)资料齐全。包括设备使用说明书、备件图册、润滑图表、使用操作规程、运转及修理记录等单机技术档案袋。

(2)严格执行定人、定机、凭操作证使用和操作设备。使用人员必须按"四懂"、"三会"要求经考试合格后才能操作设备,操作人员力求稳定,如有调动需征得机动部门同意。

(3)合理使用冷却水和润滑油、燃料油,定期检测化验;合理使用设备,杜绝超负荷运转、拼设备现象。

(4)认真搞好定期检查、鉴定和检验,按设备工作制度建立日点检和周点检制,年度上报逐台设备的鉴定表。严格执行定期、定级强制保养和预检修制度。

(5)随机附件必须保持完整,妥善保管,暂时不用的应合理存放。

(6)要固定责任心强、技术水平高的工人和技术人员负责维修工作。

(7)设备使用中要认真做好运转记录、保养记录和使用分析月报。

(8)发生设备事故要认真分析原因,对重大设备事故必须严肃处理,切实做到"四不放过"。

(9)在用设备要保证备件齐全,必须保持最低储备量,满足维修需要。

(10)在定期检查鉴定的基础上,以计划检修为主,部分进行预防维修。

(二)油田主要设备管理要求举例

1. 输油泵的管理要求

(1)离心泵要避免长期并泵运行。因为并泵运行时,总排量远远低于几台泵额定排量之和,而耗电量却增加很多。

(2)在有变频器的情况下,离心泵不要在泵出口节流。

(3)往复泵应采用换柱塞或皮带轮的方法调节排量,不要用打回流的方法;合理调整气包压力,确保稳压效果;经常检查曲轴箱内机油的油量、油质;检查安全阀泄漏量,及时检修安全阀;尽量不用喂油泵。

(4)当泵的排量比正常值下降30%时,应立即检修。

(5)当泵的额定参数与工艺要求差距较大时,应进行改造或更换。

对离心泵,当泵的额定扬程大大高于管路阻力时,应进行叶轮级数调整、叶轮切削等改造;当泵的额定排量高于要求的输量时,可采用变频调速方法,降低转速;当泵的额定排量低于要求的输量且需长期并泵运行时,应更换大排量的泵。

对往复泵,应首选采用换柱塞或皮带轮的方法使泵满足工艺要求;但若采用换柱塞或皮带轮的方法不能使泵满足工艺要求时,应更换泵。如果是增大参数,应核算电动机功率是否足够。

2. 注水泵的管理要求

(1)应密切注意注水泵的运行状况和注水系统的效率;管线压力损失较大时,应考虑在末端安装增压泵。

(2)有条件时,可将几个注水站联网,在其中1个站上采用变频器调节其中1台泵的排量,其他泵满负荷运转。

(3)注水泵由于压力较高,应注意安全装置,如超压报警、停泵、卸压等的可靠性。

(4)其他要求参考输油泵管理要求。

3. 加热设备的管理要求

(1)加热炉和锅炉应具有加热温度自动控制、电子点火和自动吹扫功能;具有排烟温度、介质进出炉温度和锅筒压力的检测显示;具备下列声光报警保护:水位过高、水位过低、锅筒压力过高和熄火保护。

(2)加热炉和锅炉的水位应在正确的位置。水位过低,易造成烧干锅;真空加热炉水位过高,如果淹没盘管,将使真空加热原理失效,降低加热炉效率。

(3)尽量减少点炉数量。有的站习惯点2台炉,1台加热原油,1台用于采暖。其实水套加热炉内一般都有2套以上盘管,应当一套走油,一套走水。负荷低时,点1台炉,负荷高时,点2台炉。

(4)应每班统计燃料消耗量和负荷情况,以便确定单耗,比较燃料消耗的高低。

4. 燃烧器的管理要求

(1)应特别重视自动燃烧器的燃料过滤问题。要定时清洗过滤器,防止过滤器堵塞,造成油泵空转干磨,防止过滤器失效,颗粒进入油泵。

燃烧原油的一体化自动燃烧器,由于燃料过滤不好,导致燃烧器自带的油泵频繁损坏,有的厂一年换30多台泵;燃烧伴生气的燃烧器,由于液体分离不净,导致减压阀频繁失效。

仅靠燃烧器自带的过滤器往往不能满足要求,需要另外采取过滤、分离措施。如增设过滤器、分离器,改进燃油罐沉降效果;或用国产分体泵代替进口的一体泵,以减少费用。

（2）自动燃烧器的控制系统较复杂，出现问题往往依靠厂家技术人员解决，常常耽误了工作，应加强燃烧器故障排除方面的培训，借此提高操作人员排除自动燃烧器故障的能力。

（3）燃油温度是影响雾化的重要因素。用一般原油时，燃油进入喷嘴之前的温度应达到90℃以上，采用重油和稠油时，应达到120℃以上。

设备管理是保证企业进行生产和再生产的物质基础，也是现代化生产的基础。设备管理水平标志着国家现代化程度和科学技术水平，对提高企业生产水平和产品质量、降低消耗、保护环境、保证安全生产、提高经济效益、推动国民经济持续、稳定、协调发展都具有十分重要的意义。

复习思考题

1. 简述设备管理的主要内容有哪些？
2. 设备的经济管理是企业设备管理中的一个重要环节，试说明其必要性和实际管理过程中的主要考虑因素。
3. 试举例说明设备的故障机理研究在设备故障的分析与排除中的作用。
4. 简述设备故障管理的展开程序。
5. 油田企业如何做到设备的合理使用和正常维护？
6. 设备管理在不断的发展中，逐渐形成了许多制度和体系，如全员生产维修制（TPM）、全面生产设备管理（TPEM）、全面规范化生产维护（TNPM），试自学了解其主要思想和方法，并说明他们与设备综合工程学的关系。

参 考 文 献

[1] 李宁会．油田设备管理概论．北京：石油工业出版社，2005．
[2] 亓和平，崔金兰．油田企业设备管理．北京：中国石化出版社．

第十二章 原油集输系统节能技术

我国是世界上仅次于美国的第二大能源消费大国,而且是在今后若干年内能源需求增长速度最快的国家之一,面对日益推高的国际油价和国内不断增长的能源需求,油田企业该如何应对?坚定不移地走建设节约型社会之路,依靠科技进步,不断提升节能减排水平,是最根本的应对之道。

所谓节能就是从能源生产、运输、储存到消费的各个环节减少能源损失和浪费,提高有效利用率。

随着油田开发的深入,在开发难度日益增大、生产规模不断扩大的形势下,积极开展油气田能耗现状调研、节能潜力分析、节能技术发展战略等方面的研究,促进节能技术的发展,是石油企业转变增长方式的重要途径。同时,节能降耗既是国家对于企业改变经济增长方式的要求,也是建设资源节约型企业的根本要求。

第一节 我国油田集输系统的能耗现状

原油集输系统包括集油、油气水分离、污水处理和原油外输四个过程。纵观原油的生产过程可知,能源的消耗主要在生产工艺、生产设备、管理和维护手段四个方面。通过深入分析集输系统各环节的能源消耗情况,掌握各环节节能降耗的潜力,并采取相应的节能降耗措施。这是集输系统节能降耗的关键所在,对于提高集输系统的运行效率,降低油田开发的生产成本,增加油田开发的效益,提高企业竞争力,破解油田生产高能耗的困局都具有重要的意义。以下详细介绍生产工艺和生产设备方面的能源消耗情况。

一、生产工艺方面

各油田现有的工艺和设备主要是针对开发中期的特点而设计配套的,进入开发后期,采出液的乳化特性、介质特性都有较大变化,原油集输工艺已不能适应这一变化的需要。油气集输系统负荷增大,现有的工艺流程复杂,系统能力不能满足开发后期的生产要求,是原油集输系统共存的难题。

(一)集油工艺

随着东部油田进入开发后期,各种生产设施、设备日趋老化,当年设计工况和现实不匹配的矛盾日益突出,油田地面各生产系统的负荷率普遍下降,运行效率降低,系统能耗升高。如大港中北部油田已开采近40年,目前大部分油井含水约在90%,地面生产仍沿用以往的双管掺热水生产模式,掺水温度约达75℃。同时掺水管道没有采取保温措施,掺水到达井口时温度下降幅度较大。现有的集油工艺造成了热能、电能的大量浪费,增加了吨油生产成本。

(二)输油工艺

某些油田由于集输系统建设较早,受当时工艺技术的限制和资金投入等诸多因素的影响,输油方式采用开式流程,即站站进罐、站站加压、站站加热的运行方式,既增加了油气损耗,又增加了动力和热力消耗。

(三)原油脱水工艺

长庆油田目前的原油脱水工艺一般采用大罐溢流沉降脱水工艺流程,这是采用单一的热化学沉降使油水分离的方法,油水混合液进入脱水沉降罐前,必须加入破乳剂,并加热到脱水所要求的温度。其特点一是脱水过程较长,一般不小于24h;二是脱水流程开式运行,油气损耗较大。

(四)轻烃回收工艺

轻烃回收装置一般采用高压低温的处理工艺,利用原料气压缩机对稳定闪蒸气进行加压,导热油循环加温,空气冷却器和换热器进行降温冷却。即正常工艺为:原料气经一级、二级压缩机加压后,通过空气冷却器制冷后进入低温分离器分离。由于冷却降温效果不理想,造成部分液化气组分以气态的形式进入放空火炬焚烧,造成了大量的浪费。

(五)污水处理工艺

随着污水处理量的增加和水质标准的提高,现有污水处理工艺流程和设备落后,按常规的处理方式已不能满足生产要求。

(六)注水工艺

由于注入量增加,电力负荷急剧增长,注水井洗井次数增多,造成洗井能耗和污水处理工艺的负担增大。

二、生产设备方面

原油集输系统的能耗点主要分布在转油站、联合站和脱水站。站内能量消耗主要为设备用电、锅炉用水、加热装置用油(气)。设备用电主要集中在各类机泵的动力消耗上,耗用油(气)主要集中在各类加热炉、锅炉的热力消耗上。据统计,生产设备的能耗占集输总能耗的60%~80%。

根据以上分析,为适应油田开发后期集输系统改造及节能降耗目标的需要,通过地面工艺的系统配套攻关,研制能耗低、效益高、投资省的工艺设备和合适的节能降耗工艺技术,使开发后期原油集输处理、脱水、污水处理、注水工艺及油田防腐工艺技术达到一个新水平,从而达到油田地面工艺在开发后期的技术改造投资省、效益高的目的。

第二节　集输系统的节能技术

从20世纪80年代初国家有计划地开展节能工作,到21世纪国家强化节能工作以来,油气生产节能工作和节能技术在不断发展和提高。从初期打基础、杜绝跑、冒、滴、漏,到开展单元设备、单项工艺的节能技术改造,再到开展系统优化,提高系统的运行效率,进而注重各耗能系统和相互之间节能技术的完善配套,按品位实行能源梯级利用。

从宏观上讲，节能包括三种途径，即结构节能、技术节能和管理节能。

利用调整产业结构和产品结构以降低能耗的措施被称为结构节能，它实际上是管理节能的一部分。

通过技术改造与改革来节能的方式称为技术节能，这是原油集输系统今后节能工作的重点。

所谓管理节能，就是以科学管理达到节能目标。

油田企业不但要抓管理节能，更要抓技术节能，让新的节能技术尽快地得到研究和开发，让已经成熟的、证明效益显著的节能技术推广到一切可以推广的部门和领域。

针对油田开发后期的需要，各油田对地面工艺的各个系统都进行了许多有益的探索和研究，根据节能技术的研究方向，开发和实施了一系列节约能源的措施，油气田节能技术不断朝着深入细致和提高效益的方向发展，取得了很大的突破。

一、生产工艺节能

（一）集输生产

原油集输生产，应从节能和安全两个方面着手，加强密闭输送与处理技术的研究和推广应用，改造工艺流程，逐步实现密闭输送，提高泵效和加热炉的热效率，逐步采用"先炉后泵"流程和实现泵的大小搭配合适。具体来说，应从六个方面开展工作：

（1）采用变频调速技术。压缩机、泵等动力设备采用变频调速技术既提高了设备效率，又满足了生产工艺要求，并且因此大大减少了设备维护、维修费用，还延长了停产检修周期，直接和间接经济效益十分显著。变频调速技术以其优异的调速和启制动性能、广泛的适用范围、高效率、高功率因数、显著的节电效果等诸多优点而被国内外公认为最有发展前途的调速方式，也是现代工矿企业节能降耗的终极选择。

（2）研究进行原油改性，针对原油的流变特性，研究原油的降凝减阻输送技术及热处理加剂输送综合处理工艺，降低输送温度，甚至实现常温输送。

（3）实现密闭输送是当务之急。在目前老输油管道没有自动化数据采集与控制系统的情况下，近期可设置调节阀和双工泄压阀，长远目标则应采用先进的智能压力释放阀。

（4）油气混输。推广应用油气混输技术，解决边远区块进不了系统、局部区域集输回压高的问题，进一步提高油气集输密闭率。

（5）实现自动化，应用配有现场总线的 SCADA 系统。现场总线技术标志着自动化技术新时代的开始。现场总线是综合运用微电子技术、网络技术、通信技术和自动控制技术的产物。它把微处理器置入传统的测量控制仪表，使它们各自具有了数字计算和数字通信能力，成为能独立承担某些控制、通信任务的网络节点。这样，以现场总线为纽带，把原来分散的测控设备和仪表，连接成可以相互沟通信息、共同完成自控任务的网络系统和控制系统。

应尽快改革目前油田的原油计量交接方式，淘汰取样器和人工化验的方法，推广应用以引进传感器为核心的原油含水和原油密度自动测量仪，避免人为因素，这样可大大减少计量损耗、物资能源消耗和无谓的工作量，大大减少计量工作人员。

（6）优化运行，研究专家生产调度系统。加强生产运行优化软件的开发研究，即计算机专家系统。SCADA 系统建立了，没有相应的软件还不能达到事半功倍的目的。通过软件的分析、诊断和优化，把专家的经验和智慧都凝聚在里面。

(二)原油脱水工艺

原油脱水一般在矿场条件下进行,所采用的工艺通常根据系统特点、原油物性、含水率、伴生水的矿化度、油田的生产方式和开采条件及气候条件等因素决定,因此原油处理工艺的节能可从多方面考虑:一是采用高效预分水工艺;二是污油单独处理工艺;三是低温集输脱水工艺,取消加热炉等高耗能设备。例如美国洛杉矶附近的西格奈尔希油田是一高含水期开发油田,由壳牌公司开发,年产油量为 $50 \times 10^4 t$,综合含水 88%,其产品收集和处理工艺是:各井来油经过汇管,加入破乳剂之后,经两级分离(第一级为预脱气,第二级为三相分离),进入大罐沉降(配套大罐抽气),即用大罐代替电脱水器。其工艺特点是:系统处理在一个场地配套进行(油气分离、原油脱水、污水净化及回注等);利用罐作为末级分离器,同时具备沉降罐和成品油储罐的功能;在自然温度(21℃)下脱水,没有加热设备和换热器,油田生产过程完全密闭。

我国各油田结合中高含水期技术改造的需要,开展了低耗节能油气集输配套技术的研究。在原油处理方面,创造了河南江河油田高凝原油不加热一段脱水获合格净化油的新技术,工艺配套了阀组加药、管道破乳和高效沉降分离技术,研制出的 HNS 型高效三相分离器采用了预脱气和水洗破乳技术等多项新工艺,在来液温度 $50 \sim 55℃$,停留时间 $10 min$ 条件下,出口原油平均含水不高于 0.5%,达到了净化油标准。

虽然我国油田在高含水开发期脱水工艺的研究上已取得较高水平的成就,但今后仍应继续完善一段脱水工艺,进一步提高分离器对全国各油田处理的适应能力。

(三)化学破乳剂

研制并应用高效脱水破乳剂来降低热耗是比较经济的,如德国某公司研制的分离剂28,在某工程中应用,在 15℃ 条件下,经一级处理后,可把原油含水从 30% 降至 $1\% \sim 2\%$。然而,国内存在着应用现场与研制脱节的现象,针对性的产品研制工作仅少数油田开展得较好,其他油田普遍是采用筛选应用。因此,要加大常温脱水破乳剂研制、新型聚结填料开发的力度,以适应开发后期技术改造的需要。

(四)原油稳定及轻烃回收工艺

原油稳定装置生产的稳定气、大罐挥发气、增压点缓冲罐的伴生气是轻烃回收装置的原料气,经过预处理、压缩、净化、冷凝、分馏生产液化气和稳定轻烃,它们都是很有价值的化工原料和优良的燃料,如果不加以回收利用,不但造成资源浪费,而且会污染环境,影响安全生产。

进行轻烃回收是为了合理利用能源,但回收过程又需要消耗能源。因此轻烃回收过程的节能应重点考虑合理选择制冷工艺、减少压缩动力和充分利用热能。

美国兰德公司的深冷轻烃回收装置是世界上使用最多,并被制成各种加工能力的标准化橇装装置。其流程是典型的带丙烷预冷的单级膨胀制冷流程,其特点是利用了脱甲烷塔内的低温,相当于 48% 的原料气作为脱甲烷塔的重沸器的热源,而塔底不设重沸器,该工艺既节省了投资,又节省了运行成本。

(五)污水处理工艺

国内外含油污水处理工艺基本相同,主要分为除油和过滤两级处理,污水处理后进行回注。根据注水地层的地质特性,确定处理深度标准,选择净化工艺和设备。对渗透性好的地层,一般污水经除油和一段过滤后即进行回注;而对低渗透地层,则要进行二级或三级过滤,例如美国得克萨斯贝克斯油田,污水经气浮选、双滤料过滤器、滤芯式过滤器处理后才可回注。

近年来,我国加大了含油污水治理技术及装备的开发应用力度。通过含油污水处理技术的研究与应用,开发设计了污泥热解处理的工业应用新工艺和新装备,在部分油田投入工业应用取得良好效果。探索污水回用新途径和深化污水处理新技术,努力减少污水外排量以避免污染水源,收到了明显的效益。

(六)油田采出水循环利用工艺

随着全球范围水资源短缺的加剧,以及人们对环境污染认识的加深,油田污水处理后回用已经越来越受到重视。一方面采出水处理后用于回注时,油田产出水与地下水源水相比,温度较高,可以利用一部分热,减少产生蒸汽所需要的热量,从而降低油田开采过程中的燃料消耗量;同时也节约了大量的淡水资源,解决了油田采出水排放造成的环境污染问题。另一方面,采用合适的处理工艺手段将稠油污水进行深度处理后回用热采锅炉,可获得显著的经济效益,原因之一是污水回用替代清水,可节约大量的清水费用;其二是污水回用后,外排水量随之减少,使排污费用明显降低;其三是回用污水温度较高,一般为45℃左右,稠油污水可达60℃以上(清水平均20℃左右),可节约大量能量,减少热采锅炉燃料油的使用。

(七)防腐蚀技术

国外油田外防腐涂料主要有煤焦油、沥青、石蜡、预制薄膜和热敷涂层等五大类,据文献报道煤焦油层寿命可达50年以上。内防腐涂料主要有煤焦油环氧、催化环氧聚合物、纤维玻璃加强聚脂等。近年来又开发了高密度聚乙烯(HDPE)外涂料,其温度范围-45~80℃,在寒冷和沙漠地区寿命可达30年。

国内油田埋地管线普遍采用石油沥青涂层,一般50~80℃的油气水管线采用专用沥青,防腐等级分为普通绝缘、加强绝缘和特加强绝缘三级。近年来,各油田又根据需要相继开发了环氧粉末涂料、防水防腐型涂料等。

相比之下,我国在防腐材料种类、施工技术、补口工艺方面与国外存在一定差距。油田开发后期,污水闭路循环,水质进一步恶化,加剧了设备、管道的腐蚀。此外,我国东部油田大部分建于20世纪六七十年代,针对这些地下地面设施面临的重新防腐问题,系统防腐技术的研究和新型防腐涂料的研制是解决这一难题的不二选择。

二、生产设备节能

在集输生产中电量、油气等能源消耗是巨大的,约占油气集输生产成本的三分之一,因此,应以节能降耗为重点,加强高效节电的变压器、电动机、集输系统动力设备、加热炉等耗能设备的更新改造和推广应用。

(一)节能变压器

节能变压器是电力系统的主要节能设备,它运行稳定、质量可靠,可使空载损耗降低40%、短路损耗降低15%、空载电流降低10%,经济效益显著。该种变压器已在油田及长输管道供变电系统大量采用,取代了过去的高耗能变压器。

(二)节能电动机

电动机是生产企业的主要用电设备,我国发电量中大约有60%的电量是通过电动机转化为机械能而做功的,这些电能约折合 2×10^8 t 标准煤,若电动机效率能提高 1%,则年节约标准煤约 200×10^4 t。可见,电动机节电是节能最重要的领域之一。但目前由于技术落后,管理水平低下,使不少电动机处于轻载、低效及高耗能的运行状态,电能浪费十分严重的现象比比皆是。为此,首选节能电动机,推行电动机节电技术是一项重要的举措。

(三) 采用柱塞泵、螺杆泵输油

集输系统所有动力设备均采用电力带动方式,因而 80% 的能耗为电的消耗,耗电主要集中在转油站和脱水站的各类机泵、压缩机等动力设备,以及电脱水器、供水设备上。这些已建的耗能设备随着油田开发时间的延长和产量变化,存在负荷率低、能耗升高的问题,是原油集输系统中节电的重点研究对象。

集输系统输油设备大多为离心泵,其耗电量与输送量、输送压降成正比关系,与泵效成反比关系。由于泵本身系列品种不全,且泵的生产厂家众多,以致输油成本高,维修难度大。柱塞泵凭借其泵效高、易维修的优势,螺杆泵因消除了调节流量带来的节流损耗,从而大幅度地降低了能耗,得以在集输系统中大力推广应用。

(四) 加热炉

加热炉是主要的燃料消耗设施,真空炉、相变炉和热媒炉等新一代加热炉经过在油田的试验和应用,安全运行和高效节能方面都得到了验证。今后应结合产能建设、老油田改造及节能专项工程,根据不同加热炉适应的工况条件,总体规划、分期实施,进行加热炉的更新换代。

1. 推广应用加热炉节能配套技术

大力研究和引进针对加热炉燃烧配风、炉体保温、烟气热量回收和燃烧平稳运行等各方面的节能配套技术,进一步提高加热炉的热效率。对已经成熟的无机传热余热利用装置、加热炉节能环保自控技术和自动比例式转杯燃烧装置等节能技术,在目前应用的基础上,应加大推广力度。

2. 试验燃油的替代品

目前,国内已经开发和应用水焦浆、水煤浆和油焦浆等新型燃油替代品。各油田可积极组织技术力量,引进该项技术,进行试验和论证,确定适合各油田加热系统的最佳燃油替代品。

3. 采用掺水乳化燃烧技术

掺水乳化燃烧技术是 20 世纪 90 年代初发展起来的一项节油技术。乳化掺水量一般为 15% ~ 30%,加上使用高效燃烧器,改善了燃烧条件,燃烧比较完全,燃烧效率高。炉膛内火焰清亮且火焰温度高,不积炭、不结焦或减少了结焦,改善了传热条件,提高了锅炉、加热炉的热效率,延长了设备使用寿命,减少了环境污染,节油效果好,节油率可达 6% ~ 30%。

4. 采用节能环保型高效燃烧器

节能环保型高效燃烧器不仅具有燃烧完全、热利用率高、负荷调节余量宽、低故障和效率高等特点,而且能大量减少氮氧化物和一氧化碳的产生量,使烟气排放洁净、无污染。另外,现有的锅炉及加热装置采用优质的保温隔热层,保证即使在寒冷的冬天,炉体表面散热也小于 1.5%,由此也能大大提高加热设备的热效率,原有的加热设备热效率基本在 60% 左右,通过实测证明,现有加热装置的实际热效率可达 85% 左右。

对于加热炉,可对现有加热炉进行节能技术改造,如推广高效燃烧器,提高燃烧效率;或采取余热回收措施降低排烟温度,合理控制空气过剩系数;或配备炉管清扫装置,如超声波、空气除灰器,减小炉管热阻,达到提高炉效的目的。长期来说,应全面推广应用相变加热炉和热媒炉,取缔蒸汽加热系统,为实现密闭输送奠定基础。

(五)三相分离器外加电流阴极保护技术

三相分离器可通过提高分离器等设备的功能和结构的优化、研制开发强化分离填料达到提高分离效率的目的;还可以在三相分离器上采用外加电流阴极保护技术,达到有效延缓设备腐蚀、延长设备使用寿命、节约投资的效果。

(六)污水处理设备

国外开发应用的污水处理设备有许多不同类型,其处理效率都很高,如使用较广泛的气浮选装置就有立式罐和卧式槽型,除油效率高达98%以上。精细过滤设备对悬浮物的控制含量小于1mg/L,颗粒直径小于1μm。同时,开发了PE、PEC微孔过滤器等,对2μm颗粒的控制能力在85%~95%,基本满足了各种地层的注水水质要求。

许多国内石油公司则开展了旋流分离器技术研究,已形成了比较完整的理论观点和概念术语,确定了参数指标。从初步应用来看,旋流分离器具有体积小、处理量大等特点,分离效率一般在50%~80%,目前陆上部分油田已应用于污水处理中。

因此,油田开发后期污水处理的节能措施是配合一段脱水工艺,充分利用分离器剩余压能,应用压力式除油设备和化学助剂,实现闭式处理工艺。

三、管理节能

传统的油气集输管理是建立在设计参数基础之上的。设计说明书为生产管理部门提供了诸如供水、输油温度、开动设备台数等一系列数据,生产管理部门则严格按照这些参数组织生产管理,其目的是确保系统的正常运行,从而保证采油井生产的原油能安全地输送到目的地。

集输系统管理节能是以油田实际生产数据为依据,通过对管线及设备的参数分析,以获得维持正常生产的最低动力投入量,实现输油泵节能控制;通过对原油物性的研究,达到对热力系统优化管理的目的。因此,在对原油集输系统中电力、热力能耗进行综合分析的基础上,对原油流变性进行研究,将优选管道运行参数和节能技术方案的研究相结合,建立节能优化改造的数学模型,开发适用于原油集输系统的优化运行软件,并据此提出具体的改造建议和意见,以指导老油田进行合理的工艺流程改造,实现集输系统全面节电、节热和节水的目的。优化运行流程、优化管理方式,确保设备和生产系统高效运行,降低能耗,实现过程节能,是实现原油集输系统节能降耗的一条行之有效的措施。

第三节 原油集输系统节能技术应用实例

在长庆安塞油田集输系统的四个过程中,原油储运过程需要消耗大量的能源,如外输设备用电、锅炉用水、加热装置用气等,共占据集输总能耗的60%~80%。目前安塞油田集输大队年耗电量为1420×10^4kW·h,用水量为21×10^4t,用气量为1000×10^4m³。如何降低电、水、气的消耗是集输系统节能降耗的关键所在,也是技术攻关的方向。

一、优化工艺,提高综合效益

(一)橇装增加一级空冷,每年创造经济效益500余万元

安塞油田王窑站轻烃回收装置采用高压低温的处理工艺,改造前的工艺为:原料气经一级、二级压缩机加压后,通过空气制冷器制冷再进入低温分离器分离。由于冷却降温效果不理想,实测每天有近3t液化石油气以气态的形式进入放空火炬焚烧,造成了巨大的浪费。

为此,进行了如图12-1所示的工艺流程的合理改造,将原有的一级空冷增加为三级空冷,使原料气中液化石油气组分液化分离出来。改造工艺流程后,液化石油气产量增加8~10t/d。以每天增产5t液化气、售价3500元/t计算,每月(按30d计算)可创收52.5万元,每年(按11个月计算)则可创收577.5万元,具有极为可观的经济效益。

(二)轻烃罐区轻重烃分开,年创造经济效益270余万元

王窑站2套原油稳定装置生产的稳定轻烃为合格轻烃,而轻烃回收装置脱丁烷塔底重沸器内生产的轻烃密度低、饱和蒸气压高,属不合格轻烃,两种产品同时进入轻烃罐,影响了轻烃产品的质量。

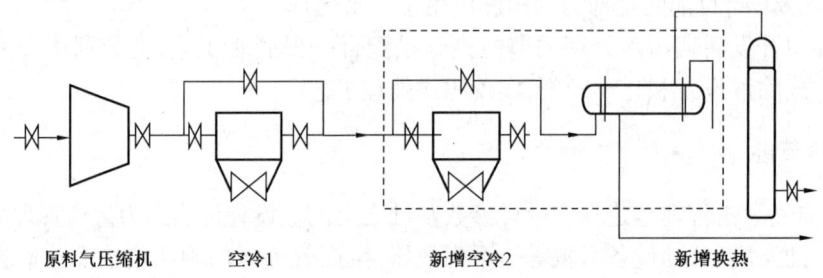

图12-1 工艺流程图(虚线内为新增制冷降温设备)

为了改变这种落后的生产方式,新增加了一条由脱丁烷塔底重沸器到轻烃罐的专用管线,使重沸器内较轻组分的轻油单独进罐储存、计量,从而有效提高了稳定轻烃产品的质量。

改造前混合轻烃销售单价为3800元/t,改造后,重沸器塔底轻油销售单价为3600元/t,稳定轻烃销售单价为4000元/t,按照该站实际情况,重沸器塔底轻油日平均生产量为5t,稳定轻烃产量为50t。日创造经济效益:

$$4000 \times 50 + 3600 \times 5 - 3800 \times 55 = 9000 \text{ 元}$$

年创造经济效益(每年按300天计算):

$$9000 \times 300 = 2700000 \text{ 元} = 270 \text{ 万元}$$

(三)沉降罐改造,降低破乳剂用量,年节约费用81万元

2009年初,侯市站日产含水原油1500m^3,而两座1000m^3沉降罐的沉降时间仅为16h,破乳效果欠佳,破乳剂浓度一度超过300mg/L,但溢流口含水仍不稳定。而按照有关规定,破乳剂的浓度不得高于150mg/L。为了降低破乳剂的用量,对6号罐进行了清罐作业,并改造为溢流沉降罐,使沉降时间由16h延长至24h,破乳剂浓度也下降至该站历史最佳水平的120mg/L。

按照破乳剂价格10000元/t计算,日节约费用:

$$\frac{(300-120)\times 1500 \times 1000}{1000000 \times 1000}\times 10000 = 2700 \text{元}$$

年节约费用:

$$2700 \times 300 = 810000 \text{元} = 81 \text{万元}$$

(四)采用破乳剂自动投加调控装置,年节约费用8.4万元

以前集输系统均采用计量柱塞泵在来油汇管处注入破乳剂,不管来液多少,破乳剂的注入量始终是一定的,但各站含水原油来液量波动较大,尤以杏河站、王窑站最为明显。为了有效控制破乳剂的投加量,节约破乳剂用量,引进了破乳剂自动投加调控装置,其特点是能根据来液量的多少自动调节破乳剂的加入量,这样就能有效控制破乳剂的投加量。

破乳剂自动投加调控装置的工艺原理是:将各输油管道上流过流量计的原油流速,由微控制器MCU061按照一定的控制规律计算出加药泵所需加载的电源频率,然后控制变频器输出该频率的工作电源给加药泵,即可实现对破乳剂投加量的控制。

杏河站由于来液波动大,原油物性差,破乳剂浓度已大大超出了正常范围80~150mg/L,在确保溢流口含水正常的情况下,破乳剂浓度一般在240mg/L左右。

通过对杏河站采用破乳剂自动投加调控装置前后的作业区来液量、实际加入浓度和实际加药量进行统计比较后的结论是:使用调控装置后比使用前日节约破乳剂23kg,年节约费用8.4万元,由此可知破乳剂自动投加调控装置发挥了较大的作用。

(五)投运光电杀菌装置,年节约杀菌剂105万元

光电杀菌装置利用紫外光进行杀菌,2006年4月恢复张渠集输站光电杀菌装置运行,按照张渠站日处理采出水1200m³,杀菌剂浓度为120mg/L来计算,日需加入杀菌剂:

$$\frac{1200 \times 120 \times 1000}{1000 \times 1000} = 144 \text{kg}$$

杀菌剂价格为2万元/t,则年节约杀菌剂费用为105万元。

二、采用新设备、改造旧工艺,降低用电量

集输系统所有动力设备均采用电带动方式,集输系统80%的能耗为电的消耗,而电的消耗主要存在于输油、供水设备及各种照明设施上。

(一)采用柱塞泵输油,降低输油单耗

集输大队共有输油泵17台、供水泵20台,其中输油泵都是100kW以上的大功率设备,为主要的耗能设备。而在2002年前,集输系统输油设备全部为多级离心泵,这种泵的泵效低,且泵的生产厂家众多,以致输油成本高,维修难度大。从2003年开始,柱塞泵凭借其泵效高、易维修的优势在集输系统中大力推广,截至目前,集输系统中已有5台柱塞式输油泵投入使用,极大地降低了输油能耗。

集输大队侯市站由于其周转量大(日周转量为3500m³)、库容小(净化库容为3800m³)、储备天数仅为0.92d,格外重视外输泵类型和规格的选取。2002年该站投运了两台5DYB-100/6.3型柱塞式输油泵,取代了两台功率为160kW的YD60-50×12型离心泵。侯市站2004年

对上述两种类型泵的运行参数进行了详细的统计计算,结果表明柱塞泵比离心泵输油单耗下降了 0.36 元。以日外输量 3500m^3、年运行天数 360d 计算,年节约电费为 45.4 万元。

可见柱塞泵一经投运,其高效率、低能耗的优点便显现出来。

(二)优化工艺,降低外输能耗

以前侯市站采用 YD60 - 50×12 型离心泵和 5DYB - 100/6.3 型柱塞泵各自单独走 ϕ159mm×6mm 管线,该管线的最大经济输量为 108m^3/h。排量为 60m^3/h 的离心泵走 ϕ159mm×6mm 管线,虽说实际排量基本能达到 60m^3/h,但耗电量基本不会降低,导致该管线存在极大的浪费;另外排量为 100m^3/h 的柱塞泵虽充分利用了该管线,但是由于管压较高使泵耗电量增大。如果能综合利用这两条管线,将会起到提高排量和降低耗电量两方面的作用。

2004 年将泵进口管线与出口管线连通,如图 12-2 所示。

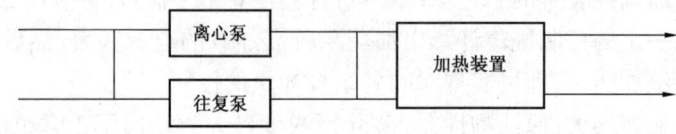

图 12-2 离心泵和柱塞泵的进出口管线连通示意图

对进出口管线改造前后外输泵的运行参数进行监控,发现排量增加了、电流下降了,改造后的管压也由以前的 5.0MPa 降低为 4.5MPa,既保障了输油管线安全、平稳运行,又达到了年节约电费 28.7 万元的双重目的。

(三)采用节能灯具,降低照明耗电

以前集输系统共有 400W 的照明灯 150 盏,以每天照明 10h 计算,年耗电量为 21.6×10^{4}kW·h。2006 年将原有的大功率照明灯全部更换为功率为 18W 的新型节能灯具,该节能灯耗电低、照明效果好,按照照明灯每天使用 10h、每年 360d、电费价格为 0.62 元/(kW·h)计算,全大队年节约电费为 12.8 万元。

三、采用新设备,降低用水量

水的消耗是集输系统又一主要耗能项目,集输系统主要用水设备是锅炉。目前,集输大队有各种型号的加热设备共计 25 台,其中加热炉 10 台、锅炉 11 台和分体相变加热装置 4 台,承担着 13000m^3/d 原油(含水 35%)和 8100m^3/d 净化油的加热以及各站的采暖任务。由于加热炉热效率低,逐渐被淘汰;锅炉效率较高,在集输系统虽受欢迎,但冷凝水无法回收利用、造成了大量水资源浪费的事实却无法回避;而分体相变加热装置弥补了锅炉冷凝水浪费的缺点,在集输系统中表现出强大的生命力。

2004 年侯市站投运了型号为 DHM1500-DY-0.09/Q 的两台新远分体相变加热装置,2005 年张渠站投运了型号为 ZW$_3$J1200-4.0/Y$_{10}$-Q 的外置分体真空相变加热装置,这两种加热装置原理相同,其优点为节能高效、安全环保和节约用水。

经济效益分析:侯市站原有水套加热炉 5 台、张渠站有 3 台,日需要补入水量 50m^3,按照每年 360d 计算,则年节约水量 1.8×10^4 m^3,按照目前水费 2.7 元/t 计算,年节约水费 4.86 万元。

如果在整个集输系统推广相变加热炉,以取代现有的 8 台 WNS4-1.25-Y(Q)型锅炉和 3 台 WNS4-0.98-QT 型锅炉,按实际运行情况,每小时消耗水量 20t 计算,年可节约软水 17.28×10^4t。

四、采用自动燃烧器,节约燃气量

集输系统中主要用气设备为加热设备,包括稳定系统的 3 台高效加热炉、11 台锅炉及 4 台分体相变加热装置,这些加热设备以前均采用人工点火的方式进行点炉,对来气只进行粗略的调节,消耗了大量的燃气。而目前,集输系统全部使用百德燃烧器,使燃料的利用率达 99.9% 以上,对节省燃气起到了关键作用。

采用该种燃烧器,能大量减少氮氧化物和一氧化碳产生量,使烟气排放洁净、无污染。另外,现有的锅炉及加热装置采用优质保温隔热层,确保即使在寒冷的冬天,炉体表面散热损失也小于 1.5%,能大大提高加热设备的热效率。原有的加热设备热效率基本在 60% 左右,2005 年 2 月由长庆节能检测站对侯市集输队两台加热装置进行了热效率测试,实测加热装置的实际热效率达到了 85% 左右。

侯市站原来的 5 台 HJ630-SY/4.0 型水套加热炉用气量为 $400m^3/h$ 左右,现有的两台加热装置用气量在 $300m^3/h$ 左右,目前集输系统共有自动燃烧器 14 台,年节省天然气 $150\times10^4m^3$。

五、集输系统节能降耗的潜力分析

目前,安塞油田集输系统有锅炉 11 台,塞一站、杏河站、王窑站共有型号为 WNS4-1.25-Y(Q)的锅炉 8 台,坪桥站有型号为 WNS4-0.98-QT 的锅炉 3 台,在实际生产中,每小时共需要 20t 软水,一天需要 480t,而锅炉冷凝水几乎全部排放,这是较大一笔水资源浪费,如果能将 480t 水回收利用,年可节约水费 30 余万元。

安塞油田油气集输系统的能耗主要体现在设备用电、锅炉用水、加热装置用气以及工艺缺陷造成的能量损耗。在深入分析集输系统能耗现状及潜力挖掘的基础上,对地面工艺系统本着简化、优化的原则进行相应的整体改造,取得了良好的效果,为老油田二次开发地面系统的改造积累了经验。

虽然油田企业的节能降耗工作取得了明显成效,但仍然是一个能源利用效率较低、节能潜力很大的单位。当前,国际社会提出的主要节能减排措施之一就是提高能源利用效率,这不仅符合我国经济增长方式从粗放型向集约型根本转变的需要,而且有利于促进我国能源利用效率的提高。节能是缓解能源供需矛盾的现实选择,是解决环境问题的根本措施,是提高经济增长质量和效益的重要途径,是增强企业竞争力的必然要求。因此油田企业必须从战略高度充分认识节能的重要性,增强危机感和责任感,大力提高能源利用效率,严格按照科技油田、绿色油田、和谐油田的建设目标,推进企业节约发展、清洁发展。

油田开发后期集输系统改造与节能降耗是一项系统工程,通过理论与实践的结合,总结归纳适合油气集输系统的节能降耗技术和方法,为油气集输系统的节能降耗工作提供方向性的指导和技术上的支持,具有十分重要的现实意义。同时,既要有针对性地解决关键问题,又要较全面地把握和研究各系统环节技术的特点和规律;既要积极借鉴国外的经验和技术,又要研发具有本国特色的拳头产品,开拓一条有效的节能途径,达到提高集输系统的能源利用率、降低集输系统的生产成本、增加油田开发效益的目的。并以此为契机,为集输系统节能降耗的技术改造提供科学的依据。只有这样,才能很好地解决我国油田开发后期所面临的一系列难题,从而开创油田开发经济与效益俱佳的新局面。

复习思考题

1. 我国油田集输系统能源消耗主要存在于哪些方面?
2. 如何采取有效措施降低集输系统的能耗?
3. 供电系统采用的节能措施有哪些?
4. 余热利用技术主要体现在哪些方面?你认为如何利用余热才能达到更好的节能效果?
5. 你所在单位的集输系统实施了哪些节能措施?

参考文献

[1] 隋新华. 油气集输系统节能降耗技术研究. 东营:中国石油大学出版社.
[2] 曾献军,张智斌,郭文辉,刘玉梅. 浅析安塞油田集输系统节能降耗. 中国科技信息,2009,2:25~27.
[3] 中国石油油气田节能技术发展现状与展望. http://www.ca800.com/apply/html/2009－3－18/n37251.html.
[4] 袁智君,蔡更喜,陈李斌. 油田集输系统节能技术的应用. 中国石油和化工,2003,11:61~63.
[5] 王泽富. 节能降耗技术在石油开采中的综合应用. 能源技术,2002,23(3):125~128.
[6] 杨守国,梁勇,彭清华. 联合站节能降耗集输工艺. 油气田地面工程,2006,25(1):29~30.

第十三章　原油集输系统自动控制技术

在原油的集输生产过程中，原油、天然气及伴生污水的处理通常是在密闭的设备和管道中连续运行的，只有借助于测量仪表与自动化装置对设备及管道内的运行参数进行检测和控制，才能保证生产的正常运行。同时，由于油田工作区域范围广、操作分散，自动化对于稳定生产过程和产品质量、减少操作管理人员、减少经营费用、减轻操作人员劳动强度和改善劳动条件等都有其优越之处。自动控制可以实现同一平台信息共享、多级监视、分散控制，达到强化安全、过程监控、节约人力资源和提高效益的目的。

所谓对工业生产过程或对某工艺生产流程、设备的自动控制，就是用一些自动装置和仪表等技术工具来代替人的操作，自动完成某些有规律的工作，使被控制的对象具有一定的状态或性能。这种用自动装置和仪表控制、管理生产过程的方法也叫生产过程自动化。

自动控制技术是建立在微电子学和计算机技术基础上的。按照功能的不同，自动化装置可分为5类：

(1) 信息监测装置，指各种压力、温度、液面、流量、含水率测试传感器；
(2) 信息传输装置，指各种通信网络和计算机网络装置；
(3) 信息存储及处理装置，指各种计算机装置；
(4) 信息反馈操作装置，指各种阀门开关及开度调节装置、电动机启停及转速调节装置；
(5) 信息显示和输入装置，指各种屏幕、打印机、键盘、鼠标等，是在各种自动化装置与生产操作管理人员之间起交互作用的装置。

第一节　自动控制系统的组成

自动控制系统主要由各种变送器（信息监测装置）、调节器（信息处理装置）和执行器（信息反馈操作装置）所组成。

一、变送器

变送器的作用是测量被控制参数的大小，并将测量结果转换成其他仪表可以识别的信号送到调节器进行比较，或是送到指示记录仪表进行显示与记录。

（一）压力变送器

压力变送器用以测量各生产设备或介质的压力值，并将所测压力值转变为标准信号送往显示仪表或调节器。常用的压力变送器有压阻式压力变送器和电容式压力变送器。

1. 压阻式压力传感器

压阻式压力传感器是利用单晶硅的压阻效应而制成的。采用单晶硅片为弹性元件，在单晶硅片上利用集成电路的工艺，在单晶硅的特定方向扩散一组等值电阻，并将电阻接成桥路，单晶硅片置于传感器腔内。当压力发生变化时，单晶硅产生应变，使直接扩散在上面的应变电阻产生与被测压力成比例的变化，再由桥式电路获得相应的电压输出信号。

压阻式压力传感器具有精度高、工作可靠、频率响应高、滞后小、尺寸小、结构简单等特点，可以适应恶劣的环境条件，便于实现显示数字化。压阻式压力传感器不仅可以用来测量压力，稍加改变，就可以用来测量压差、高度、速度、加速度等参数。

2. 电容式压力传感器

电容式压力传感器是将压力的变化转换为电容量的变化，然后进行测量的，其原理如图13-1所示。

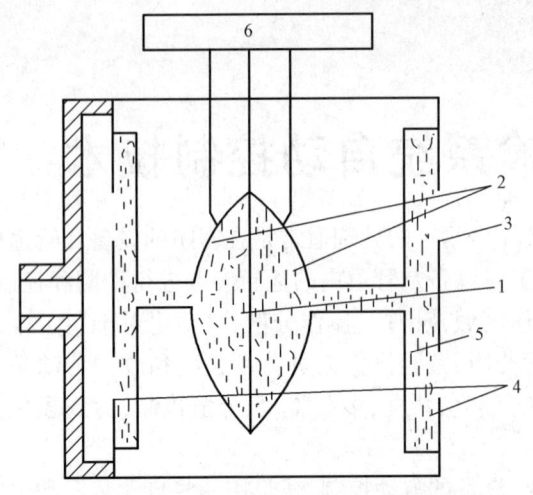

图13-1　电容式压力传感器原理图
1—中心感应膜片；2—固定电极；3—测量侧；4—隔离膜片；
5—填充液(硅油)；6—转换部分(放大单元)

电容式压力传感器的工作原理为：中心感应膜片和两侧的固定电极分别形成两个电容器相等的电容器，压力经隔离膜片、填充液传送到中心感应膜片上，使中心感应膜片产生一定的位移，位移的大小与压力成正比，此时中心感应膜片与两侧的固定电极间距不再相等，从而使两个电容器的电容量不再相等。通过转换部分对电容量的检测和放大，转换为4~20mA的直流电信号输出。

电容式压力传感器的精度较高，允许误差不超过量程的±0.25%。由于它的结构性能比较耐振动和冲击，因而工作更可靠，稳定性更高。当测量膜盒的两侧通以不同压力时，便可以用来测量差压、液位等参数。

(二)温度变送器

温度变送器用来测量各种介质的温度值，并将所测温度值转变为标准信号送往显示仪表或调节器。常用的温度变送器是热电阻温度变送器。

热电阻温度变送器是基于金属导体或半导体的电阻值随温度的变化而变化的原理制成的，当测出金属导体或半导体的电阻值时，就可以获得与之对应的温度值。

热电阻温度变送器由感温元件热电阻、显示仪表和连接导线组成。使用时将热电阻置于被测温的介质中，介质温度的变化引起热电阻的电阻值变化，此变化通过显示仪表指示出被测介质的温度值。

热电阻作为感温元件，具有结构简单、精度高、使用方便等优点。热电阻由电阻体、绝缘管、保护套管和接线盒四部分组成，其结构如图13-2所示。常用的热电阻材料有铂、铜。

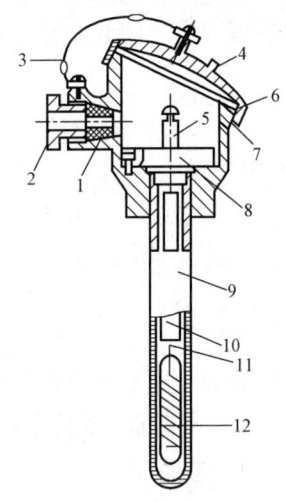

图13-2　热电阻的结构
1—引线孔；2—引线孔螺母；
3—链条；4—盖子；5—接线柱；
6—密封圈；7—接线盒；8—接线座；
9—保护套管；10—绝缘管；
11—引出线；12—电阻体

热电阻与二级仪表配套使用,可以远传、显示、记录和控制 -200~600℃ 温度范围内的流体、气体、蒸汽等介质和固体表面的温度。

(三)液位变送器

液位变送器用来测量各生产设备内液位的高低,并将所测液位值转变为标准信号送往显示仪表或调节器。常用的液位变送器有超声波式液位计、雷达液位计等。

1. 超声波式液位计

超声波式液位计是利用超声波在液面上反射和透射传播的特性测量液位。超声波式液位计有反射式和透射式两种。

透射式液位计是利用有液位时或无液位时阻抗的显著差别作为超声液位开关,产生开、关量信号,一般用于液位高、低限报警。

反射式液位计是通过测量入射波和反射波的时间差计算液位的,其测量原理如图 13-3 所示。探头到液位的高度可用下式计算:

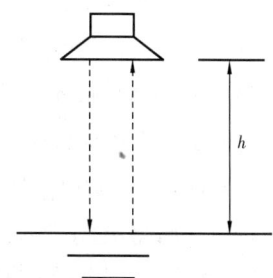

图 13-3 反射式液位计测量原理

$$h = \frac{1}{2}v_c t \quad (13-1)$$

式中　v_c——超声波在被测介质中的传播速度;
　　　t——超声波从探头到液面的往返时间。

对于一定的介质,超声波在其中的传播速度是已知的,因此只要测得超声波在介质中的往返时间,即可测得液位高度。

产生超声波和接收超声波的探头都是由压电元件构成的。发射超声波是利用逆压电效应,接收超声波是利用正压电效应。反射探头和接收探头的结构是相同的,只是工作任务不同。

2. 雷达液位计

(1)工作原理。

雷达液位计测量液位的原理类似于超声波式液位测量方法。以光速 c 传播的超高频电磁波,经天线向被测液面发射,当电磁波碰到液面后就反射回来,通过测量发射波到反射波之间的延迟时间 Δt,可确定天线与反射液面之间的距离(空高 h),即可知道液面高度:

$$\Delta t = \frac{2h}{c} \quad (13-2)$$

由于光速 c 不受介质环境的影响,传播速度稳定,测得延迟时间 Δt 就可测得高度 h。

(2)雷达液位计的组成。

雷达液位计由探测器和显示器组成。探测器安装在设备顶部,与显示器之间用一根多芯屏蔽专用电缆连接。专用电缆的作用是向探测器提供 24V 直流电源,并将 A/D 转换信号送至显示器。

显示器由计算单元、显示单元及电源组成。当显示器接收到探测器送来的经 A/D 转换的频差和时差信号后,通过计算得到液位高度。

(3)特点及应用。

① 与超声波式液位计相比,电磁波的传播速度受气体性质及工作状态的影响较小。

② 采用非接触式测量,无活动部件,可靠性高,适于高粘度、易结晶、强腐蚀及易燃易爆介质,特别是大型油罐的液位测量。

(四)油水界面变送器

当容器中存在油水乳化层的时候,由于原油不透明,油水密度差较小,原油粘度较大,因此,容器中的油水界面不能通过常规液位测量方法进行。

1. **短波式油水界面仪**

短波式油水界面仪由油水界面变送器和显示仪表组成,主要用于原油脱水器、三相分离器、缓冲沉降罐等波动范围较小的油水界面检测。变送器输出 4～20mA 的 DC 标准信号,可与普通的显示、记录仪表配套,也可与 DDZ–Ⅲ型调节仪表配合,实现自动放水、控制油水界面的目的。

其测量原理为电磁波在介质中传播时,由于电磁波与介质的作用,介质的原子会吸收部分电磁波能量,当同一频率的电磁波通过不同的介质时,介质所吸收的能量不同,电磁波穿过介质后剩余的能量也不同,其关系可表示为:

$$I = I_0 e^{-\mu \rho L} \tag{13-3}$$

式中 I——透射能量;

I_0——入射能量;

μ——介质的吸收系数;

ρ——介质的密度;

L——介质的穿透厚度。

式(13-3)还可写成如下形式:

$$I_0 = I e^{\mu \rho L} \tag{13-4}$$

对于油水混合的乳状液体,式中 μ、ρ 分别为油水混合物的平均吸收系数和平均密度。当电磁波穿透厚度一定时,平均密度 ρ 与油水界面高度有关。

油水界面仪在发射电磁波频率为 4MHz 的短波时,油对这种电磁波的能量吸收系数很小,介质对电磁波的吸收主要是水的吸收。因此:

$$I_0 \approx I e^{\mu' \rho L} \tag{13-5}$$

式中 μ' 为水的吸收系数。发射天线固定在罐体上以后,其透射能量 I 被罐体吸收。这一能量较小而且变化不大,因此从式(13-5)可知,天线发射能量和发射功率是随油水界面高度而变化的。

发射功率的变化,将引起射频发生器中振荡源输入电流的变化,经检测电路转换成标准信号输出,即可在显示仪表中显示出油水界面的高度。

油水界面变送器由发射天线、密封室和转换器组成。发射天线的作用是发射电磁波;转换器的作用是将发射功率的变化转换成标准电信号输出到显示仪表。

短波式油水界面仪是通过测量油水之间乳化层的厚度和含水量来测量油水界面高度的。由于界面仪输出特性曲线是非线性的,乳化层含水率与界面高度也不是简单的线性关系,所以测量精度不是很高,只能作范围指示或控制之用。

2. 核辐射式油水界面仪

核辐射式油水界面仪是利用放射性同位素放射出的射线被油水介质的吸收情况测量油水界面的。由于辐射与环境条件无关,又可穿透罐壁,放射源不与被测介质接触,因此可用于高温、高压容器,以及强腐蚀、剧毒、有爆炸性、粘滞性、易结晶或沸腾状态的介质的液位测量,还可以测量高温融熔金属的液位。但由于放射线对人体有害,它的剂量要严格加以控制,所以使用范围受到限制。

其测量原理为放射性同位素的辐射线射入一定厚度的介质时,一部分粒子克服阻力与碰撞动能消耗被吸收,另一部分粒子则透过介质。不同介质吸收射线的能力是不一样的,一般来说固体吸收能力最强,液体次之,气体最弱。射线的透射强度随着通过介质层厚度的增加而减弱,透射强度随介质厚度而呈指数规律衰减,其关系为:

$$I = I_0 e^{-\mu H} \tag{13-6}$$

式中 μ——介质对射线的吸收系数;

H——介质层的厚度;

I——穿过介质后射线的强度;

I_0——入射强度。

当放射源已经选定,被测的介质不变时,入射强度与吸收系数都是常数,只要测定通过介质后的射线强度,就可测出介质的厚度了。

使用注意事项:

(1)接收器在50℃不能正常工作,因此在高温环境下使用时,必须进行冷却;

(2)放射源在半衰期以后,必须更换,否则会降低测量精度;

(3)必须采取防护措施,确保人身安全。

(五)流量测量仪表

流量测量仪表用以测量管道内介质的流量,并将所测流量值转变为标准信号送往显示仪表。常用的流量测量仪表有腰轮流量计、刮板流量计和旋进智能流量计等。在原油的生产、输送过程中,越来越多地使用腰轮流量计在线计量原油的体积。

腰轮流量计分为立式和卧式两种形式,其结构都是由计量腔、密封连接与计数显示(表头)三部分组成。

腰轮流量计的工作原理如图13-4所示:被测流体从进口流入,经计量室后从出口流出时,在流量计进出口压力差的作用下,两腰轮转子通过驱动齿轮相互交替驱动,不断转动,把被测流体以半月形容积 V_0 为单位一次次地排出,每当两个转子旋转一周,就有4个半月形容积的流体被排出。这样,被测流体的体积就被转换成了腰轮的转数 N,并通过传动齿轮和积算机构,显示出被测流体的总量 $V = 4NV_0$。测量腰轮的转速 n,就可求得流体的瞬时流量 $Q_v = 4nV_0$。

1. 腰轮流量计的优点

(1)计量精度高,可以达到0.2级,既可就地显示,也可远传。

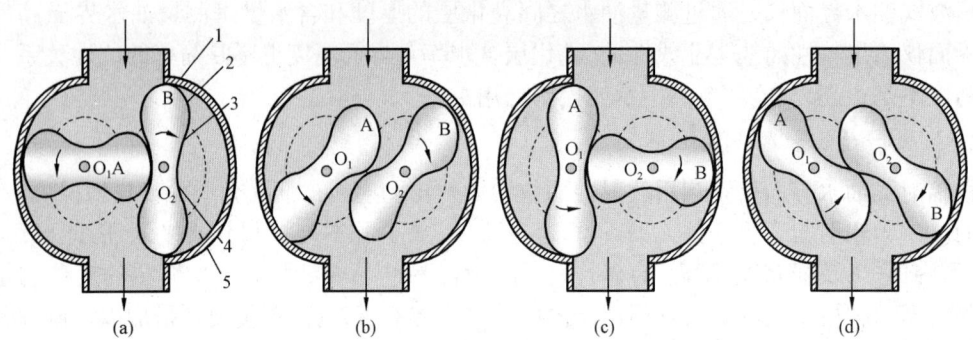

图 13-4 腰轮流量计工作原理
1—外壳;2—驱动齿轮;3—腰轮;4—轴;5—计量室

(2)计量精度不受流体状态的影响,流量计前后可不需要直管段。适应介质粘度范围广,无论液体粘度的高低,均可在较大范围内保证其精度;且粘度变化时泄漏量也会变化,粘度越低,泄漏量越大,精度也越低。

(3)腰轮靠转子外的齿轮相互驱动,噪声小。

(4)无接触旋转,重复性好。摆线型腰轮运转时互相不接触,避免了相互磨损,即使更换轴承和其他零件,也不会改变腰轮间隙值。

(5)震动小。公称通径50mm以上的流量计,采用45°角组合的摆线型腰轮构成双转子结构,工作中震动、噪声极小。

(6)流量计分传感器、调整机构、指示器、机械计数器和防爆光电脉冲发讯器等独立组件,根据需要按功能要求选择组合而成。

(7)运行可靠,数字显示直观清晰。在最大流量下,压力损失一般不超过0.05MPa。

2. 腰轮流量计的缺点

(1)对流体的清洁度要求较高,当被测介质内含有固体颗粒时会卡死而不工作,因此必须在流量计上游安装过滤器。

(2)在超负荷工作时,仪表的寿命将明显缩短,要求通过仪表的最小出口压力为0.02MPa。

(3)仪表体积笨重,不便检修和安装。

(4)仪表转动部件之间以及它们与壳体内壁之间存在一定的间隙,会造成一定的泄漏量,从而产生测量误差。

(六)原油含水分析仪

原油含水分析仪用来测量外输原油的含水率,并将测得值转变为标准信号送往显示仪表。

在油气集输、储运过程中,原油经过分离、沉降、脱水、稳定等初步加工处理后,才能进行外输或存储。此时原油含水率是原油质量监测的主要指标,也是油田、输油公司、炼厂之间进行油品贸易、净油量结算的重要依据。

传统的原油含水率测量方法主要是蒸馏法和电脱法。前者测量精度高,测量操作需要取样、稀释、缓慢加热等程序,分析一个样品约耗2h。电脱法虽操作比较简单,但误差较大。为了提高生产过程和生产管理的自动化程度,使用原油含水在线自动测量仪表势在必行。用于原油含水自动测量的仪表,根据其取样方式,有连续在线测量型和断续取样分析型两类。

1. FDH-S 型低含气混输原油低含水率监测传感器

FDH-S 型低含气混输原油低含水率监测传感器是利用 χ、γ 双光子吸收测量原理设计制造的最新一代仪表,是目前国内外最先进的低含水率监测仪表,其特点是解决了多品质原油混输过程中,由于油品的密度变化和乳化气对含水率精确测量的影响。该含水率监测系统不但可以免受乳化气(<3%)的影响,可在线精确测量含水率(0~30%),同时实现了混合介质视密度的在线监测,而且与配套的数据采集处理及管理系统联合使用时,具备在线计量与监测双重功能。

含水监测系统的测量原理如图 13-5 所示。总计数为 N_0 的光子通过厚度为 L 的被测介质,被介质吸收一部分后计数为 N_x,其吸收规律满足:

$$N_x = N_0 e^{-\mu_x L} \quad (13-7)$$

其中 μ_x 是指混合介质的综合线性吸收系数,其大小与油、气、水三相混合物的不同体积含量有关。使用光子探测器将 N_x 计数准确测量出,再配合数据获取处理系统,就可以计算输出混合介质中的含水率。

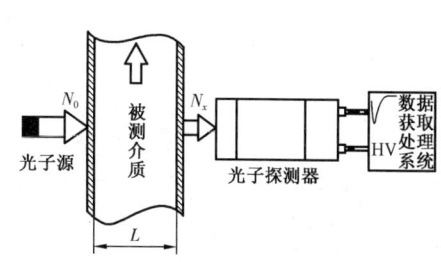

图 13-5 FDH-S 测量原理图

2. 蒸馏电容式低含水分析仪

蒸馏电容式低含水分析仪是根据原油和水的介电常数差异较大的性质,测量原油中微量水的含量。一般水的介电常数为 81,而无水原油的介电常数约为 1.8~2.3。由于介电常数不同,会使不同含水量原油的等效介电常数发生很大变化,从而引起电极尺寸和形状一定的电容器的电容量发生变化,这就是用电容法测量原油含水率的基本原理。当原油含水量增加时,等效介电常数 ε 增加,电容 C 增大。所以只要测出 C,就可得到原油的含水率。

原油的介电常数与原油的物理性质有关。各油田原油的介电常数均不相同,采用上述测量方法需要单独对每一台仪表进行标定。并且,当原油性质由于油井产出层位、区块、产量的变化造成原油性质、介电常数改变时,需要重新对仪表进行标定。为了克服这个困难,原油低含水分析仪采用了蒸馏电容法,即进入电容器的油品不是原油的全部,而是将原油蒸馏后,蒸馏点在 240℃ 以下的轻馏分和水。由于蒸馏点在 240℃ 以下的轻馏分介电常数近似为常数,所以,电容器的电容量仅与水含量有关,而与原油的物理性质无关。此类仪表一般用于含水率 10% 以下的低含水原油的测量。

YSG 型蒸馏电容式低含水分析仪组成如图 13-6 所示,属于断续取样在线含水分析仪。

由取样泵 5 从管道中取一定量的油样,送到蒸发室 9 进行蒸馏,蒸发室的温度控制在 240℃(水分在 180℃ 左右即可完全蒸发)。蒸馏点低于 240℃ 的轻质馏分和水变成蒸汽进入冷凝器 11,冷凝后的液体进入测量电容 16,把 ε 的变化转化为 ΔC 的变化,再经电容/频率转换器 14 把 ΔC 转化为与含水率有关的交流信号 Δf,送到显示仪表。经过数据处理后,直接显示出含水原油中水的含量。测量完成后,测量电容 16 下部的电磁阀 17 打开,将电容器中的轻馏

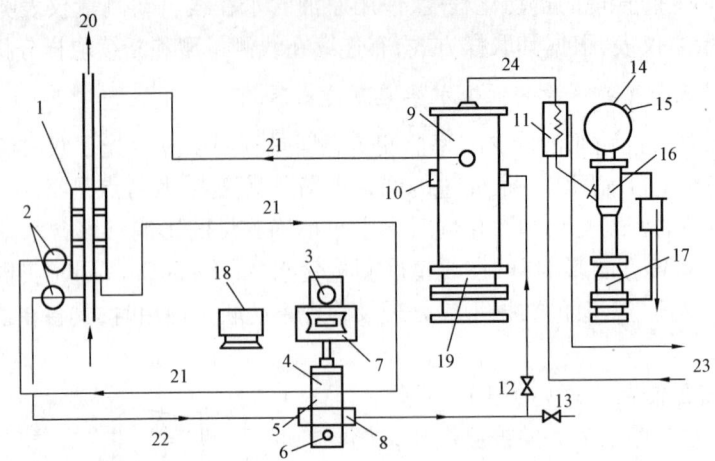

图 13-6 YSG 型蒸馏电容式低含水分析仪组成示意图
1—液压自封管；2—过滤器；3—电磁发讯器；4—污油泵；5—取样泵；6—泵体加热器；7—变速箱；
8—泵体温控元件；9—蒸发室；10—蒸发室温控元件；11—冷凝器；12,13—阀；14—电容/频率转换器；
15—信号输出插座；16—测量电容；17—电磁阀；18—电动机；19—加热器；20—原油；
21—污油；22—油样；23—冷却水；24—油、水蒸气

分及水分放掉。同时，污油泵 4 将蒸发室 9 中蒸馏过的无水原油排回输油管道中。

采样、蒸发、测量、排水、排污等工作均是在同步电动机 18 的带动下，驱动定时机构控制的。当仪器完成一个测量周期后，由减速机构带动电磁发讯器 3 控制电磁阀 17 打开，将测量电容 16 中的水和轻质油放掉，准备下一次测量。

蒸馏电容式低含水分析仪具有测量精度高、稳定性好、适用范围广等优点，可用于各种原油含水率的测量，一般无需进行个别校正。缺点是结构复杂，可靠性差，不便于维护，不能测量高含水原油，并且其测量过程是间断的，测量周期长，测量结果不能连续显示。

3. 微波式含水分析仪

微波是一种高频电磁波，频率范围约为 1~1000MHz。微波式含水分析仪一般使用频率为 10MHz，波长约 3cm 的微波。当微波从一种介质射入另一种介质时，将在两种介质的分界面上产生折射与反射。不同的介质对微波的吸收不同，对微波的反射也不同。

反射微波的强弱与介质的波阻抗 Z 有关。波阻抗是表征电磁波在介质中传播时，其电场、磁场强度比值大小的参数。原油和水两种介质的波阻抗明显不同，原油比水的波阻抗大得多。在原油中传播的微波遇到水滴时，会产生强烈的反射。原油中含水量越高，对微波的反射越强。在入射波强度不变的条件下，通过测量原油中反射微波的强弱，便可测定原油中的含水率。

微波式含水分析仪由变送器和显示器两部分组成。变送器装在输油管道上，用于将含水率转换为电信号送往显示器。显示器有三个作用：一是向变送器提供 11V 电源供微波源使用；二是将检波管输出的电压信号加以放大，并转换成含水率指示出来；三是将含水率转换成标准信号输出，以供二次仪表显示或控制之用。

微波式含水分析仪具有较好的适应性,其测量精度不受油品性质、水的矿化度和机械杂质含量的影响。微波式含水分析仪只有一个天线探头与原油接触,无任何可动元件,结构简单,可连续测量,使用安全可靠,维护工作量小,可测量高、低含水率,应用范围较广。

该仪表具有零点及满刻度调整电路,当探头置于无水原油中时,调整零点使含水指示为零。当探头置于净水中时,调整满刻度使含水指示为100%,则仪表含水指示值即为被测原油含水率。

二、调节器

在自动控制系统中,调节器的作用是将变送器检测出的被调参数值与工艺给定值相比较得出偏差,根据调节规律进行运算,并将运算结果以一定的信号形式送给执行器,以实现对被调参数的自动控制。

(一)调节器的分类

(1)调节器按照调节规律的不同分为比例调节器、积分调节器、微分调节器、比例积分微分三作用调节器等。各种调节规律是通过不同的电路来实现的。

① 比例调节器:比例调节器的输出信号(对应调节阀的开度)与输入信号(偏差)成正比例;

② 积分调节器:积分调节器是指调节器的输出信号是偏差对时间的积分;

③ 微分调节器:微分调节器的输出信号是偏差对时间的导数;

④ 比例积分微分三作用调节器:是把比例、积分、微分规律结合在一起的一种调节器。

(2)调节器按照所用能源分为直接作用调节器和间接作用调节器。

① 直接作用调节器(自力式调节器):直接作用调节器不需要外加能源,是利用被控介质作为能源工作的。这种调节器多用于调压、稳流等要求不高的就地控制系统,特点是结构简单、价格便宜,稳压精度在10%~20%。

② 间接作用调节器:这种调节器需要外加能源,又分为气动调节器、液动调节器和电动调节器。常用的有气动调节器和电动调节器。

气动调节器:以0.14MPa的压缩空气或天然气为能源,发出0.02~0.1MPa的标准压力信号给执行器。其特点是结构简单、性能稳定、可靠性高、价格便宜,在本质上是安全防爆的,特别适用于石油、化工等有爆炸危险的场所。

电动调节器:以电为能源,又分为DDZ—Ⅱ型调节器和DDZ—Ⅲ型调节器。电动调节器在信号传输、放大、变换处理等方面比气动调节器容易得多,且便于实现远距离监控和操作,还易于与计算机控制系统等现代化技术工具联用,因而这类仪表的应用更为广泛。电动调节器由于采用了安全火花防爆措施,同样适宜于易燃易爆的危险场所。

(二)数字式调节器

可编程数字式调节器以微处理器为核心,特点是成本低、可靠性高、维护方便、运算功能强大、编程组态方式灵活、通信联网能力强等,应用非常广泛。数字式调节器大体可分为普通数字式调节器和可编程数字式调节器。

可编程数字式调节器是在模拟式仪表、计算机及集散控制系统发展的基础上研发的一种新型过程控制仪表。它以微处理机作为运算、判断和控制的核心,通过用户编制程序,组成各种控制规律,完成各种运算功能。它的输入/输出信号可以是标准的、连续的电模拟信号,也可以是数字信号。

可编程数字式调节器本质上是一台过程控制专用微型计算机,主要由 CPU、ROM、RAM、输入/输出接口、正面板、侧面板等硬件以及系统程序、用户程序等软件组成。

(1)中央处理器 CPU 是可编程数字式调节器的核心部件,由运算器、控制器、时钟发生器等组成。它从存储器中取出指令,并执行指令所要求的操作,完成数据传送、输入输出、运算处理和判断等多种复杂功能,并通过内部总线(数据总线、地址总线、控制总线)与其他各部件相联系,构成微机系统。

(2)系统 ROM 是存放系统程序的只读存储器,它包括基础程序、输入处理程序、运算式程序、输出处理程序和自诊断程序等,其内容由制造厂编制并固化在系统 ROM 中,用户是无法更改的。

(3)用户 EPROM 是用户程序存储器,用来存放用户编写的、面向过程的程序。用户通过编程器将用户程序写入 EPROM 后,调节器便能从系统 ROM 中选出所需的功能模块,并按一定的要求将其连接起来。

(4)RAM 是随机存取存储器,用来存放运算过程中可以修改的中间数据、显示数据以及通讯数据等。RAM 中数据经数据总线,与人机接口如数据设定键盘、数字显示器、有关开关及操作键等相连,以便进行人机对话,以达到操作人员能随时监视和处理的目的。

(5)IOD_1 是调节器正面板操作开关量的输入/输出接口。

(6)IOD_2 是调节器外部数字量的输入/输出接口。

(7)A/D、D/A 转换在 CPU 的监视管理下,A/D 转换器把模拟量输入信号转换成相应的数字量送入处理器;D/A 转换器则是把处理后的数字量转换成相应的模拟量信号,经过保持器得到连续的控制信号。

(8)WDT 是监视定时器,由软件设置,是调节器自诊断的一项措施,用来监视 CPU 的工作状况。当出现异常时,自动发出中断信号,强迫 CPU 停止运行,并向外部发出故障信号,同时输入手动操作状态,等待人工处理。

(9)总线包括数据总线、地址总线和控制总线。地址总线和控制总线的信号通常由 CPU 提供,CPU 与其他部分之间的数据交换采用双向数据总线传输。

由变送器送来的模拟量信号输入调节器后,经输入滤波,并经多路切换开关及 A/D 转换之后,变成相应的数字量,存储在 RAM 的输入寄存器中;对于数字信号的输入,只需经输入滤波和整形,经 IOD_2 进入输入寄存器。CPU 按用户 EPROM 的程序,依次从系统 ROM 中读出有关输入处理子程序和有关的运算单元子程序,同时从 RAM 和 EPROM 中读出各种数据,执行用户程序操作,实现各种输入处理和各种运算。输出寄存器中的数据,经 D/A 转换和输出保持电路之后,经 V/I 转换成 4~20mA 直流电流信号输出,并送往现场控制执行器。

三、执行器

执行器的作用是接受调节器送来的控制信号,通过改变被调介质的流量,从而把被调参数维持在所要求的范围内,是自动调节系统的重要组成部分。执行器按使用的能源分为气动、电动和液动三大类。其中气动执行器具有结构简单、工作可靠、价格低廉、维护方便、防火防爆等优点,在工业控制中应用最普遍;电动执行器的优点是能源取用方便、信号传输速度快、传输距离远,缺点是结构复杂、推力小、价格贵,适用于防爆要求不太高及缺乏气源的场所;液动执行器推力最大,一般都是机电一体化的,但比较笨重,使用较少。

在工业生产自动化过程中,为适应不同系统的需要,往往采用电气复合控制系统,这时可以通过各种转换器或阀门定位器等进行信号转换,如图 13-7 所示。其中以"电动调节器 + 电气阀门定位器 + 气动执行器"组合最为普遍。

气动执行器由执行机构和调节机构两部分组成。执行机构是执行器的推动装置,它按控制信号压力的大小产生相应的推力,推动调节机构动作。调节机构是执行器的调节部分,它直接与被调介质接触,调节流体的流量。

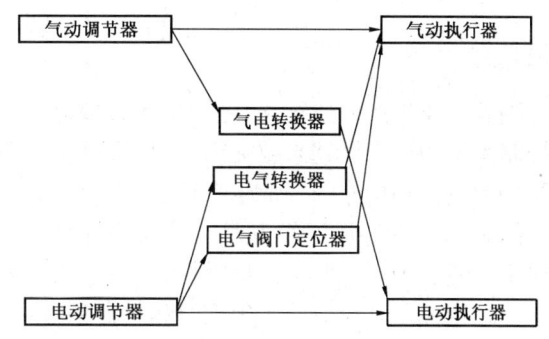

图 13-7 电气复合控制系统组合

(一)执行机构

气动执行机构主要分为薄膜式和活塞式两种。薄膜式和活塞式又有有弹簧和无弹簧之分,有弹簧气动薄膜式执行机构最为常用。

当来自调节器或阀门定位器的信号压力增大时,阀杆向下动作的叫正作用执行机构;当信号压力增大时,阀杆向上动作的叫反作用执行机构。正作用执行机构的信号压力通入波纹膜片上方的薄膜气室,反作用执行机构的信号压力通入波纹膜片下方的薄膜气室。

如图 13-8 所示为正作用气动薄膜执行机构。当信号压力通入薄膜气室后,在波纹膜片上产生推力,通过托板压缩平衡弹簧,使推杆下移,直至与平衡弹簧产生的反作用力相平衡为止,推杆即阀杆下移的距离与信号压力成正比。推杆的位移即为执行机构的直线输出位移,也称行程。

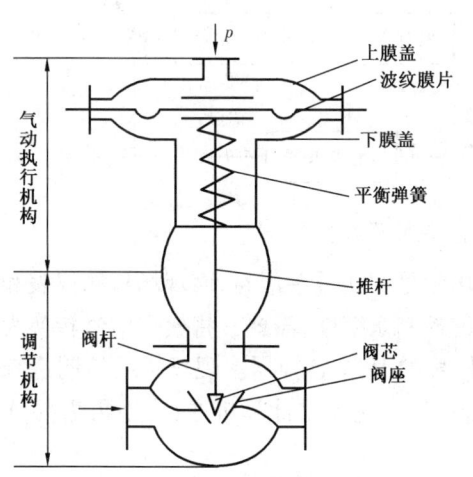

图 13-8 正作用气动薄膜执行机构示意图

(二)调节机构

调节机构由阀体、阀杆、阀芯和阀座等部分组成。它是一个可以改变的节流元件,阀杆上端通过螺母与执行机构的推杆相连接。在信号压力作用下,执行机构带动阀芯在阀体内移动,改变阀芯与阀座间的流通面积,从而改变流经调节阀的流量,达到调节工艺参数的目的。最常用的调节阀是直通单座调节阀。

(三)阀门定位器

阀门定位器是气动执行器的辅助装置,与气动执行器配套使用,安装在调节机构的支架上。它的作用是接受调节器的输出,产生与调节器输出成正比例的气压信号,以控制气动执行器,保证调节阀与调节器之间对应的比例关系。它是按力矩平衡原理工作的。

(四)电气阀门定位器

电气阀门定位器的作用是接受电动调节器的输出，产生与调节器输出信号成正比例的气压信号，去控制气动执行器。它也是按力矩平衡原理工作的。

第二节 计算机控制系统

随着工业生产向连续化、复杂化和大型化发展，对自动化系统的要求越来越高。而常规过程控制系统的局限性越来越突出：一是难以实现多变量、复杂控制规律的现代控制方法；二是需要集中监控和操作的变量越来越多，模拟仪表屏越来越长，难以实现集中控制；三是各分系统之间难以实现数据交换，从而无法实现综合自动控制；四是实现系统的扩展和控制方案的改变很不方便。为了克服上述局限性，出现了用计算机代替调节器的计算机控制系统，将计算机技术和现代控制理论应用于生产过程控制系统中。

计算机控制系统，从本质上看，其控制过程可以归纳为以下三个步骤：

(1)实时数据采集。对被控制参数的瞬时值进行检测并采集。

(2)实时决策。对采集到的表示被控制参数状态的量进行分析，并按已定的调节规律，决定下一步的控制过程。

(3)实时控制。根据决策，适时地对调节阀发出指令。

上述过程不断重复，使整个生产系统能够按照一定的要求进行动作，并且对被控制参数和设备本身出现的异常状态及时监控并做出迅速处理。

一、计算机控制系统的基本组成和工作原理

计算机控制系统实现自动控制的基本单元都是由检测变送仪表、工业控制计算机和执行器组成。计算机控制系统工作原理如图13-9所示。

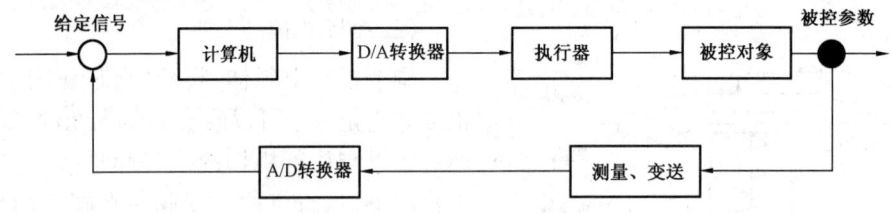

图13-9 计算机控制系统原理图

在计算机控制系统中，由于计算机的输入和输出信号都是数字信号，而现场检测仪表和执行器是模拟设备，只能识别模拟信号，因此，在这样的控制系统中，需要有将模拟信号转换为数字信号的A/D转换器以及将数字信号转换为模拟信号的D/A转换器。现场总线控制系统所用的现场数字仪表(变送器、执行器)自身以数字信号与工业控制计算机通信，不再需要A/D转换器和D/A转换器。

作为生产过程控制的计算机控制系统主要由硬件部分和软件部分组成。计算机控制系统的基本组成如图13-10所示。

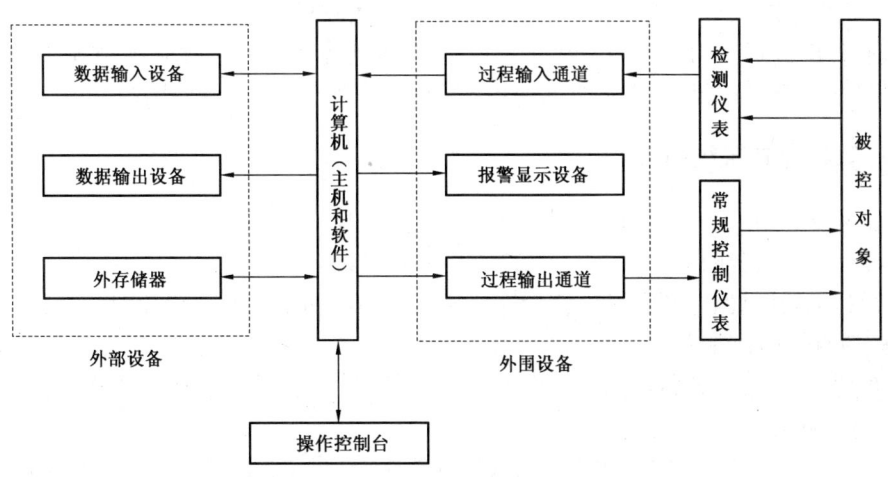

图 13-10 计算机控制系统的基本组成图

(一)硬件部分

计算机控制系统的硬件部分主要包括计算机(主机)、外部设备、外围设备、自动化仪表等。它是实现计算机控制的物质基础。

1. 主机

主机是整个计算机控制系统的核心装置,其他设备都要在它的指挥下工作。它能自动接收来自生产现场的反映过程工况的各种信息,并自动按照控制程序进行处理、运算和分析等操作,并将最后的信息发送到现场以进行控制、监测。它包括运算器、控制器、内存储器、系统总线接口和输入/输出接口等。

2. 外部设备

外部设备包括数据输入设备和数据输出设备。数据输入设备是用来把程序和有关数据送到计算机内;数据输出设备以人能直观接受的各种信息,如字符、曲线等,提供计算机在控制生产过程中的一些动态信息,以便操作人员随时了解生产过程工况。

3. 外围设备

外围设备是计算机控制系统的特有设备,主要包括过程输入设备、过程输出设备和显示报警设备等。

4. 自动化仪表

过程输入、输出设备必须通过自动化仪表与被控对象发生联系,进行这种联系的装置主要是检测仪表、调节仪表和执行器等。

(二)软件部分

为了使计算机具有最基本的程序存储及程序自动执行的功能,除必要的硬件设备外,还应配有一定的软件。

计算机控制系统软件分为系统软件和应用软件两大类。系统软件是为用户使用与维护管理计算机以及扩大计算机功能、提高其使用效率等目的而配置的,通常包括操作系统、程序设计系统、诊断程序以及与计算机密切相关的程序。应用软件是用户利用计算机以及它提供的各种系统软件编制解决用户各种实际问题的程序,包括描述生产过程和控制规律的程序。系统软件由计算机制造厂提供,有一定的通用性;应用软件由配套厂或使用单位自行配置。

二、计算机控制系统的特点

(1)在速度和精度上,计算机控制系统性能大大提高;

(2)计算机具有分时操作功能,一台计算机能代替许多台常规控制仪表或控制装置;

(3)计算机的记忆和判断功能,使计算机能够在环境和生产参数变化时及时做出判断,选择最合理、最有利的控制方案;

(4)对具有大滞后、各参数相互关联的对象,利用计算机强大的计算功能,可以得到较好的解耦和补偿效果。

总之,计算机控制系统容易实现任意的控制算法,只要按人们的要求改变程序或修改控制算式的某些参数,就能得到不同的控制效果。

第三节 集散控制系统

集输系统普遍采用分级控制系统中的集散控制系统(DCS)。集散控制系统是基于"保持集中监督、显示、操作、管理的优点,而将集中控制的危险性分散"的思想,将由一台大型计算机完成的功能,分解为两部分:由几十台甚至上百台微处理器来承担控制功能,每一台微处理器只负责控制一部分回路,即使某一微处理器发生故障,由于所影响的范围有限,因此不会对整个系统造成严重后果;控制室的计算机只负责集中监督、显示、操作、报警、管理和优化计算,它与各微处理器之间用通信网络连接起来,构成一个完整的控制系统——计算机分级控制系统,称为集散控制系统(Total Distributed Control System),简称DCS。

一、集散控制系统的组成

集散控制系统是以多个微处理机为基础,利用现代网络技术、现代控制技术、图形显示技术和冗余技术等实现对分散控制对象的调节、监视和管理的控制技术。其特点是以分散的控制适应分散的控制对象,以集中的监视和操作达到掌握全局的目的。系统具有较高的稳定性、可靠性和可扩展性。

集散控制系统一般由四部分组成:过程输入/输出装置、过程控制装置、操作接口和数据通讯系统。

集散控制系统也叫分布式控制系统,是相对于集中控制系统而言的一种新型计算机控制系统,它是在集中控制系统的基础上发展、演变而来的。在系统功能方面,集散控制系统和集中控制系统的区别不大,但在系统功能的实现方法上却完全不同。

首先,DCS的骨架——系统网络,是DCS的基础和核心。由于网络对于DCS整个系统的实时性、可靠性和扩充性,起着决定性的作用,因此各厂家都在这方面进行了精心的设计。对于DCS的系统网络来说,它必须满足实时性的要求,即在确定的时间限度内完成信息的传送。这里所说的"确定的时间限度",是指在无论何种情况下,信息传送都能在这个时间限度内完成,而这个时间限度是根据被控制过程的实时性要求确定的。因此,衡量系统网络性能的指标并不是网络的速率,即通常所说的每秒比特数(bps),而是系统网络的实时性,即能在多长的时间内确保所需信息的传输完成。系统网络还必须非常可靠,无论在任何情况下,网络通信都不能中断,因此多数厂家的 DCS 均采用双总线、环形或双重星形的网络拓扑结构。为了满足系统扩充性的要求,系统网络上可接入的最大节点数量应比实际使用的节点数量大若干倍。这样,一方面可以随时增加新的节点,另一方面也可以使系统网络运行于较轻的通信负荷状态,以确保系统的实时性和可靠性。在系统网络实际运行过程中,各个节点的上网和下网是随时可能发生的,特别是操作员站,这样,网络重构会经常进行,而这种操作绝对不能影响系统的正常运行,因此,系统网络应该具有很强在线网络重构功能。

其次,系统网络是一种完全对现场 I/O 处理并实现直接数字控制(DDS)功能的网络节点。一般一套 DCS 中要设置现场 I/O 控制站,用以分担整个系统的 I/O 和控制功能。这样既可以避免由于一个站点失效造成整个系统失效,提高系统可靠性,也可以使各站点分担数据采集和控制功能,有利于提高整个系统的性能。DCS 的操作员站是处理一切与运行操作有关的人机界面(HMI,Human Machine Interface 或 Operator Interface)功能的网络节点。

系统网络是 DCS 的工程师站,它是对 DCS 进行离线的配置、组态工作和在线的系统监督、控制、维护的网络节点,其主要功能是提供对 DCS 进行组态,配置工作的工具软件(即组态软件),并在 DCS 在线运行时实时地监视 DCS 网络上各个节点的运行情况,使系统工程师可以通过工程师站及时调整系统配置及一些系统参数的设定,使 DCS 随时处在最佳的工作状态之下。与集中控制系统不同,所有的 DCS 都要求有系统组态功能,可以说,没有系统组态功能的系统就不能称为 DCS。

二、集散控制系统的特点

DCS 的设计思想可以概括为:采用标准化、模块化、系列化设计,以通信网络为纽带构成集中显示、集中操作和集中管理,控制功能相对分散,具有配置灵活、组态方便等特点的多级分布式计算机控制系统。集散控制系统的特点如下。

(一)递阶分级结构

递阶分级结构通常分为四级。第一级为直接控制级(又称过程控制级),直接控制过程或对象的状态;第二级为过程管理级,对过程控制进行设定点控制;第三级为生产管理级,任务是维持系统的最佳运行状态;第四级为经营管理级,任务是决策、计划、管理、调度与协调。

(二)高度开放性

DCS 通信系统符合标准模型的国际通信标准,可和其他厂家的产品相连接、互相兼容,具有高度开放性。

(三)强有力的人机接口

操作站的 CPU 处理速度很高,CRT 显示画面非常丰富,操作性很强。每个操作站可监视上万个工位,数百幅流程图画面。一般有总貌显示、报警显示、操作编组、趋势编组、操作指导信息和流程图画面等。还有丰富的信息打印输出功能,如报表打印,报警打印,班报、日报、月报等自由报表打印,并具备电子音响报警功能、语言输出功能和系统维护功能等。

(四)采用高可靠技术

集散控制系统的平均无故障间隔时间可达 50000h,平均故障修复时间只有 5min 左右。集散控制系统广泛采用表面安装技术与专用集成电路,同时采用冗余技术、容错技术、故障自检、自诊断技术和故障的智能化检测诊断技术等,从而确保系统的高可靠性。

三、集散控制系统的应用实例

油田自动控制系统井场、增压点、联合站等各类站场以监视、控制、操作为主;作业区以监视、调度、生产管理为主;采油厂以生产管理、优化分析、智能决策为主。这里主要介绍增压点和联合站自动控制技术。

(一)增压点、转油站自动监控系统

增压点、转油站以确保平稳、安全生产为重点,主要实现生产运行状态的监控、电子巡井和智能预警报警等功能。

某油田增压点、转油站自动监控系统具体实施方式如下:

(1)收球筒压力、温度监测。在收球筒上安装压力变送器和温度变送器,监测井组集油管线压力和收球筒加热温度。

(2)外输加热炉温度监测。在加热炉外输管线上安装温度变送器,采集原油经加热后的温度,监视原油外输温度状况。

(3)外输泵进出口压力监测。输油泵进出口管线安装压力变送器,监测输油泵前后压力状况。

(4)缓冲罐液位监测。缓冲罐安装防爆电热液位计,实时监测缓冲罐液位,并为输油泵变频控制提供信号。

(5)可燃气体浓度监测。安装输出信号为 4~20mA 的可燃气体变送器,接入站控系统,实现可燃气体浓度的实时监测与报警。

(6)输油泵变频控制。输油泵变频控制柜和油气混输泵变频柜具备根据缓冲罐液位测量信号实现自动启停输油泵和连续输油的功能,并将输油泵电动机频率等参数传送至站控系统。

(7)站内视频。站内安装 1 套带云台的一体化摄像机(带网络视频服务器),观测站内生产运行状态,由作业区控制。

(8)站控系统建设。站点安装站控系统 1 套,包括 PLC 或 RTU、工控机、PC 机、UPS、网络交换机、站控组态软件、示功图软件和桌面安全软件。

(二)联合站自动监控系统

1. 某联合站自动监控系统

某油田联合站使用的是兰州科庆的 HGS 监控管理系统。系统的监测点有一百多个,包含温度、压力、液位、流量、可燃气体监测等;可实现对雷达液位计状态、电动阀状态和浮球液位计状态反馈,也可实现对电动阀状态控制和污水泵启停控制。

该系统配置 2 台工程师站(可兼做操作员站)和 1 台操作员站,用于视频监控系统,并且控制 HGS 监控管理系统与视频系统在大屏幕上的切换。

HGS 监控管理系统的软件组态使用西门子公司 Windows Control Center V6.0 系统软件平

台提供的功能和手段来实现其管理功能。具有以下一些功能和特点：

(1) 丰富、生动的画面监视管理体系。

Windows Control CenterV6.0 系统软件实现了对所有监控对象的所有点及点信息进行系统组织、综合管理和实时监控，并用丰富、生动的画面，将系统和子系统接线图、总貌图、流程图和趋势图等都显示出来。全部操作均以"画面"为中心，不同类型的仪表具有不同的操作面板，在操作面板里完成对仪表相对应的全部监视和操作。主要包括可燃气体报警平面监测画面、三相分离器简易流程画面、罐区流程画面、计量间流程画面和输油泵房流程画面等。

(2) 完备的实时控制功能。

可以从 Windows Control Center V6.0 系统软件中直接控制一些控制设备，无需在现场手动操作控制，包括对三相分离器油阀、水阀 PID 调节控制，大罐进出口电动阀远程启停控制等。

(3) 完善的报警功能和安全体系。

Windows Control Center V6.0 系统具备完善的报警功能，可将报警信息进行分类、筛选和重组织，建立一个报警体系，还可以检测用户的合法使用权限，以决定是否给用户对一些重要控制设备的操作权力。系统设有报警窗口，报警状态时不但报警窗口中有记录显示，并且伴有报警声音。

(4) 强大的历史数据管理功能。

Windows Control Center V6.0 系统设计了历史数据库，可对历史数据记录进行处理、裁剪、分析和统计，具有点趋势图、日志、事故追忆等功能。数据采集时间可由用户根据需要设定，主要有生产参数的实时曲线和历史曲线查询、打印，实时报警状态监测和历史报警记录查询、打印等功能。

(5) 文件处理、归档功能以及报表功能。

Windows Control Center V6.0 系统具有对各类文件的处理功能，对各类数据和文件进行归档，并可制作各类用户所需报表，具备图形打印、文件打印和报表打印功能。包括瞬时计量报表窗口、历史报表查询窗口，可以按四种报表类型（分、时、班、日）分别对生产参数进行计量。

2. 具体实施方式

(1) 收球筒压力、温度监测。安装温度、压力变送器，监测收球筒的工作状态。当加热温度达到设定温度时停止加热并发出提示信号，当压力超限时报警。

(2) 来油进站区温度、压力、流量监测。在增压点、接转站来油进站区安装温度、压力变送器监测各路来油的基本状态。当来油场站为油气分输时，监测各路来油流量，并完成流量计算。

(3) 三相分离器压力、油水液位检测。三相分离器上安装压力变送器、油水液位检测变送器和用于油水液位控制的电动调节阀，进行连续排液控制。

(4) 加热炉出口温度监测及远程停炉。加热炉的生产运行控制由其自配套的监控设备完成，将主要生产运行数据热水温度（水套炉）或蒸汽压力（真空炉）、炉水液位、燃气压力、燃烧器工作状态等传输至站控系统，并利用该信道实现远程停炉。

(5) 外输原油流量、含水、压力监测。安装流量计及含水分析仪，进行外输原流流量和含水计算。安装压力变送器监测外输原油总管的压力，当外输压力超上限或快速下降时报警。

(6) 输油泵压力、运行状态监测。在输油泵上安装压力变送器，监测各输油泵进口压力，当压力达到低限值时联锁停泵。

（7）倒罐泵压力监测及变频控制。监测各倒罐泵的进口压力，当压力达到低限值时联锁停泵；当倒罐泵（转油泵）向沉降罐或三相分离器输送含水原油时，应合理选择泵的排量，并为其配套变频装置，人工设定运行参数，实现均衡、平稳进液。

（8）油罐液位监测。监测油罐的连续液位，为各油罐设置高低限液位开关，监测油罐的高低限液位，超限时自动报警。

（9）外输气体压力监测。气液分离器气相出口安装压力变送器，监测出口总管压力。

（10）可燃气体浓度监测。安装可燃气体变送器，接收可燃气体报警控制器输出的浓度超限报警信号，进行报警。

（三）LKS 油田集输联合站自动监控系统

LKS 油田集输联合站自动化监控系统是基于工控机及可编程控制器的集散过程控制系统，该系统硬件采用了 PC 总线工控机、西门子 PLC、含水分析仪、液面仪、界面仪、小流量计、网卡、扩充 232 通信卡、485 转换器、电磁阀、流量计和安全栅等设备；软件采用了基于 Windows2000/NT 的组态软件、Excel2000 以及 Step7 等软件。整个监控系统在监测方面具有对联合站的集输工艺过程进行动态、实时、逼真显示的功能，能够对监测的结果自动存盘记录，能够对异常情况及时、准确地进行报警，能够根据需要进行报表打印和向使用者提供帮助等功能。在控制方面实现了破乳剂加药自动控制、一次沉降罐自动放水控制、加热炉自动点火控制、污水罐自动放水控制以及其他过程控制。该系统能动态显示各监控变量的实时变化，能做出历史曲线分析图，能实现历史报表、瞬时报表打印，能实现历史数据查询，能实现报表数据上厂局域网，控制柜能够实现防爆，能实现污水罐液位报警等，因而使整个集输站各设备运行工况实现了自动监测及及时控制，极大地提高了整个集输站的自动化水平。各组成部分的功能为：

（1）上位机。工业控制计算机，完成生产过程工艺流程图画面显示、参数给定、加药控制、趋势图显示、报表打印和报警记录，实现画面和数据实时上传。

（2）下位机。采用 SIMATIC S7 – 300 可编程控制器。CP314 作为中央处理器，通过 CP5611 通讯处理器同上位机组态软件进行通讯。整个系统采用 SM331 模拟量输入模板对 29 路模拟量进行信号采集，用 SM332 模拟量输出模板对 6 路回路进行控制，用 SM332 数字量输出模板对 7 路开关量进行控制，用 FM350 功能模板对脉冲量进行计数。整个系统经传感器采集信号，通过变送器转换成标准信号送到 PLC 模板，同时将上位机的控制参数传给 CPU，在 CPU 中进行自动处理后，再将处理结果回送至上位机和现场执行机构，在整个系统中 PLC 控制各个部分的协调运行。

（3）工控机内插入 A/D 转换板卡及硬件计数卡，将现场不参与控制的参数直接采集到计算机，计算机完成生产过程工艺流程图显示、参数给定、趋势图显示、打印报表、报警记录，与分队计量的 485 通信网卡实现画面和数据实时上传厂局域网。

（4）在中央控制柜中，采用西门子 S7 – 300PLC 完成控制参数检测和现场控制，并将一些不参与控制的检测参数通过转换卡直接纳入工控机。

（5）现场仪表完成参数检测，执行机构完成控制对象调节。

LKS 油田集输联合站自动监控系统软件采用了北京亚控自动化科技有限公司基于 Windows2000/NT 的组态软件组态王 6.01，它集控制技术、数据库技术、人机界面技术、网络技术、图形技术于一身,包括动态显示、报警、控件、趋势及网络通信等组件,提供一个友好的用户界面。组态王把每一台下位机看作是外部设备,并通过驱动程序和这些外部设备交换数据,包括采集数据和发送数据。

该联合站集输系统包括沉降脱水系统和电脱水系统两大部分,虽然工艺比较简单,但是由于变量耦合严重、干扰作用频繁等原因造成可控性差,实现自动化难度较大。

复习思考题

1. 自动控制系统在工业生产中有哪些作用?
2. 通常集输系统的自动控制监测、控制的参数都有哪些?
3. 变送器在自动控制系统中的作用是什么?集输系统所使用的温度变送器属哪种类型,一般易出现哪些问题?
4. 调节器在自动控制系统中的作用是什么?调节器的调节规律有哪些?
5. 执行器在自动控制系统中的作用是什么?现场使用的执行器是哪种类型的?使用中易出现什么问题?
6. 计算机控制系统由哪几部分组成?各部分的作用是什么?
7. 集散控制系统具有什么优点?联合站能不能使用 SCADA 系统?
8. 所在联合站的自动控制系统都有哪些功能?还有哪些不足?

参 考 文 献

[1] 吴明,孙万福,周诗崇. 油气储运职代会. 北京:化学工业出版社.
[2] 孙克军,杨春稳,崔学功. 常用传感器应用技术问答. 北京:机械工业出版社.

第十四章 油田数字化管理

数字化管理是管理现代化的重要标志。进入 21 世纪以来,全球经济一体化和信息化的浪潮一浪高过一浪,知识经济时代的到来使得信息和知识成为越来越重要的战略资源。数字化技术顺应时代的发展,从军事领域引入石油企业管理领域,油田企业将进入一个生产、科研、经营以及员工生活环境等全面数字化的新阶段,油田发展将步入标准化、数字化、智能化的新时代。

数字化油田系统是以系统集成、信息共享、分布式网络、安全稳定的数据为宗旨,以信息技术为支撑,油田信息为数据源,以互联网为传输媒介,以管理决策和信息共享为目标的现代化油田信息管理系统。

数字化管理的实现,全面降低了企业管理成本,有效控制了各项投资,促进了油田管理模式的转变,进一步提升了企业核心竞争力。数字化管理的实施已成为油田应对金融危机、实施低成本战略、实现又好又快发展的强有力支撑。

第一节 数字化管理

一、数字化和数字化管理

数字化是将许多复杂多变的信息量化为数字、数据,再为这些数据建立起适当的数字化模型,利用计算机进行统一处理,这就是数字化的基本过程。数字化包括集成性、系统性、智能性和定量性的特点。

数字化管理是指利用计算机、通信、网络、人工智能等技术,量化管理对象与管理行为,实现计划、组织、协调、服务、创新等职能的管理活动和管理方法的总称。通俗地说,就是要听数字指挥、让数字说话。作为信息时代的企业管理模式,数字化管理将极大地改变企业的管理现状,有力地促进企业管理效率和效益的提高。

二、油田数字化管理

油田数字化管理是利用自动控制技术、计算机、网络技术、油藏管理技术、油(气)开采工艺技术、地面工艺技术、数据整合技术、数据共享与交换技术、视频和数据智能分析技术,实现电子巡井、准确判断、精确定位,强化生产过程控制与管理。

数字化油田将利用采油工艺整体优化技术、油藏管理技术、自动控制技术、计算机网络技术、数据整合技术、数据共享与交换技术,结合油田特点,集成、整合现有的综合资源,创新技术和管理理念,提升工艺过程的监控水平、生产过程管理的智能化水平,建立全油田统一的生产管理、综合研究的数字化管理系统,实现"同一平台、信息共享、多级监视、分散控制",达到强化安全、过程监控、节约人力资源和提高效益的目标。数字化油田将建设以基本生产单元过程控制为核心功能的生产管理系统；以公司层面生产指挥、调度、安全环保监控为核心功能的生产运行系统；以油气藏经营管理为核心功能的决策指挥系统。

三、油田数字化管理的意义

数字化是油田建设、生产组织方式和管理方式的一次革命，是控制投资、降低成本、提高效率、确保安全生产的有力技术保障。

数字化油田是油田企业生产、科研、管理和决策的综合基础信息平台，它将对油田信息化建设起着统领和导向的作用。数字化油田已经表现出广阔的应用前景：

（1）数字化油田建设可以大幅度提高油田勘探开发研究和辅助决策水平，促进油田的可持续发展；

（2）数字化油田建设可以优化生产流程，大幅提升油田生产运行质量；

（3）数字化油田建设可以促进油田改革的进一步深化，进一步提高油田经营管理水平。

第二节 油田数字化管理技术

一、数字油田的内涵

为创立数字油田的概念，许多公司和机构做出了贡献。不同的国际学术团体、石油公司对未来数字油田的提法各异，但数字油田的实质是一致的。1999年，中国石油大庆油田有限责任公司在国内首次提出数字油田的概念。数字油田的概念一经提出，就得到了国内外各大油田和石油公司的普遍重视。数字油田已经成为石油企业信息化建设的战略目标，得到了全世界石油企业的广泛关注。数字油田将油田的信息化建设带入了一个崭新的阶段。

（一）以大庆油田为代表的国内"数字油田"的内涵

"数字油田"是以油气田为研究对象，以空间坐标信息为参考，以计算机和高速网络为载体，以石油、天然气的整个生产流程为线索，建立勘探、开发、地面建设、储运销售以及企业管理等多专业的综合数据体系，并将各专业的数据和应用系统进行高度融合，在建立油气田生产和管理流程各种优化模型的基础上，利用模拟仿真和虚拟现实等技术对数据进行多维可视化表达，实现横向上覆盖整个油田地域，纵向上油田从地面到地下的多层次信息定位，提高油田总体信息分析能力，为企业经营管理提供辅助决策信息，进一步挖掘生产和管理环节的潜力，使信息化建设更好地服务于企业生产和管理，为油气田企业的发展创造良好的信息支撑环境。

（二）BP公司 e – Field 的内涵

数字油田（e – Field）是技术和业务流程的集合，它对油田的所有资产，从油藏到销售终端，实时地获取、监视和分析油田数据，提供实时的、连续的、远程的监控和管理。可以频繁地获取油藏图像；快速地浏览集成的油藏、井筒和设备单元的纪录；使用门户等可视化工具方便地访问数据，并对其解释和模拟。基于对地表和地下预测模型技术的数字决策支持系统（Digital decision – support systems）被用于分析实时数据和直接或间接地控制开发生产环境。

因此，"数字油田"是油田实体在计算机中的虚拟表示，是将油田的业务与计算机、网络、自动化设施、各类数据、应用系统、专业软件高度融合起来,实现在计算机上研究和管理油田。

二、数字油田的特点

数字油田就是油田信息化和自动化的代名词,是全面地应用信息技术、计算机技术、通信技术、自动控制技术、石油勘探开发技术、现代管理思想、方法和技术等,武装、提升和改造传统产业,在决策管理层、执行层和过程控制层,以及企业内部和外部,全面提升生产技术能力、经营管理能力和市场应变能力。

数字油田涵盖了油田科研、设计、生产、经营全过程、多环节、多领域的数字化,包括决策、勘探、钻井、开发、地面工程和销售的各种生产要素的全生命周期的数字化。

数字化油田系统为各个能源公司和其供应商之间实现信息交流和自动化操作提供了一种基于网络的解决方案,使油田操作管理中一些复杂的工作流程简单化,并且使各个相关部门实现协同工作,从而合理有效地利用各种油田资源,提高资源利用率和经济效益。

三、油田数字化管理技术的发展历程

油田信息化的高级阶段——数字油田产生发展的过程,可分为以下四个阶段。

(1)准备阶段,即在20世纪90年代以前。

油田企业向机械化、电气化、自动化、信息化、数字化、可视化、智能化、集成化方向发展,为数字油田的出现奠定了技术和应用基础。

(2)萌芽阶段,即20世纪90年代至世纪之交。

勘探开发一体化、可视化或虚拟现实、智能井(smart well)技术日趋成熟。ERP(企业资源计划)、电子商务的应用进入石油业。信息集成、数据挖掘等技术推进了数据资产化和数字油田理念产生的进程。

(3)起步阶段,即世纪之交至2005年底。

该阶段的标志是2000年2月剑桥能源研究会(CERA)召开的题为"数字油田——新一代油藏管理技术"的大会。2003年2月,CERA以"将来的数字油田"为题发表报告,倡导利用IT技术,广泛地实现油田勘探、开发、生产的集成化、效率化、最优化和实时化。而且预言,由于利用数字油田技术,今后5~10年,可以新增石油储量1250亿桶。还指出今后发展的5项新技术,即以4D地震为代表的远程测量传感技术(RemoteSensing)、使复杂数据一元化表示的可视化技术(Visualization)、智能钻井、完井技术(IntelligentDrilling and Completion)、自动化技术(Automation)和信息集成技术(Data Integration)。尽管数字油田的观点、认识、概念很多,产品、方案也开始出现,但成熟的、成功的应用实践还不多。

(4)发展阶段,即从2005年底至今。

发展阶段以2005年10月在美国达拉斯举行的石油工程师协会(Society of Plastics Engineers,SPE)年会为标志,发表了Shell、Chevron等数字油田的应用实践案例。现在,已有25个不同的"Smart Field"项目在世界各地实施。Shell公司从2000年至2004年已经完成200口智能井,计划还要完成660口智能井。IDC公司的"2006年石油工业十大技术预测",将数字油田排第6位。

四、数字油田的结构

(一)数字油田的基本结构

数字油田的基本结构可划分为环境层、数据层、专题层、模型层、应用层、集成层和战略层七个层次,其中数据层包含源数据子层、专业主库子层和数据仓库子层三个分层次,如图 14-1 所示。

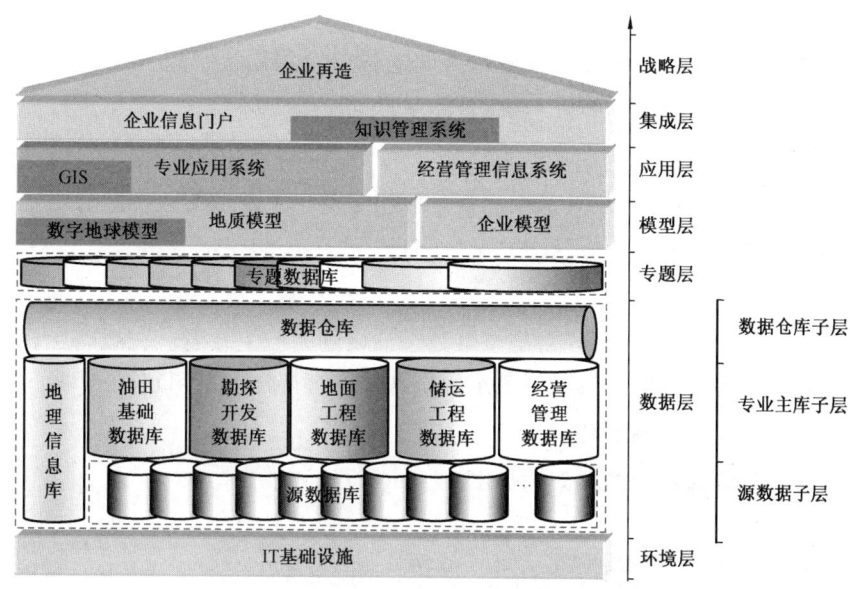

图 14-1 数字油田的基本结构

1. 环境层

环境层是数字油田的最底层,主要是指信息化基础设施,包括计算机系统、网络、电子邮件等公共系统。它为数字油田提供全方位的信息技术支持。

2. 数据层

数据层处于数字油田结构的底部,为数字油田提供数据支持。数据层的主要内容是各类数据库和非结构化数据体以及组织、管理这些数据的基础平台(数据仓库等)。这些数据是构建油田模型的基础信息,主要包括地理信息和油田研究、生产、经营管理数据。

数据层包含源数据子层、专业主库子层和数据仓库子层三个分层次,各个子层的数据由下至上逐渐集中。源数据分布在整个油田的各级单位和岗位,但以基层为主,源数据库是数字油田的前端信息采集器和存储器。专业主库是以油田工程和管理单元划分的若干类源数据的汇总,可供一定范围内的单位使用,并由他们进行日常管理。数据仓库则具有完成油田各类数据的整合与调度功能。

3. 专题层

专题层主要包括各类专题数据库。专题数据库是指面向不同应用或研究主题而专门抽取的项目数据库或专题数据库。实际上,专题数据库中的内容在数据层已经存储,设置专题数据库是为了应用方便和保证数据层的稳定性以及相对独立性。这种双层数据结构的合理性已经被有经验的用户群普遍认可和被实践所证明。

4. 模型层

模型层定义油田的地质模型和企业模型。这些模型是在丰富的信息基础(数据层和专题层)上建立的。通过模型实现数字油田的仿真和互动功能。地质模型以数字地球模型为参考和基础。

5. 应用层

应用层由油田的石油专业和经营管理两方面的各个应用系统组成,解决油田科研、生产、经营管理的实际问题。应用层以软件系统为主,是最复杂的一层。

6. 集成层

在集成层,利用企业信息门户等技术把整个应用层及以下各层的应用系统整合起来,实现完整的数据油田的统一入口。

7. 战略层

战略层是数字油田结构的最高层,是整个数字油田的方向主导者。在战略层,要依靠数字油田建设达到企业再造的目的。战略层制定数字油田的整体性方案与建设策略。

(二)长庆油田数字化管理系统架构

长庆油田数字化管理系统整体架构如图 14-2 所示。

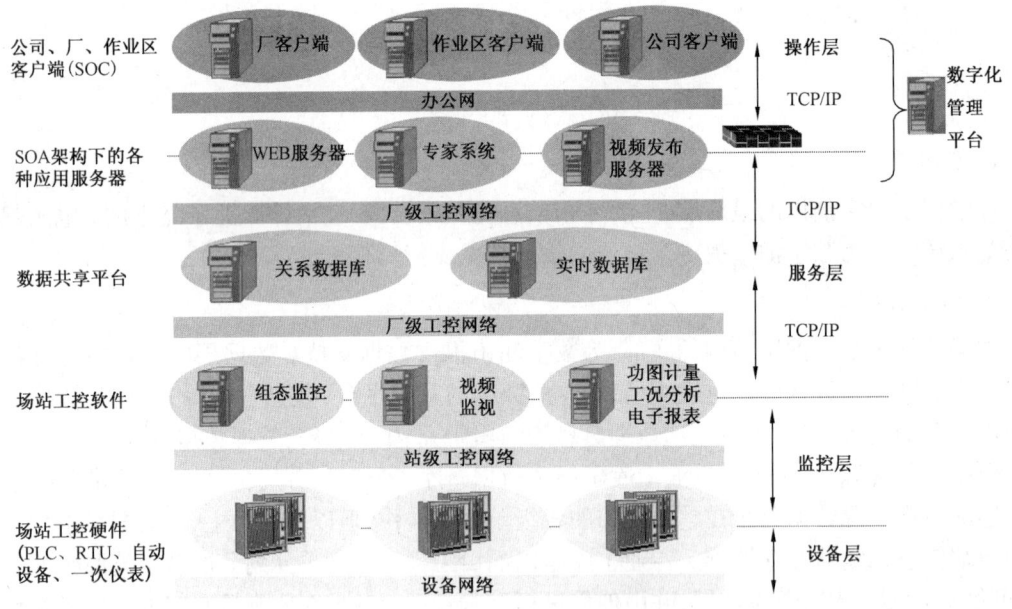

图 14-2 长庆油田数字化管理系统整体架构

其中数字化管理平台总体建设框架为:一库、一平台和两系统,即一个综合数据库、一个平台、一个生产管理系统和一个智能专家系统,如图 14-3 至图 14-6 所示。

五、油田数字化管理系统实现的功能

数字化在信息化整体架构上是生产的最前端,以对井、站、管线等基本生产单元的生产过程监控为主,完成数据采集、过程监控、动态分析,发现问题、解决问题并维持正常生产;建立了统一的数据接口,实现数据的共享;油田数字化管理系统是以生产过程管理为主的信息系统,是公司信息系统功能的延伸和扩充。油田数字化管理系统实现的功能如图 14-7 所示。

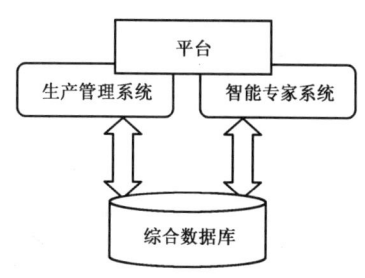

图 14-3 管理平台总体建设架框

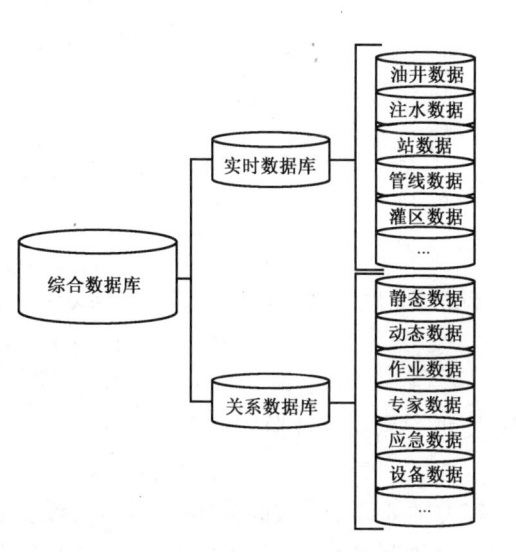

图 14-4 综合数据库

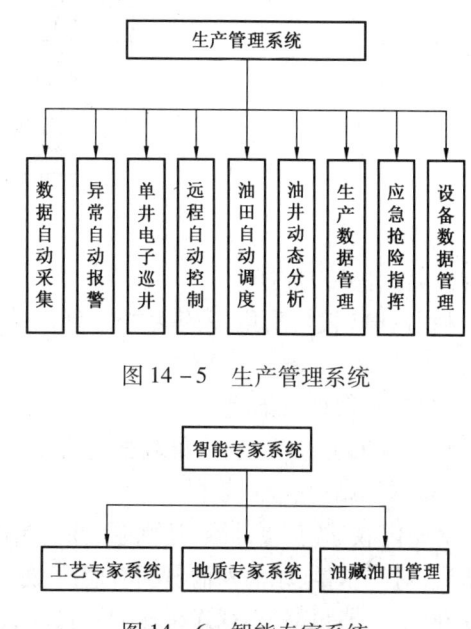

图 14-5 生产管理系统

图 14-6 智能专家系统

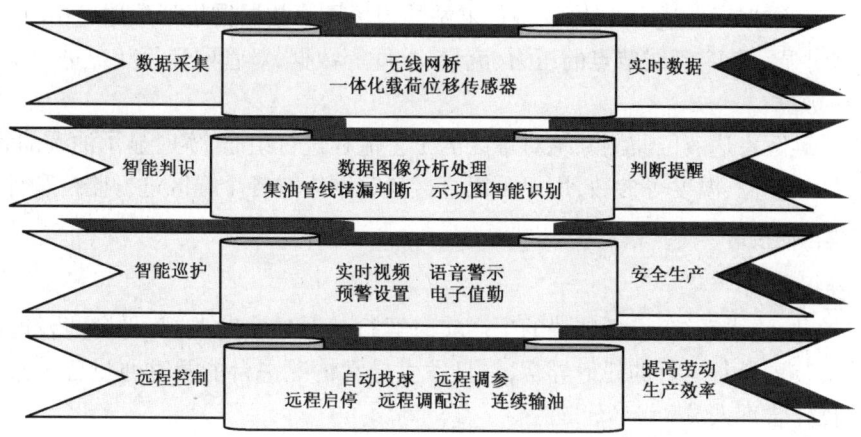

图 14-7 油田数字化管理系统实现的功能

（一）数据自动采集流程

数据自动采集流程如图14-8所示。

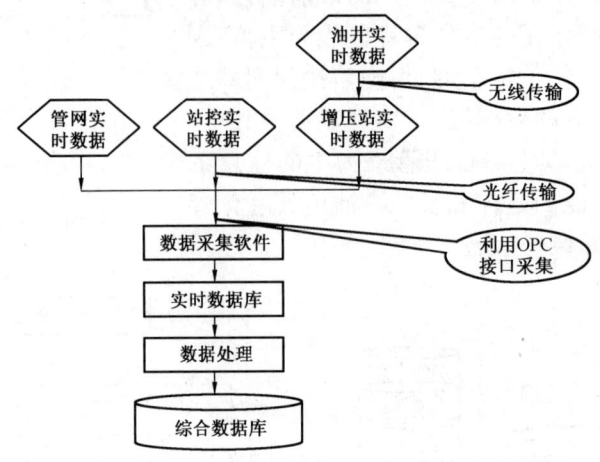

图14-8　数据自动采集流程

（1）油井井口数据。

利用OPC接口采集，采集数据包括油压、套压、动液面、电动机、电量、电流、电压以及功图数据。

（2）注水数据采集。

利用OPC接口采集，采集数据包括注水井、配水间、注水站等数据。

（3）增压站/联合站数据。

对站内收球筒、缓冲罐、注水泵、外输泵进出口等关键部位压力实时监测，监控各类设备运行状况；对注水量、原油外输量实时监测，方便掌握油水井生产概况；通过缓冲罐连续液位的监测，控制变频器频率，实现连续输油和自动启停。

（4）管线数据。

平台的实时数据库通过OPC协议将首末站的现场压力数据采集到数据库中，以管网拓扑图的形式，实时显示各个管线节点的压力、流量、温度等数据，对管网运行状况进行实时监测。

（5）罐区数据。

平台集成罐区雷达液位监测系统对罐区的工艺流程进行组态，实时显示油罐的容量、安全容量、油水界面、液位、温度等参数，用户可以直接通过网络对各个罐区进行监控和计量。

（二）异常自动报警

（1）井场报警。

通过对油井、注水系统、设备装置的生产实时运行状况的实时监视，平台能及时向管理操作人员反映出装置设备运行的任何异常，一旦发生异常情况平台能及时通过各种报警方式提示通知相关操作管理人员。

（2）站点报警。

通过对增压站、联合站、转油站等站的设备装置的生产实时运行数据的实时监视，一旦发生异常情况平台能及时通过各种报警方式提示通知相关操作管理人员。

(3)管线报警。

实时采集管线泄漏检测控制系统的检测结果,平台根据结果来判断管线是否正常运行,如有泄漏情况发生,平台则出现报警提示,及时通知相关负责人。

(4)视频报警。

通过平台的视频移动侦测功能,可以根据现场图像来判断是否有动物或人闯入,当异常情况发生后在指挥中心或现场都有报警提示,工作人员可以在指挥中心直接向现场喊话,做出警告。

(三)单井电子巡井

油田数字化管理系统集数据自动采集、功图分析、井场异常监控、油井故障分析、异常自动报警、巡井调度组织等功能于一体,全方位监测油井生产过程,实现单井生产自动化。

使用电子巡井、身份识别和预警报警技术,操作人员在站上可对进入井场人员进行提醒和警告。

(四)远程自动控制

(1)利用自动投球装置、自动加药装置,平台可实现远程自动控制功能;

(2)利用井口电极保护模块,可实现抽油机启停远程自动控制;

(3)通过增压站、联合站、转油站等主要场所频繁操作阀门的自动化改造,平台能够远程控制阀门;

(4)在站上的控制室,统一井站的监控,可实现24h运行监视、控制操作、报警处理、故障记录;

(5)通过管线泄漏检测控制系统,平台能实现远程监控管线泄漏事件分析。

(五)自动诊断分析

采集主要生产场所压力、温度、流量、液位等参数,可判断加热炉运行状况,保证联合站脱水正常;根据罐液位超高、超低限报警提示,判断输油泵工况,自动启停备用泵,达到平稳输油;根据与下游压差判断输油管线是否破漏,并通过可燃气体检测仪和视频监视系统,实现对各种生产异常情况的自动诊断分析。

(六)油田生产智能调度

在 GIS 和 GPS 的基础上,开发了数字化油田生产调度系统,利用采集井、站(增压点)管线和联合站等实时数据、视频图像数据进行分析处理,可自动形成作业指导建议、应急抢险辅助预案,并能够实现快速的生产调度和指令下发。

(七)油井动态分析

通过采集油井的实时数据、功图数据,抽油机运行状况数据以及注水数据,进行分析诊断,智能地分析油井运行状况,自动产生科学的油井维护措施建议。

(八)生产及设备数据管理

生产数据管理包括原油生产、油田供注水、集输运行、电力系统管理等生产数据管理,如图14-9所示。生产数据管理可满足日常生产报表需求,同时以图表、曲线的形式直观显示全厂及各单位原油生产情况、计划完成情况、生产与计划对比情况,展现井下作业动态、集输运行情况,深入挖掘现有数据内在的联系,为科学地进行油田生产调度提供可靠的数据分析基础。

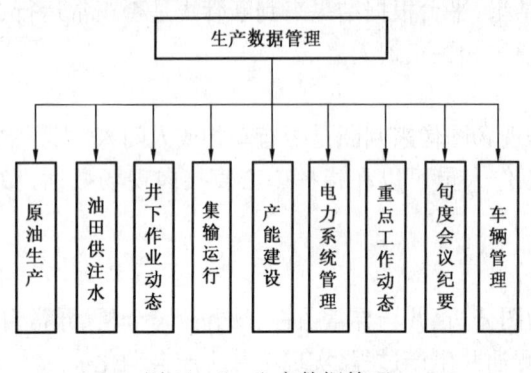

图 14-9　生产数据管理

（九）应急抢险指挥

应急抢险指挥应建立应急基础资料台账,管理全厂辖区范围内大站大库、集输管网、注水管网和电网示意图;对风险资源点的划分、风险源点的分布进行分类整理;对应急抢险人员和物资进行统一管理,建立应急抢险资源台账;集中管理应急预案,及时通过网络平台发布应急抢险方案,如图 14-10 所示。

（十）设备维修维护管理

设备维修维护管理是指可实现对井站设备、阀门、仪表以及附件设备的维修、保养、润滑、检测、自动报警及分析功能,合理安排设备的维修、保养、检测计划等,科学合理地安排设备备品、备件的采购库存,如图 14-11 所示。

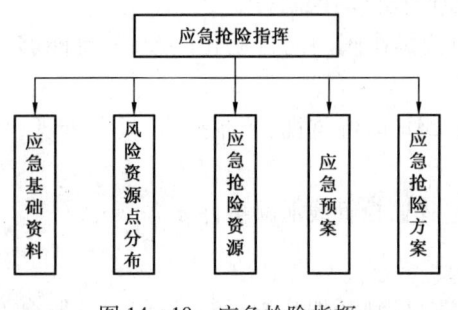

图 14-10　应急抢险指挥

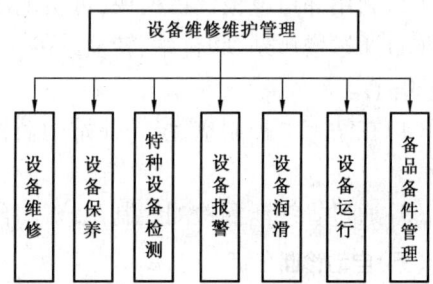

图 14-11　设备维修维护管理

第三节　长庆油田数字化管理取得的成效

在"冲刺 3000 万吨、实现 5000 万吨"的奋斗历程中,长庆油田把数字化建设作为变革油气田生产组织管理方式和降低成本的法宝。目前,长庆油田数字化建设已在生产指挥、现场作业、油藏开发三个层面全方位推进,并在油气田生产建设中显现出巨大的作用。

经过多年的油田数字化建设,长庆油田公司在西峰油田、华庆油田、白豹油田等油田数字化建设管理中都取得了显著的成效:

(1) 提升了油田开发管理水平;

(2) 现场安全管理水平明显提高;

(3) 用工总量得到有效控制,管理效益显著提升;

(4) 员工劳动强度大幅度降低;

(5) 为构建油区新型管护模式创造了重要条件;

(6)为改善员工生活、工作条件奠定了基础;
(7)数字化是实施低成本战略的重要途径。

一、提升油田开发管理水平

"听数字指挥,让数字说话"是油田新型管理模式的集中体现。随着油田数字化管理平台的运行,在融合传统管理方式优势的基础上,长庆油气生产管理将实现三个飞跃:从人工搜集信息到计算机辅助处理;从提供数据结果到自动生成分析报告、应急处置方案;从打造信息组合到提供连续的信息流。而这三个飞跃,不仅提高了工作效率,增强了技术分析与措施制定的科学性、准确性和及时性,而且使油井生产更为简单化。数字化管理模式和传统模式的对比如表 14 – 1 所示。

表 14 – 1 数字化管理模式和传统模式对比表

序号	项目	传统模式	数字化管理模式
1	资料管理	安排资料录取工作	数据实时监测
		现场核实生产数据	信息同步传输
		人工查询数据	资料快速检索
		手工填写技术资料台账	自动生成技术资料台账
		手工绘制技术图表	自动生成技术图表
2	技术分析与研究	人工数据分析	数据智能分析
		人工制定措施	措施自动生成
		人工判断决策	智能提示与人工决策
3	措施落实	电话安排措施	措施指令同步下达
		现场跟踪核实	视频跟踪指导
		人工分析措施效果	措施效果即时掌握
4	结论	繁重、重复	准确、及时、简单

通过数字化管理平台,实现了真正意义上的数据分析、数据整合和数据共享,结合各种数字模型、经验数据、专家系统、电子巡井、危害预警和智能诊断油井机泵工况,对生产管理过程进行智能化指导;将油田管理模式由传统人工巡检、"守株待兔"的被动方式,通过数字化管理系统,转变为准确分析、判断问题,"精确制导"的主动方式。

数字化管理模式还压缩了管理层级,撤销了井区,精干了作业区,实行了扁平化管理。厂、区、站(增压点)采用三级管理模式:增压点、联合站等各类站场以监视、控制、操作为主;作业区以监视、调度、生产管理为主;采油厂以生产管理、优化分析、智能决策为主。三级管理模式实现了增压点、联合站等各类站场对单井的日常管理;作业区对井组、油藏的重点管理;厂对油藏、油田的综合管理。

二、现场安全管理水平明显提高

应用数字化管理技术,使大量现场操作被自动控制取代,削减了 10 类安全风险,进一步夯实了安全基础。安全风险削减情况如表 14 – 2 所示。

表 14-2 安全风险削减情况表

序号	区域	应用技术	作业岗位	风险削减
1	油井	自动启停抽油机	站外巡检岗	机械伤害、电器伤害
		抽油机单项电流互感器	电工	电器伤害
		自动投球	站外巡检岗	高压伤害、油气中毒
		功图法量油	试井工	机械伤害、高空坠落等
		动液面连续监测	试井工	油气着火、中毒
2	水井	稳流配水	站外巡检岗	高压刺漏、机械伤害等
3	站库	加热炉自动点火启停	站内巡检岗	火灾爆炸、油气中毒
		大罐静压液位计量油	站内巡检岗	火灾爆炸、油气中毒
		注水泵变频	站内巡检岗	高压刺漏、机械伤害等
4	管线	管线泄漏报警定位系统	站外巡检岗	环境污染
5	道路	电子执勤	站外巡检岗、驾驶员	人身伤害、交通风险

数字化油田管理系统实现油井生产的全过程监控,并通过无线传输,将千里之外井场情景"搬"至总部,管理控制平台每 5min 电子巡井一次,巡井频率是过去人工巡井的 800 多倍;针对油井问题及时准确地设计处理方案;借助数据实时采集系统,对每一级的风险进行预警、报警,并自动提醒人工进行合适的处理。生产管理过程的智能化,保证了生产安全有序地进行。

三、用工总量得到有效控制,管理效益显著提升

数字化的引入使油田管理模式发生了重大变革,将传统的金字塔的组织机构,转变为新型劳动组织模式。凭借高技术手段,促进了机构精简,节省了人力资源,实现了高效管理。以长庆油田数字化管理先导示范区白豹 155 井区为例,百万吨生产规模用工总量由原来的 1719 人下降到目前的 1000 人,人均年产油量由原来的 582t 上升到目前的 1000t。

通过数字化的实施,西峰油田用工总量得到有效控制,从 1656 人减少到 1104 人,劳动效率明显提高,运行成本进一步降低,其减少用工情况如表 14-3 所示。

表 14-3 西峰油田减少用工情况明细表

用工控制措施	减少岗位分布	节约用工,个	备注
数字化建设	保安	162	安装电子路卡后,撤销保安大队及中队编制,精减巡护人员
	巡井岗	60	实现井场视频监测、闯入报警、管线泄漏监测等功能
	增压点、转油站、注水站	43	站、库数字化技术的应用,员工劳动强度降低,站库用人减少
	联合站	41	
	资料员	28	实现数据自动采集、整理,取消资料员岗位
	交油班计量、化验工	56	实现原油在线交接,撤销交油班

续表

用工控制措施	减少岗位分布	节约用工,个	备注
建立新型劳动组织模式	机关及后勤辅助	76	撤销集输大队和保安大队,机关后勤人员减少,车辆减少
	驾驶员	86	
合计		552	

数字化建设不仅构建了现代化高智能的管理系统,降低了生产建设成本,而且减轻了员工的负担,极大地增加了企业的效益,使发展中的长庆油田步入了"增产不增人"的良性发展轨道。数字化技术应用与劳动用工改革数量之间的关系如表14-4所示。

表14-4 数字化技术应用与劳动用工改革数量之间的关系

序号	数字化技术名称	主要功能特点	减少岗位工种	每百万吨减少用工,个
1	电子巡井	油井故障报警,抽油机远程启停	驻井工	200
		人员闯入报警,井场喊话		
2	智能分析视频服务器	人员闯入识别,自动拍摄存储,远程语音警示		
3	电子路卡	实时监控,拍照取证	油区巡护工	60
		车牌识别,可疑车辆提示		
4	管线堵漏判断(待研发)	自动监测管线进出口压力变化,事前预警		
		使用管线检漏软件,实时监测,泄漏点判断		
5	功图计量拓展	油井计量,油井工况智能诊断	低压试井工	14
6	自动投球装置	变传统人工投球为自动发球	采油工	8
7	变频器控制连续输油	变频器控制输油泵连续平稳输油,减轻工作量	站内检修岗	66
8	撬装增压装置(试点)	多功能集成、建站快捷、占地面积小、伴生气就地利用		
9	数字化场站工控系统	各项数字化技术联合控制平台	技术人员、采油工、注水工、资料工	48
		远程调注水井注水量		
		油井、水源井远程启停,调冲次		
10	数字化生产管理平台	生产实时监测、安全智能监控、数据自动统计	管理及专业技术人员、资料工	
		工况智能分析、方案自动生成、系统远程维护		
		应急救援协调		
合计		若全部推广则减用工396人,目前能减少用工288人		

四、员工劳动强度大幅度降低

数字化管理通过应用电子巡井、智能监控等技术,实现了井站合建、班站合建,使原来井场看护、数据采集、生产数据处理、生产状态监控、井口关键时刻紧急启停和生产设备运行管理等原来需要员工深入井场才能完成的工作,现在只需轻点鼠标就能完成。

数字化减少了传统的人工计量、人工巡井、人工统计、人工制图等诸多"人工"重复性劳动,使岗位员工从简单、重复的操作工作中解脱出来,切实降低了劳动强度,确保了员工由技能操作型向技术管理型的转变。员工劳动强度降低情况对比如表14-5所示。

表14-5 员工劳动强度降低情况对比表

传统模式	数字化管理模式
资料人工录取	数据自动采集
报表手工填写	报表自动生成
生产信息人工传递	信息网络传输
人工切换流程	远程自动控制
定时站内巡检	电子巡井
油水井驻守看护	电子执勤
管线巡护	井场视频监控
人工投球	自动投球
管线泄漏难以发现	管线泄漏自动报警

五、为构建油区新型管护模式创造了重要条件

尽管长庆油田近几年在油区治理上,加大了企地联手的整治力度,油区的治安环境得到了有效改观,但由于油田开放式的作业环境和原油高价位运行的利益诱惑,胆大妄为的不法分子依然伺机作案。面对不法分子偷油打孔的危险,为维护油气生产的正常秩序,不得不采取"地毯式轰炸"的做法,大海捞针般防范随时可能发生的意外情况,人力、物力投入巨大,增加开发成本的同时却效果有限。某采油作业区2009年发生偷油12起、盗油6起、油区设备破坏案件20多起,造成大量原油流失,损失多达50万元。

为了从根本上解决油区的治安防护问题,长庆油田以数字化管理为契机,在输油管道的关键部位安装了视频监控、异常情况自动报警装置;在油气区的关键路段设置了电子视频,对出入油区的车辆人员跟踪摄像录入;在井场、井站周围安装异常情况视频跟踪锁定及传声警示等电子遥控系统,从而使一处处并不起眼的数字化装置,就像一个个看不见摸不着的"隐身警察",24h不眨眼地蹲守输油管线,值守油气区道路关键段点,守护在油气井站的周围,每时每刻都在为油气田的正常生产保驾护航。

数字化建设建立起了一套精确制导系统,让"外科手术"式的精确出击成为可能。地处陕甘交界、外部环境极为复杂的采油七厂白155油区2个增压站、10个井组的80多口油井,自今年3月实行"电子警察"值班以来,无论井场和输油管线,均没有发生一起原油被盗事件。可以说,数字化管理将油田从一个开放式的环境变成了一座有"围墙"的工厂。

依托自动化、信息化技术和电子执勤、电子巡井、闯入报警、故障预警及数字化管理平台,增强了防范能力,使保卫部门和应急班组能对所预警的事件及时处置、对发现的不法行为能够精确打击,保障了正常生产,有效防止了原油偷盗、油区设施破坏案件的发生,大幅度减少了油区管护工作量,在有效节约成本的同时,也极大地减轻了一线员工的劳动强度。

六、为改善员工生活、工作条件奠定了基础

采油作业区井站分散,员工在付出繁重体力劳动的同时,还要忍受与荒凉为伴,面对不法分子偷油打孔的危险。身为独生子女的新一代年轻员工,对荒山生活极不适应,长期处于孤独、寂寞、没有语言沟通交流的环境,造成员工思想、思维跟不上社会形势的发展,感受不到人世温情,对岗位渐渐滋生了厌倦不满之情,更何谈爱岗敬业,奉献油田?

步入大发展的长庆油田,把改善员工的工作和生活环境、减轻员工劳动强度、提高员工生活质量,化为学习实践科学发展观的具体行动。数字化管理给油气田员工装上了"千里眼"和"顺风耳",将近千名一线员工从深山、荒漠、黄土高原的一个个偏远荒凉的单井站解放出来,搬进现代化的值班室,过上了集体生活。不仅享受热水澡,还享受电视、报刊和互联网,既享有正常的文化生活,又享有丰富多彩的精神生活和娱乐活动,让员工"身在荒山,心不慌",工作更加安心了!

数字化管理,不但推动了油气田管理向新型工业化道路跨越式迈进,而且成倍提高了工作效率,是深受基层员工欢迎的民生工程。

七、数字化是实施低成本战略的重要途径

数字化把经验性管理转化为智能化管理,提高了工作效率,还带动和提升了许多节能降耗工艺技术的推广和应用。与传统的盖房子、装铁门、安装防盗箱相比,万吨产建数字化节约投资略有减少,但重要的是看护成本和后期管理费用显著下降。

在应对当前金融危机的严峻形势下,低成本战略显得尤为关键,而数字化管理则成为实施低成本战略的有效手段。长庆油田把数字化管理提升到与油气发展同等重要的地位:一方面按计划对老油田、旧管道及已建成的基地全面进行数字化改造;另一方面,对新建的所有工程项目全部应用数字化管理系统,实现了油气井生产及管道运行数据的自动采集处理、紧急情况自动关闭阀门、异常情况自动报警、现场工况实时监控及所有配套生活基地治安保卫的视频监控,使各种职能的"电子员工"遍布油区各个角落。

目前,长庆油田的数字化管理取得了突破性进展,形成了"井站一体、电子巡护、远程监控、精确制导、智能管理"的全新油田管理模式;达到了精简组织机构、减少劳动强度、降低操作成本、提高工作效率、提高生产安全性、保护自然环境、建设和谐油田的目的。数字化管理是实现长庆油田低成本发展和提高企业现代化管理水平的重要途径,同时,也是保持油田持续、有效、协调发展的主要手段和重要目标。

第四节　数字新疆油田

新疆克拉玛依油田是新中国成立后开发的第一个油田,经过几十年的发展,其管理的油田遍布13万平方公里的准噶尔盆地,但随着勘探难度加大、老区开采成本升高、油田分布广、战线长、人才资源紧张以及担负着加快发展的重任,新疆油田面临着诸多困难和严峻的挑战。

从2000年开始，新疆油田便迈开了建设数字油田的步伐，并逐步在深入研究和论证的基础上，明确了信息化是应对这些挑战的有效手段。2002年提出建设"数字新疆油田"的设想，建设的总体目标是"建成数字油田，走向智能油田"。整个工程按照统一规划、统一标准、统一平台和统一管理的"四统一"原则进行，在建设过程中严格执行总体规划、分步实施、急用先建、以用促建的实施策略。

为了顺利推进建设，建设目标被分为三个阶段组织实施：

第一阶段：新疆油田提出三步走工程，分别实现档案资料桌面化、业务工作桌面化、新疆油田桌面化。2002年油田历史数据收集、整理并建设入库的同时，研发、完善和升级相应的应用系统，实现油田生产数据快速查询应用，达到档案资料桌面化的目标。2003年通过定义办公业务流程，开发业务应用系统，实现了办公业务信息化，达到业务工作桌面化的目标。到2005年，在建立地理信息系统、实时数据传输系统等相关系统之后，实现了油田现场在计算机桌面上的展示和管理，初步实现油田桌面化。

第二阶段：按照"五个主题年"的工作计划，在标准全覆盖、流程全建立、职责全落实、人员全到位、系统全畅通、硬件全配齐的基础上，2006年实现数据管理正常化。随后通过应用系统一体化集成和数据共享，2007年实现应用系统集成化。经过一年的努力，把生产过程中产生的自动化数据全部入库，做到了重点现场实时监测，2008年实现生产过程自动化。在数据不断丰富的基础上，对数据进行深入分析和综合统计，辅助油田管理和决策，2009年实现管理决策智能化。通过推进油田现场和管理过程的数据图形化展示、数字化存储、可视化管理，2010年全面实现数字新疆油田。

第三阶段："深化应用"数字油田，推进"智能化"建设。

一、数字新疆油田总体框架

基于"数字油田"建设框架，设计了数字新疆油田总体框架如图14-12所示。

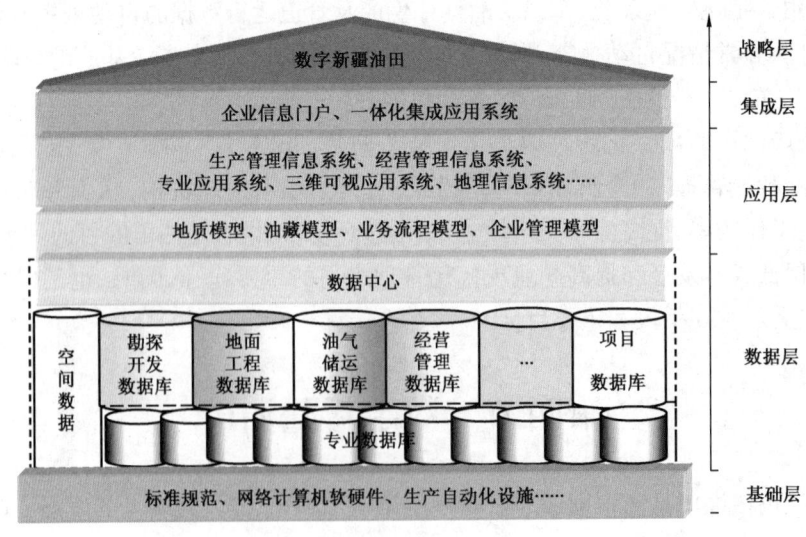

图14-12 数字新疆油田总体框架

二、数字新疆油田信息化管理体系

为了从组织机构上对数字油田建设工程进行保障,建立了具有决策层、管理层、执行层和支持层的完善的数字油田信息化管理体系,如图14-13所示。

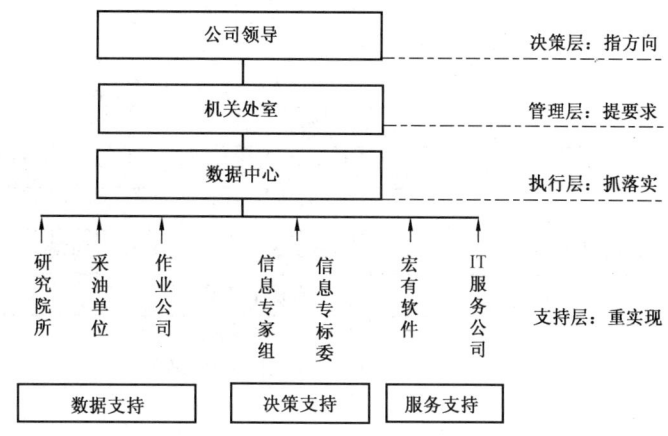

图14-13 数字新疆油田信息化管理体系

新疆油田公司信息化主管领导作为决策层,主要是对信息化建设的重点问题进行决策,把握建设方向和审查重大安排;油田机关处室作为管理层,主要是提出建设需求和应用要求,检查和验收建设成果,推动成果应用;数据中心是该体系的执行层,负责组织建设项目的实施;油田各下属单位和相关的服务公司是该体系的支持层,提供数据支持、决策支持和服务支持,保证建设顺利进行,保障成果有效应用。

三、数字油田建设成果

新疆油田的勘探、开发、建设已有70多年历史,目前经过近十年的数字化打造,油田信息化建设成果显著,在管理、标准、数据、软件和网络等方面实现了质的飞跃,如图14-14所示。

(一)管理成果

建立了适合油田信息化的管理体系。集信息化建设、管理、维护与服务为一体的管理体系的建成,标志着油田信息化由科研项目到工业化生产的根本性转变,为油田信息化发展建立了长效体制。

(二)标准成果

新疆油田建立了信息标准规范体系,并制定了一整套标准规范。数字油田信息标准体系支撑着数据建设和系统应用,该体系包括6大类,68个子类,共计344个信息标准和管理规范,其中包括获批成为中国石油企业标准的《石油天然气勘探信息管理规程》在内的142个是油田公司自主开发制定的。

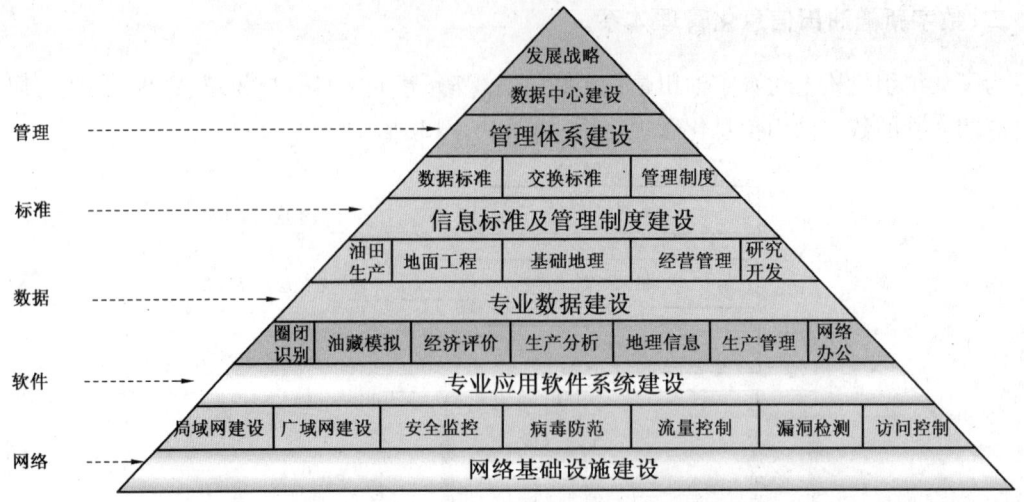

图 14-14 新疆数字油田建设成果

(三) 数据成果

油田从 1941 年开始勘探, 1950 年开始开发, 产生的所有数据已经完全实现电子化, 并存储到网络数据库中。这些数据包括地上、地下, 覆盖油田生产、科研、管理、决策各个领域, 仅仅油田生产类数据就包括 23 个专业, 数据总量达到 141TB, 基本完成了勘探、开发、科研历史数据建设, 实现了生产数据的正常化管理。

(四) 软件成果

围绕规模庞大的数据, 需要一系列应用软件把这些数据利用起来。新疆油田据此开发了集数据采集、传输、存储、管理、服务和应用为一体的软件系统, 形成了勘探、开发、经营、管理一体化平台和集成应用体系。采用自主研发的软件平台, 定制投用了 78 套数字油田应用系统, 其中包括油田空间数字平台、油气田地面工程系统在内的 14 套应用软件系统已通过国家软件著作权登记。这些软件系统成为油田各专业开展工作不可缺少的工具。

(五) 网络成果

在基础设施方面, 已经建成覆盖整个新疆油田公司生产区域的高速、稳定、安全、可管理、全覆盖的计算机网络环境, 为油田加快发展架起了一条高效之路。

新疆油田公司还建立了异地容灾备份机制。在各类数据、应用系统高度集中的情况下, 中心机房和全部数据分别在克拉玛依、乌鲁木齐建立异地数据备份, 每天把新入库的数据源源不断地备份到异地, 即使遇到突发事件, 也能确保数据安全。

四、从数字化迈向智能化

按照新疆油田公司的总体部署和工作规划, 将在 2015 年基本建成智能油田。智能油田是数字油田的高级阶段, 是在油田充分完成数字化的基础上, 建立各类管理和决策分析模型, 辅助油田生产的智能分析和决策。也就是说, 数字油田重在油田的数字化, 以数据来表示和管理油田；而智能油田则是基于这些数据做分析、做决策。智能油田建设的工作重点是数据挖掘、知识管理、过程控制和人工智能，建设的最终目标是实现数据知识共享化、科研工作协同化、生产流程自动化、系统应用一体化、生产指挥可视化、分析决策科学化。

近几年，新疆油田公司的数字油田建设走在了全国的前列。通过数字化成果的应用，极大地支持了油田生产管理和研究，在油田内部已经将信息化与油田生产融为一体。目前，数字油田在六个方面发挥着重要作用：

一是掌握了油田所有实时生产信息，能及时、全面、深入地掌握生产情况；

二是实现了部门业务网上办公、成功打造"电子机关"；

三是实现了井场、站库、基地数据共享和自动采集，方便了实时监测、实时决策；

四是提供了完整丰富的数据资源，便于研究支持；

五是提供了全方位的生产经营信息，有利于决策支持；

六是初步实现了油田的可视化管理。

油田数字化管理是一个全新的课题，纵观国内外数字油田的建设，不管从技术还是管理的层面上看，都还存在不少难题，尤其是智能油田的建设更需完成四项艰巨的攻关任务：一是开展智能油田信息平台研究和建设，为智能化油田应用提供协同工作环境和决策平台，达到在计算机桌面上完成油气勘探设计部署、油田地面工程设计与施工监督、工艺流程模拟优化、远程生产监控和专家故障诊断、勘探开发协同研究和实时决策；二是开展油田生产运行预警体系研究，建立油田生产现场和管理过程的预警关键指标库，实现基于数字化的生产趋势预测，关键指标告警和最优方案模拟；三是开展油田专家知识信息体系研究，建立覆盖油田勘探开发生产过程的计算机辅助决策模型库，研发计算机辅助决策支持系统，将勘探地震、测井解释、分析化验方面的知识和经验数字化入库，提供基于计算机知识库的辅助决策；四是开展油田生产数据挖掘和集成分析研究，以油田数据中心为核心，按照基于资源中心的星型集成共享应用模式对数据进行再处理，通过旧数据新计算获取油藏地质新认识，实现油田高产稳产。

数字油田是企业发展战略的关键环节，是企业现代化的基本标志，是提高企业核心竞争力的重要手段，是走新型工业化道路的必然选择，是体制创新、管理创新和加强企业管理的重要途径，是科技进步的重要表现和组成部分，是带动各项工作提高水平的突破口，是企业求生存、图发展的必由之路。

因此，面对挑战，数字油田的建设任重而道远，但数字油田的实现将大大提升油田生产、管理水平，为油田生产发挥巨大的效益。可以预见，数字油田建设将是未来中国油田信息化建设的主旋律。

复习思考题

1. 数字化管理和自动化以及信息化的关系是怎样的？
2. 油田为何要进行数字化管理？
3. 油田数字化管理和传统管理方式的区别是什么？
4. 你认为油田数字化建设有无必要？为什么？

参 考 文 献

[1] 数字化油田. http://wenku.baidu.com/view/92c3b54d2b160b4e767fcf99.html.
[2] 数字化油田走向何方? http://wenku.baidu.com/view/f73a6e0c844769eae009edef.html.
[3] 关于数字油田的技术进展. http://www.xq1997.com/?thread-328-1.html.
[4] 克拉玛依数字油田建设总体介绍. http://gjxxhlt.klmy.gov.cn/Pages/default.aspx.

第十五章　原油集输系统的安全风险评价与控制技术

安全风险评价与控制是 HSE 管理体系的基本要素，也是 HSE 管理体系运行实施的核心和主线，它来源于风险管理的思想。它是通过超前的风险预测和分析，确定生产活动中可能发生的危险和后果，并在此基础上优化组合各种风险管理技术，对风险实施有效的控制，妥善处理风险所致后果，期望以最少的成本获得最大安全保障。

第一节　原油集输系统安全生产特点和存在的风险因素

一、原油集输系统的安全生产特点

原油集输系统是由石油和天然气集输、加工处理、油气储运等诸多生产环节构成的生产体系。其安全生产特点集中体现在以下几个方面：

（一）作业环境恶劣

油气生产中涉及油气处理设备维护及检修，油气管道维护及检修，电动机、泵等设备维护保养，清蜡、清管和危险作业等分散作业活动，劳动强度大，作业环境差，工作条件艰苦，有时还会受到洪水、大风和雷电等自然灾害的侵扰。因此，油气泄漏、火灾、爆炸、中毒、触电、高处坠落、物体打击、机械伤害事故发生概率较高，甚至会有重大恶性事故的发生。

（二）产品及工作介质多为易燃易爆有毒物质

原油集输系统的最终产品主要是处理后的原油、天然气以及液化石油气和轻油，工作介质有二氧化碳、氮气、氨、甲醇等。这些产品和工作介质一般都具有闪点低、爆炸上下极限较宽、易燃、易爆、有毒、易扩散、易流动、易蒸发、易聚积静电等特点。另外，在原油、天然气中，往往还伴有硫化氢、一氧化碳以及其他有毒有害物质，极易发生中毒事件。这就决定了油气安全生产中的潜在危险性和破坏性要比其他行业大。

（三）生产工艺复杂

油气生产结构决定了其多样性的生产工艺，各个环节都渗透着工艺的危险性。例如，油气集输与初步加工处理不仅是在密闭状态下连续进行的，而且还有天然气压缩、高压储存、低温深冷分离等有较大危险性的生产工艺；稠油热采不仅伴随着油气泄漏危害，还可能会发生高压蒸气管道及设备爆裂和高温伤害；对于储油库，由于大容积的储罐在此高度集中，油气收发作业频繁，是人所共知的高危险性作业场所。

生产环境的恶劣性和工艺的复杂性决定了油气生产安全管理的难度。管理制度的建立和落实同样影响到油气生产的正常运行。因此利用有限的管理资源实现最优的管理效果一直是各企业努力追求的目标。

二、原油集输系统存在的风险因素

原油集输系统具有高温、高压、易燃、易爆和生产连续的特点。在生产运行中,腐蚀、疲劳、自然与地质灾害、违章施工、打孔盗油等多种风险都可能造成原油泄漏,甚至引发火灾爆炸,导致人员伤亡和环境污染等次生事故,产生严重的经济损失和恶劣的社会影响。因此,明确原油集输系统存在的主要风险因素对预防火灾事故和环境污染事故非常重要。存在于原油集输系统的主要风险因素有:

(一)工程地质因素

原油集输管道不一定都是在一马平川的平原地带铺设,有时要经过穿沟、爬坡、跨索道等才能直达目的地。因此,会面临很多复杂的地质因素,如遇洪涝灾害造成地面塌陷和沉降,引起基础及支座失稳;管道受力不均、变形产生破损或裂隙,导致油品泄漏。

(二)安装质量因素

原油集输系统设备的安装和管道的铺设对安装标准和人工焊接技术要求都很高,如果安装不符合标准,管道、设备强力组装,将产生变形、错位裂缝;若焊接技术差,将产生焊缝错边、棱角、气孔、裂缝未溶合等内部缺陷,造成裂纹,运行时导致油品泄漏。

(三)雷击、静电因素

管道和储罐等设备防雷及防静电接地装置不符合规范要求,或接地装置损坏,受雷击会引起火灾甚至爆炸。

(四)工作环境因素

集输油气产品介质成分复杂,对管道、设备内壁具有腐蚀作用;加之设备长期暴露在空气中,易受环境大气中水、氧、酸性氧化物等物质的综合作用影响,产生电化学腐蚀、化学腐蚀及应力腐蚀,导致管道、设备内外壁锈蚀,严重时形成裂缝、穿孔,致使油品泄漏,造成环境污染。

(五)工艺因素

(1)油品输送时由于压力波动,可引起管道交变应力,在管道缺陷部位应力集中处产生裂纹,逐渐扩张导致泄漏。

(2)油品输送过程中如压力过高、流速过快,易产生静电聚积,如未能及时导除静电可能引起火灾、爆炸事故。

(3)储罐液位装置失灵或未及时观察检测储罐液位,造成储罐溢罐或超量,致使油品泄漏引发火灾、爆炸事故。

(4)由于储罐护栏、扶梯断裂或防护措施失效可引起操作人员高空坠落的伤亡事故。

(5)泵密封损坏、壳体破裂造成油气泄漏,如通风不良,易造成人员中毒或引发火灾事故。

(6)电气故障、防爆性能下降,产生电火花引燃油气。

(7)机泵为高速旋转的机械,防护不当可造成人员机械伤害事故。

第二节　原油集输系统安全风险评价技术

风险是用危险可能性和危险严重性表示的发生事故的可能程度。风险是针对危险而言的,表明了危险、危害因素存在的可能,所以也称"安全风险"。

原油集输系统安全风险评价,可有效地预防事故发生、减少人员伤亡和财产损失,是企业安全管理工作中的一项持续而重要的工作,它是从技术带来的负效应出发,分析、论证和评估由此产生的损失和伤害的可能性、影响范围、严重程度及应该采取的安全对策等。

一、安全风险评价的意义

(1)安全风险评价是安全生产管理的一个重要组成部分。

"安全第一,预防为主"是我国安全生产工作基本方针,安全风险评价作为事故预测、预防的重要手段,在贯彻安全生产方针中有着十分重要的作用,通过安全风险评价可确认油气生产单位是否具备了安全生产条件。

(2)有助于企业领导者和安全管理部门对本单位安全生产实行宏观控制。

企业的岗位员工、技术和管理人员,最清楚、最了解本单位生产系统特点。企业自主开展危险、危害因素辨识与风险评价工作,可客观地对本单位安全生产水平做出结论,使每一位员工不仅了解可能存在的危险,而且知道如何改进安全状况,同时也为企业领导者和安全管理部门实施宏观控制提供基础资料。

(3)有助于安全投资的合理选择。

安全风险评价不仅能确认系统的危险性,而且还能进一步考虑危险发展为事故的可能性及事故造成损失的严重程度,并以此说明系统危险可能造成负效益的大小,以便合理地选择控制、消除事故隐患的有效措施,确定安全投资的多少,从而使安全投入和可能减少的负效益达到合理的平衡。

(4)有助于提高企业安全管理水平。

传统安全管理多为事故发生后再进行处理的"事后管理",而安全风险评价可以使企业的安全管理由事后处理变为事前预测、预防。通过安全风险评价,可以预先识别系统的危险性,分析本单位的安全状况,全面评价系统及各部分的危险程度和安全管理状况,促使企业达到规定的安全要求。

(5)有助于企业提高经济效益。

正确认识安全投入,正确处理安全与生产的关系,从而实现安全效益。安全风险评价,可使企业较好地了解可能存在的危险并为安全管理提供依据,将一些潜在事故隐患在事故发生之前予以消除,这将无疑为企业带来可观的经济效益。

二、原油集输系统安全风险评价的主要内容

原油集输系统安全风险评价是一项针对原油集输生产过程的危害辨识、风险评价与控制工作,其主要目的在于提高油气生产设施的本质安全程度和安全管理水平;其主要手段是通过调查、分析原油集输生产过程中存在的危害因素和危害程度,评价系统设备、设施、装置的安全

状况和管理状况,查找系统存在的危险,确定其危险程度,并评价这些因素可能带来的安全风险,提出合理可行的安全对策、措施及建议,从而提高系统本质安全程度和安全管理水平,降低安全风险,有效预防事故发生,切实保护国家财产及人员健康和生命安全。

(一)原油集输生产过程中的危险、危害因素辨识

原油集输系统具有高温高压、易燃易爆、有毒有害等特点,这也决定了油气生产过程具有较高的危险性。为确保原油集输系统安全可靠、生产运行平稳,企业应根据原油集输生产活动的特点及本企业安全生产工作实际,定期组织技术和管理人员,采用直观经验分析方法和系统安全分析方法,对原油集输生产过程中存在的危险、危害因素进行识别,评价其危险程度,进而采取有针对性的防控措施,为安全管理提供决策依据。

(二)核实检查安全设备、设施是否符合安全生产法律、法规和技术标准的要求

安全设备、设施是实现系统安全平稳运行的保障。《中华人民共和国安全生产法》第二十四条规定"生产经营单位新建、改建、扩建工程项目的安全设施,必须与主体工程同时设计、同时施工、同时投入生产和使用。"油田企业应按照这一规定及国家或行业有关标准规范要求,对集输系统中的安全设备、设施进行核查,找出系统存在的缺陷并进行完善,确保安全设备、设施运行可靠。

三、安全风险评价技术

危害辨识与评价技术的工作目标在于找出系统中存在的各种危害事件或潜在事故,分析引发这些危害事件或潜在事故的危害因素以及事故后果的严重性,但这种分析结果并不能完全满足安全风险控制的要求。企业为了实现最大的经济效益,不仅要清楚危害事件的严重程度(事故后果的严重性),而且还必须掌握危害事件发生的可能性(潜在事故发生的可能性),从而全面把握系统安全风险的大小,这也正是安全风险评价工作要解决的问题。安全风险评价指数矩阵法从危害事件的可能性和事故后果的严重性两方面综合考虑确定系统安全风险水平,具有简单、适用、容易掌握等特点,目前已成为生产经营企业应用最广泛的风险评价方法。

(一)风险评价指数矩阵法简介

1. 危害事件的严重性与可能性

由于系统或设备的故障、环境条件、设计缺陷、操作规程不当、人为差错均可能引起危害后果,将这些后果的严重程度相对定性地分为若干级,称为危害事件的严重度等级。风险评价指数矩阵法通常将严重度等级分为四级,如表 15—1 所示。

表 15—1 危害事件的严重度等级

严重度等级	等级说明	事故后果说明
Ⅰ	灾难的	人员死亡或系统报废
Ⅱ	严重的	人员严重受伤、严重职业病或系统严重损坏
Ⅲ	轻度的	人员轻度受伤、轻度职业病或系统轻度损坏
Ⅳ	轻微的	人员伤害程度和系统损坏程度都轻于Ⅲ级

根据危害事件可能发生的频繁程度,将危害事件发生的可能性定性地分为若干等级,称为危害事件的可能性等级。危害事件的可能性等级通常分为五级,如表15-2所示。

在确定"危害事件的严重度等级"和"危害事件的可能性等级"时,不能分开考虑,两者有相关性。对于可能导致人员死亡和重大财产损失的火灾、爆炸、毒物泄漏事故,其严重度等级取I(灾难的),其可能性等级根据事故发生的可能性选取。其他危害事件的严重度等级和可能性等级有两种方案可选:

(1)根据事故最严重的后果和导致事故最严重后果的可能性选取;
(2)根据事件的直接后果或最有可能产生的后果发生的可能性选取。

表15-2 危害事件的可能性等级

可能性等级	说明	单个项目发生情况	总体发生情况
A	频繁	频繁发生	连续发生
B	很可能	在寿命期内出现若干次	频繁发生
C	有时	在寿命期内有时可能发生	在寿命期内可能发生若干次
D	很少	在寿命期内不易发生,但有可能发生	不易发生,但有理由可预期发生
E	不可能	极不易发生,甚至可以认为不会发生	不易发生,但有可能发生

2. 风险评价指数矩阵

风险评价指数矩阵法(Risk Assessment Code,简称RAC)是一种定性评价方法。它是以危害事件的严重度等级作为表的列项目,以危害事件的可能性等级作为表的行项目,制成二维表格,在行列的交叉点上给出定性的加权指数,所有加权指数构成一个矩阵,如表15-3所示,这个矩阵称为风险评价指数矩阵。

表15-3 风险评价指数矩阵表

可能性等级 \ 严重度等级	I	II	III	IV
A(频繁)	1	2	7	13
B(很可能)	2	5	9	16
C(有时)	4	6	11	18
D(很少)	8	10	14	19
E(不可能)	12	15	17	20

表15-3对应的风险评价指数矩阵为:

$$\begin{pmatrix} 1 & 2 & 7 & 13 \\ 2 & 5 & 9 & 16 \\ 4 & 6 & 11 & 18 \\ 8 & 10 & 14 & 19 \\ 12 & 15 & 17 & 20 \end{pmatrix}$$

矩阵中的元素为加权指数,也称为风险评价指数。风险评价指数是综合危害事件发生的可能性和严重性确定的,通常将最高风险评价指数定为1,相对应的是频繁发生并有灾难性后果的危害事件;最低风险评价指数定为20,相对应的是几乎不可能发生的后果轻微的危害事件。等级划分要根据具体对象而定,以便于区别风险的级别,划分得过细或过粗都不便于风险评价。

风险评价指数通常是主观确定的,其确定一般和企业的安全工作目标有直接的关系。例如,假设企业安全工作目标重伤指标为零,对于某一特定的危害因素,即便引发重伤事故的可能性很小,它也将成为企业领导者不希望有的风险,则(Ⅱ,D)指数应相应调整为6~9。从这一点看,这是风险评价指数矩阵法的一大缺点,但并不影响风险评价指数的应用。

3. 风险级别判定准则

风险评价指数矩阵法将风险等级划分为四级:

一级风险——指数1~5,为不可接受的风险,是不能承受的;

二级风险——指数6~9,为不希望有的风险,需要决策是否可以承受;

三级风险——指数10~17,属有条件接受的风险,需经评审后方可接受;

四级风险——指数18~20,属不需评审即可接受的风险。

当识别出的危险源严重违反国家有关法律、法规及其他强制性要求,或影响企业安全目标的实现,或历史上本单位或同类单位发生过类似事故,但目前防范措施仍不到位,或无法提出有效的防范措施而构成的风险,应直接判定为一级风险。

按风险等级划分原则,可以形成如下风险级别判定准则,如表15-4所示。

表15-4 风险级别判定准则

严重度等级 可能性等级	Ⅰ	Ⅱ	Ⅲ	Ⅳ
A(频繁)	不可接受	不可接受	不希望有	有条件接受
B(很可能)	不可接受	不可接受	不希望有	有条件接受
C(有时)	不可接受	不希望有	有条件接受	可接受
D(很少)	不希望有	有条件接受	有条件接受	可接受
E(不可能)	有条件接受	有条件接受	有条件接受	可接受

(二)风险评价指数矩阵法的应用

1. 危害事件严重度等级

表15-1明确了危害事件严重度等级的划分原则,这在一般情况下都能够满足安全风险评价要求,但在油气生产企业安全风险评价中有时却很难确定。例如,有的事故对人的伤害和对设备、设施损害程度并不大,但其后果却非常严重,如原油泄漏引发河流或城市水源污染,一般的设备故障却引发系统停车造成重大经济损失等。若完全按照表15-1的划分原则,这些涉及环境污染、财产损失、职业伤害和社会影响等后果的危害事件,其严重度等级划分往往十分困难。

表15-5、表15-6、表15-7、表15-8从对人的危害、系统破坏或财产损失、环境影响以及社会影响等四个方面,明确了危害事件严重度等级划分的原则。

表15-5 对人的危害

严重度等级	等级说明	说明
Ⅰ	灾难的	发生死亡事故
Ⅱ	严重的	可导致重伤事故、某些工作能力永久丧失,或严重职业病伤害
Ⅲ	轻度的	可导致损失工作日一周以上、105日以下的轻伤事故或中度职业病伤害
Ⅳ	轻微的	可导致损失工作日低于一周的轻伤事故或轻度职业病伤害

注:GB/T 16180—2006《劳动能力鉴定—职工工伤与职业病致残等级》将职业病分为十级,表中"严重职业病"所对应级别为1~4级,"中度职业病"所对应级别为5~8级,"轻度职业病"对应级别为9~10级。

表15-6 系统破坏或财产损失

影响等级	影响程度	说明
Ⅰ	巨大损失	导致系统报废,全部功能丧失,财产损失严重
Ⅱ	重大损失	导致系统严重破坏,部分功能丧失,财产损失较大
Ⅲ	较大损失	导致系统轻度破坏,但修理后能重新使用,财产损失较小
Ⅳ	较小损失	系统受到破坏程度较轻,稍微影响生产操作,财产损失轻微

注:财产损失严重程度的确定除应执行国家或行业有关事故管理规定外,还应充分考虑企业经济风险承受能力。

表15-7 环境影响

影响等级	影响程度	说明
Ⅰ	巨大损失	对环境持续严重破坏或扩散到很大区域,系统生态遭到破坏
Ⅱ	重大损失	已知有毒物质大量排放,多项超过基本或预定标准,环境破坏严重
Ⅲ	较大损失	已知有毒物质有限排放,多项超过基本或预定标准
Ⅳ	较小损失	单项超过基本或预定标准,但环境破坏限制在系统和作业现场范围内

表15-8 社会影响

影响等级	影响程度	说明
Ⅰ	国际影响	引起国际和国内关注,国际媒体大量负面报道,企业受到巨大的公众压力,对承包商或业主在其他国家经营产生不利影响
Ⅱ	国内范围	引起国内公众关注,国内媒体大量负面报道,企业受到持续不断的指责,甚至引起群众集会
Ⅲ	一定范围	地区性公众关注,当地媒体大量负面报道,企业受到大量指责
Ⅳ	较小影响	公众有所反应,一些当地公众关注,个别媒体有所报道,并受到一定的指责,政治上受到重视

若危害事件所引起的后果同时包括上述四个方面中的两个或两个以上,其严重度等级应按最严重的后果等级确定。例如,某一危害事件的后果可能仅仅造成人员轻度伤害,但财产损失巨大,该危害事件严重度等级应确定为Ⅰ级。

2. 危害事件可能性等级

表15-2确定了危害事件的可能性等级,但这种基于系统寿命周期的评价在实际应用中有时很难把握,有些系统甚至可能就不知道或不存在寿命周期。在具体应用中,评价人员可根据企业的工作特点和管理习惯,并结合人数规模,按照某一设定范围内的事故发生频率确定事故发生的可能性,如表15-9所示。这样更符合企业评价人员事故案例资料收集习惯,使危害事件的可能性等级更加明确,便于评价工作的开展。在具体工作中,也可以将表15-9和表15-2结合使用。

表15-9 一定范围内确定的可能性等级

可能性等级	说明	单个危害事件导致事故发生的可能性	总体发生情况
A	频繁	在作业区级单位每年可能发生几次	在作业区每年可能发生几次
B	很可能	在厂级单位每年可能发生几次	在作业区级单位每年可能发生几次
C	有时	在厂级单位曾经发生过	在厂级单位每年可能发生几次
D	很少	在同类作业中曾经发生过	不易发生,但在本厂级单位曾经发生过
E	不可能	在同类作业中未听说过	极不易发生,但在同类作业中曾发生过

安全风险评价可以使企业安全管理变纵向单一管理为全面系统管理,使本单位所有部门都能按照要求认真评价本系统的安全状况,将安全管理范围扩大到生产经营的各个部门、各个环节、各个岗位,使企业安全管理真正实现全员、全面、全过程、全时空的系统化管理。

安全风险评价可以使企业的安全管理变经验管理为目标管理。仅凭经验、主观意志和思想意识进行的安全管理,没有统一的标准、目标;而安全风险评价可以使各级管理者和管理部门以及全体员工明确各自的安全目标,统一步调,分头进行,从而使安全管理工作做到科学化、统一化、标准化。

第三节 原油集输系统安全风险控制技术

一、安全风险控制原则

表15-4所示的风险级别判定准则为确定是否需要改进风险控制措施和具体实施提供了依据。表15-10提出了风险控制措施及时间期限的最低原则要求,体现了风险控制的投入和紧迫性应与风险等级相匹配的原则。

表 15-10　风险控制措施原则要求

风险等级	风险水平	风险控制措施及时间期限
一级	不可接受的风险	必须尽快实施风险削减措施,直至风险降低后才能开始工作
		为降低风险有时必须配给大量资源
		当风险涉及正在进行中的工作时,应采取应急措施
二级	不希望有的风险	努力降低风险,但应仔细测定并限定预防成本,并应在规定时间期限内完成
		在该风险与严重事故后果相关的场合,必须进行进一步的评价,以便更准确地确定该事故后果发生的可能性和是否需要改进控制措施
三级	有条件接受的风险	应通过评审决定是否需要另外的控制措施,如需要,应考虑投资效果更佳的解决方案或不增加额外成本的改进措施;同时,需要通过监测来确保控制措施得以维持
四级	可接受的风险	不需评审,无需采取措施且不必保留文件记录

危害辨识、风险评价和风险控制应按优先顺序进行排列,根据风险大小决定哪些需要继续维持,哪些需要采取改善控制措施,并列出风险控制措施计划清单。

选择控制措施时应考虑下列因素:

(1)完全消除危害或消灭风险来源,如用安全物质取代危险物质;

(2)如果不可能消除,则应努力降低风险,如使用低压电器;

(3)按照人机工程原理,尽可能使工作适合于人的操作,如考虑人的心理和生理接受能力;

(4)采用先进技术,改进控制措施;

(5)有效实施技术控制与程序控制的有机结合;

(6)设置安全防护装置;

(7)当其他所有可选择的控制措施均被考虑之后,应考虑配备个人防护用品;

(8)建立应急和疏散计划,提供与系统危害有关的应急设备。

二、安全风险控制技术

风险控制技术也称安全对策,是企业通过采取有效的技术和管理措施消除、预防和减弱危险与危害,保障整个生产过程的安全。

风险控制主要是指事故预防和事故控制。前者是指通过采用技术和管理手段避免事故发生,后者则是在事故发生后避免造成严重后果或使后果尽可能减轻。风险控制措施应包括技术和管理两个方面。一般来讲,在选择安全对策时应该首先考虑工程技术措施,然后是教育和训练。另外,即使采取了工程技术措施,有效减少和控制了不安全因素,仍然需要通过教育和训练和强制手段来规范人的行为,避免不安全行为的发生。因此,事故预防与事故控制应按照以下优先次序考虑:最小风险设计、应用安全装置、提供报警装置和制定专用规程与进行培训。其中前三条属于安全技术手段,最后一条则属于安全管理范畴。

(一)风险控制的基本方法和手段

防止事故发生的安全技术对策的基本内容是采取措施约束、限制能量或危险物质的意外释放。一般按下列优先次序进行选择。

(1) 根除危害因素。只要生产条件允许,应尽可能完全消除系统中的危害因素,从根本上防止事故的发生。

(2) 限制或减少危害因素。一般情况下,完全消除危害因素是不可能的。人们只能根据具体的技术条件和经济条件,限制或减少系统中的危害因素。

(3) 隔离、屏蔽和连锁。隔离是从时间和空间上将人与危害因素隔开,将不能共存的物质分开。屏蔽是将可能发生事故的区域控制起来以保护人或重要设备。连锁是将可能引起事故后果的操作与系统故障以及出现的异常事故征兆进行连锁设计,确保不发生事故。

(4) 故障安全保护措施。系统一旦出现故障,将自动启动各种安全保护措施,部分或全部中断生产或使其进入低能的安全状态。主要有以下三种方案:

① 故障消极方案——故障发生后,使设备、系统停止运转;

② 故障积极方案——故障发生后,在没有采取措施之前,使设备、系统在安全能量状态下运行;

③ 故障正常方案——故障发生后,系统能够实现在线更换故障部分,使设备、系统能够正常发挥效能。

(5) 减少故障及失误。为了降低系统发生事故的频率,常常在机械设备上采取某些技术措施,降低元件的故障率,减小基本事件发生的频率,或增加基本事件的数目,即冗长技术,降低事故形成的耦合概率。通过减少故障、隐患、偏差、失误等各种事故征兆,使事故在萌芽阶段得到抑制。主要有以下几种方法:

① 选取合理的安全系数。在选择安全系数时,按照既安全可靠又节省的原则,从安全和效益两个方面予以考虑,但不能够与整体系统割裂开来,必须辩证统一地进行分析,选取合理的安全系数。

② 提高可靠性。即提高设备、附件等在规定的条件下和规定的时间内完成规定功能的性能。如冗余设计、选用高质量部件、做好日常维修保养及定期更换等。

③ 安全监控系统。即对生产系统的危险源进行监控,控制某些技术参数,使其达不到危险的程度,从而避免事故的发生。

(6) 安全规程。制定并落实各种安全法律、法规、规程和规章制度。

(7) 矫正行动。人的不安全行为是操作者在生产过程中产生的直接导致事故的人的失误。矫正行动即通过矫正人的失误来防止人的不安全行为产生。

(二)防止能量逆流于人体的措施

按照能量释放转移理论,预防事故的发生应从控制能量大小、接触能量时间长短和频率以及力的集中程度来考虑。重点采取以下措施:

(1) 限制能量。

(2) 用较安全的能源代替危险性大的能源。

(3) 防止能量积聚。

(4) 控制能量释放。

(5) 延缓能量释放。

(6) 开辟能量释放渠道。

(7) 在能源上设置屏障。

(8)在人、物与能源之间设置屏障。

(9)在人与物之间设置屏障。

(10)提高防护标准。

(11)改善工作条件和环境。

(12)修复和恢复。

(三)防止人的不安全行为

在各类事故的致因因素中,人的因素占有特别重要的位置,几乎所有的事故都与人的不安全行为有关。因此,控制人的失误,对预防和减少事故发生起着至关重要的作用。

人的失误是指人的行为结果偏离了规定的目标或超出了可接受的界限,并产生了不良的后果。人的失误表现有多种形式,如操作失误,指挥错误,不正确的判断或缺乏判断,粗心大意,厌烦,懒散,嬉笑,打闹,酗酒,吸毒,疲劳,紧张,疾病或生理缺陷以及错误使用防护用品和防护装置等。

(1)防止人的失误可以从以下三个阶段采取技术措施:

① 控制、减少可能引起人的失误的各种因素,防止出现人的失误。

② 在一旦发生人的失误的场合,使人的失误无害化,避免引起事故。

③ 在人的失误引起事故的情况下,限制事故的发展,减少事故的损失。

(2)防止人的失误可以采取的技术措施包括以下内容:

① 用机器代替人。机器的故障率远远小于人的失误率。因此,在人容易失误的地方用机器代替人操作,可以有效地防止人的失误。

② 冗余系统。冗余系统是把若干元素附加于系统基本元素上来提高系统可靠性的方法,附加上去的元素称为冗余元素,含有冗余元素的系统称为冗余系统。如两人操作、人机并行、关键操作复述确认等。

③ 耐失误设计。是通过精心设计使人不能发生失误或者发生了失误也不会引发事故。最常用的方法是采用严重后果设计,如利用联锁装置防止人的失误或使人的失误无害化、采用紧急停车装置、采取强制措施使人员不能发生操作失误等。

④ 警告。包括视觉警告(亮度、颜色、信号灯、标志等)、听觉警告、气味警告、触觉警告等。

⑤ 人、机、环境匹配。主要包括人机功能的合理匹配、机器的人机学设计以及生产作业环境的人机学要求等。如显示器的人机学设计、操纵器的人机学设计、生产环境的人机学要求等。

(四)减少事故损失的安全技术对策

采取减少事故损失的安全技术对策的目的是在事故发生后,迅速控制局面,防止事故扩大,避免引发二次事故,从而减少事故损失。一般按下列优先次序进行选择。

1. 隔离

隔离是避免或减少事故损失的措施,其作用在于把被保护的人或物与意外释放的能量或危险物质隔开,其具体措施包括远离、封闭、缓冲。

(1)远离是在位置上处于意外释放的能量或危险物质不能到达的地方;

（2）封闭是在空间上与意外释放的能量或危险物质割断联系；

（3）缓冲是通过采取措施使意外释放的能量被吸收或减轻能量的伤害。

2. 设置薄弱环节

利用事先设计好的薄弱环节使能量或危险物质按照人的意图释放，防止能量或危险物质作用于被保护的人或物。一般情况下，即使设备的薄弱环节被破坏，也可以较小的代价避免大的损失。因此，这项技术又称为"接受小的损失"。例如，在钢制拱顶储油罐设计中，将罐顶与罐壁之间的连接设计成内部断续焊弱连接方式，其目的就在于当储罐发生爆炸时，罐顶能够被迅速掀开，防止罐壁破裂导致原油大量外泄，将事故控制在最小范围。

3. 个体防护

使用对个人身体起保护作用的装备从本质上来说也是一种隔离措施。它把人体与危险能量或危险物质隔开。个体防护是保护人体免遭伤害的最后屏障。

4. 避难和救生设备

当判明事态已经发展到不可控的地步时，应迅速避难，利用救生装备使人员迅速撤离危险区域。

5. 援救

当事故发生时，事故发生地人员应首先实施自救，争取主动等待外部救援，从而免遭伤害或赢得救援时间，以减少人员伤亡和财产损失。援救分为事故发生地内部人员的自我援救和来自外部的公共援救两种情况。尽管自我援救通常是简单的、暂时的，但是由于自我援救行动是在事故发生的第一时刻和第一现场，因而也是最有效的。

（五）事故预防与控制管理对策

事故预防与控制管理对策包括安全教育和安全管理两个方面。

1. 安全教育

安全教育主要是解决人的不安全行为问题，其工作内容的重点是让人知道哪里存在危险，如何避免危险。

原油生产单位的安全教育工作是贯彻企业方针、目标，实现安全生产和文明生产，提高员工安全意识和安全素质，防止产生不安全行为，减少人的失误。《中华人民共和国安全生产法》对生产经营单位的安全教育做出了明确规定：生产经营单位的特种作业人员，必须按照国家有关法律、法规的规定接受专门的安全培训，经考核合格，取得特种作业操作资格证后，方可上岗作业。

《生产经营单位安全培训规定》对生产经营单位从业人员的安全教育培训做出了明确规定，安全培训内容包括：

（1）本单位安全生产情况、安全生产基本知识、安全生产规章制度和劳动纪律；

（2）岗位安全操作规程、安全职责、操作技能及强制性标准；

（3）从业人员安全生产权利和义务、工作环境及危险因素；

（4）安全设备设施、个人劳动防护用品的使用和维护；

（5）所从事工种可能遭受的职业伤害和伤亡事故；

（6）预防事故和职业危害的措施及应注意的安全事项；
（7）事故应急救援、事故应急预案演练及防范措施；
（8）自救、互救、急救方法，疏散和现场紧急情况的处理；
（9）岗位之间工作衔接配合的安全与职业卫生事项；
（10）有关事故案例和其他需要培训的内容。

2. 安全管理

在安全管理中，人既是管理者，又是被管理者，每个人都处在一定的管理层次上，既管理他人，又被别人管理。人、机、环境系统的主导控制是人，管理过程中计划、组织、指挥、协调、控制等环节，靠人去实现；机构和章法等管理手段，靠人去建立。总之，一切管理活动的核心是人，要实现有效管理，必须充分调动人的积极性、主动性。

（1）安全管理对策基本内容。

安全管理对策一方面可规范人的行为，另一方面也是解决物的不安全状态的基础保障。安全管理的任务是发现、分析和消除生产过程中的各种危险，防止事故发生和职业病伤害，避免各种损失，保障员工的安全健康，从而推动企业安全稳定发展。

安全生产管理的基本对象是企业的员工，涉及企业中的所有人员、设备设施、物料、环境、财务、信息等各个方面。安全生产管理包括安全生产法制管理、行政管理、监督检查、工艺技术管理、设备设施管理、特殊作业和危险作业管理、作业环境和条件管理、应急管理等。

（2）安全管理规章制度建设。

企业安全管理规章制度必须坚持持续改进的思想，对执行过程中发现的问题、管理中存在的漏洞，必须坚决改正；当生产工艺、生产技术或生产装备发生变更时，必须及时修订和完善，确保各项制度能够真正贯彻执行。

（3）安全操作规程。

安全操作规程是员工操作机械和调整仪器仪表以及从事其他作业时必须遵守的程序和注意事项，是人们在长期的生产劳动实践中，以血的代价换来的科学经验总结，是为了保证生产安全而制定的、操作者必须遵守的操作活动规则。它是根据企业的生产性质、机器设备的特点和技术要求，结合具体情况及员工经验制定出的安全操作守则，是企业建立安全制度的基本条件，是企业开展安全教育的重要内容，也是调查、处理生产事故的依据之一。

安全操作规程应根据本单位的机械设备种类和台数，按照一机一操作的原则制定。安全操作规程的制定必须紧密结合员工的实际操作水平，广泛征求基层员工、工程技术和管理人员的意见，真正制定出紧密结合生产实际，科学、严谨和能为广大操作员工所接受的操作制度。

3. 应急管理

应急管理是指政府及其他公共机构在突发事件的事前预防、事发应对、事中处置和善后管理过程中，通过建立必要的应对机制，采取一系列必要措施，保障公众生命财产安全，促进社会和谐健康发展的有关活动。国家应急救援的工作原则是：以人为本，减少危害；居安思危，预防为主；统一领导，分级负责；依法规范，加强管理；快速反应，协同应对；依靠科技，提高素质。

（1）应急管理工作内容。

① 预防、监测。预防、监测的目的是防止事故发生。其主要内容包括：建立完善的规章制

度；购买企业灾害保险；建立企业安全信息系统；编制企业安全规划；积极开展风险分析、评价和应急教育、安全研究；搞好企业安全监测与控制工作。

② 预备、预警。预备、预警是事故发生之前采取的行动，目的是提高事故应急行动能力和响应效果。其主要内容包括：制定企业应急方针政策和事故应急预案（计划）；建立应急通告与警报；明确应急医疗和应急救援中心；建立、储备应急资源；制定互助协议；做好应急培训与演习工作。

③ 响应、救援。响应、救援是事故即将发生或发生期间采取的行动，目的是尽可能降低生命、财产和环境损失，防止次生事故。主要内容包括：启动应急通告报警系统；启动应急救援中心；报告有关政府机构；提供应急援助；对公众进行应急事务说明和信息发布；疏散与避难；搜寻与营救。

④ 恢复、重建。恢复、重建是指使生产、生活恢复到正常状态或进一步改善。主要工作内容包括：清理废墟；消毒、去污；损害评估；保险赔偿；贷款或拨款；失业复岗；应急预案复审；灾后重建等。

应急管理工作四项内容相互关联，构成了应急管理工作的循环过程。如图15-1所示。

(2) 事故应急救援体系的基本构成。

事故应急救援体系是指通过事前计划和应急措施，充分利用一切可能的力量，在事故发生后迅速控制事故发展并尽可能排除事故，保护现场人员和场外人员的安全，将事故对人员、财产和环境造成的损失降低至最小程度。事故应急救援的基本原则是：预防为主，统一指挥、分级负责、区域为主、单位自救和社会救援相结合。

应急救援体系基本构成如图15-2所示。包括：

① 组织体系，主要包括管理机构、功能部门、指挥中心、救援队伍；

② 运行机制，主要包括统一指挥、分级响应、属地为主、公众动员；

③ 法制基础，主要包括紧急状态法、应急条例、政府令、标准；

④ 应急保障，主要包括信息通讯、物资装备、人力资源、财务经费。

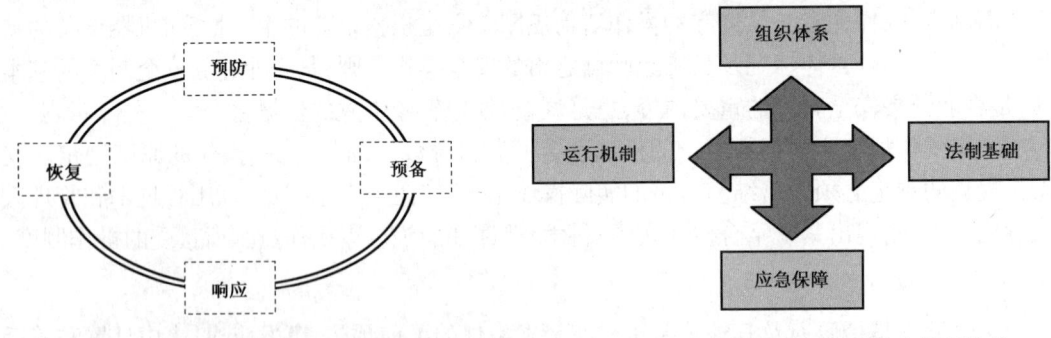

图15-1　应急管理工作内容　　　　图15-2　事故应急救援体系基本框架结构

(3) 事故应急救援的基本任务。

事故应急救援的基本任务包括以下几个方面：

① 抢救受害人员；

② 控制危险源；

③ 指导群众防护,组织群众撤离;
④ 做好现场清洁,消除危害后果;
⑤ 查清事故原因,估算危害程度。

(4)应急预案。

应急预案又称应急计划,是针对可能发生的重大事故或灾害,如自然灾害、生产事故、环境公害及人为破坏等,为保证迅速、有序、有效地开展应急救援行动,降低事故损失而预先制定的应急管理、指挥、救援计划,一般应建立在综合防灾规划上。生产经营单位应当根据有关法律、法规,结合本单位的危险源状况、危险性分析情况和可能发生的事故特点,制定相应的应急预案。

按照针对情况的不同,应急预案可分为以下三种:

① 综合应急预案。应包括本单位的应急组织机构及其职责、预案体系及响应程序、事故预防及应急保障、应急培训及预案演练等主要内容。

② 专项应急预案。应包括危险性分析、可能发生的事故特征、应急组织机构与职责、预防措施、应急处置程序和应急保障等内容。

③ 现场处置方案。应包括危险性分析、可能发生的事故特征、应急处置程序、应急处置要点和注意事项等内容。

原油生产企业应当制定本单位的应急预案演练计划,并定期组织演练,以提高本单位生产安全事故应急处置能力。企业应每年至少组织一次综合应急预案演练或者专项应急预案演练,每半年至少组织一次现场处置方案演练。

应急预案演练结束后,组织单位应当对应急预案演练效果进行评估,撰写应急预案演练评估报告,分析存在的问题,并对应急预案提出修订意见。应急预案应当至少每三年修订一次,预案修订情况应有记录并归档。

第四节 事故案例

一、事故基本情况

某作业区配水间至于35-24、于37-26污水回注管线的管压不断上升,由2004年8月的8MPa升高到2006年7月的13MPa,管线摩阻较高,腐蚀结垢严重,以致达不到配注要求(应配注$40m^3$,实注$21m^3$),因此决定对管线进行清洗解堵。

7月27日下午13时30分至16时,自于37-26至于35-24注入$2m^3$的清洗剂后,关闭相关阀门,待清洗剂与管线内的结垢物发生反应。19时30分左右,作业区技术员文某带领副井区长石某、大班员工曲某,到于35-24井配水间进行管线放空作业。石某打开阀门,放空软管被放空口喷出的气液混合物冲掉,气液混合物喷在配水间内。石某用湿毛巾捂住口鼻再次进入水井房,准备采取措施未及,便倒在配水间内。文某、曲某及该井看井员工温某紧急施救,刚进入配水间,文某和曲某相继晕倒在房内,温某也感到头晕,便呼喊救人,同时向相邻井场的朱某电话呼救。在井场外的值班车司机李某听见喊声,就赶来与温某一起抢救配水间里的人员,但未成功。随后,李某便驾车到井区队部向井区长孙某报告,孙某在安排人员向作业区调度室汇报后,立即赶往于35-24井场,并与之前赶到的朱某一起施救。该作业区领导得到消息后,也带领两名经警并携带正压式空气呼吸器很快赶到了现场,陆续将石某、文某、曲某救出并抬至车上送往医院进行抢救,22时20分左右,石某、文某、曲某经抢救无效死亡。孙某、朱某、温某、李某经检查治疗后,4人均恢复正常。

二、事故原因分析

(一)直接原因

根据事故调查组对于35-24污水回注管线内污水水质、垢质组分、清洗液进行化验分析后认为,导致此次事故的直接原因是:酸性清洗剂与污水管线腐蚀结垢产物中的硫化亚铁发生化学反应,产生大量硫化氢有毒气体,致使人员中毒。

(二)间接原因

(1)石某、文某、曲某违规操作,未按规定连接放喷管线,且捆扎不牢,造成含硫化氢气液泄漏。污水回注井口放空管线应用1/2in带丝扣钢管连接,而石某等错误地在压力表接头处用1/2in软管连接,且捆扎不牢,致使放空管线在放空过程中发生事故。

(2)污水配水间构成有限空间,造成泄漏的含硫化氢气液聚集,使得配水间内硫化氢气体浓度急剧升高。

(3)气液混合物喷在配水间内,现场作业人员所采取的各项措施均为错误方法,事故屏障连连失效,却未有一人提出撤离井场的提示。

(4)对污水回注管线内结垢组分不明确,施工安全措施针对性差。现场污水水质检测表明,污水中SRB细菌含量较高,达到$10^4 \sim 10^5$个/mL,SRB细菌新陈代谢产生二价硫,其浓度为$45 \sim 89.98$mg/L,造成管壁腐蚀结垢,形成含有硫化亚铁的垢层,这是酸洗过程中形成硫化氢气体的重要原因。

(5)现场作业人员自我防护意识不强,员工对预防有毒有害气体中毒知识掌握不够,对处理突发事件经验不足,应变能力不强,安全防护措施不当,酿成事故后果扩大。

(6)施工方案编制过于简单、不具体,现场操作性差,且方案审批把关不严。主要表现在以下几方面:

① 施工方案中没有排污流程连接工艺图,连接方式不明确,使石某等人违章操作和错误连接放空管线的行为失去约束;

② 施工方案中没有要求在施工现场进行有毒气体检测及配备应急防护用品,导致施工过程中气液泄漏后无法对有毒气体进行现场监测,在石某中毒倒地后,现场其他人员在救护过程中未佩带任何防护器具,导致事态扩大;

(7)作业区未按照《化学清洗技术要求》规定,在方案编制前未对垢样及清洗剂进行取样化验分析,未能识别该项作业的硫化氢中毒风险。

虽然,该清洗剂在清洗加热炉盘管时曾多次使用,作业过程中并未出现异常现象。但在清洗于35-24污水回注管线前,作业区技术人员没有再次进行取样分析,没有进行清洗液与管线内垢质配伍性和清洗效果评价,为事故发生埋下了重大隐患。

(三)管理原因

事故虽然发生在基层,但问题却反映在管理上。这起事故的发生,充分暴露出该厂在风险识别与控制、基层基础管理、规章制度落实、岗位员工标准化操作、安全防护意识等诸多方面存在问题：

（1）清洗剂的采购、入库、检验制度执行不力，没有向厂家索要技术资料，对该清洗剂的主要组成不甚了解，是事故发生的一个潜在隐患；

（2）对员工培训力度不够，由于该厂发展速度快，大量新员工不断补充，队伍的整体素质还不能满足油田发展的需要，特别是对基层管理干部的安全意识教育、安全生产责任教育和技能培训方面还有待加强；

（3）在油田开发技术研究方面还存在不足，尤其对污水处理及回注系统的结垢成因和防垢措施研究不够；

（4）在风险管理方面还存在漏洞，同类型事故曾在其他油田发生，有过历史教训，但对此认识不足，重视不够，未能对清洗作业进行有效的管理和监督；

（5）作业区对安全工作面临的严峻形势和薄弱环节认识不足，基础管理工作还不到位，在"反三违"工作方面力度不够，"三违"现象还没有完全杜绝；

（6）该厂的 HSE 管理基础工作比较薄弱，由于没有系统地组织开展安全现状评价，对生产工艺的适应能力、员工的操作能力和基层单位的管理能力缺乏评估，同时，也暴露出应急预案针对性和适用性不强，没有真正建立"反三违"长效机制，对规章制度、技术标准和操作规程的执行力度还有待加强。

三、事故教训

这起由于注水管线清洗解堵作业酿成的三人死亡、四人受伤的重大人员伤亡事故，用血的事实告诉我们，对注水管线清洗解堵作业必须进行严格规范的管理。稍有不慎，在某一个环节上出现纰漏，就可能导致伤亡事故的发生。如能从此次事故中吸取以下教训，定会有利于对注水管线清洗解堵作业的安全规范管理。

（1）严格注水管线清洗解堵施工方案审批。

施工方案中严格要求在施工现场进行有毒气体检测及配备应急防护用品，拟定安全注意事项，并予以相应级别的监护，避免注水管线清洗作业的安全管理失控。

（2）加强对施工作业人员的安全知识教育。

应加大对员工的培训力度，特别是对那些即将进行原油集输管线清洗、混输管线清洗和注水管线清洗的施工人员，更要从教材、教师、学时上充分保证，抓好落实，让每一位清洗管线的施工人员都能认知潜在的危险，并对可能发生的事故实施有效的初期防范控制。

（3）加强作业过程安全监护。

安全管理人员对管线清洗作业要定时或不定时地进行监督监察，甚至在现场亲自进行监护。对于现场监护人员，要保证每一步操作都是管线清洗作业允许范围内的，不能擅自更改操作工艺和操作方法。

（4）加强安全约束机制。

对管线清洗作业安全管理的任何一个环节，都必须制定相应的约束机制。如施工人员没有制定针对清洗管线内结垢组分的安全措施，应当即令其停工，写出检查；制定了安全措施，但未严格落实的，也要严格进行处罚。

四、风险评价

从本次注水管线清洗解堵事故可以看出,该作业单位在进行作业前并未对作业中存在的事故风险进行定性分析评价,对作业过程中发生事故的可能性和严重程度、损失及造成的社会影响一无所知。因此,在作业之前没有制定相应的防范控制措施,从而导致事故的发生,酿成了此次惨剧。以下就本次作业存在的危害进行分析,为以后类似的作业提供参考依据。

(一)风险辩识

对本次注水管线清洗解堵作业存在的危害因素及潜在的危害事件进行分析,如表15-11所示。

表15-11 危害因素描述

作业场地危害因素描述	有限空间油气聚集
	管线破裂,导致污水泄漏
	管线连接不正确,导致反应物泄漏
作业场地潜在危害事件	通风不畅,有毒有害气体大量聚积,导致人员中毒
	污水、反应物中的有毒有害物质泄漏,导致人员中毒
	高压刺漏,造成人员受伤
	有毒有害气体浓度过高,遇明火发生火灾爆炸事故

(二)风险等级判别

明确了注水管线清洗解堵作业中存在的危害因素,同时还要对其等级进行判别,以利于制定更加严密的防范控制措施,如表15-12所示。

表15-12 危害等级判别

潜在危害	单个危害事件发生的可能性	危害等级
通风不畅,有毒有害气体大量聚积,导致人员中毒	在本单位发生过	高度
污水、反应物中的有毒有害物质泄漏,导致人员中毒	在本单位发生过	高度
高压刺漏,造成人员受伤	在本行业曾发生过	低
有毒有害气体浓度过高,遇明火发生火灾爆炸事故	在本行业曾发生过	高度

五、事故防范与控制措施

这起由于注水管线清洗解堵作业引发的重大伤亡事故,用血的事实敲响了必须规范管线清洗解堵作业管理的警钟。

(一)防范措施

(1)加大安全管理力度,将安全责任层层落实,不走过程,不留死角;

(2)认真贯彻落实各项安全管理制度,杜绝"三违"现象,严格执行各项技术标准和安全操作规程,真正建立安全管理的长效机制;

(3)加大基层干部员工的安全意识教育和操作技能的培训力度,制定实用性、可操作性强

的事故应急预案,并经常组织进行事故应急预案演练,提高干部员工的安全防范意识和对事故应急处置的能力;

(4)对各项高危作业前的施工方案及施工过程中存在的风险进行认真的分析研究,制定切实可行的防范措施,并做好高危作业的现场监督和监护工作,防止类似事故再次发生。

(二)现场控制措施

采取以下措施可将表15-12中所述的四项潜在危害降低在可承受的范围内:
(1)打开门窗,保持配水间正常通风,减少有毒有害气体在有限空间大量聚积;
(2)检查流程连接法兰、阀门有无泄漏现象,对泄漏的法兰、阀门进行紧固或更换;
(3)检查临时连接流程是否正确、牢固;
(4)配备相应的检测仪器对作业场所有毒有害气体浓度进行检测,当有毒有害气体浓度超标时,正确配戴相应的防护器具;
(5)正确穿戴劳保用品,防止静电产生火花引起火灾事故。

复习思考题

1. 简述原油集输系统中存在的主要风险因素?
2. 安全风险评价对企业安全生产管理工作有何帮助?
3. 原油集输系统的安全风险控制技术是如何实施的?其目的是什么?
4. 人的不安全行为主要是由哪些因素引起的,如何防范?
5. 如何有效地进行安全生产管理?
6. 企业应急管理主要做哪些工作?事故应急救援的基本任务是什么?

参 考 文 献

[1] 潘永东. 陆上油气田油气集输系统安全风险评价与控制. 北京:中国石化出版社,2009.
[2] 黄日成,王志安. 采油厂职工安全教育读本. 北京:石油工业出版社.

第十六章 国外原油集输新工艺和新设备

第一节 油气混输泵技术

在自然条件十分恶劣的沙漠油田和海洋油田开发建设过程中,油气集输系统的建设投资和运行管理费用比常规的陆上油田开发高得多。由于两相或多相混输,省去了一条管线,可节省开发工程投资和操作费用,另外还可使恶劣地域(或海域)内的油气田得到开发。据预测,利用这种技术可使开发工程投资减少10%~40%。发达国家对这类油田已采用长距离油气混输工艺技术,并取得了较好的经济效益,如表16-1所示。到目前为止,世界上的长距离混输管线已超过200条,其中大部分集中在北海、美国、澳大利亚、加勒比海,但这些混输管线多属于天然气—凝析液管道。据报道,北海Troll气田到Oseberg油田的混输管线长50km,所输流体是未经处理的井流体,是油、气、水、砂等的混合物。

表16-1 国外典型中长距离多相混输管线概况

国家或地区	油田	介质	管径 mm	输送距离 km	输气量 m^3/d	液气比 m^3/m^3	压力 MPa	流程特点
欧洲北海	Frigg	天然气—凝析油	800	365	1980×10^4	13×10^4	14	气体在平台上预脱水,气液分别加压后再混合经一根管道输至海岸终端处理站(中间设增压平台)
美国墨西哥湾	MOPS	天然气—凝析油	610	933	566×10^4	3.58×10^4	8.4	
印度近海	BomBag	天然气—原油	300	40	31.3×10^4	88	2.33	气液两相从BHR1平台输至BR1平台
	Bckpapai	天然气—原油	300	42				气液两相从海上平台输至岸上加工厂
澳大利亚近海	Rankin	天然气—凝析油	1016	135	4670×10^4	6124	11	气液两相从海上集油平台输至岸上处理站
	Marlin	天然气—凝析油	508	108	708×10^4	2740	10.3	气液两相从海上集油平台输至岸上处理站

自20世纪70年代欧洲北海油田大规模开发以来,国外多相混输泵技术得到了迅速发展。混输泵可以取代分离器、压缩机、各种抽油设备、加热装置、火炬以及气液分输管线,从而以更低的成本来提高产量。混输泵的另外一个优势是减少了对陆上设备的环境影响。混输装置占用空间很小,仅为传统设备所需安装空间的一部分,并且具有在密闭系统中处理气体的能力,

而不必放空或火炬燃烧,从而减少了排放量,保护了环境。由于混输泵可增加油井中流向边远集中处理装置流体的压力,且可使装置在较低进口压力下运行,这使得混输泵成为开发边际油气田的理想工具。

一、螺旋轴流泵

螺旋轴流泵(Poseidon 多相泵)是由法国石油研究院、挪威国家石油公司和法国道达尔石油公司联合投资的"海神(Poseidon)"多相混输技术研究项目而开发的一种混输泵,许多文献称之为"海神泵"。"海神泵"属于叶片泵,它由若干级压缩单元组成,每个压缩单元包括一个叶轮和一个整流器,当输送介质进入叶轮后,由于叶轮的旋转,介质被加速获得动能;当加速的介质通过整流器时,速度减小,动能被转化为压能。介质每通过一个单元级,便增加一部分能量。这种泵与容积式泵的根本区别在于其压力的增加不是由单元级体积的变化所引起,而是由能量的传递和转化实现的。

Poseidon 多相泵是根据螺旋同轴泵(Helico - axial pump)的原理,研究开发成的一种转子动力泵。该泵可输送含气率为 0~100% 的气液混合物,在全输气工况下的运行不受限制,对泵入口的流量变化具有自适应性,可输送含砂介质,结构紧凑。目前,Poseidon 多相泵已由法国 Sulzer 和挪威 Framo Engineering 公司系列化设计批量生产。该泵流量范围为 $150~1200m^3/h$,最小入口压力为 3bar❶,转速范围为 3000~6800r/min,压缩比为 17,泵轴功率为 350~2000kW,水力效率约 45%;该泵采用外部供液系统为轴承润滑和机械密封冷却,可用燃气、柴油发动机或液力机械驱动。Poseidon 多相泵分别在突尼斯油田和法国南部的 Pecorade 油田进行了持久性试验,取得了满意的效果。已安装或正在安装的 Poseidon 多相泵已遍布西伯利亚、中东、东南亚和北海等各种气候条件的陆上或海上油田,所输送井流物性具有很宽的范围,最大单台泵功率已超过 4000kW。

二、双螺杆混输泵

双螺杆混输泵可以作为低压泵,进出口压差在 $30bar(450b/in^2)$ 左右,也可作为高压泵,进出口压差为 $90bar(1300b/in^2)$ 左右。根据实际操作参数,最大流量可达到 $2000m^3/h$(300000bbl/d)。双螺杆混输泵的转速可调节范围是其设计转速的 30%~130%,这一特性使得双螺杆混输泵的应用范围更广。转换器驱动的电动机使得随油井或油田条件变化调节泵更容易了。对于远程泵,例如安装在海洋井口平台上的混输泵,可选用柴油或汽油发动机作为驱动装置。

双螺杆混输泵依靠螺杆相互啮合容积的周期性变化来输送流体。当螺杆转动时,吸入腔一端的密封线连续地向排出端移动,使吸入腔的容积增大,压力降低,液体在压差作用下进入吸入腔。随着螺杆的转动,密封腔内的流体连续而均匀地移向排出腔。从而将流体排出。由于双螺杆泵适用于包括无润滑液体和气体介质的特性,一开始人们就把它作为多相混输泵的理想原型。双螺杆混输泵主要由英国 Multiphase System Plc 和德国 Boremann 公司研制,两家公司都研制生产了多种型号样机,进行了室内和现场试验,取得了良好的效果。

---

❶ 1bar = 100kPa(准确值)。

Multiphase System Plc 研制生产的双螺杆混输泵,吸入条件下的最大含气率90%,允许液体含砂(小于 214g/m³),并具有较好的抗蚀性。设计最大流量为 265m³/h,最大扬程为 3.45MPa,转速范围 200~3600r/min,泵轴功率 150~2400kW。

Boremann 公司研制生产了 MW 和 MPC 两个系列的混输泵,两个系列的混输泵都允许输送含气率达 97%~99% 的气液混合物。泵内设有专利循环系统,允许完全输气状态持续 15~20min。配置的外部循环系统和冷却器,延长了泵适应干转工况的时间。MW 型泵采用压力无缓冲流体密封,最高允许吸入压力为10bar。MPC 型泵采用压力密封系统,允许吸入压力可高达90bar,泵壳耐压符合 ANSI class600(美国国家标准学会 600 磅级,其公称压力等级为 11.0MPa)的要求,适应高压工况。可采用电动机或燃气轮机驱动。目前,一台 MW9.5zk–53 混输泵正在尼日利亚油田应用,该泵的主要特性参数为:入口流量 600m³/h,吸入压力 2~3.5bar,排出压力 40bar,泵转速 1400~1800r/min,轴功率 729kW,允许吸入气液混合物体积含气率为 97%,采用燃气轮机驱动。

混输泵多用于气相中含有 H_2S、CO_2 等有害气体的工况,在这种情况下,选泵时要注意一些特殊的事项。选择湿润性制造材料时,要遵循现有的美国腐蚀工程师协会(NACE)规定,并且必须特别注意机械密封。标准情况下,可使用经过或未经过冷淬的单层密封;而对于酸性气体,首选是双层密封。这些密封圈在外部回流系统的冲刷下,阻止了有害气体的泄漏。当井中液体携带大量磨蚀性固体颗粒时,需格外仔细选择制造材料,泵元件的表面也需经过特殊的处理以保护元件免于过度的磨损。

三、隔膜泵

隔膜泵是完全由 Nuovo Pignone 公司开发的新型隔膜往复泵。该泵设有两个轴向活塞泵压缩腔室,工作时其中一个腔室由轴向活塞泵对动力油增压,通过分隔动力油和工艺流体的弹性薄膜,动力油把压能传给多相混合物,当这一腔室的隔膜到达其行程的死点时,传感器对活塞泵的控制系统开始工作,使动力油反向流动,进入另一个腔室。在腔室的下端装有单流阀,控制工艺流体的流动。易损部件为隔膜和单流阀。用于海底时,电动机直接和轴向活塞泵相连,并全部沉没于动力油箱内。

四、喷射增压泵

英国流体力学研究集团 BHR 开发了一种采用喷射泵原理的多相增压装置(喷射增压泵),该装置由气体分离器、离心泵、喷射泵及管路构成。其原理为:油井来的气液混合物先进入一个体积很小的分离器,分出的液体直接进入离心泵入口,经增压后进入喷射泵作为动力液;分出的气体通过管路进入喷射泵的低压室,而后气液两相在喷射泵的扩散管中混合并以一定压力输送出去。该装置的水力效率约48%,具有抗砂能力,为多相流的增压提供了一种简单、可靠的新途径。该装置已在北海平台上安装使用。

在多相混输泵的研究开发方面,受到制造工艺水平的限制,国内在这方面开展的研究还很薄弱,仍处于较低的水平。但是随着石油工业技术的发展,多相混输泵将是陆地、滩海、海洋石油开发实现多相混输、降低开发成本的关键技术。

第二节 多相流量计

油井油气水产量(或流量)是监测和控制油井和油藏动态特性的主要依据。由于受流量计测量条件的限制,传统的测量方法都是把油井产物送入计量分离器,由分离器把井流分成油、气、水三相(或气、液两相),在分离器油、气、水各自的出口管线上由单相流量计计量三种流体的产量。当计量分离器把井流分为气、液两相时,液相中的油、水含量通常采用取样分析法、平均密度法或相关含水分析仪在线测量确定。这些方法难以实现连续计量,而且流程复杂,投资大;同时在海洋油气田的开发中,传统的计量方法不仅导致管理上的困难,还使得投资大幅度上升。

开发研制多相流量计的目的不仅仅是要实现陆地和海上平台的不分离计量,更重要的是要配合混输泵实现多相流计量和增压,大大降低原油的开发费用。为此,欧洲北海石油生产国和美国等多家公司及研究单位都投入大量的人力、物力进行相关技术的研发,根据不同的计量原理开发完成了多种多相流量计,现场试验取得了较好的结果。

一、多相流量计的计量方法

多相流量计的计量方法,主要分为取样测量法和在线直接计量法两类。取样计量法基本沿用传统的计量方法,仅取部分主流作为测试计量样,分离后分别计量气液两相的流量,进而确定三相流量,从当前的研究看,该方法不是主流。当前研究的热点是在线直接计量法,该方法的关键是确定气液相的比例(亦即相分率),测量气液总流量。

(一)取样计量法

取样计量法一方面测量主管线内混合物的体积流量和密度,另一方面由一个微型分离器从主管线上取样并将其分离成气相和液相,然后由伽马密度仪测量出液相中油水各自的密度。同时,结合温度和压力测量,计算出油、气、水各相的体积流量。

1. 德士古公司的海底多相流量计

德士古公司的海底多相流量计将总流量计装在井口附近,以便测出混合物的总流量及其密度,然后利用其专利的分离装置将采出物分离成气相和液相(油水相)并分别计量气相和液相的体积流量。应用涡轮流量计计量气体的体积流量,用一个专用流量计计量液体的体积流量。含水率则由 Texaco 微波含水检测仪测定,这种含水检测仪可精确地测定油水乳化液和油水混合液中 0~100% 的含水率,而无论其中哪一种成分是连续相。原子密度仪可测出液流中携带的气量。为防止在流量计中发生砂堵,设计的流量计应能保持足够的流速。最后,结合在各点测得的温度、压力数据,通过计算得出各自的流量。这种海底多相流量计的计量精度为 5%,设计压力为 3.64kPa。在含气量为 10%~90% 和含水率为 0~90% 的条件下,该流量计可在 480~2880m^3/d 的流量范围内实现自动调控运行。

2. EUROMATIC MACHINE & OIL 公司的多相流量计

这种计量三相混合物各相质量流量的流量计与工作管线连接,输出混合物体积流量的信号,其工作原理如图 16-1 所示。密度计与主管线连接,输出混合物总密度信号 ρ_1。一台微型脱气采样器连续从主管线取样并脱除混合物中的气体,然后测定油水混合物的密度 ρ_2;与此同时,还测定混合物的压力 p 和温度 T,并将各数据输入微机。微机按给定的数学公式运算后,得出油、气、水各相的流量和总质量流量。在所有的测量仪表中,涡轮流量计的转子是唯一的可动部件,该转子由碳化钨制造,流量计内腔也有碳化钨保护层,以防液流中砂或其他颗粒的磨蚀。所有的检测仪表都是优选的性能可靠且经久耐用的产品。这种流量计计量油水的精度可达 2.0% ± 0.5%,计量气体的精度可达 3.0% ±0.5%。

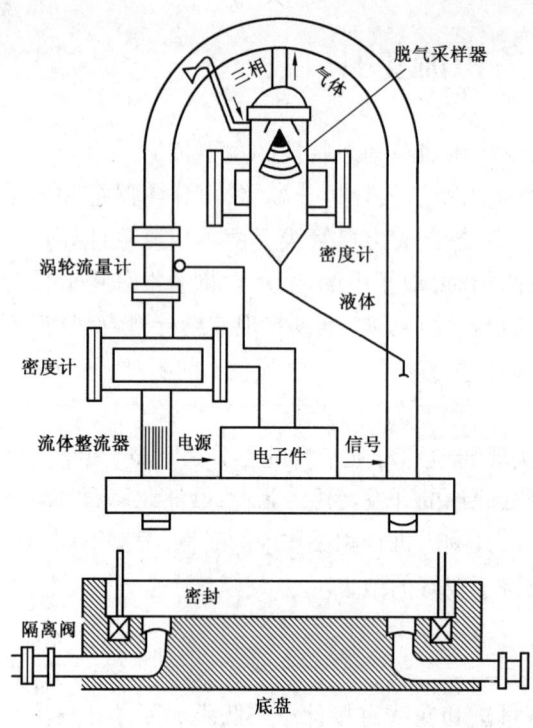

图 16-1 EUROMATIC 多相流量计工作原理

3. 美国 Nusonics 公司的声能流量计

美国 Nusonics 公司的声能流计量的工作原理是用容积式流量计或涡轮流量计计量油水混合液的总体积流量,然后用一只容器定期从油水混合液中采样并测量其声速,以此计量油水各自的流量。采用这种计量方法首先要解决油水混合液中携带的气泡和乳状液液滴的问题。这是因为,如果携带的气泡和乳状液液滴的尺寸均大于声能波长,那么气泡和液滴将会造成声能的折射、绕射和散射,从而影响测量声速的准确性。解决携带气泡的方法是,向罐内的混合液加压,迫使携带的气泡溶解。同时,为减小最大乳状液的液滴尺寸,用齿轮泵再循环采样液。齿轮泵产生的剪切作用可减小液滴尺寸,同时用静态混合器增加剪切作用。在循环期间,要求重复测量声速,直到其稳定为止。确定了混合液中各相的组分后,试样重新返回至主管线中,或送入储罐。定期采样后,根据容积式流量计计量的数据和测得的油水混合液各相组分的声速,便可得出流经管线的油水总流量。最后,通过测定温度和校正体积膨胀系数,计算得出混合液中的净油量和水量。

4. 美国 Mobil 石油公司的多相流量计

美国 Mobil 石油公司的多相流量计的工作原理是选井阀接收程序信号后,将一口油井的产液量导入计量管线。经脱气器脱除液流中的游离气后,由 1 台容积式流量计计量其总流量,然后,液流返回主生产管线中。在容积式流量计的下游设有探头,从计量液中取样。程序信号开启取样电磁阀和双向旋转泵,从单井总液量中取样 19~38L 并泵入取样容器,其间计量样液的体积流量以及油、气、水各自的含量。双向旋转泵按预定的时间操作,到时间后电磁阀和该泵自动关停。样液同样按程序时间停留在取样容器内,其间由2台750W加热器将样液加热至82℃,以加速油、气、水的分层,气体从取样容器的顶部放空。到预定的程序时间后,程序信号再次开启电磁阀和双向旋转泵,将样液重新输回取样管,其间分别计量油、水各自的含量并再次计量其体积流量,由RTU中的累计器分别记录其数据。最后,将取样测得的数据与容积式流量计测得的单井总体积流量数据相结合,计算出该井油、气、水各自的流量。该流量计量系统能够计量由重质、高粘、高含水原油和天然气组成的液流,适用于各种高、低产油井。

(二)直接在线计量法

直接在线计量法是利用内在的流体性质获得各相的流量,因而没有设备对流体的干扰,也无需对出油管线进行大的改造。

1. 福兰墨公司的MPFM型多相流量计

MPFM型多相流量计由在线静态混合器、多源伽马组分计和文丘里流量计三部分组成,如图16-2所示。混合器使计量系统完全不受上游流态影响并为计量段提供均质流,它是一种纯静态混合装置,由一个将多相流送入其内的桶体组成。流体中密度最大的组分从桶底经喷射器排出,而密度最小的组分从桶顶排出并经一根管线引回喷射器。在喷射器内,两种组分按喷射比混合。多源伽马组分计由一个伽马同位素和一个耐震探测器构成,设计位置紧跟在流量混合器之后,用来确定油、气、水各自的体积分数。油、气、水各自的体积分数根据不同伽马能的相对衰减程度计算求得。文丘里流量计的设计位置也在混合器之后,它与多源伽马组分计相结合,获得油、气、水各自的流量。由于多相混合物的性质与相同密度下的单相混合物相同,因此,可利用单相文丘里关系。文丘里流量计配置了精密的压力传感器,用来测量文丘里压差及绝对压力。

2. Multi-Fluid公司的LP型和FR型多相流量计

LP型多相流量计长66.7cm(26.3in),公称直径101.6mm(4in),额定压力ANSI600(美国国家标准学会600磅级,其公称压力等级为11.0 MPa)。它无可动部件,壳体由316L不锈钢制成,重约100kg。该多相流量计由两个独立的仪表组成,其中一个为组分计,用于测量传感器中油、气、水瞬时体积分数或质量分数;另一个为速度计,用于测定油、气、水混合物通过传感器的速度。油、气、水各组分的瞬时体积流量或质量流量可通过这两个仪表所给出的输出信号进行计算求得。组分计测量油井未处理流体的介电性质(介电常数和导电率)和密度。水对导电性比较敏感,气对密度比较敏感。介电性质的测量使用的是一种新获专利的微波技术,它可对工艺流体进行精确、稳定、快速的电测量。密度测量用的是常规

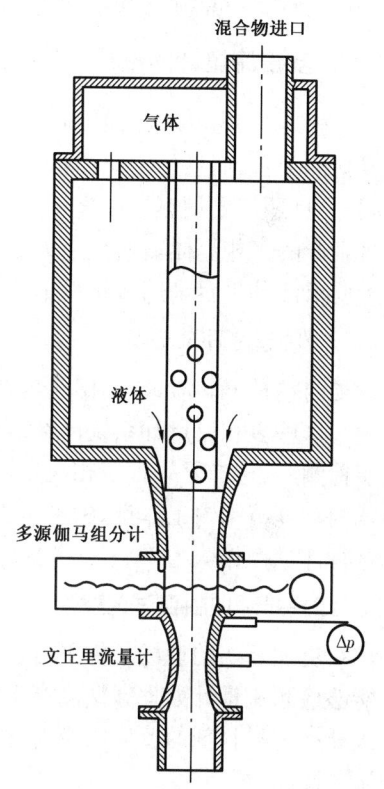

图16-2 MPFM型多相流量计结构示意图

密度计,直接装在传感器法兰上。速度计测量速度时,速度计是在两个横截面做非常快速的微波介电测量。这两个横截面之间的轴线距离是已知的,对每个测量截面输出信号的系统分析即可计算出流体从第一个测量截面流到第二个测量截面的平均时间,根据流体通过的时间和两个测量截面的间距,则可计算出速度。

FR 型多相流量计是在 LP 型多相流量计的基础上研制的。它以微波技术为基础,由组分计、伽马密度计和1个或2个流速计组成。组分计从混合物密度和介电常数中获得油、气、水各相的体积流量,其中混合物的介电性质由微波监测专利技术测得。水的介电性质和气的密度分别明显不同于油、气的介电性质和油、水的密度。这样,利用其不同的敏感性,就能精确地确定多相组分。流速的测定由动量计完成,动量计可与1个微波相关装置组合,能在各种流态范围内更精确地测定气、液各相的流速。FR 型多相流量计可在 0~100% 含水率条件下使用;而 LP 型流量计采用同样的微波技术,仅能在油连续相和 40%~60% 含水率条件下使用。

二、多相流量计的应用

委内瑞拉 Petrozuata 油田开采的超稠油如果利用传统的油气分离技术,不仅需要建设集油站或集油平台,而且由于原油粘度和密度都很大,站内分离器必须相当大才能保证足够的停留时间,并且还需要加热炉和化学添加剂等。通过成本研究发现,使用多相混输泵将偏远处井和平台生产的多相流体输送至中央处理装置是可行的。对泵输的多相产品进行集中处理的设计概念要求油井平台采用多相流量计。

(一)筛选合适的流量计

委内瑞拉 Petrozuata 油田经过技术评估选定了四个流量计厂商,他们采用的是不同的计量技术。这些多相流量计系统已经通过了多种质量测试。在模拟现场条件下对这些流量计进行性能检测后,选择了一种多相流量计并进一步进行了现场测试试验。试验结果表明,流量计在很宽的粘度范围内工作良好,测量方法和技术对该油田流体性质不敏感,因而可以对不同井流体进行计量操作。

(二)生产和油井测试试验

在更加真实的现场条件下,进行了两次小规模试验以评价流量计的设计和性能。现场条件能够检测流量计处理高粘度产出液以及随现场温度变化时的性能。试验也检测了流量计对掺入低粘度稀释剂的反应以及对稀释剂与稠油混合液的计量结果。流量变化可以评价流量计的调节性能。

(三)现场安装和启动

在 1998 年和 1999 年进行了多相流量计的安装。流量计在生产厂家发货前已进行了工厂验收试验,试验包括大范围流量、含水率、气体含量对流量计的影响。每一批流量计的设计都根据现场使用情况进行了改进,包括硬件和软件。

油田平均产砂量为 0.5%(体积分数),不过这个数值不是固定的,在生产过程中有可能增加或减少,在延长期内有可能降到 0.1%,处于这个水平的产砂量可以忽略不计。但是,在关井或启动很短的时间内,产砂量有可能达到 5%,甚至更高。在多相计量系统中容积式(PD)流量计对外来物质很敏感,含砂量过高有可能使其磨损或划伤、损坏。根据 Petrozuata 油田的应用经验,改进了外部滤网,重新设计了 PD 流量计以提高其对外来物质的容限,对砂子的耐磨性达到所需的水平。由于高产砂量一般在启动时产生,因此在启动阶段将多相流量计旁路,直到井中侵蚀物质全部清除干净。

早期发现的另外一个问题是压力及压差传感器的脉冲发生管堵塞,这个管中最初装满了硅油以防止污染和堵塞,一旦堵塞需要加大维修力度。为此开发了一种半自动系统,只需很简单的操作就可以在管中重新充填硅油。该系统运行良好,而且由于沥青堵塞导致的仪表故障也大大减少。

(四)定期校准

委内瑞拉 Petrozuata 油田制定了一个定期校准程序以保证流量计准确操作。体积校准是将一种单相液体以 PD 流量计满量程的 10% 和 50% 的流量通过多相流量计(MPM),检验流量计计量的准确性。该方法可测试流量计组件并与初始(出厂)时的校准结果进行对比。多相流量计由 3 个流量计串连组成,出厂时这 3 个流量计在测量范围内测量结果的误差不超过 ±0.5%。如果偏差变大,应采取措施减小误差或进行更换。

当流量计进行在线校准时要使用稀释剂,这时需要增加一个稀释剂循环管线,该改进可以大大减少维护工作量。

(五)多相流量计性能包络线

多相流量计自启动以来一直运行良好。但是,一些井的产量大大低于预期产量,低于流量计性能包络线的下限,流量计最大测量流量为 5000BFPD(bbl❶/d)。厂家采用储罐计量对流量计进行了大量测试,并对流量数据进行综合分析,建立了一个曲线模型用于拟合流量计在低流量条件下的流量。修改后的软件利用曲线拟合消除了系统偏差,大大缩小了误差范围。

(六)运行维护和效果评价

多相流量计遇到了一些由于操作条件引起的问题。某些现场条件导致了较高的维护率,其中潮湿环境引起的湿气进入、砂和外来物质进入 PD 流量计以及稠油堵塞脉冲发生管是影响流量计性能的主要因素,某些电子和电器元件强度不够也是影响硬件性能的一个重要因素。通过适当的维护和操作员培训,许多问题得到解决,与其有关的故障也大大减少。

在 2003 年末,对所有 37 台流量计进行了维护检查和核验,评价了直接引起流量计故障的几种运行因素。对维护条件的进一步研究表明,每台多相流量计年平均约需要 120 人工时、年维护费用 2500 美元。

对于多相流量计来说,这与传统计量系统的成本相比还是相当有吸引力的。

(七)现场性能

多相流量计自启动以来一直运行良好。分配系数是每月油产量与油井计量总数的比值,它反映了几个参数,包括所采用的油井计量方法、计量的频率和时间,也反映了多相流量计计量的准确性和可重复性。

在生产初期,典型的日分配系数为 ±20% ~25%,月分配系数在 0~1.45 间变化,这令人

---

❶ 1bbl = 115.6271L。

难以接受。这可能是由于多相流量计计量的不确定性、装置启动带来的外部因素、正在开发和调整的操作系统和管理等多种因素共同造成的。在扩大了流量计动态范围、改进了维护方式、提高了多相流量计校准技术及操作人员熟悉了系统后,日分配系数和月分配系数降低到 $-10\% \sim 0$,这是一个比较令人满意的结果。不过,如果多相流量计和油井计量操作适当的话,日分配系数可以达到 $\pm 3\%$。在 Petrozuata 油田超稠油生产中天然气不是主要的生产对象,总的日产气量约为 30MMscf/d($10^6 ft^3$❶/d),天然气月分配系数约为 $\pm 5\%$。

第三节 油气分离设备

多年来,油气集输系统中主要依靠传统的容器式分离器实现气液的分离和计量。传统容器式分离器体积大、投资高,安装、操作复杂。除了内部构件和控制系统尚有一些值得改进的地方外,传统分离器已基本成熟。经济性和操作压力条件不断要求新型、高效、投资少的小型分离器问世,特别是面对海上油田的开发生产,新型分离器的研发更具有重要意义。

常规分离器利用重力分离流体。这是由于气、液密度不同,重力使密度大的流体落入分离器的底部,同时密度小的流体升到分离器的顶部。如果增加作用于流体上的力,则加速分离。增加分离速度,减小设备尺寸,使被分离流体在分离器中的停留时间大为减少,进而减小分离器的工艺尺寸,这是轻型分离器的研究方向。

结构紧凑的分离设备较传统的分离器对流型变化更为敏感。在间歇流中,液体界面难以控制。在气液分离器中存在气体中携带液体的现象和液体中携带气体的现象。管式气液旋流分离器和螺旋叶片式分离器即是利用离心力加速分离、减小分离器工艺尺寸的替代传统分离器的最新方案。

一、管式气液旋流分离器

(一)管式气液旋流分离器结构及工作原理

管式气液旋流分离器(Gas – Liquid Cylindrical Cyclone Separator,缩写为 GLCC)是带有倾斜切向入口和气体及液体出口的垂直管,如图 16 – 3 所示。切向液流由入口进入 GLCC 后形成的旋涡产生了作用于液体的离心力和浮力,其数值比重力要高出许多倍。重力、离心力和浮力联合作用将气体和液体分离开。液体沿径向被推向外侧,并向下由液体出口排出;而气体则运动到中心,并向上由气体出口排出。

(二)管式气液旋流分离器的特点

GLCC 是一种低成本、重量轻的小型

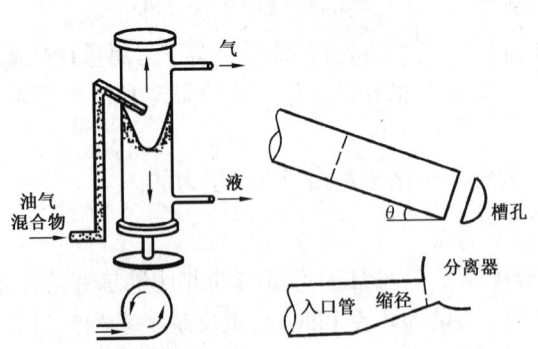

图 16 – 3 管式气液旋流分离器示意图

---

❶ $1ft^3 = 28.31685L$(准确值)。

分离器，在替代常规容器式分离器方面具有很大的吸引力。对 GLCC 与常规容器的立式和卧式分离器在尺寸方面的差别进行对比，油和气的流量分别为 100000bbl/d 和 70000Mscf/d，表压力为 100psi（1MPa = 145psi）。在这种情况下，需要的 GLCC 的内径及高度尺寸分别是 5ft 和 20ft，相当于同等规模的常规立式分离器（9ft × 35ft）的一半左右，相当于常规卧式分离器（19ft × 75ft）的四分之一左右。

但 GLCC 的操作受到两个因素的限制，即顶部气流中的含液量及底部液流中的含气量。气流中出现液体的迹象表明携带液体的开始，同样，底部液流中气泡的出现表示其已开始携带气体。

对 GLCC 进行性能准确预测的难度主要由于 GLCC 内部复杂多变的流动形式。在入口上方的流动形式包括气泡、段塞、搅动、雾状流和带状流。在入口下方的流动形式由一个带有丝状气核的液体旋涡组成。在液面远低于入口时，液体以涡流的形式由入口下落到旋涡当中。

在 GLCC 水力特性预测方面的困难阻碍了其应用范围的扩大。但即使没有进行性能预测方面的尝试及试验，也已经见到了 GLCC 成功应用的多个报导。可靠的性能预测工具的发展将通过结构改进对 GLCC 加以改善，并最终将决定着 GLCC 技术在现有的及新的油田应用中发展的速度和程度。

（三）管式气液旋流分离器的应用

1. 多相计量回路

目前多数 GLCC 应用都已经配置了多相计量回路，如图 16 - 4 所示为多相计量回路中的 GLCC 流程图。这种类型的计量回路与常规分离器的单相计量或不分离多相计量相比有许多优点；具有自我表现调节的特点，可减少甚至不需要进行灵敏的液面控制。GLCC 的小型化使计量回路重量轻、占地小，同时比传统分离器分离更彻底。GLCC 计量回路与传统不分离多相计量仪器相比，在很大的流量范围内都可改善其中任何一相计量的准确性。

在不能防止液体中携带气体的情况下，需要在液体出口管中安装一个多相计量系统。一般来说，由于去除了大量气体使液体出口管上多相计量更加准确。大多数多相计量仪器都对允许通过仪器的气体含量有上限的要求，来保证其计量的精确度。除了提高精确度以外，气体不完全分离还使得多相计量装置更小巧，成本更低。对于多相计量系统来说，其成本与大小直接相关，将小巧的计量装置与 GLCC 联合使用所节省的费用将可达到 GLCC 本身成本的 4 倍。

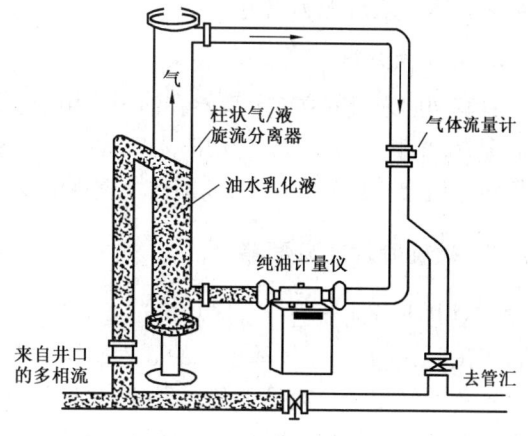

图 16 - 4　利用 GLCC 多相计量装置示意图

2. 不完全分离

小型 GLCC 更适合于需要气体部分(不完全)分离的场合。其中一种应用是高压油井中通过不完全分离而产生的气体用作低压油井的气举操作。GLCC 在 Oklahoma 州的 Chevron 石油公司设计的海上气举系统中是作为核心装置的,它不需要空气压缩机和气举管线。

3. 小型分离系统

小型分离系统通过尺寸及重量的减少使采油成本大幅度降低。另外,去除液体中的大部分气体会减少液流的波动,也会改善其他沉降式分离设备(如井口除砂水力旋流器)的分离性能。Chevron 石油公司正在研究 GLCC 与游离水脱除用水力旋流器及脱油型水力旋流器的系列组合装置,以改善排水质量。

GLCC 也可用来控制进入多相泵的两相混合介质气液比的大小,以此来提高泵效。另一项研究表明,几种 GLCC 与喷射泵的组合装置可以用来从高压多相流油井中吸取能量,来提高低压油井的采收率。

4. 现有分离器的改进

旋流分离器已经被证明可以作为内部分离装置用于大型卧式分离器中。GLCC 也可作为有用的外部预分离装置来改善现有卧式分离器的性能。通过分离部分气体,分离器的液位可以升高,因而使存留时间增加,在容器中也不会出现雾状流。巴西的 Petrobras 公司已经采用 GLCC 预分离器实现了对现有分离器的改进。

(四)管式气液旋流分离器的应用前景

1. 海底应用

GLCC 技术对石油工业最大的冲击就是在海底分离方面的应用。国外的研究结果表明:井口分离及泵送是用于采出液长距离输送的热效率最高的一种方法。在一项最新的研究中,Prado 等人认为此项技术也适用于浅海及中深海应用。海底应用要求分离器的设计及性能具有高度的可靠性,要求设备简单、小巧、强度高,且经济性好。GLCC 的优点使其在竞争力极大的众多技术中表现尤为出色。

2. 采出液分离

具有切向入口的立式分离器在油田应用中已经相当普遍。采用 GLCC 之前的分离器大多庞大而笨重,并带有垂直的低速切向入口管。切向速度通常很低,以至于重力、离心力和浮力基本平衡而起到分离的作用。GLCC 硬件及软件的发展使其体积减小,改善了立式分离器的性能。

二、螺旋叶片式分离器

在对井下分离器进行了成功的试验之后,在海上油田对螺旋叶片式分离器在地面的应用进行了试验,使其用于气举湿气的处理。因为安装气举供气管线到井场约需耗资 900 万美元,所以这种气举湿气分离是十分诱人的,其目的是将相对较高气油比的油井作为平台上另外一些气举井的气举气源。对高压力的气源井应进行节流处理,以便经过地面分离处理可提供所要求的举升气压力。原先的计划是为供气安装一套常规的分离器,但是由于考虑使用螺旋叶片式分离器可大量节支的优势,故决定在建造传统分离器之前先进行螺旋叶片式分离器的应

第十六章 国外原油集输新工艺和新设备

用试验。

气源井的地面条件同先前试验的井下条件十分相似,压力大约为1800psi(测得的井底压力为1300~1800psi),原油流量约为2000ft³/d(井底流量为1000ft³/d),天然气流量约为35MMft³/d(井底分离器试验时,约为20MMft³/d),这两种井都为低含水油井。已经证实根据井下条件设计的螺旋叶片式分离器的工作性能适应于井下生产条件,针对相似的地面应用条件,预计螺旋叶片式分离器可得以成功的应用。

(一)螺旋叶片式分离器结构

螺旋叶片式分离器的结构如图16-5所示。由于在地面条件下应用分离器的直径不必按井底使用要求限制在小于3.75in以内,所以在地面应用中,使用了可减少压降的大直径螺旋叶片式分离器。螺旋叶片式分离器的直径为5.5in,被安放在一段6in的管子中。在6in管子的外边再套上一段8in的管子,安装一个测压孔,从而可通过环空中的压力探测到内管的冲蚀或腐蚀,防止发生原油泄漏。

(二)螺旋叶片式分离器试验结果

(1)螺旋叶片式分离器是一种既可用于井下油管,也可用于地面可从液流中分离出部分气体的结构紧凑且经济可行的分离设备。

(2)在油井中,分离器可以稳定地进行气体分离,不会出现将液体夹带到环空中的现象。在这些试验中,分离器最多从液流中可将43%的气体分离出来。

(3)当将螺旋叶片式分离器安装在地面时,可成功地为气举作业提供举升所需的天然气。有50%~60%的产出气可用于举升作业。

(4)螺旋叶片式分离器的费用约为传统分离器费用的2%。虽然作业场所不同所需的费用有所差异,但据粗估,节省的费用是相当可观的。

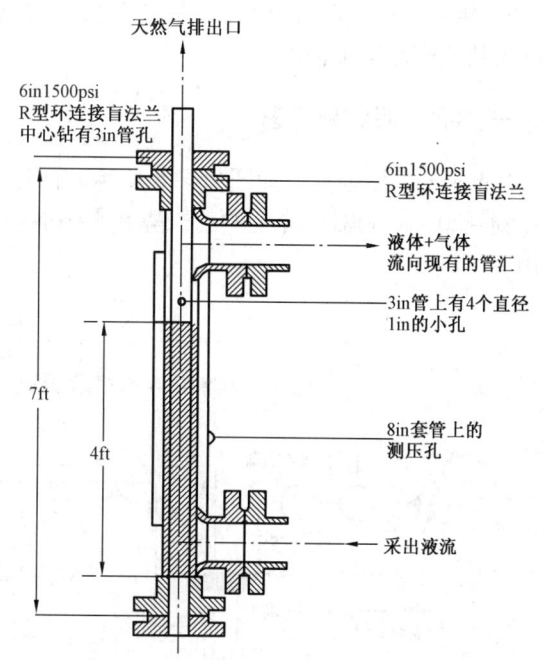

图16-5 螺旋叶片式分离器示意图

第四节 加拿大改良油吸收法轻烃回收新工艺

在美国海湾地区以外,应用最多的天然气处理回收NGL(天然气凝液)工艺是直接制冷回收方法。这些工厂应用丙烷制冷能够回收约30%~50%的丙烷、65%~80%的丁烷及更重组分。NGL回收的水平取决于气的压力和原料气的贫富程度。

因为这些工厂多数没有NGL接收管线,所以采用透平膨胀机深冷回收工艺来获得较高的丙烷收率一直都是不经济的。

目前仍在运行的大多数低温油吸收装置,处理能力非常大(大于 $2.5 \times 10^8 \text{ft}^3/\text{d}$),并且能够回收 90% 的丙烷;较小规模的油吸收装置或者已停用、或者当其毗邻 NGL 管线时,已被深冷工厂所取代。

目前,北美约有 700 台深冷装置正在运行。数年来,天然气加工工业一直在寻求提高直接制冷装置 NGL 产量的方法。

卡尔加里的 Poco 石油有限公司的基地位于阿尔伯塔省中部,该基地的 Wolf 南部工厂是在 1993 年投产的,该厂采用直接制冷工艺,从最初规划安装制冷装置起,Poco 就一直在研究提高天然气产品附加值的方法。

一、Mehra 吸收新工艺

Mehra 工艺原理流程如图 16-6 所示。向原料天然气中注入乙二醇进行脱水,然后丙烷制冷到 $-20 \sim -30$ ℃。冷凝的乙二醇和水的混合物在三相分离器中从烃中分离出来,再循环使用。

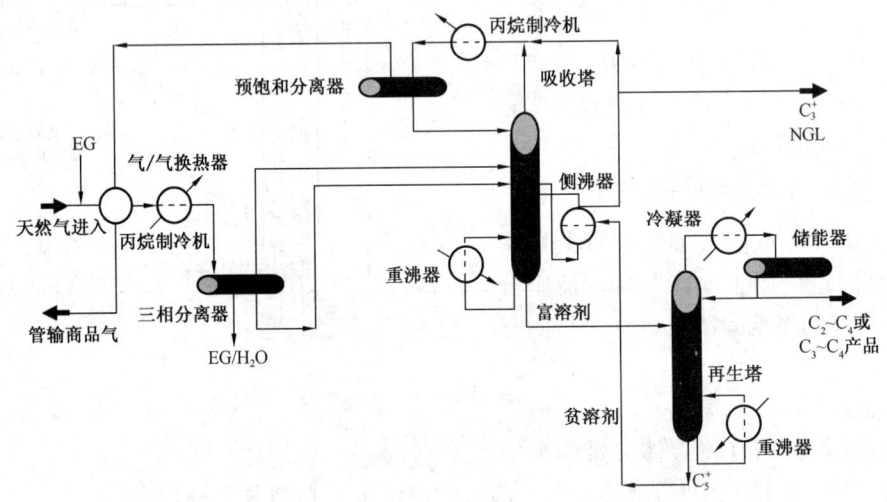

图 16-6 Mehra 工艺原理流程图

分离后的低温轻烃或者混相或者分离成气液两相,进入吸收塔。

低温气体在塔的吸收部分向上流动,液体物料向下流向塔的汽提部分。汽提部分设有重沸器,通常情况还有侧沸器。

富溶剂通过重沸器离开吸收塔底部,仅仅携带 NGL 产品允许的轻组分。例如,要生产 C_3^+ 产品,则需规定 C_3 中的 C_2 含量,应用脱乙烷吸收塔实现。而如果要生产 C_2^+ 产品,则需规定 C_2 中的 C_1 含量,应用脱甲烷吸收塔实现。

富溶剂进入再生塔中分离,再生塔作为脱丁烷塔操作。根据回收产品的不同,塔顶可为 $C_2 \sim C_4$ 或 $C_3 \sim C_4$ 产品,底部物流主要是原料气中的 C_5^+ 重组分。

如图 16-6 所示,热的 C_5^+ 汽油组分被侧沸器冷却,进入吸收塔作为溶剂,用来从原料天然气中回收所需要的 C_2^+ 或 C_3^+ NGL 产品,因而 Mehra 工艺装置不需要外来的吸收剂。

冷却后过剩的 C_5^+ 组分通常含有 2%(体积分数)的丁烷,离开装置后成为 C_5^+ NGL 产品。

冷却后的贫溶剂与吸收塔顶部物料混合,混合物料经丙烷制冷使贫溶剂与不想要的组分(回收乙烷时,为甲烷;回收丙烷时,为乙烷)预饱和。

由于该装置的产品组分收率较高(乙烷回收模式,乙烷收率达96%;丙烷回收模式,丙烷收率可达96%),因此吸收塔顶部气体中待回收组分含量很低。

预饱和分离器的温度不低于进料气冷却器出口温度,以防止吸收塔中冻堵。预饱和分离器中分离的干气与原料气换热后外输。低温预饱和贫液由容积泵送到吸收塔顶部,以回收需要的 NGL 产品。

当原料天然气进料压力高于 $450 lb/in^2$ 时,吸收塔采用双重压力。吸收段操作压力同进气压力,汽提段操作压力低于塔底重沸器液体的临界压力。在这种工况下,汽提段顶部气体在进到吸收段底部前,首先用压缩机压缩,一般还需要冷却,因此可以考虑将这两段分解为单塔进行操作。

二、Mehra 工艺的先进性

Mehra 工艺 NGL 回收技术与传统的低温吸收工艺有很多相似之处,但也存在很多不同,主要表现在以下几个方面。

(一)低相对分子质量溶剂油

传统的低温吸收装置使用相对分子质量为 95~140 的贫油,Mehra 工艺技术使用相对分子质量为 70~90 的轻烃溶剂。

对于同样规格的设备(泵、塔、管线、换热器等),低相对分子质量溶剂导致较高的摩尔流率,这样就提高了吸收率,并且允许较大气体通量,或得到更高的组分收率。

溶剂越轻则其蒸气压越高,通过对基建投资和溶剂损耗的综合平衡,优选相对分子质量在 70~90 范围的轻质溶剂可使投资和运行成本达到最佳。

(二)降低溶剂损失

传统的低温吸收工艺采用相对分子质量为 95~110 的轻溶剂油时,需靠下游的重油吸收塔回收贫气中夹带的轻溶剂油。

而在 Mehra 工艺中,热的吸收塔顶部气体在预饱和分离器中被冷却,以确保外输气在最低的温度下离开吸收塔,这样大大减少了溶剂损耗。

因此,在大多数情况下所需溶剂就存在于进料气中,而不需要外加补充溶剂。

(三)较重组分的旁路

一些传统的低温吸收工艺采用 C_7^+ 组分作溶剂油。为了保证溶剂油相对较低范围的相对分子质量,入口气较重组分(如果存在的话主要为 C_7^+)在低温冷凝器中冷凝后送入一个前端稳定塔。

如有必要,稳定塔顶气体被压缩并返回入口。前端稳定塔的设计,使底部物流满足 C_5^+ NGL 产品轻组分含量的要求。

(四)吸收塔

传统低温吸收装置采用吸收塔和富油脱甲烷塔或富油脱乙烷塔(ROD)的双塔操作,富油脱甲烷塔或富油脱乙烷塔的塔顶气进入外输气管线。

而采用 Mehra 工艺的装置,吸收和解吸在一个塔内完成,其操作如同一座脱甲烷塔或脱乙烷塔。

(五)预饱和分离器

在传统的低温吸收工艺中,贫油被脱甲(乙)烷塔顶气预饱和,这些气体富含要回收的组分。

预饱和吸收油中含有乙烷(如果乙烷是待回收的组分),该乙烷组分从预饱和分离器到吸收塔,再到脱甲烷塔,然后返回预饱和分离器,形成一个内部循环,这样就限制了吸收塔中溶剂对乙烷的吸收。

然而,对于采用 Mehra 工艺的装置,为提高吸收率,贫溶剂是由吸收塔顶气预饱和的,而吸收塔顶气中待回收组分含量很低。例如,如果要回收 C_2^+,溶剂与甲烷预饱和;如果回收 C_3^+,则溶剂与乙烷预饱和。

通过获得较高的乙烷或丙烷收率,吸收塔顶部达到理想的预饱和状态。并且,通过带走溶剂油吸收轻组分时放出的初始热量,制冷和预饱和溶剂油的吸收能力有所提高。

三、制冷装置的改造

一个典型的制冷装置(回收丙烷及以上重组分产品)包括气/气换热器、气体低温冷却器、低温分离器和脱乙烷塔。塔顶气压缩返回入口循环。工艺原理流程如图 16-7 所示,图中示出经 Mehra 工艺改造后与已建设施的三个接点。

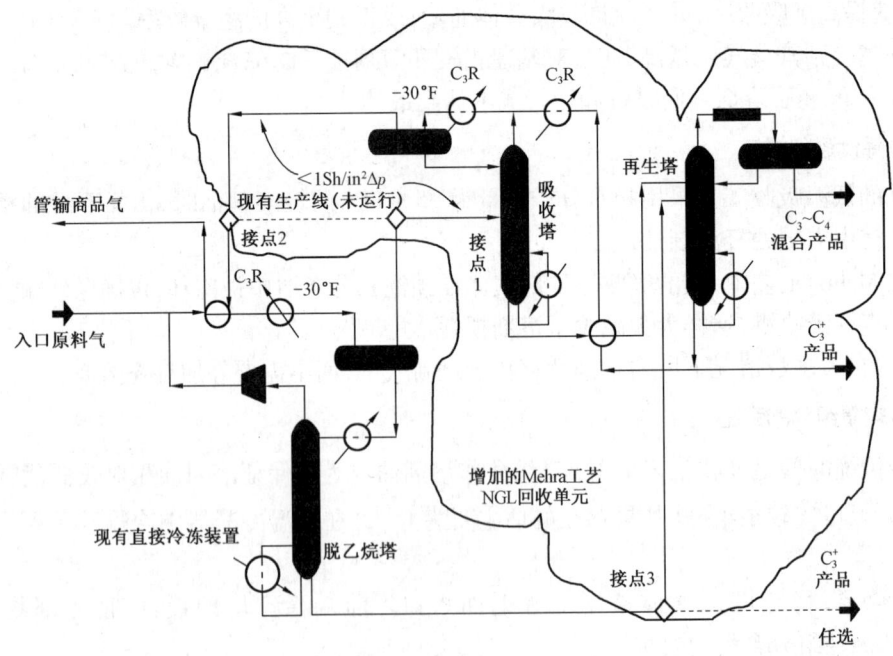

图 16-7 典型综合设计

从低温分离器出来的低温气体进入 Mehra 工艺单元。由于再生塔的操作如同一座脱丁烷塔,通过 3 号接点连接,已建设施生产的 C_4^+ 轻烃产品可在 Mehra 单元有效地分馏,生产出 $C_3 \sim C_4$ 混合轻烃和 C_5^+ 天然汽油产品。

溶剂预饱和分离器出来的气体在 2 号接点进入已建设施的气/气换热器,换热后作为商品气外输。

四、Wolf 南部工厂的应用实例

(一) Wolf 南部工厂概况

自 1993 年 4 月在爱得蒙顿西部 100 英里处建成 Poco 公司的 Wolf 南部工厂以来,公司就一直在寻求提高和优化产品指标的方法。

如图 16-8 所示,Wolf 南部工厂采用传统直接制冷工艺,其处理能力为 $1000 \times 10^4 \text{ft}^3/\text{d}$,产量为 1500bbl/d 混合轻烃,回收率为 $150 \text{bbl}/10^6 \text{ft}^3$,对应丙烷收率为 54%。

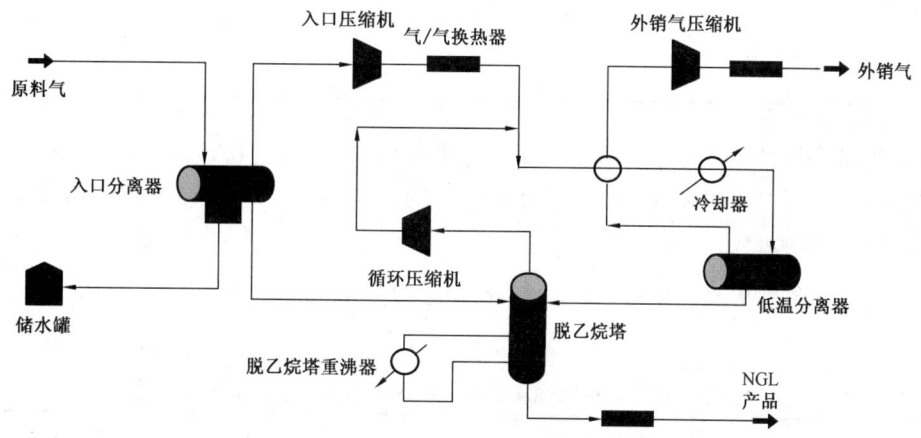

图 16-8 Wolf 南部工厂传统直接制冷工艺

这种高的液体收率很大程度是因为有 1 口井有凝析液,但这种情况不能持续很长时间。随着开发范围的不断扩大,1993 年秋工厂进行了第一次扩建。此次扩建由于 PWC-150(Poco 的压裂液)的生产改变了工艺流程。

工厂的生产规模提高到 $2600 \times 10^4 \text{ft}^3/\text{d}$,产量达到 1800bbl/d 混烃和 500bbl/d 压裂液。压裂液的生产提高了可回收液体产品的附加值。

但是,液体收率有一个很大的递减,从 $150 \text{bbl}/10^6 \text{ft}^3$ 降到 $92 \text{bbl}/10^6 \text{ft}^3$。出现这样大的变化主要是由于井口凝析油产量发生变化。因此,在处理量较大情况下,由于制冷温度不够,丙烷回收率降到了 48%。

到 1994 年底,入口原料气组成已较为稳定,工厂在 1995 年春天和秋天又进行了两次扩建,每次扩建的目的只有一个:以最小的投入获得最大的气体处理能力。通过增加压缩机、透平膨胀机制冷系统,并将装置制冷温度由 -30 ℉ 提高到 -15 ℉ 等手段来实现这一目的。

1996 年春,虽然工厂的处理量达到了 $4200 \times 10^4 \text{ft}^3/\text{d}$ 的目标值,却损失了液体收率(主要是丙烷),如预计的那样,丙烷收率降到了 34%,混合 NGL 产量为 2200bbl/d。这些产量指标

导致了脱乙烷塔前所未有的操作困难。

当NGL的产量增加到2200bbl/d时,脱乙烷塔产生液泛,影响了装置的运行,导致NGL产品不合格。另外,通过3年的运行,Wolf南部工厂的丙烷收率显著下降,这使得Poco公司不得不重新评估Wolf南部工厂,不仅要解决脱乙烷塔问题,还要在提高液烃收率上做工作。

(二)工艺选择

在提高丙烷收率的探索过程中,Poco与休斯顿高科技发展公司(AET)合作,对Wolf南部工厂的Mehra工艺装置的投资和收率进行了估算。

如表16-2所示,给出了Poco解决脱乙烷塔操作问题和提高丙烷收率的三个可供选择的方案。

表16-2 Wolf南部工厂工艺比较

方案	丙烷收率	bbl/10^6ft^3	投资,1000美元	1000美元/Δ(bbl/d)
原脱乙烷塔(不增加液体流量)	35%	60	350	—
传统直接制冷工艺(-35℉)	54%	71	2700	6.1
增加Mehra工艺单元	>95%	85	3900	3.9

基于上述分析,Poco认为增加Mehra工艺单元可以按最低投入获得较高的丙烷收率,并且通过将脱乙烷塔顶液相导入Mehra单元解吸塔的工艺路线,可解决脱乙烷塔的操作问题。

(三)提高丙烷收率

为说明丙烷收率提高的幅度,表16-3给出了现有直接制冷工艺和增加Mehra工艺单元的物料平衡。

表16-3 现有直接制冷工艺和增加Mehra工艺单元的物料平衡

项目	现有直接制冷工艺的物料平衡				增加Mehra工艺单元的物料平衡				
	两相装置入口	分馏液相产品	混烃产品	外输气	两相装置入口	分馏液相产品	混烃产品	C_5^+轻烃产品	外输气
温度,℉	85	120	120	120	85	120	120	120	120
压力 lb/in^2(A)	240	13	260	913	240	13	193	193	913
摩尔流率 lb·mol/h	4854.6	41.9	284.0	4528.7	4854.6	41.9	334.9	110.9	4366.9
质量流率 lb/h	112533	4904	19263	88366	112553	4904	16221	10518	80910
气体流量 10^6ft^3/d	42.83	—	—	41.19	42.83	—	—	—	39.72
液体流量 bbl/d	1365	474	2165	—	1365	474	2100	1065	—

续表

项目	现有直接制冷工艺的物料平衡				增加 Mehra 工艺单元的物料平衡				
	两相装置入口	分馏液相产品	混烃产品	外输气	两相装置入口	分馏液相产品	混烃产品	C_5^+ 轻烃产品	外输气
组分	摩尔分数 %	摩尔分数 %	摩尔分数 %	摩尔分数 %	摩尔分数 %	摩尔分数 %	摩尔分数 %	摩尔分数 %	摩尔分数 %
N_2	0.66	—	—	0.71	0.66	—	—	—	0.74
CO_2	1.69	—	—	1.81	1.69	—	—	—	1.87
C_1	76.54	—	—	81.97	76.34	—	—	—	85.06
C_2	10.63	—	0.63	11.36	10.63	—	1.4	—	11.77
C_3	4.97	—	30.62	3.44	4.97	—	67.57	0.14	0.32
$i-C_4$	0.81	—	9.49	0.28	0.81	—	11.47	0.48	0.01
$n-C_4$	1.36	—	18.03	0.34	1.36	—	18.37	2.32	0.04
$i-C_5$	0.48	—	7.47	0.05	0.48	—	0.87	14.40	0.09
$n-C_5$	0.46	—	7.53	0.03	0.46	—	0.32	16.57	0.07
C_6	0.53	7.39	7.91	0.01	0.53	7.39	0.01	19.60	0.02
C_7^+	1.87	92.61	18.31	—	1.87	92.61	—	46.49	—
总计	100.00	100.00	100.00	100.00	100.00	100.00	100.00	100.00	100.00

物料平衡显示,总的液烃产量将由 2639bbl/d 增加到 3639bbl/d。该物料平衡未表示出采用 Mehra 工艺将增加约 $50 \times 10^4 ft^3/d$ 燃料气消耗。

该项目基建投资回收期取决于丙烷作为液烃产品和气体燃料的价差。对于 Wolf 南部工厂,其液体产品产量提高了 1000bbl/d,外输气减少(包括燃料气) $200 \times 10^4 ft^3/d$,在 2~2.5a 内除了付给阿尔伯塔省 25% 矿区使用税,将回收 390 万美元的基建投资。

(四)增加设备

如图 16-9 所示,在 Wolf 南部工厂增加 Mehra 工艺单元,需要有 4 个工艺接点:

接点 1,气体从低温分离器进入吸收塔做进一步处理。

接点 2,低温外输气自预饱和分离器流回已建气/气换热器壳程。

接点 3,已建脱乙烷塔底热物流接入新的脱丁烷塔,分馏已建设施生产的 C_3^+、轻烃物流,投资不高却能够为当地市场提供高价值的汽油产品。

接点 4,分馏塔塔顶冷凝液不进入已建的脱乙烷塔,而是进入新的吸收塔解吸段进一步处理。这一改造解决了脱乙烷塔的操作问题,从该塔转移了 700bbl/d 的处理量。

这些接点将 Mehra 工艺单元与原来的装置分离开。因此,直接制冷装置仍能独立操作。这样的连接使得新单元的操作及设备的维护不影响工厂的外输干气的生产,也使得原来的直

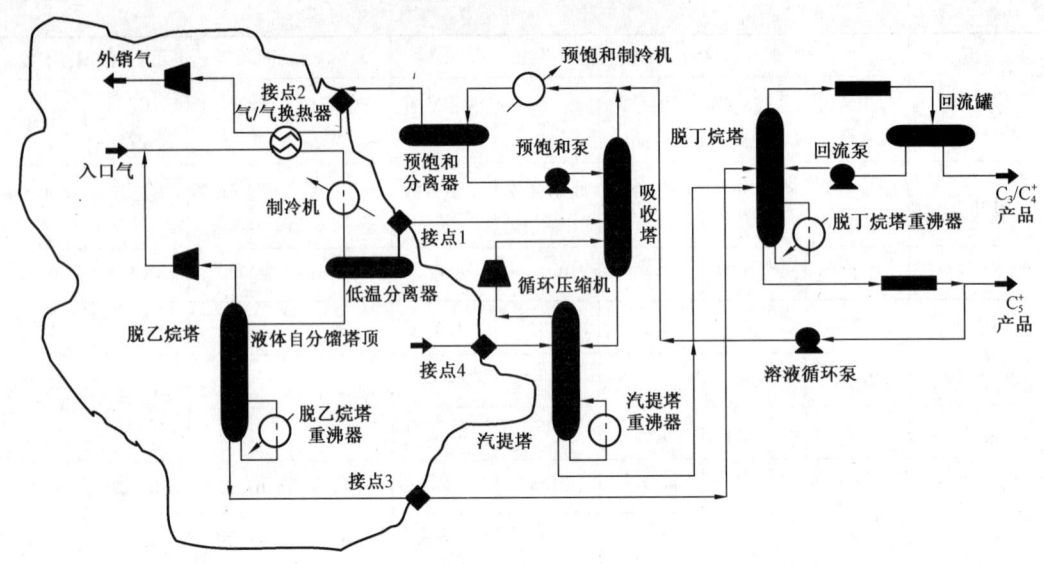

图 16-9 Wolf 南部工厂附加单元

接制冷装置扩大了规模,而不是被关闭。

由于 Wolf 南部工厂已建低温分离器的操作压力较高,有必要在 Mehra 工艺单元采用双压力吸收塔。

为减小气体侧的压降,吸收段的操作压力与气体侧的压力相同,而重沸、解吸段的压力则较低些。解吸段顶部气体加压后进入吸收段。

(五)工厂开车和性能测试

工程的竣工是在 1997 年 4 月末,公用工程系统的热油炉和丙烷制冷机最先试车,并于 1997 年 5 月 1 日投入使用。

1997 年 5 月 2 日,进行了天然气和溶剂油 Mehra 单元内循环的试车,系统运行 18h 时压缩机出现机械故障,但很快得到解决。

在试车期间,装置液烃产量有了提高,证实了该吸收工艺是可行的。并且,正如预计的那样,试车刚开始的 Mehra 工艺或多或少有点像是循环工艺,这一点说明了启动液位调节的必要性。

在试车期间,Mehra 工艺运行非常平稳,说明该工艺可实现无人值守操作。

在 1997 年 5 月 8 日,Mehra 附加单元正式投产。经过 5~6h 的调节,装置开始稳定运行。基于第一手资料和稳定的运行状况,组合装置在开车的第一个晚上即在无人值守的状态下运行。控制参数精调是在随后的两天进行的。结果表明,工艺参数达到了预定值。由于装置的操作性能与 Hysim 模拟软件的计算结果相当吻合,Poco 相信当操作规模和温度达到设计指标时,总丙烷收率将超过 95%。

Poco 目前正在扩大和改造它的气体加工厂(该厂位于阿尔伯塔省中心),采用 Mehra 工艺单元将规模从 $3000 \times 10^4 ft^3/d$ 提高到 $6000 \times 10^4 ft^3/d$。

第五节　俄罗斯原油集输新工艺的应用

随着油气开采行业的不断发展,新开发油田数量的增加,除了对生态安全的要求变得越加严格之外,对经济效益的追求,使得油井的开采、油井产物的输送和处理必须采用更加完善的工艺体系。这一领域采用的新工艺和新技术主要包括:采用多相流测量综合装置对油井产量进行测量;利用多相流泵进行流体输送;采用原油深度脱气工艺获取气态汽油;按照原油预处理和完全处理至商品规格的模式实施新的工艺方案。

一、采用多相流测量综合装置对油井产量进行测量

目前,在俄罗斯各油田主要通过自动组合测量装置,对采油井的产量进行测量,这种装置由工艺单元和设备单元构成。从技术上讲,这些装置已经相当老化,在集油系统中必须采用更加完善的测量装置对油、气、水三相进行测量。

利用多相流量计计量油井产物是普遍发展趋势。目前已研制出一些多相流测量装置,可完成油、气、水不分离测量。这样,就可成功解决所有油井内流体的测量问题,而无需对油、气、水进行分离。这种情况下,不需要利用主导元件和过程数据控制。

为了测量油井产量,阿尔扎马斯仪器制造厂制造的用于测量油井产量的多相流超声流量计,可用于油、气、水含量位于以下测量范围内工作:气含量 $0\sim98\%$;含水率 $0\sim100\%$。液体流量测量范围 $10\sim400\mathrm{m}^3/\mathrm{d}$;气体测量范围 $45\sim1000\mathrm{m}^3/\mathrm{d}$。

"OHCK"工艺公司生产的多相介质流量计可以对油、气、水进行准确、连续的流量测量。为了简化结构主要使用了标准化零件,这可以大大降低成本。

二、利用多相流泵进行流体输送

多相流泵几乎能够输送任意粘度流体,即使这种流体的气含量趋近 100%。也就是说,它可以同时作为高压流体泵和气体压缩机来进行工作,可以从矿场集油站沿同一管线向中心集油站输送多相流混合液。采用类似系统具有下列优势:

(1)大大减少泵站工艺装置和设施的单元数量,主要是容器和火焰系统等;

(2)可以同时将液体和气体从矿场集油站沿同一管线向中心集油站输送,而无需建输气管线,从而大大减少金属耗材,降低开采成本;

(3)由于装置和设施单元的减少,可以大大降低有害物质的排放;

(4)土地的占用显著减少;

(5)多相流泵站可以降低集油系统的压力,进而降低了生产井井口的压力,提高了油井的开采能力;

(6)矿场集油站装置和设备数量的降低,可以降低开采对象的风险;

(7)可以在短期内使距离远、储量不高的油田投入开发;

(8)大大缩短建设期限;

(9)因为油田气与石油被同时输送到大型中心集油站,从而可以解决油田气的有效利用问题。

目前，不管在俄罗斯还是国外，都已成功研制了高效多相流泵，主要研究杆泵输送装置，它是一种在系统内带有发电机的多相流双螺旋泵。

俄罗斯生产商中研制多相流泵的公司有：鞑靼石油机械研究股份公司、Ливгидромаш 有限责任公司和涡轮泵有限责任公司。鞑靼石油机械研究股份公司研制出的标准系统由 9 个基本螺杆泵构成，能够保证 5~1600m³/h 油气混合液的输送，压力可达 5MPa。Ливгидромаш 有限责任公司研制出的螺杆泵系统由 6 个基本螺杆泵构成，最大压力差 2MPa，出口最大压力 4MPa，输送能力为 10~320m³/h。

多相流泵站由几组装配好的分部件组成（取决于泵站的功率及泵组的数量），分为两部分：工艺部件和多相流泵管理站。工艺部件是防爆的，而电气设备和检查测量仪表设备也是防爆的。利用有三层防护板的保温间作为工艺部件的防护结构。对于泵装置进行自动化管理还是人工管理，多相流泵管理站都预先进行了确定，并在各自的分部件机组上运作。在生产过程中小型、准确、便捷的多相流测量装置和自动化多相流泵站的应用能够更加有效地完成油、气、水的集输，并能极大地节省材料和资金。

三、采用原油深度脱气工艺获取气态汽油

原油深度脱气装置是原油处理装置的一个组成部分，用于从硫化氢中净化原油，并通过气态烃的解吸提取使原油稳定。硫化氢中的洁净石油气被用作解吸剂。

萨马拉市的石油与天然气技术有限责任公司研制出一种提取硫化氢和轻硫醇的工艺装置，原理是用石油气排放硫化氢和轻硫醇，达到国家标准要求。该工艺装置可降低残余硫化氢含量，将商品油中饱和蒸气的压力降到最低。该装置在哈萨克斯坦的扎那若尔气体处理厂和萨马拉油气公司的拉达耶沃原油处理厂顺利通过检验。

四、按照原油预处理和完全处理至商品规格的模式实施新的工艺方案

按照国家标准提高采出原油的商品规格具有极为重要的意义。萨马拉市科研生产企业 Контэкс 研究的新型工艺方案对此有促进作用，该方案旨在降低原油处理成本，提高原油处理装置的工艺安全性能。

（一）БУОН 型原油脱水仪

БУОН 型原油脱水仪是一种油水垂直运动集油槽，当注入破乳剂时出现一层排泄水。集油槽在内部剩余压力作用下运作。该脱水仪可以在中间层有效分离破乳剂，是一种"沸腾的"聚合过滤器。它的高度取决于原料的含水率、温度，以及乳浊分离器的处理质量和生产率。通过应用静力分流系统可以提高中间层的使用效率，从而在集油槽中提高石油乳浊液的相态分离。

БУОН 型原油脱水仪有预脱水仪、深部原油脱水仪和原油脱盐仪。依靠静力分离设备和聚合作用，乳浊液沉淀效果有了实质性的提高。在这个工艺过程中温度可降低 8~10℃。

（二）统一序列的三相分离器

在油田上使用三相分离器的经验表明，在保持高质量脱出水时，必须建立统一序列而在结构上体现原则性不同的设备，这取决于所采用原料的物理—化学参数（输入流的密度、粘度、

温度)的不同。例如,Контэкс 公司针对轻质原油和中低粘度原油研制了高效率的三相分离器 ТФСК-1,在自然温度下,该设备能确保含有最低油品含量(10~30mg/L)的自由水的排放(除原油深度脱气外)。针对重质油研制了三相分离器 ТФСК-7,该设备能够分离石油并部分脱除密度大于 $850kg/m^3$ 的原油。

根据含气量大的油井产物或对其加热之后的深度脱水的需要,研制了三相分离器 ТФСК-Г,该设备结合了液流静水分配体系和高效分离隔间,对于各种类型的高含水原油研制了终端相分配器。在该仪器中组合了 ТФСК-Л 型和 ТФСК-Т 型分离器中采用的最好的工艺方案。

统一序列三相分离器的结构特点是:
(1)内置波动消除器和游离气提取器;
(2)带有改进的液滴捕集器的管嘴;
(3)沿整个分离器截面均匀分配液体的不锈钢分配格栅;
(4)用于加强分离石油乳化物和吸留气体的特型聚结部;
(5)在不锈钢分配格栅上,有按一定顺序布置的特殊冲孔;
(6)如果必须的话,可根据油井产出物的物理—化学性质,利用独特的洗涤系统去除底部沉积和内部装置脱蜡;
(7)带有用于排出水的专门导流板的管嘴。

(三)СЩВ 型涡流气体分离器

СЩВ 型涡流气体分离器,用于去除气体中的小粒分散状、液状和膜状等液体悬浮颗粒及液塞。尽管外形尺寸小并且金属消耗量小,但分离器有三个分离等级。

一级分离用于分离大量的液体。气液混合物通过位于其上部的切向管流入分离器。液滴利用离心力被甩向分离器壳壁,并在重力作用下沿气流旋转行程螺旋下行,通过环形缝隙流向排水管。

二级分离用于分离小粒分散液体。小粒分散液体不会沉淀在壳体上,而是落到板片的外表面,并由气流通过输入缝隙传送到板片的内表面,然后经泄水管排出分离器。

三级分离对于分离小粒液体残渣是十分必要的。

(四)以游动过滤器为基础的水处理工艺

在安装具有这种结构的新装置和改造去往水处理的老设备时可以使用以游动过滤器为基础的水处理工艺。

工作原理是,污水流入在处理水中的游动颗粒装料层,即装料轻于水,但重于油。当污水通过时,小的油滴会粘附在颗粒憎水表面并在其上面形成较大的油滴,并随着体积增大而脱离装料表面,流向装料表面上的油水界面。

游动过滤器的生产率是通过计算装置结构来确定的,可达到 $10^4 m^3/d$。

(五)破乳剂供给装置

为了对原油进行有效的热化学脱水,需要严格地按一定数量向乳化液中添加破乳剂,因为过多或数量不够都会降低原油处理质量。为了使破乳剂能够完全进入乳化剂的颗粒内,必须进行高质量的搅拌,目前可以通过管道中的液体紊流来达到搅拌的目的。

破乳剂供给装置利用水动力效应来解决这个问题。在诱导涡流时,装置中会产生乳化剂和脱乳剂的高质量混合,这可以缩短脱乳剂的反应时间并降低使用量。

(六)接触器(脱水和除盐)

接触器通过乳化剂与破乳剂或洗涤水最大程度地接触来高效率地脱水和脱盐。

(七)深度处理污水设备

深度处理污水设备用于深度处理原油中的污水和机械杂质。在处理注入地层的矿场水时,处理水质的设备内部沉淀了大量的硫化铁、沥青胶质、蜡沉积以及其他沉积物。为了确保更加有效地工作,研制了水力压裂和沉淀物输出系统。

可见,对所从事的研究进行推广可以确保提高原油集输和处理过程的效果,从而促进石油企业的进一步发展。

第六节 科威特 X 集油站原油处理工艺技术

科威特西部生产设施扩建项目是一个整装油田的地面工程项目,按照国际技术标准和科威特石油公司企业标准建设。

X 集油站是其中最大的一个子项目,占地 710m×770m,包括原油处理、气体处理、凝析液处理、污水处理等系统。原油处理规模 $1100×10^4$t/a($22×10^4$bbl/d),污水处理规模 8000m³/d,天然气处理规模 $480×10^4$m³/d(包括天然气井回收气 $142×10^4$m³/d),凝析液处理规模 $86×10^4$t/a。原油处理部分设计操作弹性 25%~110%,气体部分 10%~115%。125 口油井的含水原油直接汇集到 X 集油站,在集油站进行油气分离、原油脱水和原油脱盐,合格原油输送到油田的中央汇管;分离出来的天然气经多级压缩增压到 7.0MPa,再经三甘醇脱水干燥后输往下游的酸性气体处理厂;天然气压缩过程中产生的凝析液经增压、脱色和脱水后输往酸性气体处理厂;采出水经浮选机除油处理后排至站外污水蒸发池,污油泵送到含水油沉降罐。集油站原油处理工艺主要包括单井计量、油气分离,以及原油脱水、脱盐、储存和外输,许多工艺和技术达到了世界先进水平。

一、总体工艺流程

科威特西部油田 X 集油站生产设施采用密闭集输处理流程,在集油站对原油、天然气和凝析液进行集中处理。原油处理工艺主要包括矿场集输、油气分离、原油净化、原油储存及外输,总体工艺流程如图 16-10 所示。X 集油站的来油分中质原油和轻质原油,在站内以相同的流程分开处理,处理后通过各自的外输管线输至中央汇管。低压中质原油进站流量 265m³/h(40MBD),高压中质原油进站流量 994m³/h(150MBD);轻质原油进站流量 199m³/h(30MBD)。在生产流程上,低压中质原油直接进低压分离器。

二、矿场集输

科威特西部油田采用单管密闭集输流程,井口集油管线采取地面管墩敷设直接进集油站。西部油田三个区块共有 125 口油井,其中低压中质原油 50 口,高压中质原油 55 口,轻质原油

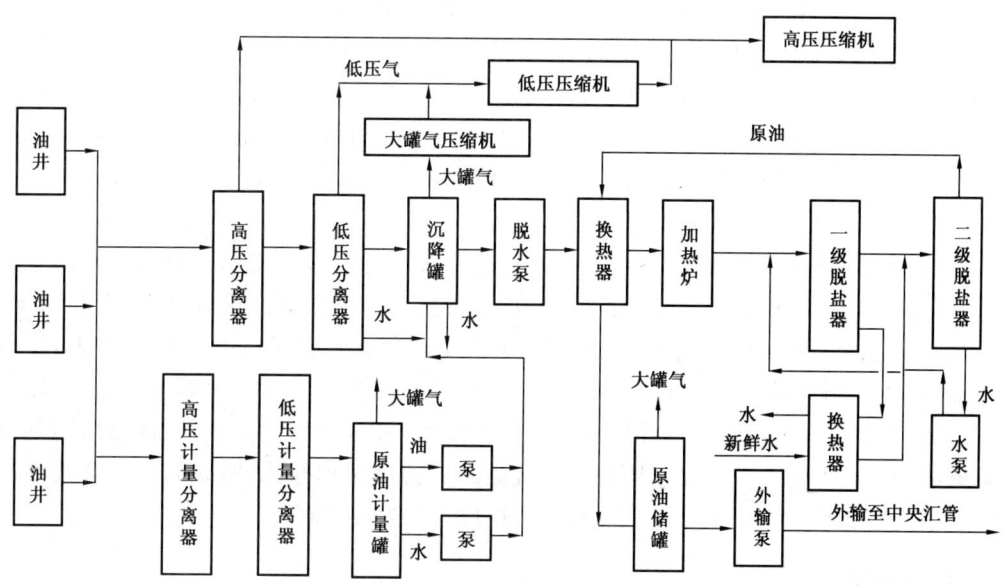

图 16-10　科威特 X 集油站原油处理总体工艺流程图

20 口。125 口油井呈分散状进 X 集油站,管线管径 6in,管线压力等级 900 号,每条集油管线都设有安全阀。单井生产设计参数如表 16-4 所示。

表 16-4　单井生产设计参数表

油井名称	单井产量 $m^3/d(MBD)$	气油比 $m^3/m^3(SCF/STB)$	最大含水量 %	关井压力 bar	进站压力 bar	夏季/冬季最高进站温度,℃
低压中质原油	31.8~397 (0.2~2.5)	0.89~26.7 (5~150)	50	17	5.15	43.3/21.1
高压中质原油	79.5~3180 (0.5~20)	89.1~133.6 (500~750)	40	103	21.7	60/32.2
轻质原油	79.5~1590 (0.5~10)	178.1~267.2 (1000~1500)	30	586/310	21.7	71.1/37.8

中质原油不含沥青质,轻质原油含沥青质。X 集油站在开始生产阶段,低压中质原油为含水原油;高压中质原油 50% 不含水,50% 含水;轻质原油开始为不含水,后来转为含水。

三、单井计量

根据科威特石油公司的单井生产计量要求,在集油站内设置了两列相同流程的油井生产计量设施,包括两条计量汇管和两列计量分离器,每一列都设有高压计量分离器、低压计量分离器、计量罐和计量罐原油泵及水泵。每口油井每年测试 2 次,原油和水的计量精度为 2%,气体为 1%。

1 号计量汇管接 55 口高压中质原油油井和 20 口轻质原油油井,配套的计量设施处理能力为 3180m³/d(20MBD)。高压和低压计量分离器均为 φ3m×14.25m，原油计量罐 3180m³(20MB)、φ19m×12.19m，原油泵及水泵的设计能力均为 146m³/h。

2 号计量汇管接所有 125 口油井，可以计量低压中质原油、高压中质原油和轻质原油油井，配套的计量设施处理能力为 795m³/d(5MBD)。高压和低压计量分离器均为 φ2.5m×9.4m，原油计量罐 795m³(5MB)、φ11.3m×9.15m，原油泵及水泵的设计能力为 37m³/h。

可根据油井的产量选择不同的计量汇管进行单井生产计量。来自油井的原油，先加入化学药剂(破乳剂、消泡剂、阻垢剂和缓蚀剂等)，再进入高压计量分离器($22.13kg/cm^2$)，分出的气体计量后去高压压缩机，液体降压后进入低压计量分离器。低压计量分离器($5.25kg/cm^2$)分出的气体计量后去低压压缩机，原油进入计量罐，分出的污水计量后进入污水处理装置。原油计量罐操作压力 150mmH₂O。在计量罐中蒸发出来的气体计量后去大罐气压缩机，原油用泵增压、计量和含水分析后输到同类别的含水油沉降罐，分出的水用泵增压、计量后输到含水油沉降罐或污水处理装置。不含水原油经油气分离后直接送到净化油储罐，不进含水油沉降罐。低压中质原油直接进低压计量分离器，不进高压计量分离器。

四、油气分离

(一)油气分离流程

为了满足轻质原油和中质原油分别处理、储存和外输的要求，X 集油站设计了 7 条生产汇管、4 列中质原油分离器和 2 列轻质原油分离器。轻质原油和高压中质原油的油气分离采用二级分离流程，每一列都设置高压分离器和低压分离器。低压中质原油采用一级分离流程，油井来油直接进低压分离器，在流程上不设高压分离器。不含水的原油经油气分离后可直接进入净化油储罐。

按油井来油情况分配进入适应的生产汇管，依次进入高压分离器和低压分离器，分离出气体和大部分游离水，再进入各自适应的含水油沉降罐。高压分离器分离出的伴生气，计量后与其他高压分离器分离出的伴生气及低压压缩机的出口气汇合，再进入高压压缩机入口。低压分离器分出的伴生气，计量后与其他低压分离器分出的气体及大罐气压缩机出口气汇合，再进入低压压缩机入口。低压分离器分出的水，计量后自流到污水处理装置。含水油沉降罐闪蒸出的气体计量后与其他油罐的闪蒸气汇合，送到大罐气压缩机入口。含水油沉降罐排出的水计量后自流到污水处理装置。

中质原油的油气分离处理能力为每列 331m³/h(50MBD)，轻质原油为每列 199m³/h(30MBD)。生产汇管来油进入分离器之前，加入破乳剂、消泡剂、缓蚀阻垢剂等化学药剂，破乳剂加入量为 15~20mg/L，消泡剂加入量为 8~12mg/L，缓蚀阻垢剂加入量为 25~30mg/L。高压、低压分离器均按卧式三相分离器设计，油水停留时间取 5min。生产初期，高压分离器不分水，按二相分离器操作。

(二)低压中质原油

低压中质原油的油气分离设置两条生产汇管和一列分离器，其中一条汇管用于冬季高压中质原油的切换。低压中质原油分离器的实际处理量为 265m³/h(40MBD)。

冬季温度较低，低压中质原油的粘度较高，将引起油气分离操作困难。冬季生产时，取

20MBD 高压中质原油(10 口井)与 20MBD 低压中质原油混合后进入低压中质原油分离器,降低混合后的原油粘度;分出 20MBD 低压中质原油(20 口井),切换到一列高压中质原油分离器,与 30MBD 高压中质原油混合后进入低压分离器。

(三)高压中质原油

高压中质原油的油气分离采用三列并联操作的分离器和与其对应的三条生产汇管,其中第一条为含水原油汇管,第二、第三条为不含水或含水原油汇管。

不含水的高压中质原油单独进第三或第二列油气分离器,油气分离后的原油直接进入净化油储罐,不进含水油沉降罐。不含水的原油量超过第一列的处理量时,超过部分进含水油沉降罐。冬季生产,当不含水的高压中质原油温度低于35℃时,投用高压、低压分离器之间的加热器,使油气分离后的原油能够达到要求的雷特蒸汽压。

中质原油含水油沉降罐接收低压中质原油和高压中质原油的混合油,接收的油主要包括四列低压分离器出口原油、脱盐器出口不合格中质原油、计量罐中质原油和污水处理装置出口不合格污水等。沉降罐的原油输送到中质原油脱盐器,分出的水计量后送到污水处理装置。

(四)轻质原油

轻质原油的油气分离采用二级分离流程,设置两列分离器和与其对应的两条生产汇管。通常,只有一列分离器投用,另一列可作为备用。轻质原油的沥青质含量较高,生产时分离器需要进行维修或清洁,生产列维修或清洁时备用列就投入使用。

含水油沉降罐的进口来油主要包括低压分离器出口原油、脱盐器出口不合格轻质原油、计量罐轻质原油和污水处理装置出口不合格污水等,出口原油输送到轻质原油脱盐器。

两条生产汇管,一条为含水原油汇管,另一条为不含水原油汇管。来自油井的含水原油接入含水原油汇管,不含水的油井接入不含水原油汇管,可以分开处理。不含水原油单独进一列油气分离器,油气分离后的原油直接进入净化油储罐,不进含水油沉降罐。

设计考虑了冬季工况的特殊性。在冬季生产时,不含水的轻质原油温度较低,油气分离后原油的雷特蒸汽压较高。不含水的轻质原油温度低于43℃时,投用高压、低压分离器之间的加热器,以确保冬季油气分离后的原油能达到要求的雷特蒸汽压。

五、原油脱水和脱盐

原油脱水和脱盐采用电脱水工艺,轻质原油和中质原油分开处理,设置三列中质原油脱盐器和一列轻质原油脱盐器。轻质原油脱盐器维修时,轻质原油混合到中质原油脱盐器。中质原油处理能力每列 $331m^3/h(50MBD)$,轻质原油处理能力 $199m^3/h(30MBD)$。

中质原油和轻质原油的脱盐流程相同,只是脱盐温度不同。每一列脱盐流程都设有脱水泵、换热器、加热炉、两级脱盐器等。原油经过两级脱盐器脱水、脱盐后,可以达到合格产品质量指标的要求值,含盐量不大于 14mg/L,含水体积分数不大于 0.1%。

来自含水油沉降罐的原油,依次经脱水泵增压、换热器预加热、加热炉加热,再进入一级和二级脱盐器进行脱水、脱盐。水从脱盐器的底部排出,原油从脱盐器的顶部流出。脱水、脱盐后的合格原油经换热器冷却后送到净化油储罐。换热器对来自脱水泵的含水原油进行预加热,对来自二级脱盐器的原油进行冷却,直至加热炉加热后的含水原油达到脱盐器要求的温度。二级脱盐器的出口设置了含水、含盐在线分析监测仪,当原油监测不合格时,不合格的原油返回含水油沉降罐重新处理。在二级脱盐器原油出口管线上设置压力控制阀,控制脱盐器的压力,使原油在脱盐、脱水过程中不会汽化。在脱水泵进口加破乳剂,加入量为3~10mg/L。

在每一级脱盐器的进口,都设有一个静态混合器,使油水在进入脱盐器之前充分混合。二级脱盐器进口静态混合器之前,在原油中加入加热升温后的新鲜水,充分混合后进入脱盐器。二级脱盐器脱除的水,用泵增压后送到一级脱盐器进口静态混合器之前,与来自加热炉的原油混合。一级脱盐器脱除的水从底部排出,与来自水处理装置的新鲜水换热,降温后送到污水处理装置。

脱盐器在较高的温度下操作,可以降低原油的粘度,增加油水的密度差,有利于油水的分离。在冬季,为了达到要求的雷特蒸汽压,轻质原油加热炉也是需要的。脱盐器为卧式结构,一级和二级脱盐器的尺寸相同。中质原油脱盐器 $\phi 3m \times 16.4m$,停留时间22min;轻质原油脱盐器 $\phi 3m \times 6m$,停留时间15min。脱盐器的操作压力和温度如表16-5所示。

表16-5 原油脱盐器的操作压力和温度

脱盐器	夏季温度,℃		冬季温度,℃		压力,kg/cm^2	
	中质原油	轻质原油	中质原油	轻质原油	中质原油	轻质原油
一级	117	62	117	48	10.8	7.32
二级	115	58	115	41	8.67	5.79

六、原油储存外输

来自中质原油和轻质原油脱盐器的合格原油分别进入中质和轻质净化油储罐,罐顶闪蒸气经计量后与其他油罐的闪蒸气汇合,送到大罐气压缩机进口。原油经大罐抽气后,雷特蒸汽压(RVP)达到产品质量指标的要求值 $0.07MPa(10lb/in^2)$。

(一)中质原油

中质净化油储罐的中质原油先由增压泵提压,再经外输泵进一步提高压力,计量后外输。中质原油通过一条管径为24in的管道输送到油田的中央汇管,集油站边界的起输压力 $15.49kg/cm^2[14.2bar]$。原油储存温度在夏季为67.7℃,冬季为42.1℃。

中质净化油储罐 $15900m^3$(100MB), $\phi 36.58m \times 16.4m$,设计压力 $255/-51mmH_2O$,操作压力 $150mmH_2O$。原油增压泵4台,3用1备。外输泵4台,3用1备。备用泵为燃气驱动。每台泵的排量为 $530m^3/h$。

(二)轻质原油

轻质净化油储罐的轻质原油计量后外输,可以自流外输,也可以经外输泵提高压力后外输(需要时)。轻质原油通过一条管径为22in的管道输送到油田的中央汇管,集油站边界的起输压力 $1.12kg/cm^2$。原油储存温度在夏季为58.1℃,冬季为40.8℃。

轻质净化油储罐 $7950m^3$, $\phi 27.4m \times 14.63m$,设计压力 $255/-51mmH_2O$,操作压力 $150mmH_2O$。外输泵1台,泵的排量 $232m^3/h$。

复习思考题

1. 为什么多相混输技术能得到迅速发展?
2. 取样计量法多相流量计和在线直接计量法多相流量计有何异同点?
3. 多相流量计需经过哪些过程才能得以在油田推广应用?
4. 管式气液旋流分离器(GLCC)能替代容器式分离器吗?
5. 直接制冷回收轻烃工艺和 Mehra 工艺有何不同?
6. 俄罗斯原油集输新工艺体现在哪些方面?
7. 学习了国外原油集输新工艺、新设备,对你的工作有什么启发?

参 考 文 献

[1] 李玉凤,马颖洁. 多相流量计在 Petrozuata 油田的应用. 国外油田工程,2006,22(11):35~36.
[2] 孙国华,夏力. 科威特 X 集油站原油处理工艺技术. 国外油田工程,2005,21(12):34~37.
[3] 顾杰,纪常杰. 加拿大改良油吸收法轻烃回收新工艺. 国外油田工程,2003,19(11):38~42.
[4] 冯佳,李发荣. 原油输送和处理新工艺的应用. 国外油田工程,2008,24(7):47~49.
[5] El – Sayed A Osman. Flow regime and liquid holdup in horizontal multiphase flow. Foreign Oilfield Engineering, 2002,18(9).
[6] Luis Eduardo Gomez. Dispersed two – phase swirling flow characterization for predicting gas carry – under in gas – liquid cylindrical cyclone compact separators:[A dissertation for the degree of Doctor]. University of Tulsa, US:2001.
[7] El – Sayed A Osman. Artificial neural networks models for identifying flow regimes and predicting liquid holdup in horizontal multiphase flow. SPE68219,2001.